AF569907

Alfred Brehm

Vom Nordpol zum Äquator

Populäre Vorträge

Verlag
der
Wissenschaften

Alfred Brehm

Vom Nordpol zum Äquator

Populäre Vorträge

ISBN/EAN: 9783957003157

Auflage: 1

Erscheinungsjahr: 2015

Erscheinungsort: Norderstedt, Deutschland

Hergestellt in Europa, USA, Kanada, Australien, Japan
Verlag der Wissenschaften in Hansebooks GmbH, Norderstedt

Cover: Foto ©Joujou / pixelio.de

Vom
Nordpol zum Aequator

Populäre Vorträge

von

Dr. A. E. Brehm

Mit Illustrationen von R. Friese, G. Mützel, Albert Richter, Fr. Specht u. a.

Stuttgart, Berlin, Leipzig
Union Deutsche Verlagsgesellschaft

Vorwort.

Seit sechs Jahren schon deckt die kühle Erde Renthendorfs meinen unvergeßlichen Vater, der allzufrüh für seine Wissenschaft, wie für alle, die ihn liebten und verehrten, die Augen schloß. Es ist ein eigenes Geschick, daß sein thatkräftiges und arbeitsames Leben, während dessen er vier Erdteile gesehen und durchforscht hatte, an demselben kleinen Orte im grünen Thüringerlande erlosch, an welchem er einst geboren wurde. Erst das fünfundfünfzigste Jahr hatte er erreicht, als sein redegewandter Mund für immer verstummte, und der fleißigen Hand die so meisterlich geführte Feder entfiel. Noch trug er sich mit größeren Plänen zu verschiedenen Werken, und es ist tief zu beklagen, daß die hierfür von ihm gesammelten Vermerke allzu bruchstückhaft sind, als daß ein anderer, denn ihr Schreiber sie zu einem Werke zu verweben vermöchte. Immerhin aber enthielten die von ihm hinterlassenen schriftlichen Aufzeichnungen noch manchen köstlichen Schatz, und es erschien mir als eine Ehrenpflicht gegen den Verfasser sowohl, wie gegen alle Freunde tiefsinniger Naturbeobachtung und sinniger Beschreibung, solchen Nachlaß der lesenden Welt zugängig zu machen. Die nachfolgenden Blätter bilden das erste derartige Buch und enthalten den wertvollsten Teil des Vermächtnisses: Alfred Edmund Brehms einst überall gern gehörte und vielgefeierte Vorträge, soweit er dieselben überhaupt niedergeschrieben hat. Ich denke damit eine nicht wenigen hochwillkommene Gabe zu bieten, und glaube mich aller empfehlenden Worte enthalten zu können, denn diese Aufsätze sprechen wohl hinlänglich für sich selbst, wie das auch aus den zahlreichen Bewerbungen ausländischer Buchhändler um das Uebersetzungsrecht für dieselben hervorgeht. Vermag gleich das geschriebene Wort das gesprochene nur unvollkommen zu ersetzen, und mag auch der Vater, der ja stets frei sprach, je nach dem Entgegenkommen seiner Hörerschaft einst häufig den gleichen Inhalt in anderer Form vorgetragen haben, hier kürzend, dort länger verweilend, — wer ihn gehört hat, dem wird auch aus den nachfolgenden Blättern das Bild des Entschlafenen wieder erstehen und seine markige Stimme entgegentönen, und jeder wird in ihnen nicht nur die ganze Eigenart des Verfassers des „Illustrierten Tierlebens" und des „Lebens der Vögel" wiederfinden, sondern diesen noch vielfach von neuen und anziehenden Seiten kennen lernen. Denn gerade in den Vorträgen meines Vaters zeigt sich wie kaum irgend sonst in seinen Werken die Mannigfaltigkeit seiner Erlebnisse und Erfahrungen, die Vielseitigkeit seines Wissens, seine meisterhafte Beobachtungs- und Darstellungsgabe, und nicht zum letzten die seinem tief dichterisch beanlagten Gemüte eigene Art der Auffassung belebter und unbelebter Natur, wie auch seine sinnige, herzerfreuende Laune.

Deshalb sende ich diese Blätter mit der frohen Zuversicht hinaus in die Welt, daß sie ihrem Verfasser neue Freunde zu den zahllosen alten erwerben werden. Möchten sie auch der Tierwelt, die er so warm liebte, so innig verstand, weitere liebevolle und vorurteilsfreie Gönner gewinnen, und in jedem Hause, wo der Sinn für gutes Schrifttum und damit für das Schöne überhaupt gepflegt wird, auch für die Schönheit unserer Allmutter Natur immer mehr Augen und Herzen öffnen, — damit wäre ihr höchster und edelster Zweck im Sinne ihres Verfassers erreicht!

Nicht versäumen will ich, an dieser Stelle noch mit ganz besonderem und aufrichtigem Danke das verständnisvolle Entgegenkommen der Verlagsbuchhandlung wie der Künstler unseres Werkes hervorzuheben, welche es sich angelegen sein ließen, dasselbe in jeder Beziehung würdig und gediegen auszustatten, und dabei weder Kosten noch Mühen scheuten.

Und so wünsche ich diesen Blättern Heil auf ihren Weg: möge ihnen überall ein frohes Willkommen entgegenklingen, und mögen sie werter Besitz da bleiben, wo sie einmal freundlich aufgenommen wurden!

Berlin, im September 1890.

Dr. med. Horst Brehm.

Inhalt.

Lapplands Vogelberge.

„Als der Weltenschöpfer sein Lieblingsgestirn die Erde just vollendet hatte und des gelungenen Werkes sich freute, da gedachte der üble Teufel dies Werk zu vernichten. Damals noch nicht Himmels verwiesen, wohnte er unter den Erzengeln und in den Räumen, in denen die Seligen hausen. Hinauf zu dem siebenten Himmel flog er, und einen gewaltigen Stein ergriff er: den schleuderte er mit Macht hinab auf die in jugendlicher Schönheit prangende Erde. Aber zur rechten Zeit noch gewahrte der Schöpfer das ruchlose Beginnen und sandte einen der Erzengel ab, dem Unheil zu steuern. Der Engel flog schneller noch als der Stein zur Tiefe hernieder, und ihm gelang es, das Land zu sichern. Donnernd stürzte der riesige Stein in das Meer, daß hochauf die Wogen zischten und das benachbarte Land auf weithin überfluteten. Von dem gewaltigen Falle zertrümmerte die Schale des Steins, und Tausende von Splittern sanken zu seinen beiden Seiten in das Meer, teilweise in dessen Tiefe verschwindend, teilweise noch über dasselbe hervorragend: nackt und kahl, wie der Kern selber. Da erbarmte sich Gott, und in seiner unendlichen Güte beschloß er, auch diesen öden Felsblock zu beleben. Aber die Fruchterde war versiegt in seiner Hand und nur noch ein weniges übriggeblieben. Das reichte kaum hin, hier und dort ein Bröckchen auf den Stein zu legen.“

Also berichtet eine uralte Sage, welche unter den Lappen von Mund zu Munde geht. Der Stein, welchen der Teufel warf, ist Skandinavien; die Schalentrümmer, welche zu beiden Seiten in das Meer fielen, sind die Schären, welche in buntem Kranze die Halbinsel umgeben; die Risse und Sprünge, welche er erhielt, sind die Fjorde und die Thäler des Inneren; die Brocken belebender Erde, welche aus der milden Schöpferhand auf sie fielen, bilden das wenige fruchtbare Land, welches Skandinavien besitzt.

Man muß selbst in Skandinavien und insbesondere in Norwegen gewesen sein; man muß das Boot zwischen den Schären gesteuert, muß das Land vom äußersten Süden bis zum höchsten Norden umschifft haben, um die kindliche Sage in ihrer ganzen Tiefe und Bedeutsamkeit zu verstehen. Wunderbar in der That ist das Land; wunderbar sind seine Fjorde; noch wunderbarer ist der Kranz von Inseln und Schären ringsum.

Skandinavien ist ein Alpenland wie die Schweiz und Tirol, und doch von beiden unendlich weit verschieden. Wie unsere Alpen hat es seine Hochgebirge, seine Gletscher, seine Wildbäche, seine klaren, stillen Alpenseen, die dunklen Fichten- und Föhrenwälder unten im Grunde, die lichtgrünen Birkenwaldungen in der Höhe, die weit ausgedehnten, hier zu Tundren gewandelten Moore auf den breiten Rücken der Berge, die Blockhäuser an den Gehängen und die Sennhütten in den höchsten Thälern. Und doch ist alles so ganz anders als in den Alpenländern, und der Unterschied wird jedem bemerklich, welcher das eine und das andere Land sah. Das kommt daher, weil hier zwei große und erhabene Gebiete der Erde, das Hochgebirge und das Meer, in wunderbarer Weise sich vereinigen und verbinden.

Das allgemeine Gepräge Skandinaviens ist ernst und heiter zugleich. Mit der Strenge paart sich die Milde, mit dem Düsteren wechselt das Heitere, mit dem Toten, Beängstigenden einigt sich das Lebendige und Erhebende. Schwarze Felsmassen bauen sich senkrecht aus dem Meere auf, steigen unmittelbar aus den tiefeingeschnittenen Fjorden empor, zerklüften und zerteilen sich, türmen sich schroff auf und neigen sich drohend über, und auf ihren Häuptern lagern die eisigen Massen, meilenweit sich ausdehnend, Landschaften geradezu bedeckend, und bis auf die von ihnen geborenen Wildbäche alles Leben verscheuchend: jene Wildbäche, welche überall ihre silbernen Bänder auf die dunklen Massen breiten und nicht bloß das Auge befriedigen, sondern auch dem Ohre die erhabene Weise des Hochgebirges zurauschen, welche in jeder Einsenkung zur Tiefe herniederbrausen, aus jeder Schlucht hervorbrechen oder in tollem Reigen von den Felsen stürzen, einen Wasserfall nach dem andern bilden und an der jenseitigen Bergwand den Widerhall erwecken. Diese rauschenden Wildwässer, welche in jeder Einsenkung thalabwärts eilen, die glänzenden Wasserstreifen, welche an jeder Felsenwand hängen, der rauchartig aufsteigende Wasserdampf, welcher von den verstecktesten Fällen erzählt, sie sind es, welche Leben hervorrufen selbst in der grausigsten Wildnis, an Orten, wo sonst nur Felsen und Himmel dem Auge sich bieten. Sie sind so recht eigentlich Merkzeichen für das innere Land.

Aber so hehr auch dessen Schönheit ist, so sinnbestrickend und überwältigend die Fjorde mit ihren Felsenwänden, Schluchten und Thälern, Vorgebirgen und Spitzen sein mögen: eigenartiger sind die Inseln und Schären draußen im Meere, welche dem Lande vorliegen vom Süden bis zum Norden herauf, und ein Gewirr von Buchten, Sunden und Straßen hervorrufen, wie man es kaum noch einmal erschauen kann auf der weiten Erde.

Die großen Inseln spiegeln mehr oder minder getreulich das feste Land wider; die kleinen und die Schären bewahren sich unter allen Umständen ihr eigenes Gepräge. Dieses aber ändert sich mehr oder weniger mit jedem Breitengrade, welchen man, nach Norden fahrend, überschreitet. Ihnen, wie dem Meere, fehlt der Reichtum des Südens: sie sind jedoch keineswegs aller Schönheit bar und üben namentlich in den Stunden um Mitternacht, wenn die Hochsommersonne niedrig und groß und blutrot über dem Gesichtskreise steht, und ihr gleichsam verschleierter Glanz auf den eisbedeckten Bergesgipfeln und dem Meere widerspiegelt, überwältigenden Zauber aus. Wesentlich dazu tragen bei die überall zerstreuten Gehöfte: Wohnungen aus Holz gezimmert, mit Brettern verschlagen und mit Rasen gedeckt, prangend in seltsam blutroter Farbe, welche sich lebhaft abhebt von dem grünen Rasendache darüber, dem schwarz erscheinenden Dunkel der Bergwand daneben und dem Eisblau der Gletscher im Hintergrunde des Bildes.

Nicht ohne Verwunderung nimmt der dem Lande noch fremde Südländer wahr, daß diese Höfe größer, stattlicher, geräumiger werden, je weiter nach Norden hin man vordringt, daß sie, obgleich nicht mehr von Aeckern, höchstens noch von kleinen Gärtchen eingehegt, durch Größe, Geräumigkeit und Ausstattung die hüttenähnlichen Gebäude des südlichen Skandinaviens bei weitem übertreffen, ja, daß die stattlichsten und großartigsten von ihnen vielleicht auf verhältnismäßig kleinen Inseln liegen, auf denen nur Torf die Felsen bedeckt, und deren undankbarem Boden nicht einmal mehr ein kleines Gärtchen abgerungen werden kann.

Das scheinbare Rätsel löst sich, wenn man sich erinnert, daß in Norland und Finnland nicht das Land, sondern das Meer der Acker ist, welcher gepflügt wird; daß man nicht im Sommer säet und die Sense schwingt, sondern inmitten des Winters erntet, ohne gesäet zu haben; daß gerade in denjenigen Monaten, in denen die lange Nacht unbestritten ihre Herrschaft ausübt und anstatt der Sonne nur der Mond leuchtet, anstatt des Morgen- und Abendrotes nur das Nordlicht erglüht, der Mensch dort oben reichlichen Segen des Meeres einheimst.

Um die Zeit der herbstlichen Tag- und Nachtgleiche rüsten sich in allen Küstenorten ganz Norwegens kräftige Männer, um die nordische Ernte zu bergen. Jede Stadt, jeder Flecken, jedes Dörfchen entsendet ein oder mehrere reichlich bemannte Schiffe hinauf zu den Inseln und Schären jenseits des Polarkreises, um in allen geeigneten Buchten für Monate Anker zu werfen und vom Schiffe, von den Gehöften aus den Erntesegen zu bergen. Während des Hochsommers ist das Land dort oben still und menschenleer; während des Winters wimmeln Buchten, Inseln und Sunde von geschäftigen Männern, und arbeitsame Menschenhände regen sich Tag und Nacht. So geräumig auch die Gehöfte erscheinen: sie vermögen die Menge der hier zusammengeströmten Leute nicht zu fassen, und neben den Schiffen müssen noch roh errichtete torfbedachte Hütten am Strande notdürftige Unterkunft gewähren.

Um die Zeit der Tiefsommerwende, wenn wir unser Weihnachts-, die Normannen ihr Julfest feiern, regt sich das Getriebe am lebendigsten. Schon seit Wochen spendet das Meer seinen Segen. Beherrscht von dem mächtigsten Drange, welcher die lebenden Wesen erregt und bewegt, geleitet von dem unwiderstehlichen Triebe, Samen zu streuen für kommende Geschlechter, erheben sich aus den tiefsten Gründen des Meeres unschätzbare Scharen von Fischen, Kabeljaus, Schellfische und andere, steigen zu den oberen Wasserschichten empor, nähern sich der Küste, dringen ein in alle Straßen, Sunde und Fjorde und erfüllen die Oberfläche des Meeres auf viele Meilen hin mit ihrer Menge. So dicht schwimmen die nur von einem Gefühle beseelten, gleichsam sinnbethörten Fische, daß das Boot buchstäblich zwischen ihnen sich Bahn brechen muß, daß das Netz, überfüllt von ihrer Last, der Reckenkraft der fischenden Männer spottet oder zerreißt, daß ein zwischen die aneinander gepreßten Fische senkrecht eingestoßenes Ruder einige Augenblicke lang in seiner Lage erhalten wird, bevor es sich zur Seite neigt. So weit die Felseninseln freigewaschen wurden von der tosenden Hochflut, von der mittleren Flutmarke an bis zum unteren Rande der ihre Gipfel überlagernden Torfschicht, deckt den nackten Felsen ein ununterbrochener Ring von zerspaltenen Fischen, welche hier zum Trocknen ausgelegt wurden, während darüber Gerüste sich erheben, an denen man andere Fische zu gleichem Zwecke der scharfen und dennoch dörrenden Luft preisgab. Wohl leert man Felsen und Gerüste von Zeit zu Zeit, um die getrockneten Fische, zu Bündeln verpackt, in den für sie bestimmten Scheuern aufzuspeichern, aber nur um Platz zu schaffen für die inzwischen wieder gefangenen und vorbereiteten.

Monatelang währt das Getriebe, monatelang ein ununterbrochener Markt; monatelang tauschen der Süden und der Norden ihre Schätze aus. Erst in den Tagen, in denen um die Mittagszeit heller Schein im Süden der noch verborgenen Sonne vorausgeht, oder in denen diese selbst einen kurzen Blick wirft auf das Land, endet allmählich der reiche Fang. Aus den Speichern hinab zu den Schiffen trägt man den getrockneten Stock- oder Klippfisch, füllt alle Räume vom Kiel bis zum Deck und rüstet sich zur Heimkehr oder zur Fahrt in alle Welt. Eins der Schiffe nach dem andern hißt seine braungesäumten Segel und steuert davon.

Stiller wird es im Norden, einsamer das Land, öde das Meer. Endlich, um die Frühlingstag- und Nachtgleiche, haben fast alle fremden Schiffer die Erntestätte verlassen, und alle Fische wiederum nach dem tiefen Grunde des Meeres sich zurückgezogen. Aber schon sendet das Meer neue Kinder aus, um wiederum die Sunde, Buchten und Fjorde, und nicht sie allein, sondern auch die Schären und Inseln zu beleben: und bald schauen Millionen von hellen Vogelaugen von denselben, an deren Fuße jenes winterliche Getriebe herrschte, hinab auf das Meer.

Es ist ein tiefergreifender Zug des Lebens aller eigentlichen Seevögel, daß nur zweierlei Ursachen sie bewegen können, das Land zu besuchen: das freudige Gefühl der allenzlich neu erwachenden Liebe und die düstere Ahnung des nahenden Todes. Nicht der Winter mit seiner langen Nacht, seiner Kälte, seinen Stürmen treibt sie dem Lande zu: sie sind gefeit gegen alle Unbill des hohen Nordens und gewohnt, ihre Geschäfte auf oder unter den Wellen zu betreiben; auch nicht Furcht vor dem ihnen drohenden Zahne des Raubfisches scheucht sie auf das Land; sie besuchen dasselbe, eine einsam im Meere gelegene Insel zum Beispiel, wenn überhaupt, bloß gelegentlich und immer nur auf kurze Zeit, um ihr Gefieder einmal gründlicher zu durchfetten, als solches im Wasser zu geschehen pflegt. Wenn aber mit dem ersten Aufleuchten der Sonne in ihrem Herzen die Liebe sich regt: dann strebt alt und jung, und ob auch Tausende von Seemeilen durchschwommen und durchflogen werden müßten, der Stätte wieder zu, auf welcher sie zuerst das Licht der Welt erblickten. Und wenn inmitten des eisigen Winters, nachdem jene Brutstätten seit Monaten verödet lagen, ein Seevogel den Tod im Herzen fühlt: dann eilt er, solange seine Kräfte nicht versagen, womöglich derselben Stätte zu, um da zu sterben, wo seine Wiege stand.

Die alljährlichen Versammlungen zahlloser Vögel auf den Brutplätzen sind es, welche diese monatelang in unbeschreiblicher Weise beleben. Verschieden, wie die Seevögel selbst, sind die Vereinigungen; verschieden auch die Plätze oder, wie der Normanne sagt, die Berge, welche sie bevölkern. Während die einen nur solche Schären zu Brutplätzen wählen, welche eben über die Hochflutmarke sich erheben und nicht mehr Pflanzen hervorbringen, als erforderlich werden, um das im ausgeworfenen Tange eingemuldete Nest notdürftig auszukleiden, müssen andere auch solche Eilande erkiesen, welche schroff und steil Hunderte von Metern über das Meer sich erheben und entweder reich an Vorsprüngen, Gesimsen, Höhlen, Spalten und sonstigen Schlupfwinkeln sind, oder von einer dicken Decke aus vertorften Pflanzenresten umhüllt werden. Jene niederen Schären pflegt der Normanne den auf ihnen mit besonderer Vorliebe gehegten, wertvollsten oder, was dasselbe, nutzbarsten aller Seevögel zu liebe Eiderholme, zu Deutsch „Eidervogelhügel" zu nennen, während er unter Vogelbergen gemeiniglich nur die steiler dem Meere entsteigenden, höheren, der Hauptsache nach von Alken oder von Möwen bewohnten Inseln versteht.

So verlockend es für den beobachtenden Forscher sein muß, jeden einzelnen Brutvogel des Meeres genauer ins Auge zu fassen und ausführlicher zu schildern, so zwingend gebietet die Reichhaltigkeit der Bevölkerung hochnordischer Vogelberge und die Eigenart des Lebens der auf ihnen sich versammelnden Vögel Beschränkung. Auch ich muß, der mir vergönnten Zeit Rechnung tragend, mir versagen, eingehende Lebensbilder aller Bergvögel zu zeichnen, glaube aber doch wohl verpflichtet zu sein, wenigstens die Lebensweise des einen und des andern flüchtig zu schildern, um einige hauptsächliche Züge des Lebens der Seevögel hervorzuheben. So schwer die Auswahl werden mag: einer von denen, welche allenzlich zu denselben Brutinseln zurückkehren und sie und ihre Umgebung in wunderbarer Weise schmücken helfen, der Eidervogel, darf unter den erkorenen nicht fehlen.

Drei Arten dieser prachtvollen Enten bewohnen oder besuchen Europas Gestade; eine von ihnen, der Eidervogel selbst, allsommerlich selbst die nordwestlichen Inseln Deutschlands, insbesondere Sylt. Ihr Gefieder ist ein treues Spiegelbild des hochnordischen Meeres. Schwarz und rot, aschgrau, eisgrün, weiß, braun und gelb sind die Farben, welche auf ihnen sich vereinigen. Der Eidervogel ist der am wenigsten schöne unter ihnen, immerhin aber noch ein prächtiger Vogel. Nacken und Rücken, eine Binde über den Flügeln, und ein Fleck an den Seiten des Unterkörpers sind weiß, wie der Schaum der Wellen; Hals und Kropf auf weißem Grunde rosig überhaucht, als ob Mitternachtssonnenglut haften geblieben wäre; ein Streifen auf den Wangen zartgrün wie das Eis der Gletscher; Unterbrust und Bauch, Flügel und Schwanz, Unterrücken und Bürzel aber schwarz wie die Tiefe des Meeres selber. Ein solches Prachtkleid kommt jedoch nur dem Männchen zu; das Weibchen kleidet sich, wie alle Enten, in ein viel bescheideneres und doch nicht minder ansprechendes Gewand, welches ich ein Hauskleid nennen möchte. Den vorherrschend rostfarbenen, bald mehr bald minder ins Braune spielenden Grund zeichnen Längs- und Querflecke, Linien und Schnörkel in solcher Zartheit und Mannigfaltigkeit, daß das Wort gebricht, um die Zeichnung entsprechend zu beschreiben.

Keine andere Entenart ist in so vollgültigem Sinne Meeresbewohner, wie die Eiderente; keine watschelt schwerfälliger am Lande dahin, keine fliegt minder gewandt, keine schwimmt rascher, keine taucht geschickter und tiefer als sie. Bis fünfzig Meter sinkt sie der Nahrung halber unter die Oberfläche hinab, und bis fünf Minuten, eine außerordentlich lange Zeit, soll sie unter Wasser verweilen können. Vor Beginn der Brutzeit verläßt sie die hohe See entweder gar nicht, oder nur in unmaßgebenden Ausnahmefällen, mehr einer Laune als der Notwendigkeit folgend. Schon gegen Ausgang des Winters haben sich die Schwärme, welche auch diese Art bildete, in einzelne Paare getrennt, und nur diejenigen Männchen, denen es nicht gelang, ein Weibchen zu erwerben, schwimmen noch in kleinen Trupps umher. Unter den Gatten des Paares herrscht beiderseitig beglückende Eintracht. Nur ein Wille, unzweifelhaft der der Ente, ist maßgebend für beider Thun. Erhebt sich die Ente vom Wasserspiegel, um fliegend einige hundert Meter zu durchmessen, so folgt ihr auch der Entvogel; taucht sie hinab in die Tiefe, so verschwindet unmittelbar später auch er; wohin sie sich auch wenden mag, er folgt ihr getreulich; was sie beginnt, entspricht seinen Wünschen. Noch lebt das Paar draußen auf hoher See wenn auch nur da, wo deren Tiefe nicht über fünfzig Meter beträgt, und immer nur an solchen Stellen, wo Mies- und andere Muscheln in reicher Menge die Felsen oder den Grund bedecken. Diese Weichtiere sind es, welche die oft ausschließliche Nahrung unserer Enten bilden; ihrethalben tauchen sie in die bedeutende Tiefe hinab; diese Muscheln aber bewahren sie auch jederzeit vor dem Mangel, welcher so viele andere Enten zuweilen hart bedrückt.

Im April, spätestens im Anfange des Mai, nähern sich die Paare mehr und mehr dem Schärengürtel und damit der Küste. Im Herzen der Ente regen sich Muttersorgen, und ihnen ordnet sie alle übrigen unter. Draußen auf hohem Meere war das Paar so scheu, daß es niemals Annäherung eines Schiffes oder Bootes abwartete und den Menschen, wie er auch auftreten mochte, mehr fürchtete, als jedes andere Geschöpf: jetzt, in der Nähe der Inseln, ändert sich das Benehmen vollständig. Nur dem mütterlichen Drange gehorchend, schwimmt die Ente an eine der Brutinseln heran; ohne auf den Menschen ferner zu achten, watschelt sie auf das Land hinaus. Besorgt auch jetzt noch folgt ihr der Entenvogel, nicht ohne sein warnendes „Ahua, Ahua" erschallen zu lassen, nicht ohne immer ersichtlicher zu zögern, zeitweilig zurückzubleiben, lange sich zu besinnen und dann erst wieder vorwärts zu schwimmen. Die Ente achtet all dessen nicht. Unbekümmert um die ganze Welt um sie her, wandert sie über die Insel, um einen passenden Brutplatz zu suchen. Eigenwillig wie sie ist, begnügt sie sich keineswegs mit dem ersten besten Tanghaufen, welchen die Hochflut an das Land warf, mit dem niederen Wacholderstrauch, dessen auf dem Boden hinrankendes Gezweige einen sicheren Versteckplatz bietet, mit der halbzerbrochenen Kiste, welche der Besitzer der Insel als Schutzdach aufstellte, mit dem Genist- und Reisighaufen, den er, sie einladend, zusammentrug, nähert sich auch furchtlos, als wenn sie ein Haustier wäre, der Wohnung des Besitzers, tritt in das Innere derselben, durchmißt die Flur, beengt die Hausfrau in Küche und Gemach, ersieht, launenhaft und starrsinnig, vielleicht gerade das Innere des Backofens zu ihrer Niststelle und zwingt dadurch die Hausfrau, monatelang ihr Brot auf einer anderen Insel zu backen. Mit erkennbarem Entsetzen folgt ihr der treue Enterich so weit als möglich: wenn sie aber nach seiner Meinung alle Sicherung gänzlich aus den Augen setzte und sich vermißt, mit dem Menschen unter einem Dache zu wohnen, versucht er nicht länger gegen ihre Laune anzukämpfen, sondern läßt sie einfach gewähren und fliegt zunächst auf das sichere Meer hinaus, hier mit Sehnsucht ihrer alltäglichen Besuche harrend. Unsere Ente läßt sich auch hierdurch nicht beirren, schleppt etwas Reisig und Genist zusammen, gestattet gern, daß der Normanne sie unterstützt, schichtet die Neststoffe, außer Reisern namentlich auch Tange, zu einem Haufen, gräbt, mit den beiden Rudern arbeitend, eine Mulde aus, rundet dieselbe unter beständigem Drehen mit der glatten Brust und beginnt nunmehr die eigentliche Ausfütterung zu beschaffen und dem Neste einzuverleiben. Nur ihrer Brut denkend, rupft sie sich die unvergleichlich weichen Daunen von ihrer Brust, bildet aus ihnen einen Filz, welcher die ganze

Mulde bedeckt und auch noch an ihrem oberen Rande einen Kranz von solcher Dicke herstellt, daß er beim Verlassen des Nestes zu einer alle Kälte von den Eiern abhaltenden Decke verwendet werden kann. Noch ehe sie die innere Auskleidung gänzlich vollendet hat, beginnt sie ihre verhältnismäßig kleinen, glattschaligen, schmutzig- oder graugrünen Eier zu legen, bis der aus sechs bis acht, seltener weniger oder mehr Eiern bestehende Satz vollzählig geworden ist.

Eiderenten.

Auf diesen Zeitpunkt hat der Normanne gewartet. Eigennutz war es, welcher ihn zum Gastfreunde des Vogels werden ließ. Der Gastfreund wandelt sich jetzt zum Räuber. Rücksichtslos entnimmt er dem Neste die Eier, ohne Bedenken auch die innere, aus den kostbaren Daunen bestehende Ausfütterung. Vierundzwanzig bis dreißig Nester liefern ein Kilogramm an Daunen im Werte von mindestens dreißig Mark an Ort und Stelle: diese Zahlen erklären die Handlungsweise des Normannen besser als jede andere Auseinandersetzung.

Traurigen Herzens sieht die Ente ihre diesjährige Hoffnung vernichtet; bestürzt und erschreckt fliegt sie aufs Meer hinaus zu dem ihrer harrenden Gatten. Ob dieser ihr auch gegenwärtig noch seine Warnungen eindringlich wiederholt, vermag ich nicht zu sagen; wohl aber kann ich versichern, daß er sie bald zu trösten weiß. Noch regt sich Frühlingslust und Frühlingsmut in beider Herzen: nur wenige Tage, und unsere Ente watschelt, als wäre ihr nie etwas geschehen, wiederum auf das Land hinaus, um ein zweites Nest zu errichten. Wahrscheinlich meidet sie diesmal die frühere Stelle und begnügt sich mit dem ersten besten noch nicht vollständig besetzten Tanghaufen. Wiederum schaufelt und rundet sie eine Mulde, und wiederum beginnt sie suchend im eigenen Gefieder zu nesteln, um die ihr unumgänglich notwendig scheinende Daunenauskleidung zu beschaffen. Doch wie sehr sie sich auch müht, wie lang sie den Hals streckt, in wie verwickelte Schlangenwindungen sie ihn legt: ihr Vorrat ist erschöpft. Wann aber wäre eine Mutter, und liefe sie in Entengestalt über die Erde, ratlos gewesen, wenn es sich darum handelt, für ihre Kinder zu sorgen? Auch unsere Ente ist es nicht. Sie selbst hat keine Daunen mehr, — ihr Gatte trägt solche noch unversehrt auf Brust und Rücken. Jetzt muß er zur Stelle. Und wie sehr er sich vielleicht auch sträubt; wie lebendig die Erinnerung an frühere Jahre in ihm werden mag: er ist der Gatte und sie die Gattin, — das heißt, er gehorcht. Rücksichtslos nestelt die besorgte Mutter ihm im Gefieder, und binnen wenigen Stunden, mindestens binnen zwei Tagen, hat sie ihn ebenso kahl gerupft, als sie selbst ist. Daß nach solcher Behandlung der Enterich, sobald er kann, aufs hohe Meer hinausfliegt, fortan für einige Monate nur mit seinesgleichen verkehrt und sich um die brütende Gattin und werdende Brut nicht im geringsten mehr kümmert, finde ich sehr begreiflich. Und wenn man wirklich, wie es auf allen Brutinseln der Fall, noch einen Enterich neben der brütenden Ente stehen sehen sollte, so meine ich, daß dies nur ein solcher sein kann, welcher noch nicht gerupft wurde.

Unsere Ente brütet nunmehr eifrig. Und jetzt erweist sich ihr Hauskleid als das einzig geeignete, ich möchte sagen, einzig mögliche Gewand, welches sie tragen kann. In dem das Nest umgebenden Tange verschwindet sie vollständig, selbst dem scharfen Falken- oder Seeadlerauge. Nicht bloß die allgemeine Färbung, auch jedes Pünktchen, jedes Strichelchen stimmt mit dem vertrockneten Tange derartig überein, daß der brütende Vogel, sobald er seinen Hals niedergedrückt und die Flügel ein wenig gebreitet hat, von der Umgebung geradezu aufgenommen wird. Viele, viele Male ist es mir begegnet, daß ich, mit dem geübten Jäger- und Forscherauge suchend, über Eiderholme schritt und auf eine vor meinen Füßen brütende Eiderente erst dadurch aufmerksam gemacht wurde, daß sie abwehrend mir an den Stiefeln knabberte. Wer die Hingabe kennt, mit welcher Enten brüten, wird darüber, daß es möglich ist, einer im Neste sitzenden Eiderente so weit zu nahen, nicht sich wundern: wohl aber erregt es billig auch das Erstaunen des erfahrenen Forschers, wenn er lernt, daß die Eiderente, ohne aufzufliegen, handliche Untersuchung der Eier unter ihrer Brust gestattet, daß sie im Brüten sich nicht einmal dann stören läßt, wenn man sie vom Neste abhebt und wieder auf dasselbe oder in geringer Entfernung davon auf den Boden setzt, um sich das reizende Schauspiel zu verschaffen, sie der Brut wieder zuwatscheln zu sehen.

Die mütterliche Hingabe und Mutterseligkeit der Eiderente erweist sich jedoch noch anderweitig. Jede weibliche Eiderente und vielleicht jede Ente überhaupt, erstrebt nicht bloß das Glück Kinder zu erzielen, sondern will ihr Mutterauge auch über möglichst viele Küchlein gleiten lassen. Dies hat zur Folge, daß sie ohne Bedenken andere, neben ihr brütende benachteiligt, sofern sie dies vermag. So hingebend sie brütet: einmal am Tage muß sie das Nest verlassen, um sich mit Nahrung zu versorgen, und das unter der sich entwickelnden Bruthitze erheblich leidende Gefieder zu reinigen, einzufetten und neu zu ordnen. Einen mißtrauischen Blick auf die Nachbarinnen zur Rechten und zur Linken werfend, erhebt sie sich in den ersten Vormittagsstunden, vielleicht schon seit langem vom nagenden Hunger gequält, tritt neben das Nest und breitet mit dem Schnabel sorgsam den umliegenden Kranz zu einer die Eier verhüllenden und schützenden Decke aus; dann fliegt sie eilend auf das Meer hinaus, taucht wiederholt in die Tiefe hinab, füllt sich hastig Kropf und Speiseröhre bis zum Schlunde herauf mit Muscheln, badet, putzt und fettet sich, kehrt zum Lande zurück und läuft nun, unterwegs noch beständig die Federn trocknend und glättend, dem Neste wieder zu. Beide Nachbarinnen sitzen anscheinend ebenso harmlos wie früher auf ihren Nestern, und doch haben sie, wenigstens die eine, inzwischen ein Diebesstück ausgeführt. Sobald jene abgeflogen war, hat sich die eine erhoben, die Decke über den fremden Eiern gelüftet und mit den beiden Ruderfüßen eins, zwei, drei, vier Eier rasch in ihr eigenes Nest gerollt, sodann den Nest sorglich wieder bedeckt und sich beglückt auf ihr unrechtmäßigerweise vermehrtes Gelege gesetzt. Wohl mag die heimkehrende Ente erkennen, welcher Streich ihr gespielt wurde; merken aber läßt sie sich von dem, was in ihr vorgeht, nicht das geringste, setzt sich vielmehr ruhig zum Brüten nieder und thut als dächte sie: „Warte nur, Frau Nachbarin, auch du wirst hinausfliegen auf das Meer, und dasselbe, was du mir gethan, wird dir geschehen.“ Thatsächlich wandern die Eier mehrerer nebeneinander stehender Eidervogelnester beständig aus dem einen nach dem andern. Ob dann die eigenen oder fremde Kinder unter der glücklichen Mutterbrust zum Leben reifen: der Eiderente scheint das gleichgültig zu sein; — sind es ja doch Kinder!

Sechsundzwanzig Tage etwa brütet die Ente, bevor die Eier gezeitigt sind. Der Normanne, welcher verständig zu Werke geht, läßt sie diesmal gewähren und behelligt sie nicht nur nicht, sondern sucht sie nach Kräften zu unterstützen, indem er soviel als möglich alle Feinde und Störenfriede überhaupt von dem Eilande abhält. Er kennt seine Enten, wenn auch nicht persönlich, so doch soweit, daß er weiß, wann ungefähr diese oder jene ausgebrütet haben und mit ihrer Küchleinschar den Weg nach dem sicheren Meere antreten werden. Dieser Weg bringt vielen unbeaufsichtigten jungen Eiderenten jähes Verderben. Nicht allein die auf den Inseln brütenden oder sie besuchenden Falken, sondern auch, und mehr noch, Kolkraben, Raub- und große Seemöwen belauern den ersten Ausgang der Küchlein, überfallen sie unterwegs und rauben das eine oder das andere. Dem sucht der Schutzherr der Insel in einer Weise vorzubeugen, welche ebenfalls für das Gebaren der sonst so wilden und scheuen, während der Brutzeit aber zu förmlichen Hausvögeln gewordenen Eiderenten bezeichnend ist. Gegen das Ende der Brutzeit hin begeht er allmorgendlich die Brutinsel, um den Müttern behilflich zu sein und die zweite Daunenernte einzuheimsen. Auf seinem Rücken hängt ein Tragkorb, an dem einen Arm ein breiter Handkorb. So wandelt er von einem Neste zum andern, hebt jede Eiderente auf und sieht nach, ob die Küchlein ausgeschlüpft und schon hinlänglich trocken geworden sind. Ist letzteres der Fall, so packt er die ganze krabbelnde Gesellschaft in seinen Handkorb, entkleidet mit geschicktem Griffe das Nest von seiner daunigen Ausfüllung, wirft diese in den Tragkorb und schreitet weiter. Vertrauensvoll wackelt die Ente hinter ihm, oder vielmehr hinter ihren piependen Jungen einher. Ein zweites, drittes, zehntes Nest wird in derselben Weise entleert, überhaupt damit fortgefahren, solange der Handkorb die Küchlein noch bergen kann, und eine Mutter nach der andern schließt sich jetzt, mit den Leidensgefährtinnen unterwegs ihre Meinung austauschend, dem Gefolge an. Am Meere angekommen, kehrt der Mann den Korb um und schüttet damit die gesamte Küchleinschar einfach auf das Wasser. Sofort stürzen alle

Enten den piependen Jungen nach; lockend, rufend, alle Zärtlichkeit der Mutter entfaltend, schwimmen sie unter die Herde, und jede sucht so viele Küchlein als möglich hinter sich zu scharen. Mit ersichtlichem Stolze schwimmt die eine dahin, ein langes Gefolge hinter sich nachziehend; doch schon kreuzt eine zweite, minder beglückte, den wie eine Schleppe hinter ihr einherziehenden Schwarm und sucht so viele Junge als ihr möglich, an sich zu ketten, und wiederum kommt eine dritte herbei, in der Absicht, zu eigenen Gunsten einige abspenstig zu machen. So schwimmen, schnatternd und rufend, gackernd und lockend, alle Mütter durcheinander, bis endlich jede einzelne ein Trüppchen Küchlein hinter sich hat: ob die eigenen, ob die fremden, wer kann es wissen! Die betreffende Ente weiß es sicherlich nicht; ihre Mutterlust aber wird dadurch nicht beeinträchtigt: sind es doch Kinder, welche hinter ihr einherschwimmen!

In jedem Falle folgt auch eine in solcher Weise zusammengeraffte Schar schon in den ersten Stunden ihres Lebens der Mutter oder Pflegemutter getreulich nach. Diese führt die Küchlein zunächst auf solche Stellen, wo die Miesmuscheln bis zum Stande der tiefsten Ebbe hinauf an den Felsen sitzen, pflückt von denselben, so viele sie und ihre Familie bedarf, zerbricht die Gehäuse der kleinsten und legt den Inhalt ihren Kindern vor. Letztere sind vom ersten Tage ihres Lebens an befähigt zu schwimmen und zu tauchen, trotz ihrer Eltern, übertreffen diese sogar in einer Beziehung, indem sie ungleich gewandter auch auf dem Lande sind und hier mit überraschendem Geschick sich zu bewegen verstehen. Ermüden sie in der Nähe einer Insel, so führt sie die Alte auf dieselbe hinauf, und sie rennen dann wie junge Rebhühner dahin, wissen sich auch auf den ersten Warnungsruf hin durch einfaches Niederdrücken so vortrefflich zu verbergen, daß man sie nur nach längerem Suchen aufzufinden vermag; ermüden sie, wenn sie sich weiter von den Schären entfernt haben, so breitet die Alte ihre Flügel ein wenig und bietet ihnen diese und den Rücken zum Ruhesitze dar. Da sie niemals Mangel leiden, wachsen sie außerordentlich rasch heran und haben schon nach Verlauf von zwei Monaten beinahe die Größe, mindestens alle Fertigkeiten ihrer Mutter erlangt. Nunmehr findet sich auch der Vater wieder bei ihnen ein, um fortan mit der Familie, meist noch mit vielen andern Familien vereinigt, unter Umständen zu Tausenden geschart, den Winter zu verbringen.

Der hohe von Jahr zu Jahr steigende Preis der unvergleichlichen Daunen erhebt die Eidervögel zu den wertvollsten aller Bergvögel. Tausend Paare Eidervögel gelten für ein Besitztum, mit welchem gerechnet wird.

Auf den meisten Eiderholmen brüten jedoch mindestens drei- bis viertausend Paare, und der glückliche Besitzer noch zahlreicher besuchter Brutstellen erzielt durch die Vögel Einnahmen, um welche ihn mancher Gutsbesitzer Deutschlands beneiden könnte. Außer den Eidervögeln brüten aber auf den Holmen auch noch Austernfischer und Teisten, deren Eier ausgehoben, monatelang zu allerlei Nahrungsmitteln verwendet und auf weithin versendet werden. Zudem salzt man hier und da die Jungen für den Winter ein, und somit bilden die Holme auch ihrerseits Aecker, welche reiche Ernte bringen, dementsprechend unter strenger Aufsicht gehalten und durch besondere Gesetze geschützt werden.

Ebenso eigenartig als fesselnd ist das Schauspiel, welches eine mit Eider- und anderen Seevögeln besetzte Brutinsel gewährt. Eine mehr oder minder dichte Wolke von blendend weißen Möwen umhüllt das Eiland. Ohne Unterlaß kommen Trupps und Schwärme dieser Brutvögel auf der Insel an und fliegen wieder auf das Meer hinaus, besuchen auch wohl die benachbarten Schären und werden unter Umständen den entsumpften zu grünen Rasenflächen umgewandelten Mooren vor den roten Blockhäusern zu einem wunderbaren Schmucke. Mit gerechtem Stolze deutete ein Bewohner der Lofoden auf mehrere Hundert von Sturmmöwen, welche dicht geschart unmittelbar vor seinem Hause nach Kerbtieren suchten. „Unser Land ist zu arm, zu kalt und zu rauh," sagte er, „als daß wir ebenso wie Sie im Süden Hausgeflügel halten könnten. Unsere Tauben aber sendet uns das Meer, und ich frage Sie, haben Sie wohl jemals schönere gesehen?" Ich mußte die Frage verneinen; denn das Bild der blendend weißen und zartblaugrauen Möwen auf dem üppigen grünen Rasen in der großartigen Umgebung der nordischen Gebirgswelt war in der That überaus anziehend. Diese Möwen sind es, welche vor allem die Brutholme auf weithin zur Geltung bringen und von anderen genau ebenso aussehenden Schären unterscheiden lassen. Von der übrigen gefiederten Bevölkerung bemerkt man wenig, obwohl sie nach vielen Tausenden zählt. Erst wenn man in einem jener leichten, unübertrefflichen Boote des Landes von dem bewohnten Ufer stößt und dem Holme zurudert, ändert sich das Stillleben der Vögel. Einige Austernfischer, welche unmittelbar über der Flutmarke ihre Nahrung suchten, haben das Boot bemerkt und fliegen ihm eilig entgegen. Denn diese Vögel, welche keiner größeren Insel, kaum einer Schäre fehlen, sind die Sicherheits- und Wohlfahrtsbeamten der friedlich vereinigten Bergvögel. Neugieriger und regsamer als alle übrigen mir bekannten Strandvögel, selbstbewußt, vorsichtig und bedachtsam, vereinigen sie alle Eigenschaften, um sie zu tonangebenden Gliedern gemischter Siedelungen zu erheben. Jedes neue, ungewohnte oder ungewöhnliche Ereignis reizt ihre Wißbegier und bewegt sie, eine genauere Untersuchung anzustellen. So fliegen sie jedem Boote entgegen, umschwärmen es fünf bis sechsmal in immer enger sich schlingenden Kreisen, schreien dabei ununterbrochen, ziehen dadurch andere ihrer Art herbei und erregen schon jetzt die Aufmerksamkeit aller übrigen klugen Vögel der Ansiedelung. Sobald sie sich von dem Vorhandensein wirklicher Gefahr überzeugt haben, eilen sie rasch zurück und teilen das Ergebnis ihrer Untersuchungen in warnenden Tönen allen Bergvögeln mit, welche darauf achten wollen und in der That darauf achten. Einige Möwen beschließen nun, ebenfalls durch eigenen Augenschein sich von der Ursache der Störung zu überzeugen. Ihrer fünf bis sechs fliegen dem Boote entgegen, stellen sich in der Luft nach Falkenart auf, stoßen vielleicht jetzt schon kühn auf die Eindringlinge herab und kehren schneller, als sie gekommen, zum Holme zurück. Gerade als ob man ihnen mißtraue, erhebt sich nunmehr die doppelte, drei-, vier-, zehnfache Anzahl, um genau ebenso zu verfahren, wie die ersten Späher thaten. Schon schichtet sich eine aus Vögeln bestehende Wolke über dem Boote. Sie dichtet sich mehr und mehr und wird immer bedrohlicher, da die Vögel nicht allein mit beständig steigender Kühnheit nach den Insassen des Fahrzeuges stoßen, sondern sie auch mit Stoffen begaben, welche Gesicht und Kleidern nicht gerade zum Schmucke gereichen. In der Nähe der Brutinsel steigert sich die Erregung zu scheinbar sinnlosem Wirrwarr, das Geschrei der einzelnen zu tausendfach wiederholtem, sinnbethörendem Lärme. Noch ehe das Boot gelandet, sind die zum Besuche ihrer Weibchen zugegen gewesenen männlichen Eidervögel dem Strande zugewatschelt und schwimmen jetzt unter warnendem „ahua, ahua“ auf das Meer hinaus. Ihnen folgen Schopfscharben oder Kormorane und Säger, wogegen Austernfischer, Regenpfeifer, Teisten, Eidervögel, Möwen und Seeschwalben, sowie die etwa vorhandenen Felsenpieper und Bachstelzen sich nicht entschließen können, das Eiland zu verlassen. Aber die Laufvögel rennen, wie vom bösen Feinde getrieben, zahllos am Strande auf und ab; die Teisten, welche geneigte Felsblöcke rutschend erklimmt hatten, ducken sich platt auf ihnen nieder und starren harmlos verwundert den Fremdling an; die Eiderenten bereiten sich vor, im geeigneten Augenblicke in ihrer Weise sich unsichtbar zu machen.

Das Boot landet. Man betritt den Holm. Tausende von Stimmen kreischen gleichzeitig auf; die aus fliegenden Vögeln bestehende Wolke verdichtet sich bis zur Undurchsichtigkeit; Hunderte von brütenden Möwen erheben sich krächzend, um sich mit den fliegenden zu vereinigen; Dutzende von Austernfischern schreien laut, und das Gewirr der sich bewegenden, der Lärm der kreischenden, rufenden Vögel wird so betäubend, daß man meint, des Blocksbergs Hexenwirrwarr mit leiblichen Sinnen wahrzunehmen.

Hörst du Stimmen in der Höhe,
In der Ferne, in der Nähe?
Ja, den ganzen Berg entlang
Strömt ein wütender Zaubergesang.

Mephistos Worte werden zur Wahrheit. Das Lärmen und Brausen, das Wirrsal der Gestalten und Töne ermüdet alle Sinne; es schwirrt und flimmert vor den Augen, saust und braust in den Ohren, daß man zuletzt weder Farbe noch Lärm mehr aufzufassen vermag und selbst den meist sehr eindringlichen Geruch nicht mehr empfindet. Wohin man sich auch wenden mag: auf der ganzen Insel umhüllt einen die erwähnte Wolke, wohin man schaut: nichts anderes sieht man vor sich als Vögel, und wenn Tausende zur Ruhe sich niederließen, haben andere Tausende sich erhoben, und ihre Sorge, ihre Angst um die Brut läßt sie die eigene Ohnmacht vergessen und ermutigt sie zu zwar ungefährlicher, dem Vordringenden aber doch hinderlicher Abwehr.

Wesentlich verschieden von dem doch recht harmlosen Treiben auf den Eiderholmen ist das Bild, welches eine mit Silber-, Herings- oder Mantelmöwen besetzte Insel zeigt. Auch sie scharen sich um zu brüten auf bestimmten Inseln, Hunderte von Paaren zu anderen Hunderten, so daß solche Insel unter Umständen von drei- bis fünftausend Paaren bevölkert werden kann. Die Insel selbst gewährt dem Auge ein ebenso schönes und großartiges Schauspiel, wie der Eiderholm. Die großen blendend weiß und hell oder dunkelgrau gefärbten Gestalten heben sich wundervoll ab von der ganzen Umgebung und ihre Bewegungen entbehren durchaus nicht der Anmut, welche alle Möwen auszeichnet. Aber sie, die starken, kräftigen und raublustigen Vögel, sind zwar gesellige, nicht jedoch friedfertige Nachbarn. Kein Glied solcher Ansiedelung traut dem andern. Jedes einzelne Paar lebt für sich, grenzt sich ein bestimmtes Brutgebiet ab, wie gering der Durchmesser desselben auch sein mag, duldet innerhalb dieses Gebietes kein anderes Paar und verläßt das Nest nie gleichzeitig, eilt auch, sobald es durch einen gemeinsamen übermächtigen Feind aufgestört wurde, so schnell als möglich zum Neste zurück, um dieses gegen die eigenen Artgenossen zu sichern.

Minder geräuschvoll aber keineswegs weniger großartig ist das Leben auf den eigentlichen Vogelbergen, da wo Alken, Lummen und Lunde brüten und höchstens hier und da eine oder die andere Möwe, eine oder die andere Scharbe dazwischen sich eingenistet hat. Es wird genügen, wenn ich einen einzigen dieser Berge zu schildern versuche und zur Erzählung übergehe.

Im Norden der großen zur Lofodengruppe gehörigen Insel liegen, einige dreihundert Meter von dem Strande entfernt, drei glockenförmige Felseneilande, die Nyken, welche schroff und steil dem Meere entsteigen, sich etwa hundert Meter über dessen Spiegel erheben und ringsum von einem Kranze kleiner Schären umlagert werden. Einer dieser Felsenkegel ist ein Vogelberg, wie er in seiner Art großartiger kaum gedacht werden kann.

Es war an einem wundervollen Sommertage, als wir uns anschickten ihn zu besuchen, das Meer glatt und ruhig wie selten, der Himmel klar und blau, die Luft warm und angenehm. Zwischen zahllose Schären hindurch ruderten kräftige Normannen unser leichtes Boot. Wohin das Auge blickte, traf es auf Vögel. Fast jeder Stein, welcher über die Meeresfläche emporragte, zeigte sich belebt. Einzelne waren weiß übertüncht von dem Kote der Scharben, welche dort regelmäßig einige Stunden des Tages zubrachten, um zu ruhen. Reihenweise geordnet wie aufgestellte Soldaten saßen sie zu zehn, zu zwanzig, zu Hunderten in den seltsamsten Stellungen, die langen Hälse gedehnt und gereckt, die Flügel ausgebreitet, um jedem Teile ihres Leibes die Wohlthat der Besonnung zu verschaffen, mit ihnen fächelnd, als wollten sie sich gegenseitig Kühlung zuwehen, aufmerksamen Auges nach allen Seiten spähend; unter dumpfem Schreien stürzten sie sich bei unserer Annäherung in plumper Weise in das Meer hinab, nunmehr schwimmend und tauchend aller Annäherungsversuche unsererseits spottend. Andere Schären waren bedeckt von Möwen, immer von Hunderten und Tausenden einer und derselben Art, ebenso von männlichen Vögeln, welche von irgend einem Eiderholme hergekommen sein mochten, um sich nach Männerart zu unterhalten, dieweil die Weibchen dem Brutgeschäfte oblagen. Um andere Felseneilande hatten die blendenden Eiderenten, vielleicht bereits gerupfte Männchen, sich geschart und stellenweise einen Kranz gebildet, vergleichbar großen, weißen Wasserrosen unserer stillen Süßgewässer. In den nicht allzutiefen Sunden sah man fischende Säger und Seetaucher, von denen der eine oder der andere dann und wann auch wohl seinen auf weithin gellenden Schrei zum besten gab einen Ruf, so lang ausgezogen und so vielfach vertönt, daß man ihn als

Gesang bezeichnen würde, wäre er nicht eine wilde Melodie, wie sie nur ein Kind des Nordmeeres vortragen kann, welches dem Heulen und Brausen winterlicher Stürme gelauscht und von dem dröhnenden Wogenschwalle gelernt und in sich aufgenommen. Stolz wie ein Fürst auf seinem Throne saß hier und da ein Seeadler, der Schrecken aller gefiederten Wesen des Meeres, vielleicht auch eine ganze Gesellschaft beutesatter Räuber dieser Art; pfeilschnell durcheilte sein meilenweites Gebiet der Jagdfalke, welcher an einer der steilen Felsenwände seinen Horst gegründet; gaukelnde Sturm- und Stummelmöwen, fischende Seeschwalben zogen auf und nieder; Austernfischer begrüßten uns mit ihren trillernden Rufen; Alken und Lummen erschienen und verschwanden auf- und untertauchend rings um uns her.

Unter solcher Gesellschaft zogen wir weiter. Nachdem wir etwa zehn Seemeilen zurückgelegt hatten, gelangten wir in das Schwarmbereich der Nyken. Wohin wir unsere Blicke wandten, allüberall sahen wir einige der zeitweiligen Bewohner des Berges, im Meere fischend, tauchend, durch unser Boot erschreckt auffliegend und so hart über dem Wasser wegziehend, daß die brennendroten Ruderfüße den Saum der Wellen schlugen. Wir sahen Schwärme von dreißig, fünfzig bis hundert Stück, sahen solche überall von dem Berge herkommend oder demselben zuströmend und konnten nicht im Zweifel bleiben, daß wir uns einer stark bevölkerten Brutansiedelung näherten. Aber man hatte uns von Millionen brütender Vögel gesprochen, und von solchen Massen vermochten wir denn doch nichts zu entdecken. Endlich, nachdem wir einen vorspringenden Felsenkamm umrudert hatten, lag die Nyke vor uns. Im Meere ringsum traf das Auge auf schwarze, an dem Fuße des Berges auf weiße Punkte. Jene zeigten sich ohne Ordnung und Regel, diese meist in Reihen oder scharf umgrenzten Trupps: es waren die schwimmenden, mit Kopf, Hals und Nacken über die Oberfläche emporragenden und die auf dem Berge sitzenden, mit der weißen Brust dem Meere zugekehrten Alken, welche wir sahen. Es waren sicherlich viele Tausende, keinesfalls aber Millionen.

Nachdem wir auf der gegenüberliegenden Insel gelandet und im Hause des Besitzers der Nyke uns erquickt hatten, fuhren wir nach dieser hinüber, sprangen an einer von der Brandung nicht allzuarg umtobten Stelle auf den Fels und kletterten nun rasch bis zu der Torfhaube empor, welche die ganze Nyke bis auf wenige durchbrechende und zu Tage tretende Zacken, Vorsprünge und Winkel überdeckt. Hier fanden wir zunächst, daß die Torfrinde überall mit Bruthöhlen, nach Art unserer Kaninchenröhren

Lapplands Vogelberge.

durchlöchert, daß nicht ein einziges tischgroßes Plätzchen auf dem ganzen Berge ohne die Mündung einer solchen Röhre gewesen war.

In Schraubenlinien schritten wir, mehr kletternd als gehend, zum Gipfel des Berges empor. Unter unseren Tritten zitterte die unterwühlte Torfschicht. Und hervor aus allen Höhlen lugten, krochen, rutschten, flogen mehr als taubengroße, oberseits schieferfarbene, auf Brust und Bauch blendend weiße Vögel mit phantastischen Schnäbeln und Gesichtern, kurzen, schmalen, spitzigen Flügeln und stummelhaften Schwänzen. Aus allen Löchern erschienen sie, aus Ritzen und Spalten des Gesteines nicht minder. Wohin man blickte, nichts anderes mehr als Vögel sah das Auge, und leises, dröhnendes Knarren, das vereinigte schwache Geschrei derselben traf das Ohr. Jeder Schritt weiter entlockte neue Scharen dem Bauche der Erde. Von dem Berge herab nach dem Meere begann es zu fliegen; von dem Meere nach dem Berge hinauf schwärmten bereits unzählbare Massen. Aus den Dutzenden waren Hunderte, aus den Hunderten Tausende geworden, und Hunderttausende entwuchsen fortwährend dem braungrünen Boden. Eine Wolke, nicht minder dicht wie jene über dem Holme, umhüllte uns, umhüllte den ganzen Berg, so daß dieser zauberhaft wohl, aber doch den Sinnen noch begreiflich, zu einem riesenhaften Bienenstocke sich wandelte, um welchen nicht minder riesenhafte Bienen schwirrend und summend schwebten und gaukelten.

Je weiter wir kamen, um so großartiger gestaltete sich das Schauspiel. Der ganze Berg wurde lebendig. Hunderttausende von Augen sahen auf uns Eindringlinge herab. Aus allen Enden und Ecken, von allen Winkeln und Vorsprüngen her, aus allen Ritzen, Höhlen und Löchern wälzte es sich hervor, zur Rechten, zur Linken, ober- und unterhalb, in der Luft wie auf dem Boden wimmelte es von Vögeln. Von den Wänden wie vom Gipfel des Berges herab ins Meer stürzten sich ununterbrochen Tausende in so dichtem Gedränge, daß sie den Augen ein festes Dach vorzutäuschen vermochten. Tausende kamen, Tausende gingen, Tausende saßen, Tausende tänzelten unter Zuhilfenahme der Schwingen in wundersamer Weise dahin; Hunderttausende flogen, Hunderttausende schwammen und tauchten, und neue Hunderttausende harrten des auch sie aufscheuchenden Fußtrittes. Es wimmelte, schwirrte, rauschte, tanzte, flog, kroch um uns herum, daß uns fast die Sinne vergingen, daß das Auge den Dienst versagte, daß die erprobte Fertigkeit selbst den Schützen, welcher versuchte, unter den Tausenden aufs Geratewohl Beute zu gewinnen, im Stiche ließ. Betäubt, kaum unserer selbst noch bewußt, schritten wir weiter, bis wir endlich den Gipfel erklommen hatten. Unsere Erwartung, dort oben endlich wieder zur Ruhe, zur Besinnung, zur Betrachtung zu gelangen, erfüllte sich zunächst noch nicht. Auch hier wimmelte und schwirrte es, wie es weiter unten an den Wänden gewimmelt und geschwirrt; auch hier umlagerte die aus Vögeln gebildete Wolke uns so dicht, daß wir das Meer unter uns nur wie im Dämmerlichte, unklar und unbestimmt vor uns liegen sahen. Erst ein Jagdfalkenpaar, welches in einer der benachbarten Felsenwände horstete und das ungewohnte Getriebe gesehen haben mochte, veränderte plötzlich das wunderbare Schauspiel. Vor uns hatten die Alken, Lummen und Lunde sich nicht gefürchtet; beim Erscheinen ihrer wohlbekannten und unabwendbaren Feinde aber stürzte die dichte Wolke wie auf den Befehl eines Zauberers mit einem Schlage herab auf das Meer, und klar und frei wurde der Blick. Zahllose dunkle Punkte, die Köpfe der im Meere schwimmenden Vögel, welche sich deutlich von dem Wasser abhoben, unterbrachen die blaugrüne Färbung der Wogen. Ihre Menge war so groß, daß wir von der Spitze des über hundert Meter hohen Berges aus nicht entdecken konnten, wo der Schwarm endete, nicht wahrzunehmen vermochten, wo das Meer frei war von Vögeln. Um nur einigermaßen zu schätzen, zu rechnen, nahm ich mir ein kleines Viereck ins Auge und begann die Punkte in ihm zu zählen. Es waren ihrer mehr als hundert. Ich setzte in Gedanken rasch ähnliche Vierecke aneinander und kam in die Tausende. Aber ich hätte viele Tausende solcher Vierecke bilden können und den von Vögeln bedeckten Raum noch nicht erschöpft. Die Millionen, von denen man gesprochen, waren vorhanden. Nur auf Augenblicke bot sich das Bild scheinbarer Ruhe unseren Blicken dar. Bald begannen die Vögel wieder aufwärts zu fliegen, und wie vorher entstiegen Hunderttausende zu gleicher Zeit dem flüssigen Elemente, um zum Berge empor zu klettern; wie vorher bildete sich die Wolke um ihn, wie vorher verwirrten sich unsere Sinne. Unfähig noch zu sehen, betäubt durch das unbeschreibliche Geräusch um mich her, warf ich mich auf den Boden nieder, und von allen Seiten herbei strömten die Vögel. Aus den Höhlen hervor krochen noch immer neue, in sie hinein solche, welche wir früher aufgescheucht; um mich her ließen sie sich nieder; mit erheiterndem Staunen betrachteten sie die fremde Gestalt unter sich; tänzelnden Ganges näherten sie sich mir bis auf so geringe Entfernung, daß ich nach ihnen zu greifen versuchte. Die Schönheit, der Reiz des Lebens zeigte sich in jeder Bewegung der absonderlichen Vögel. Mit Erstaunen sah ich, wie steif und kalt auch die besten Abbildungen sind; denn ich bemerkte eine Regsamkeit und eine Lebhaftigkeit in den wundersamen Gestalten, welche ich ihnen nicht zugetraut hätte. Nicht einen Augenblick saßen sie ruhig, bewegten mindestens Kopf und Hals fort und fort nach allen Seiten hin, und ihre Umrisse gewannen wahrhaft künstlerische Linien. Es war, als ob die Harmlosigkeit, mit welcher ich mich ganz der Beobachtung hingab, durch unbeschränktes Vertrauen von ihrer Seite vergolten werden sollte. Ich verkehrte mit den Tausenden um mich her, als ob sie Haustiere wären; und die Millionen schenkten mir zuletzt nicht mehr Beachtung, als ob ich einer der ihrigen gewesen.

Achtzehn Stunden verweilte ich auf diesem Vogelberge, um das Leben der Alken kennen zu lernen. Als die Mitternachtssonne groß und blutigrot am Himmel stand und ihr rosiges Licht auch auf die Wände unseres Berges warf, trat die Ruhe ein, welche die Mitternacht auch im hohen Norden zu bringen pflegt. Das Meer um die Berge herum war leer geworden; alle die Vögel, welche bis dahin in ihm gefischt und getaucht, waren zum Berge aufgeflogen. Hier saßen sie jetzt, wo sie ein Plätzchen zum Sitzen fanden, in langen Reihen bei zehn, bei Hunderten, bei Tausenden, bei Hunderttausenden, lange, blendendweiße Linien bildend, da alle ausnahmslos die Brust dem Meere zukehrten. Ihr „Arr" und „Err", welches trotz der Schwäche der einzelnen Stimmen unsere Ohren betäubt hatte, war verklungen, und nur die Brandung, welche sich tief unten am Felsen brach, rauschte und tönte nach wie vor zu uns herauf. Erst als die Sonne sich wiederum erhoben, begann das alte wirre Getriebe von neuem, und als wir endlich, heimkehrend, auf denselben Wegen wie vorher aufwärts, abwärts stiegen, umhüllte uns nochmals die dichte Wolke der gescheuchten Tiere.

Nicht die Massenhaftigkeit des Auftretens allein ist es, durch welche die Alken fesseln; auch ihr Leben und Treiben bietet des Anziehenden viel. Ihre geselligen Tugenden erreichen während der Brutzeit eine unvergleichliche Höhe. Als vollendete Seevögel leben alle Alken bis zu jener Beginne ausschließlich auf hoher See, dem strengsten Winter, wie den wütendsten Stürmen gleichmütig trotzend. Auch in der langen Winternacht verlassen sie nicht oder doch nur sehr einzeln ihre nordische Heimat, streifen vielmehr in Scharen und Flügen von Hunderten und Tausenden von einem Fischgrunde zum andern und wissen alle offenen Stellen zwischen dem Eise ebenso sicher zu finden, wie andere Nahrung versprechende Orte außen auf hohem Meere. Wenn aber die Sonne wiederum sich hebt, regt sich in ihnen nur ein Gefühl: das der Liebe, nur eine Sehnsucht: so bald als möglich den Berg zu erreichen, auf welchem ihre eigene Wiege stand. Jetzt, um die Osterzeit etwa, ziehen alle, mehr schwimmend als fliegend, dem Berge zu. Nun aber gibt es auch unter den Alken mehr Männchen als Weibchen, und nicht jedes der ersteren ist so glücklich, eine Gattin zu erringen. Unter anderen Vögeln führt dieses Mißverhältnis zu ununterbrochenem Streite; unter den Lummen wird der Friede nicht gestört. Die beklagenswerten Wesen, welche wir, in menschliches Sein und in menschliche Sprache übersetzt, als Hagestolze bezeichnen, wandern ebensogut wie die glücklichen, unterwegs kosenden und tändelnden Paare dem Berge zu, fliegen mit ihnen zur Höhe hinauf und ziehen mit ihnen zur Jagd auf das benachbarte Meer hinaus. Die Paare beginnen, sobald die Witterung es gestattet, ihre alten Höhlen neu herzurichten, sie auszuräumen, zu vertiefen, ihre Kammer zu vergrößern, erforderlichenfalls auch eine neue Brutstätte auszugraben, und sobald dies geschehen, legt das Weibchen auf den nackten Boden der am hinteren Ende ausgewölbten Brutkammer sein einziges, aber sehr großes, kreiselförmiges, buntgetüpfeltes Ei und beginnt nun abwechselnd mit dem Männchen zu brüten. Für die armen Junggesellen bricht damit eine traurige Zeit an. Auch sie würden unendlich gern Vatersorgen auf sich nehmen, wenn sie nur die Gattin zu finden vermöchten, welche ihnen zu denselben verhelfen wollte. Aber alle Weibchen sind vergeben, und alles Werben ist umsonst. So entschließen sie sich denn, ihren guten Willen wenigstens insofern zu bethätigen, daß sie glücklichen Paaren zu Hausfreunden sich aufdrängen. Wenn in den Stunden um Mitternacht im Neste das Weibchen brütet und außen vor demselben das Männchen sitzt, gesellen sie sich letzterem, und wenn das Männchen die im Meere fischende Gattin ablöst, halten sie außen Wache, wie vorhin das rechtmäßige Männchen that. Wenn aber beide Eltern gleichzeitig ins Meer hinabfliegen, beeilen sie sich, wenigstens einigen Lohn für ihre Treue zu ernten. Ohne Zögern rutschen sie in das Innere der Höhle und wärmen inzwischen das verlassene Ei. Sie die Armen, welche zur Ehelosigkeit verurteilt sind, wollen mindestens ein wenig brüten! Diese selbstlose Hingebung hat eine Folge, um welche wir Menschen die Alken beneiden könnten. Auf den Bergen, welche diese Vögel bewohnen, gibt es kein Waisenkind. Sollte der Gatte eines Paares verunglücken, so bietet sich der Witwe augenblicklich Ersatz, und sollte der seltenere Fall eintreten, daß beide Nestinhaber, beide Eltern eines Jungen zu gleicher Zeit ihr Leben verlören, so sind die gutmütigen Ueberzähligen sofort bereit, das Ei vollends auszubrüten, das Junge zu erziehen. Letzteres unterscheidet sich wesentlich von dem der Enten und Möwen. Es ist nicht

Nestflüchter, sondern Nesthocker. In dichtem graulichem Daunenkleide entschlüpft es der Eihülle, in welcher es zum Leben erwachte, muß aber nun noch wochenlang in seiner Höhle verweilen, bevor es im stande ist, den ersten Ausflug zum Meere zu wagen. Dieser Ausflug ist, wie zahllose Leichen auf den Klippen am Fuße der Berge beweisen, stets ein gewagtes und gefahrbringendes Unternehmen. Geführt von beiden Eltern, ängstlich die noch ungeübten Beine, kaum minder besorgt die eben erst zur Entwickelung gelangten Schwingen gebrauchend, folgt das Junge seinen Erzeugern, welche es nach und nach bergabwärts oder doch zu einer Stelle geleiten, von welcher aus der Absprung in das Meer möglichst gefahrlos erfolgen kann. Auf solchem Vorsprunge verharren beide Eltern und das Kind oft längere Zeit, bevor es ersteren gelingt, das letztere zum Sprunge zu vermögen. Der Vater wie die Mutter reden förmlich zu; das sonst wie alle Vogeljungen gehorsame Kind achtet nicht ihrer Zurufe. Der Vater entschließt sich vor den Augen des zögernden Sprossen hinabzustürzen in das Meer; der unerfahrene Sprößling bleibt sitzen. Neue Versuche, neues Zureden, förmliches Drängen: da endlich wagt er den gewaltigen Sprung, stürzt wie ein fallender Stein tief in das Meer hinab, arbeitet sich, unbewußt dem Triebe gehorchend, wieder zur Oberfläche empor, schaut um sich, blickt über das unendliche Meer und — ist ein Seevogel geworden, welcher fortan keine Gefahr mehr scheut.

Wiederum verschieden ist das Leben und Treiben auf denjenigen Vogelbergen, welche von der Stummelmöwe zu Brutplätzen gewählt werden. Ein solcher Berg ist das Vorgebirge Swärtholm, hoch oben im Norden zwischen dem Laxen- und Porsangerfjord unweit des Nordkap. Ich wußte wohl, wie die gedachten Möwen auf ihren Brutplätzen auftreten. Faber, der treffliche Kenner hochnordischer Vögel, hat es, wie gewöhnlich, mit wenigen Worten geschildert:

„Sie verbergen die Sonne, wenn sie auffliegen, sie bedecken die Schären, wenn sie sitzen; sie übertäuben das Donnern der Brandung, wenn sie schreien; sie färben die Felsen weiß, wenn sie brüten." Ich glaubte, nachdem ich Eiderholme und Alkenberge gesehen, dem trefflichen Faber und zweifelte doch, wie jeder Naturforscher muß, war daher aufs eifrigste bestrebt, Swärtholm zu besuchen. Ein liebenswürdiger Normanne, der Führer des Postdampfschiffes, welches mich trug, erfüllte, nachdem wir miteinander befreundet worden, gern meine Bitte, an dem Brutorte vorüberzufahren. So näherten wir uns denn in den Spätstunden eines Abends dem Vorgebirge. Schon in einer Entfernung von sechs bis acht Seemeilen überholten uns fortwährend Flüge von dreißig bis hundert, zuweilen auch zweihundert Stummelmöwen, welche sämtlich dem Nistplatze zuflogen. Je näher wir Swärtholm kamen, um so rascher folgten sich diese Flüge, und um so zahlreicher waren sie. Endlich zeigte sich dem Auge das Vorgebirge, eine fast senkrecht in das Meer abfallende, von unzähligen Höhlen durchbrochene Felsenwand von etwa achthundert Meter Länge und anderthalb-

Tordalken.

bis zweihundert Meter Höhe. Aus weiter Ferne erschien sie grau; mit Hilfe des Fernrohres konnte man eine unzählige Menge von weißen Pünktchen und Linien unterscheiden. Es sah aus, als ob eine riesige Schiefertafel von einem scherzenden Riesenkinde mit allerlei Zeichnungen bekritzelt worden wäre; es schien, als ob der ganze Felsen sonderbares Geschmeide von Kettengewinden, Ringen und Sternen trüge. Aus den dunklen Gründen größerer oder kleinerer Höhlen leuchtete es weiß hervor; von durchlaufenden Absätzen hob es sich lebhafter und greller ab. Es waren die brütenden oder in den Nestern sitzenden Möwen, welche die Zeichnung hervorriefen, und als der Wahrheit entsprechend erwies sich das Wort Fabers: „Sie bedecken die Felsen, wenn sie sitzen.“

Unser Schiff schreckte, hart an dem Felsen dahinfahrend, einen Teil der Möwen auf, und nun gestaltete sich vor meinen Augen ein ähnliches Bild, wie ich es auf vielen Eiderholmen und anderen Möweninseln gesehen. Da donnerte der Hall eines von meinem Freunde gelösten Geschützes gegen die Felsenwand. Wie wenn ein tosender Wintersturm durch die Luft zieht und schneeschwangere Wolken aneinander schlägt, bis sie, in Flocken zerteilt, sich herniedersenken: so schneite es jetzt von oben lebendige Vögel herunter. Man sah weder den Berg noch den Himmel, sondern nur ein Wirrsal ohnegleichen. Eine dichte Wolke verhüllte den ganzen Gesichtskreis, und erfüllt war das Wort: „Sie verbergen die Sonne, wenn sie fliegen.“ Heftig blies der Nordwind, und wütend brandete das Eismeer am Fuße der Klippe: aber lauter noch erklangen die kreischenden Schreie der Möwen, damit auch das letzte Wort Fabers bewahrheitet werde: „Sie übertäuben das Tosen der Brandung, wenn sie schreien.“ Die Wolke senkte sich endlich auf das Meer hernieder, die bisher von ihr umnebelten Umrisse von Swärtholm traten wieder hervor, und ein neues Schauspiel fesselte die Blicke. An den Felsenwänden schienen noch ebensoviele Möwen zu sitzen, als vorher, und Tausende flogen noch ab und zu. Und als ein zweiter Donner neue Scharen aufscheuchte, schneite es zum zweitenmale Vögel auf das Meer herab, und immer noch war die Wand bedeckt mit anderen Hunderttausenden. Auf dem Meere aber, soweit wir es überschauen konnten, lagen, leichten Schaumballen vergleichbar, die Möwen und schaukelten mit den Wogen auf und nieder. Wie soll ich diesen herrlichen Anblick beschreiben? Soll ich sagen, daß das Meer Millionen und andere Millionen lichte Perlen in sein dunkles Wellenkleid geflochten habe? Oder soll ich die Möwen mit Sternen und das Meer mit dem Himmelsgewölbe vergleichen? Ich weiß es nicht; aber ich weiß, daß ich auf dem Meere noch niemals Schöneres erschaut habe. Und als wäre es noch nicht genug des Zaubers, goß plötzlich die auf kurze Zeit verhüllte Mitternachtssonne ihr rosiges Licht über Vorgebirge und Meer und Vögel, beleuchtete alle Wellenkämme, als ob ein goldenes weitmaschiges Netz über die See geworfen wäre, und ließ die ebenfalls rosig überstrahlten blendenden Möwen nur um so leuchtender erscheinen. Da standen wir sprachlos im Schauen! Und wir, wie alle die Mitreisenden, selbst die Matrosen des Schiffes verharrten regungslos lange, lange Zeit im Innersten ergriffen von dem wunderbaren Bilde vor uns, bis endlich einer das Stillschweigen brach, und mehr, um an den tönenden Lauten der eigenen Stimme sich selbst wiederzufinden, als um dem inneren Gefühle Ausdruck zu geben, des Dichters Worte über die Lippen gleiten ließ:

„Mitternachtssonn' auf den Bergen lag
Blutrot anzuschauen.
Es war nicht Nacht, es war nicht Tag,
Es war ein eigenes Grauen."

Die Tundra und ihre Tierwelt.

Rings um den Nordpol der Erde schlingt sich ein breiter Gürtel unwirtlichen Landes, eine Wüstenei, welche nicht die Sonne, sondern das Wasser zu dem gestempelt hat, was sie ist. Nach dem Pole zu geht diese Wüstenei allmählich in eisige Gefilde, nach Süden hin in halbverkrüppelte Waldungen über; zu Schnee- und Eisgefilden aber wird sie selbst, wenn der lange Winter in ihr einzieht, wogegen krüppelhafte Bäume nur in den tiefsten Thälern, auf den sonnigsten Gehängen den Kampf um das Dasein wagen. Dieses Gebiet ist die Tundra.

Es ist ein eintöniges Bild, welches ich zu zeichnen versuche, indem ich mich anschicke, die Tundra zu schildern, ein Gemälde Grau in Grau, und dennoch nicht aller Schönheit bar; es ist eine Einöde, um welche es sich handelt, aber eine solche, in welcher trotzdem das monatelang schlummernde, gleichsam verbannte Leben zeitweilig in wundersamer Fülle sich regt.

Unsere Sprache besitzt keinen deckenden Ausdruck für das Wort Tundra, weil es in unserem Vaterlande solches Gelände nicht gibt. Denn die Tundra ist weder Heide noch Moor, weder Sumpf noch Bruch, weder Geest noch Dünenland, weder Moos noch Morast, an so vielen Stellen sie auch an das eine oder andere dieser Gebiete erinnern mag. „Moossteppe" hat man sie zu nennen versucht; der Ausdruck genügt aber nur dem, welcher den Begriff Steppe im weitesten Sinne aufzufassen vermag. Meiner Ansicht nach ähnelt die Tundra am meisten jenen Mooren, welche man auf breiten Sätteln unserer Hochgebirge antrifft und — meidet; sie unterscheidet sich in vielen und wesentlichen Stücken aber auch von diesen versumpften Flächen, weil ihr Gepräge in jeder Beziehung eigenartig ist. Wenn man will, kann man sie in Tief- und Hochtundra einteilen; die Unterschiede zwischen dem Lande unter und über einhundert Meter unbedingter Höhe sind in der Tundra jedoch mehr scheinbar als wirklich vorhanden.

Durch flache Wellenlinien begrenzt liegt die Tieftundra vor dem Auge; als flache Mulden senken die Thäler sich ein, als flache Hügel erweisen sich selbst die von fern gesehen als Berge, ja förmliche Gebirge erscheinenden Höhen, sobald man ihrem Fuße sich genähert hat. Flachheit, Gleichförmigkeit, Ausdruckslosigkeit herrscht vor; ein gewisser Wechsel der Landschaft, Abänderung einzelner ihrer Teile läßt sich jedoch ebensowenig in Abrede stellen. Tagelang die Tundra durchwandernd, wird man oft gefesselt durch niedliche, selbst liebliche Kleinbilder; aber nur sehr ausnahmsweise prägt sich solches Bild der Erinnerung ein, weil bei genauerer Prüfung das eine doch wiederum in allen wesentlichen Einzelheiten, durch seine Umgebung und Umrahmung, seine Umrisse und Farben anderen, früher gesehenen allzusehr gleicht, als daß man es festhalten könnte. Ungeachtet solcher Einförmigkeit ist jedoch das Gepräge der Tundra kein einheitliches und noch viel weniger ein großartiges, und ebendeshalb erwärmt man sich nicht an diesem Gelände, gelangt man nicht zu jenem Hochgefühle, welches andere Landschaften in uns wachrufen, vielleicht nicht einmal zum Vollgenusse der wirklichen Schönheiten, welche auch dieser Einöde nicht abgesprochen werden können.

Ihren größten Schmuck erhält die Tundra vom Himmel, ihren größten Reiz durch das Wasser. Ganz rein und heiter ist der Himmel selten, obwohl auch hier die monatelang ununterbrochen scheinende Sonne heiß herabbrennen, drückend herniederstrahlen kann auf die flachen Hügel und in die seichten Thäler. In der Regel blickt das Blau des Himmelsgewölbes nur an einzelnen Stellen durch lichtweiße, locker geschichtete Wolken; diese aber verdichten sich oft zu Haufenwolken, welche allmählich ringsum, auf allen Seiten des unermeßlich scheinenden Gesichtskreises auftreten, fortwährend sich ändern, verschieben, neu gestalten, entstehen und vergehen, und deren wechselvolle Beleuchtung dann das Auge so bezaubert, daß man die unter ihnen liegende Landschaft fast vergißt. Droht nach heißen Tagen Regen gewitterhafter Art, dunkelt der Himmel hier oder dort bis zum tiefsten Graublau, senken sich dunstschwere Wolken unter die lichteren nieder, und strahlt die Sonne doch noch rein und glänzend zwischen ihnen hindurch: so erscheint die so öde, einförmige Landschaft zauberisch geschmückt. Denn Licht und Schatten malen jetzt Hügelrücken und Thäler, und das sonst ermüdende Einerlei ihrer Farben gewinnt Wechsel und Leben. Und wenn um die Mitte der Hochsommernacht die

Sonne groß und tiefrot am Himmel steht, wenn alle Wolken von unten her purpurn gesäumt werden, wenn Bergrücken, welche das leuchtende Gestirn verdecken, eine auf weithin reichende, flammende Strahlenkrone tragen, wenn ein rosiger Dufthauch sich über die braungrüne Landschaft legt, wenn, mit einem Worte, der unbeschreibliche Zauber der Mitternachtssonne die Seele umstrickt: dann wandelt sich diese Wüste in ein wunderreiches Gefilde, und wonnevoller Schauer erfaßt das Herz im Tiefinnersten.

Wechsel und Leben bringen aber auch die Kleinodien der Tundra, zahllose Seen in das Gelände. Einzeln oder gruppenweise verteilt, neben- oder übereinander liegend, zu meilenweiten Wasserbecken sich ausdehnend und zu kleinen Teichen zusammenschrumpfend, erfüllen sie die Mitte jedes Kessels, schmücken sie jedes Haupt-, ja fast jedes Nebenthal, beleben sie sich im allerheiternden Sonnenscheine und täuschen sie, so grau und farblos sie auch sein mögen, von der Spitze eines Hügels aus gesehen, dem Auge nicht selten die Bläue tiefer Gebirgsseen vor. Und wenn dann die Sonne auf ihren spiegelnden Wellen blitzt und flimmert, oder wenn um die Mitternachtszeit auch sie von rosigem Hauche berührt werden, treten sie als so lebendige Lichter aus dem sie umgebenden Düster hervor, daß das Auge gern auf ihnen weilen mag.

Weit großartigere, wenn auch noch immer düstere und eintönige Landschaftsbilder rollt die Hochtrunda dem Blicke des Wanderers auf. Jedes wirkliche Gebirge schmückt sich auch hier mit allen Reizen der Höhe. Die Berge steigen fast immer steil empor, und die Ketten, welche sie bilden, zeigen reich bewegte Linien; das schneeige Dach, welches sie deckt, vereist überall, wo die Verhältnisse es gestatten, zu Gletschern. Wirkliche Tundra bildet sich nur da, wo das Wasser nicht raschen Abfluß findet; das ganze übrige Gelände scheint von dem der Tiefe so verschieden zu sein, daß nur die hier wie in der Höhe im wesentlichen gleiche Pflanzendecke die Tundra verbürgt. Das unten in der Tiefe mit dicken Schichten abgestorbener Pflanzenreste übertorfte Geröll tritt hier fast überall zu Tage: endlose aus riesigen Blöcken zusammengesetzte Halden überlagern die Gehänge und erfüllen die Thäler; Geröll bildet den Untergrund weiter, beinah ebener Flächen, über welche der Fuß des Wanderers auch aus dem Grunde zögernd schreitet, als hier selbst dem tiefblickenden Forscher Rätsel aufgegeben werden hinsichtlich der Gewalten, welche die Blöcke über weite Flächen mit fast unabänderlicher Gleichmäßigkeit verteilten. Dazwischen aber sickert und gleitet, rieselt und flutet, strömt und rauscht, braust und donnert überall das Wasser der Tiefe entgegen. Von den Gehängen herab rinnt es in tropfenden Fädchen, gesammelten Adern, murmelnden Bächlein; aus den Thoren der Gletscher hervor bricht es in milchigen Bächen; in die Wasserbecken strömt es in trüben Flüßchen; den klärenden Seen entfließt es in kristallhellen Flüssen: und wirbelnd und schäumend, zischend und tobend eilt es weiter thalabwärts, einen Sturz und Tobel an den anderen reihend, bis es die Tieftundra, einen Strom oder das Meer erreicht hat. Die Sonne aber übergießt auch diese so eigenartige Gebirgswelt, so oft sie durch die Wolken bricht, mit ihren Zauberfarben, trennt und scheidet Berge und Thäler, beleuchtet jedes Schneefeld, bringt jeden Gletscher, aber auch jede Schlucht zur Geltung und Wirkung, läßt jede Spitze, jeden Grat, jede Wand deutlich hervortreten, jeden See als klares, freundlich blickendes Bergesauge strahlen, legt in den Morgen- und Abendstunden den blauen Duft der Ferne als zarten Schleier über den Hintergrund des Bildes und überflutet um Mitternacht mit ihren tiefsten Strahlen das Ganze, bis es förmlich aufleuchtet in rosigem Lichte. Gewiß, selbst die Tundra ist nicht aller Reize bar.

An einzelnen, obschon nur sehr wenigen Stellen greift auch die Pflanzenwelt gestaltend und verschönernd ein. Fichten und Föhren blieben entweder im Süden zurück oder finden sich nur in den geschütztesten Thälern. Selbst die hier und da noch auftretenden Föhren, welche aussehen, als ob eine Riesenfaust sie am Wipfel gepackt und schraubenförmig um und um gedreht habe, können in den höheren Lagen der Tundra nicht gedeihen. Auch die Birken, welche weiter vordringen als jene, kümmern und krüppeln, daß sie greisenhaften Zwergen gleichen. Einzig und allein die Lärche behauptet hier und da das Feld und wächst zu wirklichen Bäumen empor; aber auch sie kann nicht mehr als Charakterpflanze der Tundra bezeichnet werden. Als solche stellt sich vor allen anderen die Zwergbirke dar. Sie, welche nur auf ganz besonders günstigem Boden Meterhöhe erreicht, herrscht im weitaus größten Teile der Tundra so unbedingt vor, daß die übrigen Sträuche und Sträuchlein nur als zwischen sie eingesprengt erscheinen. Sie überzieht alle Strecken, auf denen sie Wurzel fassen kann, vom Ufer des Sees oder Flusses an bis zu den Gipfeln der Berge hinauf, mit einer mehr oder minder dichten Decke von so gleichmäßiger Höhe, daß weite Strecken aussehen, als ob sie oben mit einer Schere abgeschnitten worden wären; sie tritt nur da zurück, wo der Boden so vom Wasser getränkt ist, daß er zum Bruche, Sumpfe oder Moraste wurde; sie verkümmert einzig und allein da, wo fettiger, in der

Sonne leicht erhärtender Lehm oder unfruchtbarer Kies die Höhen deckt; sie ringt aber noch mit dem über alle Tiefen verbreiteten Wassermoose wie mit der alle Höhen deckenden Renntierflechte um die Herrschaft. Viele Geviertkilometer neben- oder nacheinander werden so dicht von ihr übersponnen, um nicht zu sagen überfilzt, daß nur das unvertilgliche Wassermoos neben, beziehentlich unter ihr sein Anrecht auf den Boden noch zu behaupten wagt, wogegen an anderen, minder feuchten Stellen Zwergbirke, Lorbeerweide und Rosmarinheide gemischte Bestände bilden. Ebenso mischen sich oft verschiedene Beerengesträuche, insbesondere Moos-, Preißel-, Rausch- und Sumpfheidelbeere ein.

Wird der Boden, indem er unter die umgebenden Flächen sich einsenkt, sehr naß, so gelangt nach und nach das Wassermoos zur Uebermacht, verdrängt allmählich die Zwergbirke gänzlich und bildet nun große, schwellende Polster, welche infolge der raschen Vertorfung ihrer abgestorbenen Wurzelteile fortwährend höher werden und ebenso weiter sich ausbreiten, bis endlich das Wasser ihr ferneres Vordringen hemmt oder die Polster zu kaupenartigen Hügeln zerreißt. Ist die Einsenkung sehr flach, so bildet das in ihr zusammengeströmte Wasser nur ausnahmsweise einen See oder Teich, meist nicht einmal einen Pfuhl, durchsickert vielmehr den Boden bis zu unbestimmter Tiefe und erschafft so einen Morast, dessen dünne, wenn auch zähe, aus den verwobenen Wurzeln des Riedgrases bestehende Decke gefahrlos nur das breithufige Ren zu beschreiten wagen darf, obgleich sie auch bei dessen Schritten wie Gallerte schwankt und zittert oder unter den Kufen des von Renntieren gezogenen Schlittens tief sich einsenkt.

Neigt sich die Einsattelung zu einer kurzen, nicht ausgehenden Mulde, fließt in ihr, und sei es noch so langsam, ein Wässerchen, so geht solcher Morast unabänderlich in Sumpf und weiter unten in Bruch über. In ersterem gelangt das Ried, in letzterem die Wollweide, eine zweite Charakterpflanze der Tundra, zu üppigem Wachstume. Obwohl nur im günstigsten Falle Mannshöhe erreichend, bildet diese Pflanze doch Dickichte, welche im buchstäblichen Sinne des Wortes undurchdringlich sein können. Mehr noch als bei den Legföhren des Hochgebirges verschlingen sich ihre Aeste und Wurzeln zu einem selbst dem Auge unentwirrbaren Ganzen, welches man am richtigsten einen aus allen Bestandteilen der Weide verwobenen Filz nennen möchte. Es hält den kräftigsten Arm zurück, welcher es bis zu Pfadbreite zur Seite drängen möchte, und bereitet dem Fuße so viele Hemmnisse, daß auch der beharrlichste Mann bald von dem Versuche, es zu durchdringen, absteht und sogar dann zurückkehrt, wenn der Boden nicht, wie gewöhnlich, Morast ist oder eine kaum unterbrochene Reihe von versumpften, schlammigen Lachen, deren Ergründlichkeit man ungern prüfen möchte; zwischen den Gebüschen sich einsenkt.

Durchreist man die Tundra, so erkennt man, daß das ganze Gebiet in ununterbrochenem Wechsel und ewig sich gleichbleibender Wiederholung die geschilderten Einzelteile vor das Auge bringt. Einzig und allein da, wo ein großer, wasserreicher Fluß die Tieftundra durchströmt, können die Verhältnisse sich ändern. Ein solcher Fluß lagert zeitweilig von ihm herbeigeschleppte Sandmassen auf Bänken ab; der fast beständig und meist heftig wehende Wind türmt diese allmählich am Ufer zu Dünen auf: und ein der Tundra fremder Boden ist geschaffen. Auf den Dünenhügeln erwächst sogar in Sibiriens Tundren die Lärche noch zu stattlichen Bäumen und kann dann, im Vereine mit Weiden- und Zwergerlengebüschen zum Schmucke der Landschaft werden. Ja, es kann sogar geschehen, daß sie in der Nähe kleiner Seen zu Gruppen zusammentritt und mit den letztgenannten Gebüschen Naturparke bildet, welche auch in reicheren und lebensvolleren Gegenden nicht unbeachtet bleiben würden, hier aber so außerordentlich wirken, daß sie einen nachhaltigen Eindruck hinterlassen.

Unter dem Schutze der Lärchen siedeln sich überall da, wo diese auf Dünen wurzeln, auch andere hochstämmige Pflanzen an; spitzblätterige Weiden, Ebereschen, Faulbäume und Geißblattgebüsche z. B., und ebenso entsprießen dem Sande mancherlei Blumen, welche man weit im Süden zurückgeblieben wähnte. Hier leuchtet dem überraschten Südländer die rote Blütenpracht des Weiderichs entgegen; hier klammert die liebliche Heiderose ihre dünnen Zweiglein dicht an die mütterliche Erde, sie mit diesen und ihren Blumen schmückend; hier lacht das freundliche Vergißmeinnicht heimatlich entgegen; hier finden Nieswurz und Schnittlauch, Baldrian und Thymian, Nelke und Glockenblume, Vogelwicke und Alpenerbse, Hahnenfuß und Immortelle, Schaum-, Sperr-, Finger- und Blutkropfkraut und andere mehr noch eine Heimat in der Wüste. Es gedeihen auf solchen Stellen viel mehr Pflanzen, als man erwarten konnte; aber freilich wird man auch bescheiden in seinen Ansprüchen, wenn man tage- und wochenlang immer nur dieselbe Armut um sich her wahrnimmt, immer nur Zwergbirken und Wollweiden, Rosmarinheide und Riedgras, Renntierflechte und Wassermoos um sich sieht, schon an verkümmerten, halb im Moose versteckten, halb auf dem Boden dahinkriechenden Rausch- und Preißelbeeren sich erquickt und die Moltebeeren, welche die Moospolster anmutig schmücken, als Blumen hinnehmen muß; wenn man tagelang über sie hinweg, zwischen ihnen dahinschreitet, immer auf Wechsel hoffend und immer sich täuschend. Jede bekannte Pflanze aus dem Süden erinnert an glücklichere Gegenden; man begrüßt sie wie einen lieben Freund, dessen Vorzüge man erst erkannte, nachdem man fürchten gelernt, ihn zu verlieren.

Das scheinbare Rätsel, weshalb alle die genannten und andere

Wanderfalke und Lemminge.

Pflanzen einzig und allein dem dürren Sande der Dünen entsprießen, ist gelöst, wenn man weiß, daß nur der zu Dünen gehäufte Sand von der monatelang ununterbrochen vom Himmel herabstrahlenden Sonne so durchwärmt zu werden vermag, daß jene Pflanzen überhaupt gedeihen können. In der ganzen übrigen Tundra ist dies nicht der Fall. Moor und Sumpf, Morast und Bruch, selbst die mehrere Meter tief mit Wasser erfüllten Seen bilden nur eine dünne Sommerdecke des ewigen Winters, welcher in der Tundra seine ertötende wie erhaltende Macht offenbart. Wo man auch in die Tiefe des Bodens zu dringen suchen mag, überall stößt man, meist kaum einen Meter unter der Oberfläche der Erde, auf Eis oder doch gefrorenen Boden, und gegen hundert Meter tief soll man graben müssen, bevor man die Eisrinde der Erde durchbrochen hat. Sie ist es, welche höheren Pflanzen freudiges Gedeihen verwehrt und nur solchen zu leben gestattet, welche an der dürren, im Sommer auftauenden Bodenschicht sich genügen lassen. Erst, wenn man gräbt, erkennt man die Tundra als das, was sie ist: als einen unermeßlichen und unwandelbaren Eiskeller, welcher seit Hunderttausenden von Jahren bestand und ebenso lange Zeit bestehen wird. Daß wenigstens das erstere nicht bestritten werden kann, beweisen uns die Reste vorweltlicher Tiere, welche in ihm eingebettet und uns so erhalten wurden. Aus dem Eise der Tundra grub Adams im Jahre 1807 das riesige Mammut, von dessen Fleische die Hunde der Jakuten sich gesättigt hatten, obgleich es vor vielen Jahrtausenden lebte, seit unbestimmbar langer Zeit schon aufgehört hatte, zu sein. Die eisige Tundra hatte den Leichnam des Vorweltselefanten aufgenommen und durch die Jahrhunderttausende getreulich bewahrt.

Viele gleichartige und sicherlich auch andere Tiere der Neuzeit hat sie in ihrem Eise eingebettet. Auch sie ist nicht im stande gewesen, eine reichere Tierwelt zu ernähren, als sie solche gegenwärtig beherbergt. Wisent und Moschusochse durchzogen sie in allen ihren Teilen noch lange nach der Zeit des Mammut; Riesenhirsch und Elentier haben einst ihr angehört. Heutzutage ist ihre Tierwelt ebenso arm, ebenso eintönig wie ihre Pflanzenwelt, wie sie selbst. Doch gilt dies nur hinsichtlich der Arten, nicht aber der Einzelwesen. Denn auch sie ist, mindestens im Sommer, die Heimat zahlreicher Tiere.

Erst spät im Jahre bevölkert sich die Tundra in ersichtlicher Weise. Von denjenigen Tierarten, welche sie auch im Winter nicht verlassen, nimmt man um diese Zeit wenig wahr. Die aus dem Meere in ihre Flüsse aufsteigenden Fische deckt das Eis, die in ihr überwinternden Säugetiere und Vögel verbirgt der Schnee, unter welchem sie leben oder dessen Färbung sie tragen. Nicht früher, als er auf den südlichen Gehängen zu schmelzen beginnt, regt sich das tierische Leben. Zögernd nur halten die Sommergäste ihren Einzug. Dem wilden Ren folgt der Wolf, den treibenden Schollen auf den Strömen das Heer der Sommervögel. Einzelne von diesen verweilen auch jetzt noch unentschieden in südlicher gelegenen Gegenden, gebaren sich, als ob sie brüten wollten, verschwinden plötzlich aus der Herberge am Wege, fliegen eilfertig der Tundra zu, erbauen unmittelbar nach ihrer Ankunft ihr Nest, legen ihre Eier und brüten eifrig, als wollten sie die Zeit einholen, welche ihre in südlicheren Geländen lebenden und brütenden Artgenossen vor ihnen voraus haben. In wenige Wochen drängt sich ihr Sommerleben zusammen. Treuinnig vereint, gepaart für das ganze Leben oder doch den einen Sommer, kommen sie an; das Herz erregt durch die allmächtige Liebe, singend oder doch jubelnd schreiten sie zum Nestbaue; unablässig geben sie sich ihren Elternpflichten hin, erbrüten, erziehen, unterrichten die Jungen, mausern und wandern wieder in die Fremde hinaus.

Die Anzahl der Arten, welche die Tundra als ihre Heimat ansehen müssen, ist gering, noch weit mehr aber die derjenigen, welche wir als Charaktertiere des Gebietes bezeichnen dürfen. Als ein solches möchte ich zuerst den Eisfuchs angesehen wissen. Ihn beherbergt die Tundra, so weit sie sich erstreckt; ihm gewährt sie mindestens im Süden neben unserem Fuchse und anderen Arten seiner Sippschaft Unterhalt und Nahrung; er trägt auch ihre Farben: im Sommer ein Felsen-, im Winter ein Schneekleid: denn felsengrau oder graulichblau entsprießen die Haare seines überaus dichten Felles, und schneeweiß färben sie sich im Winter. Schlecht und recht nach anderer Füchse Art schlägt er sich durchs Leben, und doch ist sein Wesen und Gebaren gänzlich verschieden von dem Auftreten und Treiben unseres Reineke und seiner ihm ebenbürtigen Verwandtschaft. Ihm thut man schwerlich unrecht, wenn man ihn als ausgeartetes Mitglied einer ausgezeichneten, ungewöhnlich veranlagten, geist- und erfindungsreichen Familie bezeichnet. Von der findigen Klugheit, berechnenden List und nie versagenden Geistesgegenwart seiner Sippschaft bethätigt er kaum die Anfänge. Plumpdreist ist sein Auftreten, zudringlich sein Wesen, unklug sein Gebaren. Als frecher Bettler, als unverschämter Strolch, nicht aber als listiger, alle Umstände wohl erwägender und alle ihm irgendwie möglichen Hilfsmittel nutzender Dieb oder Räuber tritt er auf. Unbesorgt schaut er dem Jäger in das Feuerrohr; ungewarnt durch die ihm geltende, dicht über seinem Leibe dahinsausende Kugel folgt er seinem furchtbarsten Feinde; unbedenklich dringt er in das Innere der Birkenrindenhütte des wandernden Renntierhirten; sorgenlos naht er sich des nachts dem im Freien schlafenden Menschen, um von diesem erbeutetes Wild zu stehlen oder sinnlos nach einem entblößten Gliede desselben zu schnappen. Mir selbst ist begegnet, daß ein Eisfuchs, nach welchem ich in der Dämmerung mehrere Male vergeblich schoß, wie ein Hund meinen Schritten folgte; mein alter Jagdfreund, Erik Swenson vom Dovrefjelde, mußte erfahren, daß ihm ein solcher nachts die Wilddecke, auf welcher er ruhte, anfraß; und der alte Steller berichtet wahrheitsgetreu noch von ganz anderen

Streichen des Tieres, von Streichen, welche jedermann für unmöglich erklären würde, wären sie nicht durch übereinstimmende Beobachtungen hinlänglich verbürgt. Wohl mag ungenügende Kenntnis des in der Tundra nur spärlich auftretenden Menschen eine wesentliche Ursache des wundersamen Gebarens dieses Fuchses sein; der alleinige Grund aber ist jene Unkenntnis nicht. Denn weder der Rotfuchs noch irgend ein anderes Säugetier der Tundra benimmt sich so unklug wie jener; nicht einmal der Lemming kommt ihm in dieser Beziehung gleich.

Ein absonderlicher Gesell ist allerdings auch dieser Bewohner unseres Gebietes, gleichviel, um welche Art seiner Sippschaft es sich handeln mag. Ihn oder wenigstens seine Spuren gewahrt man überall in der Tundra. Kreuz und quer durchziehen diese, zumal die von der Zwergbirke überwucherten Stellen, schmale, in das Moos eingetretene, glatt und sauber gehaltene Pfädchen, oft mehrere hundert Meter weit so ziemlich eine und dieselbe Richtung verfolgend, oft nach rechts und links abschweifend und erst nach vielen Umwegen wieder zur Hauptstraße zurückkehrend. In ihnen sieht man von Zeit zu Zeit, in trockenen Sommern massenhaft, ein kleines, kurzschwänziges, hamsterähnliches Tierchen behend dahinhuschen und meist bald dem Auge entschwinden. Dies ist der Lemming, eine Wühlmaus von weniger als Ratten-, aber mehr als Mausgröße und buntem, aber unregelmäßig gezeichnetem, meist braunem, gelbem, grauem und schwarzem Felle. Zergliedert man das Tierchen, so bemerkt man nicht ohne Verwunderung, daß es sozusagen fast ganz aus Fell und Eingeweiden besteht. Seine Knochen und seine Muskeln sind fein und zart, seine Eingeweide, zumal Verdauungs- und Fortpflanzungswerkzeuge, ungeheuerlich entwickelt. Aus diesem Befund erklären sich Lebenserscheinungen, welche lange Zeit für rätselhaft gegolten haben: fast plötzliche und gleichsam unbegrenzte Vermehrung und großartige, anscheinend geregelte Wanderungen des Tieres. Unter gewöhnlichen Verhältnissen führt der Lemming ein sehr behagliches Leben. Weder im Sommer noch im Winter leidet er an Nahrungssorgen. Allerlei Pflanzenstoffe, im Winter Moosspitzen, Flechten und Rinde, bilden seine Nahrung, Höhlungen im Sommer, ein warmes, dickwandiges, weich ausgefüttertes Nest mitten im Schnee im Winter seine Wohnung. Zwar dräuen von allen Seiten Gefahren: denn nicht allein die behaarten und gefiederten Räuber, sondern sogar die Renntiere verschlingen Hunderte und Tausende seines Geschlechtes; dieses aber mehrt sich dessenungeachtet stetig und erheblich, bis besondere Umstände eintreten und binnen weniger Wochen entstandene Milliarden in wenigen Tagen vernichten. Zeitiger als gewöhnlich erscheint ein Frühling, und trockener als üblich herrscht ein Sommer in der Tundra. Alle Jungen des ersten Wurfes sämtlicher Lemmingweibchen gedeihen, um höchstens sechs Wochen später selbst ihre Art zu vermehren. Die Eltern haben inzwischen ein zweites, drittes Geschlecht geboren, und auch dieses folgt ihrem Beispiele. Binnen drei Monaten wimmeln Höhen und Tiefen der Tundra ebenso von Lemmingen, wie unter ähnlichen Umständen unsere Felder von Mäusen. Wohin man sich wendet, gewahrt man die geschäftigen Tiere; Dutzende von ihnen erfaßt man mit einem einzigen Blicke, Tausenden begegnet man im Laufe einer Stunde. Auf allen Pfädchen und Wegen rennen sie dahin; in die Enge getrieben, setzen sie sich, belfernd, die Zähne wetzend, selbst dem Menschen gegenüber zur Wehre, gerade als ob ihre unendliche Anzahl jedem einzelnen trotzigen Uebermut verliehen habe. Aber die unendliche, noch immer sich steigernde Menge wird ihnen zum Verderben. Ihrem gefräßigen Zahne bietet die arme Tundra bald nicht genügende Beschäftigung mehr. Hungersnot nähert sich, tritt vielleicht wirklich ein. Da rotten sich die geängstigten Tiere zusammen und beginnen zu wandern. Zu Hunderten scharen sich andere Hunderte, Tausenden gesellen sich andere Tausende: die Trupps wachsen zu Haufen, die Haufen zu Heeren an. In bestimmter Richtung ziehen diese dahin, erst wohl ihren früher ausgetretenen Pfädchen folgend, später neue bahnend; in unabsehbaren, jeder Schätzung spottenden Reihen eilen sie weiter; über die Felsen stürzen sie sich hinab in die Gewässer hinein. Tausende erliegen dem Mangel, dem Hunger; über ihre Leichen hinweg strömt das Heer der Nachzügler; Hunderttausende ertrinken in den Gewässern, zerschellen am Fuße der Felsen; die übrigen stürmen über sie hinweg; andere Hunderte und Tausende finden in dem Magen der ihnen folgenden Eis- und Rotfüchse, Wölfe und Vielfraße, Rauchfußbussarde und Raben, Eulen und Raubmöwen ihr Grab: die übrigen lassen sich nicht beirren. Wohin diese wandern, wie sie enden, vermag niemand zu sagen; wohl aber weiß man, daß hinter ihnen die Tundra wie ausgestorben erscheint, daß oft eine Reihe von Jahren vergeht, bevor die wenigen, welche zurückblieben und auch fernerhin gediehen, langsam sich vermehrend, wiederum ersichtlich ihr heimatliches Gefilde bevölkern.

Ein drittes Charaktertier der Tundra ist das Ren. Wer diesen an und für sich unschönen Hirsch nur in gefangenem Zustande, dem der Sklaverei, zu sehen bekam, vermag sich allerdings keinen Begriff zu machen von dem, was er ist in seiner Freiheit. Hier lernt man das Ren schätzen, hier, in der Tundra, als ein Glied seiner Familie, welches diese nicht schändet, erkennen und würdigen. Der Tundra gehört es an mit Leib und Seele. Ueber die oft unabsehbaren Gletscher, wie über die schlotternde Decke der unergründlichen Moräste, über die Geröllhalden, wie über die verfilzten Wipfel der Zwergbirken oder durch die Moospolster hinweg, über die Flüsse, die Seen trägt oder rudert es sein breithufiger, schaufelartiger, in ungewöhnlicher Weise beweglicher, bei jedem Schritte knisternder Fuß; im tiefsten Schnee schaufelt derselbe ihm Nahrung bloß. Gegen die grimmige Kälte der langen Nordlandnacht schützt es sein dichtes, den Pfeilen des Winters undurchdringliches Fell, gegen die Leiden des Hungers seine Wahllosigkeit hinsichtlich der Nahrung, welche es genießt, gegen den Wolf, welcher ununterbrochen an seinen Fersen hängt, bis zu einem gewissen Grade wenigstens Sinnesschärfe und Wachsamkeit, Schnelligkeit und Ausdauer. Den Sommer verlebt es in den reinen Höhen der Hochtundra, da, wo auf den Halden in unmittelbarer Nähe der Gletscher dem von der Renntierflechte oft auf weithin übersponnenen Boden auch saftige, leckere Alpenpflanzen entsprießen; im Winter zieht es in der Tieftundra von einem Hügelzuge zum anderen, die vom Winde bloßgelegten, schneearmen Stellen aufsuchend. Kurz vorher hat es mit dem vereckten Geweih seine volle Kraft erlangt, ist im Vollgefühle derselben auf die Brunst getreten und hat mit gleichstarken und gleichgesinnten Nebenbuhlern gekämpft auf Tod und Leben, gekämpft, daß vom Schalle der gegeneinander gestoßenen Geweihe die stille Tundra widerhallte; jetzt zieht es, ermattet von Kampf und Liebesrausch, mit anderen seiner Art friedlich gesellt und zu starken Rudeln vereinigt, durch sein Gebiet, um den Kampf mit dem Winter zu bestehen. Wohl steht das Ren an Schönheit und Adel weit hinter dem Hirsche zurück: wer es aber, unbedrängt durch Sklavenfesseln, in starken geschlossenen Rudeln, die Hochberge schmückend, vom blauen Himmel oder der weißen Schneedecke wirkungsvoll abstechend, in der heimatlichen Tundra sieht, bekennt gern, daß es ebenfalls zu den stolzen Wildarten zählt und ein Weidmannsherz schneller schlagen lassen kann, als dasselbe jemals vermuten mochte.

Für die Tundra bezeichnende Erscheinungen bietet aber auch die Klasse der Vögel. Wer die nordische Wüste durchzogen hat, ist wenigstens einem von ihnen begegnet, dem Schneehuhne:

„Im Sommer bunt vom Kopf zur Zeh',
Im Winter weißer als der Schnee."

Es ist nicht das Schneehuhn unserer Hochgebirge, welches ich meine, sondern das neben ihm, dem auch hier auf den Gletschergürtel beschränkten

Hochtundra.

Gebirgsvogel vorkommende, aber ungleich häufigere Moorhuhn. Wo die Zwergbirke gedeiht, ist es zu finden, und immer, namentlich aber, wenn die Nachtruhe eintritt in der Tundra, ob auch die Sonne vom Himmel strahle, läßt es sich sehen. Niemals verläßt es seine Heimat gänzlich; höchstens aus der Hochtundra, aber nur bis in die Tiefe hinab, drängt es der Winter. Munter und regsam, keck und selbstbewußt, eifersüchtig und streitlustig dem Nebenbuhler, zärtlich und hingebend der Gattin, den Kindern gegenüber tritt es auf. Sein Leben ähnelt dem unseres Rebhuhnes; sein Wesen und Gebaren wirkt jedoch ungleich höheren Reiz. Es verkörpert das Leben in der Oede. Sein herausfordernder Ruf durchhallt die stille Sommernacht; seine Ketten beleben die von fast allen übrigen Vögeln gemiedene winterliche Tundra; sein Erscheinen erfreut und entzückt den Forscher wie den Weidmann.

Während des Sommers gesellt sich ihm fast allerorten der Goldregenpfeifer. Auch er muß als getreues Kind der Tundra bezeichnet werden. Wie der behende Läufer zur Wüste, wie das Flughuhn zur Steppe, das Steinhuhn zum Hochgebirge, die Lerche zum Getreidefelde, gehört er zur Tundra. Sein Kleid trägt, so bunt es auch erscheinen mag, der Tundra Farben; sein schwermütiger Ruf ist der geeignetste Stimmlaut dieser Einöde. So gern man ihn bei uns zu Lande sieht, so wenig freundlich begrüßt man ihn in der Tundra. Sein Ruf, welchen man bei Tage wie bei Nacht vernimmt, stimmt traurig wie sie.

Weit lieber lauscht man den Stimmlauten eines anderen Sommergastes des Gebietes. Nicht die zarten Weisen des Blaukehlchens, welches gerade hier zu den häufigsten Brutvögeln zählt und mit Recht der „hundertzüngige Sänger" genannt wird, nicht die schallenden Lieder der bis zur Tundra vordringenden Wacholderdrossel, nicht die kurzen Gesänge des Schnee- oder Spornammers, nicht die gellenden Schreie des Wanderfalken oder Rauchfußbussards, nicht das jauchzende Bellen des Seeadlers oder das ähnliche Geschrei der Schneeeule, nicht der schmetternde Trompetenlaut des Singschwanes oder der klagende Hornton der Eisente sind es, welche ich meine, sondern der Paarungs- und Liebesruf des einen oder anderen Seetauchers: eine wilde, ungeregelte und gleichsam zügellose, aber dennoch klang- und tonreiche, hallende und schallende Nordlandsmelodie, vergleichbar dem tönenden Brausen der Brandung, dem donnernden Rauschen der zur Tiefe stürzenden Wasserfälle. Wo immer ein fischreicher See sich breitet und in ihm ein heimliches Plätzchen im Riede, dicht genug, um ein schwimmendes Nest zu verstecken, gefunden werden mag, wird man ihnen begegnen, diesen Kindern der Tundra und des Meeres, diesen ernst-fröhlichen Fischern der stillen Süßgewässer und furchtlosen Tauchern der Meere des Nordens. Von letzteren kamen sie herein in die Tundra, um zu brüten, und zu den Meeren führen sie ihre Jungen, sobald diese im stande sind, das Meer zu beherrschen wie sie. Soweit die Tundra sich erstreckt, folgen sie deren Gewässern; lieber noch aber als die weiten Binnenseen sind ihnen die kleinen Teiche auf den Küstenbergen der Tundra, von denen aus sie alltäglich unter wildjauchzendem Meeresgesange hinabstürzen können in die wogende, ihnen Nahrung spendende, heimische See.

Dem Meere entstammen auch noch andere Charaktervögel der Tundra. Mit wahrem Wohlgefallen folgt das Auge allen Bewegungen der Schmarotzermöwe, mit Entzücken denen des Wassertreters. Beide brüten ebenfalls in der Tundra: die eine auf freien moosigen Mooren, der andere am Uferrande der heimlichsten, zwischen der Wollweide verborgenen Teiche und Lachen. Wenn man andere Möwen als die „Raben des Meeres“ bezeichnen will, darf man die Schmarotzermöwen „Falken der See“ benennen. Mit Fug und Recht führen sie die Namen „Raub-“ und „Schmarotzermöwen“; denn als tüchtige Räuber treten sie auf, wenn sie nicht schmarotzen können, und zu Schmarotzern werden sie, wenn eigene Jagd ihnen keine Beute bringt. Falken gleich durchfliegen sie im Sommer die Tundra, im Winter die Küstengebiete der nordischen Meere; rüttelnd stellen sie sich über dem Boden wie über dem Wasser auf, um Beute aufzufinden; gewandt und zierlich stoßen sie herab, um sie aufzunehmen, und behend und sicher packen sie das ins Auge gefaßte Opfer: aber diese so tüchtigen Räuber nehmen keinen Anstand, unter Umständen frech zu betteln. Wehe der Möwe, dem Seevogel überhaupt, welcher angesichts einer Schmarotzermöwe Beute erhob! Pfeilschnell jagt diese unter bellenden Rufen hinter dem glücklichen Räuber einher, wie spielend umgaukelt sie ihn von allen Seiten, listig vereitelt sie versuchte Flucht, mutig bekämpft sie jede Abwehr und unermüdlich, unablässig quält und peinigt sie ihn, bis er die gewonnene Beute ihr zuwirft, sollte er eine solche auch wiederum aus seinem Schlunde hervorwürgen müssen. Ihr Wesen und Treiben, ihre Gewandtheit und Behendigkeit, Kühnheit und Dreistigkeit, unermüdliche Wachsamkeit und unabwendbare Zudringlichkeit fesseln ungemein; selbst ihre Bettelei will Entschuldigung finden: so anmutend ist ihr Auftreten. Und doch ist der Wassertreter noch anziehender als sie. Er ist ein Strandvogel, welcher die Eigenschaften seiner Ordnung und die der Schwimmvögel in sich vereinigt und teils auf dem Lande, teils im Wasser, selbst im Meere lebt. Leicht und gefällig, an Zierlichkeit der Bewegung jeden anderen Schwimmvogel übertreffend, schwimmt er über die Wellen; eilfertig und hurtig läuft er längs des Ufers dahin; mit der Schnelligkeit einer Sumpfschnepfe streicht er im Zickzackfluge durch die Luft. Vertrauensvoll und harmlos läßt er sich in nächster Nähe beobachten; ängstlich besorgt um seine Brut, verrät er meist selbst sein Nest mit den vier birn-

Schmarotzermöwen, Wassertreter und Goldregenpfeifer.

förmigen Eiern, so sorgsam er dieses auch im Uferriede zu verstecken pflegt. Vielleicht darf man ihn die anmutigste Erscheinung unter allen Vögeln der Tundra nennen.

Bezeichnend für die Tundra sind ferner die Raubvögel, bezeichnend mindestens die Art und Weise, wie sie hier leben. Denn nur am südlichen Rande des Gebietes oder aber in der Hochtundra finden sie Bäume oder Felsen, auf denen sie ihren Horst errichten können, müssen sich daher wohl oder übel entschließen, auf dem Boden zu brüten. Zwischen dem rankenden Geäst der Zwergbirken steht der Horst der Sumpfeule, auf den

Kronen selbst der des Rauchfußbussards; auf dem nackten Boden liegen die Eier der Schneeeule wie des Wanderfalken, nur daß letzterer so viel als möglich wenigstens den Rand einer Schlucht zum Nistplatze wählt, fast, als wolle er sich selbst täuschen, indem er vergeblich strebt, die ihm fehlende Höhe zu ersetzen. Daß ihm und ihnen allen die Unsicherheit des Horststandes wohlbewußt ist, beweisen sie durch ihr Gebaren angesichts eines der Brut nahenden Menschen. Von fern schon wird der Wanderer mit Mißtrauen beobachtet und mit lautem Geschrei begrüßt; je näher er kommt, um so mehr steigert sich die Angst der besorgten Eltern. Bisher kreisten sie in doppelter Schußweite über dem so selten sich zeigenden, gefährlichen Feinde; jetzt aber stoßen sie mutig auf ihn hernieder, fliegen so dicht an dem Haupte desselben vorüber, daß man das scharfe Sausen ihrer Schwingen deutlich vernimmt, zuweilen sogar fürchten muß, thatsächlich angegriffen zu werden. Die Jungen aber, schon von weitem als weiße Ballen ersichtlich, ducken sich ängstlich nieder und verharren bei Annäherung des, wenn nicht erkannten, so doch geahnten Feindes so regungslos in der gewählten oder sonstwie, vielleicht durch Umfallen angenommenen Stellung, daß man sie zeichnen kann, ohne fürchten zu müssen, sie würden durch eine einzige Bewegung stören: — ein reizendes Bild!

Manche Tiere noch könnte ich aufzählen, erschienen sie mir notwendig zur Kennzeichnung der Tundra. Bezeichnend für letztere ist aber eines: die Mücke. Wer sie als das bedeutsamste aller Lebewesen der Tundra betrachtet, dürfte kaum des Irrtums geziehen werden können. Sie ermöglicht nicht wenigen höheren Tieren, insbesondere Vögeln und Fischen, zu leben; sie zwingt andere wie den Menschen, zeitweilig zu wandern; sie ist die alleinige Ursache, daß die Tundra im Sommer für gesittete Menschen unbewohnbar wird. Ihr Auftreten übersteigt alle Begriffe; ihre Macht besiegt Mensch und Tier; die durch sie verursachte Qual spottet jeder Beschreibung.

Es ist bekannt, daß die Eier aller Stechmücken in das Wasser gelegt werden, und daß die binnen weniger Tage jenen entkriechenden Larven bis zu ihrer Umwandlung im Wasser leben. Hieraus erklärt sich, daß die Tundra mehr als jedes andere Gebiet ihre Entwickelung, ihr massenhaftes Auftreten begünstigt. Sobald die wiederum aufsteigende Sonne Schnee, Eis und die oberste Kruste der Erde ab- und aufgetaut hat, regt sich das im Winter wohl gebundene, nicht aber vernichtete Leben der Mücken. Den im vereisten Schlamme bewahrten, nicht aber zerstörten Eiern entschlüpfen Larven; sie wandeln sich binnen weniger Tage zu

Puppen, die Puppen zu geflügelten Kerfen, und Geschlechter folgen in kürzesten Fristen Geschlechtern. Noch vor der Hochsonnenwende beginnt, und bis zur Mitte des August währt die Schwarmzeit der fürchterlichen Tiere.

Während dieser ganzen Zeit sind sie zur Stelle, vorhanden in der Höhe wie in der Tiefe, auf den Bergen oder Hügeln wie in den Thälern, zwischen dem Zwergbirken- oder Wollweidengestrüpp wie an den Ufern der Flüsse oder Seen. Jeder Grasstengel, jeder Mooshalm, jeder Zweig, jeder Ast, jedes Blättchen entsendet zu jeder Tageszeit Hunderte, Tausende von ihnen. Die Stechmücken oder Moskitos der Gleicherländer, der Urwaldungen und Sümpfe Südamerikas, Mittelafrikas, Indiens, der Sundainseln, gefürchtet von allen Reisenden, aber nicht schlimmer als unsere Tiere, schwärmen nur bei Nacht: die Mücken der Tundra fliegen zehn Wochen lang, und sechs Wochen hindurch thatsächlich so gut als ununterbrochen. Sie bilden Schwärme, welche aussehen wie dichter, schwärzlicher Rauch; sie hüllen jedes Geschöpf, welches sich in ihr Bereich wagt, in Nebel ein; sie erfüllen die Luft in solcher Menge, daß man kaum zu atmen wagt; sie vereiteln jede Anstrengung, sie zu vertreiben; sie wandeln den thatkräftigsten Mann zum willenlosen Schwächling, den Grimm desselben zur Furcht, den ihnen geltenden Fluch zur stöhnenden Klage.

Sobald man die Tundra betritt, tönt einem ihr Summen entgegen, vergleichbar bald dem Singen des Theekessels, bald wiederum dem Klingen eines schwingenden Metallstäbchens, und wenige Augenblicke später ist man umringt von Tausenden und Abertausenden. Ein von ihnen gebildeter oder aus ihnen bestehender Strahlenkranz umschwärmt Haupt und Schultern, Leib und Glieder, folgt, so schnell man sich auch bewege, und ist durch kein Mittel zu vertreiben. Bleibt man stehen, so verdichtet er sich; geht man fürder, so zieht er sich in die Länge; läuft man, so schnell man vermag, so dehnt er sich zu einer langen Schleppe aus, ohne jedoch zurückzubleiben. Weht einem mäßiger Wind entgegen, so beschleunigt er seinen Flug, um die Luftströmung zu überwinden; verstärkt sich der Wind, so strengen sich alle Glieder solchen Schwarmes aufs äußerste an, um ihr Blutopfer ja nicht zu verlieren, und prallen dann wie prickelnde Hagelkörner an Haupt und Nacken. Ehe man noch ahnt, ist man bedeckt vom Wirbel bis zur Sohle, bedeckt mit Mücken. In dichtem Gedränge, graue Kleider schwärzend, dunkle in eigenartiger Weise fleckend, setzen sie sich fest, laufen langsam auf ihnen hin und wider und suchen nach einer nicht übermachten Stelle, um Blut zu saugen. Zu dem unbeschützten Gesichte, dem Halse und Nacken, den bloßen Händen oder nur überstrumpften

Füßen sind sie lautlos gekrochen, ohne daß man es fühlte, und einen Augenblick später senken sie langsam ihren Stachel in die Tiefe der Haut und flößen den brennenden Gifttropfen in die Wunde. Ergrimmt schlägt man den Blutsauger zu Brei; aber während die strafende Hand sich bewegt, sitzen bereits drei, vier, zehn andere Mücken auf ihr, im Gesichte, im Nacken, an den Füßen, um ebenso zu thun, wie die erschlagenen thaten. Denn wenn einmal Blut geflossen, wenn auf einer und derselben Stelle bereits mehrere Mücken ihren Tod gefunden, suchen alle übrigen gerade diese Stelle mit Vorliebe auf, und ob das Blachfeld nach und nach mit Tausenden von Leichnamen sich decke. Besonders beliebte Angriffsstellen sind die Schläfen, die Stirn dicht unter dem Hutrande, der Nacken und die Handbeuge, überhaupt solche Stellen, auf denen sie gegen Abwehr möglichst geschützt sind.

Gewinnt man es über sich, sie bei ihrer Blutarbeit zu beobachten, also nicht zu vertreiben, noch zu stören, so bemerkt man zunächst, daß man weder ihr Aufsitzen, noch ihre Bewegungen zu fühlen vermag. Unmittelbar nachdem sie sich gesetzt haben, beginnen sie ihre Arbeit. Gemächlich laufen sie auf der Haut dahin, sorgfältig tasten sie mit ihrem Rüssel; plötzlich halten sie still, und mit überraschender Leichtigkeit durchbohren sie die Haut. Während sie saugen, heben sie wohlgefällig, förmlich wohllüstig, ein oder das andere Hinterbein und bewegen es langsam hin und her, um so entschiedener, je mehr ihr glasheller Leib mit Blut sich füllt. Sobald sie einmal Blut gekostet haben, achten sie auf nichts weiter, scheinen es auch kaum zu empfinden, wenn man sie belästigt oder quält. Zieht man mit Hilfe einer feinen Greifzange den Rüssel aus der Wunde, so tasten sie einen Augenblick lang und bohren ihn an der alten oder an einer zweiten Stelle wieder ein; schneidet man den Rüssel rasch mit einer scharfen Schere ab, so bleiben sie in der Regel auch jetzt noch sitzen, als ob sie sich besinnen müßten, lassen hierauf die vorderen Beine tastend über den Rüsselstummel gleiten und bedürfen längerer Untersuchungen, um sich zu vergewissern, daß das Glied nicht mehr vorhanden ist; schneidet man ihnen jählings ein Hinterbein ab, so saugen sie fort, als ob nichts geschehen wäre, bewegen auch noch den Stummel; trägt man ihnen den blutgefüllten Hinterleib zur Hälfte ab, so verfahren sie wie Münchhausens Pferd am Brunnen, ziehen endlich aber doch den Rüssel aus der Wunde, fliegen taumelnd davon und verenden binnen weniger Minuten.

Sorgfältige Beobachtung ihres Thun und Treibens stellt als unzweifelhaft fest, daß sie beim Auffinden ihres Opfers weniger durch das

Gesicht, als durch den Geruch, richtiger vielleicht einen Sinn, welcher Geruch und Empfindung in sich vereinigt, geleitet und geführt werden. Mit Bestimmtheit kann man wahrnehmen, daß sie bei Annäherung eines Menschen bis auf fünf Meter von ihren Ruhesitzen sich erheben und sodann, ohne zu zaudern oder zu irren, auf das Blutopfer zufliegen. Geht man über eine kahle Sandbank, welche von ihnen frei zu sein pflegt, so kann man beobachten, wie sie sich um ihr Opfer sammeln. Anscheinend halb vom Winde getragen, halb mit eigener Kraft sich bewegend, jedenfalls ziellos wandernd, schweben auch über solchem Gnadenorte beständig einige von ihnen dahin, und einzelne gelangen so in die Nähe des Beobachters. In demselben Augenblicke endet ihre scheinbare Unthätigkeit. Jählings ändern sie die Richtung ihres Fluges, und geradenwegs stürmen sie auf den glücklich erkundeten Gegenstand ihres Sehnens zu. Eine gesellt sich zur anderen, und ehe fünf Minuten vergehen, umgibt wiederum ein Strahlenkranz den Märtyrer. Minder leicht finden sie sich in verschiedenen Luftschichten zurecht. Als ich, auf hochgelegener Düne beobachtend, längere Zeit von Tausenden verfolgt und gequält worden war, zog ich den mich einhüllenden Schwarm allmählich bis zu dem Rande des steilen Abhanges der Düne, ließ ihn hier sich verdichten und sprang plötzlich in die Tiefe hinab. Mit innigster Befriedigung erfuhr ich, daß ich meine Quälgeister wenigstens zum größten Teile abgeschüttelt hatte. Aber auf der Höhe der Düne schwärmten sie, gleichsam verdutzt, durcheinander, über der Stelle, von welcher ich herabgesprungen, noch längere Zeit eine dichte Wolke bildend. Einige Hunderte waren mir jedoch auch in die Tiefe gefolgt.

Wenn der Naturforscher auch weiß, daß nur die weiblichen Mücken Blut saugen, und daß diese ihre Thätigkeit unzweifelhaft mit der Fortpflanzung zusammenhängt, wahrscheinlich die Reife der befruchteten Eier bedingt, überwältigt die durch die Dämonen der Tundra verursachte Qual schließlich doch auch ihn, und wäre er der gleichmütigste Weltweise unter der Sonne. Es ist nicht der Schmerz, welcher die Stiche und mehr noch die ihnen folgenden Beulen mit sich bringen, sondern die fortwährende Belästigung, das ewig sich wiederholende Ungemach, wodurch und worunter man leidet. Man erträgt den Schmerz, welchen die Stiche der Mücken bereiten, vielleicht, ohne zu klagen, selbst im Anfange der Plage, erträgt ihn noch leichter später, wenn die Haut gegen das ihr fort und fort eingeträufelte Gift allmählich abgestumpft wird; man ist daher auch im stande, geraume Zeit Widerstand zu leisten; aber man muß zuletzt doch eingestehen, daß man besiegt und geschlagen wurde durch die entsetzlichen Quälgeister der Tundra. Und so lähmen ihre an Zahl unschätzbaren, allgegenwärtigen, jederzeit kampffertigen Heere allgemach jeden Widerstand. Ununterbrochen durch sie belästigt, in jeder Handlung gehemmt, in jedem Genusse behindert, von jedem Gedanken abgelenkt, ermattet man nicht allein leiblich, sondern erschlafft endlich auch geistig. Der Fuß will dann nach kurzem Wege seinen Dienst versagen, der Geist keinen Eindruck in sich aufnehmen; die Tundra wird zur Hölle und ihre Plage zu namenloser Qual. Nicht der Winter und seine Stürme, nicht das Eis und seine Kälte, nicht die Armut, nicht die Unwirtlichkeit, sondern die Mücken sind der Fluch der Tundra!

Während ihrer Schwarmzeit fliegen die Mücken fast ununterbrochen, bei Sonnenschein und ruhigem Wetter mit ersichtlichem Behagen, bei mäßigem Winde noch sehr vergnüglich, bei geringer Wärme noch recht munter, vor drohendem Regen am ausgelassensten, bei kühler Witterung kaum, bei kaltem Wetter gar nicht mehr. Auch heftiger Sturm bannt sie in Gebüsche und Moos; sobald er aber nachläßt, sind sie wiederum rege und thätig, und auf allen unter dem Winde liegenden Stellen, selbst im Toben des Sturmes, angriffbereit. Eine Reifnacht fügt ihnen zwar merklichen Abbruch zu, räumt sie jedoch nicht aus dem Wege; naßkalte Tage vermindern ihre Heere, darauffolgende Wärme stellt neu entpuppte Scharen ins Feld. Erst die Herbstnebel bringen sie für das eine Jahr zur Ruhe.

Ebenso langsam als der Frühling eingezogen, ebenso rasch kommt der Herbst über die Tundra. Eine einzige kalte Nacht endet, meist schon im August, spätestens im September, ihr sommerliches Leben. Die Beeren, welche noch in der Mitte des August kaum hoffen lassen, daß sie zur Reife gelangen werden, sind zu Ende des Monats so saftig und süß geworden, als dies überhaupt möglich; einige naßkalte Nächte, welche die Berge bereits mit leichter Schneedecke belegen, beschleunigen ihre Reife mehr als die Sonne, welche schon jetzt tagelang in Wolken sich hüllt. Die Blätter der Zwergbirke färben ihre Oberseite blaß und dennoch leuchtend lackrot, ihre Unterseite lebhaft gelb; alle übrigen Sträucher und Sträuchlein erleiden eine ähnliche Verwandlung: und das düstere Braungrün der Tundra geht über in ein so lebhaftes Braunrot, daß selbst die gelbgrüne Renntierflechte nicht mehr zur Geltung kommt. Südwärts oder dem Meere zu fliegen die beschwingten Sommergäste, flußabwärts schwimmen die Fische der Tundra. Von den Bergen herab wandert das Ren, in seinem Gefolge der Wolf zur Tiefe; zu den Bergen hinauf fliegt das jetzt zu Flügen von Tausenden gescharte Moorhuhn, um hier so lange zu weilen, bis der Winter es wieder in die Tieftundra hinabdrückt.

Noch wenige Tage und dieser Winter, von uns wie von den Wandervögeln gefürchtet, von den menschlichen Bewohnern der Tundra herbeigesehnt, zieht ein in das unwirtliche Land, um länger, viel länger als Frühling, Sommer und Herbst im Vereine in ihm seine Herrschaft zu behaupten. Tage- und wochenlang nacheinander fällt Schnee vom Himmel hernieder, bald leise rieselnd, in scharfeckigen Kristallen, bald, vom rasendsten Sturme gepeitscht, in großen Flocken. Berge und Thäler, Flüsse und Seen verhüllen sich allmählich mit dem einen und einzigen Winterkleide. Noch blitzt dann und wann um die Mittagszeit ein kurzer Sonnenblick auf der schneeigen Fläche wider; bald aber kündet selbst bei klarem Wetter höchstens ein bleicher Schein im Süden, daß diesem der sonnige Tag bereits zur Hälfte vergangen. Die lange Winternacht ist angebrochen. Monate nacheinander flimmert nur der schwache Widerschein der Sterne auf der Schneedecke, gibt einzig und allein der Mond noch Kunde von dem allbelebenden Gestirn unseres Weltenringes. Wenn aber die Sonne der Tundra gänzlich entschwunden, geht ihr leuchtend und strahlend eine andere auf: hoch oben im Norden flackert und knistert „Soweidud", das Gottesfeuer, das flammende Nordlicht!

Die asiatische Steppe und ihr Tierleben.

Eintönig wohl, aber auch im höchsten Grade eigenartig ist das ungemessene Gebiet, welches sich über ganz Mittelasien erstreckt und im Süden Europas fortsetzt: die Steppe. Leicht mag es dem oberflächlichen Beobachter erscheinen, sie zu kennzeichnen; schwierig dünkt solche Aufgabe dem, welcher tiefer zu blicken gewohnt ist. Denn so unabänderlich einförmig, so gänzlich wechsellos, wie man gewöhnlich annimmt, ist die Steppe nicht. Verschiedenartig tritt auch sie vor das Auge in der Zeit ihrer Blüte und in der Zeit ihres Welkens, im Sommer wie im Winter; erheblich verschieden stellt sie sich selbst zu jeder Jahreszeit dar in der Höhe und in der Tiefe, da wo sich Gebirge in ihr auftürmen und Bäche, Flüsse, Seen und Sümpfe in ihr einsenken. Eintönig wirkt sie nur, weil ein und dasselbe Bild tausendfältig sich wiederholt, weil das alltäglich wird, was das Auge beim einmaligen Schauen fesseln und befriedigen müßte.

Der Russe bezeichnet mit dem Worte Steppe, welches wir seiner Sprache entlehnt haben, alle unter mittleren Breiten gelegenen waldlosen Landschaften mit nutzbarer Pflanzendecke, gleichviel, ob es sich um vollständige oder sanftwellige Ebenen, um Hügelgelände oder Gebirge handelt, ob fette Schwarzerde stellenweise ertragsfähigen Landbau ermöglicht, oder ob magerer Boden einzig und allein dem Wanderhirten die Ausnutzung der ohne Zuthun des Menschen auf ihm gewachsenen Pflanzen gestattet. Diese Auffassung muß zutreffend erscheinen; denn hier wie dort entsprießen dem Boden dieselben Pflanzen; hier wie dort leben dieselben Tiere; hier wie dort macht sich der Wechsel der Jahreszeiten in annähernd derselben Weise geltend.

Als waldloses Gebiet muß die Steppe bezeichnet werden; gänzlich baumlos aber ist sie nicht. Denn breiteren und tiefer eingeschnittenen

Strom- oder Flußthälern mangeln weder höhere Gesträuche noch Bäume. Unter besonders günstigen Umständen erstarken Weiden, weiße und Silberpappeln zu hohen Bäumen, welche sich zu einem geschlossenen Ufersaume vereinigen können, oder siedeln sich Birken an und bilden Haine und Wäldchen, oder fassen Kiefern auf sandigen Dünen festen Fuß und treten zu Beständen zusammen, welche sich zwar mit wirklichen Waldungen nicht vergleichen lassen, aber doch immerhin in ähnlicher Weise geschlossen sein können wie jene Ufersäume. Doch solche Stellen sind Ausnahmen von der Regel, bilden gewissermaßen eine fremde Welt in der Steppe; sie lassen sich vergleichen mit den Oasen der Wüste.

Als unabsehbare, nur hier und da sanftwellige Ebene kann die Steppe vor dem Auge liegen, als mannigfach bewegtes und daher wechselvolles Gelände kann sie an anderen Orten erscheinen, zum Gebirge an einzelnen Stellen sich auftürmen. In der Regel schließen Hügelketten von verschiedener Höhe allseitig den Gesichtskreis ab, und meist umgrenzen die Hügel eine Thalmulde, in welcher das Wasser um den Ausweg verlegen zu sein scheint, falls es solchen überhaupt findet. Aus längeren Querthälern der oft sehr verzweigten Hügelketten fließt ein kleines Bächlein der tiefsten Stelle des Kesselthales zu und endet in einem See, dessen salziger Ufersaum dann von fernher leuchtet und schimmert, als ob der Winterschnee auf ihm liegen geblieben wäre. Die Hügel erscheinen, aus weiterer Ferne betrachtet, als hohe Gebirge; denn das Auge verliert den Maßstab für richtige Schätzung auf diesen ausgedehnten Strecken, und die Hügel täuschen, wenn anstehendes Gestein zu Tage tritt und Kuppen und Kegel, Spitzen und Zacken auf ihren Gipfeln bildet, selbst den geübten Blick. Uebrigens kommen, auch abgesehen von den Hochgebirgen nahe der chinesischen Grenze, schon in der Kirgisensteppe wirkliche Gebirge vor, welche selbst in der Nähe wenig einbüßen von dem großartigen Eindrucke, den sie, dank der Zerrissenheit ihrer Gipfel und Gehänge, von fernher machten. Je höher und je verzweigter die Gebirge, um so reichere Wasseradern senden sie zur Tiefe, und um so größer sind demgemäß auch die Seen in den tiefsten Niederungen, welche ein Fluß erreichte, ohne die letzte Mulde füllen und ihre Umhöhungen durchbrechen zu können, um so ausgedehnter die Salzsteppen um die stets salzigen, weil abflußlosen Seen. Abgesehen hiervon bleibt sich das Gepräge der Steppe gleich, so vielfach die Landschaftsbilder auch wechseln können.

Man würde Unwahres behaupten, wenn man sagen wollte, daß die Steppe anmutiger und selbst großartiger Landschaften gänzlich entbehre.

Die norddeutsche Heide ist trostloser, sogar unsere Mark eintöniger als sie. Schon in der sanftwelligen Ebene haftet das Auge gern an den Seen, welche alle tieferen Mulden füllen; im Hügelgelände oder zwischen höheren Gebirgen bilden die Wasserbecken immer einen wahren Schmuck der Landschaft. Dem See mangelt, wenn auch nicht unter allen Umständen, so doch in den meisten Fällen freundlich begrünender Baumschlag, selbst lebendiges Buschwerk; nicht selten liegt er sogar vollständig nackt und kahl vor dem Auge: und doch schmückt er auch in diesem Falle die Steppe. Denn der im Widerscheine des Himmels blau erscheinende Spiegel lacht freundlich entgegen, und die belebende Macht des Wassers äußert sich auch hier. Und wenn ein See vollends durch eine Bergkette am jenseitigen Ufer begrenzt wird, wenn vielleicht, wie am Alakul, hohe Gebirge das Bild einrahmen und die Steppe ringsum scharf und malerisch sich abhebt von dem glitzernden Spiegel, den tiefdunklen Berggehängen und den schneeigen Gipfeln, wenn sich der zarte Duft der Ferne auf Ebene und Gebirge legt und selbst da besondere Schönheiten vermuten läßt, wo keine zu finden sind, bekennt man gern und freudig, daß auch die Steppe in ihrer Art zaubervolle Landschaften in sich schließt.

Aber auch wenn man meilenweite Thäler durchzieht, oder über jene kaum unterbrochenen Ebenen schweift, welche nur durch sanfte Wellenlinien am fernen Gesichtskreise begrenzt werden, wenn man immer nur das eine kaum veränderte Bild, dieselbe Aussicht nach Süden und Norden, Westen und Osten vor sich hat, wenn inmitten der endlos scheinenden Weite das Gefühl der Einsamkeit und Verlassenheit sich regt, bietet die Steppe landschaftlich immer noch mehr als unsere Heide, weil die Pflanzenwelt dort eine ungleich reichere, buntere und wechselvollere ist, als hier. Nur da, einzig und allein da, wo rings um einen See die Salzsteppe sich breitet, erscheint die Landschaft trostlos arm und öde. Hier verkümmern alle Pflanzenarten der Steppe und kleines, dürftiges Salzkraut, verkrüppelter Heide vergleichbar, tritt an ihre Stelle, nur hier und da ein Büschchen bildend. Dazwischen aber liegt Salz in mehr oder minder dicker Schicht auf dem Boden, und die gefüllt gewesenen Lachen zwischen den kaupenartig erhöhten Salzpflanzenbüschchen gleichen mit Eise bedeckten Teichen. Das Salz überzieht das ganze Land und erhält den unter ihm liegenden Schlamm beständig feucht, haftet fest an dem Boden und läßt sich nur schwer von ihm ablösen. Daher hebt auch der Wanderer, wie das über die Salzsteppe schreitende Pferd bei jedem Schritt große Ballen Salz und Schlamm aus dem Boden, als ob wässeriger Schnee denselben decke; die

Spur des Wagens drückt sich in tiefem Geleise ein in die zähe Masse, und das rollende Rad malt zuweilen im Salze wie bei strenger Kälte im Schnee. Solche Stellen erscheinen allerdings unsäglich öde und traurig, alle übrigen sind es nicht.

Die Pflanzenwelt der Steppe ist viel reicher an Arten, als man gewöhnlich annimmt, viel reicher, als ich als Laie es zu sagen vermag. Auf schwarzerdigem Boden verdrängen Tschi- und Thyrsagras im Verein mit der Spirstaude stellenweise fast alle übrigen Pflanzen; in den Lücken dazwischen aber entsproßt ebensogut wie auf magerem Boden allerlei Blumenschmuck der Erde, und überall da, wo die Steppe muldig sich einsenkt, geht die Pflanzenwelt allmählich in die des Sumpfes über, und Ried und Rohr, welche hier vorherrschend werden, geben ebenso wie jene Gräser einer sehr mannigfachen Welt genügenden Raum zur Entwickelung. Aber die Zeit der Blüte ist kurz, die des Welkens und Ersterbens lang in der Steppe.

Vielleicht sagt man nicht zu viel, wenn man behauptet, daß der Unterschied aller vier Jahreszeiten nirgends greller hervortreten könne als in der Steppe, in welcher bunte Blumenpracht und wüstenhafte Dürre, herbstliche Anmut und winterliche Oede mit einander abwechseln, in welcher die zerstörende Macht ebenso gewaltig auftritt wie die erzeugende, die Sonnenglut ebenso vernichtend wirkt wie die Kälte, in welcher das durch die Hitze ertötete, durch rasende Stürme weggefegte Leben dennoch und gleichsam aufjauchzend wieder erwacht unter dem ersten Sonnenblicke des Frühlings, in welcher nicht einmal das verzehrende Feuer imstande ist, das gänzlich zu vertilgen, was Sonnenglut und Stürme noch übrig lassen. Gewaltiger mag der Frühling auftreten in den Ländern unter dem Gleichen, zauberhafter kann er nirgends wirken als in der Steppe, wo er, er allein dem Sommer, Herbst und Winter widersteht.

Noch grünt die Steppe, wenn der Sommer in sie einzieht; ihre volle Pracht aber ist bereits entschwunden. Wenige Pflanzen erlangen jetzt erst ihre Entwickelung; auch sie verwelken in den ersten Tagen dörrender Glut, und das bunte Frühlingskleid geht über in Grau und Gelb. Noch widersteht das saftig grüne Thyrsagras der Dürre; aber seine freien, langen, dicht behaarten Grannen haben ihr volles Wachstum bereits erreicht und wogen im leisesten Luftzuge, überwerfen wie mit silbernem Schleier das Grün unter ihnen. Wenige Tage noch, und Gras und Grannen sind ebenso verdorrt wie das bereits vergilbte Tschigras, welches im Frühjahre wie schossendes, jetzt wie der Sichel entgegenharrendes Getreide erscheint. Die breiten Blätter des Rhabarbers liegen verdorrt am

Boden; die Spirstaude ist bereits abgewelkt, der Garakanstrauch entblättert, das Geißblatt wie die Zwergmandel herbstlich dürr geworden; die Disteln stehen im Samenschmucke; nur die Wermut- und Beifußarten haben ihre graugrünen Blätter noch nicht verändert. Rein und glänzend strahlt die Sonne hernieder auf das dürstende Land; denn nur selten schichten sich die das Gewölbe des Himmels malerisch schmückenden Schäfchenwolken dichter zusammen, und wenn sie sich wirklich einmal gewitterhaft entladen, ist der Niederschlag kaum hinreichend, den jetzt bei jedem Windstoße aufwirbelnden Staub zu löschen. Die Tiere halten sich noch auf ihren Sommerständen auf; aber der Gesang der Vögel ist bereits verstummt. Nur das kriechende Gewürm, unzählige Eidechsen und Schlangen, meist Vipern, befindet sich wohl, und die Heuschrecken schwärmen in unendlichen Scharen, beim Auffliegen Wolken bildend, durch die Steppe.

Noch bevor der Sommer zu Ende gegangen, hat die Steppe ihr Herbstkleid angelegt: ein verschieden schattiertes Graugelb, ohne Wechsel, ohne Reiz. Alle leicht brüchigen Pflanzen liegen vom ersten Sturme geknickt am Boden; die nächste Windsbraut fegt sie in wirbelndem Tanze über die Steppe dahin. Mit ihren Aesten und Zweigen aneinander hakend, ballen sie sich zu größeren Klumpen zusammen und hüpfen und kugeln spukhaft vor dem rasenden Winde einher, halb verhüllt von dem in Wolken über dem Boden treibenden Staube. Oben am Himmel aber jagen dunkle oder schneeschwangere Wolken mit ihnen um die Wette. Die Sommervögel des festen Landes sind längst schon dem Süden zugezogen, die des Wassers, massenhaft auf allen Seen versammelt, rüsten sich zum Aufbruche; die wanderfähigen Säugetiere streifen in gescharten Trupps von einem nahrungversprechenden Orte zum anderen; die Winterschläfer verstopfen die Ausgänge ihrer Höhlen: Kriech- und Kerbtiere ziehen sich in ihre Winterschlupfwinkel zurück.

Eine einzige Frostnacht deckt alle Gewässer mit dünnem Eise; einige kalte Tage mehr legen die Fesseln des Winters über Seen und Lachen, und nur die dem Froste länger widerstehenden Flüsse und Bäche gewähren den Zugvögeln, welche bisher noch mit ihrer Abreise gezögert, notdürftige Herberge für die nächsten Tage. Leichte Nordwestwinde treiben dunkles Gewölk über das Land, und kleinflockiger Schnee fällt rieselnd hernieder. Die Gebirge haben ihre Schneedecke bereits über sich geworfen; jetzt zieht auch die Tiefsteppe ihr Winterkleid an. Unwetter ahnend, verläßt der Wolf die Rohrdickichte und Spirkrauthorste, welche ihm bisher sichere Verstecke gewährten und umschleicht verlangend die Dörfer und die Winterlager des Wanderhirten, welcher jetzt die geschütztesten und bisher noch nicht beweideten Stellen der Tiefsteppe aufsucht, um seine Herden so viel als möglich vor dem Mangel, der Not und dem Elende des Winters zu sichern. Gegen den gierigen Wolf ergreift er, wie der angesiedelte Kosak oder der Bauer, Mittel zur Abwehr, reitet in die Steppe hinaus, folgt der verräterischen Fährte des Räubers bis zu dessen Notlager, treibt ihn auf und jagt, durch jauchzenden Zuruf sein Roß spornend und das Raubtier schreckend, einen erstarkten Baumaufschlag mit dem Wurzelknollen am Ende als gewichtige Keule in der Rechten schwingend, hinter dem feigen Würger seiner Herdentiere dahin. Aufwirbelnder Schnee umstiebt Wolf, Roß und Reiter, brennender Frost rötet dessen Antlitz, ohne daß er es achtet. Nach ein-, höchstens zweistündiger Jagd vermag der Wolf, welcher zwanzig bis dreißig Kilometer durchmessen, nicht weiter zu laufen, wendet sich um und stellt sich seinem Verfolger. Die Zunge hängt ihm lang aus dem Halse heraus, die mit Eis überzogenen Haarspitzen des dampfenden Felles sträuben sich empor, die irrenden Augen spiegeln Todesangst wieder. Einen Augenblick nur zaudert das edle Roß, dann stürmt es, von dem Zuruf und der Knute des Reiters getrieben, zum letztenmale auf den gehaßten Feind ein. Hoch auf schwingt der Jäger seine vernichtende Waffe, sausend stürzt sie niederwärts und zuckend und röchelnd liegt der gefällte Wolf am Boden. Vom Hunger getrieben, wie er, wechseln um dieselbe Zeit Wildpferde und Antilopen ihre Stände, um das bedrohte Leben zu fristen; selbst die an das Gebirge gebundenen Wildschafe schweifen jetzt von einer Bergseite zur anderen, und nur die Hasen und die unerschütterlichen Flug- und Fausthühner halten fest an ihrem Stande, jener von Halmen und Rinde, diese von Samen und Knospen dürftig sich ernährend. Viele Tage nacheinander währt der Schneefall; endlich legt sich der Wind, welcher die Wolken herbeiführte: aber dunkel wie zuvor bleibt der Himmel. Der Wind springt um und weht schärfer und immer stärker aus Osten, Südosten, Süden oder Südwesten her. Ueber der weißen Decke kräuselt eine lichte Wolke, gebildet aus aufgewirbeltem Schnee; der Wind erstarkt zum Sturme; die Wolke steigt bis zum Himmel empor; und sinnbethörend, auch den wettergestähltesten Mann verwirrend, jedes Leben auf das äußerste gefährdend, rast der Buran oder Schneesturm über die Steppe, eine Windsbraut, gefürchtet wie der Taifun, der gifthauchende Samum. Zwei, drei Tage nacheinander, ununterbrochen in gleicher Stärke wütet solcher Sturm, und Mensch und Tier bannt er an dieselbe Stelle. Der Mensch, welcher von ihm überfallen wird in der weiten Steppe, ist verloren, wenn nicht ein besonderer Zufall ihn rettet; wer sich, wenn der Buran dahinbraust, aus dem Hause wagt, kann im Dorfe, in der Steppenstadt umkommen, wie es in der That nicht allzu selten geschieht. Erst mit Ablauf des Februars sind Menschen und Tiere so ziemlich vor ihm gesichert und atmen auf, so schwer auch jetzt noch der Winter über der Steppe lastet.

Die Sonne hebt sich; ihre Strahlen fallen wärmer auf die südlichen Gehänge der Berge und Hügel, und dunkle Flecken, welche tagtäglich sich vergrößern, ob auch dann und wann frisch gefallener Schnee zeitweilig sie

Pferdeherde während eines Schneesturms in der asiatischen Steppe.

decke, treten überall hervor: das erste Wehen des Frühlings regt sich. Aber langsam nur hält er seinen Einzug in das unter den Fesseln des Winters verharrende Land. Erst, wenn der belebenden Sonne auch die lauen Südwinde sich gesellen, frühestens im Anfange, meist erst gegen die Mitte des Aprils, schwindet der Schnee rasch von den unteren Gehängen der Berge wie aus den tieferen, mit Schwarzerde erfüllten Thälern, und nur in Schluchten und steilwandigen Einsenkungen, hinter jäh abfallenden Hügeln und in dichtem Gestrüpp bleiben fast einen vollen Monat noch Schneewehen ersichtlich. Auf allen übrigen Stellen regt sich das neu erweckte Leben gewaltig. Begierig saugt die Erde die Feuchtigkeit ein, welche der schmelzende Schnee ihr spendete, und die beiden, nunmehr vereinigten Zauberer, Sonne und Wasser, üben ihre unwiderstehliche Macht. Noch bevor jene Schneewehen, bevor die rasch vermorschenden Eisschollen auf den Seen geschmolzen, treiben alle Zwiebelgewächse, alle den Winter überdauernden Pflanzen überhaupt, Blätter und Blütenstengel der Sonne entgegen. Zwischen den vergilbten Halmen der Gräser, den dorrend ergrauten Stengeln aller nicht vom Herbststurme geknickten Kräuter schimmert das erste Grün. Jetzt zündet der Ansiedler wie der Wanderhirt die dichtesten Horste verschiedener Pflanzen an, und das gefräßige Feuer versucht zu vernichten, was der Herbststurm noch verschonte. Sobald es den Boden wenigstens stellenweise gereinigt, regt sich das Pflanzenleben nur um so mächtiger. Der anscheinend pflanzenlosen Erde entsprossen Blätter- und Zwiebelgewächse; Knospen entwickeln, Blumen entfalten sich, und in unbeschreiblicher Pracht schmückt sich die Steppe. Auf endlos weiten Strecken hin leuchten gelbe, dunkelrote, weiße, weiß und rot gestreifte Tulpen dem Auge entgegen. Zwar nur einzeln, zu zweien, zu dreien vereinigt, entstiegen sie dem Boden; aber sie verbreiten sich über die ganze Steppe und erblühen gleichzeitig in so großer Anzahl, daß der Blick auf sie treffen muß, wohin er sich auch wende. Unmittelbar nach ihnen entwickeln sich auch die Lilien, und neue, noch bestrickendere Farben erleben überall, wo diese lieblichen Kinder der Steppe die Bedingungen für ihr Gedeihen fanden, an den Gehängen wie in den tieferen Thälern, längs der Ufer aller Flüßchen wie im Sumpfe. Geselliger und vielartiger als die Tulpen, treten sie in viel wirksamerer Menge hervor als jene; denn sie beherrschen weite Strecken vollständig und können unter Umständen ebenso an ein mit Kornblumen überfülltes Roggenfeld wie an ein in voller Blüte stehendes Rapsfeld erinnern. In der Regel steht jede Art oder Spielart dicht gedrängt; hier und da entwachsen aber auch blaue und gelbe Lilien in buntem Gemisch dem Boden, und die beiden Ergänzungsfarben gelangen dann zu wirkungsvoller Geltung — ein Anblick zum Entzücken.

Zieren jetzt, unmittelbar nach dem Winter diese ersten Kinder des Frühlings die Steppe, so schmückt sie der Himmel nicht minder. Gänzlich rein von Gewölk erscheint er im Frühlinge wohl nie, vielmehr stets bedeckt mit Wolken aller Arten, selbst beim schönsten Wetter wenigstens mit Schicht- und Schäfchenwolken, welche, mehr oder minder dicht gedrängt, über das ganze Gewölbe des Himmels sich verbreiten und ringsum in den Grenzen des Gesichtskreises auf dem Boden zu lagern scheinen. Verdichten sich aber diese Wolken, dunkelt der Himmel, und sendet die Sonne nur hier und da ein Streiflicht auf die vom ersten Frühlingshauche durchwärmte Steppe, so erleben in ihr Farben, welche man niemals für möglich erachtet hätte.

Jeder Tag aber fügt jetzt neue Farben zu den alten. Mehr und mehr schwindet der gilbliche Schein, welchen auch im Frühlinge noch die vorjährigen Halme über die Steppe legen, und frischer und lebendiger tritt das Frühlingskleid des bereits so reich geschmückten Geländes hervor. Nach wenigen Wochen liegt die Steppe wie ein bunter Teppich, in welchem alle Schattierungen vom dunklen Grün bis zum lebendigen Grüngelb zur Geltung gelangen, vor dem Auge; denn das vorherrschende Graugrün der Beifußpflanzen erhält jetzt durch besonders hervorstechende Kräuter und Zwerggebüsche dunklere und hellere Töne. Die Zwergmandel, welche allein oder gemeinschaftlich mit dem Erbsenstrauche und dem Geißblatt weite Strecken der Steppenniederungen überzieht, steht jetzt, ebenso wie die beiden letztgenannten Gestrüpparten in vollem Schmucke, und die pfirsichrot schimmernden, weil über und über mit Blüten bedeckten Zweige stechen lebhaft ab von dem Grün der Gras- und Krautarten wie von den Blüten des Garaken, selbst von den zart rosenroten bis rötlichweißen des Geißblattes, welches an geeigneten Stellen dichte Horste bildet und in voller Blüte stehend, alle übrigen Farben rings umher nur als den Grund erscheinen läßt, von welchem seine Blätter leuchtend sich abheben. Verschiedene, für mich, als Nichtkundigen, namenlose Kräuter und Pflanzen rufen die dunklen Schatten und die hellen Lichter hervor, und die ebenso rasch verwelkenden wie entstandenen Blätter anderer sticken dem Teppich gelbgrüne oder goldgelbe Flecken ein. Aus weiter Ferne gesehen, einigen sich freilich alle Farben zu einem fast gleichmäßigen Graugrün; in der Nähe aber wirkt jede einzelne, wirken selbst die zahllosen Blumen, welche sich jetzt ebenfalls erschlossen haben und überall wenigstens einzeln, an den besonders begünstigten Stellen aber gruppenweise zusammenstehen und im Schatten der Gestrüppflanzen zu voller Pracht sich entwickeln. Neben den unendlich mannigfaltigen Zwiebelgewächsen treten namentlich köstliche Wickenarten, neben fremdartig erscheinenden alte gute Bekannte aus unseren Ziergärten hervor, und mehr und mehr Zauber umstrickt die Sinne, so daß man zuletzt, sich selbst täuschend, in einem unendlichen, ungepflegten Blumengarten zu wandeln meint.

Mit dem pflanzlichen weckt der Fühling auch das tierische Leben der Steppe. Noch bevor die letzten Spuren des Winters gänzlich verschwunden, erscheinen die im Herbste entflohenen Wandervögel wieder in der

Steppensee.

Steppe, und wenn der Frühling erst wirklich und wahrhaftig eingezogen, öffnen auch die Winterschläfer ihre unterirdischen Kammern, in denen sie die böse Jahreszeit in todähnlicher Erstarrung bewußtlos verbrachten, um sich, wie die Wandervögel zu den Standvögeln, zu denjenigen Säugetieren zu gesellen, welche nicht einmal solchen Winter fürchteten, ihn wenigstens wachend zu überstehen wußten. Gleichzeitig mit ihnen feiern die Kerbtiere das Fest ihrer Auferstehung, indem auch sie einem schützenden Verstecke enteilen oder in letzter Verwandlung sich entpuppen, und ebenso entsteigen nunmehr Lurche und Kriechtiere, Frösche, Eidechsen und Schlangen ihren winterlichen Zufluchtsorten, um schon im ersten Sonnenstrahle die ihnen unentbehrliche, sie zur Thätigkeit, zu vollem Leben treibende Wärme zu genießen und dem nur sie leidlos beglückenden Sommer entgegenzuträumen.

Jetzt wird es lebendig in der Steppe. Zwar nicht vielgestaltig, aber zahlreich und allverbreitet treten die ihr angehörigen Tiere auf. Man begegnet ihnen überall und vermißt sie nirgends. Massenhaft wie die Antilopenherden der Steppen Innerafrikas, die Zebra- und Quaggatrupps der Karu Südafrikas, die unabsehbaren Büffelzüge der Prärien Nordamerikas durchschwärmen weder die Säugetiere, noch in ebensolchen Mengen wie am Meeresgestade und auf einzelnen Inseln, in Afrikas Steppen oder in den Urwäldern der Gleicherländer die Vögel die Steppe in verschiedene Landschaftsbilder greifen aber auch sie, die einen wie die anderen, bestimmend ein, und das eigenartige Gepräge des Geländes helfen auch sie gestalten und vollenden: denn Charaktertiere, für Land und Verhältnisse bezeichnende Arten, besitzt oder beherbergt auch die Steppe.

Zu Sammelpunkten des tierischen Lebens werden vor allen die Gewässer und zwar die großen Seen wie die kleinen lachenähnlichen oder teichartigen Wasserbecken, die Flüsse wie die Bäche. Früher noch, als man das Vorhandensein eines Sees an den seine Ufer umgebenden, alle zeitweilig überschwemmten oder beständig mit seichtem Wasser überfluteten bedeckenden Rohrbeständen erkennt, verraten dem kundigen Auge Hunderte und Tausende von Sumpf- und Schwimmvögeln das noch nicht ersichtlich gewordene Gewässer. In vielfach wechselndem Fluge schweben und gleiten Fischer-, Sturm- und Bachmöwen über seinem Spiegel dahin, rascher und unsteter fliegend betreiben über den Rohrbeständen und den von ihnen eingeschlossenen Wasserflächen Seeschwalben ihre Jagd, in hoher Luft ziehen Schreiadler ihre Kreise; Enten, Gänse und Schwäne fliegen von einem Teile des Sees zum andern; Rohrweihen schaukeln sich über den Rohrbeständen: selbst Seeadler und Pelikane zeigen sich dann und wann dem

Auge. Ueber die an solchen Seen vereinigte Bewohnerschaft, über die Anzahl der Arten und Einzelwesen vermag man aber erst dann sich zu unterrichten, wenn man am Ufer selbst steht oder in die Rohrdickichte eindringt, welche sie umsäumen. In der Salzsteppe tritt, wie leicht erklärlich, auch das tierische Leben zurück. Eilenden Fluges ziehen die Wasservögel über den unwirtlichen, mit Salz bedeckten Ufersaum hinweg, von einer Lache zur anderen sich wendend, und einzig und allein die Lach- und Fischermöwen ruhen gern zeitweilig aus an den noch nicht verdunsteten, flachen, mit stark salzhaltigem Wasser gefüllten Becken; einzig und allein die Höhlenente fischt in ihnen selbst in Gemeinschaft der reizenden Säbelschnäbler, welche gerade derartige Stellen mit besonderer Vorliebe aufsuchen und hier, zu Paaren oder kleinen Trupps vereinigt, emsig das salzige Wasser durchstöbern, den zarten Kopf mit dem feinen, nach aufwärts gebogenen Säbelschnabel unermüdlich seitlich hin und her schwingend. Von anderen Vögeln habe ich hier immer nur wenige gesehen: eine Schaf- oder Bachstelze, einen Kiebitz, einen Regenpfeifer; alle übrigen meiden die ungastliche Oede um so lieber, als in ihrer unmittelbaren Nähe unendlich mehr versprechende Sümpfe und heimliche Wasserflächen sich finden. Unmittelbar am See selbst winkt allen, welche er an sich lockte, reiche Nahrung. Demgemäß siedeln sich hier und auf seinem Wasserspiegel nicht allein Tausende von Sumpf- und Wasservögeln, sondern auch alle die kleinen Sänger und Sperlingsvögel an, denen die trockenere Steppe die ihnen nötigen Lebensbedingungen nicht gewährt, und somit finden nicht allein die Fisch-, sondern auch alle übrigen Räuber ihr tägliches Brot. Mit den Strandseen Nordafrikas, an denen während des Winters die gefiederten Bewohner dreier Erdteile zu einem großartigen Stelldichein zusammenströmen, mit den stehenden Gewässern der Gleicherländer, in und an denen jederzeit viele Hunderttausende von Vögeln sich versammeln, selbst mit den Sumpfniederungen der Donautiefländer, in denen allsommerlich unendliche Scharen allerlei Kinder der Luft sich vereinigen, lassen sich die Steppenseen allerdings nicht vergleichen; im Verhältnisse zu ihrer Ausdehnung ist die Anzahl der beschwingten Ansiedler sogar gering, unbedingt aber muß sie immerhin als eine sehr bedeutende bezeichnet werden, und ihre Eigenartigkeit bewahren sich die Seen der Steppe auch in bezug auf die bevorzugten Wohnstätten der Vögel.

Alles lebt hier im Rohre: der Wolf wie das Wildschwein, der Adler wie die Wildgans, der Weih wie der Schwan, der Rabe wie die Stock-, Schnatter-, Kriech-Kolben oder Tauchente, die Drossel wie die Grasmücke, die Rohrmeise wie der Sperling, die Rohrammer wie die Fettammer, der Laubsänger wie das Blaukehlchen, der Rötel- und Rotfußfalk wie der Kranich und Kiebitz, der Würger wie die Sumpfschnepfe, der Star wie die Bach- und Schafstelze, die Wachtel wie der Eisvogel, der Silber- und Löffelreiher wie die Scharbe und der Pelikan. Die Rohrdickichte sind die wahren und eigentlichen Aufenthaltsorte und Zufluchtsstätten für die Tierwelt: sie ersetzen den Wald, welcher versteckt und sichert; sie bilden die heimlichen Stätten der Liebe und des Familienglücks, der lautesten Freuden wie der zartesten Sorgen, die Brutplätze und Erziehungsorte der Jungen.

Von den in den Rohrbeständen hausenden Säugetieren nimmt man, vorausgesetzt, daß man nicht zu Gewaltmaßregeln schreitet und mit Hilfe der Hunde die Dickichte durchstöbert, meist nur die Spuren wahr; ein Bild der leicht beweglichen Vogelwelt aber stellt sich dem geübten Auge des Forschers jederzeit wenigstens in seinen allgemeinen Zügen dar.

Wenn man von der trockenen Steppe aus einem der Seen sich nähert, verschwinden zuletzt auch die allverbreiteten Lerchen, und ein oder der andere Regenpfeifer macht sich bemerklich, sei es, daß sein klangvoller Ruf das Ohr trifft, sei es, daß er selbst in das Auge fällt, wenn er mit der Emsigkeit seines Geschlechtes ruckweise über den Boden dahinrennt, hier und dort ein Beutetierchen aufnehmend und dabei einen Augenblick anhaltend, um unmittelbar darauf mit gleicher Eilfertigkeit weiter zu rennen. Noch bevor man an das Röhricht gelangt, wird die Lachmöwe, mit ihr auch wohl die Sturmmöwe, günstigen Falles sogar eine Fischermöwe sichtbar; erstere fliegt selbst weit in die Steppe hinein, weidenden Herden zustrebend, denen sie dann zum reizenden Schmucke wird, möge sie in dicht gescharter Menge eine Herde umschweben, um die von den Weidetieren aufgescheuchten Kerbe im Fluge zu fangen, oder aber hinter der Herde einherlaufen, weißen Tauben vergleichbar, welche auf dem Felde ihrer Nahrung nachgehen. Dann bemerkt man auch wohl schon eine und die andere Wildgans, das Männchen der noch auf den Eiern sitzenden Gattin, welches diese auf kurze Zeit verließ, um auf grasigen Stellen in der Nähe des Röhrichts zu weiden, solange solches noch möglich, solange treue Elternsorgen, von denen alle Ganserte ihren Anteil auf sich nehmen, es nicht bannt an die verstecktesten Weiden in unmittelbarer Nähe des Sees, auf denen die vorsichtigen Eltern ihre graugrünlichgelben Küchlein anfänglich verborgen halten. Auf allen seicht überfluteten Stellen des Gestades geht es lebhafter zu. An den Rändern solcher Lachen und Teiche treten auf wohlgewählten Kampfplätzen kleine Strandvögel, die Kampfläufer oder Streithähne, jetzt im vollsten ritterlichen Schmucke prangend, einander gegenüber, senken den Kopf und richten den Schnabel wie eine eingelegte Lanze auf den weit ausgebreiteten, als Schild dienenden bunten Federkragen eines niemals fehlenden Gegners, nehmen eine ernst herausfordernde und doch unwiderstehlich erheiternde Stellung an, sehen sich noch einmal scharf in die Augen und rennen aufeinander los, gleichzeitig stoßend und den Stoß mit dem federnden Schilde auffangend. Keiner der edlen Recken wurde verletzt, keiner durch solchen Zweikampf auch nur behindert an viel weniger edlen Geschäften; denn diesem entging während des Anrennens die Fliege, welche soeben auf einem Halme sich niederließ, jenem der Schwimmkäfer nicht, welcher auf dem Wasserspiegel einer kaum tischgroßen Lache dahintanzte, und eilig rennt der eine hier-, der andere dorthin, um die erspähte Beute aufzunehmen und zu neuem Kampfe sich zu stärken. Inzwischen aber stehen längst andere kampfgerüstet auf dem Plane, und nimmer scheint der Streit endigen zu wollen. Da schaukelt ein Rohrweih einher, und eilig verlassen die Helden den Kampfplatz, erheben sich zu dicht geschlossenem Fluge geschart, fliegen eilig einem anderen Teiche zu und beginnen dort das alte Spiel von neuem. Der gefürchtete Weih schreckt auch alle übrigen Vögel der Lache. Rauschend erheben sich die schwächeren Enten und, mehr durch deren Flucht als durch den Raubvogel beunruhigt, einen Augenblick später auch die kräftigeren Sippschaftsgenossen, stürmen unter pfeifenden Flügelschlägen empor, umkreisen die Lache einige Male und fallen truppweise wieder auf ihr ein; unter trillerndem Rufe steigt auch der Rotschenkel, mit klanglosem, aber weit hörbarem Schrei die Sumpfschnepfe, über welcher der Räuber allzudicht dahinstrich, in die Lüfte; beide aber vergessen der Bedrohung, sobald sie die sichernde Höhe erreicht haben, und scheinen nur noch der goldenen Frühlingszeit und der sie jetzt beherrschenden Liebesseligkeit zu gedenken. Denn der Rotschenkel senkt sich plötzlich wieder tief hernieder gegen den Wasserspiegel, flattert und schwebt mit herabhängenden Fittichen nach vorn und unten, erhebt sich unter beständigem Rufen von neuem und senkt sich wiederum, bis ein Lockruf der bereits wieder sitzenden Gattin ihn einladet, das ihr geltende Liebesspiel abzubrechen und zu ihr zu eilen. Die Sumpfschnepfe treibt es ähnlich wie er, indem sie, nachdem sie ihren Zickzackflug beendet und zu doppelter Turmhöhe emporgestiegen, urplötzlich sich fallen läßt, den Schwanz dabei breitet, die biegsamen, schmalen und spitzigen Seitenfedern desselben der hemmenden Luft preisgibt und dadurch jenen meckernden Laut erzeugt, welcher ihr den treffenden Namen Himmelsziege verschafft hat. Nur ein Pärchen des überaus langbeinigen Stelzenläufers, welches in scheinbar vornehmer Absonderung fern von dem übrigen Strandgewimmel seinen Geschäften nachging, ließ durch den Weih in diesen nicht sich stören, wohl weil es sah, daß die mutigen Lachmöwen eilend herbeikamen, um den Störenfried zu vertreiben, sogar ein Wiesen- und ein Steppenweih gemeinschaftlich sich rüsteten, den ihnen so nah verwandten und doch bitter gehaßten Raubgesellen zu bekämpfen. Ohne Zögern sucht dieser das Weite, und eine Minute später pfeift und trillert, schnarrt und schnattert es wiederum wie zuvor auf dem Gewässer; denn zu den alten Gästen sind neue gekommen, herbeigezogen durch die allen geselligen Vögeln eigene Neugier sowohl, wie durch die in derartigen Lachen jederzeit reich beschickte Tafel.

Gelangt man endlich an das Röhricht, so macht sich auch das kleinere Geflügel dem Auge bemerklich und zwar in der Regel eher als das große, welches hier sich versteckt. Der Kranich, welcher auf den unzugänglichsten Stellen brütet, der Edelreiher, welcher am inneren Rande des Dickichts seinen Fischfang treibt, der Löffler, welcher auf den flachsten Stellen zwischen dem Rohrwalde seiner Nahrung nachgeht: sie alle halten sich so verborgen als möglich, und von der Rohrdommel, welche im allerdichtesten Gestengel sich aufhält, gibt nur das dumpfe Brummen Kunde. Dagegen gibt sich die ganze kleine Welt, welcher ich vorher gedachte, fast ohne Besorgnis dem beobachtenden Blicke preis und singt und jubelt mit ihren lautesten Tönen. Zutraulich treiben sich die Schafstelzen auf den wiesenartigen Grasplätzen umher, welche nach außen hin an das Röhricht grenzen, furchtlos klettert die ungemein zierliche Bartmeise an den Rohrhalmen selbst auf und nieder, deren Spitzen hier das Kehlvögelchen, dort ein Würger schmückt; laut schallt das muntere und doch so wenig klangvolle Lied der Rohrsänger von allen Seiten her in das Ohr und mit Vergnügen lauscht dieses dem Schlage der schwarzkehligen Drossel, dem lieblichen Gesange des Blaukehlchens, Laub- und Gartensängers, dem Rufe des Kuckucks. Auf den freien Lachen im Rohre aber schwimmt sicherlich ein Pärchen Wasserhühner mit seinen Jungen und, wenn die Lache tiefer ist, auch wohl ein Ohrensteißfuß zwischen verschiedenen Enten umher. Und wenn der Abend herannaht, finden sich auch Rotfuß- und Rötelfalk, Star und Rosenstar im Röhricht ein, um hier die Nacht zu verbringen, und des Schwatzens und Lärmens ist nun kein Ende. Selbst der Schreiadler, der Rabe und die Nebelkrähe erscheinen hier als Nachtgäste, und Scharbe und Pelikan ruhen wenigstens an den inneren Rändern aus von ihrem Fischfange.

Ueber dem Spiegel des Sees endlich fliegen und schweben die Möwen, rütteln die Seeschwalben, jagen See- und Fischadler, und da, wo dessen Tiefe nicht zu bedeutend, fischen Pelikane und Schwäne mit den gefräßigen Scharben und Steißfüßen um die Wette.

Kaum minder reich als die Seen sind auch die mit Bäumen und Büschen umsäumten Flußthäler. Die Bäume tragen die Horste der größeren und kleineren Räuber und dienen außerdem zu deren Ruhesitzen; von ihren Wipfeln herab tönt der klangvolle Ruf des Pirols, der Schlag der Drossel, das Jauchzen des Spechtes, das Rucksen der Ringel- und Hohltaube, aus dem dichten Unterholze aber der herrliche Schlag des Sprossers in solcher Reinheit und Fülle, daß selbst das verwöhnte Ohr des Kundigen mit Entzücken den seltenen Klängen lauscht. Auf dem Spiegel des Stromes aber treiben sich die verschiedensten Schwimmvögel umher wie auf der Wasserfläche des Sees, und in dem Röhricht und Gebüsch der Ufer dieselbe bunte Gesellschaft wie in den Rohrwaldungen jenes; das Müllerchen klappert, Dornen- und Sperbergrasmücke lassen ihre wohlbekannten Lieder vernehmen.

Durchwandert man die wasserlosen Strecken der Steppe, so stellt sich sofort eine andere Tierwelt dem Auge dar. Auch hier sind es wiederum die Vögel, welche man zuerst wahrnimmt und wahrnehmen muß. Mindestens sechs, vielleicht acht Arten von Lerchen bewohnen die Steppe und rufen selbst auf den ödesten Stellen derselben das Leben wach. Ununterbrochen tönt dem Wanderer hier Gesang an das Ohr; vom Boden her wie von der Spitze niederer Büschchen herab klingt es einem entgegen; aus hoher Luft hernieder strömen am Morgen wie am Abend die reichen Weisen. Es ist nur ein einziger Gesang, welchen man zu hören wähnt; denn die vielstimmige Kalanderlerche nimmt ebenso von unserer Feld- wie von der sibirischen Lerche an und verschmilzt deren Strophen mit den ihrigen, erachtet selbst einzelne Klänge der Mohren-, der Rötel-, der kurzzehigen Lerche nicht zu gering und vereinigt daher aller Lieder in dem ihrigen, ohne darum den Gesang der Verwandten zu übertönen, so laut, so gewaltig sie die eigenen und die angenommenen Weisen auch vorträgt. Wenn wir an einem Frühlingstage auf unseren Fluren mit Entzücken unseren Feldlerchen lauschen, wenn wir sehen, wie in unablässigem Wechsel einer der lieblichen Sänger nach dem anderen aufsteigt, um in begeistertem und begeisterndem Gesange dem Frühlinge zum Herolde zu werden, ahnen wir schwerlich, daß die Steppe alles, was wir auf unseren Feldern vernehmen können, hundertfältig zu überbieten vermag: und doch ist dies gewiß und wahrhaftig der Fall. Denn sie ist die wahre und wirkliche Heimat der Lerchen; ein Pärchen einer und derselben Art wohnt unmittelbar neben dem anderen, eine Art zwischen und unter den anderen, und die weite Steppe scheint kaum Raum zu haben für alle. Aber die Lerchen sind nicht die einzigen Bewohner solcher Stellen. Verhältnismäßig ebenso häufig wie sie sind auch ihre schlimmsten Feinde, die ihr Liebstes, ihre junge Brut, bedrohenden Weihen, Charaktervögel der Steppe. Welchen Teil der letzteren man auch betreten möge, einen oder den anderen dieser Raubvögel, im Norden den Wiesen-, im Süden den Steppenweih, wird man sicherlich wahrnehmen, wenn er wiegenden und schwankenden Fluges, meist dicht über dem Boden dahinschwebend, sein Gebiet durcheilt; nicht selten sieht man auch ihrer vier, sechs, acht und mehr zu gleicher Zeit in einer weiten Niederung ihrer Jagd obliegen. Noch häufiger als sie, jedoch nicht ganz so allgemein verbreitet, treten zwei andere, in ihrem Sein und Wesen fast vollständig sich gleichende, an Schönheit, Zierlichkeit der Gestalt und Anmut der Bewegung miteinander wetteifernde Steppenkinder auf: der Rötel- und der Rotfußfalke. Wo nur immer Ruheplätze für diese reizenden Geschöpfe sich finden; wo eine Telegraphenlinie die Steppe durchschneidet, ein felsiger Hügel über die Ebene emporsteigt, ein Kirgisengrabmal dieselbe überhöht, fehlen sie gewiß nicht. Ebenso verträglich als gesellig, neidlos auf des anderen Glück, obwohl sie gleicher Beute nachstreben, betreiben sie fleißig Jagd auf Kerbtiere aller Art, von der gefräßigen Wanderheuschrecke an bis zum kleinen Käfer herab, sitzen, ausruhend und verdauend, gleichwohl aber sorgfältig Umschau haltend, auf ihren Warten, erheben sich, sobald sie eine Beute erspähen, fliegen leicht und gewandt dahin, beginnen zu gleiten und halten sich nunmehr, kaum bemerkbar rüttelnd, genau auf einer und derselben Stelle, um von der Höhe aus die Beute sicher ins Auge zu fassen. Ist dies geschehen, so stürzen sie wie ein fallender Stein zum Boden herab, ergreifen günstigen Falles das Kerbtier, zerreißen und verzehren es im Fluge, schwingen sich wiederum zur Höhe empor und verfahren wie vorher. Nicht selten sieht man ihrer zehn bis zwölf, beide Arten gemischt, über einer und derselben Stelle jagen, und ihr wechselvolles Treiben verfehlt dann nie, die Aufmerksamkeit des Beobachters auf sich zu lenken und zu fesseln. Tagtäglich kann man ihnen begegnen, stundenlang ihnen zuschauen, und immer von neuem wird man angemutet werden von diesem spielenden Jagen: sie gehören zum Bilde der Steppe wie der Salzsee, wie die Tulpe oder Lilie, wie das Zwerggestrüpp oder das Tschigras, wie die weiße Schäfchenwolke am Himmelsdome. Bezeichnend aber auch ist der Rosenstar, eine kaum weniger ansprechende Erscheinung, unseres lieben Haus- und Gartenfreundes farbenschöner Vertreter, der gefräßigen Heuschrecken nicht minder eifriger und erfolgreicher Vertilger, der weidenden Herden getreuester Freund, des Menschen geachteter Gehilfe, weil der Feldfrucht unermüdlicher Beschützer, ein in den Augen des Steppenbewohners geradezu heiliger Vogel; bezeichnend ebenso das Flughuhn, ein Mittelglied zwischen Huhn und Taube, dessen Sippschaft namentlich in der Wüste sich heimisch gemacht hat, der Großtrappe und seine allerliebsten Verwandten, der Kragen- und Zwergtrappe, letzterer schon aus dem Grunde der allgemeinsten Teilnahme wert, weil er vor wenigen Jahren erst auch in Deutschland und zwar in Thüringen eingewandert ist und hier gegenwärtig ebensogut wie in der Steppe zu einem unvergleichlichen Schmucke der Landschaft wird, wenn er schwirrenden Fluges seine volle Schönheit offenbart. Und noch andere farbenschöne, ja wahrhaft prachtvolle Vögel sind als Steppenbewohner zu nennen: der liebenswürdige Bienenfresser und die Blaurake, welche mit Falken und Tauben gemeinschaftlich steil abfallende Uferwände bewohnen, die Weberammer und der Karmingimpel, welche im Tschigrase und Gestrüpp herbergen, und andere mehr. Selbst die Schwalben fehlen nicht in einem Gebiete, in welchem feststehende Wohnungen des Menschen so selten sind. Daß die Uferschwalbe auch an allen steileren Seeufern ihre Nestlöcher gräbt, erscheint dem Kundigen nicht wundersam; daß die Haus- und Fensterschwalben aber noch heutigestags von freilebenden zu halbgezähmten Vögeln werden, daß sie noch gegenwärtig an dem Felsen ihre Nester ankleben und den Felsen verlassen, wenn ein Grabmal eines Kirgisen errichtet wird, um in dieses überzusiedeln, daß die Hausschwalbe Gastfreundschaft sogar in der Jurte sucht und solche findet, wenn der Kirgise hofft, so lange auf einer Stelle verweilen zu können, bis die Eier in dem am Kuppelringe der Jurte angeklebten Neste gezeitigt und die Jungen flügge geworden sind: das verdient wohl erwähnt zu werden.

Auf denselben Stellen, deren Vogelwelt ich eben nannte, haben sich aber auch andere Tiere angesiedelt. Abgesehen von den lästigen Mücken, Fliegen, Bremsen und Wespen oder Immen überhaupt, bemerkt man nur wenige Kerbtierarten, sie aber meist sehr zahlreich und über alle Teile solcher Strecken verbreitet. Dasselbe gilt für die Kriechtiere, von denen wir in den von uns durchreisten Teilen der Steppe einige Eidechsen und mehrere Schlangen auffanden, unter letzteren vor allen anderen zwei Giftschlangen, unsere Kreuzotter und die Halysviper. Beide treten zwar nicht in solcher Menge wie die Eidechsen, jedoch immerhin in ganz außergewöhnlicher Anzahl auf. Bei unseren Ritten durch die Steppe beugte sich tagtäglich mehrmals ein und der andere der uns begleitenden Kirgisen mit gezücktem Messer vom Pferde herab, um den Kopf einer dieser Schlangen mit scharfem Schnitte vom Rumpfe zu trennen, und als wir in Schlangenberg, einem Bergstädtchen im nördlichen Altai, erfahren wollten, ob der Ort seinen Namen mit Fug und Recht trage, kehrten die von uns ausgesandten Leute nach wenig Stunden mit einer so reichen Beute zurück, daß die durch sie gegebene Antwort auf unsere Frage uns im höchsten Grade überraschen mußte und daß wir die Geschichte des Ursprungs dieses Namens, welche berichtet, daß man vor Anlegung des Städtchens Tausende und andere Tausende von Giftschlangen zusammentrug und verbrannte, nicht mehr in Zweifel stellen konnten. Lurche und kleine Säugetiere sind viel seltener als Kriechtiere; von ersteren beobachteten wir nur eine Unkenart, von letzteren einige Mäuse, einen Ziesel, zwei Blindmollarten und die niedliche Springmaus, welche unter dem Namen Pferdespringer bekannt ist.

Ziesel und Springmaus sind allerliebste Erscheinungen, und namentlich der erstere belebt die Steppe oft in sehr ansprechender Weise, da er an für ihn besonders günstigen Stellen gern gesellig lebt und dann, wie die ihm verwandten Murmeltiere, förmliche Siedelungen bildet. Hier sieht man namentlich gegen Abend vor jedem Fallloche den Bewohner der Höhle sitzen oder, bei Ankunft des Wagens, des Reiterzuges, eilig demselben zuflüchten, rasch noch einmal neugierig sich aufrichten und im rechten Augenblicke blitzschnell in der sicheren Tiefe verschwinden, aber nur, um wenige Minuten später wieder zum Vorschein zu kommen, offenbar in der Absicht, sich zu überzeugen, ob die drohende Gefahr glücklich vorübergegangen sein möge. Sein Gebaren ist ein beständiges Schwanken zwischen Neugier und Furcht. Zu letzterer hat er auch guten Grund; denn wenn nicht der Mensch, so sind doch Wolf und Fuchs, Kaiser- und Schreiadler ihm fortwährend auf den Fersen und man darf sicher darauf zählen, daß er da, wo man einen Kaiseradler auf den Pfählen am Wege oder den Bäumen im Dorfe sitzen sieht, besonders häufig auftritt. Viel seltener als ihn nimmt man die Springmaus, unbedingt das zierlichste Säugetier der Steppe, wahr, aber nicht, weil sie minder zahlreich vorhanden wäre, sondern nur, weil sie als Nachttier erst nach Sonnenuntergang zum Vorscheine kommt. Um diese Zeit und, begünstigt vom Mondenschein auch später, kann man gewahren, wie das reizende Geschöpf vorsichtig seiner Höhle entsteigt, sich reckt und dehnt und nunmehr, die zwerghaften Vorderfüßchen dicht an die Brust gedrückt, auf den langen Känguruhhinterbeinen wie auf Stelzen dahintrippelt, den schlanken, steil aufgerichteten Leib beim Gehen mit Hilfe des langen, zweizeilig behaarten Schwanzes im Gleichgewichte haltend. Unstät, aber nicht allzu schnell läuft der Pferdespringer über den Boden dahin, hier und dort ein wenig rastend, weil er von Zeit zu Zeit schnüffelt und mit den langen Schnurrhaaren tastet, um für ihn brauchbare Nahrung ausfindig zu machen. Hier liest er ein Samenkorn auf, dort gräbt er eine Zwiebel aus; allein man sagt ihm auch nach, daß er Aas angehe, ein Vogelnest plündere, Eier und Junge der Erdnister raube, ja sogar auf kleinere Nager jage, und ich wage nicht, ihn hiervon freizusprechen. Eingehende und genaue Beobachtung seines Freilebens ist übrigens schwierig; denn seine Sinne sind scharf und seine geistigen Fähigkeiten gering, Furchtsamkeit und Scheu daher seine hervorragenden Eigenschaften. Sobald sich in ihm bedenklich scheinender Nähe ein Mensch bewegt, ergreift er sofort die Flucht, und vergeblich würde es sein, ihm auf dieser folgen zu wollen: kaum der Reiter holt ihn ein. In mächtigen Sätzen, die langen Hinterbeine kräftig schnellend, den langen Schwanz zu seiner vollen Länge ausgestreckt als Steuer benutzend, eilt er dahin; Satz folgt auf Satz, und ehe man noch recht gesehen, wie er begonnen, wohin er sich gewendet, ist er im nächtlichen Dunkel verschwunden.

Andere Tierarten als in der Tiefsteppe treten im Steppengebirge auf, falls dieses, anstatt sanft abfallender Gehänge oder neben diesen jäh zur Tiefe stürzende Felsenwände, trümmerbedeckte Halden, tief eingerissene, wilde Schluchten und zackige, pflanzenlose Gipfel zeigt. In den engen, grünen Thälern, durch welche ein Bächlein fließt oder sickert, weidet die Fuchsgans, ein ungemein zierlicher, schöner, lebhafter Vogel von kaum mehr als Entengröße, die Gans des mittelasiatischen Hochgebirges; in den Felsennischen ruckst eine der Felsentaube und Stammmutter unserer Haustaube nahestehende Verwandte; von den Felsblöcken, auf denen Steinschmätzer, Felsenammern und Felsengimpel ihr Wesen treiben, strömt der weiche Gesang der Steindrossel hernieder; die oberen Spitzen umschweben die munteren Steindohlen, und über ihnen zieht bei Tage der Steinadler seine Kreise, schwebt unhörbar nachts der Uhu, beide bestrebt, eines der ungemein häufigen Steinhühner oder wohl auch ein unvorsichtiges Murmeltier als Beute zu gewinnen. Allgemeinere Beachtung als sie alle verdient jedoch der Archar der Kirgisen, eines der riesigen Wildschafe, welche Mittelasien beherbergt, dasselbe Tier, welches ich in den Arkatbergen zu erlegen das Glück hatte.

Nach den Berichten der von mir auf das sorgfältigste ausgeforschten

Kirgisen lebt das stolze Tier nicht allein hier, sondern auch in anderen nicht eben hohen Gebirgen der westsibirischen Steppen und zwar in Trupps von fünf bis fünfzehn Stücken, Böcke und Schafe bis zur Brunstzeit in voneinander getrennten Gesellschaften. Jeder einzelne Trupp behauptet seinen Stand, solange er nicht gestört oder beunruhigt wird; geschieht solches, so wechselt er von einem Bergzuge zum anderen; niemals aber auf weithin. Gegen Sonnenuntergang steigt das Rudel unter Vorantritt des Leittieres zu den höchsten Bergspitzen empor, um hier auf für andere

Archare.

Tiere schwer erreichbaren oder unzugänglichen Stellen zu schlafen; nach Sonnenaufgang begibt sich alt und jung in die Thäler hinab, um hier sich zu äsen und an bestimmt gewählten Quellen zu trinken; während der Mittagszeit lagern sie sich im Schatten der Felsenwände, welche freie Umschau gewähren, ruhen und käuen wieder; gegen Abend ziehen sie nochmals auf Aesung hinab. Dies ist ihr Tageslauf im Sommer wie im Winter. Sie fressen alle Pflanzen, welche auch dem Hausschafe behagen, zeigen sich nötigenfalls ebenso genügsam wie dieses, leiden daher auch im Winter nur selten Mangel und erstarken im Frühjahre bald wieder so, daß sie fortan bis zum Herbste wählerisch nur die leckersten Pflanzen annehmen. Ihr gewöhnlicher Lauf ist ein rascher, ungemein fördernder Trott, und ihn beschleunigen sie auch, wenn sie aufgescheucht wurden, nur dann, wenn ein Reiter ihnen nachsetzt, zu einem weit ausgreifenden Trabe, welcher sie dem Verfolger um so schneller entzieht, als sie auf der Flucht stets den Felsen sich zuwenden. Flüchtend halten sie sich in der Ebene wie im Gebirge fast unabänderlich in einer Reihe, so daß eines dicht hinter dem anderen läuft, nehmen auch dieselbe Ordnung baldmöglichst wieder an, wenn sie plötzlich überrascht und zersprengt wurden. Im Gefelse bewegen sie sich mit überraschender Leichtigkeit, Gewandtheit und Sicherheit, gleichviel, ob sie aufwärts oder abwärts steigen. Ohne sich im geringsten anzustrengen, ohne auch nur sich irgendwie zu beeilen, klettern sie an fast senkrechten Steilwegen auf und nieder, überspringen sie weite Klüfte, setzen sie aus der Höhe zur Tiefe herab, als ob sie Vögel wären und fliegen könnten. Sehen sie sich verfolgt, so bleiben sie von Zeit zu Zeit stehen, erklettern eine höhere Felsenspitze, um Umschau zu halten, und setzen hierauf ihren Weg so ruhig fort, als spotteten sie ihrer Verfolger. Das Bewußtsein ihrer Kraft und Kletterfertigkeit verleiht ihnen eine wahrhaft stolze Gemessenheit. Sie übereilen sich nie, kommen aber auch nur dem im Versteck auf sie lauernden oder gedeckt anschleichenden Schützen gegenüber in die Lage, dies bereuen zu müssen.

Die Schafe leben stets, die Böcke bis gegen die Brunstzeit hin untereinander im Frieden. Letztere fällt in die zweite Hälfte des Oktober und währt fast einen Monat lang. Mit Beginn dieser Zeit überkommt die mutigen und streitlustigen Böcke die tiefste Erregung. Die ältesten von ihnen nehmen einen bestimmten Stand ein und vertreiben alle schwächeren von ihm. Mit gleichstarken kämpfen sie auf Tod und Leben, stellen sich dem Gegner drohend gegenüber, erheben sich auf die Hinterbeine, rennen gegeneinander los und stoßen mit den mächtigen Gehörnen zusammen, daß das Gebirge dröhnend widerhallt. Zuweilen geschieht es, daß beide sich verfangen, d. h. ihre Gehörne ineinander verschlingen, nicht wieder sich lösen können und elendiglich zu Grunde gehen, ebenso, daß einer den anderen durch gewaltigen Anprall in den Abgrund schleudert und der abgedrängte Bock in dessen Tiefe zerschellt.

In den letzten Tagen des April oder in den ersten des Mai bringt das Schaf ein einziges oder ein Pärchen Junge zur Welt. Diese Lämmer laufen, wie uns gefangene belehrten, schon wenige Stunden nach der Geburt mit der Alten davon und folgen ihr nach einigen Tagen auf allen Pfaden, welche sie einschlägt, mit der ihnen und ihrem ganzen Geschlechte angeborenen Gewandtheit und Sicherheit nach. Droht ihnen ernste Gefahr, so versteckt sie die Mutter im Gefelse, wohl um den Feind von ihnen abzulenken, und kehrt, nachdem sie solchem glücklich entgangen, zu ihnen zurück. Das platt auf den Boden gedrückte Junge verhält sich mäuschenstill, wird selbst scheinbar zu einem Steine und entgeht so oft, jedoch keineswegs immer den Nachstellungen seiner Feinde, am seltensten denen des Steinadlers, welcher ein von dem Mutterschafe unbeschütztes Lamm ohne weiteres angreift und tötet. So geschah es in den Arkatbergen während unserer Jagden. Gefangene Archarlämmer, welche wir von den Kirgisen erhielten, waren allerliebste Geschöpfe und bewiesen dadurch, daß sie ohne Umstände das Euter ihnen zugeführter Ammen annahmen, daß man sie ohne besondere Schwierigkeit aufziehen können muß. Gelänge es, die stolzen Tiere in den Hausstand überzuführen: man würde außerordentlich wertvolle Haustiere an ihnen gewinnen. An solches aber denkt der Kirgise nicht, vielmehr nur daran, wie er ein oder das andere Wildschaf erlegen könne. Doch jagt auch er nicht gerade leidenschaftlich auf das gewaltige Tier, und der Wolf bleibt daher, obgleich er nur im Winter bei tiefem Schnee einen oder den anderen Archar niederreißt, immer der gefährlichste Feind desselben.

Ebenso wie das Gebirge, weisen auch die dürrsten, ödesten Strecken der Steppe, welche selbst im Frühlinge an die Wüsten oder Wüstensteppen Afrikas erinnern, besondere, nur auf ihnen vorkommende Tiere auf. Auf solchen Strecken verschwinden bis auf das niedrige Büschelgras und den hier zu kleinen Sträuchlein verkümmerten Beifuß fast alle übrigen Pflanzen, welche man sonst in der Hoch- und Tiefsteppe wahrnimmt; dagegen hat sich gerade hier ein absonderlicher Strauch angesiedelt, welchen man anderwärts nicht bemerkt: der wegen seines überaus harten und spröden, der Axt spottenden Holzes bezeichnend benannte Widderstrauch nämlich. Er wurzelt auf den wenigen Stellen der Wildnis, wo die Regengüsse mageren roten Lehm zusammengeschwemmt haben, bildet hier manchmal ziemlich ausgedehnte Gebüsche und gibt unter ihnen auch anderen Pflanzen Schutz und Schatten, so daß die von ihm begrünten Stellen wie kleine Oasen der Wüste erscheinen wollen. Mehr belebt, als die öde Steppe ringsum sind diese Oasen jedoch nicht; denn außer einem Würger, der Dorngrasmücke und einem Laubsänger sieht man keinen Vogel und noch weniger ein Säugetier. Dagegen wohnen gerade in solcher Oede mehrere der beachtenswertesten Steppentiere neben den über alle Gebiete derselben verbreiteten: neben der kurzzehigen und Kalanderlerche die kohlschwarze Mohrenlerche, so auffallend dies auch dem erscheinen mag, welcher weiß, daß alle Bodenvögel auf ihrem Gefieder die Färbung des Grundes wiederspiegeln, und welcher deshalb diese Lerche gerade auf der Schwarzerde zu finden erwartete, neben dem kleinen Regenpfeifer der Herdenkiebitz, neben dem Großtrappen der schlanke Kragentrappe, welchen die Kirgisen Paßgängertrappe nennen, neben dem Flughuhn das Faust- oder Steppenhuhn — dasselbe, welches vor einer Reihe von Jahren auch einmal massenhaft in Deutschland einwanderte, auf Dünen und sandigen Stellen sich seßhaft machte und von uns mit Geschoß und Schlinge, selbst mit Gift so ungastlich empfangen und verfolgt wurde, daß es sobald als möglich die grausame Fremde verließ und vielleicht seiner Heimat wieder zuflog; hier hausen ebenso neben dem besonders häufig auftretenden Ziesel die Steppenantilope und der Kulan, das flüchtige Wildpferd der Steppe. Ich will oder muß mich auf eine kurze Schilderung des letztgenannten beschränken, um den mir gegönnten Zeitraum nicht allzuweit zu überschreiten.

Wenn Darwins Lehrsätze als richtig sich erweisen sollten, dürfen wir in dem Kulan vielleicht den Stammvater unseres, durch jahrtausendlange Zucht und Veredlung allmählich umgestalteten Pferdes sehen, eine derartige Annahme befriedigt jedenfalls mehr als die schwankende und durch nichts unterstützte Behauptung, daß der Stammvater unseres edelsten Haustieres ausgestorben sei, erscheint mir sogar glaublicher als die Meinung, welche in dem noch gegenwärtig die Steppen am Dnjepr frei durchschweifenden Tarpan nicht ein verwildertes, sondern ein wildes Pferd erkennen will. Je bestimmter und zweifelloser die neuzeitlichen Forschungen unseren Hund, dessen verschiedene Rassen man auch nicht annähernd richtig aufzuzählen vermag, als Nachkommen heute noch lebender Wolf- und Schakalarten erklären, um so mehr Boden gewinnt eine Schlußfolgerung wie die von mir angedeutete. Auch die endlich erkannte Stammmutter unserer Hauskatze lebt heute noch in Afrika, die Stammmutter unserer Ziege in Kleinasien und auf Kreta; und wenn wir uns bisher über die Stammeltern unseres Schafes und Rindes mit Bestimmtheit noch nicht entscheiden konnten, so habe ich andererseits von drei verschiedenen Seiten her, unter anderen von einem Kirgisen, welcher das Tier selbst gejagt zu haben versichert, so übereinstimmende Nachrichten über ein noch heutzutage in den inneren Steppen der Mongolei lebendes, alle Eigenschaften eines wilden Tieres bekundenden Kameles erhalten, daß ich an der Wahrheit der mir gegebenen Mitteilungen nicht wohl zweifeln, sondern höchstens, wie bei dem

Das asiatische Steppenhuhn.

Tarpan, die Frage aufwerfen darf, ob dieses Kamel der wildlebende Ahne des Haustieres der Kirgisen oder nur ein wiederum verwilderter Sprößling desselben sein könne. Wenn sich nun mehr und mehr der Schleier lüftet, welcher unseren befragenden Augen die Wahrheit verbarg und noch verbirgt, wenn ein Stammvater unserer Haustiere nach dem anderen erkannt und noch unter den lebenden Tieren gefunden wird: warum sollte gerade der Urahne des Pferdes, dessen Lebensbedingungen die weite, ungemessene Steppe in jeder Beziehung gewährleistet, ausgestorben und bis auf die letzen Spuren vergangen sein? Unter den heute noch lebenden Wildpferden der Alten Welt haben wir das Stammtier des Rosses zu suchen, und unter ihnen hat keines mehr Anrecht auf die Ehre, der Stammvater des edlen Geschöpfes zu sein, als der Kulan. Wohl steht der Tarpan unserem Rosse näher als der Kulan; wenn es aber wirklich die Hyksos waren, welche den alten Aegyptern, deren steinerne Urkunden das Haustier zuerst uns vorführen, das Pferd zubrachten, oder wenn die Aegypter selbst und noch vor den Zeiten der Hyksos, also mindestens dritthalbtausend Jahre vor unserer Zeitrechnung, es zähmten und zum Haustiere wandelten: in den Steppen am Dnjeper und Don fingen sie sicherlich das Stammtier nicht; denn näher, in den Steppen und Wüsten Kleinasiens, Palästinas, Persiens wie in einzelnen Niederungen Arabiens und Indiens hatten sie ein heutzutage noch lebendes vielversprechendes Wildpferd, eben unseren Kulan. Wohl weicht dieser in mancher Beziehung von unserem Pferde ab, nicht aber mehr als der Windhund, der Pudel, der Neufundländer vom Wolfe oder einem sonstigen Urhunde eines Landes, nicht mehr als das Dächsel, der Pinscher, der Seidenhund vom Schakal, nicht mehr als der Pony vom arabischen Rosse, der belgisch-französische Karrengaul vom englischen Rennpferde. Uns erscheinen die Unterschiede zwischen dem Haustiere und dem von mir als wahrscheinlichsten Stammvater angesehenen Wildpferde sehr bedeutend; Pferd und Kulan aber scheinen sich als Kinder eines Blutes anzusehen; denn eines sucht die Gesellschaft des anderen.

Als wir am 3. Juni 1876 durch die zwischen dem Saisansee und dem Altai gelegene, öde, wüstenhafte Steppe ritten, welche mir zu der vorhin gegebenen kurzen Schilderung als Vorbild gedient hat, begegneten wir im Laufe des Vormittags nicht weniger als fünfzehn Kulans, unter ihnen auch einer nur aus zwei Stücken bestehenden Gesellschaft, welche auf dem breiten Rücken eines nicht allzufernen Hügels weidete. Deutlich und scharf zeichneten sich die beiden Gestalten gegen den blauen

Himmel ab, und mächtig regte sich die Jagdlust unter uns wie unter den uns begleitenden Kirgisen. Eines der Tiere entfernte sich bei unserem Erscheinen und trabte dem Gebirge zu; das andere blieb stehen, gebärdete sich, als ob es mit sich selbst in Zwiespalt geraten sei, erhob einmal um das andere den Kopf und kam schließlich auf uns zugelaufen. Alle Büchsen wurden zur Hand genommen: die Kirgisen bildeten langsam und vorsichtig einen weiten Halbkreis in der Absicht, das auffallend unkluge, weil unbegreiflich sorglose Wild im rechten Augenblicke uns zuzutreiben. Mehr und mehr, in Absätzen zwar, aber doch stetig, näherte sich uns der Einhufer; wir betrachteten ihn bereits als eine uns sichere Beute. Da glitt ein Lächeln über das Gesicht des neben mir reitenden Kirgisen: er hatte nicht allein den Beweggrund des anscheinend so thörichten Handelns des Tieres, sondern auch dieses selbst erkannt. Es war ein Kirgisenpferd, welches auf uns zugelaufen kam, ein in seiner Färbung dem Kulan ähnelnder Schecken, welcher der Herde seines Herrn entlaufen, sich vielleicht verirrt, mit Wildpferden zusammengetroffen und, in Ermanglung besserer Gesellschaft, bei jenen geblieben war, jetzt aber in den herannahenden Rossen seinesgleichen erkannte und deshalb seine Freunde in der Not verließ. In unmittelbare Nähe unserer Kirgisen gelangt, blieb er wiederum stehen, als ob er sich nochmals besinnen wolle, ob er seinen eben erst vernarbten Rücken von neuem unter den wunddrückenden Sattel beugen solle; dem ersten Schritte zur Umkehr folgten aber auch die übrigen: ohne an Flucht zu denken, ließ er sich einen Halfter umlegen und trabte wenige Minuten später so gleichmütig an der Seite des ihn leitenden kirgisischen Reiters, als habe er niemals das freie Leben seiner Ahnen kennen gelernt. So war uns durch eigene Erfahrung die bereits vernommene Thatsache, daß Pferd und Kulan zuweilen sich gesellen, bestätigt worden.

Der Kulan ist ein wirklich stolzes, in jeder Beziehung fesselndes Geschöpf, voller Selbstbewußtsein, Kraft und Uebermut. Neugierig staunt er den Reiter an, welcher ihm sich nähert; dann aber trabt er so lässig dahin, als ob er den Verfolger verhöhnen wolle, und peitscht, wie spielend, mit dem Schweife die Flanken. Spornt der Reiter sein Roß zu vollem Laufe, so fällt er in einen ebenso leichten wie förderndem Galopp, welcher ihn mit Windeseile über die Steppe trägt, und entschwindet rasch dem Auge. Aber auch im vollsten Laufe hemmt er dann und wann plötzlich seine Schritte, bleibt einen Augenblick stehen, wirft sich herum, um dem Verfolger das Gesicht zuzukehren, sichert, wendet von neuem, wirft übermütig beide Hinterbeine in die Luft und sprengt mit derselben Leichtigkeit weiter wie vorher. Ein flüchtender Trupp ordnet sich stets in einer Reihe, und es sieht prachtvoll aus, wenn diese, wie auf einen Befehl des Anführers, plötzlich anhält, schwenkt und wiederum flüchtet.

Wie bei allen Pferden steht jedem geschlossenen Trupp ein Hengst als Führer und Leiter, aber auch als unbedingter Herr und Herrscher vor. Er führt den Trupp zur Weide wie zur Flucht, wehrt mutig ihm nicht übermächtigen Räubern und duldet unter seinen Untergebenen keinen Streit, daher auch keinen Nebenbuhler, überhaupt keinen zweiten mannbaren Hengst in der Herde. Daher sieht man in jedem von ihm bevölkerten Gebiete Einsiedler, welche von keinem Trupp aufgenommen werden, die in heftigen und langwierigen Kämpfen besiegten und vertriebenen Hengste, welche bis zur nächsten Roßzeit einsam umherschweifen müssen. Im September nähern sie sich wiederum den Herden, aus denen der alte Hengst jetzt die mannbar werdenden Junghengste vertreibt, und ein grimmiger Kampf beginnt, sobald sie eines Gegners ansichtig geworden sind. Stundenlang sieht man sie um diese Zeit auf der Spitze steiler Gebirgsrücken stehen; die weitgeöffneten Nüstern sind gegen den Wind gerichtet, das Auge blickt auf die Niederung vor ihnen. Sobald der Vertriebene einen anderen Hengst wahrnimmt, sprengt er ihm in gestrecktem Galopp entgegen und kämpft, Zähne und Hufe gebrauchend, mit ihm bis zur Erschöpfung. Siegt er über einen Herdenführer, so tritt er in dessen Rechte, und die Stuten folgen ihm wie früher dem Besiegten. Auf die Zeit des Kampfes folgt die Zeit der Wanderungen; denn der böse Winter treibt auch diese Herde jetzt von einer Stelle zur anderen, und erst nachdem der Frühling wirklich eingezogen ist, kehrt der Trupp auf die alten Stände zurück. Hier bringt die Stute Ende Mai oder Anfang Juni ihr Fohlen zur Welt, ein dem Füllen des Pferdes in jeder Beziehung ähnelndes, anscheinend zwar plumpes, aber sehr behendes munteres Tierchen. Wir hatten das besondere Glück, auch dieses kennen zu lernen.

Einen langgestreckten Hügel der erwähnten wüstenhaften Steppe erklimmend, sahen wir plötzlich in geringer Entfernung drei alte Kulans und ein offenbar erst vor wenigen Tagen geborenes Füllen vor uns. Unser russischer Begleiter feuerte eine Kugel auf sie ab, und dahin stürmten die Wildpferde, mit den feinen Hufen den Boden kaum berührend, ihre unvergleichliche Behendigkeit wie spielend bethätigend, auch in ersichtlicher Weise zu gunsten des Füllens ihren Lauf hemmend; dahin stürmten auch in demselben Augenblicke alle Kirgisen und Kosaken unseres Gefolges; dahin jagten, vom allgemeinen Taumel fortgerissen, unsere Diener; dahin stoben auch wir. Es war eine wilde Jagd! Immer noch mit ihren Kräften spielend, liefen die Wildpferde den fernen Bergen zu, während alle Reiter ihre Rosse zwangen, die volle Kraft einzusetzen, und die Bäuche der Tiere fast den Boden streiften. Jauchzendes Geschrei der Kirgisen, Stampfen ihrer im vollsten Laufe dahinsprengenden Rosse, Wiehern unserer langsamer laufenden, unter dem Zügel knirschenden Reitpferde durchhallten, flatternde Mäntel und Kaftane, aufwirbelnder Staub erfüllten und belebten die Einöde. Weiter und weiter raste die Jagd dahin. Da trennte sich das Füllen von seinen älteren Genossen und blieb um etwas zurück; der Abstand zwischen ihm und der wiederholt sorgende Blicke nach ihm werfenden Mutterstute vergrößerte, der Raum zwischen ihm und den Reitern verringerte sich: noch wenige Minuten und es war gefangen. Widerstandslos ergab es sich seinen Verfolgern; von der Wildheit, dem kaum zu bezwingenden Eigensinn, dem niemals zu bändigenden, nicht selten in förmliche Tücke ausartenden Mutwillen älterer Tiere seiner Art war noch keine Spur wahrzunehmen. Harmlos schaute es uns an mit seinen großen, lebhaften Augen; anscheinend mit Wohlbehagen ließ es sich das zarte Fell streicheln, ohne Widerstreben an einer ihm angelegten Fessel leiten; kindisch sorglos legte es sich neben uns nieder, um nach der Hetzjagd, welche ihm gegolten, die ihm offenbar sehr nötige Ruhe zu finden: es war ein reizendes, jedermann für sich einnehmendes Geschöpf! Wer ihm doch sofort eine säugende Stute zur Amme, wer ihm Ruhe und Pflege hätte verschaffen können! Das eine wie das andere war unmöglich, das liebenswürdige Wesen daher auch bereits am zweiten Tage tot. Ein erwachsenes Wildpferd würden wir mit Jägerlust erlegt haben: das junge Füllen sterben zu sehen, that uns wahrhaft leid.

Vergeblich versuchten wir eines der alten Tiere zu berücken; vergeblich legten wir uns angesichts der Mutterstute neben dem angebundenen Füllen ins Versteck; vergebens veranstalteten wir Triebe: keiner von uns kam zum Schusse. Als Jäger schied ich mit Bedauern, als Forscher mit höchster Befriedigung aus der armseligen Einöde: hatte ich doch in ihr das edelste Säugetier der Steppe kennen gelernt.

Wald, Wild und Weidwerk in Sibirien.

Der Eindruck der Gleichartigkeit und Eintönigkeit, welchen die Landschaften Sibiriens hervorrufen, wird dadurch bedingt, daß drei unter sich verschiedene, in sich mehr oder weniger übereinstimmende Breitengürtel fast allerorten zur Geltung gelangen. Jeder dieser Gürtel bewahrt überall seine Eigenart, bringt ähnliche Bilder hundertfach vor das Auge, übersättigt und stumpft nach und nach die Empfänglichkeit in so hohem Grade ab, daß man beinahe unfähig wird, die Reize der einen oder anderen Landschaft zu erkennen und zu würdigen. Daher spricht man selten mit Anerkennung, noch weniger mit Wärme von den Landschaften des weiten Gebietes, obgleich jene beides verdienen; dementsprechend hat sich allmählich eine Auffassung Sibiriens in uns befestigt, welche der Wirklichkeit ebensowenig entspricht, als sie versuchter Belehrung zähen Widerstand entgegensetzt. Sibirien gilt als schauderhafte Eiswüste ohne Leben, ohne Wechsel, ohne Reiz, als ein unter dem Fluche des Himmels oder doch unglückseliger Verbannter erstarrtes Land. Man vergißt dabei vollständig, daß es sich um ein reichliches Dritteil Asiens handelt, daß ein Land, welches beinahe doppelt so groß als ganz Europa ist, vom Ural bis zum Stillen Weltmeere und vom Eismeere bis in die Breite von Palermo sich erstreckt, unmöglich in so ausgedehntem Sinne gleichartig, in jedem seiner Teile dasselbe sein kann, faßt regelmäßig nur eines seiner Gebiete in das Auge und sieht auch dieses in falschem Lichte.

In That und Wahrheit ist Sibirien wechselvoller, als irgend jemand es bisher geschildert hat. Auch in ihm unterbrechen oder begrenzen Gebirge die Ebenen, beleben stehende und fließende Gewässer diese wie jene, übergießt die Sonne Berge und Thäler mit schimmerndem Lichte und farbigem

Schmelze, schmücken hochgewipfelte Bäume und prachtvolle wie liebliche Blumen alle Gelände, leben glückliche, ihrer Heimat frohe Menschen.

Aber freilich, Wildnisse gibt es noch heutigentags in Sibirien, welche, wie die ja wirklich vorhandene Eiswüste, die Tundra, jener landläufigen Auffassung gewisse Berechtigung verleihen. Solche sind auch die zwischen der Tundra und der Steppe gelegenen Waldungen, welche den dritten Gürtel bilden. In ihnen wagte der Mensch noch immer nicht, festen Fuß zu fassen; an ihnen ging das Thun und Treiben der grenzbewohnenden Siedler meist spurlos vorüber. Höhere Mächte walten und wirken noch ungebändigt in ihnen, um zu vernichten wie zu erziehen. Ihre Bestände setzt der flammende Strahl aus Himmelshöhen in Brand und wirft der tosende Wintersturm zu Boden: sie erwachsen und vergehen auch ohne Zuthun des Menschen und dürfen daher Urwaldungen im vollsten Sinne des Wortes genannt werden. Geheimnisvoll ziehen sie an, und unfreundlich stoßen sie zurück; verlockend laden sie den Jäger ein, und widerstrebend hemmen sie seine Schritte; reichen Gewinn versprechen sie dem begehrlichen Kaufmanne, und auf die Zukunft erst verweisen sie seine Wünsche.

Zwischen Steppe und Tundra liegt der Waldgürtel Sibiriens. Hier und da greift er in diese oder jene hinaus, hier und da buchtet die eine oder andere in ihn sich ein. An einzelnen Stellen der beiden waldlosen Gebiete kann wohl auch geschlossener Wald den der Steppe oder der Tundra eigenen Pflanzenarten das Anrecht auf den Boden streitig machen; doch lassen sich derartige Einzelwaldungen fast immer Inseln im Meere vergleichen, denen scheinbar die Berechtigung des Daseins fehlt. In der Steppe beschränken sie sich auf die nach Norden abfallenden Gehänge der Gebirge und auf Flußthäler, in der Tundra auf die tiefsten Einsenkungen, erscheinen daher hier wie dort bedeutungslos gegenüber den unermessenen Beständen des Waldgürtels, in denen nur hier und da ein Strom, ein See, ein Sumpf die sonst allseitig sich ausdehnende Baumwildnis unterbricht, ein Brand Blößen schafft, der Mensch endlich, wenn auch nur am äußersten Saume eine Lücke reißt. Länder nach unseren Begriffen könnten Raum finden in einem einzigen dieser Bestände; Königreiche stehen an Ausdehnung hinter der Fläche zurück, welche ein solcher bedeckt. Wie das Innere der Waldungen beschaffen ist, vermag niemand zu sagen, weil nicht einmal die aus solcher Wildnis den Hauptströmen zufließenden Gewässer hemmnisloses Vordringen erlauben und selbst die kühnsten Zobeljäger nur einen Grenzgürtel von höchstens einhundert Kilometer Breite kennen gelernt haben sollen.

Der Eindruck, welchen Sibiriens Wälder auf den deutschen Reisenden ausüben, ist im allgemeinen kein günstiger. Angesichts der endlos erscheinenden Strecken, welche bewaldet sind, staunt man wohl, erwärmt sich aber nicht oder doch nur in seltenen Fällen. Die schaffende, erzeugende, ergänzende Macht des Nordens scheint nicht ausreichend zu sein, um den zerstörenden Gewalten das Gleichgewicht zu halten. Greisenhaftes Alter vereinigt sich mit kindischer Jugend, ohne daß diese Verbindung erquicklich wirkt; unschätzbarer Reichtum tritt im Bettlergewande vor das Auge; abgestorbenes Leben ohne kräftiges Erkeimen verscheucht freudiges Empfinden. Allüberall glaubt man harten Kampf um das Dasein wahrnehmen zu können; aber nirgends wird man wirklich gefesselt, waldheimlich angezogen; nirgends entspricht das Innere der Wälder den Erwartungen, welche ihr Aeußeres erweckte. Die Großartigkeit der Urwälder niederer Breiten mangelt diesen sich selbst überlassenen, ungepflegten Waldungen ganz und gar, und das in ihnen sich regende Leben scheint dem Banne des Todes bereits anheimgefallen zu sein.

Wirklicher Hochwald, lebensfrischer, regelmäßigem Wechsel unterworfener Bestand ist selten, durch das Feuer zerstörter weit häufiger. Früher oder später setzt ein Blitzstrahl oder die sträfliche Leichtfertigkeit des Sibiriers den Wald in Flammen. Begünstigt durch Jahreszeit und Wetter wütet ein Waldbrand in kaum glaublicher Weise. Nicht stunden-, sondern tage-, selbst wochenlang währt die Zerstörung. Auf dem moosigen und torfigen Boden kriecht und schwelt die Flamme weiter; das massenhaft jenen bedeckende trockene und mulmige Fallholz gibt ihr Nahrung und Beständigkeit; verdorrte, bis zum Grunde niederhängende Zweige oder noch aufrecht stehende wipfeldürre Stämme leiten sie zu den Kronen lebender Hochbäume empor. Unter brausendem Knistern verfallen ihr die harzigen Nadeln, und eine riesige Funkengarbe schießt zum Himmel auf. Der Hochbaum ist binnen wenigen Minuten getötet, der Vernichtung geweiht; die von ihm ausstrahlende Feuergarbe aber fällt in tausend Funken nieder, und ringsum erwachsen neue Flammen der glühenden Saat. Solcherart mit jeder Minute weiteren Boden gewinnend, allseitig sich ausdehnend, schreitet das Verderben unaufhaltsam vor; nach Verlauf einiger Stunden stehen Geviertmeilen des Waldes in Flammen. Qualmende Rauchwolken verdüstern die Sonne auf Hunderte von Geviertwersten; langsam, aber dicht und immer dichter niederrieselnde Asche künden bei Tage, Widerschein der feurigen Lohe am Himmel zur Nachtzeit fernab Wohnenden solchen Brand; angsterfüllte Tiere tragen den Schrecken bis in das

Innere der Ortschaften. Bären erscheinen unmittelbar nach größeren Waldbränden in Gegenden, woselbst man sie seit Jahren nicht mehr beobachtete; Wölfe wandern in bedrohlicher Menge, geschart wie im Winter, durch das weite Land; Elche, Hirsche, Rehe, Renntiere suchen in fernab gelegenen Wäldern neue Wohnstätten; Eichhörnchen durcheilen, manchmal in unschätzbaren Scharen, Wälder und waldlose Strecken, Weiden und Felder, Dörfer und Städte. Wie viele der geängstigten Tiere dem Feuer zum Opfer fallen, entzieht sich jeder Mutmaßung; wohl aber hat man erfahren, daß vom Brande heimgesuchte Waldungen viele Jahre nach ihrer Vernichtung noch nicht wieder besiedelt waren, und daß geschätzte Jagdtiere aus solchen Gegenden vollständig verschwanden. Freilich erstrecken sich die Verwüstungen durch Waldbrände viel weiter, als wir annehmen: im Jahre 1870 verheerte ein gegen vierzehn Tage währender Brand eine halbe Million Hektare gut bestandener Wälder des Gouvernements von Tobolsk und verbreitete Rauchwolken und Aschenregen bis in eine Entfernung von sechzehnhundert Werst vom Feuerherde.

Noch viele Jahre nach dem Brande erscheint der zerstörte Waldesteil als ungeheure Trümmerstätte; noch ein oder zwei Menschenalter später läßt diese sich erkennen und begrenzen. Die Flammen vernichteten wohl das Leben der Bäume, verzehrten aber nur diejenigen unter ihnen, welche zur Zeit des Brandes bereits verdorrt waren; die mehr angerußten als verkohlten Stämme jener bleiben daher stehen, und selbst ihre Wipfel büßten bloß die Nadeln, Schößlinge und dürren Zweige ein. Mit dem Absterben der Bäume aber beginnt ihre Vernichtung. Unabwendbar fallen sie früher oder später dem Sturme anheim. Einer und der andere wird zu Boden geworfen, einer und der andere entastet, entwipfelt, im oberen Dritteile oder Vierteile abgebrochen. Kreuz und quer, in allen Richtungen durch-, in verschiedenen Höhen übereinander, liegen nach geraumer Zeit Tausende von Baumleichen am Grunde, welchen unzählige Baumtrümmer bereits früher bedeckten. Die einen ruhen auf ihren Wurzeln und Wipfelästen; die anderen lehnen an noch aufrechtstehenden Stämmen; wieder andere liegen, zertrümmert schon, zwischen dem Geäste und Gezweige gefallener Wipfel, ihre eigenen Kronen oft weit entfernt vom Stamme, die Aeste ringsum zerstreut, nach allen Seiten hin verweht. Die, welche dem Sturme noch Widerstand leisten, rufen in der Seele jedes Waldfreundes einen vielleicht noch kläglicheren Eindruck hervor, als jene, welche er fällte. Nackten, kahlen Mastbäumen vergleichbar, ragen sie empor. Wenige nur behalten längere Jahre nach dem Brande noch ihre Wipfel oder doch

Wipfelteile; die entzweigten oder verwitterten Aeste der Krone erhöhen jedoch eher den traurigen Eindruck, als sie ihn schwächen. Nach und nach sinken alle Kronen zum Boden hernieder, und nunmehr vermulmen auch die noch aufrechtstehenden Stämme mehr und mehr. Spechte bearbeiten sie an allen Seiten, meißeln in sie ihre Nisthöhlen ein, zimmern meterlange und bis zum Kern reichende Gruben aus, schaffen so der Feuchtigkeit günstige Gelegenheit, einzudringen und leisten der Vermoderung weiteren Vorschub. Im Laufe der Jahre vermorscht auch der riesigste Stamm so vollständig, daß er zu einem gleichartigen Mulme wird und alle und jede Widerstandsfähigkeit verliert, daß durch Menschenhand bewirktes Rütteln ausreicht, ihn als gestaltloses Getrümmer zu fällen. Endlich vergeht auch dieses, und eine weite, nur hier und da durch Baumreste unterbrochene Fläche liegt vor dem Auge.

Inzwischen ist jedoch auch hier neues Leben aus den Ruinen erblüht. Schon einige Jahre nach dem Brande beginnt die verkohlte, durch Asche und Mulm gedüngte Bodenfläche wiederum sich zu bekrönen. Flechten und Moose, Farne und Heiden, vor allen aber verschiedene Beergesträuche überkleiden Boden und Baumtrümmer, gedeihen üppiger als irgend sonstwo und ziehen bald ebenso verschiedene Tiere an, als der Brand solche verscheuchte. Vom Winde herbeigeführte Birkensamen keimen und treiben, und allgemach entsteht, zunächst ausschließlich durch sie, ein so geschlossenes Dickicht, als ob es durch Menschenhand bewirkter Aussaat entsprossen sei. Nach einigen Jahren verhüllt junger Aufschlag den unteren Teil des Leichenfeldes; nach Verlauf einer ferneren Frist treten allmählich auch andere Waldbäume an die Stelle ihrer Vorfahren. Jeder Waldbrand verschont einzelne Teile des von ihm ergriffenen Bestandes, sogar einzelne inmitten der Brandstätte erwachsene Bäume und ermöglicht dadurch Wiederbesamung der verheerten Strecken. Gewässer sowohl wie tief eingerissene Schluchten setzen ihm Grenzen; ja, es geschieht, daß die Flammen über letztere hinweggreifen und am jenseitigen Ufer ihr Zerstörungswerk fortsetzen, ohne die in der Tiefe der Schlucht stehenden Bäume zu gefährden. Aber auch einzelne Lärchen, welche vom Feuer ergriffen wurden, überdauern den Brand. Wohl verkohlen die Flammen den Fuß ihrer Stämme; wohl verzehren sie alle Nadeln: aber die Krone schlägt oft wieder aus, und der Baum fristet, wenn auch kümmernd, noch längere Zeit sein Dasein.

Gegenüber den Verheerungen durch das Feuer erscheinen die dem Menschen zur Last fallenden Waldverwüstungen unerheblich, so bedeutend sie in That und Wahrheit auch sind. Von Waldpflege hat der heutige

Sibirier keinen Begriff. Ihm gilt der Wald als Eigentum des „lieben Herrgott"; was dieser besitzt, gehört aber auch dem Bauer: und er denkt, angesichts des noch immer unendlichen Reichtums, gewiß nicht an Schonung, thut im Gegenteile, was ihm gutdünkt, was seiner Meinung nach der augenblickliche Bedarf erheischt. Jeder Sibirier schlägt und rodet, wie und wo es ihm gefällt, und jeder verwüstet unendlich mehr, als er wirklich bedarf. Um einiger Zapfen willen fällt man Nadelbäume, gleichviel ob sie im besten Wachstum stehen oder nicht; um Bauholz zu gewinnen, schlägt man das Drei- und Vierfache von dem, was man braucht, und läßt das übrige achtlos liegen, oft ohne es auch nur als Brennholz zu verwenden. Schon gegenwärtig macht solches sinnlose Gebaren folgenschwer sich geltend. Alle Waldungen in der Nähe der Ortschaften, hier und da selbst der Straße, sind abgewirtschaftet und sehen meist nicht viel besser aus als die durch Feuer zerstörten, und noch immer geht die Verwüstung ihren Gang. Erst seit dem Jahre 1875 wirken in Westsibirien Forstbeamte; aber auch sie richten ihr Augenmerk mehr auf die Aus- als auf die Wiederanforstung der Wälder.

Letztere zeigen übrigens selbst da, wo weder der Mensch noch das Feuer sie heimsuchte, ein von den unserigen wesentlich abweichendes Gepräge: das der vollsten, uneingeschränktesten Urwüchsigkeit. Und nur ausnahmsweise wirkt diese anziehend auf uns. Wohl fesselt es anfänglich, alle Zustände des Werdens und Vergehens mit einem einzigen Blicke zu erfassen; bald aber tritt das Erstorbene greller hervor als das Erkeimende, und dieser Eindruck stimmt herab, anstatt zu erheben. In solchen urwüchsigen Wäldern wechselt dichter Bestand mit kahlen Blößen, Hochwald mit Dickichten, alte, greisenhafte Ueberständer mit kräftigem Nachwuchse ab. Auch hier stehen und lehnen, hängen und liegen vermorschende Bäume allüberall. Aus den Ueberresten gefallener Stämme sprossen junge Schößlinge auf; riesige Baumleichen sperren in Dickichten Wege und Stege. Weiden und Espen, neben der Birke die häufigsten Laubbäume aller westsibirischen Waldungen, zeigen sich in untadelhafter Vollendung und sehen manchmal aus, als ob sie fortwährend gehindert würden, sich zu vollem Wachstume zu erheben. Mehr als mannsdicke Stämme tragen wirre Kronen von wenig Umfang, aus denen von Jahr zu Jahr neue Zweige brechen, ohne daß es diesen gelingt, zu Aesten zu erstarken; andere anscheinend uralte Bäume treten nur in Buschform auf; wieder andere sind in ihrer Stammmitte gebrochen, zersplittert und zerschleißt, weiter oben verdreht, und der untere Teil hängt mit dem oberen nur noch durch die

Schale zusammen. Selten gewahrt man ein einheitliches Bild; fast alles sieht aus, als ob es verkommen wäre und mehr und mehr verderben müsse.

Doch gilt diese Schilderung nicht von allen Waldungen des weiten Gebietes; es treten im Gegenteile, zumal im Süden des Waldgürtels, Bestände vor das Auge, an denen dieses mit Befriedigung haftet. Lage und Oertlichkeit, Bodenbeschaffenheit und sonstige Umstände vereinigen sich manchmal zu gedeihlicher Zusammenwirkung. Dann ändert sich mit freudigerem Wachstume der einzelnen Bäume auch die Zusammensetzung der Bestände, und der fast überall üppige Unterwuchs vervielfältigt sich in ungeahnter Weise. Freilich begrüßt man jede neu auftretende Baum- oder Buschart, welche die Artenarmut dieser Waldungen mindert, mit besonderer Freude: fehlen doch auch den reichsten Beständen noch immer viele Bäume, welche wir in Europa unter gleicher Breite selten vermissen. Einförmig und eintönig, wie die Steppe, wie die Tundra, sind auch die Wälder dieses Landes.

In den Stromthälern des Waldgürtels fällt die Gleichartigkeit der Bestände vielleicht am meisten auf. Hier herrscht die Weide, an den Ufern wie auf den Inseln oft ausgedehnte Auwaldungen bildend, so unbedingt vor, daß andere Bäume kaum zur Geltung gelangen. Auf weite Strecken hin bildet sie allein den Bestand der Wälder des Thales, erhebt sich auch an vielen Stellen zu stattlicher Höhe, gewinnt aber selbst dann nur in Ausnahmsfällen an Ausdruck und Reiz. Denn der einzeln stehende Baum ist nicht mehr, eher weniger malerisch als die buschartige Weidengruppe: seine Krone bleibt immer dünn und unregelmäßig, erscheint nicht geschlossen, vielmehr durchsichtig, beinahe dürftig, und wird bei öfterer Wiederholung langweilig. Stehen die Bäume, wie gewöhnlich, dicht nebeneinander, bilden sie ein Dickicht, so verlieren sie noch mehr als der einzeln stehende von ihrer Eigentümlichkeit, weil unter solchen Umständen alle Stämme wie Pfähle nebeneinander aufsteigen und alle Kronen zu einer geschlossenen, oben geradlinig abgedachten, an eine geschorene Hecke erinnernde Laubmasse verschmelzen, in welcher der einzelne Baum gänzlich aufgeht. Als freundliche Zugaben solcher eintönigen Auwaldungen erscheinen die eingesprengten Pappelarten, im Süden die Silberpappel, im Norden die Espe, welche beide im stande sind, die Weidenbestände zu beleben.

Noch im Stromthale selbst, jedoch immer nur auf Stellen, welche regelmäßig wiederkehrenden Ueberschwemmungen nicht ausgesetzt sind, tritt neben den genannten Auwaldbäumen die Birke auf; ihre Bestände bilden sogar ziemlich regelmäßig zwischen den Au- und Nadelwäldern das vermittelnde Bindeglied. Aber die Birke erreicht nur im Süden des Waldgürtels volle Größe und Ueppigkeit, fällt außerdem den Bränden ebenso widerstandslos zum Opfer wie der harzigste Nadelbaum und ist daher wenig geeignet, das Gepräge der Auwälder zu beeinflussen oder zu verändern. Reine, mehr oder minder ungemischte Birkenwaldungen begrenzen den Waldgürtel im Süden und greifen manchmal weit in die Steppe hinaus, treten aber nur ausnahmsweise als dichte, geschlossene und ältere Bestände auf und enttäuschen, wenn man sie betritt.

Erst die Nadelwälder, welche alle zwischen den Flußläufen belegenen Stellen bekleiden, fesseln und befriedigen oft das Auge des Westländers. In ihnen bilden, falls die Tundra nicht bereits zur Geltung gelangte oder doch sich bemerklich macht, Fichten und Föhren, Pichten und Arven, seltener Lärchen, den Hauptbestand, in welchen Espen und Weiden, hier und da wohl auch Ebereschen und Traubenkirschen eingesprengt sind und Birken oft in ebenso großer Dichtigkeit auftreten wie in reinen Beständen dieses begnügsamen Baumes. Pichte und Arve sind die Charakterbäume aller westsibirischen Nadelwälder, beide meist auch in gleicher Weise durch Schönheit und freudiges Wachstum ausgezeichnet. Namentlich die Pichte ist ein herrlicher Baum. Unserer Edeltanne nahe verwandt und sie in allen ostrussischen und westsibirischen Waldungen vertretend, fällt sie schon aus weiter Entfernung in das Auge, da sie unter allen übrigen Nadelbäumen bedeutsam hervortritt. Von der Tanne wie von der Fichte unterscheidet sie der stolze Aufbau ihrer schlank kegelförmigen Krone und die reiche, weiche, frisch hellgrüne Benadelung ihrer Zweige. Fast immer überragt sie an Höhe die übrigen Bäume des Waldes, reckt sogar meist das volle obere Dritteil ihres Wipfels über die Kronen dieser empor und unterbricht so wirkungsvoll jede Firstlinie der Waldungen, drückt daher einzelnen Teilen der letzteren ein durchaus eigenartiges Gepräge auf. Aber auch die Arve oder Zirbelkiefer, welche vorzugsweise im Süden des Waldgürtels gedeiht, jedoch bis hoch nach Norden hinauf noch vorkommt, hebt ihre runden, weichen, meist geschlossenen Wipfel vorteilhaft von denen der Fichten und Föhren ab und trägt nicht unwesentlich dazu bei, den Wald äußerlich zu zieren und anziehender erscheinen zu lassen, als er ist. Fichten und Föhren fehlen keinem Teile des Waldgürtels, gedeihen jedoch keineswegs allerorten in gleicher Ueppigkeit wie in unseren deutschen Mittelgebirgen und sinken gegen Norden hin rasch zu greisenhaften Krüppeln herab. Auch die Lärche, als deren wahre Heimat Sibirien gelten darf, wächst nur im Süden des

Waldgürtels, zumal im Gebirge, zu ebenso stattlicher Höhe empor wie bei uns zu Lande.

Mit den erwähnten Arten ist die Anzahl der in den Waldungen Westsibiriens regelmäßig auftretenden Bäume nahezu erschöpft. Eichen und Buchen, Rüstern und Eschen, Linden und Ahorne, Tannen und Eiben, Hornbäume und Schwarzpappeln scheinen gänzlich zu fehlen. Dagegen finden sich überall Gebüsche und Gesträuche in Hülle und Fülle. Selbst im Norden ist die Bodendecke der Waldungen überraschend reich und üppig. Johannis- und Himbeeren gedeihen noch unter dem achtundfünfzigsten, eine Geißblattart noch unter dem siebenundsechzigsten Grade; Wacholder, Weißerle, Wollweide, Rausch- und Heidel-, Preißel- und Schollbeere nehmen nach Norden hin eher zu als ab, und selbst an der Grenze der Tundra, welche ihre Zwergbirke und Rosmarinheide, ihre Moose und Moosbeere bis in das Innere der Wälder vorschiebt, sieht man den Boden noch überall dicht bedeckt, da die Moose um so üppiger zu gedeihen pflegen, je armseliger die Wälder werden. Aber auch die Steppe trägt dazu bei, die Waldungen zu bereichern, indem sie im Süden des Waldgürtels nicht allein den größeren Teil der ihr zugehörigen Gebüsche und Gesträuche, sondern auch verschiedene Stauden und Blumen an die Wälder abtritt oder anschließt. So werden hier einzelne Waldteile zu Naturparken gewandelt, welche im Frühjahre und Vorsommer eine geradezu überraschende Blütenpracht entfalten können.

Als Beispiel eines mit allen Reizen dieser Art prangenden Waldes darf die zwischen den Städten Schlangenberg und Salain im Krongute Altai belegene „Taiga“ gelten. In dem weiten Gelände, welches dieser herrliche Wald bedeckt, rufen Längskämme und Rundberge, Thäler, Mulden und Kessel an und für sich anmutenden Wechsel hervor. Ein Hügel baut sich neben und über dem anderen auf, und die Firstlinie des Waldes gelangt überall zur Geltung. Föhren und Pichten, Espen und Weiden, Ebereschen und Traubenkirschen bilden den Bestand der Hochbäume, mischen sich in buntester Weise und verteilen Hell und Dunkel, Licht und Schatten; die sanften Linien der Laubkronen werden durch die sie überhöhenden Wipfelkegel der Pichten reizvoll unterbrochen. Erbsenbaum und Erbsenstrauch, Schneeball und Geißblatt, Heiderose und Johannisbeerbusch vereinigen sich zum blütenreichen Unterwalde; mannshohe Doldengewächse, zumal Schierling und Spierstaude, Farne und Frauenhaargräser, Rittersporn und Fingerhut, Glockenblume und Nieswurz, alle in unerreichter Ueppigkeit aufschießend, weben den bunten Bodenteppich; wilder Hopfen klettert und rankt von ihm aus zu den Hochbäumen empor. Es ist, als ob die Kunst des Landschaftsgärtners verständnisvoll gewaltet, als ob Menschenhand das ganze Landschafts- und Waldbild geschaffen habe.

Im Süden zeigen die Waldungen ihre größte Pracht im Frühjahre, im Norden im Herbste. Schon in den ersten Tagen des September vergilben hier die Blätter der Laubbäume, und um die Mitte des Monats ist der nordsibirische Wald bunter als irgend einer der unsrigen. Vom dunkelsten Grün bis zum brennendsten Rot, durch Grün und Hellgrün, Hell- und Dunkelgelb, Blaß- und Lackrot sind alle Farbenschattierungen vertreten. Auf die dunklen Fichten und Pichten folgen Zirbelkiefern und Lärchen; an sie reihen sich die wenigen, noch nicht vergilbten Birken an. Alle Zwischenstufen von Dunkel- zu Hellgrün und Grünlichgelb zeigen die Weißerlen; hellzinnoberrote Blätter tragen die Espen, lackrote die Ebereschen und Traubenkirschen. Das bunte Gemisch aller dieser Farben des Waldes ist so vollkommen und doch so maßvoll, daß es Sinn und Gemüt in hohem Grade befriedigt.

Solcherart sind die Bilder, welche die Waldungen Westsibiriens dem Auge des Reisenden entrollen. Es handelt sich jedoch bei allen, welche zu zeichnen versucht wurden, immer nur um einen Saumgürtel von geringer Breite. Entsprechend der Beschaffenheit aller dieser Urwaldungen erscheint es dem Westländer, mindestens im Sommer, gänzlich unmöglich, tiefer hineinzudringen. An den Gehängen der Berge hemmen Halden und Dickichte, im Hügellande wie in der Ebene umgestürzte Bäume und verworrenes Gestrüpp, in Kesseln und Thälern stehende und fließende Gewässer, zumal Bäche und Sümpfe, den Fuß. Ausgedehntes Felsgetrümmer, durch- und übereinander gerollte und geschichtete Blöcke und Steine bilden in allen Gebirgen Halden; Flechten überspinnen, Moose überwuchern die Gesteinsmassen und verhüllen trügerisch die zahlreichen Spalten und Gruben zwischen ihnen; junger Aufschlag wurzelt auf und zwischen dem älteren Bestande, welcher im Laufe der Zeiten auch hier entstand, und alte wie junge Bäume vermehren das Wagnis des Versuches, solche Stellen zu überschreiten. In der Tiefe des Landes sind die Schwierigkeiten, welche alle Waldungen bieten, kaum geringer. Buchstäblich undurchdringliche Dickichte, wie Urwälder der Gleicherländer solche aufweisen, gibt es freilich nicht, Hemmnisse aber demungeachtet in Menge. Die umgestürzten Stämme werden um so lästiger, als die meisten von ihnen nicht auf, sondern in unbequemer Höhe über dem pfadlosen Wege liegen, also Schlagbäume im unangenehmsten Sinne des Wortes darstellen. Manchmal ist es möglich, über sie hinwegzuklettern, oder unter ihnen durchzukriechen; ebenso oft aber läßt sich weder das eine noch das andere thun, und man wird zu Umwegen genötigt, welche um so unliebsamer sind, als sie, ohne beständige Zuhilfenahme des Kompasses, nur allzuleicht aus der bestimmten Richtung und dann in die Irre führen. Auf wirkliche Blößen stößt man selten; versucht man, auf ihnen weiterzuschreiten, so belehren tiefe, mit Schlamm und Moder erfüllte Löcher und Pfuhle, daß auch hier die größte Vorsicht geboten ist. Vertraut man einem der vielen Rinderpfade, welche im Süden des Waldgürtels von jedem Dorfe aus in den Wald führen und mehr oder minder tief in denselben eindringen, so sieht man sich früher oder später doch wieder getäuscht, weil man niemals bestimmen oder auch nur erraten kann, wohin solche Wege einen bringen, weil sie mit hundert anderen sich kreuzen, durch Gestrüpp, hohes, unbequeme Baumtrümmer verbergendes Gras, Moor und Sumpf ꝛc. laufen, kurz, weil sie eben keine für Menschen begehbaren Wege sind. So treten dem Eindringlinge zwar nicht überall unüberwindliche Hindernisse, aber doch allüberall und fort und fort so viele und so unangenehme Hemmnisse entgegen, daß man auch da, wo die Mückenplage nicht unerträglich scheint, viel früher, als man beabsichtigte, zur Umkehr sich entschließt. Erst im Winter, nachdem strenger Frost alle Gewässer, Moore und Sümpfe mit einer tragfähigen Decke belegt, tiefer Schnee den größten Teil aller Unebenheiten ausgeglichen und sich selbst gesetzt, beziehentlich eine harte Eiskruste erhalten hat, werden die Wälder den mit Schneeschuhen ausgerüsteten Jägern und ihren wettergestählten Hunden zugänglich; erst dann darf selbst der Eingeborene daran denken, in ihnen weitere Streifzüge zu unternehmen.

Sibiriens Wälder sind stumm und tot, „zum Verhungern tot“, wie Middendorf mit vollstem Rechte sich ausdrückt. Die in ihnen herrschende Stille wird förmlich zur Qual. Sobald die Balzzeit des Birkhuhnes vorüber ist, vernimmt man nur noch den Gesang des Krammetsvogels und der Schwarzkohldrossel, das Lied der Grasmücke, des Leinfinken und Hakengimpels, die Weise des Laubvogels und den Ruf des Kuckucks, kaum irgendwo aber alle Stimmen zu gleicher Zeit. Das trillernde Rufen des Grün- und Rotschenkels wird hier zum Gesange; das Geschwätz der Elster gewinnt an Reiz, selbst das Krächzen der Nebelkrähe oder des Kolkraben wirkt erquicklich, der Lockruf eines Spechtes, einer Meise geradezu erfrischend. Der Stille entspricht die Oede der Wälder. Wer sich der Hoffnung hingeben wollte, in ihnen ein frisch fröhliches Jägerleben führen zu können, würde schmerzlich enttäuscht werden. Unzweifelhaft bevölkern weit mehr Tiere, insbesondere Säugetiere und Vögel, als wir vermuten können, alle zusammenhängenden Waldungen des in das Auge gefaßten Gebietes: aber diese Tiere verteilen sich so gleichmäßig über die unermessenen Flächen, unternehmen vielleicht auch so weite Wanderungen, daß man keinen richtigen Maßstab für Schätzung ihrer Anzahl gewinnen kann. Meilenweite Strecken erscheinen oder sind, mindestens zeitweilig, so tierleer, so öde, daß der Forscher wie der Jäger verzweifeln möchte, wenn er fort und fort seine Erwartungen vereitelt sieht. Jegliche Aufenthaltskunde selbst des erfahrensten Beobachters läßt hier im Stiche. Gegenden, welche alle Bedingnisse zu gedeihlichem und behaglichem Leben einer Tierart in sich vereinigen, beherbergen dem Anscheine nach nicht ein einziges Paar, nicht ein einziges zum Umherschweifen geneigtes Männchen derselben. Die Hoffnung, beim Betreten solcher Waldesteile, welche fern von menschlichen Niederlassungen, gewissermaßen außerhalb des menschlichen Verkehrs liegen, endlich auf solche Tierarten zu stoßen, welche hier leben müssen, erweist sich ebenso trügerisch, wie die Voraussetzung, daß man ihnen im tieferen Walde eher begegnen werde, als an den äußersten Rändern; vom Menschen beeinflußte, mehr oder minder veränderte, teilweise bebaute Strecken erscheinen im Gegenteile oft mehr und mannigfaltiger belebt, als das Innere der Waldwildnisse. Daß überall da, wo der Mensch feste Siedelungen gründete, Wald rodete, Weiden und Felder anlegte, nach und nach größere Mannigfaltigkeit der Tierarten entsteht, als auf dem weiten, von ihm noch nicht beeinflußten, in ihrer ursprünglichen Eintönigkeit verharrenden Geländen, läßt sich einsehen, da ja gerade durch Urbarmachung des Bodens für viele Tiere erst zusagende Siedelplätze geschaffen werden; daß einzelne Tierarten in der Nachbarschaft des seßhaften Menschen häufiger aufzutreten scheinen als im unzugänglichen Walde, trotzdem der Mensch sie dort unnachsichtlich verfolgt und hier kaum ernstlich bedrohen kann, wird nur dann verständlich, wenn man annimmt, daß sie sich von anderswoher fort und fort ersetzen. Es müssen also, wenigstens zu bestimmten Zeiten, Wanderungen von mehr oder minder bedeutender Ausdehnung stattfinden und an ihnen die meisten westsibirischen Tiere sich beteiligen. In der That sprechen alle bisher gesammelten Beobachtungen dafür, daß dem so ist.

Standtiere in dem uns geläufigen Sinne des Wortes scheinen einzig und allein die winterschlafenden Höhlenbewohner und einzelne Gebirgstiere zu sein, alle übrigen aber mehr oder weniger regelmäßig zu wandern. Während der Satz- und Nistzeit vereinzeln sich auch in Westsibirien alle Tierarten, welche während ihrer Fortpflanzungszeit nicht gesellig leben;

später vereinigen sich Eltern und Kinder mit ihren Artgenossen zu Trupps oder Flügen, welche nunmehr, zunächst wohl hauptsächlich leichterer Ernährung halber, vielleicht auch durch die Mückenplage gezwungen, gemeinschaftlich Streifzüge antreten. Futterreiche Oertlichkeiten fesseln die zuerst ankommenden Pflanzenfresser, halten auch später eintreffende fest und ziehen endlich Feinde herbei. In dieser Weise entvölkern sich bestimmte Waldesteile und bevölkern sich andere; so entstehen Anstauungen des beweglichen Stromes der Wanderer, welche um so bemerklicher oder auffälliger werden müssen, je mehr sie mit der gewohnten Oede und Leerheit der Wälder in Gegensatz treten. Zu Sammelpunkten des tierischen Lebens werden vornehmlich ältere Brandstellen, auf deren befruchtetem Boden wiederum Beerengesträuche verschiedener Art erwuchsen und zu üppigem Gedeihen gelangten. Hier halten im Herbste nicht allein die sibirischen Wildarten reiche Ernte, sondern schmausen auch, mit Behagen Beeren fressend, Wölfe und Füchse, Marder und Vielfraße, Zobel und Bären, welche zum größten Teile erst durch die angesammelten Pflanzenfresser herbeigelockt wurden. Solcherart vereinigte Tiere verbleiben offenbar geraume Zeit in einem gewissen Verbande. Die Pflanzenfresser ziehen, wie aufmerksame Jäger beobachteten, mit unverkennbarer Stetigkeit den Beeren nach, und die Raubtiere heften sich an ihre Sohlen.

Diese Wanderungen erklären, daß in manchen Jahren bestimmte Wälder von allerlei Jagdtieren erfüllt und in anderen gänzlich verlassen zu sein scheinen. Mit Erstaunen sieht der Westländer, welcher im Spätwinter oder Vorfrühlinge in Westsibirien reist, drei- bis fünfhundert Birkhähne, zu einem Fluge geschart, von der durch Wälder führenden Landstraße sich erheben, und mit nicht geringerer Verwunderung erfährt er wenig später, daß dieselben oder ähnliche, noch günstigere Waldungen nur spärlich mit Birkwild bevölkert sind; unmutig, weil fort und fort vergeblich, spürt er im Sommer auf den geeignetsten Plätzen dem Haselhuhne nach, und angenehm überrascht, bemerkt er auf denselben Orten im Herbste das gesuchte Wild beinahe allerorten.

Mit diesen so eigentümlichen, durch die eintönige Gleichförmigkeit weiter Strecken Sibiriens bedingten Verhältnissen muß der Jäger, welcher mit einiger Sicherheit Beute gewinnen will, wohl vertraut sein, und dennoch ist auch der geübteste, erfahrenste Weidmann in den unermessenen Wäldern immer und überall Sklave des Zufalls. Welchem Wilde er nachstellen möge: niemals weiß er im voraus zu sagen, wo er es finden wird. Gestern überschüttete die Jagdgöttin ihn mit Fülle, heute versagt sie ihm jede Huld. An Wild ist kein Mangel; der Jäger aber, welcher vom Ertrage der Jagd leben wollte, würde verhungern. Ein Jägerleben, wie es unter anderen Breiten möglich, ist in Westsibirien undenkbar; nicht einmal erheblichen Gewinn wirft die Waldjagd ab. Einzelne Tiere, z. B. den Biber, scheint man bereits ausgerottet zu haben; andere, namentlich der so hoch geschätzte Zobel, sind, aus den bevölkerten Gegenden wenigstens, verschwunden, in das Innere der Wälder zurückgedrängt worden. Auch in Sibirien klagt man überall, daß das Wild von Jahr zu Jahr seltener werde, und so viel steht fest, daß man von Jahrzehnt zu Jahrzehnt weniger erbeutet. Der Mensch allein bewirkt diese Abnahme nicht; Waldbrände und dann und wann ausbrechende, verheerende Seuchen tragen wahrscheinlich ebensoviel, wenn nicht mehr, dazu bei, als er. Allerdings denkt kein Sibirier daran, daß zeitweilige Schonung des Wildes die erste Bedingung seiner Erhaltung ist. Weidgerechtes Jagen kennt der dortige Jäger nicht, wohl aber die verschiedensten Mittel und Wege, möglichst viele Tiere einer und derselben Art zu vernichten. Büchse und Gewehr spielen eine nebensächliche, Falle und Netz, Selbstschuß und Gift die Hauptrolle in den Augen des Eingewanderten wie des Eingeborenen.

Als Wild betrachtet der Sibirier jedes Tier, welches er nach dessen Tode irgendwie benutzen kann, das Elch wie das Flattereichhorn, den Tiger wie das Wiesel, das Auerhuhn wie die Elster. Was der Aberglaube des einen Volkes verschont, fällt einem anderen zur Beute: Tierarten, deren Fleisch die Russen verschmähen, sind in den Augen der mongolischen Völkerschaften Leckerbissen. Ostjaken und Samojeden ziehen Füchse, Marder, Bären, Eulen, Schwäne, Gänse und andere den Nestern entnommene Tiere auf, behandeln sie mit wahrer Zärtlichkeit, solange sie jung sind, pflegen sie sorgfältig, bis ihr Haar- oder Federkleid vollkommen entwickelt ist, und schlachten sie sodann, um sie zu verspeisen und ihr Fell zu verwerten. Die Anzahl der Felle, welche aus Sibirien auf dortige und europäische Märkte gelangen, geht in die Millionen; die Anzahl derer, welche im Lande bleiben, ist zwar merklich geringer, immerhin aber sehr bedeutend; die Menge des Haar- und namentlich des Federwildes, welches man im gefrorenen Zustande auf weithin verführt, berechnet sich nach vielen Hunderttausenden. Neben den Fellen der Säugetiere führt man gegenwärtig auch Vogelhäute aus, insbesondere solche von Schwänen, Gänsen, Möwen, Steißfüßen und Elstern, welche wie jene zu Muffen, Kragen und Hutverzierungen verwendet werden. Ein einziger Kaufmann in der unbedeutenden Stadt Tjukalinsk verhandelt alljährlich allein dreißigtausend Häute von Steißfüßen, zehntausend von Schwänen und gegen hunderttausend von Elstern; in früheren Jahren verkaufte der Mann jedoch weit mehr. Daß der gesamte Fellhandel eine von Jahr zu Jahr zunehmende Verminderung der Tiere bewirken muß, ist klar; daß einzig und allein die Unzugänglichkeit der Wald- und Wasserwildnisse gegen vollständige Vernichtung der betreffenden Tierarten einigen Schutz gewährt,

Renntiere zur Tränke ziehend.

wird jedem verständlich, welcher die Schonungslosigkeit sibirischer Jäger kennen lernte.

Obwohl aus dem Gesagten erhellt, daß der Begriff Wild solchen Jägern beinahe unbegrenzt erscheint, versteht man doch unter Jagdtieren eigentlich nur diejenigen Arten, welche auch bei uns zu Lande als Haar- und Federwild betrachtet werden oder betrachtet würden, wenn sie in Deutschland vorkämen. Soweit es den Waldgürtel betrifft, handelt es sich um Maralhirsch und Riesenreh, Elch und Ren, Wolf, Fuchs, Eisfuchs,

Luchs und Bär, Schneehase, Eichhorn, Streifen- und Flugeichhorn, vor allem aber um die Marderarten, also Zobel, Edel- und Steinmarder, Iltis, Kolonok, Hermelin, Wiesel, Vielfraß und Fischotter, sowie Auer-, Birk- und Haselhuhn, zu denen im Süden der dann und wann bis in unser Gebiet sich verlaufende Tiger, der die Gebirgswälder bewohnende Irbis, das ebenda auftretende Moschustier und das Wildschwein, im Norden das wenigstens an den Waldrändern lebende Moorhuhn zu zählen sind. Diese Tiere jagt jedermann, der eine oder andere Gebildete vielleicht sogar in regelmäßiger, wenn auch nicht gerade weidmännischer Weise; den meisten von ihnen stellt man auch ebenso sinnreiche als wirksame Fallen.

Unter den letzteren steht die allverbreitete Schlagfalle obenan. Ihre Einrichtung ist folgende: Quer über freie Plätze des Waldes, insbesondere solche, welche eine freie Aussicht gewähren, wird ein niedriger und möglichst wenig auffallender Zaun gezogen, in der Mitte aber ein Durchgang, wenn er länger ist, auch wohl zwei bis drei Durchschlupfpforten offen gelassen. Jeder Durchlaß ist seitlich durch zwei eingeschlagene Pfähle begrenzt, welche oben ein Querjoch tragen, und den zwischen ihnen sich bewegenden Fallhölzern, zwei nebeneinander liegenden, unter sich verbundenen, langen und mäßig dicken Baumstämmen, ihre Bahn anweisen. Ein langer Hebel wird über das Querholz gelegt und hält die an seinem kurzen Arme angehängten Fallhölzer in der Schwebe, während ein vom langen Arme ausgehender Bindfaden mit dem Stellpflocke die Verbindung herstellt. Letzterer ist ein kurzes, an dem einen Ende gegabeltes, am anderen zugespitztes Zweigstück und wird mit der Gabel gegen den einen gekerbten Pfahl, mit der Spitze gegen ein anderes längeres Pflöckchen geklemmt, welches seinerseits mit dem entgegengesetzten Ende im anderen Pfahle eine lose Stütze findet. Beide Pflöcke erhalten sich gegenseitig in ihrer Lage, fallen aber bei dem leisesten Drucke nach unten oder oben auseinander. Wenn die Falle fängisch gestellt worden ist, belegt man die Stellhölzer mit vielen dürren und leichten Zweiglein, weniger in der Absicht, sie zu verdecken, als vielmehr eine größere Berührungsfläche zu schaffen. Tritt ein Tier, und sei es ein kleiner Vogel, auf eines dieser Hölzchen, so fallen beide Stellpflöckchen auseinander, und die Falle stürzt zusammen, das Tier unter ihr erschlagend. Stellt man auf Raubtiere, so legt man Köder unter die Stellhölzchen; alles andere Wild führt man durch den ablenkenden Querzaun der Falle zu. Da man in manchen Waldteilen alle Wechsel, Wege und freien Stellen mit Schlagfallen versperrt und deren Hunderte und Tausende aufstellt, entschädigt oft reiche Beute den Jäger für die geringe Mühe, welche die

Elch und Auerhühner.

Herrichtung dieser vortrefflichen Fangwerkzeuge erfordert. Waldhühner, Hasen, Eichhörnchen und Hermeline sind die gewöhnlichen, Iltisse, Edelmarder und Zobel die selteneren Opfer der Schlagfallen. Vielfraße und Wölfe verlieren ebenfalls oft durch sie ihr Leben, lernen sie aber, ebenso wie die Hunde, bald fürchten und meiden sie dann ängstlich, solange sie fängisch gestellt sind, wogegen beide keinen Anstand nehmen, dem Jäger erschlagenes Wild unter der Falle wegzustehlen oder anzufressen und zu verderben.

Samojeden und Ostjaken wenden neben der Schlagfalle mit Vorliebe Selbstschüsse an, welche sie mit Bogen und Pfeil oder selbstwirkender Armbrust herzurichten verstehen. Der den Selbstschuß versendende Bogen ist sehr stark, der tötende Pfeil trefflich gearbeitet, das Mordwerkzeug daher in hohem Grade gefährlich, auch für unachtsame Menschen äußerst bedrohlich. Sinnreiche Vorrichtungen erhalten den Bogen in Spannung, ihn und den Pfeil in richtiger Lage, ein aus Holz gefertigter Schnepper bringt ersteren zum Abschnellen, sobald eine quer über den Wechsel gespannte Schnur berührt wird. Um den Pfeil so zu richten, daß er das Herz des betreffenden Wildes durchbohrt, bedient man sich eines der Größe des Tieres entsprechenden, säulenartigen, oben durchbohrten Zielholzes, welches, wenn es auf den Wechsel gestellt wird, durch die oben eingebohrte Oese genau die Herzhöhe des laufenden Vierfüßlers anzeigt und eines Maßes, welches die wagrechte Entfernung des Herzens vom Schlüsselbeine angibt, dem Jäger oder Zieler also die erforderliche Entfernung des Zielpunktes von der Abzugsschnur bezeichnet. Da alle Eingeborenen die verschiedenen Wildfährten genau kennen, stellen sie den Selbstschuß nur dann vergeblich, wenn ein anderes, in der Größe wesentlich abweichendes Tier den Wechsel desjenigen einhält, welchem der Pfeil zugedacht war. Gewöhnlich stellt man auf Füchse, mit nicht viel geringerem Erfolge aber auch auf Wölfe, selbst Elche und Renntiere, wogegen die selbstwirkende Armbrust für kleineres Wild, namentlich Hermelin und Eichhörnchen bestimmt ist. Für beide legt man einen lockenden Köder, welcher nur erlangt werden kann, wenn das in Aussicht genommene Tier mit dem Kopfe durch ein enges, am vorderen, bei gestelltem Selbstschusse unteren Teile der Armbrust angebrachtes Loch kriecht. Hierbei löst es ein Stellhölzchen und wird durch einen breiten, meißelartigen, in bestimmter Bahn festgehaltenen Pfeil, welchen die Armbrust kräftig herniederschnellt, erquetscht.

In neuerer Zeit gelangt neben diesen ursprünglichen Jagdgeräten das Feuergewehr auch in der Hand der eingeborenen Völkerschaften Westsibiriens mehr und mehr zur Geltung, ohne jedoch jene und Bogen und Pfeil zu verdrängen. Des teuren Pulvers und Bleies halber führt man mit Vorliebe kleinmündige, an und für sich herzlich schlechte Lunten-, Stein- und Schlagschloßbüchsen, gebraucht die mangelhaften Waffen aber mit bewerkenswertem Geschicke. Eine vorn am Langschafte befestigte Gabel, welche zum Auflegen dient, fehlt keiner Büchse des Westsibiriers, wird auch von gebildeten Jägern des Landes regelmäßig benutzt, und ist für Luntengewehre unerläßlich. Schrotflinten verwenden die Beamten und wohlhabenderen Einwohner der Städte, nicht aber die Eingeborenen, welche durch die Jagd erwerben wollen und das Pulver sozusagen kornweise abmessen. Sie füllen ein kleines Hörnlein mit dem teuren Kraute, schlingen Bleidraht von der Stärke des Durchmessers ihres Feuerrohres drei- oder mehrmals als Gürtel um den Leib und treten, so ausgerüstet, ihre Jagdzüge an. Der Bleidraht wird zur Herstellung der Kugeln benutzt, aber nicht umgegossen, sondern stückweise abgeknippen oder, einfacher noch, abgebissen, das derartig entstandene bolzenartige Geschoß ohne Pflaster auf das Pulver gesetzt und die Büchse so geladen. Freilich schießen alle eingeborenen Jäger nur im Notfalle auf weitere Entfernungen, bis zu mittleren Baumhöhen hinauf aber so sicher, daß sie das Auge des Zobels oder Eichhorns als Zielpunkt wählen und in der Regel auch treffen.

Waldhühner werden allgemeiner gejagt als jedes andere Wild und zu vielen Hunderttausenden gefangen und erlegt. Während der Balzzeit bleiben Auer- und Birkwild fast überall unbehelligt. Weidmannsfreuden, wie solche wir genießen, wenn wir den balzenden Auerhahn anspringen, erkauft man sich, der Unzugänglichkeit der Waldungen halber, kaum oder nie; nicht einmal des balzenden Birkhahnes halber verläßt man in mailicher Morgenfrühe das warme Lager: höchstens das Haselhuhn sucht man durch Nachahmung seines Liebesrufes zu berücken. Wer sollte auch bei zweifelhaftem Erfolge so vieler Mühe und Unbequemlichkeit sich unterziehen?! Im Herbste und Winter erst lohnt die Jagd, wie der Sibirier wünscht oder erwartet; wenn die jungen Hähne ihr Gefieder wechseln, wenn die Ketten sich zu zahlreichen Scharen oder Heeren vereinigen, wenn letztere beerensuchend durch die Wälder wandern, ist die Zeit der Waldhuhnjagd gekommen. Wer Beschwerden verschiedenster Art nicht scheut, zieht mit seinen Hunden, meist erbärmlichen Kläffern, dem wandernden Federwilde nach und kehrt in der Regel mit reicher Beute heim; wer auf Schneeschuhen zu laufen gelernt hat, sucht Auer- und Birkhuhn auch im Winter auf. Nach dem ersten reichlichen Schneefalle tritt eine Stockung der Wanderungen dieses Wildes ein, und jeder Trupp wählt sich nunmehr Aufenthaltsorte, welche wenigstens für die nächsten Tage reichliche Nahrung versprechen. Im Anfange des Winters gewähren die noch nicht abgeernteten Preißelbeeren, später die Wacholderbeeren genügende Aesung; nachdem beide aufgezehrt wurden, kommen zunächst Lärchen- und endlich Fichten- und Kiefernadeln, beziehentlich die unreifen Zapfen aller dieser Nadelbäume, dem begnügsamen Wilde zu statten. So lange als möglich setzt letzteres seine Wanderungen zu Fuße fort, durchmißt im Laufe eines Tages oft zehn bis zwölf Werst, nähert sich gelegentlich bewohnten Ortschaften bis auf wenige hundert Schritte und hinterläßt beim Weiterwandern im frisch gefallenen Schnee so deutliche Spuren, daß der verfolgende Jäger es endlich erreichen muß. Wird es gezwungen, zur Aesung der Nadeln überzugehen, so leitet es den Weidmann zunächst durch seine Losung, sodann aber durch seine Schlafstätten zur rechten Stelle. Abweichend von den Gewohnheiten seiner in Deutschland hausenden Artgenossen gräbt sich das sibirische Auer- und Birkwild mehr oder minder lange, meist bis zum Boden herabreichende Höhlen in den Schnee und verläßt diese Schlafräume am Morgen oder bei drohender Gefahr, indem es sich mit Hilfe einiger Flügelschläge erhebt und die über ihm liegende Schneedecke durchbricht; seine Nachtherbergen sind daher nicht allein bestimmt zu erkennen, sondern lassen auch einen richtigen Schluß auf die Nacht zu, in welcher sie benutzt wurden, geben also erfahrenen Jägern treffliche Fingerzeige. Bei fortdauerndem Schneefalle verweilt das Schwarzfederwild manchmal bis gegen Mittag in seinen Schlaflöchern und gestattet auch, nachdem es gebäumt hat und während es äst, genügende Annäherung des Schützen, da es sich von den Hunden verbellen läßt und über der Beobachtung der unter dem Baume stehenden Köter das Herannahen des Jägers versieht. Die erste Bedingung für das Gelingen derartiger Folgejagden ist, daß der Schnee nicht allein die meisten Unebenheiten des Bodens ausgeglichen und den größten Teil der Hemnisse beseitigt, sondern auch sich so weit gesetzt hat, um den Schneeschuhen genügenden Widerstand zu leisten, den Jäger zu tragen.

Mit ungleich mehr Bequemlichkeit und regelmäßig besserem Erfolge führt die Birkhuhnjagd mit der Puppe, dem Bulban, zum Ziele. Um sie auszuüben, begibt man sich im Herbste vor der Morgendämmerung in den Wald, verbirgt sich in einer womöglich schon vorher aufgerichteten oder rasch zusammengestellten Reiserhütte, pflanzt den Bulban, einen ausgestopften oder aus Holz und Werg gefertigten, mit schwarzem, an den entsprechenden Stellen weißem und rotem Tuche überzogenen, dem lebenden täuschend ähnlich nachgeahmten Puppenbirkhahn, mit Hilfe einer Stange so auf dem höchsten unter den benachbarten Bäumen auf, daß die Puppe mit dem Kopfe gegen den Wind gerichtet ist, und läßt den umliegenden Wald durch Menschen und Hunde abtreiben. Alle jungen oder doch noch nicht durch üble Erfahrungen gewitzigten Birkhühner, welche aufgescheucht wurden und den Bulban erblicken, fliegen dem vermeintlichen, allem Anscheine nach sichernden Artgenossen zu und blocken auf demselben Baume, auf welchem dieser sitzt, und der eingehüttete Jäger, welcher neben seiner kleinmündigen, wenig knallenden Büchse manchmal auch ein Schrotgewehr führt, hat oft unter Dutzenden der bethörten Vögel die Auswahl. In Wäldern, welche im Laufe des Sommers noch nicht beunruhigt wurden, achtet das Birkwild den schwachen Knall der Erbsenbüchse so wenig, daß die Gefährten eines getötet vom Baume herabstürzenden Huhnes oft gar nicht wegfliegen, sondern mit langen Hälsen dem gefallenen Genossen nachschauen und ruhig abwarten, bis der Schütze wieder geladen hat und ein zweites, drittes Opfer fällt. Die Häufigkeit des Birkwildes läßt glaublich erscheinen, daß einzelne Jäger im Laufe des Morgens zwanzig und mehr Birkhähne von einer einzigen Hütte aus zur Strecke bringen.

Nicht minder ergiebig als die Birkhuhnlocke mit Hilfe der Puppe, und jeden Weidmann in hohem Grade fesselnd und befriedigend ist die Jagd auf Haselhühner, wie man sie in Sibirien betreiben kann. Vorkehrungen irgend welcher Art sind hierzu nicht vonnöten, nicht einmal geschulte Hunde, so gute Dienste sie auch leisten, unbedingt erforderlich. Das Haselhuhn ist sehr häufig in allen geeigneten Wäldern Westsibiriens, häufiger vielleicht als Auer- und Birkhuhn, lebt aber so still, daß man es selbst dann oft übersieht, wenn es in Ketten die Waldungen bevölkert. Zu so zahlreichen Gesellschaften wie seine Verwandten schart es sich nie, durchwandert auch nicht so bedeutende Strecken wie jene, verbreitet sich dafür aber gleichmäßiger über die weiten Waldwildnisse und kommt deshalb dem Jäger, welcher seine Lebensweise kennt, eher zum Schuß, als irgend ein anderes Waldhuhn. Während des Frühlings und Sommers scheint es dem Auge des unerfahrenen Jägers gänzlich entschwunden zu sein; im Herbste bemerkt man es überall, selbst an solchen Stellen, wo man es wenige Monate früher vergeblich suchte. Es liebt die Beeren nicht weniger als seine Verwandten und tritt ihnen zu Gefallen auch auf größeren Blößen auf, welche es im Frühjahr und Sommer zu meiden scheint. Aber selbst hier weiß es den Blicken sich zu entziehen. Es liegt weit fester als

Auer- und Birkhuhn, sucht sich so lange als möglich vor dem Ankömmlinge zu drücken, ohne dabei ängstlich sich zu verbergen, und steht nur dann auf, wenn ihm der Feind sehr nahe auf den Leib rückt. Sein Auffliegen geschieht so geräuschlos, so wenig merklich, daß man es auch jetzt noch leicht übersehen oder überhören kann; jedes Rebhuhn, jede Mittelschnepfe sogar verursacht mehr Lärm, als dieses allerliebste Geschöpf, von welchem man einzig und allein beim Aufstehen ein leises Schwirren vernimmt. Aufgescheucht fliegt es gewöhnlich, jedoch keineswegs immer, einem der nächsten Nadelbäume zu und läßt sich hier auf dem ersten besten Zweige nieder, bleibt aber auch hier so still und ruhig sitzen, daß es ebensowenig auffällt, wie vorher auf dem Boden. Oft strengt man sich lange Zeit vergeblich an, es ausfindig zu machen, glaubt schließlich überzeugt sein zu dürfen, daß es bereits heimlich auf und davon geflogen sei, und wird dann durch sein Abstieben oder durch eine Bewegung, welche es ausführte, plötzlich und förmlich verblüffend belehrt, daß es ganz ungedeckt auf demselben Zweige, den man wiederholt absuchte, gesessen hatte. Die allen Hühnern gemeinsame Fertigkeit, vor sichtlichem Auge sich zu verbergen, ist bei ihm zu seltener Meisterschaft gediehen. Zu seinem Aufenthalte wählt es mit Vorliebe moorige oder moosige, an Heidel- und Preißelbeerbüschen reiche Stellen des Waldes, welche von alten abgestorbenen und jungen Bäumen umgeben sind. Hier weiß es jede Deckung so geschickt zu benutzen, daß man es gewöhnlich erst dann wahrnimmt, wenn es, um zu sichern, einem der abgestorbenen Baumriesen zufliegt. Regt es sich nicht, so wird es vor dem Auge zu einem Baumknorren; denn solchem ähnelt es täuschend, weiß auch recht gut, daß es auf die Gleichfarbigkeit seines Gefieders und des von ihm gewählten Aufenthaltsortes sich verlassen darf. Dessenungeachtet schaut es, so lange es irgendwie sich frei zeigt, fort und fort besorgt in die Runde und verläßt, wenn es Gefahr ahnt, den Hochsitz ebenso still, als es zu ihm aufgestiegen war. Seine Jagd gereicht dem Weidmann zu wahrem Vergnügen. Man darf es überall im Walde erwarten und weiß nie, wie es sich zeigen wird, muß meist auf jedes Hilfsmittel verzichten, wird dafür aber auch durch ungeschickte Weidgesellen nicht beeinträchtigt und durch fortdauernde Spannung und freudige Erregung noch reicher belohnt, als durch das köstliche Wildbret dieses schmackhaftesten aller Hühner.

Gegenüber der Bedeutung, welche den Waldhühnern in jagdlicher wie in volkswirtschaftlicher Beziehung zugesprochen werden muß, wollen Jagd und Nutzung des edelsten Haarwildes Westsibiriens unerheblich erscheinen. Die vier Hirscharten des Gebietes werden aus verschiedenen, aber gleich ungenügenden Gründen weit weniger geachtet, als sie verdienen, und wenn nicht in geradezu roher, so doch uns wenig zusagender, selbst anwidernder Weise ausgenutzt. Letzteres gilt insbesondere rücksichtlich des Maralhirsches. Dieses stolze und stattliche Tier, nach Auffassung einiger Forscher ein großwüchsiger Edelhirsch, nach Ansicht anderer eine dem letztgenannten zwar sehr ähnliche, durch beträchtliche Größe des Leibes und Stärke der Geweihe aber wohl unterschiedene Art der Familie, bewohnt alle Waldungen des Südens, mit Vorliebe Gebirgswälder, und tritt in ihnen wahrscheinlich keineswegs so selten auf, als es, infolge der niemals rastenden Jagdgier der eingeborenen wie eingewanderten Völkerschaften, scheinen will. Besagte Jagdgier bedroht den Maralhirsch aus einem höchst eigentümlichen Grunde am heftigsten gerade in der Zeit, in welcher er der größten Schonung bedarf. Für alle nordasiatischen Jäger handelt es sich bei Erlegung dieses Hirsches nicht um das Wildbret, nicht um die Decke, nicht um das vereckte und gefegte, sondern einzig und allein um das sprossende, noch nicht vollständig vereckte und jedenfalls bastige Geweih. Aus ihm bereiten chinesische Aerzte oder Quacksalber eine von reichen abgelebten Söhnen des Himmlischen Reiches überaus gesuchte, mit schwerem Golde aufzuwiegende Arznei, offenbar ein Reizmittel bestimmter Art, welches sie durch kein anderes ersetzen zu können glauben. Am gesuchtesten sind halb vereckte, noch reichlich mit Blut erfüllte Sechsender; für sie zahlt man zwei- bis dreihundert Mark unseres Geldes, während man vollständig vereckte, abgefegte Zwölf- und Vierzehnender für sechs bis zwölf Mark kaufen kann. Nicht allein die Mongolen Nord- und Mittelasiens, sondern auch die Sibirier russischer Abkunft beeifern sich, die kostbaren Geweihe zu erbeuten und versenden dieselben, wenn sie einen Hirsch in der rechten Zeit erlegen, so eilig als möglich, insbesondere mit der Post, nach Kiachta, von wo aus durch bestimmte Händler alljährlich Tausende nach China eingeführt werden, ohne der Nachfrage zu genügen. Sibirische Bauern halten Maralhirsche einzig und allein zu dem Zwecke in Gefangenschaft, um ihnen zur geeigneten Zeit die bluterfüllten Geweihe abschneiden und sie verkaufen zu können. Da nun bekanntlich jeder Hirsch während seines Geweihwechsels eng geschlossene Dickungen meidet, auch weniger achtsam ist als sonst; da Spießer und Gabler ebensowenig verschont werden als Kronhirsche, erklärt es sich, daß man den Bestand des Wildes in empfindlicher Weise schädigt, und läßt sich wohl annehmen, daß auch die Nachzucht wesentlich beeinträchtigt wird. Wildbret und Decke kommen bei dieser Schlächterei nicht oder doch nur ausnahmsweise in Betracht: falls es einigermaßen erhebliche Mühe verursacht, die erlegte Beute wegzuschaffen, überläßt man sie ohne Kummer den Wölfen und Füchsen.

Wie der Maral- vom Edelhirsche ist auch das sibirische oder Riesenreh von dem unsrigen durch Großwüchsigkeit und hohes, an den Rosenstöcken schwach entwickeltes Geweih wohl zu unterscheiden, seine Artselbständigkeit jedoch noch Gegenstand des Streites unter den Forschern. Es bewohnt in Sibirien mit Vorliebe Waldstrecken, welche vom stattgefundenen Brande sich zu erholen beginnen, Bestände, in denen die Pichte häufig vorkommt, Waldsäume und kleine Gehölze, steigt im Gebirge bis zu beträchtlichen Höhen, nicht selten über die Holzgrenze empor und tritt ebenso auf die freie Steppe hinaus, dort dem Steinbocke und Wildschafe, hier der Antilope zeitweilig sich gesellend. Entsprechend der Eigenart des Landes unternimmt es mehr oder minder regelmäßig Wanderungen, auch ohne durch Waldbrände hierzu veranlaßt zu werden, durchmißt dabei weite Strecken und übersetzt ohne Bedenken breite Ströme. Unter Umständen erscheint es in Gegenden, in denen man es seit Jahren nicht mehr bemerkte, siedelt sich bleibend an und unternimmt von hier aus Streifzüge; für gewöhnlich hält es auf seinen Wanderzügen bestimmte Straßen ein, wird hier und da wohl auch gezwungen, engbegrenzte Pfade zu wandeln. Felsige, steil abfallende Uferwände größerer Ströme nötigen es, die wenigen Querthäler und einzelnen Schluchten als Wechsel anzunehmen, und führen es dann oft in sein Verderben, da man selten verabsäumt, derartige Päſſe durch Leitzäune zu versperren und durch hinter letzteren angelegte Fallgruben zu gefährden. Wolf und Luchs bedrängen es zu jeder Jahreszeit, Russen und Eingeborene Sibiriens nicht minder. Man jagt es, wie alles übrige Wild, ohne Schonung, benutzt jeden Umstand und versucht jede List, um seiner habhaft zu werden. Bei Beginn der Schneeschmelze, wenn kalte Nächte die oberste Schneelage in eine dünne Eiskruste verwandeln, zieht man in Begleitung leichter Hunde zu Pferde oder auf Schneeschuhen zu seiner Jagd aus, hetzt es unter Lärm und Geschrei und ermattet es um so eher, je härter die Eiskruste ist, je früher sie ihm, welches beim Springen mit den schmalen Schalen die Kruste durchbricht, die Läufe verwundet. Im Frühlinge lockt man die Ricke durch Nachahmung der Stimme des Kitzchens, während der Blattzeit den Bock durch getreue Wiedergabe des Meldelautes der Ricke, in der Zwischenzeit und später beide Geschlechter durch künstliche Sulzen herbei; im Herbste stellt man Treibjagden an oder verfolgt die über Ströme schwimmenden Wanderrehe mit Hilfe von Booten und sticht sie im Wasser tot; im Vorwinter fährt man sie zu Schlitten an und sendet ihnen von diesem aus die tötende Kugel zu. Einzig und allein das von unseren heimischen Bubenjägern so vielfach geübte Schlingenstellen wendet man nicht an, wahrscheinlich aber auch nur deshalb, weil der Stellbogen besseren Erfolg verspricht.

Unter wesentlich günstigeren Bedingungen besteht das Elch den Kampf um das Dasein. Aufenthalt und Lebensweise, Stärke und Wehrhaftigkeit sichern es vor vielen, wenn nicht den meisten Nachstellungen. Waldtier im vollsten Sinne des Wortes, im Sumpfe und Bruche ebenso heimisch wie im Dickichte oder Hochbestande, alle Hemmnisse des Waldes wie des Morastes mit gleicher Leichtigkeit überwindend, durch seine Ernährungsweise auch vor winterlichem Mangel gesichert, entgeht es leichter als jedes andere Wild den Verfolgungen seitens des Menschen und anderer bedrohlich auftretender Feinde. Als letztere bezeichnet man Wolf und Luchs, Bär und Vielfraß; es fragt sich jedoch, ob alle diese Räuber seinen Bestand wesentlich schädigen. Denn das ebenso kräftige als wehrhafte Elch besitzt in seinen scharfschneidigen Schalen noch gefährlichere Waffen als in seinem Geweih und weiß beide zu gebrauchen. Einem Bären, welcher es zufällig überrascht und anspringt, mag es erliegen; den einzelnen Wolf schlägt es unzweifelhaft sofort zu Boden; selbst Kampf mit einer Meute dieser ewig hungrigen Räuber dürfte es siegreich bestehen; und was Luchs und Vielfraß betrifft, so scheint es noch nicht erwiesen zu sein, daß sie ihm wirklich auf den Nacken springen und ihm unverwehrt die Halsschlagadern durchbeißen, wie man früher wohl behauptet hat. Nur den menschlichen Waffen gegenüber versagen die seinigen. Allein auch die Elchjagd ist in den Waldungen Sibiriens ein mißliches Unterfangen und wird daher hauptsächlich von den Eingeborenen geübt. Während des Sommers ist dem wasserliebenden Wilde schwer beizukommen: es verbringt dann den größten Teil der Zeit im Sumpfe, über tags zwischen hohen Sumpfpflanzen in einem nur ihm zugänglichen Bette ruhend, des Nachts sich äsend. Vollsaftige Wasserpflanzen und deren Wurzeln munden ihm besser als das scharfschneidige Riedgras: es zieht daher zur Aesungszeit den tieferen Senken des Bruches zu, holt die Pflanzen auch aus dem Wasser heraus, taucht dabei seinen ungeschlachten Kopf bis zu den Wurzeln der eselohrartigen Gehöre in das schlammige Naß, erfüllt mit ihm gezwungenerweise seine Nasengänge und schleudert die eingedrungene Feuchtigkeit, so oft es den Kopf erhebt, unter lautem, weit hörbarem Schnauben aus Maul und Nase. Erfindungsreiche Jäger haben auf die geschilderte Ernährungsart des Elch ein besonderes Jagdverfahren begründet. Man verhört das im allgemeinen sehr vorsichtige Wild mehrere Nächte nacheinander, bringt über tags in aller Stille leichte, seicht gehende Boote zur Stelle und rudert bei Nacht, dem schnaubenden Geräusche folgend, möglichst lautlos an das sich äsende Tier, dessen Witterungs- und Vernehmungsvermögen durch sein Auf- und Niedertauchen beeinträchtigt wird, heran, um ihm eine Kugel zuzusenden. Die Helligkeit der nordischen Sommernächte erleichtert sicheres Abkommen ebenso, wie sie genügende Annäherung erschwert; die Jagd ist aber infolgedessen so aufregend, daß sie von eifrigen Weidgesellen mit Leidenschaft und meist auch mit gutem Erfolge betrieben wird. Mit Beginn des Frostes verläßt das Elch die Sümpfe, weil hier die brüchige Eisdecke seine Bewegungen hindert, und nimmt in trockeneren Waldesteilen Stand, bis reichlich fallender Schnee es zum Umherstreifen, beziehentlich zum Aufsuchen besonders günstiger Aufenthaltsorte zwingt. In dieser Zeit zieht man die Jagd mit Hilfe gut geschulter, vor allen Dingen äußerst ruhiger Hunde, jeder anderen vor. Das Elch scheut bei seinen Streifereien auch Ortschaften nicht, verrät sich durch seine unverkennbaren Spuren und bringt durch sie den Jäger bald in seine Nähe. Nunmehr schickt man die Hunde vor. Ihr Amt ist, das Wild zwar fortwährend zu beschäftigen, nicht aber zu verjagen. Daher dürfen sie es nie von rückwärts angreifen, ihm überhaupt nicht zu nahe kommen, müssen es vielmehr beständig bellend umspringen und seine vollste Aufmerksamkeit auf sich lenken. Sieht sich das Elch in solcher Weise von vorn bedroht, so bleibt es nach kurzem Trollen stehen, betrachtet entrüstet die Hunde, scheint sich entschließen zu wollen, sie anzugreifen, gelangt aber nur in seltenen Fällen zur Ausführung eines endlich gefaßten Entschlusses und gewährt so dem Jäger Zeit, sich zu nähern und aus geringer Entfernung einen sicheren Schuß abzugeben. Wird ein kleiner Elchtrupp durch Hunde plötzlich überrascht und in die Enge getrieben, so kann er derartig in Verblüffung geraten, daß es einem raschen und gut ausgerüsteten Schützen gelingt, ihrer mehrere nacheinander zu erlegen. Werden alte erfahrene Elche im Winter bei tiefem Schneefalle längere Zeit verfolgt, so nehmen sie den ersten befahrenen Weg an, welchen sie kreuzen, und trollen auf ihm weiter, gleichviel, ob sie die Richtung nach dem tieferen Walde oder einer Ortschaft eingeschlagen haben, gelangen daher nicht allzu selten bis in nächste Nachbarschaft der bewohnten Häuser und schlagen sich erst dann wieder seitwärts in den Wald. Hartkrustiger Schnee wird Elchen nicht minder gefährlich als Rehen; denn besonders beherzte und gewandte Jäger greifen sie unter solchen Umständen sogar mit dem Saufpieße an, da sie, auf ihren Schneeschuhen laufend, die Tiere bald einholen und so weit ermatten, daß sie jene uralte Jagdwaffe gebrauchen können. Elchwildbret wird von Eingewanderten und Eingeborenen gerne gegessen, steht jedoch tief im Preise; die Decke dagegen findet zu sechs bis acht Rubel willige Abnehmer und bietet dem Lohnjäger genügenden Ersatz für gehabte Mühen und Anstrengungen.

Das wilde Ren gehört zwar eigentlich der Tundra an, bewohnt jedoch auch den Waldgürtel in seiner ganzen Ausdehnung. Längs des Ostabhanges des Ural nimmt es ebensowohl im tieferen Walde wie auf den Höhen des Gebirges Stand; die dortigen Jäger reden daher mit gewisser Betonung von Wald- und Bergtieren und scheinen geneigt zu sein, diesen wie jenen besondere Eigenschaften zuzusprechen, obwohl sie außer stande sind, letztere zu bezeichnen. Bewohnte Ortschaften scheut das Rentier weniger als alles übrige Hirschwild, was sich vielleicht am besten daraus erklärt, daß unter den in Freiheit geborenen alljährlich durch Schlitze im Gehör oder Brandmarken gezeichnete, also verwilderte, erlegt werden. Sie verlassen wahrscheinlich während der Brunstzeit die Herden der Samojeden und Ostjaken und wandern wohl so weit südlich, bis sie auf Wildlinge ihres Geschlechtes stoßen und durch sie an eine bestimmte Oertlichkeit gefesselt werden. Einmal der Dienstbarkeit entronnen, nehmen sie in kürzester Frist alle Gewohnheiten der Wildlinge an. Als Jagdtiere spielen sie unter den Waldleuten ebensowenig wie das wilde Ren eine bedeutsame Rolle. Man erlegt Rentiere, wo, wie und wann man vermag; abgesehen von einzelnen besonders eifrigen Jägern russischer Abkunft stellen ihnen jedoch nur die Eingeborenen mit Ausdauer und Leidenschaft nach.

Zu dem eßbaren Wilde zählen alle vernünftigen Menschen auch den Hasen; nur Semiten und Russen allein machen hiervon eine Ausnahme. Infolgedessen jagen den veränderlichen Hasen Westsibiriens einzig und allein gebildete und vorurteilsfreie Sibirier russischer Abkunft und die über alle Speisegesetze erhabenen Eingeborenen des Nordens unseres Gebietes. Denn auch das Fell des Schneehasen hat, weil es stark härt, wenig Wert in den Augen der Jäger und wird vielleicht gerade deshalb von den heidnischen Völkerschaften des Landes den Göttern als Opfer dargebracht. Ungeachtet der Gleichgültigkeit, mit welcher die Waldleute den von uns so geschätzten Nager betrachten und beziehentlich gehen lassen, ist der Hase nirgends häufig. Viele seines Geschlechtes verlieren in den Schlagfallen, die Mehrzahl durch Wölfe, Füchse und Luchse ihr Leben, und auch der strenge Winter, welcher oft zu weiten Wanderungen zwingt, schadet ihnen sehr. Bedeutung irgend welcher Art darf man diesem Wilde hier nicht zusprechen.

Unter dem nicht eßbaren Haarwilde des Waldgürtels dürfte dem Wolfe insofern die erste Stelle gebühren, als er bitter gehaßt und allgemein verfolgt wird. Zwar behauptet man, daß der von ihm dem Menschen unmittelbar zugefügte Schaden nicht erheblich, mindestens nicht unerträglich sei, versäumt aber doch keine Gelegenheit, seiner habhaft zu werden. Begründet ist, daß der Wolf in Westsibirien nur ausnahmsweise in zahlreichen Rotten auftritt und noch seltener einen Menschen angreift, ebenso unbestreitbar aber, daß er den Haustieren vielen Schaden zufügt, und letzterer einzig und allein dann wieder erheblich erscheint, wenn man die bedeutenden Verluste, welche die Herden der Wanderhirten der Steppe wie der Tundra durch Wölfe erleiden, in Betracht zieht. In welcher Häufigkeit letztere im Waldgürtel auftreten, entzieht sich jeder Schätzung. Sie finden sich überall und nirgends, überfallen heute die Herden eines Dorfes, in denen man sie seit Jahren nicht mehr spürte, und fallen morgen wie gestern in die Hürden eines anderen, verlassen plötzlich einzelne Gegenden und besiedeln sie ebenso unvermutet wieder, spotten hier jeder Verfolgung und fordern dort kaum Abwehr heraus. Große, viel benutzte Straßen und an Weiden reiche Ortschaften fesseln sie oder ziehen sie an, weil sie dort in dem Aase gefallener Pferde, hier in den ohne hinderliche Aufsicht umherwandernden, auch tief in die Wälder eindringenden Haustieren ihnen geradezu gebotene oder doch leicht zu erringende Beute gewinnen können; doch fehlen sie auch solchen Waldesteilen nicht, welche außer allem menschlichen Verkehre liegen. Zuweilen sieht man sie einzeln oder in kleinen Trupps bei hellem Tage in unmittelbarer Nähe der Ortschaften; nicht selten durchlaufen sie nachts Dörfer, sogar Städte. Sie reißen in einer einzigen Nacht Dutzende von Schafen nieder, überfallen auch Pferde und Rinder, seltener dagegen Hunde, welche anderswo ihre bevorzugte Beute bilden, und verschonen einzig und allein die tapferen Schweine, weil diese hier wie allerorten sofort den Kampf mit ihnen aufnehmen und regelmäßig als Sieger aus ihm hervorgehen.

Wie die Russen hegen auch die Sibirier den Aberglauben, daß die säugende Wölfin ängstlich vermeide, in der Nähe ihres Gewölfes zu rauben, sich aber furchtbar räche, wenn man ihr die Jungen nimmt, dem betreffenden Jäger bis in sein heimatliches Dorf folge und mit unbändiger Wut über alle Herdentiere des letzteren herfalle. Jeder Sibirier läßt aus Furcht vor solcher Rache ein von ihm aufgefundenes Gewölfe im Lager liegen, und nur einer oder der andere wagt es, den Wölflein die Achillessehnen zu zerschneiden, um solcherart sie zu lähmen und bis zur Herbstjagd an die Geburtsstätte zu fesseln. Denn mit dem Erwachsen der Wölfe schwindet, wie man annimmt, die Liebe der Mutter, verringern sich mindestens deren Rachegelüste, und die Felle der Herbstwölfe lohnen die kluge Vorsicht der pfiffigen Bauern noch außerdem.

Wolfsjagd.

Je nach Oertlichkeit und Gelegenheit wendet man die verschiedensten Mittel an, um des Wolfes habhaft zu werden. Wolfsgruben, Tellereisen und Strychnin, außerdem die geschilderten Stellbogen, thun gute Dienste; Treibjagden dagegen sind selten von Erfolg begleitet. Viel lieber versucht man, den Wolf mit dem Schlitten anzufahren, oder ihn vom Schlitten aus zu erlegen, nachdem man ihn in sinnreicher Weise herbeigelockt hat. Dies geschieht in folgender Weise. Ein geräumiger Schlitten wird mit einem alten, ruhigen oder lebensmüden Pferde bespannt und mit vier Jagdgenossen, dem Kutscher, zwei Schützen und einem mäßig großen Ferkel befrachtet. Der Kutscher, welcher einzig und allein seines Pferdes zu achten hat, nimmt den Bock ein; die Schützen sitzen rückwärts, das in einem Sacke eingeschlossene Ferkel liegt zwischen beider Füßen im Schlitten. Auf festgefahrener Bahn fährt die gemischte Gesellschaft gegen Abend einem Waldesteile zu, in welchem man im Laufe des Tages frische Wolfsspuren bemerkt hatte. Angesichts der Fährte wirft einer der Schützen einen an langer Leine befestigten, locker mit Heu gestopften Sack aus dem Schlitten und läßt denselben nachschleifen, während der andere inzwischen das Ferkel durch allerhand Quälereien zum Quieken veranlaßt. Isegrim vernimmt die Klagelaute, vermutet wahrscheinlich einen von der Bache versprengten Frischling zu hören, und nähert sich still und vorsichtig, d. h. möglichst gedeckt der Straße, eräugt das hinter dem Schlitten herschleifende Bündel, meint in ihm das quickende Ferkel erkennen zu dürfen und entschließt sich nach längerem oder kürzerem Besinnen, das geplagte Tier von seinen Leiden zu erlösen. Mit mächtigem Satze springt er auf die Bahn, und gierig trabt er hinter dem Schlitten einher. Was kümmern ihn die drohenden Gestalten der in diesem sitzenden Männer?! Solche hat er oft genug aus nächster Nähe betrachtet, vor solcher Augen geraubt. Näher und immer näher kommt er dem mit beschleunigter Schnelligkeit fahrenden Schlitten; ärgere Mißhandlungen entlocken dem Ferkel lautere und klagendere Jammertöne; bethörender wirken sie auf den Räuber — noch ein einziger Sprung: da schießen zwei Feuerstrahlen krachend hervor und röchelnd und zuckend liegt das Raubtier am Boden.

Ebenso tückisch wie solche Jagd ist die im Ural übliche Kreiszaunfalle. In geringer Entfernung vom Dorfe umzäunt man einen kreisrunden, etwa zwei Meter im Durchmesser haltenden Platz mit starken, dicht nebeneinander und tief in den Boden gerammten Pfählen und umgibt sodann den solcherart gebildeten Kreis mit einem zweiten, ganz ähnlichen, welcher mit dem inneren überall den gleichen Abstand, vierzig, höchstens fünfzig Centimeter, einhalten muß. Zwei besonders dicke Pfähle dienen einer in festen Angeln gehenden, auf der anderen Seite mit Einschnappriegel versehenen, aus einer starken Bohle hergestellten Thüre als Pfosten und sind so gefalzt, daß die Thüre nur nach innen zu sich öffnen kann, beim Drucke nach außen aber durch den Einschnappriegel verschlossen werden muß. Beide Kreiszäune sind oben zwar nicht dicht, wohl aber fest eingedeckt. Eine Fallthüre in der Decke vermittelt den Zugang zum inneren Raume. Sobald man nun wahrnimmt, daß Wölfe dem Dorfe nächtliche Besuche abstatten, stellt man die Falle fängisch, indem man in dem mittleren Raume eine lebende Ziege einsperrt und die in den Rundgang führende Thüre öffnet. Das jammernde Meckern der ihrer gewohnten Umgebung entrückten und geängstigten Geiß lockt Isegrim herbei. Er vertraut der auffälligen Stallung zwar keineswegs, vergißt aber über dem tollen Gebaren der durch sein Erscheinen aufs höchste geängstigten Ziege bald alle ursprünglich bethätigte Vorsicht und versucht, der willkommenen Beute sich zu bemächtigen. Mehrere Male und mit beständig sich steigernder Gier und Eile umkreist er den äußeren Zaun, windend und spürend, bald nahend, bald zurückweichend, betrachtet er die einzige Oeffnung, welche ihm ermöglicht, der Ziege auf den Leib zu rücken. Endlich meistert Leidenschaft seine natürliche Schlauheit. Noch immer zögernd, aber doch stetig vorrückend, zwängt er Kopf und Leib durch den engen Eingang. Verzweiflungsvoll aufschreiend drängt sich die Ziege an die entgegengesetzte Seite der inneren Umzäunung. Ohne fernerhin noch zu überlegen, zu bedenken, folgt ihr der Räuber. Die Ziege läuft im Kreise herum; der Wolf thut dasselbe, nur mit dem Unterschiede, daß er zwischen beiden Pfahlreihen sich bewegen muß. Da hemmt die vorstehende Thüre seine Schritte. Aber das Opfer ist gerade jetzt so nahe, so sicher zu erlangen: stürmisch jagt er vorwärts; schnappend fällt der Riegel der von ihm weggedrängten, gegen das Gelände gepreßten Thüre in die für ihn bestimmte Kerbe: und gefangen ist der mißtrauische und vorsichtige Tölpel, — gefangen, ohne daß er im stande wäre, der verlockenden Beute näher zu kommen. Unfähig sich umzudrehen, ingrimmig im tiefsten Herzen, läuft, trabt, jagt er vorwärts, immer im Kreise herum, ruhelos eilend, um eine endlose Strecke zu durchmessen. Die kluge Ziege erkennt bald genug die Sachlage und bleibt zuletzt, obschon noch immer schreiend und zitternd, inmitten des Innenraumes stehen; der Wolf sieht endlich ebenfalls die Fruchtlosigkeit seines Kreislaufes ein, versucht, seine Freiheit wieder zu gewinnen, reißt mit den Zähnen fußlange Späne aus dem Pfahlwerke, heult verhalten vor Wut und Angst: alles vergeblich! Nach qualvoller Nacht dämmert endlich, endlich sein letzter Morgen. Im Dorfe beginnt es sich zu regen: in das Hundegebell mischen sich Menschenstimmen. Dunkle, von kläffenden Hunden begleitete Männer nahen dem Schauplatze des Trauerspiels. Regungslos, einem Leichnam vergleichbar, liegt der Wolf am Boden; kaum ein Blinzeln seiner Augen verrät, daß noch Leben in ihm ist. Mit wütendem Bellen umdrängen die Hunde den Außenzaun: er bewegt sich nicht; mit höhnischem Willkomm begrüßen die Männer den Gefangenen: er rührt sich nicht. Doch weder die Hunde noch die Männer lassen sich täuschen. Jene streben, zwischen dem Pfahlwerke durchdrängend, den Scheintoten zu packen, diese ihm die allgebrauchte Pferdefangschlinge, den Arkan über den Kopf zu streifen. Noch einmal springt das Raubtier auf, noch einmal rast es durch den Marterweg, heulend versucht es zu schrecken, beißend abzuwehren: umsonst — der furchtbaren Schlinge entgeht es nicht, und wenige Minuten später ist es erdrosselt.

Der Fuchs wird überall vom Wolfe befehdet, gejagt, getötet, gefressen, mindestens hart bedrängt, ist daher auch in Sibirien nicht häufig; auszurotten aber vermochte ihn bisher weder sein ihm so feindlich gesinnter Verwandter, noch der Mensch. Im östlichen Teile des Waldgürtels unternimmt er zeitweilig weite Wanderungen, entweder dem Hasen oder den Waldhühnern folgend; im Westen scheinen hierauf bezügliche Beobachtungen noch nicht vermerkt worden zu sein. Ueber von ihm verursachten Schaden klagt man in Sibirien nicht, verfolgt ihn dessenungeachtet aber sehr eifrig, weil sein Fell unter Russen wie unter Eingeborenen gleich beliebt ist, auch stets teuer, wenn durch besonders geschätzte Färbung ausgezeichnet, sogar ungemein hoch bezahlt wird. Als Jagdtier stellt man demzufolge nur den Zobel höher als ihn. Jäger von Gewerbe unternehmen im Winter einzig und allein seinetwegen Jagden, welche sie fast ebenso tief in die Waldungen führen, als die Zobeljäger in letztere eindringen; Ostjaken und Samojeden stellen ihre Selbstschußbogen vorzugsweise auf ihn und lassen sich keine Mühe verdrießen, einen Bau aufzusuchen, in welchem Junge liegen, um diese auszugraben und, nicht etwa zu töten, sondern sorgsam aufzuziehen und zärtlich zu pflegen, bis sie groß und kräftig geworden sind und mit dem ersten oder zweiten Winter ein Fell erhalten haben, welches den wunderlichen Tierpflegern mehr gilt, als das Leben des geliebten Pfleglings und letzteren rettungslos der erwürgenden Schlinge überliefert.

Bedingungsweise darf auch der Eisfuchs zu den Tieren des Waldgürtels gezählt werden; doch dringt er wohl nirgends in den Wald selbst ein, sondern folgt höchstens im Winter dem Laufe der großen Ströme, um gelegentlich im Süden der Tundra, seines Heimatsgebietes, auf wandernde Hasen und Moorhühner zu jagen.

Waldtier im strengsten Sinne des Wortes dagegen ist der Luchs. Er aber tritt auch in Sibirien überall nur einzeln auf und wird allerorten selten erbeutet. Wahrscheinlich verläßt er seine eigentlichen Aufenthaltsorte, die dichtesten Hochbestände des Inneren der Waldungen, bloß dann, wenn ihn Nahrungsmangel oder Liebesgefühle zu Wanderungen veranlassen und bis an den Saum der Wälder führen. Erfahrene Jäger des östlichen Ural behaupten, daß er mit dem Bären nicht allein dieselben Wohngebiete teile, sondern auch in der Nähe eines Winterlagers des Bären verharre, nachdem dieser sich zum Schlafen gelegt hat. Besagte Jäger versichern, daß die Vorliebe des Luchses für die winterliche Schlafstelle des Bären diese verrate, da man einfach dort, wo die meisten Luchsspuren sich kreuzen, nachzusuchen habe und des besten Erfolges sicher sein dürfe, wenn man eine Kreisspur antreffe, da sie stets das Winterlager des Bären umgrenze. Die Gewohnheit des Luchses, mit beinahe ängstlicher Sorgfalt immer wieder in die alte Fährte zu treten, soll das Aufsuchen des Bärenlagers sehr erleichtern. Erläuternd fügt man diesen Angaben bei, daß der Luchs in Sibirien recht gern auch frisches Aas annehme, möglicherweise also die Nachbarschaft eines Bären aufsuche, um gelegentlich nach ihm von einem durch den Bären erbeuteten Wilde zu schmausen. Freilich sagt man dem Luchse auch nach, daß er sehr wohl im stande sei, ohne Mithilfe eines so zweifelhaften Freundes größeres Wild zu bezwingen, daß er insbesondere Rentiere und Rehe eifrig verfolge und binnen kurzem überwältige, betont aber regelmäßig, daß seine Jagd hauptsächlich kleinerem Wilde gelte, und nennt als solches Hasen, Erd- und Baumeichhörnchen, Auer-, Birk- und Haselhühner, Mäuse, junge Vögel verschiedener Art und dergleichen mehr. Es liegt kein Grund vor, die letzterwähnten Angaben zu bezweifeln; sie erklären auch befriedigend das seltene Vorkommen des Raubtieres in allen dem Menschen zugänglichen Grenzwäldern oder Waldrändern. Solange Eichhörnchen und Schwarzfederwild im Inneren der Wälder hausen, hat der Luchs keine Veranlassung, die vom Menschen nicht betretene Wildnis zu verlassen; wenn jene zu wandern beginnen, sieht er sich genötigt, zu folgen. Wie sehr das Schwarzfederwild ihn fürchtet, erkennt man daraus, daß jeder balzende Auer- oder Birkhahn augenblicklich verstummt, wenn ein Luchs sich hören läßt.

Luchsjagd gilt unter eingewanderten wie unter eingeborenen Sibiriern als hochedles Weidwerk. Die Seltenheit und Vorsicht, Gewandtheit und Wehrhaftigkeit der stolzen Katze begeistert jeden Weidgesellen und Fell wie Wildbret des erlegten Raubtieres bringen nicht unerheblichen Gewinn. Ersteres wird von Westsibirien aus vorzugsweise nach China gesendet und hier gut bezahlt, letzteres nicht allein von den mongolischen Völkerschaften, sondern auch von den meisten russischen Ansiedlern des Landes als schmackhafter Braten hoch geschätzt. In den Schlagfallen fängt sich der Luchs nur ausnahmsweise, wirft sie aber oft ein, indem er längs der Schlagbäume dahinläuft und dabei auf den Stellhebel tritt; auch dem Selbstschußbogen fällt er selten zum Opfer, und die auf seine Fährte gelegten Tellereisen soll er meist überspringen: so bleibt dem Jäger bloß die Büchse übrig. Erklärlicherweise jagt man nur im Winter, wenn der Schnee die Spur verrät und Verfolgung auf Schneeschuhen gestattet. Tapfere Hunde treiben das endlich erspähte Raubwild zu Baume oder stellen es auf dem Boden, werden von ihm jedoch manchmal übel zugerichtet, wenn nicht getötet. Selbst der Jäger läuft Gefahr, von dem in die Enge getriebenen, wütend sich verteidigenden Luchse Angriffe zu erleiden.

Während die Wildkatze, welche der Luchs ebenso unerbittlich verfolgt, wie der Wolf den Fuchs, dem Waldgürtel Westsibiriens fehlt, tritt hier, zwar nicht ständig, aber doch dann und wann die vollendetste aller Katzen, der Tiger, neben ersterem auf. Zwei in den Jahren 1838 und 1848 bei Bäsk und Schlangenberg erlegte Tiger stehen ausgestopft im Museum von Barnaul; ein anderer, welcher anfangs der siebziger Jahre erlegt wurde, befindet sich im Schulmuseum zu Omsk; ein vierter setzte Ende der sechziger Jahre die Bewohner des an der europäischen Grenze im Ural belegenen Kreises Tschelaba in Schrecken, griff, ohne gereizt zu sein, einige Bauern an und wurde von diesen nur dadurch zurückgeschreckt, daß ihm einer der Leute seine rote Mütze entgegenwarf. In den Steppengebirgen Turkestans und im ganzen Süden von Ostsibirien kommt das „Herrschertier“, wie die Dauren den Tiger nennen, geeigneten Orts überall und ständig vor, und von beiden Seiten her mag er sich öfter, als man feststellen konnte, in den westlichen Waldgürtel verlaufen, vielleicht auch längere Zeit unbeobachtet hier aufhalten und unbemerkt wieder zurückziehen: sein Erscheinen geschieht jedoch immerhin sehr selten und so unregelmäßig, daß er unter dem Wilde unseres Gebietes höchstens genannt, nicht aber aufgezählt werden darf.

Anders verhält es sich mit den geschätztesten aller Pelztiere, den verschiedenen Mardern. Ueber ihre Abnahme klagt man zwar mehr als über die Verminderung aller übrigen Jagdtiere, erbeutet die meisten von ihnen aber noch regelmäßig, wenn nicht überall, so doch an einzelnen Orten des Gebietes. Einzig und allein der Zobel ist in den letzten Jahrzehnten sehr selten geworden. Alte Jäger des mittleren Ural erinnern sich, in der Nähe der Stadt Tagilsk allwinterlich Zobel erbeutet zu haben; gegenwärtig fängt man in dieser Breite des Gebirges nur dann und wann, immer äußerst selten, einen versprengten Marder dieser Art. Ein großer Brand der Waldungen des mittleren östlichen Ural soll die so allgemein begehrten und verfolgten Pelztiere vertrieben haben. Dasselbe behauptet man in den Walddörfern am unteren Ob, woselbst die Zobeljagd noch heutigentages betrieben wird und beispielsweise auf den Markt von Jelisaroff allwinterlich bis zwanzig Felle liefert. Merklich häufiger als der Zobel tritt in allen Waldungen Westsibiriens der Edelmarder auf. In dem allerdings ziemlich ausgedehnten Jagdgebiete der vorher genannten Stadt Tagilsk erbeutet man noch immer dreißig bis achtzig Felle gedachter Art in jedem Winter. Daß der Edelmarder weit mehr als der Zobel an das Eichhorn gebunden ist, mit ihm erscheint und verschwindet, wird von erfahrenen Jägern behauptet. Der raubgierige Gesell begnügt sich jedoch keineswegs mit seinem Lieblingswilde, mordet vielmehr jedes Tier, welches er erlangen und überwältigen kann, und wird namentlich dem Auer- und Birkwilde sehr gefährlich. Gelingt ihm schon im Sommer manch kühner Sprung auf einen der vorsichtigen Vögel, so erleichtert ihm im Winter die Gewohnheit des Schwarzfederwildes, in Schneehöhlen zu schlafen, seine Schliche und Kniffe noch erheblich. Fast unhörbar von Ast zu Ast schweifend, nähert er sich den eingegrabenen Vögeln bis auf Sprungweite und überfällt sie von oben her, indem er mit mächtigem Satze auf die Decke des Schlafraumes stürzt, diese durchbricht und einen der Schläfer am Kragen gepackt hat, bevor dieser zu flüchten im stande war. Der Steinmarder kommt ebenfalls noch überall in Höhenwäldern vor, ist aber seltener als sein Sippschaftsgenosse; Iltis, Hermelin und Wiesel sind allverbreitet und stellenweise sehr häufig; der Nörz dagegen findet sich wohl auf der westlichen, nicht aber auf der östlichen Seite des Ural und fehlt bereits den hier entspringenden Zuflüssen des Irtisch und Ob, welche, wie letztere Ströme, den Fischotter in erheblicher Menge beherbergen; der Dachs wird in Westsibirien kaum erwähnt, der allverbreitete Vielfraß weniger als jeder andere Marder geachtet und mehr wegen seiner Diebereien an den in Schlagfallen gefangenen Tieren als seines Felles halber gejagt.

Obwohl der Westen Sibiriens als ausgeschossenes Gebiet gilt, rüsten sich doch auch hier alljährlich die Waldleute, um Zobel und andere Marder zu erbeuten. Einzelne Jäger unternehmen den Pelztieren zuliebe Streifzüge und Wanderungen, welche denen amerikanischer Pelzjäger nicht nachstehen. Die Jagd gilt selbstverständlich nicht den Mardern allein, vielmehr allem Wilde überhaupt; Marder und Eichhörnchen bilden aber das Ziel, welches man erstrebt. Je nachdem die letzteren früher oder später sich verfärben, beschleunigt oder verzögert man den Aufbruch aus dem heimatlichen Dorfe; denn man betrachtet die Umfärbung der genannten Nager als ein Vorzeichen des kommenden Winters und meint, von ihr aus auf dessen früheren oder späteren Eintritt und dessen Strenge oder Milde schließen zu dürfen.

In der geschilderten Weise bewaffnet und ausgerüstet, treten die Zobeljäger, nachdem der erste Schnee gefallen ist, in Gesellschaften zu dreien bis fünfen ihre Waldreisen an. Jeder von ihnen trägt außer Gewehr und Schießbedarf einen Sack auf dem Rücken, Schneeschuhe und ein Beil über der Schulter, eine Peitsche im Gürtel. In dem Sacke birgt man die unerläßlichsten Nahrungsmittel, Brot, Mehl, Speck, Salz und Ziegelthee, sowie einige Gerätschaften, insbesondere eine Pfanne, Theekanne, Becher, Löffel und dergleichen mehr, seltener auch eine Flasche Branntwein; die Peitsche dient, um die Eichhörnchen aufzutreiben und vor das Auge zu bringen. Vier bis sechs Hunde, welche jedes deutschen Weidmanns Auge beleidigen, begleiten die Jagdgenossen.

Nach dem Stand der freilich oft tagelang verhüllten Sonne und bekannten Sternbildern sich richtend, durchstreifen die wetterfesten Weidgesellen tage- und wochenlang die unwirtlichen Wildnisse, übernachten in ihnen und ernähren sich und ihre Hunde hauptsächlich von dem Wildbrete der von ihnen erbeuteten Tiere, um ihre Vorräte so viel als möglich zu schonen. Die unscheinbaren, aber klugen und umsichtigen Hunde nehmen nicht allein jede Wildfährte auf, sondern eräugen auch mit Sicherheit die auf Bäumen versteckten Marder und Eichhörnchen, verbellen sie und halten sie so lange fest, bis der Jäger zur Stelle ist. Dieser naht mit der unverwüstlichen Ruhe aller Waldschützen, legt seine lange Büchse bedächtig auf einen Ast oder nötigenfalls auf die am vorderen Laufende angebrachte Gabel, zielt lange und gibt endlich Feuer. Im Anfange der Jagdzeit gestatten Eichhörnchen und selbst Edelmarder, ausschließlich mit den Hunden sich beschäftigend, Annäherung des Jägers bis auf wenige Meter Entfernung; bald aber werden sie gewitzigt und erschweren dem Schützen ruhiges und sicheres Zielen. Gelingt es letzterem dennoch, die Kugel durch eines der Augen der Tiere zu jagen, so ist er wohl zufrieden, weil er nicht allein ein unversehrtes Fell erbeutet, sondern auch den Bleibolzen noch einmal verwenden kann. Unmittelbar nachdem er des gefallenen Wildes sich bemächtigt hat, streift er es ab, bei Mardern und Eichhörnchen den Leib durch die Mundspalte zwängend, bricht die Hirnschale auf, um das Geschoß wieder zu erlangen, und birgt sodann Fell und Leib, jedes für sich gesondert, in seinem Rucksacke.

Wenn die Eichhörnchen häufig sind, ist solche Jagd ebenso ergiebig als unterhaltend. Jeder Jäger nutzt den kurzen Tag nach Kräften aus;

ein Büchsenknall folgt rasch auf den anderen, und ein Beutestück gesellt sich zu den übrigen. So viele Zeit auch das Laden des Gewehres erfordert: das Abstreifen der Beute geht um so rascher vor sich, und jeder Jäger leistet redlich das seine. Ohne zu ruhen, ohne zu essen oder auch nur zu rauchen, zieht die Jagdgesellschaft fürbaß. Die stöbernden Hunde zersprengen und vereinigen abwechselnd die Weidgesellen; der scharfe Knall ihrer Büchsen und das muntere Bellen der Hunde wird für sie zu erquicklicher Unterhaltung. Einer zählt die Schüsse und einer bewillkommt oder neidet das Glück des andern. Ist dagegen der Winter beutearm, bringt auch oft wiederholtes Klatschen mit der Peitsche kein Eichhorn vór das Auge, läßt sich weder Zobel noch Edelmarder, weder Elch noch Rentier spüren, so ziehen Jäger und Hunde schweigsam und mißmutig durch den Wald, und Küchenmeister Schmalhans verdirbt die Laune vollends.

Mit einbrechender Nacht denken unsere Jäger an Herrichtung des Lagers. Jeder von ihnen schaufelt unter einem alten dicken Fallbaume im Schnee eine mannslange und entsprechend breite Grube aus und zündet in ihr ein mächtiges Feuer an. Hierauf reinigt einer, möglichst inmitten aller Gruben und im Schutze dichtkroniger Fichten oder Tannen, einen kreisrunden Platz vom Schnee; ein anderer schleppt Brennholz herbei; ein dritter entfacht auf jenem Platze ein noch mächtigeres Feuer; ein vierter schickt sich an, das Abendbrot zu bereiten. So viele Eichhörnchen wurden doch erlegt, daß eine kräftige Fleischbrühe hergestellt werden kann, um den Mehlbrei oder die Brotschnitten zu würzen. Man ißt, teilt redlich mit den Hunden, erquickt sich an Thee und Dütenpfeifchen und bespricht nach Jägerweise die Erleb- und Ergebnisse des Tages. Inzwischen hat das Feuer in den Gruben unterhalb den Schnee geschmolzen, oberhalb den Fallbaum in Brand gesetzt und somit den Schlafraum wohl durchheizt. Sorgfältig kehrt jeder Jäger die am Boden der Grube noch glimmenden Kohlen an das eine Ende der Vertiefung, kriecht unter möglichster Schonung der seitlichen Schneewälle in sie hinein, ruft seine Hunde herbei, damit auch diese das warme Lager teilen, und schickt sich zum Schlafen an. Freilich fällt von dem während der ganzen Nacht fortglimmenden Fallbaume eine und die andere Kohle auf Jäger und Hunde; aber ein sibirischer Jägerpelz verträgt ebensoviel, wie ein sibirisches Hundefell; der solcherart in Brand gesteckte Kloben heizt besser als ein viel größeres frei brennendes Feuer, durchwärmt die Grube, wie ein sibirischer Ofen die Stube und ermöglicht überhaupt, daß Menschen im Walde übernachten können.

Ausgeruht und gestärkt erhebt sich beim Grauen des Morgens die

Gesellschaft, nimmt ihr Frühstück ein und zieht hierauf weiter. Erreicht man günstige Jagdgründe, welche allwinterlich besucht werden, so verweilt man hier nach Befinden längere oder kürzere Zeit. Hier und dort hat man in früheren Jahren eine noch aus Baumstämmen hergerichtete Jagdhütte erbaut, welche nunmehr wiederum eine Zeitlang als notdürftige Behausung dient; in jedem Falle aber finden sich hier ältere und neuere Schlagfallen, welche jetzt fängisch gestellt und allmorgendlich begangen werden. Beides erfordert viele Zeit, da die Fallen in sehr weitem Umkreise aufgestellt werden; unsere Jagdgesellschaft verweilt daher manchmal eine Woche und darüber in einer bestimmten Gegend des Waldes und jagt sie gründlich ab, bevor sie ihre weidliche Wanderung fortsetzt.

In dieser Weise jagend, verbringen manche Sibirier den größten Teil des Winters im Walde. Vor Antritt der Wanderung pflegt jeder Jäger mit einem Kaufmann Vertrag zu schließen. Er verpflichtet sich, dem Händler alle von ihm erbeuteten Felle zu einem vereinbarten Durchschnittspreise abzulassen, der Kaufmann, die ihm überbrachte Ware ohne Auswahl abzunehmen. Hat der Jäger Glück, so gelingt es ihm noch heutigestags, so viel zu erbeuten, daß er von dem Erlöse seiner Jagd leben kann, mindestens die Bedürfnisse des Winters zu bestreiten vermag; im allgemeinen aber lohnt auch dieses Weidwerk die mit ihm verbundenen Mühseligkeiten und Entbehrungen in keiner Weise, und nur ein so außerordentlich anspruchsloser Mensch, wie der sibirische Jäger zu sein pflegt, ist im stande, sie erwerbsmäßig zu betreiben.

Als ruhmvollstes und schwierigstes Weidwerk betrachtet der Westsibirier die Bärenjagd. Freund Petz ist in unserem Gebiete keineswegs das gemütliche Wesen, wie noch hier und da in Ostsibirien, vielmehr, wie fast allerorten, ein grober, ungeschliffener Gesell, welcher zwar in der Regel vor dem Menschen flieht, verwundet oder auch nur in die Enge getrieben aber mutig den Kampf aufnimmt und dann äußerst gefährlich werden kann. Aller Verfolgung ungeachtet, ist er noch in keinem Teile ausgerottet worden, eher vielmehr als häufig oder doch nicht selten zu bezeichnen; immer und überall aber wandelt er seine eigenen Wege und kreuzt nicht allzuoft die Pfade des Menschen. Damit soll nicht gesagt sein, daß er die Ansiedelungen des letzteren scheue oder auch nur vermeide; denn er hält sich oft in nicht erheblicher Entfernung von den Ortschaften auf und überfällt zuweilen Haustiere vor den Augen ihrer Besitzer, zeigt sich aber so unregelmäßig, daß viele Sibirier ihn gar nicht von Angesicht zu Angesicht kennen gelernt haben, beziehentlich ihm nie im Walde begegnet sind. Allem Anschein nach befindet er sich während des ganzen Sommers auf der Wanderung. Er durchstreist die Wälder, ohne sich hier an bestimmte Straßen zu binden, steigt, je nach der Gestaltung der Gebirge, mehr oder weniger regelmäßig betretene Pfade einhaltend, im Spätsommer zu den Höhen empor und kehrt mit Beginn des Winters zu niederen Lagen zurück, nimmt während der Reife des Getreides seinen Stand in Außenwaldungen, um in aller Bequemlichkeit benachbarte Felder zu bestehlen, verläßt auch wohl zeitweilig den Wald gänzlich und besucht angrenzende Steppen, zumal Gebirgswände, welche das Gepräge der Steppe tragen, hält sich längere Zeit in einer Gegend auf und durchzieht, ohne an einer Stelle zu weilen, andere, immer und überall der augenblicklich sich bietenden Gelegenheit, diese oder jene Lieblingsäsung zu erlangen, Rechnung tragend. In den meisten Geländen ist er entschiedener Pflanzenfresser; hier und da wird er zum gefürchteten Raubtiere; an anderen Orten geht er Aas an. Im Frühjahre nährt er sich schlecht und recht, von allem, was er erlangen kann, lauert versteckt und listig auf Herdentiere, welche weidend die Waldungen betreten, springt sie plötzlich an oder folgt ihnen mit überraschender Schnelligkeit, ergreift sie, reißt sie zu Boden und bringt sie um, frißt sich an ihrem Fleische satt und vergräbt täppisch den Rest, um später noch eine Mahlzeit zu halten, erscheint auch wohl, zumal wenn Viehseuchen wüten, auf den Ablagerungsplätzen der gestorbenen Haustiere, um an deren Aase sich gütlich zu thun, ist sogar auf Kirchhöfen als Leichenräuber angetroffen worden. Im Sommer fällt er plündernd in Roggen-, Weizen- und Haferfelder ein, beraubt wilde Bienenstöcke und Bienenstände, gräbt Wespen- und Hummelnester aus, zerstört der Puppen halber Ameisenhaufen, rollt alte Fallbäume in der Absicht um, darunter liegende Käfer, Maden und Larven zu erbeuten, zertrümmert selbst mulmige Bäume, um die im vermorschenden Holze wohnenden Kerbtierlarven zu gewinnen. Im Herbste äst er sich fast ausschließlich von Beeren aller Art, auch solchen, welche er erst von Bäumen herabholen muß, wie beispielsweise die Früchte der Traubenkirsche, und mit Eintritt der Reife der Zirbelnüsse geht er dieser nach, ersteigt, um sich ihrer zu bemächtigen, hohe Bäume, und bricht nicht allein deren Aeste, sondern selbst deren Wipfel ab, ebenso wie er Vorratshäuser, in denen man Zirbelnüsse zeitweilig aufspeichert, hartnäckig umlungert oder versucht, einen Zugang in das Innere der Speicherräume zu bahnen. Nebenbei betreibt er in jeder Jahreszeit Fischfang, und zwar nicht selten mit gutem Erfolge. Vor dem Menschen flüchtet er regelmäßig, geht aber doch auch bisweilen ohne weiteres zum Angriffe über und scheut dann selbst Uebermacht nicht. Je nach der Witterung legt er sich früher oder später zum Winterschlafe nieder. Zum Lager wählt er vorzugsweise eine geeignete Stelle unter einem alten, riesenhaften Fallbaume, gräbt hier zunächst eine seichte Grube aus, bedeckt deren Boden mit dünnen Nadelzweigen und einen halben Meter hoch mit Moos, polstert mit letzterem auch die Seitenwände des Lagers aus, bedeckt sie von außen mit Stamm- und Aststücken, begibt sich in das Innere und läßt sich einschneien. Ueberrascht ihn der erste Schneefall im Gebirge, so steigt er nicht immer in die Tiefe hinab, sondern birgt sich in einer Felsenhöhle, welche er so gut als möglich auskleidet, oder erweitert einen Murmeltierbau so viel als unbedingt erforderlich ist, und verbringt in ihm den Winter. Einmal in vollen Schlaf gesunken, liegt er im Lager oft so fest, daß man ihn nur mit vieler Anstrengung auftreiben kann, beißt ärgerlich in Stangen, mit denen man ihn aufstört, knurrt und brüllt und gibt erst dann nach, wenn man zu Raketen oder Feuerbränden seine Zuflucht nimmt. Endlich stürmt er, falls er nicht verwundet wurde, wie ein aufgescheuchter Eber davon, entleert sich und sucht sein Heil in schleunigster Flucht. Die Bärin bringt, nach übereinstimmender Versicherung aller kundigen Jäger, nur in jedem zweiten Winter Junge, und zwar während des tiefsten Schlafes, erwacht, wie man annimmt, nur kurz vor dem Gebären, leckt die Kleinen rein und trocken, legt sie ans Gesäuge und schläft sodann in Absätzen weiter. Zu Ende des Mai oder im Juni sucht sie ihre früher geborenen, also zwei- oder selbst vierjährigen Jungen, wieder auf und zwingt sie, als Pestun oder Kinderwärter Dienste zu thun.

Obgleich man in Westsibirien das an und für sich keineswegs unschmackhafte Wildbret des Bären wenig achtet und Bärenschinken mehr um einer Laune zu genügen, als um sich ein leckeres Gericht zu verschaffen, zubereitet und auftischt, bringt doch die Bärenjagd reichlichen Gewinn. Das Fell wird vornehmlich zu Schlittendecken benutzt, sehr gesucht und teuer bezahlt; Zähne und Krallen gelten, nicht bloß unter Ostjaken und Samojeden, sondern ebenso unter den westsibirischen Bauern, als Talisman wirkungsvoller Art; selbst die Knochen finden hier und da Verwendung. Ein Reißzahn des im ehrlichen Kampfe erlegten Bären verleiht dem ostjakischen Jäger, seiner Meinung nach, übernatürliche Gaben, vor allem Mut, Kraft und Stärke, auch wohl Unverwundbarkeit; eine Klaue, insbesondere die vierte der rechten Vorderprante, welche dem Ringfinger entspricht, zwingt, so verspricht der Glaube allen liebenden jungen Mädchen des Ural, jeden Jüngling, welchen das Mädchen mit ihr heimlich kratzte, zu inbrünstiger Gegenliebe: Zahn wie Kralle stehen daher hoch im Preise und feuern manch einen Jäger mehr noch, als erlittener Schaden, zur Jagd des gewaltigsten Raubtieres der Wälder an. Aber die Jagd ist weder leicht noch gefahrlos. Von Fallen, welche Erfolg versprechen, weiß man nicht zu berichten; es handelt sich immer darum, den Bären aufzusuchen und mit der Waffe in der Hand, unter Unterstützung geübter Hunde, den Kampf mit ihm aufzunehmen. Während des Sommers beeinträchtigt die Unstetigkeit des Raubtieres dessen Jagd sehr; im Winter ist es eher möglich, ein Lager aufzufinden und in oder vor ihm den Schläfer zu erlegen. Der arme Bauer, welcher das Lager entdeckte, verkauft seinen Bären an irgend einen wohlhabenden Jäger; dieser zieht mit ihm und den erforderlichen Helfershelfern an einem günstigen Tage zur Jagd aus, umstellt mit sicheren Schützen das Lager, läßt durch Treiber den Bären wecken und zu Schusse bringen und gibt aus möglichst kurzer Entfernung seine Kugel ab. So werden weitaus die meisten Bären erlegt; für sichere Schützen ist solche Jagd auch wenig gefährlich. Im Sommer und Herbste sucht man den gespürten oder gesehenen Bären mit Hilfe kleiner Hunde auf, stellt ihn durch diese, welche ihn von allen Seiten beschäftigen, und sendet ihm im geeigneten Augenblicke die Kugel zu, bedient sich auch wohl, nach Art der mutigen Ostjaken, des Bärenspießes und läßt das Raubtier auflaufen, oder umwickelt den linken Arm mehrmals mit Birkenrinde, hält diesen Panzer dem herbeikommenden Bären entgegen und stößt ihm, wenn er sich in der Birkenrinde verbeißt, ein breites und langes Messer ins Herz. Bei dieser wie bei jener Angriffsweise kommen freilich manchmal Unglücksfälle vor; einzelne Jäger erwerben sich mit der Zeit aber so viel Kaltblütigkeit und Sicherheit, daß sie Spieß wie Messer jeder anderen Waffe vorziehen. Ein Bauernmädchen des Dorfes Morschowa im Ural, dessen Ruf sich über ganz Westsibirien verbreitet hat, soll mit dem Messer mehr als dreißig Bären erlegt haben.

Von unerwünschten Begegnungen mit Bären wird viel erzählt. Ein nur mit seiner Erbsenbüchse bewaffneter Jäger sieht im Walde einen großen Bären, wagt aber keinen Schuß auf ihn abzugeben, weil er sich sagen muß, daß sein Geschoß für solches Wild denn doch zu klein ist. Er bleibt also ruhig stehen, um den Bären nicht zu reizen. Letzterer kommt auf ihn zu, erhebt sich vor ihm, beschnüffelt ihn im Gesichte und gibt ihm endlich einen Schlag, welcher ihn bewußtlos zu Boden streckt. Hierauf entfernt er sich eiligst, gerade, als ob er eingesehen, daß er einen losen Streich ausgeübt habe. Zwei Schweden, Aberg und Erland, jagen im

Zobel und Haselhühner.

Ural auf Haselhühner, und ersterer nähert sich einem Brombeergebüsche, aus welchem zu seiner nicht geringen Ueberraschung anstatt des erhofften Haselhuhns ein mächtiger Bär aufsteht und ihn ohne weiteres annimmt. Einsehend, daß Flucht unmöglich, wirft Aberg sein Schrotgewehr an die Wange, zielt auf das Auge des Bären, gibt Feuer, und ist so glücklich, das Untier zu blenden. Wüthend vor Schmerz deckt der Bär das blutende Auge mit der Brante, brüllt laut auf und geht weiter auf den unerschrockenen Schützen zu. Dieser nimmt kaltblütig das andere Auge auf das Korn und schießt mit demselben Erfolge wie das erste Mal. Nunmehr erst ruft er seinen Genossen zu Hilfe, und beide feuern abwechselnd auf den geblendeten Bären, bis sie ihn getötet haben.

Die lustigste Geschichte ereignete sich in der Flur des Dorfes Tomski Sawod in der Gegend von Salair. Ein dortiger Bauer fährt mit einer Ladung Zirbelnüsse durch den Wald, ohne zu bemerken, daß einem der Säcke Nüsse entfallen. Ein Bär, welcher hinter dem Wagen den Wald durchwandert und den Weg kreuzt, findet einige dieser Nüsse, spürt den anderen nach und folgt, vom Fuhrmann nicht beachtet, dem Wagen nach. Der Bauer verläßt geraume Zeit später Pferd und Wagen, ersterem Stillstand gebietend, und geht seitwärts in den Wald, um einen dort aufgestellten anderweitigen Sack mit Nüssen herbeizuholen. Ehe er mit seiner Last zurückgekehrt ist, hat der Bär, immer Nüsse auflesend, den Wagen erreicht und erklettert, um sich nach Herzenslust an seiner Lieblingsspeise zu letzen. Mit nicht geringem Entsetzen sieht der herbeikommende Fuhrmann, welcher Fahrgast sich ihm aufgedrungen, wagt diesem gegenüber nichts zu unternehmen und überläßt ihm Pferd und Wagen. Das Pferd, bereits ängstlich geworden, blickt endlich rückwärts, erkennt den Bären und trabt mit dem Wagen davon, so schnell es vermag; die unerwünschte Bewegung aber schreckt wiederum den Bären ab, vom Wagen herunterzuspringen, zwingt ihn, sich festzuhalten und gestattet ihm nur, seinem mehr und mehr sich steigernden Unmute durch lautes Brüllen Ausdruck zu geben. Erklärlicherweise bewirkt dieses Brüllen nichts anderes als noch größere Beschleunigung der Fahrt; und je mehr der Bär sich fürchtet und tobt, je schneller eilt das Pferd dem Dorfe zu. In diesem aber erwartet man bereits seit mehreren Stunden den Bischof und steht in Feierkleidern vor den Thüren, um den hohen Herrn sofort bei seinem Erscheinen zu begrüßen, hat auch scharfäugige Knaben hoch oben im Glockenturme auf Ausguck gestellt und sie beauftragt, bei Ansichtigwerden des Gefeierten mit allen Glocken zu läuten. Da wirbelt von fern eine Staubwolke auf; die Knaben schwingen die Glocken, Männer und Frauen ordnen sich in Reihen, der Pope tritt mit dem Rauchfasse vor die Kirchenthüre, und Kind und Kegel bereitet sich, den Fürsten der Kirche würdig zu empfangen. Und heran rasselt der Wagen; mitten durch die festlich gestimmten Dörfler jagen Roß und Kutscher, ersteres staubbedeckt, schwitzend und keuchend, letzterer brüllend und schnaufend, und erst im Gehöfte des Fuhrmanns endet die tolle Fahrt. Anstatt des so schönen russischen Kirchengesanges gellen Schreckensschreie halb ohnmächtiger Weiber durch die Luft, anstatt der demütig sich Neigenden sieht man erstaunte, entsetzte Männergesichter; einzig und allein die Glocken tönen wie immer. Noch ehe sie verklungen, hat man sich gefaßt, gesammelt und bewaffnet, zieht Roß und Bären nach und erlegt letzteren, welcher alle Besinnung verloren zu haben scheint, auf dem von ihm selbst gewählten Throne.

Wer das Wesen des Bären kennt, wird zugestehen müssen, daß sich alles so verhalten haben kann, wie geschildert wurde, gleichwohl aber doch geneigt sein, die erheiternde Erzählung in das Gebiet der Jagdgeschichten zu verweisen. Auch im Munde der ernsten und ehrlichen Waldleute verquicken sich manchmal Dichtung und Wahrheit, wenn sie erzählen von Wald, Wild und Weidwerk in Sibirien.

Die innerafrikanische Steppe und ihre Tierwelt.

Der Norden Afrikas ist Wüste, muß Wüste sein und wird ewig Wüste bleiben. Gegenüber den ausgedehnten, von einer sengenden Sonne durchglühten Ländermassen zwischen dem Roten und Atlantischen Meere, verlieren die erdumgürtenden Gewässer ihre Bedeutung, kommt das Rote Meer gar nicht in Betracht, erweist sich das Mittelmeer als viel zu klein, ist selbst der Einfluß des Atlantischen Weltmeers nur auf einen schmalen Rand längs seiner Küste beschränkt; über so weiten und heißen Flächen muß jedes Wolkengebilde zerstäuben, ohne die lechzende Erde zu befeuchten und zu befruchten. Erst viel weiter im Süden, unfern des Gleichers, da, wo auf der einen Seite das Atlantische Weltmeer tief sich einbuchtet, auf der anderen das Indische Weltmeer Afrikas Küsten bespült, wo, um mich so auszudrücken, beide Meere über den Erdteil hinweg sich die Hände reichen, ändern sich die Verhältnisse, indem hier alljährlich zu gewissen Zeiten unter Sturm und Blitz und Donner so ausgiebige Regenmassen herniederstürzen, daß vor ihnen die Wüste weichen und der lebendigeren Steppe Platz machen muß. Daher teilt sich hier das rollende Jahr in zwei, voneinander wesentlich verschiedene Zeiten: in die belebende und ertötende, die der Regen und jene der Dürre nämlich, wogegen in der Wüste einzig und allein die zeitweilig herrschenden Winde von den anderswo wechselnden Jahreszeiten Kunde bringen.

Um die Steppe zu erklären, erscheint mir eine flüchtige Schilderung ihrer Jahreszeiten unerläßlich zu sein. Denn jedes Land spiegelt das Klima wider, welches in ihm herrscht, und jedes Gebiet ist nichts anderes als ein Ergebnis der streitenden Gewalten seiner Jahreszeiten und kann nur verstanden werden, wenn man diese und ihren Einfluß kennen gelernt hat.

Mit dem Aufhören der Regen beginnt im Innern Afrikas die ertötende Zeit des Jahres oder der lange und furchtbare Winter, welcher durch seine Glut genau dasselbe bewirkt, was der nordische Winter durch seine Kälte zuwege bringt. Noch bevor sich der bis dahin oft bewölkte Himmel völlig geklärt hat, werfen einzelne der im Frühlinge ergrünten Bäume ihren Blätterschmuck ab, und mit den fallenden Blättern verlassen auch die Wandervögel, welche während des Frühlings gebrütet haben, das herbstende Land, um in anderen Gefilden ihres heimatlichen Erdteils Zuflucht zu suchen. Die Halme der Brotfrüchte gilben noch vor dem Ende der Regen; die niederen Gräser welken und dörren. Zeitweilig fließende Gewässer versiegen, durch die Regen gefüllte Becken trocknen aus und zwingen nicht allein die in ihnen lebenden Kriechtiere und Lurche, sondern selbst die ihnen eigenen Fische, im feuchten Letten sich einzugraben und hier ein Winterlager zu suchen. Kerbtiere und Pflanzen vertrauen ihren Samen der Erde an.

Je mehr die Sonne scheinbar nach Norden sich wendet, um so rascher rückt der Winter heran. Der Herbst beschränkt sich auf wenige Tage. Er bewirkt kein Verwelken und Absterben der Blätter, kein Erglühen in Gelb und Rot, wie bei uns zu Lande, sondern übt durch glühende Winde eine so vernichtende Gewalt, daß jene vertrocknen, wie gemähtes Gras im Strahle der Sonne, und teils noch grün zu Boden fallen, teils am Stiele zerstieben, daß die Bäume, mit sehr wenigen Ausnahmen, binnen kürzester Frist ihr winterliches Aussehen erhalten. Ueber den vor wenigen Tagen noch im Winde wogenden, mit hohem Grase bewachsenen Flächen wirbelt jetzt Staub auf; in den teilweise oder gänzlich trocken gelegten Flußläufen und Wasserbecken klafft der Boden in tiefen Spalten. Alles Angenehme schwindet, alles Unangenehme tritt bedrohlich hervor: Blätter und Blüten, Vögel und Schmetterlinge welkten, wanderten oder starben; aber Dornen, Stacheln und Kletten blieben zurück, Schlangen, Skorpione und Taranteln feiern die Hochzeit ihres Lebens. Unsägliche Glut bei Tage, unerträgliche Schwüle bei Nacht sind die Leiden dieser Tage, und gegen das eine wie gegen das andere gibt es kein Mittel der Abwehr. Wer jene Tage nicht selbst erlebt hat, an denen der Wärmemesser im Schatten bis auf fünfzig Grade Celsius steigt, während deren man fortwährend schwitzt, ohne eher als im kühlen Raume zum Bewußtsein davon zu gelangen, weil die Glut allen Schweiß verdunsten läßt, während deren eine Staubwolke nach der anderen zum Himmel aufwirbelt oder trockener Durst bleischwer auf einem lastet, vermag nicht, solche Leiden sich auszumalen; wer jene Nächte, in denen man sich schlaflos auf dem Lager wälzt, weil die Schwüle verwehrt, zu ruhen und zu schlafen, nicht durchseufzt hat, ist außer stande, die Qual der Menschen und Tiere in gleicher Weise bedrückenden Zeit nachzufühlen. Selbst der Himmel ändert sein bisher selten getrübtes Blau in fahlere Farben um; denn der eben erwähnte Dunst verhüllt oft halbe Tage lang die Sonne, ohne ihr jedoch die Glut zu rauben: im Gegenteil, gerade wenn der Gesichtskreis mit solchen Dünsten umdichtet ist, scheint die Schwüle noch zuzunehmen. Ohne irgend welche Erquickung für Geist und Leib reihen sich die Tage aneinander. Kein kühlender Hauch aus Norden fächelt die Stirn, kein Blütenduft, kein Vogelgesang, keine Zaubergemälde in leuchtenden Farben und tiefdunkeln Schatten, wie das überquellende Himmelslicht der Gleicherländer es sonst wohl hervorruft, erfrischt die Seele: alles Lebendige, Farbige, Dichterische ist verschwunden, in todähnlichen Schlaf gesunken, — und dieser ist viel zu grausenvoll, als daß er dichterische Gefühle wecken könnte. Mensch und Tiere welken, wie früher Gras und Blätter welkten, und mancher Mensch, manches Tier sinkt für immer nieder, wie jene. Vergeblich ringt trotziger Mannesmut, von der Last dieser Tage sich zu befreien: in Seufzen und Klagen geht der festeste Wille unter. Jede Arbeit ermüdet, jede, auch die leichteste Decke wird zu schwer; jede Bewegung ermattet, jede Verletzung wandelt sich zur bösartigen Wunde.

Doch selbst dieser Winter muß endlich dem Frühlinge weichen. Grausenvoll aber ist auch dessen Wehen. Derselbe Wind, welcher in der Wüste zum Samum wird, regt als Herold des Lenzes seine Schwingen, wühlt in den Ritzen des Bodens, um sogar aus ihnen noch Staub zu entnehmen, wirbelt letzteren in dichten Massen empor, baut aus ihm mauerähnliche Wolken auf und führt diese brausend und heulend durch das Land, wirft sie durch die Fenstergitter der besseren Wohnungen in den Städten, wie durch die niederen Thüren der Hütte des Eingeborenen und fügt neue Unannehmlichkeiten zu den gewohnten Plagen. Er allein hat endlich die volle Herrschaft errungen und übt sie unumschränkt, als wolle er alles vernichten, was bisher noch widerstand; er aber ist es auch, welcher weiter im Süden regenschwangere Wolken zusammenballt und dem verbrannten Gelände entgegenführt. Bald will es scheinen, als verlöre er mit der sich mehrenden Stärke seine bedrückende Schwüle, als wehe er zuweilen nicht mehr glühend, sondern frisch und erquickend. Es ist keine Täuschung: der Frühling rüstet sich zum Einzuge, und auf des Südsturmes Fittichen rauschen die Wolken einher. Noch kurze Zeit, und sie umdunkeln im Süden das Gewölbe des Himmels; noch wenige Tage, und zuckende Blitze erleuchten fast allmählich die düsteren Schichten; noch einige Wochen, und ferner Donner kündet den belebenden Regen.

Geschäftig regt es sich, wogt und flutet es, in und an allen Strömen, welche vom Süden her kommen. Noch haben sie sich kaum getrübt; aber sie sind lebendiger geworden: denn sie steigen von jetzt an fortwährend und senden in allen tieferen Spalten und Rissen ihrer verschlammten Uferfläche das belebende Naß nach dem Innern des Landes. Und auch die Zugvögel sind bereits wieder eingetroffen und mehren sich von Tag zu Tage. In den oberen Nilländern erschien der Storch, um wiederum Besitz zu nehmen von den alten Nestern auf den kegelförmigen Strohhütten der Eingeborenen, erschien mit ihm der heilige Ibis, um auch heute noch sein vor Jahrtausenden übernommenes Amt zu üben: Bote, Herold und Bürge zu sein, daß der alte Nilgott wiederum seiner Gnade Born und seines Segens Füllhorn über die ihm unterthanen Länder ergießen werde.

Endlich zieht das erste Gewitter heran. Beengendere Schwüle als je liegt über dem toten, verbrannten Gelände. Unheimliche Stille beängstigt Mensch und Tier. Jeder Gesang, fast jeder Stimmlaut der Vögel ist verstummt; sie selbst haben sich im dichtesten Gelaube der immergrünen Bäume geborgen. Aber auch das Leben im Lager des Wanderhirten, im Dorfe, in der Stadt, scheint zu ersterben. Besorglich schleichen die sonst so lebhaften Hunde einem stillen, sicheren Ruheorte oder Verstecke zu; alle übrigen Haustiere gebärden sich ängstlich oder wild: die Rosse müssen gefesselt, die Rinder in ihre Umzäunung getrieben werden. In der Stadt schließt der Kaufmann seine Bude, der Handwerker seine Werkstatt, der Regierungsbeamte seinen Diwan, denn jedermann sucht Zuflucht in seiner Behausung. Und dennoch rührt sich noch kein Lufthauch, vernimmt man noch kein Geflüster in den Blättern der wenigen noch Blätter tragenden Bäume. Wohl aber sieht man, wie das Gewitter sich gestaltet und naht.

Im Süden schichtet sich eine dunkle und gleichwohl flammende Wand zusammen, vergleichbar der Feuerwolke über einer brennenden Stadt, einem meilenweit in Flammen stehenden Walde. Brandrot, Purpur, Dunkelrot und Braun, Fahlgelb, Grau, Tiefblau und Schwarz scheinen in ihr einen Farbenreigen zu führen, vermischen und sondern sich, gehen in dem Dunkel auf und treten wiederum grell hervor. Sie liegt auf der Erde und wächst zu dem Himmel empor, sie scheint still zu stehen und rast mit Sturmeseile dahin, verengert von Minute zu Minute den Gesichtskreis mehr und mehr und hüllt alles Vorhandene in undurchdringlichen Schleier. Pfeifendes und sausendes Geräusch geht von ihr aus; auf dem Standpunkte des Beobachters aber ist noch alles ton- und klanglos.

Da braust plötzlich, kurz und heftig, ein Windstoß dahin. Starke Bäume beugen sich vor ihm wie schwache Gerten; die schlanken Palmen neigen ihre Kronen tief herab. Dem einen Stoße folgen in stetig beschleunigter Folge andere; der Wind wächst zum Sturme an, der Sturm steigert sich zum Orkan, und dieser wütet mit beispielloser Gewalt. Sein Toben ist so gewaltig, daß der Schall des ausgesprochenen Wortes das Ohr des Sprechers nicht erreicht, daß jeder Laut übertönt und verschlungen wird. Es rauscht und braust, tost und saust, pfeift und heult, dröhnt und prasselt in den Lüften, am Boden, in den Kronen der Bäume, als ob alle Elemente miteinander im Kampfe lägen, der Himmel einfallen, die Grundfesten der Erde erschüttert würden. Unwiderstehlich trifft der gewaltige Sturm die Kronen der Bäume, reißt die Hälfte der Blätter aller noch belaubten mit sich fort, bricht mannsstarke Stämme wie sprödes Glas, bemächtigt sich der Krone selbst, rollt, dreht und wirbelt sie wie einen leichten Ball über ebene Flächen hinweg und gräbt sie endlich mit den Aesten, als der breitesten Grundlage, nach unten, dem kläglich emporstarrenden Bruchstücke des Stammes nach oben, tief ein in lockere Erde oder Sand, um sie so der vernichtenden Termite zu überliefern. Gierig wühlt er in allen Spalten und Ritzen der Erde, entnimmt ihren Staub, Sand und Kies, erhebt diese Stoffe bis in die Wolken und führt sie mit solcher Gewalt mit sich fort, daß sie von harten Gegenständen mit vernehmlichem Prickeln und Knattern zurückprallen, verhüllt mit ihnen Himmel und Gelände und wandelt durch sie den Tag zur düsteren Nacht, so daß der geängstigte Mensch im Innern der stauberfüllten Wohnung Laternen anzündet, um an der lebendigen Flamme gleichsam sich selbst wiederzufinden oder doch zu beruhigen.

Doch das Toben der Windsbraut wird übertönt. Prasselnde Donnerschläge dröhnen, mächtiger als sie, und übertäuben ihr Heulen und Brausen. Noch immer sind die Staubwolken so dicht, daß man die Blitze nicht wahrzunehmen vermag; bald aber mischt sich ein bisher noch nicht vernommenes Rasseln unter das Wirrsal der Laute und Geräusche, und damit beginnt die unnatürliche Nacht dämmernder Helligkeit zu weichen. Es ist, als ob schwerer Hagel herniederschlage, und gleichwohl sind es nur Regentropfen, welche jetzt zu Boden fallen und den aufgewirbelten Staub und Sand mit sich nehmen. Nunmehr wird man der Blitze gewahr. Einer folgt so unmittelbar auf den anderen, daß man unwillkürlich die geblendeten Augen schließt und nur noch an dem ohne Unterbrechung rollenden Donner das Wetter verfolgt. Der Regen wandelt sich zum Wolkenbruche; von den Bergen rauscht das Wasser in Bächen hernieder; in den Niederungen sammelt es sich zu Seen; in den Thälern flutet es in Strömen dahin. Stundenlang währt der Niederschlag; aber schon mit Beginn des Regens ermattet der Sturm, und frischer kühlender Wind erquickt Menschen, Tiere und Pflanzen. Allmählich verringern sich die Blitze, schwächt sich der Donner, wandelt sich der Wolkenbruch wieder in Regen, dieser endlich in sanftes Rieseln; der Himmel klärt sich, die Wolken zerreißen und strahlend bricht die Sonne zwischen ihnen hervor. Frohlockend verläßt die braune Jugend, nackt, wie sie erschaffen, Häuser und Hütten, um sich in den Gewässern des Frühlings zu baden; nicht minder beglückt entsteigen deren schlammigem Grunde Kriechtiere, Lurche und Fische, und schon in der ersten Nacht nach dem Regen ertönt tausendfach die helle und laute Stimme eines kleinen Frosches, von dem man vorher nichts wahrnehmen konnte, weil er, wie einzelne Krokodile, viele Schildkröten und alle Fische der zeitweilig trocken liegenden Seen in der Tiefe der Erde ein Winterlager gesucht hatte und durch den ersten Frühlingsregen ins Leben zurückgerufen wurde.

Allüberall regt sich das erwachende Leben gewaltig. Gierig saugt die lechzende Erde die ihr gespendete Feuchtigkeit ein; aber der Himmel öffnet nach Verlauf weniger Tage wiederum seine Schleusen und erweckt durch das belebende Naß alle noch schlummernden Keime. Ein zweites Gewitter sprengt die Blattknospen aller einem Wechsel unterworfenen Bäume und entlockt dem Boden sprossende Gräser; ein dritter Regenguß ruft Blüten und Blumen hervor und kleidet das ganze Gelände in saftiges Grün. Zauberhaft, wie er gekommen, wirkt und waltet der Frühling. Was bei uns der Frist eines Monats bedarf, vollendet hier im Verlaufe einer Woche den Kreislauf seines Lebens; was in gemäßigten Gürteln nur langsam sich entwickelt, entfaltet sich hier in Tagen und Stunden.

Binnen wenigen Wochen aber ist der Frühling auch wieder vergangen und der kaum von ihm unterschiedene Sommer eingetreten in den Reigen des Jahres, ebenso rasch diesem der kurze Herbst gefolgt, so daß man, streng genommen, nur von einer einzigen, Frühling, Sommer und Herbst in sich begreifenden Jahreszeit sprechen darf. Und wieder steht der ertötende Winter vor der Thüre und verwehrt ununterbrochenes Entkeimen, Wachsen und Gedeihen, wie andere Gleicherländer, dank ihres größeren Wasserreichtums, es ermöglichen. Genügend aber ist dennoch die Menge der hier fallenden Regen, um die starre Wüste zu verbannen und überall da, wo sie sonst herrschen würde, einen mehr oder minder üppigen Pflanzenteppich über den Boden zu breiten oder, mit anderen Worten, anstatt der Wüste Steppe hervorzurufen.

Ich gebrauche das Wort Steppe zur Bezeichnung von jenen, dem Inneren Afrikas eigenen Gefilden, welche der Araber „Chala“ oder zu Deutsch „frische, grüne Pflanzen erzeugende Gelände“ nennt. Die Chala ist freilich ebensowenig der Steppe Südrußlands und Mittelasiens, wie der Prairie Nordamerikas, den Pampas oder den Llanos Südamerikas gleich, aber doch der erstgenannten in vieler Beziehung so ähnlich, daß ich kaum der Entschuldigung bedarf, wenn ich ein uns bekannteres Wort dem unbekannten vorziehe. Die Steppe erstreckt sich über das ganze innere Afrika, von der Wüste an bis zur Karru[1]), von der Ostküste an bis zu der des Westens, umgibt alle dort liegenden Hochgebirge und schließt alle auf ihnen wie in den tiefer eingesenkten und wasserreicheren Niederungen sich ausdehnenden Urwaldungen in sich ein, umfaßt alle Länder im Herzen Afrikas, beginnt wenige hundert Schritt jenseits des letzten Hauses der Städte, unmittelbar hinter den letzten Häusern der Dörfer, nimmt die Felder der Ansässigen in sich auf und ernährt und erhält die Herden des Wanderhirten. Wo nach Süden hin die Wüste endet, wo der Wald aufhört, wo ein Gebirge sich verflacht, macht sie sich geltend; wo der Wald durch Feuer zerstört wurde, bemächtigt zuerst sie sich der Brandstelle; wo der Mensch ein Dorf verließ, dringt sie in dessen Weichbild ein, um es binnen wenigen Jahren bis auf die letzten Spuren zu vernichten; wo der Ackerbauer seine Felder aufgab, drückt sie diesen in Jahresfrist wiederum ihr Gepräge auf.

Unfreundlich, eintönig und wechsellos erscheint die Steppe dem, welcher sie zum erstenmal betritt. Eine weite, oft unabsehbare Ebene liegt vor dem Auge; nur ausnahmsweise erheben sich aus ihr hier und da einzelne Bergkegel, noch seltener einigen diese sich zu Gebirgszügen. Oefter reihen sich wellenförmig niedere Hügel an flach eingesenkte Thäler; zuweilen verschlingen sie sich zu wundersamen, netz- oder maschenartig verlaufenden Höhenzügen, welche zwischen sich eingetiefte Kessel umschließen oder umgeben, in denen während der Regenzeit Lachen, Teiche und Seen entstehen, wogegen während des Winters der lettige Boden durch Tausende von Spalten zerklüftet wird. In den tiefsten und längsten Niederungen findet sich an Stelle jener stehenden Gewässer ein „Chór“ oder Regenfluß, das ist ein Wasserbett, welches ebenfalls nur während des Frühlings

[1]) Karru — südafrikanische Steppe.

teilweise, unter besonders günstigen Umständen auch wohl und dann binnen wenigen Stunden bis zum Rande gefüllt wird und nunmehr nicht allein strömt, sondern wie eine bewegliche Mauer rauschend und donnernd zur Tiefe braust, keineswegs immer aber in einen wirklichen Fluß mündet. Mit alleiniger Ausnahme solcher Wasserbetten und Wasserbecken deckt überall eine verhältnismäßig reiche Pflanzenwelt den Boden. Gräser verschiedenster Art, von niederen, auf dem Boden kriechenden Pflänzlein an bis zu über mannshohen getreideartigen Halmen bilden den Hauptbestandteil der Pflanzen der Steppe; Bäume und Sträucher, insbesondere verschiedene Mimosen, Adansonien, Dompalmen, Christusdornen und andere verdichten sich hier und da, zumal an den Ufern der erwähnten Gewässer zu Hainen oder Waldsäumen, sind übrigens aber so spärlich zwischen den weite Flächen gleichmäßig überziehenden Gräsern eingesprengt, daß sie sich nur an wenigen Stellen zu einem dünn bestandenen Walde einen. Nirgends zeigen diese Bäume die Ueppigkeit des Wachstums wie in den wirklichen Stromthälern, welche den Segen des Frühlings bewahren durften, sind vielmehr oft krüppelhaft, mindestens niedrig und ihre Kronen sperrig und nur ausnahmsweise klettert eine Schlingpflanze zu ihren Wipfeln empor. Sie alle leiden unter der Strenge des langen glühenden Winters, welcher ihnen kaum gestattet, das eigene Dasein zu fristen, und fast alle Schmarotzerpflanzen von ihnen abhält, wogegen die Gräser in dem wenn auch kurzen, so doch wasserreichen Frühlinge üppig aufschießen, blühen und Samen reifen lassen, somit alle Bedingungen zu fröhlichem Gedeihen ausnützen. Gerade sie aber tragen wesentlich dazu bei, der Steppe das Gepräge der Eintönigkeit aufzudrücken, denn sie gleichen, so niedrig sie sind, viele Gegensätze aus und wirken insbesondere auch durch die Gleichmäßigkeit ihrer Färbung ermüdend. Nicht einmal der Mensch ist im stande, Abwechselung in dieses ewige Einerlei zu bringen, weil seine Felder, welche er mitten im Graswalde anlegt, von fern gesehen, diesem so gleichen, daß man Getreide und Gras nicht voneinander unterscheiden kann, und die runden, kegelförmig bedachten Hütten, welche er mit schwachem Pfahlwerke stützt und mit Steppengras überkleidet, mindestens während der Zeit der Dürre so wenig von der umgebenden Fläche sich abheben, daß man schon sehr nahe gekommen sein muß, wenn man sie wahrnehmen soll. Einzig und allein die Jahreszeiten verändern das sonst so gleichmäßige Bild, ohne ihm jedoch viel von seiner Eintönigkeit zu nehmen.

Unfreundlich ist auch der Empfang, welchen die Steppe dem Wanderer bereitet. Auf hohen Kamelen sitzend reitet man durch das Gefilde. Irgend ein Wild verlockt zur Jagd und verleitet in den Graswald einzudringen. Da erfährt man, daß zwischen den anscheinend so glatten Gräsern Pflanzen wachsen, welche sich noch weit furchtbarer machen, als die Dornen der Mimosen. Auf dem Boden wuchert die „Tarba“, deren Samenkapseln so scharf sind, daß sie die Sohle leichter Reitstiefeln durchschneiden; über ihm erhebt sich der „Essek“ dessen Kletten sich in alle Kleiderstoffe fast unlösbar einfilzen; noch etwas höher strebt der „Askanit“ empor, unter den drei genannten die furchtbarste Pflanze, weil seine feinen Stacheln bei der geringsten Berührung sich lösen, durch alle Kleiderstoffe dringend sich in die Haut bohren und hier Eiterbeulen verursachen, welche zwar an und für sich sehr klein sind, ihrer außerordentlichen Menge halber jedoch überaus lästig werden. Alle drei Pflanzen verwehren jeden längeren Aufenthalt, jedes weitere Vordringen im Grase und werden zur Qual für Menschen und Tiere, lassen auch bald begreiflich erscheinen, weshalb jeder Eingeborene eine feine Greifzange als eines seiner allerwichtigsten Werkzeuge fortwährend mit sich führt, und daß, wie bei den Affen, der größte Liebesdienst, welchen einer dem anderen erzeigen kann, darin besteht, ihm die feinen, kaum sichtbaren, aber nadelscharfen Stacheln aus der Haut zu ziehen. Daß auch die meisten übrigen Pflanzen der Steppe, insbesondere fast sämtliche Bäume und Sträucher mit mehr oder weniger hinderlichen Dornen und Stacheln bedeckt sind, nimmt denjenigen nicht wunder, welcher irgendwo in Afrika ein Dickicht zu durchdringen versuchte, oder nur einem Baume sich näherte.

Noch unangenehmere Erzeugnisse der Steppe bringt die Nacht zur Geltung. Auch in ihr muß man oft mehrere Tage reiten, ohne in ein Dorf zu gelangen, und demgemäß im Freien lagern und nächtigen. Ein hierzu geeigneter, sandiger, von jenen quälenden Pflanzen freier Platz am Wege, den man zieht, ist endlich aufgefunden, das Reittier entbürdet und gefesselt, eine einfache Lagerstatt errichtet, das heißt der Teppich über den Boden gebreitet, und ein mächtiges Feuer zum Schutze gegen Raubtiere angezündet worden. Die Sonne geht unter, die Nacht lagert, wenige Minuten später, über der Ebene; das Feuer beleuchtet das Lager und seine Umgebung. Da wird es hier, wie im Lager selbst, lebendig und rege. Angezogen durch die Strahlen der Flamme rennt und kriecht es heran, einzeln, selbander, zu zehn, zu hundert. Zunächst erscheinen riesige Spinnen, welche mit ihren acht Beinen fast ebensoviel Raum überdecken, wie ein Mann mit seiner gespreizten Hand; unmittelbar darauf, unter Umständen gleichzeitig mit ihnen, finden Skorpione sich ein. Die einen wie die anderen laufen, beinahe unheimlich rasch, auf das Feuer zu, über Lagerteppiche und Decken hinweg, zwischen den zur einfachen Abendmahlzeit aufgestellten Tellern durch, kehren, sobald sie die strahlende Wärme des Feuers zurücktreibt, wieder um, lassen sich nochmals von der Flamme anlocken und vermehren dadurch das bedrohliche Gewimmel; denn diese Spinnen sind ihres gefährlichen oder doch sehr schmerzhaften Bisses halber kaum weniger gefürchtet, als die Skorpione, auch, wie diese zum Stechen, jederzeit zum Beißen bereit. Unmutig greift man zu dem zweiten Werkzeuge, welches einem der kundige Geleitsmann vor der Reise, als ebenfalls unentbehrlich, aufgedrungen, zu einer langschenkeligen Feuerzange nämlich, packt so viele der ungebetenen Gäste, als man erlangen kann, und wirft sie ohne Gnade in das knisternde Feuer. Dank der vereinigten Anstrengungen aller Reisegenossen hat binnen kurzer Frist der größte Teil des höllischen Gezüchtes seinen Tod in der Flamme gefunden; der Zuzug wird schwächer, und so viel als möglich ebenfalls und in gleicher Weise überwältigt: man atmet auf — aber zu früh! Wiederum neue und noch unheimlichere Gäste nahen dem Feuer: Giftschlangen, welche ebenso wie jene Spinnentiere von dem Scheine der Flamme herbeigezogen werden. Der Naturforscher erkennt in ihnen, mindestens in der am zahlreichsten sich einstellenden Art, höchst beachtens- und teilnahmswerte Tiere: denn es ist die sandgelbe Hornviper, die berühmte oder berüchtigte Cerastes der Alten, die auf vielen ägyptischen Denkmälern abgebildete Fi, dieselbe Giftschlange, durch deren Giftzähne Kleopatra sich den Tod gab; der ermüdete Reisende aber verwünscht sie in den Abgrund der Hölle. Das ganze Lager wird lebendig, sobald ihr Name von einem der Reisenden genannt wird; jeder greift, bei weitem rascher und ängstlicher als früher, zur Zange, schreitet, wenn er des Giftwurmes ansichtig wird, vorsichtig an diesen heran, packt ihn hinten im Genicke, kneipt die Zange fest zusammen, damit er nicht entrinne, wirft ihn mitten in das lodernde Feuer und verfolgt mit boshafter Freude seinen Untergang. An manchen Stellen der Steppe können diese Schlangen einen in gelinde Verzweiflung versetzen. Dank ihres, dem Sande bis auf jedes Körnchen gleichenden Schuppenkleides und ihrer Gewohnheit, bei Tage oder während ihrer Ruhestunden bis auf die kurzen, als Fühler dienenden Hörner in den Sand sich einzuwühlen, sucht man in den Tagesstunden meist vergeblich nach ihnen; sobald aber die Nacht hereinbricht und das Lagerfeuer strahlt, sind sie zur Stelle und schlängeln und züngeln um einen herum. Zuweilen erscheinen sie in erschreckender Anzahl und halten den ermüdeten Reisenden bis gegen Mitternacht wach; denn alle, welche im

Bereiche der Strahlen des Feuers geruht haben oder bei ihren nächtlichen Streifzügen in jenen gelangen, scheinen der Flamme zuzukriechen. Und wenn man endlich, ermüdet und schlaftrunken, die Zange aus der Hand und sich selbst zur Ruhe legt, weiß man nie, wieviel von ihnen in später Nacht noch über einen hinwegkriechen, erfährt aber nicht allzuselten des Morgens beim Aufnehmen der Teppiche, daß solches der Fall gewesen, indem man eine oder ihrer mehrere unter den Falten des Teppichs versteckt und beim Abheben desselben in den Sand sich eingraben sieht. Gerade in der Steppe war es, wo sich mir die damals noch von niemand geteilte Ueberzeugung aufdrängte, daß, mit wenigen Ausnahmen, alle Giftschlangen, mindestens alle Vipern und Lochottern Nachttiere sind.

Mit den bisher genannten sind noch keineswegs alle belästigenden Tiere der Steppe aufgezählt. Eines von ihnen, zu den kleinsten aller zählend, erregt zwar nicht Besorgnis für das Leben, wohl aber solche für das Eigentum des in der Steppe lebenden oder sich aufhaltenden Menschen. Dieses Tier ist die Termite, ein unserer Ameise ähnlicher Kerf, welcher trotz seiner geringen Größe mehr Unheil anrichtet, als die gefräßige Heuschrecke, deren Auftreten auch heute noch zur Plage werden kann, die empfindlicheren Schaden verursacht, als eine verwüstend in die Felder einfallende Elefantenherde. Denn sie gehört zu den allgegenwärtigen und ununterbrochen schadenden Tieren. Was das Pflanzenreich erzeugt, verfällt ihrem scharfen Zahne, was der Kunst- und Gewerbsfleiß des Menschen aus ihm zugänglichen Stoffen schafft, nicht minder. Hoch über den Graswald der Steppe erheben sich ihre kegelförmigen Erdbauten, auf dem Boden dahin wie an den Bäumen empor verlaufen ihre Gänge und Verbindungswege. Zur Nachtzeit oder im Dunkel beginnt und vollendet sie ihr vernichtendes Werk. Zunächst überzieht sie den Stoff, welchen sie in Angriff nimmt, mit einer alles Licht abhaltenden Erdkruste, und nunmehr geht sie an ihre Arbeit, deren Zweck und Ende stets Zerstörung ist. Alle am Boden liegenden oder an Erdwänden hängenden Gegenstände sind am meisten gefährdet. Der achtlose Reisende legt, von der herrschenden Schwüle bedrückt, eines seiner Kleidungsstoffe neben sich auf den ihm als Lagerstätte dienenden Boden und findet am anderen Morgen, daß es siebartig durchlöchert, unbrauchbar gemacht, mit einem Worte vernichtet ist; der noch nicht mit dem Lande vertraute Naturforscher birgt seine mühsam gesammelten Schätze in einer Kiste, versäumt aber, diese auf Steine und dergleichen Gegenstände, welche den Boden der Kiste von dem Erdboden entfernt halten, zu stellen, und sieht sich nach wenigen Tagen seiner

Sammlungen beraubt; der Jäger hängt sein Gewehr an eine Lehmmauer und bemerkt zu seinem Aerger, daß zerstörungssüchtige Kerbtiere binnen kürzester Frist Kolben und Läufe mit Hohlgängen überzogen und in den Kolben bereits tiefe Rillen genagt haben. Der Baum, welchen die Termite sich ausersieht, ist verloren, das Sparrwerk der Wohnung, in welchem sie sich eingenistet, der Vernichtung geweiht. Vom Boden bis zu den höchsten Zweigen hinauf leitet sie an jenem ihre zum Verderben führenden Wege, durchfrißt Stamm, Aeste und Zweige und gibt ihn dann dem ersten Sturme preis, welcher das ertötete und haltlos gewordene Wabenwerk in alle Himmelsrichtungen zerstäubt; an den Erdwandungen oder dem Pfahlwerke der Wohnungen steigt sie empor, durchlöchert alles Holzwerk und bewirkt binnen kurzem den Einsturz der Behausung; unter dem gestampften Fußboden oder Estrich der besseren Häuser gräbt sie sich tausendfach verzweigte Gänge und bricht aus ihnen gelegentlich zu Millionen hervor, um nunmehr oben verderbenbringend zu wirken. So und noch vielfach anders auftretend, wird sie zu einer der ärgsten Plagen Innerafrikas, insbesondere der Steppe.

Böte diese nicht auch andere Erscheinungen dar, wäre sie nicht eines der reichsten Gebiete, eine der am zahlreichsten bewohnten und besuchten Herbergen der Tierwelt Afrikas: der Naturforscher würde sie ebensogern meiden wie der handeltreibende Reisende, welcher nur ihre abstoßenden, nicht aber auch ihre anziehenden und fesselnden Seiten kennen lernt.

Wer länger in ihr weilt und sie wirklich durchforscht, söhnt sich mit ihr aus. Sie ist reich und lebendig, unendlich reich, nicht arm wie die Wüste, vielmehr eher dem Urwalde zu vergleichen, da auch in ihr eine vielartige und zahlreiche Tierwelt lebt, ja vorzugsweise sie diejenigen Tiere beherbergt, welche wir als die für den Erdteil bezeichnenden anzusehen pflegen. Einige von ihnen mögen nunmehr in flüchtig gezeichneten Bildern an uns vorüberziehen.

Zu den merkwürdigsten Steppentieren zähle ich die Fische, welche in ihren nur zeitweilig wasserhaltigen Fluß- und Seebecken gefunden werden. Schon Aristoteles erzählt von Fischen, welche sich bei Verdunstung ihrer Wohngewässer in den Schlamm eingraben, und bereits Seneca sucht diese Angabe zu verdächtigen, indem er spottend rät, von nun an, anstatt mit dem Hamen, mit Hacke und Schaufel zum Fischfange auszugehen. Aristoteles aber berichtet von Thatsachen, welche über jeden Spott erhaben sind.

Der in den Steppengewässern und Strömen des inneren Afrikas lebende Molchfisch ist ein aalartig gebautes, etwa meterlanges Tier, mit langer in die des Schwanzes übergehender Rückenflosse, zwei schmalen, weit vorn eingesetzten Brustflossen und zwei langen, weit hinten stehenden Bauchflossen, dessen wichtigste Merkmale darin bestehen, daß außer den Kiemen auch zur Atmung befähigende Lungensäcke vorhanden sind. Das merkwürdige Zwittergeschöpf zwischen Lurch und Fisch hält sich auch bei hohem Wasserstande mehr im Schlamme als im freien Wasser auf und verbirgt sich gern in Höhlen, welche er selbst auszugraben scheint. Nimmt der Wasserstand bedrohlich ab, so wühlt er sich tief in den Schlamm ein, rollt sich aufs engste zusammen und bildet nun, offenbar durch häufiges Drehen, eine allseitig geschlossene, innen mit dem eigenen Schleime ausgekleidete, luftdichte Kapsel, in welcher er während des Winters regungslos verharrt. Gräbt man solche Kapsel vorsichtig aus, und packt man sie sorgfältig ein, so kann man den Fisch versenden, ohne ihn zu gefährden, auch nach Belieben ins Leben zurückrufen, indem man ihn nebst seiner Umhüllung in lauliches Wasser legt. Während der ersten Einwirkung des belebenden Elements verhält er sich ruhig, gleichsam noch schlaftrunken; schon nach Verlauf einer Stunde aber ist er vollständig munter geworden, und einige Tage später auch lebhafte Raubsucht in ihm erwacht. Einige Monate lang verändert er nunmehr sein Betragen nicht; um dieselbe Zeit aber, in welcher er in Afrika zum Winterschlafe sich rüstet, macht er auch in seinem Becken dazu Anstalt, wird mindestens sehr unruhig und sondert auffallend viel Schleim ab. Gibt man ihm Gelegenheit, so gräbt er sich ein, wenn nicht, überwindet er bald seinen Trieb und lebt und gedeiht auch fernerhin im freien Wasser.

Genau in derselben Weise wie er überstehen auch Welse den Winter der Steppe, und ebenso wie beide graben sich alle in ihr lebenden Lurche, ja selbst einige Kriechtiere, insbesondere Wasserschildkröten und Krokodile, in den Schlamm ein, um winterschlafend der vernichtenden Zeit zu trotzen. Alle landlebenden Kriechtiere dagegen regen sich gerade während des glühenden Winters am lebhaftesten und tragen daher nicht wenig dazu bei, die öde Steppe zu beleben; denn sie bewohnen letztere in staunenswerter Anzahl. Neben den Vipern, deren ich vorhin gedachte, tritt noch eine andere Giftschlange in der Steppe auf: die Aspis-, Spei- oder Uräusschlange nämlich, eines der gefährlichsten Kriechtiere, welche es gibt. Gedachte Schlange, noch weit berühmter oder berüchtigter als die Hornviper, ist dieselbe, mit welcher Moses vor Pharao gaukelte, wie heutigestags noch Schlangenbeschwörer thun, dieselbe, welche die alten Könige Aegyptens, in Gold nachgebildet, als Diadem auf dem Haupte trugen, um ihre unwiderstehliche Macht sinnbildlich darzustellen, dieselbe, deren sie sich bedienten, um Gerechtigkeitspflege an Verbrechern oder Rache an Feinden zu üben, dieselbe, von welcher uns die alten Schriftsteller grausige, und keineswegs immer unwahre Erzählungen hinterlassen haben. Im Gegensatze zu

Kranichgeier und Uräusschlange.

anderen Giftschlangen bei Tage thätig, ungereizt äußerst harmlos aussehend, sehr beweglich, jähzornig und mutig, vereinigt die Aspis alle Eigenschaften, welche eine Giftschlange gefährlich machen. Ihrer, dem Sande wie dem vergilbten Grase gleichenden Färbung halber meist ungesehen, gleitet sie, oft unheimlich rasch, durch den Graswald; ihrer furchtbaren Waffen sich bewußt, bereitet sie sich zum Angriffe, sowie sie sich bedroht wähnt. Sich zur Wehre stellend, richtet sie das vordere Fünftel oder

Sechstel ihres Leibes auf, breitet die Halsrippen aus, bildet dadurch ein Schild, über welchem der kleine Kopf mit den lebhaften, beinahe funkelnden Augen liegt, heftet letztere scharf auf den Gegner und rüstet sich so zu dem blitzschnell geführten, fast ausnahmslos tödlichen Bisse — einen schauerlich schönen Anblick gewährend, mit Bewunderung wie mit Schrecken Mensch und Tier erfüllend. Allgemein wird behauptet, daß sie auch dann noch schädigen könne, wenn sie nicht beiße, indem sie Gift auf den Angreifer speie oder schleudere, und in der That sondern ihre sehr entwickelten Drüsen den höllischen Saft in so erheblicher Menge ab, daß derselbe in großen Tropfen am Ausgange der Röhre ihrer durchbohrten Gifthaken hervortritt. Kein Wunder, daß sie der Eingeborene wie der Abendländer bei weitem mehr fürchtet, als die träge Hornviper, welche ihn des Nachts im Lager heimsucht; erklärlich, daß letzterer ohne Besinnen auf jede, auch die harmloseste Schlange feuert, welche ihm zu Gesichte kommt; begreiflich, daß zuletzt jedes Rascheln im Grase oder Laube einen gelinden Schreck, mindestens achtsame Aufmerksamkeit erregt. Solches Rascheln aber wiederholt sich in der Steppe fortwährend, da andere Schlangen, von der Hieroglyphenschlange, einer bis sechs Meter langen Riesenschlange, an bis zu kleinen harmlosen Nattern herab, nicht minder auftreten, als die Aspis, und außerdem ein zahlloses Heer von Eidechsen aller Art allüberall zu finden ist. Wer die Schlangen fürchtet, kann durch die Echsen mit der Klasse der Kriechtiere ausgesöhnt werden; denn anziehendere Erscheinungen, als diese behenden und farbenprächtigen Geschöpfe, vermag die Steppe nicht aufzuweisen. Ueber den Boden huschen sie dahin, an den Zweigen der Gebüsche und Bäume klettern sie empor, von den Termitenhügeln wie von den Wohnungen blicken sie hernieder, sogar unter dem Sande bahnen sie sich ihre Wege. Einzelne Arten wetteifern an Farbenpracht und Schimmer mit den Kolibris; andere erfreuen durch die Schnelligkeit und Zierlichkeit ihrer Bewegungen; wiederum andere fesseln durch Absonderlichkeit des Baues. Selbst nachdem die gerade sie besonders belebende Sonne zu Rüste gegangen ist, und der größte Teil der beweglichen Geschöpfe Ruhe gesucht hat, wird der Beobachter noch durch sie beschäftigt; denn mit Beginn der Nacht rüsten sich die Gekos, welche übertags still und ruhig an Baumstämmen oder Sparren klebten, zu ihrem Werke, rufen laut und wohlklingend, ähnlich, wie ihr Name es ausdrückt, und betreiben nunmehr, ohne jegliche Scheu vor dem Menschen, ihre Jagd. Uralter Wahn verleumdet sie und stellt sie als überaus giftige Tiere dar; derselbe Wahn spukt noch heutigestags in den Köpfen urteilsloser Menschen. Sie sind Nachttiere und als solche anders gestaltet, als die bei Tage thätigen Glieder ihrer Klasse, insbesondere aber dadurch ausgezeichnet, daß die Vorderglieder ihrer Finger und Zehen verbreiterte, kissenartige, unterseits mit dicht aneinander stehenden Blättchen versehene Ballen besitzen, welche wie Saugnäpfe wirken und in ungewöhnlicher Weise zum Klettern befähigen. In diesen Blätterkissen glaubte man giftausscheidende Drüsen erkennen zu dürfen, so undenkbar dies auch von vornherein erscheinen mußte. In That und Wahrheit sind die Gekos ebenso harmlose als fesselnde Tiere, erwerben sich daher binnen kürzester Frist die Zuneigung jedes unbefangenen Beobachters. Haustiere im besten Sinne des Wortes, weil mit Eifer und Erfolg der Vertilgung von allerlei lästigem Geziefer obliegend, beleben sie des Nachts jeden Raum der aus Lehm wie aus Stroh aufgeführten Wohnung, klettern mit fast unfehlbarer Sicherheit, dank ihrer Blätterscheiben, überall sich anklebend, kopfoberst oder kopfunterst auf wage- wie auf senkrechten Flächen, necken und jagen sich vergnüglich und erfreuen außerdem durch ihre klangvolle Stimme, verursachen also nur Vergnügen und schaffen nur Nutzen: — welcher vernünftige Mensch sollte ihnen zuletzt nicht gewogen werden?

Aber freilich: Kriechtiere, gleichsam vom Fluche des Menschen getroffene Geschöpfe sind und bleiben sie, und mit dem leichtlebigen Volke der Vögel vermögen sie nicht zu wetteifern. Daher darf man vielleicht sagen, daß erst das letztgenannte dem in der Steppe weilenden Menschen freundlich entgegentritt und ihn mit den bisher in Betracht gezogenen Tieren aussöhnt.

Die Vogelwelt der Steppe ist reich an Arten und tritt zahlreich auf. Vögel gelangen, wo man sich auch befinden möge, sicherlich zu Gesicht oder Gehör. Aus dem dichtesten Halmenwalde tönt der laute Ruf einzelner Trappen, aus den Dickichten am Ufer der Gewässerbetten das Trompetengeschmetter der Perlhühner oder das laute Geschrei der Frankolinhühner hervor; von den Bäumen klingt das Rucksen, Girren und Heulen der Tauben, das Jauchzen und Hämmern der Spechte, der volltönende Lockruf der Bartvögel, der einfache Gesang verschiedener Weberfinken und einzelner drosselartiger Sänger hernieder; auf hervorragenden Baumästen oder sonstwie zu Warten geeigneten, erhabenen Gegenständen sitzen, auf Beute lauernd, Schlangenbussarde, Singhabichte, Raken, Drongos und Bienenfresser; im Halmenwalde läuft, über ihm schwebt der Sekretär oder Kranichgeier, welchen die Eingeborenen Schicksalsvogel nennen; in höheren Luftschichten tummeln sich Schwalben und andere Flugjäger, in den höchsten kreisen Adler und Geier. Kein Raum ist unbewohnt, jedes Plätzchen beinahe bevölkert; und wenn unser Winter seine Herrschaft geltend macht, sendet auch er noch viele von unseren Vögeln, namentlich Turmfalken und Weihen, Würger und Raken, Wachteln und Störche und andere in die Steppe, welche ihnen allen während der schlimmen und armen Jahreszeit zur gastlichen Herberge wird.

Wirklich bezeichnend für die Steppe sind wenige der in ihr lebenden Vögel, und ihr Gepräge ist kaum einem einzigen von ihnen so scharf und verständlich aufgedrückt, daß man ihn ohne weiteres als Steppenvogel zu erkennen vermöchte, wie solches bei allen Wüstenvögeln der Fall ist. Dessenungeachtet bemerkt der achtsame Beobachter, daß auch die Steppenvögel bis zu einem gewissen Grade ihre Heimat widerspiegeln. Einem großen Raubvogel in Kranichgestalt, eben dem Sekretär oder Kranichgeier, einem in reiches und weiches, großfederiges Gefieder gehüllten, langsam und träge fliegenden Habicht, dem Schlangensperber, einem halmengelben Nachtschatten, wie einem, dessen Schwingen zu Schmuckfedern geworden sind, einem Perl- oder Frankolinhuhn, einem Trappen, oder endlich dem Strauß müssen wir es wohl ansehen, daß er in die Steppe gehört, nur in ihr seine wahre Heimat haben kann. Die Steppe ist zwar keineswegs farbenreicher als die Wüste, gewährt aber bei weitem mehr Deckung und darf daher viel freier malen und zeichnen als letztere; gleichwohl findet man, daß auch sie vorzugsweise zwei Farben verleiht: ein mehr oder weniger schattiertes Strohgelb und ein schwer zu bestimmendes Graublau, welche auf dem Gefieder der Raubvögel wie auf dem der Hühner zur Geltung gelangen, ohne daß deshalb andere, dunklere, lebhaftere und leuchtendere Farben ausgeschlossen sind. Die größere Freiheit in der Färbung und Zeichnung tritt auch, was mir bemerkenswert erscheint, bei solchen Vögeln hervor, deren Geschlecht oder Sippschaft vorherrschend der Wüste zugehört.

Versucht man, einzelne Steppenvögel, in der Absicht, das Gebiet selbst zu kennzeichnen, ausführlicher zu schildern, so wird die Wahl schwierig, weil fast jeder einzelne einer eingehenden Besprechung nicht unwürdig scheint. Der mir gegönnte Raum fordert jedoch gebieterisch Beschränkung, und so mag es genügen, wenn ich einen Vogel der höheren Luftschichten, einen des Bodens und einen der Nacht erküre, um durch sie einige weitere Striche zur Zeichnung des allgemeinen Bildes der Steppe auszuführen.

Wer längere Zeit in der Steppe weilt, wird unmöglich einen großen Raubvogel übersehen können, dessen Flugbild, infolge der schön geschwungenen Außenlinien der langen und spitzigen Fittiche und des auffallend kurzen Schwanzes von dem jedes anderen gefiederten Räubers abweicht, und dessen Flug alles übertrifft, was fliegen heißt. Hoch über den Boden dahin fliegt, schwebt, schwimmt, taumelt, gaukelt, tanzt, überstürzt sich der adlergroße Vogel, bald die Schwingen breitend und minutenlang ohne jegliche Bewegung in derselben Lage haltend, bald heftig schlagend, bald über den Körper erhebend, bald drehend und wendend, bald sie anziehend, so daß er tief zum Boden herniederstürzen muß, bald wiederum so kräftig sie biegend, daß er binnen wenigen Minuten in unschätzbare Höhen emporsteigt. Nähert er sich dem Boden, so treten die scharf voneinander abstechenden Farben des sammetschwarzen Kopfes, Halses, der Brust und des Bauches, der unterseits silberweißen Schwingen und des hellkastanienbraunen Schwanzes grell hervor; überstürzt er sich, so machen sich die lebhafte, der des Schwanzes gleichende Färbung des Rückens und eine breite, lichte Flügelbinde geltend; nähert er sich noch mehr, so vermag man wohl auch den korallroten Schnabel und die ebenso gefärbten Zügel und Fänge wahrzunehmen. Fragt man einen auf die Tierwelt der Steppe achtenden Wanderhirten nach dem in jeder Beziehung auffallenden, durchaus absonderlichen Raubvogel, so antwortet durch seinen Mund das bedeutsame, gestaltungskräftige Märchen. „Ihm," sagt es, „verlieh die Gnade des Allbarmherzigen reiche Gaben, vor allem hohe Weisheit. Denn er ist ein Arzt unter den Vögeln des Himmels, kundig der Krankheiten, welche die Geschöpfe des Allerschaffenden heimsuchen, und kundig der Kräuter und Wurzeln, jene zu heilen. Aus weit entlegenen Ländern siehst du ihn Wurzeln herbeitragen; aber vergeblich wirst du dich mühen, zu ergründen, wohin er gerufen worden, um mit ihnen Kranke zu heilen. Die Wirkung seiner Mittel ist unfehlbar; ihr Genuß bringt Leben, sie zu verschmähen gibt dem Tode preis; sie gleichen dem Hedjab, welchen des Gottgesandten Hand geschrieben, einem Gebote Mohammeds, den wir in Demut preisen. Dem Armen vor dem Auge des Herrn, dem Adamssohne, ist nicht verboten, ihrer sich zu bedienen. Sei achtsam, wo der Arztadler sein Haus gründet, hüte dich, seine Eier zu verletzen, warte, bis die Federn seiner Kinder kein Blut mehr fließen lassen: dann gehe ein zum Hause des Adlers und schädige eines seiner Kinder am Leibe. Alsbald wirst du gewahren, daß der Vater gen Morgen fleugt, dahin, wohin du dich wendest im Gebet. Lasse dich nicht verdrießen, bis er zurückkehrt, harre geduldig. Er wird erscheinen mit einer Wurzel in seinen Händen; erschrecke ihn, daß er selbe dir überlasse; ergreife sie ohne Scheu: denn sie kommt vom Herrn, in dessen Hand das Leben ruht, und ist frei von Zauberei; dann gehe hin und heile deine Kranken: sie werden alle genesen, so es ihnen also vom Allbarmherzigen bestimmt ist."

Der Vogel, dessen Auftreten solche Dichtungsblüten hervorrief, ist der Gaukler, wie wir, der „Himmelsaffe“, wie die Abessinier ihn nennen, ein Schlangenadler; die Wurzeln, welche das Märchen ihn herbeitragen läßt, sind die Schlangen, welche er erhebt. Aeußerst selten sieht man ihn ruhen; für gewöhnlich fliegt er in der geschilderten Weise, bis eine von ihm erspähte Schlange ihn veranlaßt, brausend herniederzustürzen und den Kampf mit ihr zu beginnen. Wie alle schlangenvertilgenden Raubvögel durch eine aus dicken Hornplatten bestehende Panzerung seiner Fänge und sehr dichtes Gefieder gegen den Giftzahn genügend geschützt, scheut er auch vor dem gefährlichsten Giftwurme nicht zurück und wird so zu einem wahren Wohlthäter der Steppe. Aber nicht seine Thätigkeit, sondern einzig und allein sein wundervoller Flug ist es, welcher seinen Ruhm unter allen Völkern seiner Heimat begründet hat.

Als das gerade Gegenteil des Gauklers muß der an den Boden gekettete Strauß erscheinen. Auch er ist zum Helden des arabischen Märchens geworden; doch hat dieses ihn nicht verherrlicht, sondern eher in den Staub gezogen, indem es berichtet, daß er aus eitel Hochmut zur Sonne fliegen gewollt, von ihr elendiglich verbrannt worden und in seiner jetzigen Gestalt zu Boden gestürzt sei. Uns dagegen bietet sein Leben um so mehr einen dankbaren Stoff zur Betrachtung, als über dasselbe, wie über den Riesenvogel selbst, bekanntlich noch immer falsche Anschauungen herrschen.

Obwohl auch in den pflanzenreichsten Niederungen der afrikanischen und westasiatischen Wüsten vorkommend, tritt der Strauß doch erst in der nahrungsreichen Steppe häufig auf. Hier kreuzt man seine unverkennbare Fährte fast tagtäglich; ihn selbst aber bekommt man doch immer nur selten zu Gesicht. Er ist hoch genug, um bequem über den ihn deckenden Graswald hinwegsehen zu können, fernsichtig und scheu, entzieht sich daher meist ungesehen der Wahrnehmung des nahenden Menschen. Gelingt es, ihn von weitem zu beobachten, so erfährt man, daß er, außer der Brutzeit mindestens ein behagliches Leben zu führen liebt. In der Frühe und den Abendstunden beschäftigt sich der Trupp, welcher sich zusammengefunden, mit der Weide; um die Mittagszeit liegen alle, ruhend und verdauend, am Boden, gehen vielleicht auch zur Tränke oder nehmen ein Bad, unter Umständen selbst im Meere; später vergnügen sie sich mit wunderlichen Tänzen, indem sie wie sinnlos im Kreise umherspringen und dabei mit den Flugelwedeln fächeln, als ob sie zu fliegen versuchen wollten; mit Sonnenuntergang begeben sie sich zur Ruhe, ohne jedoch auch jetzt noch ihre Sicherung zu vernachlässigen. Bedroht sie ein gefährlicher Feind, so stürmen sie in wilder Flucht davon und lassen jenen bald hinter sich; schleicht ein schwächeres Raubtier an sie heran, so schlagen sie es mit den ungemein kräftigen Beinen zu Boden. So fließt ihr Leben fast unbehelligt dahin, vorausgesetzt, daß es nicht an Nahrung mangelt. Von letzterer bedürfen sie eine sehr bedeutende Menge. Staunenswert ist ihre Freßlust, nicht minder außerordentlich die Fähigkeit ihres Magens, die verschiedenartigsten Dinge massenhaft aufzunehmen und entweder zu verdauen oder doch ohne Schaden zu bewahren. Was die Pflanze bietet, vom Wurzelknollen an bis zur Frucht, verfällt diesem sprichwörtlich gewordenen Magen, was von kleineren Tieren, und zwar wirbeltragenden wie wirbellosen erlangt werden kann, nicht minder. Dabei aber hat es noch bei weitem nicht sein Bewenden. Der Strauß schlingt hinab, was verschlingbar ist, Steine von Pfundschwere, in Gefangenschaft Ziegelbrocken, Werg, Lumpen, Messer, Schlüssel und Schlüsselbunde, Nägel, Glassplitter und Scherben, Bleikugeln, Schellen und andere Dinge mehr; er kann zum Selbstmörder werden, indem er ungelöschten Kalk hinabwürgt: in dem Magen eines in Gefangenschaft gestorbenen Straußes fand man die allerverschiedenartigsten Gegenstände im Gesamtgewichte von vier und ein viertel Kilogramm vor. Der gefräßige Vogel verschluckt im Hühnerhofe junge Enten oder Hühner, als ob diese Austern wären, entmörtelt die Mauern, um mit dem losgebrochenen Mörtel seinen Magen zu füllen, verschont überhaupt nichts, was verschlingbar und nicht niet- und nagelfest ist. Entsprechend der von ihm verbrauchten Nahrungsmenge, welche übrigens keineswegs im Mißverhältnis zu seiner Größe und Beweglichkeit steht, ist auch sein Durst und sein Aufenthalt daher ebenso wie an nährende Pflanzen an Gewässer oder doch Quellen gebunden. Versiegen beide, so ist er genötigt, auszuwandern, und bei solcher Gelegenheit legt er dann nicht selten weite Strecken zurück.

Mit Eintritt des Frühlings erwacht im Herzen des Straußes der Paarungstrieb, und damit erleidet seine bisher geführte Lebensweise bemerkenswerte Aenderungen. Die Herden oder Trupps lösen sich in kleinere Verbände auf, und die erwachsenen Männchen beginnen langwährende Kämpfe um die Weibchen. Aufs höchste erregt, und dies auch äußerlich durch ihre lebhaft geröteten Hälse und Schenkel kundgebend, stellen sich zwei Nebenbuhler einander gegenüber, wedeln mit den Flügeln, so daß die volle Pracht der zerzaserten weißen Schwingen zum Vorschein kommt, bewegen gleichzeitig die Hälse in schwer zu beschreibender Weise, indem sie dieselben bald vorn, bald seitwärts neigen, drehen und wenden, stoßen tiefe und heisere, bald an dumpfes Trommeln, bald an das Gebrüll des Löwen erinnernde Laute aus, starren sich gegenseitig an, lassen sich auf ihre Fußwurzeln nieder und bewegen in dieser Lage Hälse und Flügel rascher und anhaltender als vorher, springen wiederum auf, laufen nochmals gegeneinander, versuchen endlich, den Gegner in raschem Vorübereilen durch einen kräftigen Schlag mit ihrem Fuße zu schädigen, und reißen ihm, wenn der Angriff gelingt, mit dem scharfschneidigen Zehennagel tiefe und lange Wunden in Leib und Schenkel. Der Sieger im Kampfe verfährt mit dem oder den errungenen Weibchen nicht anders, mißhandelt sie überhaupt durch herrisches Benehmen wie durch Schläge aufs schändlichste. Ob das Männchen nun ein oder mehrere Weibchen sich gesellt, ist zur Zeit noch nicht mit vollster Sicherheit entschieden; wohl aber glaubt man mit Bestimmtheit annehmen zu dürfen, daß oft mehrere Weibchen in ein und dasselbe Nest legen, und hat man beobachtet, daß nicht die Straußin die Eier zeitigt, sondern daß vorzugsweise das Männchen diese bebrütet und ebenso die, nach acht Wochen etwa ausschlüpfenden Jungen führt und erzieht. Bei dem einen wie bei dem anderen Geschäfte wird es allerdings vom Weibchen unterstützt, übernimmt aber stets den Hauptanteil an der Arbeit und bethätigt auch bei Führung der Jungen größere Sorgsamkeit und Aengstlichkeit als das Weibchen. Die Straußenküchlein, welche beim Ausschlüpfen die Größe mäßiger Haushühner haben, kommen in einem absonderlichen Federkleide zur Welt, welches eher an den Stachelpelz eines Säugetieres, als an das Daunengefieder junger Vögel erinnert. Da sie vom ersten Tage ihres Lebens an die Freßgier ihres Geschlechtes zeigen, wachsen sie rasch heran, wechseln nach zwei bis drei Monaten ihr Gefieder, um zunächst ein Kleid anzulegen, welches dem des Weibchens ähnelt, bedürfen jedoch mindestens dreier Jahre, bevor sie vollständig ausgewachsen sind, beziehentlich zur Fortpflanzung schreiten.

Dies ist, in knappester Form gegeben, das wesentlichste aus der Lebensgeschichte des Riesenvogels der Steppe; alle hiermit im Widerspruche stehenden Mitteilungen erweisen sich als Fabeln.

Der Vogel der Nacht endlich, über welchen ich noch einige Worte sagen möchte, ist der Nachtschatten oder Ziegenmelker, dessen Geschlecht auch bei uns zu Lande durch eine Art vertreten wird, gerade in der Steppe aber in mehreren und teilweise absonderlich geschmückten Arten auftritt. Mit dem Erscheinen des ersten Sternes am Abendhimmel beginnen diese gemütlichsten oder anmutigsten aller Nachtvögel ihr reges Treiben. Ueber Tages ließ höchstens der Zufall einen von ihnen entdecken und dann kaum ahnen, in wie hohem Maße gerade dieser Vogel befähigt ist, die Steppe zu beleben; wenn aber die Nacht sich herabsenkt, ist sicherlich mindestens einer von ihnen zur Stelle. Ebenso vom Lagerfeuer angezogen wie Skorpion und Viper, erscheint der leichte Flieger in der Nähe des Uebernachtenden, umgaukelt in vielfachen Wendungen Feuer und Lager, läßt sich ab und zu in dessen Nähe nieder und trägt auch wohl einige Strophen seines schnurrenden, an das Spinnen der Katze erinnernden Nachtgesanges vor, verschwindet im dämmernden Dunkel, um einige Minuten später wieder zu erscheinen, und treibt es so bis zum Morgen. Besonders eine Art der Familie fesselt: der Fahnennachtschatten oder „Vierflügelvogel“ der Steppenbewohner. Sein Schmuckzeichen besteht in je einer, zwischen den Hand- und Armschwingen hervorwachsenden, fast genau einen halben Meter langen, bis gegen die Spitze hin fahnenlosen, hier aber mit breiter Fahne besetzten Feder, welche alle übrigen Schwingen weit überragt. Fliegt und gaukelt nun dieser Nachtschatten, so glaubt man, eine Spukgestalt zu erblicken. Es sieht aus, als ob der eine Vogel beständig von zwei anderen kleineren verfolgt würde, als ob er in zwei oder drei Vögel sich zu teilen vermöge, als ob er in der That vier Flügel rege. Doch auch er verleugnet die Anmut seiner Sippschaft nicht und wird daher bald zu einer ebenso freundlichen Erscheinung wie die übrigen Arten seiner Familie, welche manche, sonst wohl recht unbehagliche Nacht der Steppe in traulichster Weise zu verkürzen wissen.

Arten- und gestaltenreich ist auch die Klasse der Säugetiere in der Steppe. Ihre Pflanzenmenge ernährt nicht allein zahllose Scharen von Antilopen, welche so recht eigentlich als ihre Charaktertiere bezeichnet werden dürfen, sondern ebenso Wildbüffel und Wildschweine, Zebrapferde und Wildesel, Elefanten und Nashörner, die Serafe, welche wir „Giraffe“ zu nennen pflegen, und ein uns nur in seinen Grundzügen bekanntes Heer von Nagern. Einer so zahlreichen pflanzenfressenden Bevölkerung gegenüber wirken die vielen Raubtiere, welche in der Steppe leben, wahrscheinlich in ersprießlicher Weise für diese selbst; denn ohne solches Gegengewicht würden Wiederkäuer und Nager vielleicht derartig sich vermehren, daß aller Pflanzenreichtum des Gebietes nicht ausreichen dürfte, um alle zu ernähren. Die Gleichartigkeit der nordafrikanischen Steppe und ihr, wenn auch geringer, so doch verhältnismäßig erheblicher Reichtum an stehenden und fließenden Gewässern verhindert Zusammenrottungen von Antilopen, wie solche in der Karru Südafrikas beobachtet werden; dafür aber begegnet man den schlanken, schönäugigen Wiederkäuern allüberall, einzeln, in kleinen Trupps und in namhaften Rudeln und gewahrt sie im Winter annähernd auf denselben Stellen wie im Sommer. Wildpferde und Wildesel dagegen finden sich nur auf dürren Höhen; die Serafe bewohnt ausschließlich die dünn bestandenen, das Nashorn wiederum fast nur die dichtesten Waldungen; der Elefant meidet weite Länderstrecken gänzlich, und die böswilligen Büffel scheinen an feuchte Niederungen gebunden zu sein. Ihnen gesellt sich der Löwe ebenso sicher wie den zahmen Herden ihrer Unterfamilie, wogegen der listige Leopard wie der behende und im Laufe ausdauernde Gepard mehr den kleineren Antilopen folgen, Schakal- und Steppenwölfe vorzugsweise den Hasen jagen und Füchse, Schleichkatzen und Stinkmarder mit Vorliebe kleineren Nagern und auf dem Boden lebenden Vögeln nachstellen.

Versuche ich, auch aus der Anzahl der in der Steppe hausenden Säugetiere einzelne zu eingehenderer Besprechung herauszugreifen, so widerstehe ich der Verlockung, Löwe oder Gepard, Hyäne oder Honigdachs, Zebra oder Wildpferd, Serafe oder Wildbüffel, Elefant oder Nashorn zu wählen, weil mir einige andere doch noch bezeichnender für das Gebiet selbst zu sein scheinen. Zu ihnen zähle ich in erster Reihe Erdferkel und Schuppentiere als die altweltlichen Vertreter der in der Westhälfte unseres Wandelsternes am zahlreichsten vorkommenden Zahnarmen, einer Säugetierordnung, deren Blütezeit bereits viele Jahrhunderte hinter uns liegt. Beide genannten Tiere sind, wenigstens in Nordafrika, an die Steppe gebunden; denn nur in ihr bieten die vielen Ameisen- und Termitensiedelungen ihnen genügende Nahrung. Wie alle Ameisenfresser liegen sie während des Tages beinahe zur Kugel zusammengerollt, schlafend in tiefen, selbstgegrabenen Bauen, deren Mündungsgänge man ebensowohl inmitten weiter baumloser Graswaldungen wie zwischen den spärlich stehenden Bäumen und Gebüschen antrifft. Erst nachdem die Nacht ihre Herrschaft angetreten, ermuntern sie sich und gehen nun schwerfälligen Laufes, humpelnd und springend, hauptsächlich mit den kräftigen Hinterbeinen sich fördernd, auf die gewaltigen Grabenägel der Vorderglieder und den gewichtigen Schwanz sich stützend, ihrer Nahrung nach, welche ausschließlich in Kleingetier aller Art, vorzugsweise aber in den Puppen der Ameisen und Termiten sowie in Gewürm besteht. Mit tiefgesenkter, ununterbrochen bewegter Nase und beständig schnobbernd, trotteln sie fürbaß, folgen einer glücklich aufgefundenen Gangstraße der Ameisen oder Termiten bis zum Hauptbaue, öffnen hier ohne sonderliche Beschwerde einen Zugang für ihre gestreckte Schnauze, stecken sie in das gewühlte Loch, untersuchen, mit der Zunge tastend, die in dasselbe einmündenden Gänge der Kerbtiere, strecken ihre fadenähnliche, klebrige Zunge so tief als möglich in einen der Hauptgänge, warten, bis sie voller Ameisen oder Termiten hängt und ziehen sie sodann samt den Kerfen in das enge Maul zurück, um jene zu verzehren. Diese Art und Weise, eine aus so kleinen Bestandteilen bestehende Mahlzeit einzunehmen, macht einen kläglichen Eindruck; demungeachtet ist ihre Zunge ein ebensogut verwendbares Werkzeug wie ihre gewaltigen Grabenägel, und sie schlagen sich daher schlecht und recht durchs Leben. Auch sind sie keineswegs so hilflos, als es den Anschein hat. Das schwache Schuppentier schützt allerdings sein Harnisch, welcher selbst einem Säbelhieb trefflich widersteht, besser als die Bewaffnung seiner Füße; das Erdferkel dagegen weiß auch seine Nägel empfindlich zu gebrauchen und versteht außerdem mit seinem kräftigen Schwanze so derbe, seitliche Schläge auszuteilen, daß es sich einen nicht übermächtigen Gegner leicht vom Halse schafft. Versucht aber ein solcher, dessen Kraft er fürchten muß, ihm zu nahen und bemerkt es ihn rechtzeitig, so gräbt es sich eiligst in den Boden ein und wirft dabei Sand und Staub mit solcher Kraft und in solcher Menge hinter sich, daß es sich in einen für jenen fast undurchdringlichen, weil verblendenden Schleier hüllt und in die sichernde Tiefe gelangt, bevor der gefährliche Feind zum Angriffe übergehen konnte. Nur dem Menschen und dessen weitreichenden Waffen fällt es leicht zum Opfer; denn dieser sticht ihm, während es schläft, eine lange Lanze durch den Leib und tötet es im Innern seiner Höhle unfehlbar, wenn die Eingangsröhre gerade und nicht allzulang ist. So erfüllt er auch an diesen Vorweltstieren das Schicksal, früher oder später ausgestrichen zu werden im Buche der Lebendigen.

Unter den Raubtieren der Steppe hat von jeher ein ihr eigener Hund am meisten angezogen. Mittelglied zwischen den Hunden und den Hyänen, soweit es die Gestalt und bis zu einem gewissen Grade auch die Zeichnung anlangt, ist dieses Tier, der Hyänenhund, auch äußerlich eine der beachtenswertesten Erscheinungen unseres Gebietes, seinem Sein und Wesen nach aber wohl das fesselndste aller Raubtiere, welches die Steppe beherbergt. Abgesehen von einzelnen Affen kenne ich kein Säugetier, welches so selbstbewußt, so übermütig, so thatendurstig wäre wie dieser Hund es ist oder doch zu sein scheint. Ihm ist kein Ziel zu weit gesteckt, vor seinem Angriffe kein anderes Säugetier vollständig gesichert. Zu zahlreichen Meuten geschart durchzieht er beutegierig die weite Steppe. Verheerend fällt er in die Schafherden der Siedler und Wanderhirten; unabwendbar heftet er sich an die Sohlen der eilfertigsten und behendesten Antilope; dreist drängt er sich an den Menschen heran; furchtlos vertreibt er, hauptsächlich wohl durch sein lärmendes Auftreten, die Raubtiere des Gebietes, welches er heimsucht. Hinter der stärksten und wehrhaftesten Antilope einher stürmt eine Meute dieser Hunde kläffend, heulend, winselnd und wiederum helle, gleichsam aufjauchzende Laute ausstoßend. Die Antilope flüchtet, so schnell ihre Kräfte gestatten; ihrer Fährte aber folgen die mordgierigen Hunde, schneiden alle Bogen, alle Widergänge ab, welche sie auszuführen versucht,

Hyänenhunde eine Säbelantilope verfolgend.

nähern sich ihr immer mehr und zwingen sie endlich, sich zu stellen. Ihrer Stärke und Wehrhaftigkeit sich bewußt, gebraucht sie ihre spitzigen Hörner mit Geschick und Nachdruck; durchbohrt und zu Tode getroffen, stürzt vielleicht auch ein und der andere Hund zu Boden: die übrigen aber hängen ihr dennoch bald am Halse und Leibe und heulen laut auf, während sie röchelnd verendet. Ohne des Menschen zu achten, überfallen diese Hunde Haustiere aller Art, zerfleischen die kleineren mit der Blutgier der Marder und verstümmeln die großen, welche sie nicht bewältigen können; ihnen entgegentretende Haushunde erwarten sie furchtlos, kämpfen mit ihnen auf Leben und Tod und werfen sie zuletzt entseelt auf den Boden. Gezähmt, dem Menschen vollständig unterworfen, Geschlechter hindurch abgerichtet und gelehrt, würden sie die ausgezeichnetsten Spürhunde der Erde abgeben; leicht aber lassen sie sich gewiß nicht unterjochen. Sie gewöhnen sich an ihren Pfleger, legen ihm gegenüber auch wohl Hinneigung, selbst eine gewisse Zärtlichkeit an den Tag, thun dies jedoch in ihrer Weise. Angerufen, erheben sie sich von ihrem Lager, springen jauchzend auf und nieder, kämpfen vor Freude untereinander, stürzen sich auf den ihnen nahenden Gebieter, stürmen an ihm empor, versuchen ihre unendliche Freude durch die ausgelassensten Hundegebärden kundzugeben und wissen sie zuletzt nicht anders auszudrücken, als daß sie auch den geliebten Herrn beißen. Ungestümer Mutwillen, unbezähmbarer Drang zu beißen, kennzeichnet fast jede ihrer Handlungen. Erregbar wie kaum ein anderes Geschöpf, bewegen sie jedes Glied, zucken sie mit jeder Fiber, sobald ein neues Ereignis irgend welcher Art sie fesselt oder beschäftigt; die quecksilberne Lebendigkeit ihres Geistes nimmt das Gepräge übertriebener Lustigkeit an und erscheint einen Augenblick später als Wildheit und Raubsucht. Dann beißen sie, was ihnen in den Weg kommt, beißen sie ohne alle Ursache, zu ihrer Belustigung, wahrscheinlich ohne alle Bosheit. Sie sind die wunderlichsten Geschöpfe, welche die Steppe beherbergt.

In den von mir besonders in das Auge gefaßten Teilen der Steppe, also namentlich in den Ländern Kordofan, Sennaar und Taka, unterliegt das Leben der genannten und aller übrigen in Betracht kommenden Tiere, abgesehen von den Einwirkungen der beiden Jahreszeiten, unheilvollen oder auch nur störenden Einflüssen bei weitem nicht in demselben Maße wie im Süden Afrikas oder in den Steppen Mittelasiens. Für diejenigen, welche nicht wandern oder Monate hindurch in todähnlichem Schlafe liegen, tritt mit dem Winter wohl Entbehrung, vielleicht selbst herber Mangel, nicht aber Hungersnot oder Durstesqual und infolge davon das verzweifelnde Streben ein, die verarmte Heimat zu verlassen und in sinnloser Flucht glücklichere Gelände zu suchen. Auch die Tiere der nordafrikanischen Steppen wandern und reisen; aber sie flüchten nicht regellos wie diejenigen, welche andere Steppen bewohnen und sie zu Hunderttausenden verlassen, wenn drohendes Verderben sie treibt. Von so ungeheuren Antilopenherden, wie sie im Süden Afrikas sich zusammenrotten, weiß man, wie bereits bemerkt wurde, im Norden nichts zu erzählen. Alle gesellig lebenden Säugetiere und Vögel scharen sich, wenn der Winter eintritt, und lösen ihre Verbände, wenn der Frühling naht; alle Zugvögel gehen und kommen ungefähr zur selben Zeit: dies jedoch geschieht regelmäßig und in altgewohnter Weise, nicht regellos und ohne ein bestimmtes Ziel zu erstreben.

Eine Macht aber gibt es dennoch, welche das Leben der Tiere auch dieser Steppen beeinflußt: das Feuer.

Alljährlich um die Zeit, in welcher die dunklen Wolken im Süden und die aus ihnen zuckenden Blitze das Nahen des Frühlings künden, und an Tagen, in denen der Südwind über die Steppe braust, wirft der in dieser heimische Wanderhirt den Feuerbrand in den wogenden Graswald. Rasch und unaufhaltsam greift die Flamme um sich. Auf weite Strecken breitet sie sich aus, und Qualm und Rauch eilt ihr voran; eine düsterrote Wolke kündet des Nachts ihr vernichtendes und doch gedeihliches Wirken. Nicht selten erreicht sie den Urwald, züngelt an den dürr gewordenen Schlingpflanzen zu den Baumkronen hinauf und verzehrt deren noch übriggebliebene Blätter oder verkohlt die äußere Rinde der Stämme; zuweilen, obschon seltener, umschließt sie auch feststehende Dörfer und schleudert ihre zündenden Pfeile auf die strohenen Hütten, welche ihr mit Gedankenschnelle zum Opfer fallen.

Obgleich nun ein Steppenbrand, trotz der Menge und Entzündlichkeit des Brennstoffes, niemals zum Verderben des berittenen oder ihm durch Feuer entgegenwirkenden Menschen und ebensowenig der schnellfüßigen Säugetiere werden kann, regt er doch die ganze Tierwelt aufs höchste auf, und treibt alles Lebende, welches der Graswald versteckte, in die Flucht, steigert diese zuweilen auch wohl zum eiligsten Rennen, weil der ihn begleitende Schrecken mehr noch als der nach allen Seiten stetige Fortschritt der Flammen die Flucht beschleunigt. Antilopen, Wildpferde und Straußen stürmen, schneller noch als die Windsbraut, über die Ebene dahin; Gepard und Leopard folgen ihnen, mischen sich unter sie, ohne jetzt an Beutegewinnung zu denken; der Hyänenhund vergißt seine Mordlust; der Löwe wird von gleichem Schrecken erfüllt wie alle übrigen Säugetiere; nur diejenigen, welche Höhlen bewohnen, verbergen sich schleunigst in dem sicheren Baue und lassen das Flammenmeer über sich hinwegfluten, ohne ihm zu erliegen. Alles kriechende und sonstwie an den Boden gekettete Getier dagegen leidet schwer. Wenige Schlangen, kaum die schnellen Eidechsen, vermögen dem eilenden Feuer sich zu entwinden; Skorpionen, Taranteln und Tausendfüße werden sicher von ihm erreicht oder fallen, wie die aufgescheuchten, fliegenden Kerbtiere, Feinden zum Opfer, welche das Feuer herbeilockte, weil sie ihm zu trotzen wissen. Sobald in der Steppe eine Rauchwolke zum Himmel steigt und mehr und mehr sich vergrößert, eilen von allen Seiten Kriech- und Kerbtierräuber, insbesondere Schlangenadler, Singhabichte, Weihen, Turmfalken, Störche, Bienenfresser und Segler herbei, um auf die vom Feuer aufgescheuchten und vor ihm flüchtenden Echsen, Schlangen, Skorpione, Spinnen, Käfer und Heuschrecken zu jagen. Vor der Flammenlinie einher schreiten unbesorgt die Kranichgeier und Störche, über ihr schweben, durch die Rauchwolken stoßen die leichtbeschwingten Falken, Bienenfresser und Segler, und reiche Beute fällt diesen wie jenen zu. Ihre Jagd währt, solange die Steppe brennt, und der Brand findet Nahrung, solange der Sturm ihn weiter trägt: erst mit dem Ersterben des Windes erlöschen die Flammen.

So reinigt der Wanderhirt der Steppe sein Weideland von Unkraut und Ungeziefer; derart bereitet er es vor zu neuem Wachstum. Befruchtende Asche bleibt auf dem Boden liegen; die belebenden Regen vermischen sie mit der Fruchterde, und neues, kräftiges Grün entsproßt dieser nach dem ersten Gewitter. Mit ihm finden sich alle durch das Feuer verscheuchten Tiere wiederum auf den altgewohnten Aufenthaltsorten ein und genießen nunmehr, nach der Last und Qual des beendeten Winters und dem Schrecken der letztvergangenen Tage, mit Lust und Behagen die Freuden des Daseins.

Der Urwald Innerafrikas und seine Tierwelt.

So reich die afrikanische Steppe in Wirklichkeit ist und namentlich dann erscheint, wenn sie mit der Wüste verglichen wird: die volle Ueppigkeit des Pflanzenlebens der Gleicherländer zeigt sie nirgends. Wohl gelangt in ihr das belebende Wasser allüberall zur Wirkung; diese aber währt viel zu kurze Zeit, als daß sie nachhaltig sein könnte. Mit dem Aufhören der Regen endet die treibende Kraft, und Glut und Dürre zerstören, was jene geschaffen. Daher können in der Steppe nur solche Pflanzen gedeihen, deren Lebenslauf binnen wenigen Wochen sich erfüllt, nicht aber solche zur vollen Entwickelung gelangen, welche Jahrhunderte zu überdauern vermögen. Einzig und allein in Niederungen, welche von niemals versiegenden Strömen durchzogen und ebensowohl von deren Fluten wie von den Regen genügend getränkt werden, in denen Sonnenlicht und Wasser, Wärme und Feuchtigkeit gemeinschaftlich wirken, entwickelt, gestaltet und erhält sich die zaubervolle Fülle der Wendekreisländer. Hier erwuchsen Waldungen, welche an Herrlichkeit und Schönheit, Großartigkeit und Reichtum denen der begünstigtesten Länder niederer Breiten kaum nachstehen, Urwälder im eigentlichen Sinne des Wortes, welche ohne Zuthun des Menschen entstehen und vergehen, altern und sich verjüngen, noch heutigestags nur sich selbst angehören und ein überaus reiches Tierleben ermöglichen.

Von Süden her tragen die Frühlingsstürme die regenschwangeren Wolken über die nördlich des Gleichers gelegenen Länder Afrikas; daher treten diese Wälder nicht plötzlich vor das Auge des von Norden her kommenden Reisenden, sondern werden das, was sie sind, erst allmählich, mehr und mehr, je weiter der letztere nach Süden hin vordringt. Je mehr man sich dem Gleicher nähert, je flammender die Blitze leuchten, je lauter und ununterbrochener der Donner rollt, je rauschender die Regengüsse herniederstürzen, um so üppiger gedeihen alle Pflanzen, um so gestaltenreicher treten die Tiere auf; je bälder die Regenzeit beginnt, je länger sie währt, um so größeren Zauber schafft sie. Im genauesten Einklange mit der zunehmenden Feuchtigkeit verbreitert und dichtet, erhöht und reckt sich der Wald. Vom Ufer der Ströme aus bemächtigt der Pflanzenwuchs sich des inneren Landes und vom dichtbewachsenen Boden an bis zu den höchsten Kronen empor aller Zwischenräume. Anderswo nur als Zwerge erschaute Bäume erwachsen hier zu Riesen; bekannte Arten werden zum Nährboden noch unbekannter Schmarotzer; und zwischen ihnen ringt eine bisher noch nicht gesehene Pflanzenwelt zum Lichte empor. Doch auch hier, mindestens im nördlichen Gürtel der Wälder, wirken Glut und Dürre des Winters noch immer so mächtig, daß sie den Blätterschmuck der Bäume zeitweilig vernichten und wenigstens die meisten von ihnen auf einige Wochen zu gänzlicher Ruhe verurteilen. Um so vernehmlicher hallt dafür der Weckruf des Frühlings durch den schlummernden Wald; um so gewaltiger regt sich nach solcher Winterruhe das Leben, welches die ersten Regen der befruchtenden Jahreszeit hervorrufen.

Ich will den Frühling jener Länder wählen, um deren Urwälder zu schildern, so gut ich dies vermag. Der Herold und Träger der Regenwolken, der Südwind, muß noch im Kampfe mit den kühlenden Luftströmungen aus Norden liegen, wenn der Wald alle Herrlichkeit, in welcher er auftreten kann, offenbaren und kundgeben soll, und auf einer seiner Herzadern, auf einem Strome muß man in ihn eindringen, wenn man sein reichstes Leben kennen lernen will. Der in den Gebirgen von Habesch entsprungene Asrakh oder „Blaue Nil“ mag diese Heerstraße sein; denn an ihr haften die köstlichsten Bilder, welche mein langes Reiseleben mir gewonnen hat, und ich vermag wohl auf ihr besserer Führer zu sein, als auf manch anderen. Ob ich aber auch Dolmetsch des Waldes werde sein können, so wie ich es sein möchte, bezweifle ich sehr. Denn der Urwald ist eine Welt voll Glanz und Schimmer und märchenhafter Pracht, ein Wunderreich, dessen Schätze noch kein Mensch vollständig zu erkennen, viel weniger zu heben vermochte, eine Schatzkammer, welche unendlich mehr spendet, als man aufnehmen kann, ein Paradies, in welchem sich die Schöpfung tagtäglich neu zu gestalten scheint, ein Zauberkreis, welcher jedem, der in ihn eindringt, großartige und liebliche, ernste und heitere, leuchtend helle und nächtig dunkle Bilder aufrollt, ein aus tausend gleichwertigen Einzelheiten bestehendes, unendlich vielgestaltiges und dennoch einheitliches und einhelliges Ganze, welches jeder Schilderung spottet.

Ein kleines, leichtes, erst zum Reiseboote umgewandeltes Fahrzeug, wie man es in Chartum, der am Zusammenflusse beider Nilquellenströme gelegenen Hauptstadt des Ost-Sudan, eben findet, trägt uns den Fluten des hochgeschwollenen Asrakh entgegen. Die Gärten der letzten Häuser der Hauptstadt entschwinden, und die Steppe tritt bis an das Ufer des Stromes heran. Hie und da sieht man noch ein Dorf oder einzelne meist recht freundlich unter Mimosen gelegene, manchmal auch wohl mit Schlingpflanzen, welche sich von gedachten Bäumen herabgesenkt haben, begrünte und umsponnene Hütten, sonst aber ringsum nichts anderes als den wogenden Graswald und die wenigen aus ihm sich erhebenden Bäume und Gesträuche der Steppe. Schon nach kurzer Fahrt aber bemächtigt sich der Wald des Ufers, streckt seine stachelbedeckten oder dornigen Aeste sogar noch über dasselbe hinaus. Fortan fördert die Reise wenig. Der entgegenströmende Wind verwehrt zu segeln, der Wald zu treideln. Mit dem Bootshaken ziehen die Schiffsleute das Fahrzeug, Fuß um Fuß, Meter um Meter weiter stromaufwärts, und nur, wenn einer von ihnen in der dichten Heckenmauer des Ufersaumes eine Lücke erspäht, auf welcher er fußen kann, stürzt er sich, das Zugseil zwischen den Zähnen, seinen sterblichen Leib Muhsa, dem Schutzheiligen aller Schiffer, empfehlend und um Abwehr der hier häufigen Krokodile flehend, hinab in den Strom, schwimmt stromaufwärts bis zu der ins Auge gefaßten Stelle, schlingt das Seil um einen Baumstamm und läßt seine Genossen das Fahrzeug bis dahin ziehen. So arbeiten die Leute vom frühen Morgen bis zum späten Abende, und wenn der Tag endlich vorüber ist, haben sie den Reisenden vielleicht um eine, höchstens um zwei geographische Meilen gefördert. Gleichwohl fliehen die Tage dahin, ohne daß derjenige, welcher zu sehen und zu hören gelernt hat, von Langweile geplagt wird. Dem Naturforscher, wie jedem sinnigen Beobachter überhaupt, bietet jeglicher Tag etwas Neues, dem Sammler reichen Stoff in jeder Beziehung.

Noch ein und das andere Mal stößt man auf Spuren des Menschen. Wer ihnen vom Ufer aus folgt, gelangt auf schmalem, durch dichtes Gebüsch beiderseitig eng begrenztem Wege zu den Wohnstätten eines merkwürdigen Völkchens. Es sind Hassanie, welche hier hausen. Da, wo die Bäume des Waldes weniger dicht stehen, und dieser nicht ein drei- bis vierfaches Kronendach übereinander aufbaut, sondern aus hochgewipfelten, schattigen Mimosen, Kigelien, Tamarinden- und Affenbrotbäumen zusammengesetzt ist, wurden die allerliebsten zelt- oder budenartigen, von allen übrigen im Sudan üblichen Wohnungen abweichenden Hütten unserer Leute errichtet.

„Hassanie“ bedeutet: die Nachkommen Hassans, und Hassan: der Schöne; und in der That, nicht umsonst führt der Stamm diesen Namen. Denn die Hassanie sind unbestritten die schönsten Menschen, welche im unteren und mittleren Stromgebiete wohnen, und namentlich die Frauen übertreffen fast alle übrigen Sudaner an Wohlgestalt des Leibes, Regelmäßigkeit der Gesichtsbildung und Helligkeit der Hautfarbe; Männer und Frauen bewahren auch treu überaus seltsame Sitten, welche andere Menschen freilich richtiger Unsitten nennen. Die Hassanie sind daher ebenso berühmt als berüchtigt, werden ebenso gesucht als gemieden, ebenso gepriesen als bespöttelt, ebenso verherrlicht als geschmäht. Den unbefangenen, nach Kenntnis und Kunde der Sitten und Gebräuche strebenden Fremden ergötzen sie aufs höchste, wenn nicht ihrer Schönheit, so doch ihrer jeden schwer bestechlichen Mann erheiternden Gefallsucht halber. Letztere tritt noch bei weitem weniger verhüllt entgegen als das Selbstbewußtsein, welches Schönheit verleiht: sie wollen und müssen gefallen. Erhaltung ihrer Schönheit ist ihr höchstes Streben und gilt ihnen mehr als jeglicher sonstige Gewinn. Um dem Sonnenbrande, welcher ihre hellbraune Haut dunkeln könnte, zu entgehen, hausen sie im Schatten des Waldes, begnügen sich mit wenigen Ziegen, den einzigen Haustieren außer den Hunden, welche jener zu halten gestattet, und verzichten auf den Reichtum, welchen zahlreiche Rinder- und Kamelherden ihren die Steppe durchwandernden Stammesverwandten gewähren; um ihre Reize nicht zu schädigen, trachten sie vor allem anderen danach, Sklavinnen zu erwerben, welche ihnen jede beschwerliche Arbeit abnehmen müssen; um Gesicht und Wangen zu zieren, ertragen sie, schon als kleine Mädchen, heldenmütig die Schmerzen, welche die Mutter ihnen bereitet, indem sie mit dem Messer drei tiefe, gleichlaufende, senkrechte Wunden in die Wangen schneidet, damit hier ebensoviele dickwulstige Narben entstehen, oder indem sie mit einer Nadel Stirn-, Schläfe- und Kinnhaut durchsticht, in die Wunden Indigopulver einreibt und so blaue Zierschnörkel hervorruft; um ihre blendendweißen, geradezu schimmernden Zähne nicht zu verderben, genießen sie nur lauwarme Speisen; um ihren äußerst künstlichen, aus Hunderten feiner Zöpfchen bestehenden, mit arabischem Gummi gesteiften und reich eingefetteten Haarputz möglichst lange zu erhalten, verschmähen sie jegliche andere Stütze des Kopfes, als ein schmales, halbmondförmiges Holzgestell, auf welchem sie beim Schlafen ihr Haupt ruhen lassen; um ihrem Schönheitssinn zu genügen, vielleicht auch, um von jedem Bewohner oder Besucher ihrer Niederlassung gesehen und bewundert werden zu können, ersannen sie die eigentümliche Bauart ihrer Hütten.

Letztere lassen sich vielleicht am besten mit unseren Marktbuden vergleichen. Ihr Boden, welcher aus dicht nebeneinander gelegten, untereinander verbundenen, daumenstarken Ruten besteht, liegt auf einem Pfahlgerüste, welches ungefähr einen Meter über den Boden sich erhebt und allem kriechenden Ungeziefer den Zugang zum Wohnraum erschwert, auch gegen die Bodenfeuchtigkeit schützt; ihre Wände bestehen aus Matten, ihr auf der offenen Nordseite überhängendes Dach aus regendichtem Zeuge, welches aus Ziegenwolle gewebt wurde. Sauber geflochtene Matten aus Palmenblattstreifen decken den beschriebenen Fußboden; zierlich gearbeitete Flechtereien, Muschelgehänge, wasserdicht geflochtene Körbchen, Thongeschirre und Trinkschalen, aus der einen Hälfte des Flaschenkürbis bestehend, bunte, ebenfalls geflochtene Speiseschalen nebst Deckeln und dergleichen Sachen schmücken die Wände. Jedes einzelne Gerät ist ebenso hübsch gearbeitet wie sauber gehalten; Ordnung und Reinlichkeit der ganzen Hütte besticht jedes Auge um so mehr, als beides so selten gesehen wird.

In solcher Hütte verbringt und verträumt die Hassanie den Tag. Aufs beste geschmückt, Haar und Haut mit wohlriechender Salbe gefettet, den Oberleib in ein langes, leicht gewebtes und daher durchsichtiges Tuch, den unteren Teil des Körpers in ein rockartig umgeschlungenes Stück Zeug gehüllt, die Füße mit sorgfältig gearbeiteten Sandalen bekleidet, Hals und Busen mit Ketten und Amuletten, die Arme mit Spangen aus Bernsteinstücken, einen Nasenflügel womöglich mit einem silbernen, vielleicht sogar goldenen Ringe geziert, sitzt sie geborgen im Schatten und erfreut sich ihrer Schönheit. Ihre kleine Hand beschäftigt sich mit Anfertigung einer Flechterei, eines sonstigen Hausgerätes oder Kleidungsstückes, handhabt vielleicht auch nur die Zahnbürste, eine an beiden Enden zerfaserte, zum bestimmten Zwecke vortrefflich geeignete Wurzel. Alle Arbeit, welche der Haushalt erfordert, nimmt ihr die Sklavin, alle Mühewaltung, welche die Beaufsichtigung und Nutzung der kleinen Herde beansprucht, der dienstfertige, überaus gefällige Gatte ab. Wohldurchdachte, seltsame Eheverträge, wie sie unter ihrem Stamme üblich sind, und trotz aller Machtsprüche und Eingriffe der Beherrscher des Landes fort und fort aufrecht erhalten werden, gewährleisten ihr unerhörte Rechte. Sie ist Herrin im unbeschränktesten Sinne des Wortes, Herrin auch ihres Gatten, mindestens so lange, als ihre Reize blühen; erst wenn sie verwelkt und alt wird, lernt auch sie die Vergänglichkeit aller irdischen Herrlichkeit erkennen. Bis dahin thut sie, einzig und allein durch von ihr selbst zugestandene Grenzen ihrer Freiheit gehemmt, was zu thun sie für gut befindet. Solange die Baumkronen um ihre Hütte nicht tiefsten Schatten gewähren, verläßt sie ihre Behausung nicht, heißt dafür aber jedermann, insbesondere jeden Fremden, welcher bei ihr einspricht, herzlich willkommen und wahrt, mit oder ohne Zuthun des Gatten, die Ehre des Stammes: beinahe schrankenlose Gastlichkeit. Und dennoch beginnt erst, wenn der Abend sich herniedersenkt, ihr eigentliches Leben. Noch bevor die Sonne zu Rüste gegangen, regt und bewegt es sich in der Niederlassung. Eine Freundin besucht die andere; zu beiden gesellen sich andere Frauen; Trommel und Zither locken die übrigen hinzu; und schlanke, bewegliche, schmieg- und biegsame Gestalten ordnen sich zum erheiternden Tanze. Zarte Hände tauchen die Trinkschale in die bauchige, mit Merisa oder Durrabier gefüllte Urne, um auch Männerherzen zu beglücken. Alt und jung strömt zusammen und feiert um so freudiger das abendliche Fest, da die Gegenwart fremder Besucher es verherrlicht. Außerordentlich ist die Gastlichkeit aller Sudaner, so außerordentlich wie die der Hassanie aber die keines anderen Stammes.

Im Verlaufe der Reise trifft man noch einige Male Ansiedelungen dieser Waldhirten, einige Male auch Dörfer anderer Sudaner; dann endlich, nach fast monatelanger Fahrt, gelangt man in das Gebiet, welches man erreichen wollte. Auf beiden Ufern des Stromes hindert ununterbrochener Wald das spähende Auge, tiefer in das Land zu schweifen. In dieser Gegend gibt es noch keine Siedelungen des Menschen, weder Felder noch Dörfer, noch zeitweilig bewohnte Lager; in diesen Waldungen hat das Echo den Schall der Art noch nicht weiter getragen, weil der Mensch sie noch nicht auszunutzen versuchte: in ihnen hausen, noch immer fast unbehelligt, einzig und allein die Tiere der Wildnis. Undurchdringliche Hecken schließen sie nach dem Strome zu ab und wehren jedem Versuche, von ihm aus ihr Inneres zu betreten. Alle Schattierungen des Grün malen das bezaubernde, bald anheimelnde, bald völlig fremd erscheinende Bild dieser Wälder: lichtgrüne Mimosen bilden den Grund, silbern glänzende Palmwedel, dunkelgrüne Tamarindenkronen, hellgrüne Christusdorngebüsche heben sich lebhaft von ihm ab; unendlich verschiedenartig gestaltete Blätter wogen und zittern, vom Windhauche bewegt, schimmern und flimmern, bald von der einen, bald von der anderen Seite sich zeigend, vor dem ebenso übersättigten wie geblendeten Auge, welches vergeblich sich müht, das Blättergewirr zu erschließen, diese Einzelheit des Ganzen von jener zu trennen. Meilenweit erscheinen beide Ufer in derselben Weise, gleich dicht bewaldet, gleich großartig besäumt, gleich lückenlos und gleich undurchdringlich.

Da bietet sich endlich ein Pfad, vielleicht sogar ein breiterer Weg, welcher in das Innere des Waldes zu führen scheint. Aber vergeblich späht man auf ihm nach einem Abdrucke der Sohle des Menschen. Er hat ihn nicht gebahnt: die Tiere des Waldes waren es, welche ihn bildeten. Eine Elefantenherde schritt durch das verfilzte Dickicht, um von der wasserlosen Höhe des Ufers zum Strome zu gelangen. In langer Reihe einander folgend, durchbrachen die gewaltigen Tiere widerstandslos das tausendfach ineinander verschlungene Unterholz und ließen einzig und allein durch die stärksten Hochbäume von ihrem Wege sich ablenken. Hinderliche Aeste und Stämme von der Stärke eines Mannesschenkels wurden von ihnen abgebrochen, entzweigt, entlaubt, bis auf die ungenießbaren Teile verzehrt und dann zur Seite geworfen, den Boden wuchernd bedeckende Gebüsche mit den Wurzeln ausgerissen, in gleicher Weise ausgenutzt und entfernt, Gras und Kraut niedergetreten und zerstampft. Was die vordersten übrig ließen, fiel den hintersten zum Opfer, und so entstand eine begehbare, meist tief in das Innere des Waldes sich erstreckende Straße. Andere Tiere sorgten dafür, sie noch besser auszutreten und in gangbarem Zustande zu erhalten. Auf solchem Wege dringt das zur Nachtzeit den Fluten des Stromes entsteigende Nilpferd in den Wald ein, um in ihm zu weiden; seiner bedient sich das Nashorn, um vom Walde aus zur Tränke zu gehen; auf ihm zieht der blindwütende Wildbüffel zu Thale und nach der Höhe zurück; auf ihm schreitet der Löwe durch sein Gebiet; auf ihm kann man ihm oder dem Leoparden, der Hyäne und anderen Raubtieren des Waldes begegnen. Wir betreten ihn und dringen vor.

Nach wenigen Schritten umgibt uns allseitig der großartige Wald. Aber vergeblich erscheint es auch hier, die Stamm- und Ast-, Zweig- und Trieb-, Ranken- und Blättermassen entwirren zu wollen. Mauergleich schließt sich der Wald auch zu beiden Seiten solches Weges ab. Ununterbrochen starren dicht ineinander verfilzte, selbst dem Blicke unzugängliche, den Boden allüberall bedeckende Gebüsche entgegen; nur durch sie verdrängt, sprossen zwischen ihnen allerlei Gräser auf und bilden einen zweiten Unterwald im Unterwalde; unmittelbar über jenen recken hochstämmigere Gebüsche und niedere Bäume die Zweige ihrer Kronen nach allen Seiten; über ihnen entfalten wiederum höhere Bäume ihre Wipfel; und über sie endlich erheben sich die Baumriesen des Waldes. Weitaus die meisten Buscharten des Unterholzes sind dicht mit Dornen, die uber sie emporragenden Mimosen mit langen, harten und spitzigen Stacheln bewehrt, selbst die Gräser mit klettenartigen, ringsum fein bestachelten Samenkapseln oder häkchenbesetzten Aehren ausgerüstet, so daß jeder Versuch, vom Wege ab einzudringen, tausend Hindernissen begegnet. Der erlegte Vogel, welcher im Herabfallen auf einem der nächsten Büsche hängen bleibt, geht dem Schützen verloren, weil dieser, ohne Aufwand unverhältnismäßiger Mittel, nicht im stande ist, bis zu jenem Busche zu gelangen; das Wild, welches vor dem Auge des Jägers in einem Busche sich verbirgt, hat sich gerettet, weil der Jäger es nicht mehr wahrzunehmen vermag: ein etwa drei Meter langes Krokodil, welches wir einmal im Walde aufscheuchten, entging uns, weil es sich in einem zufälligerweise einzeln stehenden Busche unseren Augen so vollständig zu entziehen wußte, daß wir nicht eine Schuppe von ihm erspähen, also auch keinen Schuß abgeben konnten.

Noch immer strebt man vergeblich, die Fülle der Eindrücke zu bewältigen, ein Bild von dem anderen zu trennen und zu erfassen, einen Baum vom Boden an bis zum Wipfel hinauf zu betrachten, die Blätter des einen von denen eines anderen zu unterscheiden. Vom Strome aus war es möglich, einzelne der frischgrünen Tamarinden von den sie umgebenden verschiedenartigen Mimosen zu sondern, die prachtvolle, entfernt an unsere Ulmen erinnernde Kigelie zu erkennen, an einem den übrigen Wald überragenden Palmenwipfel sich zu erfreuen: inmitten des Waldes verschmelzen sämtliche Einzelheiten zu einem einzigen, unzertrennlichen Gesamtbilde. Alle Sinne werden in gleicher Weise in Anspruch genommen. Aus demselben Laubgewölbe, welches das Auge zu erschließen sucht, strömen balsamische Düfte einzelner jetzt blühender Mimosen hernieder, klingt ein Gewirr der verschiedenartigsten Laute und Töne, vom Gegurgel der Meerkatzen oder dem Kreischen der Papageien an bis zum gegliederten Vogelgesange und tönenden Summen der jene blühenden Bäume umschwirrenden Kerbtiere hinauf, ununterbrochen in das Ohr; das Gefühl, mindestens die Empfindung wird nicht weniger, wenn auch nicht gerade in angenehmer Weise durch die unzähligen Dornen beansprucht, und auch der Geschmack kann sich an einzelnen, vielleicht erreichbaren, freilich nur wenig oder nicht zusagenden Früchten versuchen.

Endlich aber bietet sich bei weiterem Vordringen ein einzelnes, bestimmtes Bild. Gewaltig in seinem ganzen Baue, riesenhaft selbst in den feineren Aesten noch, erhebt sich ein Baum über die zahllosen Pflanzen, welche seinen mächtigen Fuß umgrünen; wie ein Riese drängt er sich hervor, schafft er sich Raum für Stamm und Wipfel. Es ist der Elefant, der Dickhäuter unter den Bäumen, die Adansonie oder Tabaldie der Eingeborenen, der Boabab oder Affenbrotbaum. Staunend bleibt man stehen, um ihn zu betrachten; denn an solchen Anblick, wie er ihn bietet, muß sich das Auge erst gewöhnen, bevor es alle Einzelheiten des Ganzen zu erfassen vermag. Man denke sich einen Baum, dessen Stammumfang, in Mannshöhe gemessen, bis zwanzig Klafter erreichen kann, dessen untere Aeste immer noch unsere stärksten Baumstämme an Dicke überbieten, dessen Zweige starken Aesten gleichen und dessen jüngste Schößlinge in mehr als Daumendicke hervorsprossen; man denke sich, daß dieser mächtige Pflanzenriese bis zu ungefähr vierzig Meter Höhe sich aufbaut und seine unteren Aeste fast bis zur Hälfte dieses Maßes ausreckt, und man wird sich den Eindruck vorstellen können, welchen er auf den Beschauer ausübt. Unter allen Bäumen der Urwälder dieser Gegend verliert der Affenbrotbaum am frühesten seine Blätter und verharrt am längsten in seiner Winterruhe; während dieser Zeit strecken sich alle Aeste und Zweige kahl in die Luft hinaus, und hängen seine an langen, biegsamen Stielen befestigten Früchte, welche Zuckermelonen an Größe gleichen und zwischen den Samen mehliges, säuerlich schmeckendes Mark enthalten, von den meisten Aesten hernieder: ein Anblick, welcher dem Gedächtnisse für alle Zeiten sich einprägt. Wenn aber nach den ersten Frühlingsregen große, fünffach gespaltene Blätter hervorbrechen, sich entwickeln und das Wunder dieser Baumkrone vollenden helfen; wenn zwischen den Blättern die langgestielten Knospen weißer Blüten von Rosengröße sich entfalten, wandelt sich der unvergleichliche Riesenbaum wie durch Zauberei zu einem ungeheuren Rosenstocke von unbeschreiblicher Pracht, und Bewunderung ergreift die Seele selbst des nüchternsten Menschen im Tiefinnersten.

Mit der Adansonie kann sich kein anderer Baum des Urwaldes messen; ihr gegenüber verliert selbst die Dulebpalme, welche ihre Krone über alle sie umgebenden Wipfel zu erheben pflegt, an Reiz und Anziehungskraft. Und doch ist sie einer der herrlichsten Bäume Innerafrikas und eine der schönsten Palmen der Erde: ihr Stamm eine Säule, wie sie kein Künstler schöner erdenken könnte, ihre Krone ein Knauf, wie er zu solcher Säule paßt. Der senkrecht aufsteigende, über dem Boden verdickte Stamm verjüngt sich in augenfälliger Weise bis zur unteren Hälfte seiner Höhe, beginnt hier sich auszubauchen, verjüngt sich nochmals und schwillt unter der Krone noch einmal an; diese selbst besteht aus breiten, kaum weniger als einen Geviertmeter umfassenden Fächerblättern, deren Stengel allseitig in gerader Richtung vom Mittelpunkte abstehen und daher die Krone in ausdrucksvollster Weise gestalten. Unter ihnen brechen die Fruchttrauben hervor und vermehren, da die Früchte die Größe eines

Kinderkopfes erreichen, die Zierde, welche diese herrliche Krone nicht allein ihrem Stamm, sondern dem ganzen Walde verleiht, noch wesentlich.

An das Riesenhafte klammert das Märchen sich an, an und in ihm erlebt es, gestaltet es sich, gewinnt es Verständnis. Solcher Gedanke drängt sich auf, wenn man, wie es oft der Fall, eine Adansonie überrankt und umsponnen sieht von einer der Schlingpflanzen, welche in reicher Fülle auch diese Urwaldungen zieren und schmücken. Mir hat die Schlingpflanze stets als Sinnbild des arabischen Märchens erscheinen wollen. Denn wie sie keinen Nährboden zu bedürfen scheint und dennoch ihm entsproßte, ihre hauptsächlichste Nahrung aber dem Aether entnimmt; wie sie ihre Ranken von Baum zu Baum windet, an jedem sich festkettet und trotzdem weiter strebt, bis sie endlich auf einem Wipfel sich entfaltet und den sonst blütenlosen mit leuchtenden und duftenden Blumen begabt: so scheint auch das Märchen, wie fest es im Thatsächlichen wurzeln möge, nicht der Wirklichkeit entstammt zu sein, greift, um sich zu stärken, bis in den Himmel hinauf und sendet seine Dichtung durch die Welt, bis es ein Herz findet, welches durch diese erglüht. Wenn ich der Schlingpflanze gedenke, meine ich nicht eine einzige Pflanzenart, sondern umfasse mit dem einen Ausdrucke alle Gewächse, welche hier in dichten Schraubenwindungen einen Stamm umstricken, dort einen kahlen Wipfel umranken, an einer Stelle viele Bäume verketten, an einer anderen einen einzigen begrünen und bekränzen, in diesem Teile des Waldes als nackte Ranken Brücken von Ast zu Ast schlagen, in jenem den Weg sperren helfen und sonst noch in hundertfach verschiedener Weise, immer aber rankend und kletternd, auftreten. Ihre Schönheit, der Reiz, welchen sie auf den Nordländer ausüben, läßt sich empfinden, nicht aber beschreiben; denn wie sich der Anfang und das Ende einer Schlingpflanze oft nicht erkennen läßt, will sich auch der Ausdruck nicht finden, welcher der Beginn oder der Schluß einer befriedigenden Schilderung sein müßte. Die Schlingpflanze ist greifbar vorhanden und dennoch der Beobachtung entrückt; man verfolgt bewundernd den Pfad ihrer Ranken, ohne ergründen zu können, woher sie kommen und wohin sie gehen; man schwelgt im Aufschauen ihrer Blüten, ohne im stande zu sein, sie zu erlangen, oft ohne mehr als zu ahnen, daß sie von ihr stammen. Sie erst drückt dem Walde Siegel und Gepräge des Urwaldes auf.

Und nicht bloß eigene Blüten entfaltet sie, sondern auch mit fremden weiß sie sich zu schmücken. Auf ihren Ranken ruhen mit Vorliebe gewisse Prachtvögel des Waldes und werden ihnen zu lebendigen Blumen, welche die eigenen Blüten an Reiz und Anziehungskraft noch bei weitem übertreffen. Zuweilen geschieht es, daß ein blitzender Schein, vergleichbar einem von glatter und spiegelnder Fläche zurückgeworfenen Sonnenstrahle, das ihren Ranken folgende Auge streift und den Blick der Stelle zulenkt, von welcher er ausging. Der Schimmer ist in der That nichts anderes als ein widergespiegelter Sonnenstrahl, welcher das atlasglänzende Gefieder eines Glanzstares trifft und bei jeder Bewegung des prachtvollen Vogels abgelenkt und bald nach oben, bald nach unten geworfen wird. Entzückt von der wundervollen Schönheit dieses einen Vogels, möchte man ihn studieren, jede seiner Lebensäußerungen belauschen, würde man nur nicht fortwährend durch neue Erscheinungen abgezogen. Denn auch hier verdrängt ein Bild unablässig das andere. Da wo einen Augenblick vorher der Glanzstar sich zeigte, erscheint vielleicht unmittelbar darauf ein nicht minder glänzender und schimmernder Goldkuckuck, ein an Pracht des Gefieders mit Kolibris wetteifernder Honigsauger, ein Paar reizender Bienenfresser, eine im lebhaftesten Gefieder prangende Rake, ein nicht minder schöner Liest, ein Paradiesschnäpper, dessen lang herabwallende mittleren Schwanzfedern dem kleinen Vogel zu überraschender Zierde gereichen, ein Helmvogel, welcher bei jedem Flügelschlage seine tief purpurroten Schwingen entfaltet, ein Würger, dessen leuchtend rote Brust jene Schwingen noch überbietet, ein absonderlich gestalteter Nashornvogel, ein Goldwebervogel, eine Wida, ein metallisch glänzender Baumhopf, ein zierlicher Specht, eine blattgrüne Taube, ein Flug ebenso gefärbter Papageien und manch anderer gefiederter Bewohner des Urwaldes mehr. Dieser ist eben eine besonders bevorzugte Heimstätte der Vögel, bietet vielen Hunderten und Tausenden verschiedener Arten von ihnen Herberge und Nahrung und bringt daher sie fort und fort, viel eher und ungleich häufiger als alle übrigen Tiere, denen er Obdach gewährt, vor das Auge des Beobachters. Vögel bewohnen und beleben alle Teile, alle Kronenschichten des Waldes, den Boden wie die höchsten Wipfel, die undurchdringlichsten Gebüsche wie das blätterlose Geäst der Adansonien. Zwischen den Gräsern und anderen Pflanzen, welche den Boden wuchernd bedecken, bahnen sich Frankolin-, vielleicht auch Perlhühner ihre verschlungenen, durch wiederkehrenden Gebrauch zuletzt wohl ausgetretenen Pfade; in den laubigen Räumen über dem Wurzelstocke der Gebüsche haben sich kleine Tauben, im sperrigen Teile ihrer Wipfel verschiedenartige Prachtvögel, insbesondere Honigsauger und Schmuckfinken angesiedelt; zu den am dichtesten verfilzten, gänzlich ineinander verflochtenen, undurchdringlich erscheinenden Buschkronen schwirren, abgeschossenen Pfeilen vergleichbar,

Familien von Mäusevögeln heran, welche kriechend und sich schmiegend, jede Lücke benutzend, durch jede Oeffnung sich zwängend, sie dennoch zu durchdringen und im Inneren auszubeuten verstehen; an den über jene Gebüsche emporragenden Stämmen hängen und klettern, jeden Rindenspalt untersuchend, Baumhopfe, Meisen und Spechte; auf den untersten Zweigen der zweiten Wipfelschicht sitzen, fliegender Beute harrend, die liebenswürdigen Bienenfresser oder Raken, Paradiesschnäpper und Drongos; auf den stärkeren Aesten der dritten Schicht hüpfen tänzelnd Helmvögel entlang, schreiten würdevoll kleine Reiher auf und nieder, schlafen, an den Stamm geschmiegt, Uhus und andere Eulen; im dichten Gelaube der höchsten Bäume treiben sich Papageien und Bartvögel umher; auf ihren obersten Wipfelästen haben sich Adler, Falken und Geier niedergelassen. Wohin man das Auge richten will: einen Vogel wird es erspähen.

Entsprechend solcher Allverbreitung und Allgegenwart treffen ununterbrochen die verschiedensten Vogelstimmen das Ohr. Es lockt und ruft, piept und pfeift, flötet und zwitschert, trillert und schmettert, ruckst und girrt, gackert und knarrt, schreit und kräht, kreischt und krächzt, singt und schlägt auf allen Seiten, in der Höhe wie in der Tiefe, um die Mittagszeit wie in den Früh- oder Abendstunden. Hundertfach verschiedene Stimmen erklingen gleichzeitig und durcheinander, vereinigen sich oft zu einem an und für sich großartigen Tonspiel, oft auch wiederum zu einem sinnberückenden Tonwirrsal, welches man vergeblich zu zergliedern versucht und erst nach längerer Uebung in seine Einzelheiten zu zerlegen lernt. Mit Ausnahme der Drosseln, Bülbüls und Buschsänger, Baumnachtigallen und Drongos gibt es wirkliche Sänger nicht, wohl aber anziehende Schwätzer und gemütliche Plauderer, vor allem jedoch unendlich viele Schreier, Kreischer, Krächzer und andere, mehr oder minder gellend sich äußernde Lautgeber; das Stimmengetön des Urwaldes kann sich daher an Reiz und Wohlklang mit dem Frühlingsgesange unserer Wälder nicht im entferntesten messen, zeichnet sich dafür aber durch Absonderlichkeit und Eigenartigkeit der einzelnen Stimmen aus. Wildtauben rucksen, girren, heulen, lachen und rufen von den Wipfeln herab, wie aus den dichten Gebüschen hervor; Frankolin- und Perlhühner schmettern laut dazwischen; Papageien kreischen dazu; Raben krächzen darein; Lärmvögel bemühen sich, das sonderbare Gurgeln einer Meerkatzenbande auf das getreueste nachzuahmen, während die Helmvögel Laute hervorbringen, welche wie die eines Bauchredners klingen; Bartvögel pfeifen laut in getragenem Tone, oder tragen gemeinschaftlich einen schallenden, so verworrenen und dennoch so ausdrucksvollen Gesang vor, daß man denselben zu den bezeichnendsten Naturlauten des Waldes zählen muß; die schimmernden Glanzstare singen, indem sie die wenigen rauhen, bald krächzenden, bald kreischenden, bald quietschenden, bald knarrenden Laute, über welche sie verfügen können, in endloser Wiederholung aneinander reihen, miteinander verbinden, verschmelzen, vertönen; der prachtvolle Schreiseeadler, welcher an allen Wasserläufen und Wasserbecken des Waldes seßhaft ist, bethätigt seinen Namen. Hoch auf der Spitze eines Baumwipfels sitzt der „Abu Tok“ (Erzeuger des Stimmlautes „Tok“) der Eingeborenen, ein kleiner Nashornvogel, ruft sein „Tok“ laut in die Wildnis hinaus und begleitet jeden Laut mit einer tiefen Neigung seines durch den unverhältnismäßig großen Schnabel beschwerten Kopfes. Nur diesen einen Laut hat er in seiner ungefügen Kehle, und mit ihm muß er dem unworbenen oder verbundenen Weibchen ebenso verständlich seine Liebe erklären, wie die Nachtigall die ihrige mit ihrem bezaubernden Liede. Das seine Brust schwellende Hochgefühl ringt nach Ausdruck. Rascher und rascher folgen sich die einzelnen Rufe, schneller und schneller die dazu gehörigen Verneigungen, bis das schwere Haupt dieselben nicht mehr begleiten kann, nach Ruhe verlangt und damit ein Satz des eigentümlichen Liebesliedes endet, um wenige Minuten später in gleicher Weise begonnen und ausgeführt zu werden. Aus dem unnahbaren Dickicht erschallt die Stimme des Hagedasch oder Waldibis, und gelinder Schauder erfaßt die Seele des Beobachters. Es ist ein Klagegesang der jammervollsten Art, welchen dieser Vogel zum besten gibt; es klingt, als ob ein kleines Menschenkind peinlich gequält, etwa über schwachem Feuer langsam geröstet werden sollte und laut aufschriee unter aller Marter; denn langgezogene klägliche Laute wechseln mit gellenden Schreien, jähes Aufkreischen mit ersterbendem Gewimmer. Aus höher gelegenen Teilen des Waldes, von dort her, wo letzterer kleine Blößen umschließt, schmettern die weit hörbaren, metallreichen Trompetentöne des Kronenkranichs hernieder, welcher mit ihnen seine zierlichen und lebhaften, zur Ehre des Weibchens ausgeführten Tänze anfeuern zu wollen scheint und Widerhall weckt im Walde wie in der Kehle aller gleich ihm mit schallenden Stimmen ausgerüsteten Vögel, so daß sein Geschrei Anstoß zu neuem, gleichzeitigem Aufkreischen einer erheblichen Anzahl anderer Vögel wird. Auf solche Veranlassung hin probt fast jeder stimmbegabte Vogel seine Kehle, und eine Flut der verschiedensten Laute übertönt für Augenblicke die Einzelstimmen. Aber nicht allein verschiedene Arten der gefiederten Bewohner des Waldes wirken gemeinschaftlich an dem Tonstücke, sondern sogar die verschiedenen Geschlechter einer Art vereinigen sich, um den auf sie kommenden Gesangsteil auszuführen. Wie die erwähnten Bartvögel schreien auch die Droßlinge, die Lärmvögel, Frankolin- und Perlhühner stets zu gleicher Zeit zusammen auf und bringen dadurch jene verworrenen Tonsätze zu stande, welche aus dem allgemeinen Stimmgewirr bezeichnend hervorschallen. Einige Vogelarten, namentlich die Buschwürger, aber verfahren anders, indem hier Männchen und Weibchen eines Paares je einen besonderen Tonsatz ausführen. Das Männchen der einen Art, welche ich kennen lernte, des Scharlachwürgers, singt eine kurze Strophe, welche an den verschlungenen Pfiff unseres Pirols erinnert, das einer anderen, des Flötenwürgers, trägt drei glockenreine Flötentöne vor, welche Terz, Grundton und Oktave treffen. Unmittelbar auf sie folgt die Antwort des Weibchens, in beiden Fällen ein unangenehmes, schwer zu beschreibendes Krächzen, so taktrichtig und sicher, als wären die Vögel von einem Tonkünstler unterrichtet worden. Zuweilen geschieht es, daß das Weibchen beginnt und vier- bis sechsmal kreischt, bevor es Antwort erhält; dann fällt das Männchen wieder ein, und beide wechseln fortan mit gewohnter Regelmäßigkeit ab. Ich habe mich von diesem Zusammenwirken beider Geschlechter durch Versuche überzeugt, insbesondere bald das Männchen, bald das Weibchen erlegt und immer gefunden, daß dann nur noch das überlebende Geschlecht sich vernehmen ließ. Leider vermißt man auch in diesen, anfangs fesselnden Tönen die Reichhaltigkeit und den Wechsel, in dem ganzen Stimmengewirr den Wohllaut und Einhall des Vogelgesanges unserer heimischen Wälder; eine großartige und markige Weise aber ist es dennoch, welche der Urwald zu hören gibt, wenn in der Zeit des Frühlings alle die Hunderte und Tausende der verschiedenartigen Stimmen durcheinander klingen, Millionen von Kerbtieren die blühenden Bäume umschwirren und dadurch ein lautes, tönendes Gesumm hervorrufen, zahllose Eidechsen und Schlangen im dürren Laube rascheln und bald der gellende, aus der Höhe dennoch klangvoll niedertönende Adlerruf oder das Trompetengeschmetter der Kronenkraniche und Perlhühner zeitweilig alle übrigen Stimmen überbietet, gleich darauf in unmittelbarer Nähe des lauschenden Ohres ein Buschsänger sein ansprechendes Liedchen vorträgt, und von neuem einer der tonangebenden Schreier anhebt, um in tausend Kehlen Widerhall zu wecken.

Wird man vertrauter im Urwalde, als man anfänglich zu hoffen wagte, so gestattet dieser anziehende Einblicke in den Haushalt der Tiere und wiederum zunächst der Vögel. Noch herrscht der Frühling und mit ihm die Liebe in aller Herzen. Sie singen und kosen, bauen an ihren Nestern und brüten. Schon vom Boote aus kann man die Nistansiedelungen einzelner Arten wahrnehmen.

In genügender Höhe über der obersten Flutmarke des Hochwassers, an einer senkrecht abfallenden Stelle der Uferwand, haben Bienenfresser ihre engen, aber tiefen, am inneren Ende backofenförmig erweiterten Bruthöhlen ausgegraben. Auf wenige Geviertmeter Fläche drängt sich die Siedelung zusammen, obgleich mindestens dreißig, gewöhnlich achtzig bis hundert Paare sich vereinigten: der kreisrunde, drei, vier oder fünf Centimeter im Durchmesser haltende Eingang einer Höhle steht höchstens fünfzehn Centimeter von dem einer anderen entfernt. Kaum begreift man, wie es möglich ist, daß jedes Paar den Eingang zu seiner Höhle von anderen unterscheidet; gleichwohl fliegen die leichtbeschwingten gewandten Vögel, selbst wenn sie von ferne herbeieilen, ohne Zögern oder auch nur Besinnen in die rechte Höhle: ihr unvergleichlich scharfes Auge, welches noch auf hundert Schritte Entfernung eine vorübersummende Fliege wahrnimmt, täuscht sie nie. Ihr reges, lebhaftes Treiben vor der Ansiedelung gewährt ein ungemein fesselndes Schauspiel. Alle Bäume oder Gebüsche der Umgebung sind mit mindestens einem Paare der geselligen schönen Vögel geziert; auf jedem zum Ausluge geeigneten Zweige sitzt ein verbundenes Paar, und jeder Gatte desselben nimmt zärtlich teil an allem, was den anderen betrifft. Vor den Nisthöhlen geht es zu, wie vor einem Bienenstocke: einige schlüpfen ein, andere aus; diese kommen, jene gehen; viele umschweben beständig die Eingänge zu ihren Bruträumen. Erst mit Eintritt der Nacht, welche alle in den Höhlen verbringen, wird es ruhig und still.

An anderen Stellen des Ufers, wo Hochbäume über das Wasser sich neigen oder dieses während seines höchsten Standes sie umflutet, haben sich Edelwebervögel angesiedelt. Auch sie brüten stets gesellig, erbauen aber frei schwebende, an den äußersten Zweigspitzen befestigte, sehr künstlich aus Halmen oder Fasern zusammengeflochtene Nester. Keine lüsterne Meerkatze, kein anderer eierraubender Feind, nicht einmal eine Schlange kann sich, ohne Gefahr zu laufen, herab und ins Wasser zu stürzen, so angebrachten Nestern nähern. Mindestens drei, in der Regel aber vierzig bis sechzig Webervögel brüten auf einem und demselben Baume, und ihre Nester verleihen demselben daher ein sehr bezeichnendes Ansehen, geben sogar der Landschaft ein hervorstechendes Gepräge. Abweichend von anderen Vögeln, bauen nicht die Weibchen, sondern die Männchen, sie aber mit so ungezügeltem Eifer, daß sie sich auch dann zu schaffen machen, wenn dem wirklichen Bedürfnisse bereits Genüge geschehen ist. Einen eben abgebissenen Halm oder eine ausgezaserte Faser im Schnabel herbeischleppend, kommen sie angeflogen, hängen sich mit den Füßen am Zweige oder dem Neste selbst fest, erhalten sich durch schwirrende Flügelschläge in ihrer Lage und Stellung und verbauen unter beständigem Singen die zugebrachten Stoffe. Ist ein Nest bis auf den inneren Ausbau vollendet, so beginnen sie sofort mit dem Baue eines zweiten, dritten, reißen auch wohl bereits fertige wieder ein, um ihre Baulust zu befriedigen und fahren so fort, bis das inzwischen brütende Weibchen ihre Hilfe bei Erziehung der Jungen beansprucht. Solche Geschäftigkeit belebt die ganze Siedelung und die goldgelben, beweglichen, lebhaften, in den verschiedensten Stellungen hängenden und sitzenden Vögel werden dem ohnehin durch die Nester gezierten Baume zum größten Schmucke.

Auf Mimosen, welche gerade während der allgemeinen Brutzeit blätterlos dastehen, haben Viehwebervögel für ihre, der unseres Stares kaum gleichkommende Größe gewaltige Bauten errichtet. Ihre Nester stehen in dem dichtesten Wipfelgezweige der gedachten, sehr dornigen Mimosen und bestehen äußerlich ausschließlich aus dornigen Zweigen, welche ihnen ein kratzborstiges Aussehen geben, sind oft über einen Meter lang, halb so hoch und breit und enthalten innen genügend geräumige Nesthöhlen, zu denen der Größe unserer Weber entsprechende, oft gewundene, anderen Tieren unzugängliche Röhren führen. Auch auf diesen Bäumen und um diese Nester herrscht ein reges und lärmendes Getriebe.

Im Inneren des Waldes selbst stößt man, bei achtsamem Aufmerken, allüberall auf Nester, so schwierig es auch zuweilen ist, sie zu erkennen. Kleine Finken z. B. erbauen solche, welche einem vom Winde zusammengetragenen Häufchen dürren Grases zum Verwechseln ähneln, innen aber eine weich und warm mit Federn ausgekleidete Nistkammer haben; andere Vögel wählen Baustoffe, welche der Umgebung in ihrer Färbung täuschend ähnlich sind; wieder andere bauen überhaupt gar nicht, sondern legen ihre erdfarbenen Eier ohne alle Unterlage auf den Boden. Alle Höhlungen in den Bäumen sind jetzt bezogen worden, und Spechte, Bartvögel und Papageien bestreben sich, fortwährend neue zu zimmern oder doch auszuweiten und zu Brutstätten herzurichten, die Nashornvögel dagegen, zu weite Eingänge zu verkleiben. Gerade die letzteren zeichnen sich durch ihr Brutgeschäft besonders aus und verdienen daher an erster Stelle erwähnt zu werden.

Nachdem der Nashornvogel durch eifrige Werbung ein Weibchen an sich gekettet hat, sucht er mit diesem nach einer passenden Höhlung, um in ihr zu brüten. Hat er solche gefunden, so erweitert er sie mit seinem ungefügen Schnabel mühselig genug, soweit dies erforderlich ist. Dann schickt sich das Weibchen zum Legen an, und nunmehr kleiben beide Gatten, das Weibchen von innen, das Männchen von außen arbeitend, den Eingang bis auf eine Spalte zu, welche eben weit genug ist, um zu gestatten, daß das Weibchen seinen Schnabel mit der Spitze hindurchzwängen kann. Abgeschlossen von der Außenwelt, in einer vollständigen Wochenstube weilend, brütet das Weibchen sodann, und dem Männchen liegt es ob, nicht allein die vermauerte Gattin, sondern auch die später dem Ei entschlüpfenden, rasch heranwachsenden und sehr viele Nahrung beanspruchenden Jungen zu ernähren, bis diese vollständig flügge geworden sind, die Mutter den Eingang von innen öffnet und die ganze Familie feist und wohlbefiedert in die Außenwelt tritt, um fortan den Gatten und Vater, welcher unter Arbeit und Sorge, um eine so zahlreiche Familie zu unterhalten, zum Geripp abmagerte, weiterer Mühewaltung zu entheben.

Aehnliche Gatten- und Vatertreue bestätigt auch der Schattenvogel, ein etwa rabengroßer, storchähnlicher, stiller und nächtlich lebender Bewohner des Waldes, dessen riesenhafte Nester zu den bemerkenswertesten von allen zählen. Diese Nester stehen gewöhnlich in geringer Höhe über dem Boden, in Stammzwieseln oder auf starken Aesten der unteren Krone, welche die erforderliche Tragfähigkeit besitzen; denn sie übertreffen die größten Raubvogelhorste an Umfang und Gewicht, haben oft einen Querdurchmesser von anderthalb bis zwei Meter, bei nicht viel weniger Höhe, und bestehen aus ziemlich dicken Aststücken und Zweigen, welche mit Lehm verbunden oder förmlich vermauert werden. Wer nicht zufällig bemerkt, wie der Schattenvogel aus- oder einschlüpft, wird nicht auf den Gedanken kommen, daß sie hohl sind, vielmehr die Horste großer Raubvögel in ihnen zu erkennen meinen, um so mehr, als nicht selten Adler und Uhus ihre Decke als Horststätte benutzen. Wird man jedoch durch ihren wirklichen Erbauer eines Besseren belehrt und untersucht man sie genauer, so findet man, daß sie im Inneren drei vollkommen getrennte, nur durch Schlupfgänge, also gleichsam Thüren verbundene Räume enthalten, welche sich bei fortgesetzter Beobachtung als Vorzimmer, Gesellschafts- oder Speisesaal und Brutgemach erweisen. Letzteres, der hinterste Raum, liegt etwas höher als die beiden vorderen Abteilungen, so daß im Falle der Not eingedrungenes Wasser abfließen kann; der ganze Bau ist aber so trefflich gearbeitet, daß selbst heftige und lang anhaltende Regengüsse selten Schaden anrichten können. Im Brutraume liegen auf weichem Polster aus Schilf und anderen Pflanzenstoffen die drei bis fünf weißen Eier, welche die Gattin bebrütet; im mittleren Raume speichert das Männchen währenddem allerlei Futterstoffe, gefangene Fische, Frösche, Eidechsen und sonstige Leckerbissen in reichlicher Menge auf, so daß die Gattin unter den stets vorhandenen Vorräten wählen kann und nur zuzulangen braucht, um sich zu sättigen; im vordersten Raume endlich steht oder hockt der Gatte, solange er nicht mit Erwerb der Beute beschäftigt ist, um Wache zu halten und der brütenden Gattin Gesellschaft zu leisten, bis die heranwachsenden Jungen beider Thätigkeit beanspruchen.

Schattenvogel und Adler oder Uhu sind nicht das einzige Beispiel freundnachbarlichen Zusammenwohnens verschiedenartiger, in ihren Sitten und Gewohnheiten ungleicher Vögel. Auf den breiten, wagerecht vom Stamme abstehenden Fächerblättern der herrlichen Dulebpalme steht der Horst des ebenso schnellen als raublustigen Zwergwanderfalken und das Nest der Gineataube zuweilen so dicht nebeneinander, daß ein einziger Griff des Falken genügen würde, um eines der Nachbarskinder zu erbeuten. Dieser Griff aber erfolgt nicht, weil der Falke gewohnt ist, nur auf fliegende Vögel zu stoßen, und so wachsen die Kinder der Taube ungefährdet neben den Sprößlingen des Raubvogels groß, und beide Nachbarn sitzen nicht selten friedlich nebeneinander, jedes Paar neben seiner Brutstätte.

Noch eine andere Palme bot mir Gelegenheit, Vögel zu beobachten, deren Brutgeschäft mich aufs höchste überraschen und fesseln mußte. Eine einzelne Tompalme umflogen unter lebhaftem Geschrei zwerghafte Segler, nahe Verwandte unserer sogenannten Turmschwalbe, und lenkten dadurch meine Aufmerksamkeit dem Baume zu. Bei genauerer Nachforschung sah ich, daß sie sich oft zwischen die Blätter der Palme begaben und entdeckte nunmehr in der Riefe an den Blattstielen lichte Punkte, welche ich als die Nester der Segler erkennen mußte. Ich erstieg den Baum, bog eines der Blätter gegen mich heran und fand, daß je ein Nest, dessen wesentlichsten Teil Baumwolle bildete, in dem Winkel zwischen Stiel und Blatthälfte in der unter Seglern üblichen Weise mittels Speichel festgeleimt war. Aber die Nestmulde erschien mir so flach, daß ich mich wundern mußte, wie in ihr die beiden Eier liegen bleiben könnten, wenn das große Blatt im Winde bewegt werden sollte. Und letzteres mußte beim leisesten Windhauche geschehen, geschweige denn bei Stürmen, wie solche hier zu toben pflegen! Behutsam näherte ich meine Hand zwei Eiern, um sie auszunehmen: da erfuhr ich mit Staunen, daß sie von der Mutter im Neste festgeleimt waren! Und als ich ausgeschlüpfte, kleine, noch gänzlich unbehilfliche Junge näher untersuchte, bemerkte ich mit gesteigerter Ueberraschung, daß auch sie in gleicher Weise im Neste befestigt waren, um auch sie gegen das Herabfallen zu schützen.

Während die Vögel durch ihre Allgegenwart, Schönheit, Lebhaftigkeit und Regsamkeit, wie durch ihren Gesang oder wenigstens ihr Geschrei fort-

Meerkatzen.

während die Aufmerksamkeit des achtsamen Beobachters auf sich lenken, bemerkt dieser, abgesehen noch von den sehr zahlreich auftretenden Eidechsen und Schlangen oder den hie und da überaus häufigen Kerbtieren wenig von den übrigen Bewohnern des Urwaldes, insbesondere von den in ihm hausenden Säugetieren. Eine Meerkatzenbande kann man freilich nicht übersehen, weil die diesen wie allen übrigen afrikanischen Affen eigene Lebendigkeit und Unstetigkeit sie sicherlich bald auch vor das blödeste Auge bringen, oder ihr fortwährendes Gegurgel das Ohr treffen muß; an den meisten übrigen Säugetieren aber kann man auf wenige Meter Entfernung vorübergehen, ohne auch nur zu ahnen, daß solches der Fall ist. Weitaus der größte Teil aller Urwaldsäugetiere regt und bewegt sich erst nach Sonnenuntergang und sucht vor Anbruch des Tages sein Lager wieder auf; aber auch diejenigen, welche in den Morgen- und Abendstunden, angesichts der Sonne rege und thätig sind, lassen sich keineswegs so leicht beobachten, als man vielleicht meinen möchte; denn ihnen kommt die Dichtigkeit des Waldes vortrefflich zu statten. „Haben Sie,“ fragte mich ein Europäer, mit welchem ich einstmals im Urwalde jagte, „nicht den Leoparden bemerkt, welcher vor wenig Minuten von mir weg und auf Sie zulief? Ich konnte nicht schießen, weil ich mein Gewehr nicht in Ordnung hatte; Sie aber müssen ihn wahrgenommen haben.“ Es war nicht an dem: ich hatte von dem großen Tiere nicht das geringste gesehen, so dicht war der Unterwuchs des Waldes gewesen. Wenn letzteres nicht der Fall ist, macht sich in der Regel ein anderer Umstand geltend: die Gleichfarbigkeit des Säugetieres mit seiner Umgebung. Der grauliche Halbaffe, welcher hoch oben auf einem mit Flechten übersponnenen Aste zusammengekauert sitzt und schläft, täuscht dem Auge einen Knorren oder Auswuchs so deutlich und überzeugend vor, daß die tierische Gestalt erst dann zum Vorschein kommt, wenn der gewitzigte Jäger sein Fernglas hervorzieht und jenen Knorren scharf betrachtet; die Fledermaus, welche hoch oben frei in der Krone eines anderen Baumes hängt, gleicht ebenso wie jener einem Auswuchse, einem vergilbten Blatte; selbst das bunte Fell des Leoparden kann im Walde durch dürre Blätter und blühende Euphorbien so getreulich wiedergegeben sein, daß ich selbst einmal mit gespannter und angeschlagener Büchse bis auf fünfzehn Schritte an einen Busch, in welchen sich ein Pardel geflüchtet hatte, herangehen mußte, bevor ich Tier und Umgebung zu unterscheiden vermochte. Genau dasselbe gilt für die im Walde lebenden Antilopen, gilt für alle Säugetiere überhaupt; und sie wissen, daß dem so ist. Nicht überall im Urwalde, aber hie und da und dann stets häufig, lebt eine kleine Antilope, das Buschböckchen oder die Windspielantilope. Sie ist einer der anmutigsten aller Wiederkäuer, äußerst zierlich gebaut, nicht größer als ein vor wenig Tagen gesetztes Rehkalb und fuchsig graubläulich von Farbe, bewohnt paarweise das dichteste Unterholz des Waldes, wählt zum Lager oder ständigen Aufenthaltsorte einen bis auf den Boden herab verzweigten, laubigen Busch und tritt von hier ab schmale Pfade aus, welche in den verschiedensten Richtungen durch das Dickicht laufen. Ich habe das Tier oft erlegt; anfänglich aber erging es auch mir wie allen übrigen Reisenden und Jägern, welche es kennen lernten: ich war außer stande, es zu sehen, es sei denn, daß es, bereits aufgescheucht, wie ein Pfeil an mir vorübergehuscht wäre. „Sieh, Herr, dort vor dir, im nächsten Busche steht ein Böckchen; dort unten in der Lücke zwischen den beiden dicht belaubten Zweigen steht es ja; siehst du denn nichts?“ flüsterten meine eingeborenen Begleiter mir zu. Ich strengte alle Sinne an, bohrte meine Blicke förmlich in den bezeichneten Busch und — sah nichts anderes als Zweige und Blätter; denn zu Zweigen wurden auch die zierlichen Läufe, zu einem dichtbelaubten Äste Kopf und Leib des Böckchens. Doch das Jägerauge findet sich zuletzt auch im Urwalde wieder. Wenn man einigermaßen mit den Sitten und Gewohnheiten der niedlichen Antilope vertraut geworden ist, lernt man ebensogut sie aufzufinden, wie der scharfsichtigste Eingeborene. Ihr feines Gehör hat ihr den herannahenden Menschen weit früher verraten, als dieser eine Spur ihres Vorhandenseins wahrzunehmen vermochte. Durch das Geräusch der schweren Menschentritte aufgeschreckt, ist sie vom Lager aufgesprungen, einige Schritte vorwärts gegangen und in eine Lücke getreten, von welcher aus sie sehen kann, was vorgeht. Wie ein in Erz gegossenes Bildnis, starr und regungslos, ohne auch nur eines der längst schon eingestellten Gehöre fernerhin zu bewegen, ohne eines ihrer Lichter zu drehen, steht sie da und lauscht und äugt; der Lauf, welcher zum Vorwärtsschreiten erhoben wurde, verbleibt in der angenommenen Lage, kein Zeichen verrät Leben. Jetzt ist es Zeit für den Jäger, rasch das Gewehr zu heben, zu zielen, zu schießen: ein Augenblick später, und das schlanke Wild ist mit einem einzigen weiten Bogensatze in den benachbarten Busch gesprungen und durch ihn gedeckt worden, oder hat sich langsam niedergeduckt und so unmerklich davongeschlichen, daß kaum ein Blatt sich regte, kaum ein Halm sich rührte.

In solcher Weise bringt der Urwald wechselvolle Einzelbilder vor das Auge des Beobachters. Wer sehen kann und zu suchen versteht, erschaut und findet in jedem Waldesteile und zu jeder Zeit mehr des Beachtenswerten, als er zu bewältigen vermag. Aber nicht an jedem Orte und nicht zu jeder Zeit kann man dasselbe beobachten. Hier, wo der Frühling auf Wochen, der Sommer oder der Herbst auf Tage zusammenschmilzt und der lange Winter, ebenso wie in der Steppe, fast unmittelbar nach dem Aufhören der Regen seine Herrschaft antritt, drängt sich das volle, reiche, allseitig überquellende Pflanzen- und Tierleben auf kurze Frist zusammen. Sobald die Vögel ihr Brutgeschäft beendet haben, beginnen sie zu wandern und zu streichen; sobald die Säugetiere einen Teil des Waldes ausgenutzt zu haben glauben, suchen sie einen anderen auf. Demgemäß kann und wird man an derselben Stelle zu verschiedenen Zeiten auch verschiedenen Geschöpfen begegnen oder doch wesentlich verschiedene Bilder aus dem Tierleben wahrnehmen. So belebt sich, um ein Beispiel zu geben, der Strom in demselben Verhältnisse, in welchem der Wald sich entvölkert.

Während der Stromfülle bemerkt man wenig von den Tieren, welche am und im Wasser leben. Alle Inseln liegen tief unter den Fluten begraben, alle Uferränder sind ebenfalls überschwemmt und die sonst hier wie dort hausenden Vögel infolgedessen verdrängt worden. Und wenn wirklich einmal ein Krokodil seinen Kopf und einige Schuppen seines Rückens über die Oberfläche hebt, muß dies in geringer Entfernung vom Boote geschehen, wenn man es überhaupt bemerken soll. Es bleiben also, streng genommen, nur die stellenweise häufigen Nilpferde und die über dem Wasser umherfliegenden Vögel, vielleicht auch noch einige Taucher übrig, um den ersichtlichen Beweis zu liefern, daß auch am und im Strome höhere Wirbeltiere leben. Wenn aber nach Aufhören der Regen der Stromspiegel sich senkt und alle Inseln, Sandbänke und Ufersäume frei hervortreten läßt, ändert sich das Strombild auch in Beziehung auf die Tierwelt. Jetzt ziehen sich die Nilpferde in die tiefsten Stellen des Gewässers zurück, gesellen sich hier, bilden Trupps von wechselnder, bisweilen namhafter Stärke und machen sich, da sie jeder Atemzug zur Oberfläche emportreibt und jener auch unter weit hörbarem Schnauben geschieht, sehr bemerklich, treten wohl auch bereits übertages auf einzelne Inseln oder Sandbänke heraus, um hier zu lagern oder im Sonnenscheine sich zu recken, und kommen dann schon in Entfernungen von einem Kilometer und darüber vor das Auge des Reisenden; jetzt holen die Krokodile wahrhaft begierig nach, was sie während der Stromfülle entbehren mußten: um die Mittagszeit stundenlang sich zu sonnen. Sie kriechen zu diesem Zwecke bereits in den Vormittagsstunden auf flache, sandige Inseln heraus, fallen unter hörbarem plumpendem Geräusche schwer auf den Sand nieder, reißen den zähnestarrenden Rachen weit auf und schlafen, zu zehn, zwanzig, dreißig auf einer einzigen Sandbank vereinigt und in den verschiedensten Richtungen, neben-, manchmal selbst übereinander gelagert, bis gegen Abend; jetzt bedecken Sandbänke oder beide Ufer des Stromes und seine größeren Inseln Vogelheere, welche durch ihre Massen einen mächtigen Eindruck hervorrufen. Denn um die gedachte Zeit haben die meisten einheimischen Strand- und Schwimmvögel ihr Brutgeschäft beendet und finden sich nunmehr mit ihren Jungen am Strome ein, um hier, bei reichlicher, mühelos zu erwerbender Nahrung zu mausern; um dieselbe Zeit haben sich ihnen die nordischen Wandervögel gesellt, welche hier überwintern. Sie, die letztgenannten, bevölkern nunmehr auch alle Teile des Urwaldes, gelangen hier aber bei weitem nicht so zur Geltung, wie am Strome, dessen Ufersäume und Inseln zudem von den größten, also am leichtesten ins Auge fallenden Zugvögeln besetzt werden. Hier kann es geschehen, daß der vorhandene Raum zu eng, die unzweifelhaft reichlich gebotene Nahrung zu knapp wird. Eine Folge davon ist, daß jeder Raum besetzt, ja überfüllt, jeder nahrungversprechende Teil von tausend Mitbewerbern besucht, selbst jeder Schlafplatz bestritten wird. Drei Tage lang segelte ich bei gutem Winde und in einem trefflichen Boote stromaufwärts im Weißen Nile, und während dieser langen und weiten Fahrt waren beide Ufer des Stromes ununterbrochen mit einem bunten und lebendigen, aus den verschiedensten Strand- und Schwimmvögeln zusammengesetzten Bande geziert. Inmitten der Urwälder des Blauen Stromes kann man ein ähnliches Schauspiel gewahren. Ausgedehnte Sandbänke sind hier von Grau- und Jungfernkranichen vollständig in Besitz genommen worden, dienen den hier in der Winterherberge weilenden Fremdlingen jedoch nur als Ruhe-, Mauser- und Schlafplätze, von denen aus sie der Ernährung halber allmorgendlich in die Steppe hinausfliegen, und zu denen sie bereits in den Vormittagsstunden zurückkehren, um zu trinken und zu baden, ihr Gefieder zu putzen und endlich, von Krokodilen beständig bedroht, des Nachts zu schlafen. Ihnen gesellen sich um die Mittagszeit regelmäßig einige Kronkraniche, welche jene stets in lebhafte Aufregung versetzen, da sie, wenn auch nicht bessere, so doch bei weitem eifrigere Tänzer sind, als die Kraniche selber, und bei ihrer Ankunft nie verfehlen, ihre Künste zu üben und dadurch zu Wettspielen anzureizen. Auf denselben Bänken finden sich oft auch Nimmersatte ein, storchähnliche, in weißem, rosig überhauchtem, auf den Flügeln brennend rosenrot gefärbtem Gefieder prangende Vögel, welche dann die äußersten Ränder des Eilandes oder die nebenliegenden seichten Stellen in Beschlag nehmen, bei günstiger Beleuchtung förmlich erglühen, jedenfalls lebhaft hervortreten, von den lichtgrauen Kranichen wundervoll abstechen und so die ganze Umgebung zieren und schmücken. Am Uferrande schreiten prachtvolle Riesen- oder Sattelstörche stolz einher, wandeln unschöne, obgleich absonderlich gestaltete Marabus würdevoll auf und nieder, stehen schimmernde Klaffschnabelstörche in zahlreichen Gesellschaften, waten Riesen- und Silberreiher im Wasser umher, um einen Fisch zu erbeuten, stehen und lagern, schwimmen und tauchen, weiden und gründeln, schnattern und schwatzen Tausende von Sporen-, Nil- und Lappengänsen, Witwen- und Spießenten, Schlangenhalsvögeln, Ibissen, Brachvögeln, Ufer-, Strand- und Wasserläufern und andere mehr, welche eben jenes bunte Vogelband zusammensetzen und dem Strome vielleicht noch zu größerem Schmucke gereichen, als die Nimmersatte. Ueber dem Wasserspiegel aber fliegen, außer all den genannten, von denen beständig einzelne kommen oder gehen, Seeschwalben und Möwen, Uferschwalben und Bienenfresser auf und ab, und ziehen in höheren Luftschichten die prachtvollen Seeadler ihre Kreise.

Einzelne Arten dieser in jeder Beziehung reichhaltigen gefiederten Strombevölkerung mußten den tiefsten Wasserstand abwarten, um zur Brut

Krokodilwächter.

schreiten zu können, weil es ihnen während der Stromfülle an Nistplätzen, wie sie solche sich wünschen, gänzlich mangelt. Zu ihnen zählt ein ebenso schmucker und lebhaft gefärbter, als kluger und regsamer Laufvogel, der schon den Alten wohlbekannte Krokodilwächter oder Trochilus des Herodot, von welchem dieser und nach ihm Plinius erzählt, daß er mit dem Krokodile in treuer Freundschaft lebe. Die Erzählung der Alten ist keine Fabel, wie man wohl glauben möchte, sondern von mir als thatsächlich begründet erkannt worden. Der Krokodilwächter, dessen Bild auf den altägyptischen Denkmälern oft dargestellt wurde und im hieroglyphischen Alphabet das U ausdrückt, lebt auch in Aegypten und Nubien, übt aber heutigestags erst im Sudan zu Gunsten des Krokodiles das Wächteramt, infolgedessen er unter den alten Völkern berühmt wurde. Doch gilt sein Dienst nicht dem Krokodile allein, sondern allen Tieren insgemein, welche seine Achtsamkeit sich zu nutze machen wollen. Aufmerksam und neugierig, erregbar und schreilustig, auch mit weitschallender Stimme begabt, eignet er sich vorzüglich zum Warner aller minder vorsichtigen Geschöpfe. Seiner Wachsamkeit entgeht weder das sich nahende Raubtier, noch ein verdächtig erscheinender Mensch; seine Aufmerksamkeit wird sogar durch jedes Segel- oder Ruderboot gefesselt, und er verfehlt nie, seiner Erregung durch lautes Geschrei Ausdruck zu geben. Hierdurch bringt er jedes ungewöhnliche Ereignis zu allgemeiner Kenntnis der dieselben Plätze oder Aufenthaltsorte mit ihm teilenden Tiere, veranlaßt diese, ihrerseits zu prüfen, ob Gefahr vorhanden ist oder nicht, und bewirkt so in vielen Fällen die Flucht der von ihm gewarnten. Hierin besteht sein Wächteramt. Sein Freundschaftsverhältnis mit dem Krokodile ist schwerlich ein gegenseitiges; denn einem Krokodile Freundschaft zuzutrauen, hieße doch wohl, ihm zu viel zuzumuten. Nicht weil das Kriechtier wohlwollende Gefühle gegen ihn hegt, sondern weil er es genau kennt und vollkommen richtig beurteilt, behandelt er es, als ob es ein harmloses Wesen wäre. Mit dem Ungeheuer vertraut von Jugend auf, Bewohner der Sandbänke, auf denen es zu ruhen pflegt, fortwährend um dasselbe beschäftigt, geht er mit ihm um, als ob er der Herr, jenes der Diener wäre. Ohne Umstände betritt er den Rücken des ruhenden Ungetüms, ohne Besorgnis nähert er sich dem aufgesperrten Rachen, um zu untersuchen, ob hier etwa ein Egel sich festgesaugt haben oder zwischen den Zähnen ein Brocken stecken geblieben sein sollte, und ohne Bedenken nimmt er den einen wie den anderen weg. Das Krokodil läßt sich alles dies ruhig gefallen, weil es, sicherlich erfahrungsmäßig weiß, daß es dem fortwährend achtsamen, behenden und gewandten kleinen Schelme nicht beikommen kann. Sah ich den Krokodilwächter doch einmal mit einem Schreiseeadler gleichzeitig von einem Fische speisen, welchen letztgenannter gefangen und auf eine Sandbank getragen hatte. Während der Adler, welcher mit beiden Fängen die Beute festhielt oder auf ihr stand, einige Bissen mit dem Schnabel losbrach, hielt sich der Schmarotzer an des großen Herren Tafel in bescheidener Entfernung; sowie jener aber den Kopf hob, um zu kröpfen, lief er eiligst herzu, nahm rasch einen vom Adler bereits gelösten Bissen und rannte, so schnell als er gekommen, auf die alte Stelle zurück, um hier den Raub zu verzehren. Nicht weniger überraschend als solche selbstbewußte Dreistigkeit ist auch die Art und Weise, wie der Krokodilwächter seine Eier vor unberufenen Blicken zu verbergen weiß. Lange hatte ich nach dem Neste dieses Vogels vergeblich gesucht. Wann seine

Brutzeit eintrat, lehrte mich die Zergliederung der von mir erlegten Krokodilwächter; daß er nur auf Sandbänken brüten konnte, bedurfte, wenn ich seine Lebensweise berücksichtigte, für mich keines Beweises. Umsonst aber suchte ich seine Lieblingsplätze auf das genaueste ab: ein Nest vermochte ich nicht aufzufinden. Endlich bemerkte ich ein Paar, dessen einer Gatte auf dem Boden saß, während der andere um ihn sich zu schaffen machte, nahm das Fernglas vor das Auge und ging den sitzenden Vogel beständig festhaltend, geradeswegs auf ihn zu. Als ich in seine Nähe gekommen war, erhob er sich, scharrte eiligst Sand auf eine gewisse Stelle und lief nun, zwar unter üblichem Geschrei, aber doch ohne alle Zeichen sonstiger Erregung mit dem anderen davon. Ich ließ mich nicht beirren, behielt die Stelle fest im Auge und langte vor ihr an. Aber auch jetzt noch konnte ich das Nest nicht entdecken, und erst als ich eine geringfügige Unebenheit im Sande wahrnahm und hier nachgrub, fielen mir zwei, dem Sande täuschend ähnlich gefärbte und gezeichnete Eier in die Hand. Hätte die Mutter mehr Zeit gehabt, als ich ihr ließ, so würde ich wahrscheinlich auch die unbedeutende Unebenheit nicht mehr vorgefunden haben.

Ein womöglich noch reicheres, jedenfalls mannigfaltigeres Tierleben als am Strome selbst herrscht um die angegebene Zeit am Ufer und auf dem Spiegel aller Seen und größeren Wasserlachen inmitten des Waldes, welche entweder von den zusammenströmenden Regengüssen des Frühlings oder von den Hochfluten des Stromes gefüllt wurden. Ringsum vom Walde umgeben, nicht selten so dicht umhegt, daß es kaum oder doch nur unter den erheblichsten Schwierigkeiten möglich ist, bis zu ihnen zu gelangen, innerhalb ihrer Ufer kaum minder reich bewachsen als außerhalb derselben, ausgedehnte Rohr- und Riedhorste umschließend, Papyrus und Lotos noch heutigestages ernährend, bilden diese Regenseen oder Fulat, wie die Eingeborenen sie nennen, ebenso vorzügliche Aufenthaltsorte als Brutstätten der verschiedenartigsten Vögel und Tiere überhaupt. Ihre sichernde Abgelegenheit sagt selbst dem Nilpferde in so hohem Grade zu, daß es sie aufsucht, um in ihnen seine Jungen zur Welt zu bringen und sie während ihrer ersten Kinderzeit, unbesorgt um Nahrung, welche die Seen selbst bieten, unbelästigt auch von gefährlichen Feinden, zu säugen, zu pflegen und zu erziehen; ihr dichter, üppiger Ufersaum wie ihre in Sumpf und Bruch übergehenden Buchten ziehen Wildschweine und Wildbüffel herbei; ihre stillen Fluten dienen allen wasserbedürftigeren Antilopen zu Trinkstellen. Auf ihren Spiegeln versammeln sich Tausende von Pelikanen, um vor dem Schlafengehen auf den benachbarten Hochbäumen noch einen ergiebigen Fischzug zu thun, auf ihnen tauchen während des ganzen Tages Schlangenhalsvögel auf und nieder, schwimmen alle hier vorkommenden Gänse- und Entenarten, finden die aus dem Norden eingewanderten Wasservögel eine in jeder Beziehung zusagende Winterherberge; ihre Buchten und seichten Uferstellen gestatten dem Riesenreiher, wie dem kleinen, zierlichen Buschreiher mühelos reiche Beute zu gewinnen; ihr saftig grüner Ufersaum gewährt zahllosem Kleingeflügel, der über ihnen sich erhebende Hochwald verschiedenen auf Bäumen ruhenden und nistenden Strand- und Wasservögeln gesuchte und erwünschte Herberge. Kein Wunder daher, daß es um solche Seen zeitweilig geradezu von Vögeln wimmelt, sehr erklärlich, daß solcher Reichtum an Beute wiederum auch allerlei Feinde herbeizieht. Den kleineren Vögeln folgen Falken und Eulen, den großen Adler und Uhus, den Säugetieren Fuchs und Schakal, Pardel und Löwe nach. Zuweilen geschieht es, daß ein von der Steppe hereinkommendes Heer der gefräßigen Wanderheuschrecke auf den frischgrünen Waldgürtel um solchen See fällt und ihn binnen wenigen Tagen gänzlich entlaubt oder doch zu entlauben droht. Dann vermehrt sich die stets großartige Vögelversammlung noch wesentlich. Von nah und fern erscheinen Falken und Eulen, Raben und Raken, Frankolin- und Perlhühner, Störche und Ibisse, Teichhühner und Enten, um sich an den Heuschrecken zu sättigen. Jeder Vogel, welcher jemals Kerbtiere frißt, nährt sich zeitweilig ausschließlich von den zudringlichen Wandergästen. Hunderte von Turm- und Rötelfalken, welche sich gerade jetzt in der Winterherberge befinden, strömen über dem heimgesuchten Walde zusammen, stoßen, sowie einige Heuschrecken aufschwärmen, auf sie herab, ergreifen sie und verzehren sie rasch, ohne deshalb ihren Flug zu unterbrechen; Raben, Raken, Nashornvögel, Ibisse und Störche nehmen sie von den Zweigen weg und schütteln dabei Hunderte ab, welche den unten lauernden Genossen und Perlhühnern und Enten zum Opfer fallen; Weihen und Singhabichte umgaukeln die Bäume, auf denen die „entlaubenden“ Kerfe bald die Stelle der früher vorhanden gewesenen Blätter einnehmen; selbst ernste Marabus und Sattelstörche verschmähen nicht, so geringe, aber freilich massenhaft vorhandene Beute aufzunehmen. Solches Getriebe belebt den ohnehin niemals toten Regensee in anmutigster Weise, und läßt ihn mehr als je als Vereinigungspunkt der verschiedenartigsten Tiere erkennen.

An solchem Regensee, für den sammelnden Forscher eine wahre Schatzkammer des Urwaldes, hatten wir mehrere Tage gejagt, beobachtet, gesammelt, in Bewunderung der großartigen Pflanzen- und einer ihr entsprechenden Tierwelt geschwelgt, mit Nilpferden uns geneckt, an Krokodilen unsere Feindschaft bethätigt, mit einem Worte Jagd- und Forschungsfreuden in reichstem Maße genossen und darüber alles andere, selbst die Zeit vergessen, in welcher wir lebten. Als aber die Sonne sich neigte und Gold unter das so vielfach verschiedene Blattgrün des Waldes wob; als das Kreischen der Papageien verhallt war und nur noch der täumerische Gesang einer Drossel zu uns herüberklang; als der Seeadler drüben am andern Ufer, welcher eben noch als wundervolle Blüte seines grünen Ruhesitzes erschienen war, schlummermüde seinen weißen Kopf zwischen die Schultern zog; als selbst das Gegurgel einer im nächsten hohen Mimosenwipfel Schlafstätten suchenden Meerkatzenbande verstummt war; als die Nacht hereinbrach dämmerungshell und freundlich, kühl und milde, klangreich und duftig wie immer in jetziger Zeit: da wollte aller Farbenreichtum, Glanz und Schimmer der heute und gestern in unsere Seelen aufgenommenen Bilder erbleichen. Unaufhaltsam flogen unsere Gedanken der teuren Heimat zu, und Heimweh ergriff unsere Herzen im Tiefinnersten; denn in der Heimat feierte man heute die Christnacht. Wir hatten uns Punsch bereitet und unsere Pfeifen mit dem köstlichsten Tabak der Erde gefüllt; unser albanesischer Begleiter sang seine weichen, klangvollen Lieder; die Nacht umschmeichelte Herz und Sinnen; aber die Gläser blieben ungeleert; „die Wolken des Rauches nahmen die Wolken der Schwermut nicht mit sich hinweg“; die Lieder weckten keinen Widerhall in uns, und die Nacht schmeichelte vergebens. Sie mußte uns unser Christgeschenk bringen, und sie brachte es!

Die Nacht im Urwalde ist immer erhaben, mag der Himmel über diesem in flammenden Blitzen aufleuchten, der Donner in ihm widerhallen und Sturm in ihm toben, oder mögen an dem auf weithin dunkeln, sternlosen Gewölbe ferne Sonnen strahlen und weder Blatt noch Halm sich regen. Wenige Minuten nach Sonnenuntergang umhüllt sie den Wald. Was am Tage klar hervortrat, wird nunmehr vom Dunkel umschleiert; was im Sonnenlichte in erfaßlichen Maßen erschien, vergrößert sich zum Riesenhaften. Bekannte Bäume werden zu Trugbildern; die heckenartigen Gebüsche verdichten sich zu dunkeln Mauern. Der tausendstimmige Lärm verstummt allmählich und für Minuten tritt tiefe Stille ein. Dann beginnt es wiederum sich zu regen, wird es lebendig auf dem Strome wie im Walde. Hunderte von Cikaden heben ein Klingen an, vergleichbar dem Geläute kleiner unrein gestimmter Glöckchen, welches aus weiter Ferne vernommen wird; Tausende erwachter Käfer, unter ihnen solche von ungewöhnlicher Größe, umschwirren die blühenden Bäume und rufen ein tönendes Summen hervor: die rechte Begleitung zu jenem Geläute. Frösche, welche nur einen einzigen, für ihre geringe Größe überraschend lauten Ruf ausstoßen, mischen sich darein, und ihre den Klängen eines langsam geschlagenen chinesischen Gong vergleichbaren Stimmlaute hallen auf weithin durch den Wald. Eine große Eule begrüßt die Nacht mit dumpf heulendem Geschrei; ein kleines Käuzchen antwortet mit gellendem Gelächter; ein Ziegenmelker spinnt eine und dieselbe Strophe seines schnurrend röchelnden Gesanges ab. Vom Strome her erklingt der klägliche Ruf des Nachtvogels der Möwenfamilie, eines Scherenschnabels, welcher, hart über der Oberfläche des Wassers dahinstreichend, die Wellen zu durchpflügen begann; auf sandigen Inseln und Bänken ertönen der laute, etwas kreischende Schrei des Triel oder Dickfußes und tonreiche, klangvolle, gesangähnliche Triller eines Wasserläufers oder Regenpfeifers; über dem Röhricht und Geschilfe des unfernen Regensees krächzt ein Nachtreiher. Im Dickichte der Gebüsche oder um die Baumkronen leuchten Hunderte von Glühwürmern auf; im Strome zieht eines der riesigen Krokodile, welches schon vor Sonnenuntergang die gegenüberliegende Sandbank verlassen und seinen sonnendurchglühten Panzer in den lauen Fluten gekühlt hat, hart unter, zum Teil über der Oberfläche schwimmend, lange, im Mondenschein silbern glänzende, im Sterngeflimmer wenigstens glitzernde Streifen. Ueber die höchsten Baumkronen schweben lautlosen Fluges lichtgefärbte Uhus und Eulen; am Ufersaume entlang fliegen mit anmutigen Schwankungen langschwänzige Nachtschatten; zwischen den Kronen der Bäume beschreiben Fledermäuse ihre geknitterten Flugbahnen; von einem Ufer zum anderen ziehen, manchmal in Scharen, Flughunde oder fruchtfressende Flattertiere. Und nunmehr ist auch die Zeit gekommen, in welcher die übrigen Säugetiere des Waldes sich ermuntern oder doch vernehmen lassen. Ein Schakal beginnt seine wechselvollen, bald kläglich erscheinenden, bald erheiternden Weisen und trägt sie mit ebensoviel Ausdruck als Beharrlichkeit vor; ein Dutzend anderer seiner Art stimmt augenblicklich ein und ringt in edlem Wettstreite um des Siegers Kranz; einige Hyänen scheinen nur auf diese unerreichbaren Vorsänger gewartet zu haben, um als vielstimmiger Chor einzufallen, und heulen und lachen, jammern und jauchzen; ein Pardel grunzt, ein Löwe brüllt dazwischen; selbst das noch im Strome verweilende Nilpferd erhebt brummend seine armselige Stimme.

So redet und offenbart sich die Nacht im Urwalde; so beschäftigte sie Ohr und Auge auch an jenem mir unvergeßlichen Tage. Käfer und Cikaden, Eulen und Ziegenmelker hatten begonnen: da schmetterten grelle, kräftige, dröhnende Laute durch den Wald, als ob Trompeten von unkundigem Munde geblasen würden. Augenblicklich verstummten die Lieder unseres Albanesen, Geschwätz und Geplauder unserer Diener und Schiffer, und alle lauschten wie wir. Noch einmal schmetterte und dröhnte es vom anderen Ufer herüber. „El fiuhl, el fiuhl!“ riefen die Eingeborenen; „Elefanten, Elefanten!“ jubelten auch wir. Es war das erste Mal, daß wir die riesigen Dickhäuter, auf deren Pfaden wir bisher fast stets gewandelt, deren Spuren wir so oft verfolgt, vernahmen, belauschten. Vom jenseitigen Uferrande herab zum Wasser stiegen gemächlich und sicher riesige, im Dämmerlichte der Nacht mit genügender Deutlichkeit wahrnehmbare Gestalten, um im Strome zu trinken und zu baden. Einer nach dem andern tauchte seinen gelenkigen Rüssel in das Wasser, um ihn hier zu füllen und dann im weiten Maule oder über Schultern und Rücken zu entleeren, und einer nach dem andern stieg zuletzt in den Strom hinab, um in dessen Fluten sich zu erfrischen. Und als sei jenes schmetternde Getön nur ein Weckruf gewesen, so laut wurde es jetzt im Walde. Früher als je zuvor erhob der König der Wildnis seine Donnerstimme; ein zweiter und dritter Löwe erwiderten den Königsgruß. Entsetzt schrieen die schlaftrunkenen Affen auf; angsterfüllt schreckten Antilopen. Dann reckte in unmittelbarer Nähe unseres Bootes ein Nilpferd sein ungeschlachtes Haupt über die Oberfläche des Stromes und brummte, als wolle es versuchen, mit dem Donnergebrüll des Löwen zu wetteifern; ein Leopard wagte ebenfalls, sich hören zu lassen; Schakale stimmten das wechselvollste Lied an, welches wir je von ihnen vernommen, die gestreiften Hyänen heulten, die gefleckten erhoben ihr höllisches, Mark und Bein erschütterndes Gelächter, und unbekümmert um allen Aufruhr, welchen die Herolde und der König des Waldes heraufbeschworen hatten, fuhren die Frösche fort, ihren eintönigen Ruf, die Cikaden ihr klingendes Geläute hören zu lassen.

Dies war das „Hosianna in der Höhe“ welches uns der Urwald sang.

Wanderungen der Säugetiere.

Wanderlust in dem uns verständlichen Sinne teilt mit uns kein anderes Tier, nicht einmal der Vogel, den wir um die göttliche Gabe der länderdurcheilenden, meerüberbrückenden Schwinge beneiden. Sorgenlos und frei wie der Wanderbursch, welcher auszieht, um fremder Länder Art und Sitte kennen zu lernen, wandert kein Tier; denn mehr noch als wir hängt es an der Scholle, fester als menschliches Heimweh binden es Gewohnheit oder Trägheit an die Stätte seiner Geburt. Schickt es sich an, diese Stätte zu verlassen, so gehorcht es zwingender Notwendigkeit, so thut es dies regelmäßig in der Absicht, kommendem Elende zu entrinnen. Not und Elend aber ist nur zu häufig das Geschick, welches die freudlose Fremde ihm bereitet, und so erfährt es kaum anderes als Wanderweh.

Dies gilt für die wandernden Fische wie für die ziehenden Vögel, insbesondere aber für diejenigen Säugetiere, welche zeitweilig Wanderungen unternehmen. Wenige unter ihnen thun dieses mit derselben Regelmäßigkeit, alle aber thun es aus denselben Gründen wie Fische und Vögel. Sie wandern, um bereits fühlbar gewordenem oder doch drohendem Mangel sich zu entziehen, und ihre Reisen erscheinen daher eher als eine Flucht vor dem Verderben als ein Bestreben, glücklichere Gefilde zu erreichen.

Ich möchte unter den Wanderungen der Säugetiere weder die Ausflüge, welche zur Erweiterung des Verbreitungsgebietes führen, noch die gewöhnlichen Streifzüge, welche der Nahrung halber geschehen, sondern einzig und allein jene gemeinschaftlichen Reisen verstanden wissen, welche einzelne Säugetiere in regelmäßiger oder unregelmäßiger Folge weit über die Grenzen ihres Heimatsgebietes hinaus, also in die Fremde oder zu Oertlichkeiten gelangen lassen, auf denen sie eine ihnen fremdartige Lebensweise annehmen müssen, die sie, ebenso wie die Fremde, wieder aufgeben, sobald ihnen dies möglich geworden ist oder möglich erscheint. Derartige Reisen entsprechen noch am meisten den regelmäßigen Wanderungen der Fische und Vögel, und Kenntnis derselben fördert auch die Kunde, welche wir von jenen besitzen.

Ausflüge über die Grenzen zeitweiliger Aufenthaltsorte hinaus werden von allen Säugetieren und zwar aus verschiedenen Beweggründen unternommen. Einzelne, insbesondere alte Männchen, sind zum Umherschweifen geneigter als die Weibchen und Jungen derselben Art, verlassen daher oft ohne erkennbare Ursachen ein Wohngebiet, um ein anderes aufzusuchen; jüngere Männchen gesellig lebender Arten werden von den ältesten Häuptern des Verbandes geradezu vertrieben und zum Auswandern gezwungen; Mütter mit ihren Kindern durchstreifen gern die Umgebungen des Geburtsortes der letzteren; die verschiedenen Geschlechter wandern, um sich zu finden und zu vereinigen. Gelegentlich solcher Ausflüge entdeckt das Tier irgendwo einen ihm besonders zusagenden Wohnort, ein nahrungsreiches Gebiet, ein schützendes Dickicht, eine zum Schlupfwinkel geeignete Höhlung, verbleibt hier längere oder kürzere Zeit und besiedelt endlich das neue Kanaan. Erfahrene Jäger wissen, daß auch ein gänzlich ausgeschossenes Revier früher oder später von außen her Zuzug erhält und unter günstigen Umständen von neuem bevölkert wird; und alle haben erfahren, daß ein Fuchs- oder Dachsbau, welcher nicht leicht zerstört werden kann, immer und immer wieder Bewohner findet, so unnachsichtliche Verfolgung letztere auch erleiden mögen. Wie bei dem Wilde, auf dessen Kommen und Gehen oder Erscheinen und Verschwinden Tausende achten, verhält es sich auch bei anderen Säugetieren, welche minder scharf beaufsichtigt werden. Ununterbrochenes Aus- und Einwandern läßt sich nicht in Abrede stellen. Gerade hierdurch erfolgt, falls nicht die Elemente es verhindern oder der Mensch und andere Feinde erfolgreich eingreifen, allmählich fortschreitende Erweiterung des Verbreitungsgebietes einer bestimmten Art.

Unsere Vorfahren teilten ihre Behausungen bis zu Ende der ersten Hälfte des vorigen Jahrhunderts mit der Hausratte und kannten die Wanderratte nur vom Hörensagen, wenn überhaupt. Erstere war eine Ratte mit vielen, aber doch nicht allen Untugenden ihres Geschlechtes. Sie bewohnte unsere Hausböden, fraß von unserem Getreide, unserem Speck, unseren Vorräten überhaupt, zernagte Thüren, Dielen und Hausgeräte, polterte des Nachts gespensterhaft durch alte Schlösser und sonstige spukbegünstigende Gebäude, verursachte manchen Aerger, manchen Schreck, bestärkte in manchem Gemüte Gespensterfurcht und Aberglauben: aber es ließ sich doch wenigstens mit ihr leben, mindestens mit ihr auskommen. Eine tüchtige Hauskatze hielt sie im Schach, ein geschickter Kammerjäger wußte ihr zu begegnen. Da erschien ihre furchtbarste Feindin, und ihr Stern begann zu erbleichen. Im Jahre 1727 sah man Scharen von Wanderratten, welche entweder geradeswegs von Indien oder von dort aus über Persien gekommen sein mußten, die Wolga überschwimmen, und

Eine Wildente verteidigt ihre Jungen gegen eine Wanderratte.

bald erfuhr man, welche Heimsuchung Europa betreffen sollte. Flüssen und Kanälen folgend, gelangte die Wanderratte in Dörfer und Städte, nahm, dem Menschen und der Hauskatze zum Trotz, unsere Wohnungen von unten her ein, erfüllte Keller und Gewölbe, stieg nach und nach bis zum Dachboden empor, vertrieb nach langen und unerbittlich geführten Kämpfen ihre Verwandte, machte sich zur Herrin in unserem eigenen Hause und zeigte uns tausendfach, was eine Ratte vermag; denn sie bekundete und bethätigte alle Untugenden ihrer Sippschaft, spottete jeglicher Anstrengung von unserer Seite, sie zu vertreiben, und behauptete siegreich das Feld, welches wir ihr mit Hilfe von Katze und Hund oder mittels Schlageisen und Falle, Gift und Geschoß bisher vergeblich streitig zu machen suchten. Fast zu derselben Zeit, in welcher sie über die Wolga schwamm, im Jahre 1732, erreichte sie Europa noch auf einem zweiten Wege, indem sie von Ostindien aus zu Schiffe nach England reiste. Nunmehr begann sie ihre Weltwanderung. In Ostpreußen erschien sie bereits im Jahre 1750, in Paris drei Jahre später; Mitteldeutschland eroberte sie sich um das Jahr 1780, setzte sich hier jedoch, wie überall anderswo, zunächst nur in den Städten fest und nahm, gleichsam von diesen aus, erst nach und nach das flache Land ein. Ihr schwer erreichbare, d. h. nicht an Flüssen gelegene Dörfer besiedelte sie erst in den letzten Jahrzehnten dieses Jahrhunderts: in meiner Knabenzeit war sie in meinem Heimatsdorfe noch unbekannt und die auch hier gegenwärtig von ihr verdrängte Hausratte in unbestrittenem Besitze der Oertlichkeiten, in denen jetzt ausschließlich sie gefunden wird. Zu manchen, einsamen Gehöften gelangte sie noch später, nicht vor der Mitte unseres Jahrhunderts; aber noch immer setzt sie ihren Siegeslauf fort. Nicht zufrieden, Europa entdeckt und erobert zu haben, zog sie, und zwar bereits zu Ende des vorigen Jahrhunderts, zu neuen Fahrten aus. In den von ihr bereits besiedelten Häfen schwamm sie vom Ufer aus nach den Schiffen, kletterte an Ankerketten, Tauen und anderen, ihr passend erscheinenden Leitern an Bord, bezog den dunklen, schützenden Raum, durchreiste in den Fahrzeugen alle Meere, landete an allen Küsten und bevölkerte von ihnen aus alle Länder und Inseln, soweit solche ihr erwählter Schutzherr oder gezwungener Ernährer, der gesittete und in festen Wohnungen hausende Mensch, in Besitz genommen. Gegen unseren Willen haben wir ihr geholfen oder doch ihr es ermöglicht, die großartigste Gebietserweiterung durchzuführen, welche jemals einem, dem Menschen nicht unterthanen Säugetiere gelungen ist.

Ein anderes Beispiel für derartige Ausflüge bietet der Ziesel, ein im ganzen Osten Europas und in Westsibirien häufiger, zur Familie der Eichhörnchen und insbesondere zur Unterfamilie der Murmeltiere zählender, schädlicher Nager von der Größe des Hamsters. Albertus Magnus hat ihn in der Nähe von Regensburg beobachtet, woselbst er gegenwärtig nicht mehr vorkommt, während er wiederum neuerdings in Schlesien eingewandert ist. Vor vierzig oder fünfzig Jahren kannte man ihn hier nicht; Ende der vierziger oder Anfang der fünfziger Jahre aber erschien er, ohne daß man ergründen konnte, woher er gekommen, und nunmehr drang er langsam weiter nach Westen vor. Auch seine Wanderungen begünstigt mittelbar der Mensch, da das Tier, wenn auch nicht an das bebaute Feld gebunden, doch in diesem die zusagendsten aller von ihm besiedelten Wohnsitze findet.

Genau dasselbe gilt für mehrere Mäusearten, welche mit der Umwandlung des Bodens zu Feld sich weiter verbreiten oder ihr Wohngebiet vergrößern. Anderseits schmälert der Mensch auch wiederum zusagende Wohnsitze verschiedener Säugetiere durch Entwaldung, Entsumpfung und sonstige Umänderung gewisser Strecken und bewirkt dadurch, sicherlich weit mehr als durch unmittelbare Verfolgung, Auswanderungen der früher auf jenen Strecken seßhaft gewesenen Tiere der ersten Klasse. Denn auch für sie, die Säugetiere, gilt das Grundgesetz, daß nur geeignete Wohnstätten trotz des willkürlich und meist roh und grausam eingreifenden Menschen früher oder später besiedelt werden.

Von solchen Ausflügen lassen sich die Streifzüge der Säugetiere, behufs zeitweiliger Verbesserung ihrer Lage, wohl unterscheiden. Sie werden wahrscheinlich, wenn nicht von allen Arten, so doch von einzelnen Gliedern aller Familien der Klasse unternommen, währen längere oder kürzere Zeit, führen in mehr oder minder entlegene Gebiete, können daher selbst das Gepräge wirklicher Wanderungen annehmen, enden jedoch nach geraumer Frist und bringen das wandernde Säugetier endlich wieder zu den ursprünglichen Wohnsitzen zurück. Die Absicht oder die Hoffnung, bessere Weide-, beziehentlich Jagdgründe auszunutzen, eine zufällig sich darbietende Gelegenheit, das Leben behaglicher zu gestalten, rechtzeitig wahrzunehmen, dürfte als ihre hauptsächlichste Ursache hingestellt werden können. Solche Streifzüge finden statt jahraus, jahrein, in allen Gürteln der Breite und Höhe, selbst in Gefilden also, welche jederzeit wesentlich dieselben Bedingungen zum Leben gewähren. Das Säugetier beginnt und vollendet sie einzeln oder in Trupps, Gesellschaften und Herden, je nachdem es sonst mit seinesgleichen zu leben gewohnt ist, verfolgt dabei oft mit mehr oder weniger Regelmäßigkeit dieselben Straßen, erscheint auch wohl annähernd zu derselben Zeit auf bestimmten Stellen; immer aber sind es zufällige Umstände, welche es leiteten und führten.

Wenn die Früchte der heiligen Feige und anderer die Tempel der Hindu umgebenden Bäume ihrer Reife sich nähern, sehen die Brahmanen, welche Tempel und Bäume pflegen, mit salbungsvoller Erbauung der Ankunft ihrer vierbeinigen Götter entgegen. Und nicht vergeblich: denn sie erscheinen gewiß und wahrhaftig, die zu Gottheiten erhobenen Wesen, Hulman und Bunder, zwei Affenarten, um die im frommen Wahne für sie gepflanzten und behüteten Bäume ihrer leckeren Früchte zu entledigen und außerdem in benachbarten Gärten und auf nahe gelegenen Feldern zu rauben und zu plündern, solange beides lohnt. Und sie verschwinden wieder, zur Betrübnis ihrer Verehrer, zur Freude aller übrigen Bewohner Indiens, deren Besitztum sie in rücksichtsloser Weise schädigten, nachdem sie hier wie dort in ihrer Weise geerntet haben. Wenn im Innern Afrikas die Körner des dortigen Nährgetreides, der Durra oder der Kafferhirse, sich härten, steigt unter Führung und Leitung eines in allen Lagen des Lebens erfahrenen und geprüften, würdigen und erfindungsreichen Pavians die Herde, welcher er mit dem gerechtfertigten Stolze eines Führers und Stammvaters vorsteht, von dem Gebirge hernieder, um zu untersuchen, ob Vetter Mensch auch in diesem Jahre so freundlich gewesen, das nährende Korn auszusäen. Oder es naht gleichzeitig, unter nicht minder ausgezeichneter Führung, die Meerkatzenbande dem Saume der Waldungen, um den rechten Zeitpunkt zu ergiebiger und soviel als möglich ungestörter Brandschatzung des Feldes nicht zu versäumen. Wenn in der Pflanzung des südamerikanischen Landwirts die goldene Orange im dunkeln Laube glüht, finden sich, oft von weither kommend, die Rollaffen ein, um die Frucht mit dem Besitzer zu teilen. Auch andere Pflanzenfresser führt die Hoffnung, den täglichen Bedarf mit leichterer Mühe zu erwerben, auf Oertlichkeiten, in Gegenden und Gefilde, welche sie sonst meiden; Kerbtierräuber ziehen den zeitweilig hier oder dort häufiger auftretenden Kerfen nach, und große Raubtiere folgen den pflanzenfressenden Arten ihrer Klasse, insbesondere den Herden des Menschen. Mit dem Wanderhirten der Steppen Afrikas geht der Löwe von Ort zu Ort; an die Sohlen der geschlagenen, heimwärts flüchtenden Heere Napoleons hefteten sich die russischen Wölfe, den unglücklichen Flüchtlingen bis in das mittlere Deutschland nachfolgend. Fischottern unternehmen Landreisen, um von einem Flußgebiete in ein anderes zu gelangen; Luchse und Wölfe durchstreifen im Winter zuweilen auffallend weite Strecken. Durch derartige Reisen tritt eine Veränderung oder Verschiebung der Aufenthaltsorte ein; eine Wanderung im eigentlichen Sinne des Wortes aber findet gleichwohl nicht statt. Auch ist es nur in Ausnahmefällen die Not, welche wir als treibende Ursache aller wirklichen Wanderungen anzunehmen haben, vielmehr ein augenblicklich zur Geltung kommendes Verlangen, welches derartige Streifzüge veranlaßt.

Anders verhält es sich mit denjenigen Säugetieren, welche jährlich, mehr oder weniger zu derselben Zeit, ihren Aufenthaltsort verändern und unter Umständen ziemlich weit entlegene Gebiete aufsuchen, von denen aus sie wiederum zu einer bestimmten Zeit nach ihren früheren Wohnsitzen zurückkehren. Sie wandern; denn sie ergreifen nicht eine zufällige Gelegenheit, sondern gehorchen bewußt oder unbewußt zwingender Notwendigkeit.

Grund und Ursache aller wirklichen Wanderungen der Säugetiere ist in erster Reihe ein bestimmt ausgesprochener, entschieden sich geltend machender Wechsel der Jahreszeiten. In Ländern eines ewigen Frühlings finden eigentliche Wanderungen nicht statt, weil die Notwendigkeit hierzu nicht vorliegt. Der Sommer muß dem Winter gegenüberstehen, gleichviel, ob letzterer durch Frost und Schnee oder durch Glut und Dürre regiere; der Mangel muß mit dem Ueberflusse wechseln, wenn das träge Säugetier zum Reisen, zum Wandern sich entschließen soll.

In kleinem Maßstabe beobachten wir Wanderungen bei allen Gebirgstieren. Die Gemse, der Steinbock, der Alpenhase, das Murmeltier wandern mit Beginn der Schneeschmelze oder doch wenig später, über Halden und Gletscher hinwegziehend, zu den Höhen empor, deren jetzt freigelegte Weidegründe reichliche und gedeihliche Nahrung versprechen, und kehren nach tieferen Lagen des Gebirges zurück, bevor noch der Winter herannaht. Der Bär, von Hause aus Allesfresser, durch Gewohnheit Räuber, tritt, wenigstens in den Gebirgen Sibiriens, zu derselben Zeit eine ähnliche Wanderung an und beendet sie ebenso vor Eintritt des Winters; die verschiedenen Wildkatzen und Wildhunde, welche im Gebirge leben, verfahren nicht anders. Ortsveränderungen solcher Art finden auch in den Gebirgen südlicher, selbst im heißen Gürtel belegener Länder statt. In Indien wie in Afrika steigen gewisse Affenarten zu bestimmten Zeiten und regelmäßig auf und nieder, suchen die Elefanten mit Eintritt des Sommers die Höhen, mit Eintritt des Winters die Tiefen auf; in den Anden Südamerikas flüchten die Guanakos vor dem Schnee in die Thäler, vor der sommerlichen Glut auf die Rücken der Berge. Das Gebirge setzt allen diesen Wanderungen ziemlich eng bemessene Grenzen. Es handelt sich um Höhenunterschiede von ein- bis dreitausend Meter, um Entfernungen, welche im Verlaufe weniger Stunden, höchstens weniger Tage zurückgelegt werden können. Bezeichnend für die Wanderungen ist jedoch immer ihre Regelmäßigkeit, insbesondere das genaue Einhalten der Zeit, in welcher sie erfolgen, nicht minder bezeichnend die übereinstimmende Wahl der Straßen, auf denen sie geschehen.

Hügelland und Ebene, Meer und Luft gewähren weiteren Spielraum als das Gebirge, und deshalb lassen sich die dort lebenden oder zeitweilig sich bewegenden Tiere leichter als die im Gebirge hausenden auf ihren

Wanderungen verfolgen, beziehentlich als Wandertiere erkennen. In den Tundren Rußlands und Sibiriens tritt das Ren, welches in Skandinavien das Gebirge nicht verläßt, allherbstlich weite Wanderungen an und kehrt erst im folgenden Frühjahre nach seinen sommerlichen Wohnsitzen zurück; annähernd um dieselbe Zeit verläßt es Grönland und zieht, das Eis als Brücke über das Meer benutzend, nach dem Festlande von Amerika hinüber, verweilt hier während des ganzen Winters und sucht erst im April die Fjelds seiner heimatlichen Halbinsel wieder auf. Hier wie dort scheint die Sorge wegen des kommenden Winters nicht die einzige Ursache der Wanderung zu sein, vielmehr gleichzeitig eine im hohen Norden sehr fühlbar werdende Plage einen weiteren Beweggrund zu bilden. Denn der kurze Sommer erweckt in jenen Breiten eine zwar an Arten arme, an Einzelwesen aber unendlich reiche Kerbtierwelt, vor allen anderen eine unbeschreibliche Menge von Stechmücken und Dasselfliegen, welche nicht allein dem Menschen, sondern auch einem Ren das Leben verbittern. Ihnen zu entgehen, verläßt das Tier die morastige Tundra, über welcher während des kurzen Sommers ununterbrochen Wolken von Mücken schweben, und flüchtet auf die von der Plage minder hart heimgesuchten Alpenhöhen der Gebirge seiner Heimat, welche dann in aller ihnen möglichen Fülle würzige Weide bieten. Vererbte Gewohnheit bewirkt, daß es nicht allein zu derselben Zeit, sondern auch auf denselben Wegen wandert, ja förmliche Pfade oder Straßen austritt, welche, deutlich erkennbar, meilenweit durch die Tundra verlaufen und an bestimmten Stellen Flüsse und Ströme übersetzen. Mit Beginn der Wanderung scharen sich die Renkühe mit ihren Kälbern in Rudel von zehn bis hundert Stück und ziehen den Spießhirschen und Schmaltieren voraus, denen wiederum die alten Hirsche sich anschließen. Ein Trupp folgt unmittelbar hinter dem anderen, so daß der Beobachter Tausende zählen kann, welche an ihm vorübergehen. Alle eilen unaufhaltsam vorwärts, schrecken weder vor Quergebirgen noch vor breiten Strömen zurück und gelangen erst, nachdem sie die Winterherberge erreichten, allmählich zur Ruhe. Meuten von Wölfen, Bären und Vielfraße heften sich an ihre Sohlen und legen so ebenfalls einen nicht geringen Teil des Weges zurück. Im Frühjahre, auf dem Rückzuge, wandern die Tiere zwar ungefähr in derselben Ordnung, aber in viel kleineren Trupps, auch weit gemächlicher und langsamer und ebenso nicht genau auf denselben Pfaden, auf denen sie gekommen waren.

Noch weitere Strecken als die Renntiere legen die amerikanischen Wisente oder Bisons, die „Büffel" der Prärien, zurück. Wie weit dieselben

Wandernde amerikanische Wisente.

Tiere wandern, konnte allerdings noch nicht festgestellt werden; aber man ist ihren auf der Wanderschaft begriffenen Herden von Kanada an bis Mexiko, von Missouri bis zum Felsengebirge begegnet und darf wohl annehmen, daß eine und dieselbe Herde sehr bedeutende Strecken des zwischen den angegebenen Grenzen liegenden Landes durchzieht. Man hat diese Wisente im Sommer zerstreut auf den unendlichen Ebenen der Prärien und im Winter ebenda, aber zu vielen Tausenden vereinigt, angetroffen; man hat gesehen, wie sie wanderten, denn man hat sie auf den von ihnen ausgetretenen Straßen, den sogenannten „Büffelpfaden", Hunderte von Meilen weit in mehr oder weniger gerade fortlaufender Richtung durch Ebenen wie über Gebirge verfolgt, indem man ihnen nachzog; man hat sich durch den Augenschein überzeugt, daß meilenbreite Ströme kein Hindernis, kaum ein Hemmnis für sie bildeten, sie sich im Gegenteil, einer unaufhaltbaren Lawine gleich, in solche Gewässer stürzten und sie mit ihrem dunklen Gewimmel förmlich erfüllten; man hat beobachtet, daß die Tiere sich vereinigen und trennen, die Herden sich vergrößern und verringern, daß alte, mürrische, herrschsüchtige und böswillige Bullen die Gemeinschaft der übrigen Bisons meiden, vielleicht von den Herden ausgestoßen, und so, wahrscheinlich erst nach langwierigen Kämpfen, gezwungen wurden, bis zum nächsten Sommer einsiedlerisch leben zu müssen; man hat erkundet, daß sie im Winter bei reichlichem Schneefalle in Waldungen oder an Abhängen von Gebirgen Schutz suchten gegen die Unbill der Witterung. Schon vom Juli an beginnen sie vom Norden aus nach dem Süden zu wandern. Schwache Gesellschaften, welche bis dahin ein behagliches Sommerleben führten, schließen sich anderen an und treten mit ihnen gemeinschaftlich die Reise an; andere Trupps gesellen sich der sich bildenden Herde, und diese wächst und mehrt sich, je weiter sie vordringt, bis endlich jene außerordentlichen Massen entstanden sind, welche nunmehr, wie von einem Geiste beseelt, wirken und handeln und bis gegen das Frühjahr hin vereinigt bleiben. Nachdem der Winter glücklich überstanden ist, lösen sich, wahrscheinlich genau in umgekehrter Weise, in welcher die Sammlung erfolgte, die Heere allmählich wiederum in Herden auf; auch diese verteilen sich mehr und mehr, und schließlich bleiben nur noch Gesellschaften übrig. Diese Auflösung geschieht während der Rückwanderung. Auf der Hin- wie auf der Rückreise zieht in einer gewissen Entfernung, aber mehr oder weniger auf denselben Pfaden eine Herde hinter der anderen dahin. Besonders günstige Oertlichkeiten, mit saftigem Grase bestandene Niederungen z. B. verursachen jedoch zuweilen Anstauungen des lebendigen Stromes. Unter solchen Umständen vereinigen sich geradezu unschätzbare Scharen von Bisons, verweilen tagelang auf einer und derselben Stelle und brechen erst dann wiederum auf, wenn alles Gras abgeweidet worden ist und der Hunger zur Weiterreise zwingt. Auch ihren Zügen folgen Wölfe und Bären nach, und über ihnen kreisen, unheilkündend, Adler und Geier.

Ebenso wie Nahrungssorge kann auch Mangel an Trinkwasser zu regelmäßigen Wanderungen veranlassen. Wenn im Südosten von Sibirien, insbesondere in der hohen Gobisteppe, der Winter herannaht, werden alle Säugetiere, welche nicht Winterschläfer sind, durch die eigentümlichen Verhältnisse des gedachten Hochlandes gezwungen, in tiefer gelegenen Gegenden Unterhalt zu suchen. Der Winter tritt in diesem Hochlande Mittelasiens nicht strenger auf als in den nördlich oder nordöstlich davon gelegenen Gegenden, ist aber meist schneelos und belegt alle Gewässer, welche der ohnehin äußerst geringe Niederschlag hervorrief und unterhält, mit einer dicken Eisdecke. Sobald nun letztere so stark wird, daß die in der Gobi hausenden Tiere sie nicht zerschlagen können, sehen sie sich zur Auswanderung gezwungen und ziehen dann nicht allein nach südlichen, sondern nach nördlichen Geländen, welch letztere nur den einen Vorzug haben, reich an Schnee zu sein; denn dieser erquickt die lechzende Zunge der Wandertiere leichter und bietet den schwachen Hufen weniger Widerstand als das schwer schmelzende und zu zertrümmernde Eis. So nur erklärt es sich, daß die Kropfantilope, welche die hohe Gobi in zahlreicher Menge bevölkert, ein Land verläßt, welches, mit alleiniger Ausnahme des mangelnden Schnees, beziehentlich also des verwendbaren Wassers, dasselbe bietet wie die Winterherberge. Nicht der Hunger, sondern der Durst treibt sie in die Fremde. Mit Eintritt des Winters drängt sich die ohnehin gesellig lebende Antilope in Herden zusammen, welche viele Tausende zählen, erfüllt alles tiefer liegende Land rings um ihre heimatliche Hochebene und schweift, in einer einzigen Nacht nicht selten zehn bis zwölf geographische Meilen zurücklegend, oft Hunderte von Meilen über die Grenzen ihres eigentlichen Heimgebietes hinaus. Der Beobachter, welcher ihr folgt, bemerkt dann ihre Spuren allüberall und in solcher Menge, daß es den Anschein gewinnen will, als ob kurz vorher alles gewohnte Maß, jede übliche Anzahl bei weitem übersteigende Schafherden vorüber gezogen sein müßten.

Noch ehe die Wanderzeit der Kropfantilope beginnt, regt sich der Kulan oder Dschiggetai, mutmaßlich der Stammvater unseres Pferdes und jedenfalls das schönste, stolzeste Wildpferd der Erde. Die Füllen vom letzten Sommer sind bis zum Herbst hin soweit erstarkt, daß sie eine weite, länger währende Reise zu ertragen, schnelle Märsche auszuhalten und allen Widerwärtigkeiten und Gefahren einer unsteten Lebensweise Trotz zu bieten vermögen. Auch die jungen Hengste, welche das vierte Lebensjahr erfüllt haben, befinden sich in ihrer Vollkraft, verlassen thatenlustig bereits zu Ende des Septembers ihre Mutterherden und drängen vorwärts. In den alten Hengsten und Stuten endlich regt sich der Paarungstrieb und damit Unruhe und Wanderlust. So beginnt das flüchtige, unternehmende Tier seine alljährlichen Wanderungen bereits viel früher, als der Winter einzieht, ja ehe er sich noch bemerklich macht; seine Reisen entbehren daher anfänglich auch aller Stetigkeit und Regelmäßigkeit und nehmen mehr das Gepräge abenteuernder Züge an. In der Absicht, das bisher auf ihnen lastende Joch abzuschütteln, welches der Leithengst und unbeschränkte Gebieter einer Herde ihnen auferlegte, sich selbständig zu machen und ihrerseits sich zum Alleinherrscher aufzuwerfen, verließen die Junghengste ihre Mutterherden und durchstreifen nunmehr einzeln die sandigen Steppen. Alle jüngeren, mannbar gewordenen, und ebenso manche der älteren Stuten scheinen von denselben Gefühlen beseelt zu sein wie der thatendurstige Junghengst und versuchen der Herrschaft ihres bisherigen Tyrannen zu entrinnen und jenem sich zu gesellen, um dann sofort der Botmäßigkeit des jungen Strebers zu verfallen. Aber nicht ohne Kampf erwirbt sich letzterer einen Stutentrupp, gibt der alte Herrscher seine Rechte auf. Stundenlang steht der werbende Junghengst auf der Spitze eines Hügels oder Bergrückens und blickt suchend über das Gefilde. Sein Auge durchirrt die Oede, seine gegen den Wind gerichteten Nüstern sind weit geöffnet, seine Ohren gespitzt. Kampfbegierig, in gestrecktem Galopp, sprengt er jeder Herde, welche naht, jedem Gegner, welcher sich zeigt, entgegen, und ein wütendes Ringen entbrennt um die Stuten, welche nur dem Sieger sich gesellen. Solches Kämpfen und Streiten aber bringt Bewegung in die Herden, löst sie von dem Gebiete, auf welchem sie den Sommer verbrachten, und leitet die nunmehr allmählich sich regelnden, weiten, fördernden und kaum unterbrochenen Wanderungen ein. Im Verlaufe derselben, wenn auch nicht vor Beendigung der eben geschilderten Kämpfe, sammeln sich die Kulantrupps ebenfalls zu immer zahlreicher werdenden Herden, bis endlich solche, welche mehr als tausend Stück zählen, gemeinschaftlich nahrungsversprechenden Gefilden zuwandern. Auch auf den Winterständen trennen sich die Wildpferde nicht, sind daher genötigt, genügender Weide halber, fortwährend umherzustreifen. Dröhnend schallt der Hufschlag ihrer vereinigten, in gewohnter Weise eilfertig dahinsprengenden Heere, und mehr als einmal schon hat er innerhalb des russischen Reiches die Kosaken der Grenzwachten unter die Waffen gerufen. Kein Wolf wagt es, solche Herden anzugreifen: denn die mutigen Hengste wissen ihre Hufe ihm gegenüber so gut zu gebrauchen, daß er bald von jedem Angriffe absteht; höchstens kranke und ermattete Wildpferde fallen ihm, welcher auch diesen Wanderzügen folgt, dann und wann zum Opfer. Auch der Mensch richtet unter ihren Beständen nicht eben erheblichen Schaden an, weil ihre Vorsicht und Scheu eine Annäherung erschwert. Trotzdem verhängt der Winter, wenn er besonders schneereich ist, schwere Leiden über sie. Die ohnehin kärgliche Weide wird um so schneller verbraucht, je zahlreicher die Herden sind, welche sie beanspruchen. Wahllos äsen die Tiere dann von allen Pflanzenstoffen, welche sie finden. Monatelang müssen sie mit entblätterten Schößlingen ihr Leben fristen. Feiste und Rundung des Leibes schwinden, zuletzt gleichen sie wandelnden Gerippen. Selbst darbend, ist die Mutterstute nicht mehr im stande, das Füllen zu ernähren; denn das milchspendende Euter versiegt in der Zeit solcher Not. Manch eines, welches in so zarter Jugend die harte Kost noch nicht zu vertragen im stande ist, erliegt dem Mangel. Auch die alten Wildpferde leiden unter der Armut und Tücke des Winters. Tagelang anhaltende Schneestürme verwehen die Weide, lähmen ihnen den sonst so freudigen Mut und steigern die Dreistigkeit der Wölfe, welche, wenn sie nicht bereits entkräftete Kulans niederreißen, selbst die noch nicht ermatteten aufs äußerste belästigen und quälen. Sobald aber die Umstände sich wieder zum Bessern wenden, kehrt den wettergestählten, zähen, ausdauernden Geschöpfen die alte Lebensfreudigkeit wieder, und sobald der Schnee zu schmelzen beginnt, treten sie ihre Rückwanderung an, erreichen nach etwa Monatsfrist die Sommerstände, trennen sich hier in die Tabunen oder einzelnen Herden, erholen sich bei der jetzt üppig emporsprossenden würzigen Weide in überraschend kurzer Zeit, runden und feisten sich und haben bald Not und Elend des Winters vergessen.

So erhebliche Strecken alle bisher erwähnten Wandersäugetiere durchmessen: mit denen, welche Robben und Wale zurücklegen, lassen sie sich kaum vergleichen. Das Wasser begünstigt alle Bewegungen eines für dasselbe gestalteten Tieres, bietet ihm im wesentlichen überall die gleichen Lebensbedingungen und dieselben Annehmlichkeiten, gestattet ihm daher, leichter, mühe- und gefahrloser als jedes andere Wandertier weite Reisen auszuführen. Gleichwohl setzt es einigermaßen in Erstaunen, zu erfahren, daß viele Seesäugetiere, insbesondere die Wale, zu den wanderlustigsten aller Geschöpfe zählen, ja daß viele, vielleicht die meisten von ihnen, ihr ganzes Leben auf der Wanderung verbringen. Streng genommen hat kein

Wal einen bleibenden Aufenthalt während des ganzen Jahres, zieht vielmehr einzeln, paarweise, mit seinen Jungen oder zu mehr oder weniger zahlreichen Scharen, sogenannten Schulen, gesellt, ununterbrochen von einer Gegend des Weltmeeres in die andere, manchmal in regelmäßiger Weise gewisse Lieblingsorte aufsuchend und zwar andere im Sommer als im Winter erwählend. Die Meere, in denen eine und dieselbe Walart im Sommer und im Winter sich aufhält, liegen oft weiter auseinander, als man gewöhnlich anzunehmen scheint; denn einige Wale durchwandern jährlich zweimal mehr als ein Viertel des Erdenrunds: man begegnet ihnen während des Sommers an den Eisbarren des nördlichen Eismeeres und im Winter nicht selten jenseit des Gleichers. Gesellig in hohem Grade und ihren Jungen mit der zärtlichsten, aufopferndsten Liebe zugethan, versammeln sich namentlich die weiblichen Wale zu manchmal erstaunlich zahlreichen Scharen und ziehen, unter Anführung einiger Männchen, auf bestimmten Straßen und zu bestimmten Zeiten durch das weite Meer, die einen auf hoher See, die anderen längs den Küsten ihren Weg verfolgend. Stürme und nicht rechtzeitiges Auftreten gewisser Beutetiere, deren Erscheinen und Verschwinden offenbar die hauptsächlichste Ursache der Wanderungen ist, können die Richtung ihres Zuges und ebenso die Zeit ihres Auftretens einigermaßen beeinflussen; im allgemeinen aber geschieht die Wanderung so regelmäßig, daß man an nordischen und südlichen Küsten der Ankunft der Wale von bestimmten Tagen an entgegensieht und von diesem Zeitpunkte an Wachen ausstellt, um sofort nach jener Ankunft die ersehnten Jagden auf sie beginnen zu können. Durch irgend welche Merkmale, verstümmelte Flossen z. B., den Küstenbewohnern bekannte und mehrmals vergeblich verfolgte Wale haben sich viele Jahre nacheinander, genau zu derselben Zeit und an denselben Orten gezeigt, und Jagden auf diese so hohen Nutzen abwerfenden, daher unerbittlich befehdeten Tiere werden hier und da mit derselben Regelmäßigkeit abgehalten wie auf dem Festlande Hasenjagden, während man zu anderen Zeiten des Jahres vergeblich nach ihnen ausziehen würde. „Nach Heiligendreikönigstag," sagt schon der alte Pontoppidan, „sehen die Norweger von allen Bergen nach den Walfischen aus, welche ihnen durch die Heringe angezeigt werden." Zuerst erscheint der Springwal, drei bis vier, höchstens vierzehn Tage später der Finnwal, obgleich der eine, wie es scheint, aus der Davisstraße, der andere von Grönland aufbricht. An den südlichen Küsten der Faröerinseln, und zwar vorzugsweise im Qualben-Fjord, zeigen sich alljährlich um Michaeli drei bis sechs Döglinge, heutzutage wie vor einhundertundneunzig Jahren. In einer

Bucht Schottlands fand sich zwanzig Jahre nacheinander, immer zu derselben Zeit, ein Finnwal ein, welcher unter dem Namen „Hollie Pyke“ allgemein bekannt war, jedes Jahr verfolgt und endlich erbeutet wurde. An den Küsten Islands wählen einzelne Walfische alljährlich dieselben Buchten zu ihren zeitweiligen, stets in dieselben Monate und Wochen des Jahres fallenden Aufenthalte, so daß die Küstenbewohner sie als Persönlichkeiten kennen gelernt und ebenfalls mit besonderen Namen belegt haben. Gewisse, wohlbekannte Walmütter besuchen ein Jahr um das andere dieselbe Bucht, um hier ihre Jungen zur Welt zu bringen, genießen Schonung, müssen ihr Leben aber durch das ihrer Jungen, deren man sich regelmäßig bemächtigt, teuer genug erkaufen. Aeußerst selten nur geschieht es, daß die wandernden Wale weder Zeit noch Straße einhalten; im allgemeinen ziehen sie mit solcher Regelmäßigkeit durch das weite Weltmeer, als ob sie sich nach dem Stande der Gestirne richteten und auf gebahnten, seitlich begrenzten Straßen bewegten. Kein anderes Säugetier wandert regelmäßiger als sie, deren Reisen sich geradezu mit dem Zuge der Vögel vergleichen lassen.

Wie die Wale unternehmen auch die Robben alljährlich mehr oder minder weite, im ganzen ebenfalls sehr regelmäßige Wanderungen. Diejenigen Arten, welche in Binnenmeeren leben, können diese freilich nicht verlassen, durchstreifen dieselben aber doch in alljährlich sich wiederholender Folge oder steigen zu gewissen Zeiten in einmündenden Flüssen empor; alle Arten dagegen, welche im Weltmeere hausen, treten in jedem Herbste und Frühling auf bestimmten Straßen verlaufende und nach bestimmten Gegenden oder Oertlichkeiten sich richtende Reisen an. Alle hochnordischen wie den Gewässern des Südpols angehörigen Robben werden schon durch das im Winter sich ausbreitende Eis zum Wandern gezwungen und ziehen daher mit diesem in gemäßigtere Breiten hinab oder mit dem schmelzenden Eise wiederum gegen die Pole hinauf. Sie aber sowohl wie alle übrigen Arten ihrer Ordnung werden noch durch einen anderen, nicht minder wichtigen Grund zu regelmäßigen Reisen veranlaßt: sie bedürfen des Festlandes oder doch wenigstens großer, weit umgrenzter, festliegender Eisbarren, um ihre Jungen zur Welt zu bringen und so lange zu pflegen, bis dieselben befähigt sind, ihnen im Meere zu folgen, beziehentlich hier sich selbst zu erhalten. So erscheinen denn alljährlich zu derselben Zeit Tausende und Hunderttausende von Robben auf bestimmten Eilanden oder Eisbänken, bedecken einzelne dieser Geburtsstätten ihres Geschlechts mit ihren Leibern so vollständig, daß jedes geeignete Plätzchen in Besitz genommen werden mußte, um Raum für alle zu gewinnen, bringen ihre Jungen zur Welt, verweilen wochen-, selbst monatelang auf dem Lande und Eise, ohne währenddem zu jagen, ins Meer hinabzusteigen und Nahrung zu sich zu nehmen, säugen ihre Jungen auf, paaren sich sodann, lösen allmählich ihre großartigen Versammlungen wieder auf, verteilen sich über das weite Meer, um hier fortan in altgewohnter Weise zu leben, oder treten mit ihren noch weiterer

Flughunde, einen Meeresarm überfliegend.

Erziehung bedürftigen Jungen mehr oder minder weit sich erstreckende Jagdzüge, beziehentlich andere Wanderungen an.

Von allen bisher genannten Wandersäugetieren zählt kein einziges zu den Winterschläfern, welche, wohlgeschützt, in tiefen und sorgfältig nach außen hin verschlossenen Bauen in todähnlichem Schlafe die schlimme Jahreszeit überstehen, somit also nicht zum Verlassen ihres Wohngebietes gezwungen sind. Gleichwohl gibt es auch unter ihnen, mindestens unter denen, welche in den gemäßigten Gürteln leben, einzelne, welche während ihres Wachseins wandern: Fledermäuse nämlich. So mangelhaft der Fittich des Flattertieres, verglichen mit der Schwinge des Vogels, uns erscheinen muß, so erheblich begünstigt er Ortsveränderungen, befähigt daher zu

Reisen, welche mit der Größe des ihn regenden Tieres außer allem Verhältnis stehen. Zudem kommt einer wanderlustigen Fledermaus noch ein anderweitiger Umstand zu statten: sie wird durch ihre Jungen nicht an eine bestimmte Oertlichkeit gebunden; denn das Junge hängt sich unmittelbar nach seiner Geburt an die Brust der Mutter an und wird von ihr bis zu erreichter Selbständigkeit durch die Luft getragen. Dementsprechend gehört die Fledermaus zu den reisefertigsten aller Säugetiere und macht unter Umständen von der ihr gewordenen Vergünstigung umfassenden Gebrauch. In der Regel sind die Wanderungen, welche verschiedene Fledermäuse ausführen, allerdings als Streifzüge zu bezeichnen, welche bezwecken, zeitweilig besonders nahrungsreiche Gebiete auszunutzen; sie können jedoch zu wirklichen Reisen werden und wenigstens einzelne Arten in weit entlegene Länder führen, entbehren dann auch nicht der Regelmäßigkeit, welche die Wanderungen kennzeichnet. Die größten Flattertiere, welche wir Flughunde nennen, durchmessen allabendlich, den Früchten, ihrer Hauptnahrung, zu Gefallen, weite Strecken, scheuen sich aber auch nicht, Meeresarme von zehn geographischen Meilen Breite zu überfliegen, müssen sogar von Südasien nach Ostafrika geflogen sein oder denselben Weg in umgekehrter Richtung zurückgelegt haben, da einzelne Arten in beiden Erdteilen vorkommen; die eigentlichen Fledermäuse leisten mindestens dasselbe. Dem in verschiedenen Höhengürteln zu verschiedenen Zeiten eintretenden Erwachen der Kerbtiere folgend, steigen sie von der Tiefe zu Gebirgshöhen empor und im Herbste umgekehrt wieder zur Tiefe hernieder; den viele Fliegen um sich versammelnden Viehherden der Wanderhirten Mittelafrikas ziehen sie nach; aber sie wandern auch vom Süden nach dem Norden und kehren von hier wieder dorthin zurück oder verfahren umgekehrt. So erscheint die Umberfledermaus erst mit Beginn der taghellen Nächte im Norden von Skandinavien und Rußland und verläßt diese Breiten, welche vielleicht als ihre Heimat gelten dürfen, bereits im Spätsommer wieder, um in unseren mitteldeutschen Gebirgen und in den Alpen zu überwintern; so sieht man die Teichfledermaus während des Sommers regelmäßig in den norddeutschen Ebenen, begegnet ihr aber um diese Zeit nur ausnahmsweise in den Gebirgen Mitteldeutschlands, deren Felsenhöhlen sie zum Ueberwintern aufsucht. Daß auch andere in Deutschland lebende Fledermausarten ähnliche Ortsveränderungen vornehmen, kann keinem Zweifel unterliegen.

Mit den bisher gegebenen Beispielen, welche aus der Menge des vorliegenden Stoffes herausgegriffen wurden, habe ich Belege erbracht für diejenigen Wanderungen der Säugetiere, welche wir, weil sie regelmäßig erfolgen, willkürliche nennen dürfen, damit aber meine Aufgabe noch keineswegs erfüllt. Hunger und Durst, Armut und zeitweilige Unwirtlichkeit eines bestimmten Wohngebietes treffen einzelne Säugetiere zuweilen so hart, daß sie sich, gleichsam verzweifelnd, entschließen, Rettung in fluchtartiger Auswanderung zu suchen. Reichliche Nahrung und günstige Witterung befördern die Vermehrung aller Tiere, die verschiedener pflanzenfressenden Säugetiere aber in so außergewöhnlicher Weise, daß selbst unter ersprießlichen Verhältnissen das Wohngebiet ausgedehnt werden muß; erfolgt jedoch auf ein oder mehrere fette Jahre, unter Umständen auch bloß einige günstige Monate, plötzlich ein Umschlag, so übersteigt die Not bald alle Grenzen und raubt den betroffenen Tieren nicht allein die Möglichkeit, fernerhin sich zu ernähren, sondern auch alle Hoffnung, mindestens alle Besinnung und Ueberlegung.

Unter solchen Umständen verlassen bei uns zu Lande die Feld-, in Sibirien die Wurzelmäuse ihre Geburtsstätten und ziehen, zu massenhaften Scharen gesellt, in andere Gefilde, schrecken vor keinem Hemmnisse zurück, scheuen das Wasser ebensowenig wie das ihnen unfreundliche Gebirge, oder den ihnen unheimlichen Wald, kämpfen widerstandslos mit Hunger und Elend und verfallen rettungslos Krankheiten und Seuchen, welche pestartig unter ihnen wüten und Bestände von Millionen auf wenige Hunderte verringern. Unter solchen Umständen rotten sich in Sibirien die Eichhörnchen, welche in regelrechten Jahren höchstens Ausflüge unternahmen, zu zahlreichen Heeren zusammen, eilen in Trupps oder Gesellschaften von Baum zu Baum, in geschlossenen Herden von einem Walde zum anderen, überschwimmen Flüsse und Ströme, dringen in Dörfer und Städte ein, verlieren zu Tausenden ihr Leben und lassen sich auch durch ersichtliche Todesgefahr weder aufhalten noch zurückscheuchen, noch auch von ihrem Wege abbringen. Die Sohlen ihrer Füße sind abgelaufen und schrundig, die Nägel abgeschliffen, die Haare des sonst so glatten Pelzes gesträubt und verwirrt; ihren Zügen folgen im Walde Luchse und Zobel, im freien Felde Vielfraße, Füchse und Wölfe, Adler, Falken, Eulen und Raben; unter ihren Heeren fordern pestartige Seuchen mehr Opfer noch als Zähne und Klauen der Raubtiere, Geschosse und Knüppel der Menschen, und dennoch wandern sie fort und fort, scheinbar ohne jegliche Hoffnung auf Rückkehr. Nach mündlichen Mitteilungen eines mir befreundeten sibirischen Jägers erschien im August des Jahres 1869 ein solches Eichhornheer inmitten der im Ural gelegenen Stadt Tapilsk. Es war nur ein Flügel des wandernden Hauptheeres, dessen Mitte in einer Entfernung von ungefähr acht Kilometer weiter nördlich durch den Wald zog. Die Tiere folgten sich einzeln oder in verschieden starken Gesellschaften, aber ununterbrochen, zogen ebenso dicht geschart durch die Stadt wie durch den benachbarten Wald, benutzten die Straßen wie die Zäune und die Dächer der Gebäude als Pfade, erfüllten alle Höfe, drangen durch Fenster und Thüren in das Innere der Häuser ein, erregten einen förmlichen Aufruhr unter den Menschen, einen noch ärgeren unter den Hunden, welche Tausende von ihnen umbrachten und zuletzt eine bis dahin ungeahnte zügel- und schrankenlose Mordlust bethätigten, schienen aber nicht im geringsten wegen der zahllosen Opfer, welche unter ihnen fielen, sich zu sorgen oder auch nur sich um sie zu bekümmern, überhaupt an nichts Anteil zu nehmen und ließen sich durch kein Mittel aus ihrer Bahn bringen. Drei Tage lang währte der Durchzug vom frühen Morgen bis zum späten Abend, und erst nach Einbruch der Nacht trat jedesmal eine Unterbrechung des Stromes ein. Alle wanderten genau in derselben Richtung, von Süden nach Norden, und die Nachfolgenden zogen auf denselben Wegen dahin wie die Vorausgegangenen. Die rauschende Tschussoweia bildete kein Hindernis; denn alle, welche an das Ufer des sehr schnell strömenden Gebirgsflusses gelangten, stürzten sich ohne Besinnen in die wirbelnden und schäumenden Fluten und schwammen, tief eingesenkt, mit auf den Rücken zurückgelegtem Schwanze, so eilig als möglich zum jenseitigen Ufer hinüber. Mein Gewährsmann, welcher den Zug mit fortwährend sich steigernder Aufmerksamkeit und Teilnahme verfolgte, begab sich in einem Boote mitten unter die den Fluß übersetzenden Scharen. Die ermüdeten Schwimmer, denen er ein Ruder zustreckte, benutzten dieses, um an ihm auf das Boot zu klettern, blieben hier auch, anscheinend sehr ermattet, ruhig und vertrauensvoll sitzen, kletterten sodann, als das Boot neben einem größeren Fahrzeuge anlegte, auf letzteres und verweilten hier, ebenso unbekümmert wie auf jenem, geraume Zeit, verließen es aber sofort, nachdem es dem Ufer nahe gekommen war, sprangen auf dieses und setzten ihren Weg so gleichmütig fort, als habe es keine Unterbrechung für sie gegeben.

Dieselben Ursachen müssen es sein, welche die Lemminge zu ihren seit Jahrhunderten beobachteten Wanderungen zwingen. Jahre nacheinander gewähren ihnen die Gebirge der Tundren Skandinaviens, Nordrußlands und des nördlichen Sibiriens behäbigen Aufenthalt und ausreichende Nahrung: denn die breiten Rücken der Fjelds wie die weiten

Ebenen dazwischen, das Hügelland wie die Niederungen bieten Raum und Unterhalt für Millionen von ihnen; aber nicht in jedem Jahre erfreuen sie sich gewohnter Fülle für die ganze Zeit des Sommers. Folgt auf einen schneereichen, für sie, welche unter der weißen Winterdecke ein gesichertes Dasein führen, also günstigen Winter ein zeitiges und warmes, längere Zeit sich gleichbleibendes Frühjahr, so erleidet ihre erstaunliche Fruchtbarkeit und Vermehrungsfähigkeit keinerlei irgendwie erhebliche Beschränkung, und demgemäß wimmelt die Tundra buchstäblich von ihnen. Ein ihre Anzahl ins Unberechenbare steigernder schöner und warmer Sommer beschleunigt aber auch den Lebenslauf aller Nährpflanzen, und ehe er vergangen, sind diese teilweise verdorrt, teilweise durch den gefräßigen Zahn der an und für sich unersättlichen Wühlmäuse vernichtet worden; Mangel an Nahrung macht sich geltend und jenes behagliche Leben nimmt ein Ende mit Schrecken. Ihr keckes, dreistes Wesen weicht allgemeiner Unruhe, und bald bemächtigt sich ihrer sinnlose Angst vor der Zukunft. Jetzt rotten sie sich und beginnen zu wandern. Derselbe Trieb regt sich gleichzeitig in vielen und überträgt sich auf andere; dem einen gesellen sich mehrere; aus Herden werden Heere; diese ordnen sich in Reihen, und wie ein rieselndes Gewässer ergießt sich ein lebendiger Strom von den Höhen herab in die Niederungen. Alle eilen in bestimmter, jedoch je nach Oertlichkeit und Gelegenheit vielfach wechselnder Richtung ihres Weges dahin; allgemach bilden sich lange Züge, in denen ein Lemming so dicht auf den anderen folgt, daß er mit seinem Kopfe auf dem Rücken des vorhergehenden zu ruhen scheint, und unter dem Getrippel der leichten Geschöpfe graben sich endlich tiefe, von weitem sichtbare Pfädchen in den Moosteppich der Tundra. Je länger der Zug währt, um so mehr steigert sich die Eile der wandernden Lemminge. Gierig fallen sie über alle Pflanzen auf und am Wege her und verschlingen, was genießbar ist; ihrer Menge gegenüber verarmt aber auch ein noch unbeweidetes Gebiet binnen wenigen Stunden, und wenn die vordersten wirklich noch einige Nahrung finden, bleibt doch für die nachkommenden nichts mehr übrig: der Hunger mehrt sich von Minute zu Minute und beschleunigt gleichmäßig den Zug, läßt jegliches Hindernis als überwindlich, jede Gefahr als nichtig erscheinen und treibt dadurch Millionen in den Tod. Ihnen entgegentretenden Menschen laufen sie zwischen den Beinen durch; Raben und anderen übermächtigen und räuberischen Vögeln bieten sie trotzig die Stirn; Heuschober durchnagen, Berge und Felsblöcke überklettern, Flüsse und Meeresarme, selbst breite Seen oder Meeresbuchten und Fjorde überschwimmen sie. Ein ähnliches Gefolge wie hinter den wandernden Eichhörnchen trabt und fliegt hinter ihnen einher: Wölfe und Füchse, Vielfraße, Marder und Wiesel, Hunde der Lappen und Samojeden, Adler, Bussarde und Schneeeulen, Kolkraben und Nebelkrähen feisten sich an den unzähligen Opfern, welche sie dem wogenden Heere mühelos entnehmen, Möwen und allerlei Raubfische an denen, welche die Gewässer fordern; Seuchen und Krankheiten bleiben ebensowenig aus und raffen vielleicht noch mehr von ihnen hin, als alle Feinde zusammengenommen vertilgen können. Tausende ihrer Leichen bleiben verfaulend am Wege liegen, Tausende treiben die Wellen mit sich fort: ob ihrer überhaupt übrig bleiben und ob diese später nach ihren wohnlichen Alphöhen zurückkehren, oder ob schließlich alle, alle, welche auszogen, auf der Wanderung zu Grunde gehen, vermag niemand zu bestimmen; wohl aber kann ich sagen, daß ich weite Strecken der lappländischen Tundra durchzogen habe, in denen fast allerorten Gangstraßen und sonstige Ueberbleibsel wandernder Lemmingheere, aber nicht ein einziges der Tiere selbst mehr zu sehen war. Derartige Strecken bleiben, wie man mir mitteilte, oft mehrere Jahre nacheinander, wie ich sie gesehen, und bevölkern sich erst nach Ablauf langer Fristen allmählich wieder mit den kleinen, geschäftigen Nagern.

Was im Norden der Hunger bewirkt, verursacht in dem reicheren Süden der quälende Durst. Wenn unter der sengenden Hitze des südafrikanischen Winters die brackigen Wassertümpel, welche bis dahin Tigerpferden, Antilopen, Büffeln, Straußen und anderen an den Boden geketteten Steppentieren Labung gewährten, mehr und mehr versiegen, sammeln sich um diejenigen, welche noch nicht vertrockneten, alle Tiere, denen die Steppe bisher ihre Lebensbedingungen gewährte, und ein reges, überaus lebendiges Treiben entwickelt und gestaltet sich um die noch wasserhaltigen Lachen. Wenn aber auch sie verdunsten, sehen die Tiere, welche an ihnen zusammenströmten, sich gezwungen, auszuwandern, und dann kann es geschehen, daß sie von einer ähnlichen Verzweiflung erfaßt und beherrscht werden wie die vorher geschilderten Nager, in ähnlicher Weise wie Wildpferde und Kropfantilopen der mittelasiatischen Steppen oder die Bisons der nordamerikanischen Prairien sich scharen und geraden Weges Hunderte von Meilen durchlaufen, um der Not des Winters zu entrinnen.

Die ersten, welche dem ungastlich gewordenen Lande den Rücken kehren, sind auch hier die Wildpferde. Sorglos und ungezwungen streiften bis zum Eintritte der Not die prachtvoll gezeichneten, kräftigen und schnellen, wilden und selbstbewußten Kinder der Karru, Zebra, Quagga und Dauw,

Tigerpferde, Strauße und Quaggas.

durch ihr weites Gebiet, jede einzelne Herde unter Obhut und Führung eines alten, erfahrenen und kampfgeübten Hengstes ihre eigenen Wege wählend. Da beginnen die Sorgen der Zeit des Winters. Eine Wasserlache nach der anderen schwindet und immer zahlreicher werden die Herden, welche sich um die bis zuletzt noch ergiebigen sammeln. Die gemeinsame Not läßt selbst die rauflustigsten Hengste Kampf und Streit vergessen. Anstatt der wenig zahlreichen Tabunen bilden sich Herden von mehreren hundert Stück, welche fortan gemeinschaftlich handeln und endlich gemeinsam die winterliche Gegend verlassen, noch bevor deren Mangel die Kräfte geschwächt, den störrischen Willen gebrochen hat. Mit Begeisterung schildern Reisende das großartige Schauspiel, welche solche wandernde Tigerpferdherde gewährt. Auf weithin vor dem Auge des Beobachters erstreckt sich das sandige Gelände, dessen rotschimmernder Grundton nur hie und da durch dunkle Flecken sonnenverbrannten Grases unterbrochen, welches nur spärlich durch einzelne Bestände federblätteriger Mimosen beschattet und erst in weitester Ferne durch scharfe Linien in blauem Dufte schwimmender Berge begrenzt wird. Inmitten solcher Landschaft erhebt sich eine Staubwolke und steigt, von keinem Lufthauche gestört, wie eine Rauchsäule zum blauen Himmel auf. Näher und näher zieht diese Wolke heran; endlich werden in ihr sich bewegende lebende Wesen auf Augenblicke sichtbar. Vom Dunkel sich lösend, treten lebhaft gefärbte und seltsam gezeichnete Tiere vor das Auge des Beschauers; in dicht gedrängter Reihe, die Hälse und Schweife erhoben, Nacken an Nacken mit abenteuerlich gestalteten Gnus und Straußen, welche ihnen sich angeschlossen, sprengen sie vorüber, einem anderen, vielleicht weit entfernten Weideplatze zueilend, und ehe der Beobachter noch recht zur Besinnung gelangte, ist das wilde Heer wiederum dem Auge entrückt, in der unabsehbaren Steppe dem Blicke entschwunden.

Nicht immer auf denselben Pfaden, aber doch meist in gleicher Richtung ziehen auch die vom Winter vertriebenen Antilopen durch das weite Land. Keine von ihnen tritt zahlreicher und häufiger auf als der Springbock, eine der zierlichsten und schmucksten Gazellen, welche wir kennen. Seine ungewöhnliche Schönheit und zaubervolle Beweglichkeit bestrickt jeden, welcher ihn in der Freiheit beobachtet, wie er bald federnden Ganges dahinschreitet, bald stillestehend sich äst, bald in übermütigen Sprüngen sich tummelt und dabei seine höchste Zierde, einen mähnenartigen, bei ruhigem Gange in einer Längsfalte des Hinterruckens verborgenen, schneeweißen Haarbusch entfaltet. Keine andere Antilope schart sich, wenn die Not zum Wandern zwingt, zu so zahlreichen Heeren wie er. Vergeblich bemüht sich auch der wortreichste Beschreiber bei dem, welcher einen Springbockzug nicht mit eigenem Auge erschaute, eine annähernd richtige Vorstellung des wunderbaren Schauspiels hervorzurufen. Seit Wochen schon zusammengedrängt, vielleicht noch immer des ersten Regengusses harrend, entschließt sich der Springbock endlich dennoch zum Wandern. Hunderte seiner Art vereinigen sich mit anderen Hunderten, Tausende mit Tausenden, je drohender der Mangel, je quälender der Durst wird, je mehr der bereits

Springböcke.

zurückgelegte Weg sich verlängert; aus den Scharen bilden sich Herden, aus den Herden Heere, und den die Sonne verdunkelnden Heuschreckenschwärmen vergleichbar ziehen diese Heere dahin. In den Ebenen bedecken sie ganze Geviertmeilen; in den Pässen zwischen den Bergen drängen sie sich zu gepreßten Massen zusammen, denen kein anderes Geschöpf Widerstand zu leisten vermag; durch die Niederungen fluten sie wie ein seine Ufer überschwemmender, alles mit sich dahinwälzender Strom. Sinnverwirrend, auch den nüchternsten Menschen berauschend und bethörend, wogt das Gewimmel vorüber, stunden-, zuweilen tagelang. Wie die gefräßigen Wanderheuschrecken fallen die verschmachtenden Tiere über Gras und Blätter, Getreide und andere Feldfrüchte her; wo sie gezogen, bleibt kein Halm übrig. Der Mensch, welcher ihnen gegenübertritt, wird im Nu zu Boden geworfen und durch die zwar leichten, aber in tausendfacher Folge wiederkehrenden Huftritte so schwer verletzt, daß er froh sein kann, wenn er mit dem Leben davonkommt; eine im Wege weidende Schafherde wird umzingelt, fortgerissen und auf Nimmerwiedersehen entführt; ein Löwe, welcher mühelos Beute zu erwerben gedachte, sieht sich gezwungen, das von ihm geschlagene Opfer zu verlassen und mit dem Strome zu treiben. Unablässig drängen die hintersten vorwärts, weichen die vordersten langsam dem Drucke; beständig suchen die in der Mitte eingepferchten Scharen die Flügel zu erreichen und fortdauernd begegnen sie dem zähesten Widerstande. Ueber der Staubwolke, welche die wandernden Massen erregen, kreisen die Geier; den Flügeln wie dem Nachtrabe des Heeres schließt sich ein zahlreiches, aus den verschiedensten Raubtieren gebildetes Leichengefolge an; an Pässen lauern Jäger und Schützen und entsenden Kugel auf Kugel in das Gewimmel. So schwärmen die gequälten Tiere durch viele Meilen, bis endlich der Frühling eintritt und ihre Heere auflöst.

Soll ich nach diesem noch anderer unfreiwilligen Wanderungen gedenken, solcher, wie sie Eisfüchse und Eisbären zuweilen auszuführen gezwungen werden, wenn eine Scholle, auf welcher sie jagten, gelöst und von den Meereswogen fortgerissen wird, bis sie im günstigsten Falle an einer Insel landet? Ich meine nicht: denn solches Reisen ist nicht Wandern mehr, sondern nur noch ein Treiben mit den Wellen.

Liebe und Ehe der Vögel.

Unwiderstehlich, als zwingendes Naturgesetz, bewegt alle lebenden Wesen der Trieb, das andere Geschlecht derselben Art an sich zu fesseln, ein zweites Sein mit dem eigenen zu einen, durch willenlose Hingabe gleiche Gefühle zu wecken und so das innigste Band zu schließen, welches Wesen an Wesen, Leben an Leben kettet. Keine Macht ist so gewaltig, daß sie dieses Gesetz aufheben könnte, kein Gebot so bestimmend, daß es dasselbe zu beeinflussen vermöchte. Unaufhaltsam beseitigt es jedes Hemmnis und siegreich ringt es zum Ziele.

Liebe nennen wir die allmächtige Gewalt, durch welche dieses Gesetz regiert, wenn wir von ihrem Einflusse auf Menschen sprechen; als Trieb bezeichnen wir sie, wenn wir von ihrer Wirkung auf Tiere reden. Ein Spiel mit Worten ist es, welches wir treiben, nichts anderes: es sei denn, daß wir beabsichtigen, ersterem Worte ausdrücklich die Bedeutung beizulegen, daß jeder Naturtrieb im Menschen durch diesen selbst veredelt, versittlicht werden soll. Fällt diese Voraussetzung, so wird es schwer, zwischen der einen und dem anderen zu unterscheiden. Mensch und Tier sind demselben Gesetze unterthan; aber das Tier unterwirft sich ihm gehorsamer als jener. Es erwägt nicht, bedenkt nicht, sondern gibt sich widerstandslos seinem Einflusse hin, während der Mensch nicht selten wähnt, demselben sich entziehen zu können.

Derjenige freilich, welcher von vornherein die Zuständigkeit des Menschen zum Tierreiche in Abrede zu stellen wagt, sieht in dem Tiere nichts anderes als eine lebendige Maschine, welche von außer ihr wirkenden Kräften bewegt und geleitet, zum Handeln angeregt, zum Werben um die Gunst des anderen Geschlechtes seiner Art veranlaßt, zum Jubelgesang angetrieben, zum Kampfe mit Nebenbuhlern angereizt wird, und spricht solcher Maschine erklärlicherweise jegliche Freiheit und Willkür, jeden Kampf sich widerstrebender Stimmungen, jedes Gemüts- und Verstandesleben rundweg ab. Ohne sich selbst zu erheben, drückt er dadurch, daß er alle und jede geistige Thätigkeit oder doch alle geistige Freiheit ausschließlich für sich in Anspruch nimmt, das Tier zu einem Aftergebilde seiner hohlen Eitelkeit herab, welches eher ein Schein- als ein wirkliches Leben führt und jeglicher Freude des Daseins entbehren muß.

Wir urteilen anders und jedenfalls richtiger, unzweifelhaft aber gerechter, wenn wir das Gegenteil annehmen; wir urteilen vielleicht nicht einmal zu scharf, wenn wir behaupten, daß derjenige, welcher dem Tiere Verstand abspricht, um seinen eigenen Sorge wachruft, oder daß der, welcher jegliches Gefühlsleben des Tieres leugnet, überhaupt nicht erkannt hat, was Gefühlsleben ist. Wer unbefangen beobachtet, wird früher oder später zu der Erkenntnis gelangen müssen, daß die geistige Thätigkeit aller tierischen Wesen, so verschiedenartig sie sich auch äußern möge, auf denselben Gesetzen beruht, und daß jedes Tier, innerhalb des ihm beschiedenen Lebenskreises und unter denselben Umständen, ähnlich denkt, fühlt und handelt wie das andere, nicht aber, im Gegensatze zum Menschen, nach sogenannten höheren Gesetzen zu ganz bestimmten Lebensäußerungen veranlaßt wird. Gesetze darf man die Ursachen der Handlungen der Tiere vielleicht nennen, dann aber nimmermehr vergessen, daß auch der Mensch denselben unterworfen ist. Sein Geist vermag wohl einzelne dieser Naturgesetze dienstbar zu machen, andere zu beeinflussen, zeitweilig vielleicht sogar zu umgehen, nimmermehr aber sie zu brechen, zu vernichten.

Ich will versuchen, den Beweis für die Richtigkeit meiner Behauptungen zu erbringen, indem ich durch ein Beispiel erläutere, wie gleichartig im wesentlichen die Lebensäußerungen des Menschen und der Tiere sein können; wie gleichmäßig zwingend das wichtigste aller Naturgesetze, welches Erhaltung der Art bezweckt oder zur Folge hat, auf jenen und diese einwirkt. Mensch und Vogel: welch weite Kluft liegt zwischen ihnen, zwischen beider Leben; wie groß sind die Unterschiede zwischen beider Thun und Handeln! Gibt es eine Macht, jene Kluft zu überbrücken; sind Verhältnisse denkbar, welche beide zu wesentlich gleichen Lebensäußerungen veranlassen können? Wir wollen dies untersuchen.

Rückhaltsloser als der Mensch unterwerfen sich die Vögel dem Wechsel der Jahreszeiten. „Sie säen nicht, sie ernten nicht, sie sammeln nicht in ihre Scheuern" und müssen daher wohl oder übel jenen sich anbequemen, wenn sie ernährt sein, wenn sie leben wollen. Daher erblühen sie im Frühjahre, bringen im Sommer Frucht, bergen diese und sich selbst im Herbste und ruhen im Winter wie die mütterliche Erde. Ihre Lebensäußerungen sind an die verschiedenen Abschnitte des Jahres gebunden.

In dieser Beziehung beherrscht sie in der That ein eisernes Gesetz, dem gegenüber jegliche Freiheit, jede Willkür undenkbar ist. Wohin aber sollte jene, sollte diese führen als zu Mangel und Not, Gefährdung des eigenen Lebens und des ihrer Jungen? Sie beugen sich also fügsam diesem Gesetze und genießen nunmehr eine Freiheit, um welche wir Menschen sie beneiden könnten und beneiden würden, wären wir nicht imstande, uns dem Einflusse der Jahreszeiten mehr zu entziehen als sie. Aber erblühen nicht auch wir im Frühlinge, und ruhen nicht auch wir im Winter? Und müssen nicht auch wir eiserner Notwendigkeit uns beugen?

Sind die Vögel in gedachter Hinsicht gebunden, so bewahren sie sich doch in anderer Freiheit und Willkür, üben beide sogar oft freudiger und ungehemmter als der Mensch.

Kein Vogel entsagt freiwillig den Freuden der Liebe; nur ihrer wenige entziehen sich den Banden der Ehe; jeder aber sucht Liebe sobald als möglich zu erlangen und zu genießen. Noch bevor er sein Jugendkleid abgelegt hat, erkennt und würdigt er den Unterschied der Geschlechter; schon viel früher kämpft das junge Männchen, gleichsam in knabenhaftem Uebermute, mit seinesgleichen; sobald es erwachsen ist, wirbt es mit Glut und Beharrlichkeit um die Gunst eines Weibchens seiner Art. Kein Vogelmännchen verdammt sich selbst zum Hagestolze, kein Vogelweibchen verschließt würdiger Werbung sein Herz. Um des Weibchens willen wandert jenes rast- und ziellos über Land und Meer; eines würdigen Männchens halber vergißt dieses erlittenen Schmerz, bedrückende Trauer, wie tief beide auch gewesen sein mögen; des ihm am würdigsten scheinenden Werbers wegen bricht es vielleicht sogar die Banden der Ehe.

Jedes Vogelweibchen gelangt in den Besitz eines Gatten; nicht jedem Vogelmännchen dagegen wird es leicht, eine Gattin zu erwerben. Denn auch unter Vögeln will so hohes Gut gesucht und erstritten sein. Durchschnittlich gibt es mehr Männchen als Weibchen; viele sind daher genötigt, das härteste Mißgeschick, welches sie treffen kann, über sich ergehen zu lassen und, mindestens zeitweilig, unbeweibt zu leben. Für weitaus die meisten Vögel ist das Hagestolzentum aber nichts anderes als eine Qual, welche von sich abzuschütteln sie mit allen Kräften bemüht sind. Sie ziehen daher auf Freiersfittichen durch das weite Land, spähen fleißig nach einer Gattin aus und werben dreist, wo sie solche zu finden wähnen, gleichviel, ob es sich um ein noch unbemanntes, bemanntes oder verwitwetes Weibchen handelt. Wären ihre Wanderungen erfolglos, so würden sie wahrscheinlich nicht so regelmäßig umherstreichen, als sie es thatsächlich thun.

Werbend um die Gunst der Weibchen, erschöpfen die Männchen alle Mittel, welche ihnen die Natur verliehen hat. Jedwedes von ihnen bringt, je nach Art und Vermögen, seine hervorragendsten Gaben zur Geltung; jedes versucht, von der bestechendsten Seite sich zu zeigen, alle ihm eigene Liebenswürdigkeit an den Tag zu legen, zu glänzen, andere seines Geschlechtes zu überbieten. Sein Verlangen steigert sich mit der Hoffnung auf Gewährung; seine Liebe berauscht es, versetzt es in Verzückung. Je älter es ist, um so auffallender pflegt es sich zu gebärden, um so selbstbewußter aufzutreten, um so stürmischer nach der Minne Sold zu ringen. Das Sprichwort: „Alter schützt vor Thorheit nicht“, wird an ihm zu Schanden; denn das Alter verdammt es nur in den seltensten Fällen zur Schwäche und Unfähigkeit, vermehrt im Gegenteil in der Regel alle ihm beschiedenen Fähigkeiten und erhöht durch gereifte Erfahrung die Vollkraft, welcher es sich erfreut. Kein Wunder daher, daß mindestens junge Vogelweibchen ältere Männchen bevorzugen, erklärlich daß diese, wenn nicht feuriger, so doch zuversichtlicher werben als jüngere.

Die Mittel, durch welche ein Vogelmännchen seine Liebe erklärt und seine Werbung ausdrückt, sind sehr verschiedenartige, stehen jedoch selbstverständlich stets im Einklange mit seinen hervorragendsten Begabungen. Das eine wirbt mit seinem Liede, das andere mit seiner Schwinge, dieses mit dem Schnabel, jenes mit dem Fuße; eines bringt werbend alle Pracht seines Gefieders, ein anderes besondere Schmuckzeichen, ein drittes sonst nie geübte Fertigkeiten zur Schau. Ernste Vögel treiben Spiel und Scherz, würdevolle Narrenstreiche; schweigsame werden geschwätzig, ruhige beweglich, sanftmütige streitsüchtig, furchtsame kühn, vorsichtige sorglos: kurz, fast alle zeigen sich von einer anderen Seite als sonst. Ihr ganzes Wesen erscheint verändert, weil jede ihrer Bewegungen lebhafter, erregter ist als sonst, weil ihr Gebaren von dem alltäglichen oft in jeder Beziehung abweicht, weil thatsächlich ein Rausch sie bemeistert, welcher alle Spannkraft ihres Seins erhebt und stärkt und keinerlei Ermattung merken läßt. Sie entäußern sich des Schlafes, verringern ihn mindestens auf das kleinste zulässige Maß, ohne zu erschlaffen; sie strengen wachend alle Kräfte übermäßig an, ohne zu ermüden.

Alle stimmbegabten Vögel werben mit klar verständlichen Tönen, und ihr Gesang ist nichts anderes als ein Flehen oder ein Jauchzen der Liebe. Unseres Dichters Worte:

„Willst du nach den Nachtigallen fragen,
Die mit seelenvoller Melodie
Dich entzückten in des Lenzes Tagen —
Nur solang sie liebten, waren sie!"

enthalten die volle Wahrheit; denn der Gesang der Nachtigall und aller übrigen Vögel, deren Lieder uns erfreuen, beginnt in der That mit dem ersten Regen der Liebe und endet, wenn der Liebesrausch verflogen und durch andere Gefühle, zumal Sorgen, verdrängt worden ist. Singend zieht der Vogel auf die Brautfahrt; durch Gesang kündet er dem Weibchen sein Erscheinen, seine Nähe; durch Gesang ladet er es ein, ihm sich zu gesellen; im feurigsten Gesange drückt er sein Entzücken aus, wenn er ein Weibchen gefunden; in Gesang kleidet er sein Begehren, Verlangen, Sehnen und Hoffen; durch Gesang gibt er seine Stärke zu erkennen; im Gesange jauchzt er sein Glück, seine Seligkeit zum Himmel; mit Gesang fordert er jedes andere Männchen seiner Art, welches sich erdreisten sollte, dieses Glück zu stören. Nur solange er vom Rausche der Liebe begeistert wird, singt der Vogel mit vollem Feuer, in voller Stärke, und wenn er sonst noch singen sollte, gilt sein Lied sicherlich nur der Erinnerung an jenen Rausch, welcher ihn einstmals beglückte. Wer behauptet, wie dies in Wirklichkeit geschehen, daß der Vogel ohne alle und jede eigene Teilnahme singe, zu der einen Zeit singen müsse und nicht anders könne, und zu einer anderen Zeit weder singen könne noch dürfe, hat den Vogelgesang nie verstanden oder niemals verstehen wollen, sondern einzig und allein seiner Voreingenommenheit kläglichen Ausdruck geliehen. Man beobachte nur unbefangen, und man wird bald wahrnehmen müssen, wie das Lied des Vogels, obgleich es im wesentlichen dasselbe bleibt, jeder Gefühlsbewegung sich anschließt, wie es, je nach der ihn beherrschenden Stimmung, ruhig dahinströmt, sich steigert, aufjauchzt und wieder sich abschwächt, und wie es Echo weckt in der Brust anderer Männchen. Wären jene Worte wahr, so würde und müßte jedes Männchen genau ebenso singen wie ein anderes derselben Art, das ihm gegebene Lied ableiern wie eine Spieldose die auf der in ihr sich bewegenden Walze eingepflöckte Weise; keins könnte lernen, abändern, verbessern, nach der Meisterschaft ringen. Wir erfahren jedoch von all dem das gerade Gegenteil und sind deshalb überzeugt, daß der Vogel mit vollstem Bewußtsein singt, daß in seinem

Gesange seine Seele sich offenbart. Auch er ist ein Dichter, welcher innerhalb der ihm möglichen Grenzen erfindet, gestaltet und nach Ausdruck ringt; die Anregung hierzu aber ist Liebe zum anderen Geschlecht. Von ihr beherrscht, singt, pfeift und murmelt der Heher, schwatzt die Elster, wandelt der krächzende Rabe seine rauhen Laute zu sanften und weichen Tönen um, läßt sich der sonst schweigsame Steißfuß vernehmen, erhebt der Seetaucher seinen wilden und dennoch klangvollen Meeresgesang, taucht die Rohrdommel ihren Schnabel ins Wasser, um den einzigen ihr zu Gebote stehenden Schrei in dumpfes, weitschallendes Brüllen zu verwandeln. Gewiß singt der Vogel nur zu einer ganz bestimmten Zeit, aber nicht deshalb, weil er zu einer anderen Zeit nicht singen kann, sondern weil er dann keine Veranlassung zum Gesange mehr hat, weil er nicht singen will. Er schweigt, weil er nicht mehr liebt, nüchterner gesagt, sobald seine Paarungszeit vorüber ist. Die Richtigkeit dieser Behauptung beweist schlagend der allbekannte Kuckuck. Dreiviertel des Jahres vergehen, ohne daß er ein einziges Mal seinen Ruf erschallen läßt; da tritt der Frühling ein in den Reigen der Jahreszeiten, und nunmehr ruft er von der ersten Tagesstunde an bis zu der letzten fast ununterbrochen, solange seine Paarzeit währt. Aber er verstummt früher im Süden als im Norden, früher in der Ebene als im Gebirge, durchaus entsprechend dem Brutgeschäfte seiner Pflegeeltern, welche im Süden wie in der Ebene früher zum Nestbaue schreiten und eher die Erziehung ihrer Jungen beendigen, als im Norden oder in der Höhe des Gebirges.

Viele Vögel unterstützen ihre durch Gesang oder doch eigenartige Stimmlaute ausgedrückte Werbung noch besonders durch gefällige Bewegungen, gleichviel ob dieselben mit Hilfe der Schwingen oder mittels der Füße geschehen, andere durch eigentümliche Stellungen, in denen sie sich zeigen oder vor dem Weibchen einherstolzieren, andere wiederum durch absonderliche Geräusche, welche sie hervorbringen.

Während einzelne Falken und die Eulen ihr Verlangen, wenn nicht ausschließlich so doch vorzugsweise durch laute Rufe ausdrücken, führen andere Raubvögel vor oder gemeinschaftlich mit ihren Weibchen prachtvolle Flugspiele auf, welche bald ein Reigen genannt werden dürfen, bald als Taumel bezeichnet werden müssen. Adler, Bussarde, Wander- und Rötel- oder Turmfalken umkreisen einander stundenlang, schrauben sich bis zu ungemessenen Höhen empor, üben, offenbar zu gegenseitiger Lust und Freude, alle Flugkünste, deren sie fähig sind, stoßen von Zeit zu Zeit gellende Schreie aus, spiegeln ihr Gefieder im Sonnenlichte und schweben endlich langsam zu einer erhabenen Sitzstelle herab, um hier weiter zu kosen. Milane, welche im wesentlichen ähnlich verfahren, lassen sich plötzlich mit halb angezogenen Fittichen aus sehr bedeutenden Höhen bis knapp über den Boden oder eine Wasserfläche herabfallen, beginnen nunmehr, weit schneller als sonst, gewundene Linien zu beschreiben, halten sich eine Zeitlang rüttelnd auf einer und derselben Stelle oder führen anderweitige wunderliche Bewegungen aus und erheben sich dann langsam wiederum zu der vorigen Höhe. Feldweihen fliegen längere Zeit anscheinend gleichmütig hinter oder neben dem umworbenen Weibchen einher, beginnen sodann dasselbe zu umkreisen, führen mit ihm ineinander sich verschlingende Ringlinien aus, erheben sich plötzlich, steigen, das Weibchen verlassend, den Kopf nach oben gerichtet, fast senkrecht zu bedeutenden Höhen empor, steigern währenddessen den sonst gemächlichen Flug zu unerwartet eilfertigem Dahineilen, überstürzen sich jählings, fallen mit beinahe angelegten Flügeln steil in die Tiefe hinab, kreisen in ihr ein-, zwei- oder mehrmal, schwingen sich wiederum empor und verfahren wie vorher, bis endlich auch das Weibchen sich entschließt, ihrem Beispiele zu folgen. Alle genannten überbietet der im Innern Afrikas lebende Gaukler, ein Weih von Adlergröße und einer der am absonderlichsten gestalteten und sich gebarenden Raubvögel überhaupt. Sein wundervoller Flug ist jederzeit geeignet, die Aufmerksamkeit des Beobachters auf sich zu lenken, wird aber während der Paarzeit zu einem unvergleichlichen Possenspiele in der Luft, zu einer sinnberückenden Gaukelei, welche alle anderen Raubvögeln möglichen Flugkünste in sich zu vereinigen scheint.

Aehnlich wie die werbenden Raubvögel gebaren sich viele andere, auch solche, welche keineswegs zu den ausgezeichneten Fliegern zählen. Daß auch diese ihre Schwingen zu Hilfe nehmen, wenn sie die Liebe eines Weibchens erringen oder ihren Gefühlen über glücklich errungenen Besitz eines solchen Ausdruck geben wollen, erscheint nach dem eben Mitgeteilten als selbstverständlich. Eifrig singt die Schwalbe neben dem umworbenen oder erkorenen Weibchen sitzend ihr allerliebstes Liedchen; das in ihrem Innern lodernde Hochgefühl ist jedoch viel zu mächtig, als daß sie, die Fluggewandte, so lange als der Gesang währt, auf einer und derselben Stelle verweilen könnte: sie fliegt daher auf, singt im Fluge weiter und umschwebt und umkreist dabei das Weibchen, welches dem Männchen nachflog. Der Ziegenmelker sitzt geraume Zeit der Länge nach auf einem Baumaste, manchmal ziemlich weit von dem Weibchen entfernt, spinnt minutenlang seine schnurrende Strophe ab, erhebt sich endlich, umfliegt in zierlichen

Wendungen und mit den Flügeln klatschend das Weibchen und ruft ihm dabei ein so zartes „Häit“ zu, daß man sich verwundert, wie solche sanften Laute in der rauhen Kehle überhaupt gebildet werden können. Der Bienenfresser, welchem ebenfalls nur eine klanglose Stimme beschieden ist, weilt lange dicht an das Weibchen geschmiegt auf seiner Warte, läßt kaum, oft wirklich nicht, einen Laut hören und scheint sich zu begnügen, mit zärtlichen Blicken seiner schönen hochroten Augen zu sprechen; dann aber erglüht auch er, regt jählings seine Schwingen, steigt hoch auf in die Luft, zieht hier einen Kreis, schreit dabei jauchzend auf und kehrt wieder zurück zu seinem Weibchen, welches inzwischen auf derselben Stelle sitzen geblieben ist. Mitten im eifrigsten Liebesgesange, möge er von uns Rucksen, Girren oder Heulen genannt werden, bricht die Taube, gleichsam durch sich selbst begeistert, plötzlich ab, klatscht einigemal scharf und laut mit den Flügeln, klettert hoch empor, breitet sodann die Schwingen und schwebt langsam wieder auf einen Wipfel hernieder, um hier von neuem sich hören zu lassen. Baum- und Wasserpieper, Dorngrasmücken und Gartensänger verfahren genau ebenso wie die Tauben; die Waldlaubsänger stürzen sich, ohne ihren Gesang zu unterbrechen, von ihrem Hochsitze herab in die Tiefe und erheben sich von ihr aus wiederum zu einem anderen Aste, auf welchem sie ihr Liedchen endigen, um es einige Augenblicke später von neuem zu beginnen und nochmals durch solches Flugspiel zum Abschlusse zu bringen. Grünlinge, Zeisige und Grauammer taumeln, von Liebe begeistert, in so wunderlicher Weise durch die Luft, als ob sie ihrer Schwingen nicht mächtig wären; die Lerchen klettern, ihr Liebeslied singend, förmlich zum Himmel auf; der Girlitz gebärdet sich, als ob er von einer Fledermaus gelernt habe.

In demselben Rausche wie die Genannten befinden sich alle Vögel, welche durch Tänze ihre Liebe kundgeben. Auch sie verleugnen während des Tanzes ihre sonstigen Gewohnheiten und geraten zuletzt in förmliche Verzückung, welche sie die Außenwelt mehr oder weniger vergessen läßt. Wenige Vögel tanzen stumm; die meisten geben im Gegenteil absonderliche Stimmlaute, wie man sie sonst nie zu hören bekommt, zum besten, und entfalten gleichzeitig ihren vollen Schmuck, bringen damit meist sogar einen Reigen zum Abschlusse.

Besonders eifrige Tänzer sind die Scharrvögel oder Hühner im weitesten Umfange. Unser Haushahn begnügt sich, stolz einher zu schreiten, zu krähen und mit den Flügeln zu schlagen; schon seine Hofgenossen Pfau und Truthahn leisten mehr, indem sie balzen. Weit lebhaftere Tänzer als beide sind fast alle Rauhfußhühner und einzelne Fasanen. Wer in grauender Morgenstunde den balzenden Auerhahn beobachtet, wer den kollernden und schleifenden Birkhahn belauscht hat, wer in der Dämmernacht des nordischen Frühlings den Moorhahn auf Schneefeldern der Tundra tanzen sah, wird mir beistimmen, wenn ich behaupte, daß eine solche Huldigung, wie diese Hähne sie den Hennen darbringen, ebenso unwiderstehlich wirken muß wie die unseres Pfaues, welcher seinen schönsten Schmuck zu einem Baldachin für sein umworbenes Weibchen wandelt. Noch eigenartiger als sie alle gebärden sich die männlichen Satyrhühner oder Hornfasanen, in Südostasien lebende, prachtvolle, durch zwei hornartige, lebhaft gefärbte Hautröhren zu beiden Seiten des Oberkopfes und einen in den glühendsten Farben prangenden, dehnbaren Kehllappen ausgezeichnete Scharrvögel. Nachdem der Hahn die Henne mehrmals umkreist hat, ohne ihr dabei in ersichtlicher Weise Beachtung zu schenken, bleibt er auf einer bestimmten Stelle stehen und beginnt sich zu verneigen. Rascher und rascher folgen sich die Verbeugungen, und langsam dehnen und recken sich währenddem die Hörner, breitet und senkt sich die Kehlhaut, bis beide dem liebestollen Vogel förmlich um den Kopf fliegen. Jetzt entfaltet und streckt er die Schwingen, rundet und senkt er den Schwanz, sinkt auf die eingebogenen Füße nieder und schleift unter Fauchen und Zischen die Fittiche auf dem Boden. Da plötzlich endet jegliche Bewegung. Tiefgesenkt, das Gefieder gesträubt, Fittiche und Schwanz gegen den Boden gedrückt, geschlossenen Auges, hörbar atmend, verharrt er eine Weile regungslos in Verzückung. Blendender Glanz strahlt von seinen voll entfalteten Schmuckzeichen aus. Jählings aber erhebt er sich wieder, faucht und zischt, zittert, glättet sein Gefieder, scharrt, wirft den Schwanz auf, schlägt mit den Flügeln, richtet sich ruckweise zu seiner vollen Höhe auf, stürzt auf das Weibchen zu und erscheint vor ihm, seinen wilden Lauf urplötzlich hemmend, in olympischer Herrlichkeit, bleibt noch einen Augenblick stehen, zittert, zuckt, zischt und läßt mit einemmal alle Pracht entschwinden, glättet sein Gefieder, zieht Hörner und Kehllappen ein und geht, als wäre nichts geschehen, wiederum seinen Geschäften nach.

Zierlichen Schrittes, den Kopf ein wenig gesenkt, Flügel und Schwanz gebreitet, erstere zitternd bewegend, sich verneigend, nähernd und entfernend umtrippelt die Stelze ihr erkorenes Weibchen; wie ein leuchtendes Opferflämmchen erscheint der Feuerfink auf der Spitze einer Aehre der Kafferhirse, in welcher er samt seinem Weibchen Wohnung genommen, bläht sein Prachtgefieder im Strahle der Sonne und dreht sich, eifrig singend, auf dem gewählten Sitzplatze herum; zärtlich, wie Menschenkinder, Mund

Balzender Hornhahn.

an Mund, Brust an Brust gedrückt, führen Tauber und Täubin gemeinsam einen langsamen Reigen; leidenschaftlich, mit lebhaften Sprüngen, tanzen die Kraniche, nicht minder eifrig, sogar angesichts scheinbar bewundernder Zuschauer, die prachtvollen Felsenhühner Mittelamerikas; selbst der Kondor, ein Flugvogel ersten Ranges, welcher noch Tausende von Metern über den höchsten Gipfeln der Anden durch den Aether zieht, und dem man keine andere Werbung als solche mittels der Schwingen zutrauen möchte, läßt sich herbei ein Tänzchen zu wagen und dreht sich, mit tiefgesenktem, bis auf die Brust herabgebogenem Kopfe und zu voller Breite entfalteten Fittichen, unter eigentümlich trommelnd murmelnden Lauten, langsam trippelnd um das Weibchen.

Wiederum andere Vögel ersetzen den Tanz durch ungestümes Auf- und Niederspringen, Hin- und Herhüpfen im Gezweige und entfalten währenddem die ihnen eigene Pracht: so die Paradiesvögel, welche in den Morgenstunden gemeinschaftlich auf gewissen Bäumen sich einfinden und hier zu Ehren der Weibchen unter gedachten Bewegungen und Zittern mit den Schwingen ihre wundervollen Schmuckfedern ausbreiten. Andere erbauen sich sogar besondere laubenartige Gebäude, verzieren dieselben mit allerlei farbigen, schimmernden und glitzernden Dingen und führen in ihnen Tänze aus. Einige Vögel endlich, welche weder durch ihre Stimme, noch durch Flug- oder Tanzkünste glänzen können, bedienen sich ihres Schnabels, um mit ihm eigenartige Geräusche hervorzubringen. So werben alle Störche, indem sie beide Hälften ihres Schnabels rasch gegeneinander schlagen und dadurch ein Geklapper hervorbringen, welches die ihnen fehlende Stimme ersetzt, so alle Spechte, indem sie mit dem Schnabel so rasch gegen einen dürren Wipfel oder Ast hämmern, daß das Holz in Schwingungen versetzt wird und ein auf weithin im Walde widerhallendes Trommeln hervorruft.

Obgleich nun das Weibchen eine ihm geltende Werbung oder Liebeserklärung nicht eigentlich mit Sprödigkeit abweist, schenkt es doch nur im Notfalle wahllos dem ersten besten Männchen Gehör. Anfänglich lauscht es anscheinend höchst gleichgültig den zärtlichsten Liebesliedern, sieht es gleichmütig auf alle Flugspiele und Tänze, welche ihm zu Ehren dargebracht werden, auf die Entfaltung aller Pracht, welche zu seiner Huldigung geschieht. Meist gebärdet es sich, als gehe es aller Aufwand der berückenden Mittel des Männchens gar nichts an. Gemächlich, scheinbar durchaus unbekümmert um dessen Thun, geht es seinen Tagesgeschäften, zumal dem Erwerbe seiner Nahrung nach. In vielen, jedoch keineswegs in allen

Fällen läßt es sich zwar durch den zu seiner Verherrlichung strömenden Gesang, durch den zu seinem Preise ausgeführten Tanz herbeilocken, bekundet jedoch durch keine Handlung, durch kein Zeichen willfähriges Entgegenkommen. Manche Vogelweibchen, insbesondere die Hennen aller in Vielehigkeit lebenden Hühner, finden sich nicht einmal auf den Balzplätzen der Hähne ein, obgleich gerade sie nichts weniger als spröde sind und die balzenden Hähne nicht allzuselten durch einladende Rufe zu höchster Glut entflammen. Wird ein Männchen zudringlicher, als dem Weibchen genehm, so entzieht sich dasselbe jenem durch die Flucht. Diese mag vielleicht in den seltensten Fällen ernsthaft gemeint sein, wird aber gewöhnlich mit Aufbietung von so viel Thatkraft und Beharrlichkeit fortgesetzt, daß sich nicht immer bestimmen läßt, ob sie ohne alle und jede Nebenabsicht oder nur zum Schein geschieht. Bezweckt sie nichts, so erzielt sie doch eins: höchste Steigerung des Verlangens, äußerste Anspannung aller Kräfte und Mittel des werbenden Männchens. Erregter als je, alle und jegliche Rücksichten verschmähend, nur nach dem einen Ziele ringend, stürmt letzteres hinter dem flüchtenden Weibchen einher, als beabsichtige es, Gewähr seiner Werbung zu erzwingen; feuriger als jemals singt es, lebhafter als bisher balzt, tanzt und spielt es, führt es einen Flugreigen aus, sowie das Weibchen eine Zwischenzeit der Ruhe eintreten läßt, und eifriger noch als früher nimmt es die Verfolgung wieder auf, wenn jenes die Flucht von neuem fortsetzt.

Wahrscheinlich würde jedes Vogelweibchen willfähriger sein, als es in der Regel ist, wäre das eine Männchen der einzige Bewerber. Infolge der durchschnittlich vorhandenen Ueberzahl von Männchen aber hat wohl jedes Vogelweibchen das Glück der Wahlfreiheit. Mehrere Männchen, unter Umständen sogar eine erhebliche Anzahl von ihnen, bringen ihm gleichzeitig ihre Huldigung dar und rechtfertigen somit sein Ueberlegen und Küren. Willentlich oder unwillentlich gehorcht es dem Gesetze der Zuchtwahl; unter mehreren strebt es das beste, kräftigste, gesündeste, in jeder Beziehung ausgezeichnetste zu erkiesen: es darf wählerisch sein. Die Rückwirkung seines Auftretens und Gebarens auf die Männchen bethätigt sich in maßloser Eifersucht, welche erklärlicherweise andauernde Kämpfe, auch solche auf Leben und Tod, zur Folge hat. Jeder Vogel, möge er uns so harmlos erscheinen, als er wolle, ist im Kampfe ums Liebchen ein Held, und jeder versteht seine ihm verliehenen Waffen, den Schnabel wie die krallen- oder sporenbewehrten Füße, beziehentlich die zuweilen ebenfalls mit hornigen Stacheln gewaffneten Flügel dem gleich ausgerüsteten Gegner so furchtbar zu machen, daß das Ende des Kampfes in vielen Fällen der Tod des einen Kämpen ist.

Je nach Art und Stand des Vogels wird der Kampf in der Luft, auf der Erde, im Gezweige oder im Wasser ausgefochten. Adler und

Kämpfende Buchfinkenmännchen.

Falken bekämpfen ihre Gegner mit Klaue und Schnabel in der Luft. Prachtvolle Wendungen, wetteiferndes Aufsteigen, um eine gewisse, zum Angriffe förderſame Höhe zu gewinnen, pfeilschnelle Vorstöße, glänzende Abwehr, gegenseitiges Verfolgen und mutiges Standhalten kennzeichnen derartige Zweikämpfe. Wenn es einem der königlichen Recken gelingt, den Nebenbuhler zu packen, schlägt auch dieser dem Gegner die Klauen in die

Brust, und beide stürzen nunmehr, unfähig, die Schwingen fürderhin geschickt zu gebrauchen, wirbelnd aus der Höhe hernieder. Auf dem Boden angelangt, wird das Ringen erklärlicherweise abgebrochen; sobald aber der eine sich erhebt, folgt ihm auch der andere, und wenige Minuten später beginnt der Zweikampf von neuem. Ermattet der eine, vielleicht infolge empfangener Wunden, so tritt er seinen Rückzug an, flieht auch wohl, ingrimmig verfolgt von dem Sieger, eilfertig und ohne noch irgend welchen Widerstand zu versuchen über die Grenzen des Reiches, welches das Weibchen sich erwählt, hinaus und weit davon, gibt jedoch, allen erlittenen Niederlagen zum Trotze, den Streit nicht früher auf, als bis das Weibchen bestimmt für den Sieger sich entschieden hat. Ein tödlicher Ausgang solcher Zweikämpfe kommt, wenn auch selten, so doch zuweilen vor; denn der Adler, dessen Eifersucht durch Liebe und Ehre gereizt wurde, kennt keine Gnade dem Besiegten gegenüber und mordet den kampf- und fluchtunfähig gewordenen Gegner ohne Schonung. Töten doch sogar Turmsegler, anscheinend äußerst harmlose Gesellen, ihren Nebenbuhler, indem sie, ganz ebenso wie Adler oder Falken kämpfend, demselben ihre scharfen Krallen in die Brust schlagen und diese so zerfleischen, daß nicht allzuselten der Tod des Verwundeten eintritt.

Bei allen stimmbegabten Vögeln geht dem Kampfe eine förmliche Herausforderung voraus. Schon das Lied des Singvogels wird zur Waffe, mit welcher, wenn auch unblutig, gekämpft und gesiegt werden kann; der Paarungsruf, welcher so recht eigentlich die Werbung ausdrückt, entflammt stets zur Eifersucht. Wer den Kuckucksruf nachzuahmen versteht, lockt den sonst sehr vorsichtigen Gauch bis auf den Baum, unter welchem er sich angestellt hat; wer den verschlungenen Pfiff des Pirols, das Rucksen der Wild-, das Girren der Turteltauben, das Trommeln der Spechte, mit einem Worte den werbenden Sang oder Klang irgend eines Vogels täuschend wiederzugeben im stande ist, erzielt annähernd dasselbe. Hat sich ein Nebenbuhler eingefunden, so gibt er seine Ankunft zunächst ebenfalls durch Rufen oder Singen kund; bald aber geht er zu Thätlichkeiten über, und nunmehr entbrennt zwischen ihm und seinem Gegner ein ebenso heftiger Zweikampf wie zwischen den früher genannten. Im Tiefinnersten ergrimmt, rufend, schreiend, kreischend, jagt einer hinter dem anderen einher, gleichviel ob beider Weg durch höhere oder niedere Luftschichten, durch Baumwipfel oder Gebüsche führe, und wie bei Verfolgung des Weibchens reizt einer der Nebenbuhler den anderen noch während solcher Jagd durch herausfordernde Stimmlaute, selbst Gesang, Entfaltung der Schmuckzeichen und ähnliche höhnende Gebärden zur höchsten Wut. Erreicht der Verfolger den vor ihm flüchtenden Gegner, so stößt er mit dem Schnabel nach ihm, daß die Federn stieben; läßt er von ihm ab, so wendet sich der Verfolgte im Nu, um nunmehr seinerseits zum Angriffe überzugehen; halten beide stand, so zausen sie sich tüchtig, gleichviel ob in der Luft, im Gezweige oder auf dem Boden. Die endliche Entscheidung des Kampfes führt auch unter ihnen das für einen von beiden sich erklärende Weibchen herbei.

Erdvögel kämpfen stets auf dem Boden, Schwimmvögel nur auf dem Wasser. Wie ernsthaft Hühner streiten, weiß jeder, welcher zwei Hähne miteinander ringen sah. Auch bei ihren Zweikämpfen handelt es sich um Tod und Leben, obschon ein tödlicher Ausgang gewöhnlich nur dann vorkommt, wenn die Roheit des Menschen die natürlichen Waffen geschärft, die Schutzmittel geschwächt hat. Nebenbuhlerisch kämpfende Strauße gebrauchen ebenfalls ihre kräftigen Beine und reißen, nach vorn ausschlagend, mit ihren starken und scharfen Zehennägeln dem Gegner tiefe Wunden in Brust, Leib und Schenkel; eifersüchtig erregte Trappen bedienen sich, nachdem sie vorher mit aufgeblasenem Kehlsacke, verdrehten Flügeln und zum Rad geschlagenem Schwanze unter knurrendem Fauchen lange Zeit sich herausgefordert haben, ihres Schnabels mit erheblichem Nachdrucke; Strandläufer und andere Strandvögel, insbesondere die um alles und jedes, um das Weibchen wie um die Fliege, um Sonne und Licht wie um den Platz und Stand fechtenden Kampfstrandläufer, rennen mit ihrem Schnabel wie mit eingelegter Lanze gegeneinander an und fangen die Stöße in ihren, bei den Kampfläufern zu einem förmlichen Schilde entwickelten Brustfedern auf; Teichhühner laufen auf der schwankenden Decke schwimmender Wasserpflanzen aufeinander los und prügeln sich mit den Beinen gegenseitig ab; Schwäne, Gänse und Enten verfolgen einander so lange, bis es einem Kämpen gelingt, den anderen beim Schopfe zu packen und so lange unter das Wasser zu tauchen, daß er Gefahr läuft, zu ersticken, mindestens viel zu sehr geschwächt wird, um den Kampf sofort wieder aufnehmen zu können; die Schwäne verwenden auch wohl wie Sporenflügler die am Buge des Flügels sitzenden harten und spitzigen, aus Hornmasse bestehenden Dornen ihrer Fittiche, um damit empfindliche Schläge auszuteilen.

Das Weibchen nimmt, so lange es sich noch nicht für ein Männchen entschieden hat, an solchen nebenbuhlerischen Kämpfen keinerlei Anteil, scheint sich nicht einmal für sie zu erwärmen, beachtet sie aber doch wohl mit voller Aufmerksamkeit, da es sich in der Regel für den Sieger erklärt, dessen Bewerbungen mindestens sich gefallen läßt. In welcher Weise seine

Erklärung oder Entscheidung erfolgt, weiß ich nicht zu sagen, vermag ich nicht einmal zu vermuten. Noch während die geschilderten Kämpfe fortlodern, hat es gewählt, und von diesem Augenblicke an gibt es sich dem bevorzugten Männchen ohne Rückhalt hin, folgt ihm ebenso oft, als es ihm vorangeht, nimmt mit ersichtlichem Vergnügen dessen Liebeserklärungen an und erwidert mit selbstvergessender Zärtlichkeit dessen Liebkosungen. Sehnsüchtig ruft es nach ihm, jubelnd begrüßt es dasselbe, widerstandslos fügt es sich seinen Wünschen oder Handlungen. Leib an Leib geschmiegt sitzen gepaarte Papageien nebeneinander, und ob ihrer Hunderte auf einem und demselben Baume sich niedergelassen haben sollten; vollkommenste Uebereinstimmung macht sich bemerklich zwischen beider Thun; nur ein Wille scheint beide zu beseelen. Nimmt der Gatte Nahrung auf, so thut es auch die Gattin; sucht jener ein anderes Plätzchen, so folgt ihm diese; schreit das Männchen auf, so stimmt das Weibchen ein. Liebkosend nestelt eines dem anderen im Gefieder, und willig bietet der leidende Teil dem handelnden Kopf und Nacken, um derartige Beweise der Zärtlichkeit zu empfangen. Wenn auch nicht immer in so ersichtlicher, so doch in ebenso hingebender Weise empfängt und erwidert jedes Vogelweibchen ihm gespendete Liebkosungen. Es kennt weder Stimmungen noch Launen, welche verletzen, weder Schmollen noch Zürnen, weder Schelten noch Keifen, weder Mißvergnügen noch Unzufriedenheit, sondern nur Liebe, Zärtlichkeit und Hingebung, der Gatte aber nur Glück und Seligkeit im Bewußtsein des errungenen Besitzes und das Verlangen, jene wie diese zu erhalten. Ebenso wie er anordnet oder doch bestimmt, fügt er sich den Wünschen des Weibchens: wenn dieses sich erhebt, verläßt auch er seinen Sitzplatz; wenn es der Heimat entwandert, begleitet er es in die Fremde; wenn es sich heimwärts wendet, kehrt auch er zum Lande seiner Kindheit zurück. Kein Wunder daher, daß die Ehe der Vögel eine glückliche und untadelhafte ist. Mögen die für die ganze Lebenszeit verbundenen Gatten altern: ihre Liebe altert nicht mit ihnen, sondern bleibt ewig jung und schöpft in jedem Frühjahre neues Oel, die Flamme zu nähren; die gegenseitige Zärtlichkeit vermindert sich auch während der längsten Ehe nicht. Getreulich übernehmen bei den notwendigen Geschäften des Haushaltes zur Zeit des Nestbaues, der Bebrütung der Eier und der Erziehung der Kinder beide Gatten ihren Anteil; mit Selbstaufopferung unterstützt das Männchen sein Weibchen in allen Mühewaltungen, welche diesem die Kinder verursachen; mutig tritt er für dessen Sicherheit ein; ohne Bedenken gibt es sich augenscheinlichen Gefahren, selbst dem Tode preis, wenn es gilt, jenes zu retten. Kurz, beide teilen von dem Augenblicke ihrer Verbindung an gemeinsam Freud und Leid, und falls nicht besondere Umstände störend eintreten, währt der so überaus innige Bund für die ganze Zeit ihres Lebens.

Es mangelt nicht an Beobachtungen, welche letzteres beweisen. Scharfblickende Forscher, welche einzelne Vögel jahrelang nacheinander beobachtet und zuletzt so genau kennen gelernt haben, daß sie dieselben mit anderen der nämlichen Art nicht verwechseln konnten, sind uns hierfür Bürgen geworden, und jeder von uns, welcher besonders in das Auge fallenden Vögeln seine Aufmerksamkeit zuwendet, muß zu demselben Schlusse gelangen. Ein Storchpaar auf dem Dache gibt dem Besitzer des betreffenden Hauses so viele Gelegenheit, Männchen und Weibchen zu erkennen und von anderen Störchen und Störchinnen zu unterscheiden, daß Irrtum geradezu ausgeschlossen erscheint: wer aber seine Störche beobachtet, wird erfahren, daß immer dasselbe Paar zum Neste zurückkehrt, solange beide Gatten leben. Und jeder Forscher oder Jäger, welcher wandernde Vogelpaare scharf ins Auge faßt oder, wenn die Geschlechtsunterschiede äußerlich nicht wahrnehmbar sind, erlegt, wird finden, daß die beiden wirklich Männchen und Weibchen sind. Während meiner Reisen in Afrika bin ich oft wandernden Vogelpaaren begegnet, welche auch hier in der die Vogelehe so vorteilhaft kennzeichnenden innigen Gemeinschaft lebten, ebenso unzertrennlich waren als daheim am Horste, alles gemeinsam thaten und wohl auch gemeinsam duldeten und litten. Die zusammengehörigen Paare des Zwergadlers ließen sich auch dann noch als Gatten erkennen, wenn sie in Gesellschaft anderer ihrer Art reisten oder herbergten; die Singschwäne, welche ich am Mensalesee in Aegypten beobachtete, erschienen paarweise und zogen paarweise wieder von dannen; alle übrigen in geschlossener Ehe lebenden Vögel, welche ich unterwegs antraf, bestätigen diese Regel. Daß beide Gatten auch gemeinschaftlich dulden und leiden, erfuhr ich, als ich an einer Lache Südnubiens ein Storchpaar antraf, welches aus dem Grunde meine ganze Aufmerksamkeit auf sich lenkte, weil es noch zu einer Zeit hier sich aufhielt, in welcher alle Artgenossen schon längst im tiefen Innern Afrikas Herberge genommen hatten. Um die Ursache seines Zurückbleibens zu erkennen, ließ ich es erlegen und fand, daß das Weibchen einen Flügelbruch erlitten hatte, welcher es an der Weiterreise verhinderte, daß also das kerngesunde Männchen einzig und allein ihm zur Liebe und Gesellschaft in einer Gegend zurückgeblieben war, welcher zur gedeihlichen Winterherberge alle Bedingungen fehlen. Den treuen und innigen Bund aller in geschlossener Ehe lebenden Vögel scheidet nur der Tod.

Dies ist die Regel; aber auch sie erleidet Ausnahmen. Selbst unter den in Einehigkeit lebenden Vögeln kommt, obschon selten, Untreue vor. So fest die verbundenen Weibchen ihren Gatten die Treue zu bewahren pflegen, so wenig sie nach anderen Männchen schielen oder gar einen Hausfreund annehmen, wenngleich solcher ihnen sich aufdrängen sollte: besonders hervorragende Eigenschaften eines fremden Männchens können doch unheilvollen Einfluß auf sie ausüben. Ein Meistersänger derselben Art, welcher im Gesange den Gatten bei weitem übertrifft, ein Adler, welcher das von einem Weibchen erkorene Adlermännchen in jeder oder doch in vieler Beziehung überbietet, kann das Glück einer Nachtigallen- wie einer Adlerehe empfindlich stören, dem Gatten vielleicht sogar die Gattin abwendig machen. Hierfür sprechen die Hagestolze, welche auch vor und während der Brutzeit im Lande umherstreichen, rücksichtslos in das Gebiet eines Paares eindringen und dreist um die Gunst der Gattin desselben werben, hierfür die eifersüchtigen Kämpfe, welche zwischen dem rechtmäßigen Gatten und dem Eindringlinge sofort beginnen und auch jetzt noch gewöhnlich ohne Zuthun des Weibchens ausgefochten werden; hierauf deutet, bis zu einem gewissen Maße wenigstens, das Benehmen eines jählings zur Witwe gewordenen Weibchens, welches sich nicht allein durch sofort wieder geschlossenen Ehebund zu trösten weiß, sondern unter Umständen sogar den Mörder ihres ersten Gatten ehelicht. Auf dem Dache des Ritterguts Ebensee bei Erfurt brütete jahrelang ein Storchpaar, welches zwar in bester Eintracht lebte, gleichwohl aber nicht ohne Anfechtungen blieb, weil es fort und fort von streichenden und um Nest und Gattin werbenden Eindringlingen zu leiden hatte. Eines Frühjahres erschien ein Männchen in der Gegend, welches an Zudringlichkeit und Ausdauer alle bisher aufgetretenen Werber weit übertraf und den Hausvater nötigte, ununterbrochen im Kampfe zu liegen oder doch auf der Wacht zu stehen. Als dieser eines Tages, vielleicht ermüdet vom Kampfe, mit unter dem Flügel verborgenem Kopfe, anscheinend schlafend, auf seinem Neste sitzt, stürzt sich plötzlich der Eindringling aus hoher Luft auf ihn herab, durchbohrt ihn mit dem Schnabel und schleudert ihn entseelt vom Dache herab. Und die Witwe? Sie treibt den schändlichen Meuchelmörder ihres Gatten nicht von sich, nimmt ihn vielmehr ohne Besinnen zum Gemahle an und brütet weiter, als ob nichts geschehen wäre.

Dieser und die vorher erwähnten Umstände sprechen nicht zu gunsten der Vogelweibchen, werden aber, wie ich schon an dieser Stelle hervorheben will, durch Gegenbeweise so entkräftet, daß sie nur als Ausnahmen von der Regel gelten können, letztere also bestätigen. Und wenn wirklich scheinbarer oder thatsächlicher Schuld der Weibchen ein Urteil gesprochen werden soll, darf nicht vergessen werden, daß die Männchen, welche weit mehr Ursache als die minderzähligen Weibchen haben, eheliche Treue zu wahren, solcher ebenfalls vergessen können. Wer die mit entschiedenem Unrechte als Sinnbilder aller denkbaren Tugenden hingestellten Tauben kennt, weiß, wie wenig sie den Nachruhm verdienen, welchen Sage und Meinung der Alten auf uns vererbt haben. Ihre Zärtlichkeit ist bestechend, aber nicht echt; ihre Treue gegen Gattin und Kinder wird gepriesen, besteht aber nicht die Probe. Ganz abgesehen von ihrer Unväterlichkeit, lassen sich die Tauberte nur zu oft Vergehen gegen die unverbrüchlichen Gesetze der Ehe zu schulden kommen und benutzen nicht allzuselten die Zeit, während welcher die Gattin brütet, um mit anderen Täubinnen zu liebeln. Die Entvögel handeln noch tadelnswerter, und die Rothähne treiben es nicht besser. Sobald die Enten fest auf den Eiern sitzen, schlagen sich die Eheherren der verschiedenen Paare in Gesellschaften zusammen, vertreiben sich untereinander bestmöglich die Zeit, lassen ihre Gattinnen unterdessen sich plagen und mühen, auch alle Sorgen für die Nachkommenschaft übernehmen, und finden sich erst dann wieder bei den Enten, vielleicht nicht einmal bei ihren Gattinnen ein, wenn die Kinder groß und selbständig geworden sind, also ihrer Hilfe nicht mehr bedürfen. Die Rothähne aber, und unsere Rebhähne wahrscheinlich ebenso, erscheinen während der Paarzeit bei jedem anderen Hahne, welcher sich meldet, um mit ihm einen Strauß auszufechten, werden daher von den Spaniern mit Hilfe zahmer Hähne ihrer Art oft bethört und getötet; sie erscheinen aber später, wenn die Hennen brüten und sie zum Zweikampfe keine Neigung mehr haben, auch auf den Ruf der Henne, und zwar womöglich noch eiliger als früher.

Doch, wie gesagt, sie bilden Ausnahmen von der Regel und lassen sich mit den in Vielehigkeit lebenden Vögeln nicht im entferntesten vergleichen. Man hat sich vergeblich bemüht, die Vielehigkeit der Kuhvögel, Kuckucke, Fasanen, Wald- und Truthühner, Wachteln, Pfauen und Kampfstrandläufer zu erklären, einen durchschlagenden Grund jedoch nicht zu finden vermocht. Wenn man annimmt und ausspricht, daß der Kuckuck und seine nächsten Verwandten nicht brüten, weil sie stets gerüstet sein müßten, einem irgendwo auftretenden Raupenfraße zu steuern, daher weder in geschlossener Ehe leben, noch für die eigene Nachkommenschaft Sorge tragen könnten, faselt man wohl, erklärt man aber nicht, da ja auch die

Kuhvögel ihre Brut fremder Pflege anvertrauen; und wenn man die Vermutung aufstellt, daß die Natur bei einzelnen, vielfacher Verfolgung ausgesetzten Hühnerarten durch die Vielehigkeit für zahlreichere Nachkommenschaft habe sorgen wollen, sieht man nicht ein, warum derselbe Zweck nicht auch ebenso wie bei anderen Hühnern, welche in Einehigkeit leben und jenen an Fruchtbarkeit dennoch nicht nachstehen, hätte erfüllt werden können.

Indem ich den Ausdruck Vielehigkeit gebrauche, bin ich mir wohl bewußt, daß man gewöhnlich von Vielweiberei der Vögel zu sprechen pflegt. Solche ist mir unbekannt und meines Wissens durch unzweifelhaft richtige Beobachtungen in keinem Falle festgestellt worden. Denn das Begehren ist gegenseitig und das Verlangen bei den Weibchen nicht minder schrankenlos als bei den Männchen. Das Kuckucksweibchen gesellt sich heute zu diesem, morgen zu jenem Männchen, beglückt sogar im Laufe einer Stunde mehrere von ihnen durch seine Huld, und die Henne ergibt sich wahllos dem einen wie dem anderen Hahne. Von einer Ehe ist bei ihnen allen gar nicht mehr zu reden. Die Männchen bekümmern sich nur zeitweilig um die Weibchen, und diese eben auch nicht mehr um die Männchen; jedes Geschlecht geht seinen eigenen Weg, sondert sich außer der Paarzeit wohl auch von den anderen ab und nimmt keinen Anteil an dessen Geschick. Maßloses Verlangen und daher bis zum höchsten Grade gesteigerte Eifersucht der Männchen, herrschsüchtiges Fordern und demütiges Gewähren, tolles Werben und bereitwilliges Erhören und sodann vollständige Gleichgültigkeit gegeneinander sind die bezeichnenden Merkmale des Umgangs beider Geschlechter dieser Vögel. Daher erklärt sich auch, daß unter ihnen weit öfter als unter allen übrigen Vögeln Mißbündnisse eingegangen und Blendlinge oder Bastarde erzielt werden, welche ein klägliches Dasein führen und entweder kinderlos verkümmern oder durch Paarung mit einer der Stammarten wirklich erzielte Nachkommenschaft wiederum zu jener zurückführen. Mißbündnisse oder Mischehen werden allerdings auch von anderen, d. h. in Einehigkeit lebenden Vögeln geschlossen, gewiß aber nur dann, wenn der gänzliche Mangel eines Gatten derselben Art sie dazu treibt, wogegen bei jenen der Zufall, die verlockende Gelegenheit ebenso oft maßgebend zu sein scheint als solche Verlegenheit.

Not aber, unbedingte Notwendigkeit, die bereits entschlüpfte oder noch im Ei schlummernde Brut zu sichern, dürfte es sein, welches die Weibchen der in Einehigkeit lebenden Vögel zwingt, Witwentrauer schneller in ein neues Ehebündnis zu wandeln, als die Männchen den Verlust einer Gattin verschmerzen. Ob ihre Trauer wirklich geringer ist als die eines

Vogelwitwers, darf bezweifelt werden, so bestimmt auch der Augenschein für die Bejahung sprechen möchte. Ebenso wie jene Störchin in Ebensee verfahren andere Vogelweibchen. Ein in unserem Garten brütendes Elsternpaar sollte von uns getötet werden, weil es uns für die in demselben Garten wohnende zahlreich vertretene, von uns gehegte und gepflegte Singvogelschar fürchten ließ. Morgens um sieben Uhr wurde das Männchen erlegt: kaum zwei Stunden später hatte die Witwe einen anderen Gatten angenommen; eine Stunde später fiel dieser zum Opfer: um elf Uhr war das Weibchen zum drittenmal gepaart. Der Vorgang würde sich wiederholt haben, wäre das geängstigte Weibchen mit seinem zuletzt gewonnenen Männchen nicht ausgewandert. Mein Vater erlegte einst im Frühlinge einen Rebhahn. Die Henne flog auf, ließ sich bald wieder nieder, wurde unmittelbar darauf von einem anderen Hahne umworben und nahm diesen ohne weiteres an. Tschusi-Schmidthofen fing vom Neste eines Hausrotschwanzes binnen acht Tagen nicht weniger als zwanzig Männchen weg und gestattete der zwanzigmal in Trauer versetzten und ebenso oft getrösteten Witwe erst dann der Ehe Glück und Freuden.

Das Gegenteil solches anscheinenden Wankelmutes beobachten wir, wenn Vogelmännchen ihre Gattin verloren haben. Laut schreiend, beweglich klagend, ihre Trauer durch Stimme und Gebaren bekundend, umfliegen sie die Leiche des geliebten Weibchens, berühren sie vielleicht mit dem Schnabel, als wollten sie selbe bewegen, sich aufzurichten und mit ihnen davonzufliegen, erheben von neuem herzinnige, auch dem Menschen verständliche Klage, irren innerhalb ihres Gebietes von einem Orte zum anderen, verweilen rufend, lockend, jammernd auf diesem, auf jenem Lieblingsplatze, verschmähen Nahrung zu sich zu nehmen, stürzen sich erbost auf andere Männchen ihrer Art, als beneideten sie dieselben um ihr Glück und beabsichtigten, sie ihres eigenen Unglückes teilhaftig werden zu lassen, finden weder Ruhe noch Rast, beginnen ohne zu beenden und handeln ohne zu wissen, was sie thun. So treiben sie es Tage, selbst Wochen nacheinander, und oft verweilen sie am Unglücksorte, so lange ihnen dies möglich, ohne auch nur kurze Streifzüge behufs Erkundung eines anderen Weibchens anzutreten. Einzelne Arten, und keineswegs nur die so sinnig „Unzertrennliche“ genannten Papageien, sondern auch Finken und andere, selbst Uhus, verlieren infolge eines so schweren Schicksalsschlages alle Lust und Freude am Leben, trauern still für sich und grämen sich buchstäblich so lange, bis der Tod sie erlöst.

Wenn nicht die alleinige, so doch die Hauptursache so tiefsinniger

Trauer dürfte in der stets erheblichen Schwierigkeit, unter Umständen Unmöglichkeit, ein anderes Weibchen zu finden und zu erwerben, zu suchen und zu erkennen sein. Dem Weibchen bleibt oft gar nicht Zeit zur Trauer; denn früher oder später, manchmal fast augenblicklich, stellen sich bei ihm neue Ehewerber ein und überhäufen es mit so viel Gunst und Zärtlichkeit, daß es sich wohl oder übel trösten lassen muß. Und wenn vollends Sorge um die Nachkommenschaft das ohnehin so mütterliche Herz bewegt, ordnen sich ihr wohl alle übrigen Gedanken unter, so daß nachhaltiger Kummer keine Macht gewinnen kann. Wird es auch ihm schwer, Ersatz zu finden, so drückt es sein Leid nicht minder lebhaft aus als das Männchen. Aber es thut zuweilen noch mehr, indem es ungezwungen einem anderen Ehebunde entsagt. Eine Sperlingswitwe, welche mein Vater genau beobachtete, nahm, trotzdem sie Eier zu bebrüten und später Junge großzuziehen hatte, keinen ihrer Bewerber an, sondern blieb unbemannt und fütterte ihre anspruchsvolle Kinderschar mit unsäglicher Mühe allein auf. Eine andere, wahrhaft rührende Thatsache, welche Witwentrauer der Vögel beweist, verbürgt mir Eugen von Homeyer. Das Eheglück eines auf dem Hause dieses bewährten Forschers nistenden Storchpaares fand durch einen jener abscheulichen Schießjäger, welcher das Storchmännchen erlegte, ein jähes Ende. Die trauernde Witwe genügt, ohne einen anderen Gatten zu wählen, ihren Mutterpflichten und tritt im Herbste mit ihren Kindern und Artgenossen die Wanderung nach Afrika an. Im nächsten Frühjahre erscheint sie wieder auf dem alten Neste, unbemannt wie sie weggezogen. Sie wird viel umworben, weist jedoch alle Freier mit ingrimmig geführten Schnabelhieben ab; sie bessert eifrig am Horste, thut dies aber nur, um ihr Hausrecht zu wahren. Im Herbste zieht sie wiederum mit anderen Störchen in die Fremde hinaus; im darauffolgenden Frühjahre kehrt sie wiederum zurück, und wiederum verfährt sie wie früher. So treibt sie es elf Jahre nacheinander. Im zwölften Jahre versucht ein anderes Storchpaar gewaltsam in den Besitz ihres Nestes sich zu setzen: sie kämpft wacker um ihr Eigentum, kann sich aber auch jetzt noch nicht entschließen, dieses Eigentum durch Eingehung einer zweiten Ehe zu sichern. Das Nest wird ihr geraubt, und sie bleibt ehelos; die Räuber behaupten und verwerten den Horst, und sie läßt sich nicht mehr sehen, sondern verbringt, wie sich nachträglich herausstellt, den ganzen Sommer einsam und allein in einer etwa fünfzehn Kilometer vom Neste entfernten Gegend: kaum aber sind jene abgezogen, so findet sie sich am Neste ein, verweilt noch einige Tage, und tritt sodann erst ihre Reise an.

Unter dem Namen Einsiedlerin wird diese Störchin in der ganzen Gegend bekannt; ihr Geschick wie ihre Handlungsweise erwerben ihr freundliche Teilnahme aller wohlwollenden Menschen.

Solches Thun und Handeln aber sollte nichts anderes sein als Regen und Bewegen einer von außen her getriebenen und geleiteten Maschine? Alle die geschilderten Aeußerungen eines warmen und lebendigen Gefühles sollten ohne Bewußtsein geschehen? Das glaube, wer es kann, verteidige, wer es will. Wir glauben und verteidigen das Gegenteil, und beneidenswert erscheint uns das bewußte Glück der Vogelliebe und Vogelehe.

Die Affen.

Scheich Kemal el Din Demiri, ein gelehrter Araber, welcher um das Jahr 1405 unserer Zeitrechnung zu Damaskus starb, erzählt in dem von ihm verfaßten Buche „Heiat el Heiwan“ oder „Leben der Tiere“, auf einen Ausspruch des Propheten sich stützend, folgende wundersame Geschichte:

„Lange bevor Mohammed, der Prophet und Gesandte Gottes des Allbarmherzigen, des Glaubens Licht entzündet hatte, viel früher noch, ehe Issa oder Jesus von Nazareth gelebt und gelehrt, bewohnte die Stadt Aila am Roten Meere eine zahlreiche Bevölkerung jüdischen Glaubens. Sie aber bestand aus Sündern und Ungerechten vor dem Auge des Herrn; denn sie entheiligte fortdauernd den geweihten Tag des Allerbarmers, den Sabbat. Vergeblich warnten fromme und weise Männer die sündigen Bewohner der gottlosen Stadt: diese frevelten nach wie vor an dem Gebote des Höchsten. Da verließen die Warner die Stätte des Unheils, schüttelten den Staub von ihren Füßen und beschlossen, anderswo Ellohim zu dienen. Heimweh aber und Sehnsucht nach ihren Angehörigen trieb sie nach Verlauf dreier Tage zurück nach Aila. Hier bot sich ihnen ein wunderbarer Anblick. Die Thore der Stadt waren verschlossen, die Zinnen der Mauern jedoch unbesetzt, so daß jenen unverwehrt blieb, die Mauern zu übersteigen. Aber auch die Straßen und Plätze der unglückseligen Stadt waren menschenleer. Da, wo sonst das lebendige Getriebe gewogt und geflutet, wo Käufer und Verkäufer, Priester und Beamte, Handwerker und Fischer im bunten Gewimmel sich bewegt, saßen und hockten, liefen und kletterten riesige Paviane, und aus den Erkern und Fenstern, von den Söllern und Dächern, woselbst einst dunkeläugige Frauen geweilt, blickten Pavianinnen auf die Straßen hernieder. Und alle die riesigen

Affen wie die schmucken Aeffinnen waren traurig und bestürzt, schauten trübselig auf die heimgekehrten Pilger, schmiegten sich bittend und flehend an sie und stöhnten klagend. Staunend und grübelnd betrachteten die frommen Waller das unheimliche Wunder, bis einem von ihnen der trostlose Gedanke kam, daß Paviane und Pavianinnen vielleicht gar ihre früheren, nunmehr zu Tieren herabgesetzten Verwandten sein möchten. Um sich zu vergewissern, ging der weise Mann stracks zu seinem Hause. In der Thüre desselben saß ebenfalls ein Pavian; der aber senkte beim Erscheinen des Gerechten schmerz- und schamvoll die Augen zu Boden. ‚Sage mir, bei Allah dem Allbarmherzigen, o Pavian', so frug der Weise den Affen, ‚bist du mein Schwiegersohn Ibrahim?' Und traurig antwortete der Pavian: ‚Ewa, ewa' — ja, ich bin es. Da schwand dem Frommen jeglicher Zweifel, und er erkannte bekümmerten Herzens, daß ein schweres Strafgericht Gottes gewaltet, daß die ruchlosen Sabbatschänder aus Menschen zu Affen gewandelt worden waren."

Scheich Kemal el Din wagt zwar an diesem Wunder nicht zu zweifeln, kann aber als denkender Mann nicht umhin, die Meinung auszusprechen, daß vielleicht doch früher als Juden Paviane gelebt haben dürften.

Wir unsererseits schließen uns, so hübsch erdacht und erzählt jene Geschichte auch ist, dieser Auffassung um so eher an, als die Affen, mit denen es die frommen Eiferer Ailas zu thun gehabt haben konnten, alte gute Bekannte von uns sind. Denn in Arabien hausen einzig und allein Hamadryas- oder Mantelpaviane; sie aber finden wir bereits auf sehr alten ägyptischen Denkmälern vortrefflich abgebildet, und ihre Haartracht ist es, welche den alten Aegyptern so auffallend erschien, daß sie dieselbe als Vorbild wählten und ihren Sphinxen gaben, ebenso wie sie heutigestags noch als Muster für den Haarputz der dunklen Schönen Ost-Sudans dient. Der Mantelpavian nämlich spielt in der altägyptischen Götterlehre eine sehr bedeutsame Rolle, wie wir dies unter anderem aus dem Werke des Hieroglyphenerklärers Horapollon erfahren. Diesem zufolge wurde der Affe in den Tempeln gehalten und nach seinem Tode einbalsamiert. Er galt als Erfinder der Schrift und daher ebensowohl als ein dem Urheber aller Wissenschaft, Thot oder Merkur, geheiligtes Wesen, wie als naher Verwandter der ägyptischen Priester, wurde auch bei seinem feierlichen Einzuge in das Heiligtum jedesmal einer Prüfung unterworfen, indem ihm der Oberpriester Schreibtafel, Tinte und Feder in die Hand drückte und ihn aufforderte, zu schreiben, damit man erkennen möge, ob er der Aufnahme würdig sei oder nicht; von ihm behauptete man, daß er in geheimnisvoller Beziehung zum Monde stehe, beziehentlich, daß letzterer einen ungewöhnlichen Einfluß auf ihn übe; ihm schrieb man endlich die Fähigkeit zu, die Zeit in so ersichtlicher Weise einzuteilen, daß Trismegistus nach dem Beispiele und Vorbilde seines Thuns Wasseruhren angefertigt haben soll, welche, wie er, Tag und Nacht in je zwölf gleiche Abschnitte teilten. Somit danken mittelbar auch wir diesem Affen nicht allein die Schrift, sondern ebenso unsere Einteilung der Zeit.

Hulmans.

Es ist beachtenswert, daß die alten Aegypter wohl ihre und des Affen Verwandtschaft für wahrscheinlich erachten, nicht aber ihre Abstammung von dem Affen als möglich erscheinen lassen. Einer derartigen Auffassung des Verwandtschaftsgrades zwischen Mensch und Affe begegnen wir zuerst bei den Indern. Unter ihnen herrscht seit uralter Zeit und noch heutigestags der Glaube, daß wenigstens einige Königsfamilien von einem in Indien heilig gehaltenen, in gewissem Sinne sogar als Gottheit angesehenen Schlankaffen, dem Hulman, abstammen, und daß die Seelen abgeschiedener Könige in den Leib dieses Affen zurückkehren. Eine der regierenden Familien rühmt sich dieser Abkunft durch die in ihren Titel aufgenommene Ehrenbezeichnung „geschwänzte Rana“ in besonders hervorragender Weise.

Aehnliche Ansichten, wie die Inder sie hegen, sind in neuerer Zeit auch unter uns geltend gemacht worden, und die Affenfrage, wie ich kurz, jedoch wohl allgemein verständlich mich ausdrücken will, hat deshalb viel Staub aufgewirbelt. Wissenschaftliche, für die Allgemeinheit zunächst bedeutungslose Erörterungen haben ebenso heiligen Zorn zu lodernden Flammen entfacht, wie ernste Forscher in zwei verschiedene Lager verteilt und zu eifriger Verfechtung des Für und Wider begeistert. Wissenschaftlicher Forschung gänzlich fernstehende Elemente haben den Kampf aufgenommen, ohne zu wissen, oder auch nur zu ahnen, um welches Ziel er eigentlich geführt wird, ihn sogar in Schichten getragen, in denen er nur Unheil stiften kann und dadurch Verwirrung geschaffen, welche sich schwerlich so leicht lösen dürfte. Ueber die Affen zu reden, ist nach all dem ein bedenkliches Unterfangen geworden, weil man, sie behandelnd, fortwährend Gefahr läuft, entweder den geträumten Urahn herabzusetzen, oder durch ihn den vermeintlichen Nachkommen zu beleidigen — ganz abgesehen von unausbleiblichen Schmähungen erbärmlichster Art, mit denen ungesittete, blindwütend gegen das Zeitbewußtsein kämpfende Eiferer jeden überschütten, welcher das Wort Affe auszusprechen wagt. Gleichwohl wird die Affenfrage zunächst noch nicht von der Tagesordnung verschwinden; denn diese Tiere, welche offenbar unsere nächsten Verwandten im Tierreiche darstellen, sind viel zu sehr unserer Teilnahme wert, als daß wir uns durch Hemmnisse, wie die erwähnten, abhalten lassen sollten, sie und ihr Leben fernerhin zu erforschen, mit uns selbst und unserem Thun und Treiben zu vergleichen, und damit nicht allein ihre Kunde, sondern auch die des Menschen zu fördern.

Ein Beitrag hierzu soll das Folgende sein.

Mit kurzen, gedrängten Worten ein allgemeines Lebensbild — und auf ein solches will ich mich beschränken — der so verschiedenartigen Tiere zu geben, ist schwierig. Sie bewohnen in etwa vier-, jedenfalls erheblich mehr als dreihundert Arten alle Erdteile, mit alleiniger Ausnahme Australiens, insbesondere die Länder zwischen den Wendekreisen. In Amerika erstreckt sich ihr Verbreitungsgebiet vom 28. Grade südlicher Breite bis zum Antillenmeere; in Afrika reicht es vom 35. Grade südlicher Breite bis zur Meerenge von Gibraltar, in Asien von den Sunda- bis zu den Japanischen Inseln; in Europa beschränkt sich ihr Vorkommen auf den Felsen von Gibraltar, woselbst seit nicht nachweisbaren Zeiten, gegenwärtig von der Besatzung der Feste gehegt und geschont, ein aus mehr als zwanzig Stück bestehender Trupp Magots oder Stummelmakaken sein Dasein fristet. Wälder und Felsengebirge, in denen sie bis zu dritthalbtausend Meter unbedingter Höhe emporsteigen, bilden ihren Aufenthalt. Hier wie dort hausen sie, wenige Arten ausgenommen, jahraus, jahrein, tragen aber dem Wechsel der Jahreszeiten insofern Rechnung, als sie im Walde den reifenden Früchten zuliebe mehr oder minder ausgedehnte Wanderungen unternehmen oder in den Gebirgen mit Beginn der warmen Jahreszeit aufwärts, mit Eintritt der kalten abwärts steigen; denn sie lieben, obschon man sie selbst in verschneiten Gegenden noch antrifft, die Wärme ebenso wie einen reichlich und mannigfaltig beschickten Tisch. Etwas zu beißen und zu knacken muß es da, wo sie bleibend oder für längere Zeit sich ansiedeln sollen, jedenfalls geben, sonst wandern sie aus. Waldungen in der Nähe menschlicher Siedelungen erscheinen ihnen als Paradiese; der verbotene Baum in ihnen kümmert sie nicht. Mais- und Zuckerrohrfelder, Obst-, Bananen-, Pisang-, Melonenpflanzungen betrachten sie als ihnen erb- und eigentümliche Weidegebiete; Ortschaften, in denen frommer Wahn der Bevölkerung sie schützt, gelten ihnen ebenfalls als recht angenehme Wohnsitze.

Alle Affen, die sogenannten Menschenaffen vielleicht ausgenommen, leben in Banden von bisweilen sehr erheblicher Stärke, denen ein altes Männchen als Führer vorsteht. Zu solcher Würde erhebt die wohl oder übel allseitig anerkannte Befähigung des Inhabers: die stärksten Arme und die längsten Zähne entscheiden. Während bei Säugetieren, unter denen ein weibliches Mitglied die Führung übernimmt, jedes andere Zugehörige der Herde willig folgt, erzwingt der Leitaffe, als Selbstherrscher und Alleingebieter der schlimmsten Art, unbedingten Gehorsam. Wer sich nicht gutwillig unterordnen will, wird durch Bisse, Kniffe und Püffe zur Pflicht geführt. Der Leitaffe verlangt sklavische Unterwerfung von allen übrigen Affen und ebenso von den Aeffinnen seiner Herde. Ritterliche Artigkeit gegen das schwächere Geschlecht übt er nicht: „im Sturm erringt er der Minne Sold" Seine Zucht ist streng, sein Wille unbeugsam. Kein Affenjüngling darf sich unterstehen, mit einer Aeffin seiner Bande zu liebeln, keine Aeffin sich erdreisten, außer ihm einem anderen Affen Huld zu gewähren. Er selbst herrscht unbeschränkt über seinen Harem, und sein Geschlecht mehrt sich gleich dem Abrahams, Isaaks und Jakobs, wie der Sand am Meere. Wird die Herde zu zahlreich, so sondert sich unter Leitung eines inzwischen erstarkten Mitaffen ein Trupp von ihr ab, um eine eigene Gemeinschaft zu bilden. Bis dahin wird jener allgemein geachtet und ebenso geehrt als gefürchtet. Alte, geprüfte Affenmütter, wie junge, im Backfischalter stehende Aeffinnen bestreben sich, ihm zu schmeicheln, beeifern sich namentlich, ihm die höchste Gunst, welche ein Affe dem anderen gewähren kann, fortwährend zu spenden, indem sie mit größtem Ernste sich bemühen, sein Haarkleid von allen nicht zu ihm gehörigen Dingen und Wesen zu säubern. Er seinerseits läßt sich solche Huldigung gefallen mit dem Anstande eines Pascha, dem seine Lieblingssklavin die Füße kraut. Die Achtung, welche er sich zu verschaffen wußte, verleiht ihm Sicherheit und Würde im Auftreten, der Kampf, welchen er trotz alledem beständig zu bestehen hat, Wachsamkeit, Mut und Selbstbewußtsein, die Notwendigkeit, seine Herrschaft zu erhalten, Umsicht, List und Verschlagenheit. Indem er diese Eigenschaften zunächst wohl zum eigenen Besten verwertet, nützt er aber auch der Gesamtheit, und seine schrankenlose Herrschaft erhält hierdurch Berechtigung und Bestand. Von ihm regiert und gelenkt, führt die Bande, wie heftige Stürme auch in ihrem Inneren toben mögen, ein nach außen hin sehr gesichertes und daher behagliches Leben.

Alle Affen, mit Ausnahme der wenigen Nachtaffen, wirken bei Tage und ruhen bei Nacht. Erst geraume Zeit, nachdem die Sonne aufgegangen, ermuntern sie sich vom Schlafe. Ihr erstes Geschäft ist, sich zu sonnen und zu putzen. War die Nacht kalt und unbehaglich, so versuchten sie zwar dadurch, daß sie sich in Haufen zusammendrängten, ja sogar förmliche Klumpen bildeten, ihre unerquickliche Lage zu verbessern, frösteln am Morgen aber doch noch so, daß ihnen eine länger währende Besonnung durchaus geboten erscheint. Sobald der Nachttau abgetrocknet ist, verlassen sie ihre Schlafplätze, klettern langsam zu den höchsten Spitzen der Baumwipfel oder Felsenzacken empor, erwählen einen den Sonnenstrahlen zugänglichen Sitz und kehren nun, auf letzterem gemächlich sich drehend und wendend, nach und nach alle Teile ihres Leibes der Sonne zu. Ist der Pelz abgetrocknet und gehörig durchwärmt, so regt sich das Verlangen, ihn gereinigt zu sehen, und jeder gibt sich nun diesem Geschäfte mit Eifer und Sorgfalt hin, oder verlangt und empfängt von einem seinesgleichen solches bezweckenden Liebesdienst ebenso, wie er stets geneigt ist, ihn zu gewähren.

Nachdem das Haarkleid gereinigt, nötigenfalls sogar gestrählt worden ist, macht sich die Sorge ums Frühstück geltend. Sie ist aus dem Grunde nicht beschwerend, weil den Affen alles Genießbare mundet und das Tierreich wie das Pflanzenreich zollen muß. Waldungen wie Berggelände bieten Früchte, Blatt- und Blütenknospen, Vogelnester mit Eiern oder junger Brut, Schnecken und Kerfe; Gärten Obst und Gemüse, Felder Getreide und Hülsenfrüchte. Hier wird eine reifende Aehre gebrochen, dort eine saftige Frucht gepflückt, in der Höhe ein Vogelnest ausgeplündert, auf dem Boden ein Stein umgewendet, in der Siedelung ein Garten gebrandschatzt oder ein Feld beraubt und überall etwas mitgenommen. Jeder einzelne Affe verwüstet, falls er dazu Zeit hat, zehnmal mehr, als er verbraucht, und kann aus diesem Grunde den Landwirt wie den Gärtner oder Obstzüchter empfindlich schädigen. Bei Beginn des Raubzuges sucht jeder für alle Fälle sich zu sichern und verzehrt fast ohne Wahl, was er erlangt, stopft auch, wenn er Backentaschen besitzt, zunächst diese so voll, als irgend möglich; sobald er aber dem ersten und dringendsten Bedürfnisse genügt hat, wählt und mäkelt er in maßloser Weise, indem er alles gepflückte Obst, jede gebrochene Aehre erst sorgsam untersucht, beriecht und beschaut, bevor er genießt, in den meisten Fällen aber das eine wie das andere achtlos wegwirft, um nach anderer Aesung zu greifen und ebenso zu verfahren wie vorher. „Wir säen, und die Affen ernten,“ klagten mir die Bewohner Ost-Sudans mit vollstem Rechte. Gegen derartige Diebe schützt weder Hag noch Mauer, weder Schloß noch Riegel: sie übersteigen jene und öffnen diese; und was nicht gefressen werden kann, wird wenigstens mitgenommen. Es ist lustig und leidvoll zugleich, ihnen zuzuschauen; denn wie in ihrem Wesen überhaupt, paart sich auch hier Dreistigkeit und Verschlagenheit, Uebermut und Schlauheit, Genußsucht und Vorsicht, ebenso freilich auch List und Tücke, Frechheit und Böswilligkeit. Alle ihnen eigenen Kunstfertigkeiten gelangen um so mehr zur Geltung, je gefährlicher das Unternehmen scheint. Es wird gelaufen, geklettert, gesprungen, im Notfalle auch geschwommen, um jedes Hemmnis wegzuräumen, immer und unter allen Umständen aber die eigene Sicherung niemals außer acht gelassen. Der Leitaffe zieht stets voran, lockt, ruft, mahnt, warnt, zetert, schilt und straft, je nach Befinden; die Herde folgt und gehorcht, ohne doch jemals ganz zu vertrauen. Bei Gefahr denkt jedes Mitglied der Bande zuerst an die eigene Sicherung und findet sich erst später wieder bei dem Leitaffen ein; nur die Mütter, welche Kinder an der Brust oder auf dem Rücken tragen, machen hiervon eine Ausnahme, indem sie um deren Schicksal besorgter sind, oder doch zu sein scheinen, als um ihr eigenes.

Bei gefahrlosen Unternehmungen wird während derselben oft gerastet, auch den Kindern Gelegenheit geboten, untereinander sich zu vergnügen; unter gefahrdrohenden Umständen tritt erst nach Beendigung des

Ausfluges eine länger oder kürzer währende Zeit der Ruhe und Erholung ein, wobei die Bande auch wohl, um besser der Verdauung zu pflegen, ein Mittagsschläfchen hält. In den Nachmittagsstunden tritt sie einen neuen Raubzug an; gegen Sonnenuntergang begibt sie sich nach den gewohnten, gegen gefährliche Raubtiere möglichst gesicherten Schlafplätzen, um hier, wenn auch freilich erst nach langwierigem Zank und Zwiespalt, Schelten und Keifen die wohlverdiente Ruhe zu suchen und zu finden.

Abgesehen von zeitweilig notwendigen oder ersprießlich scheinenden Wanderungen erleidet die eben geschilderte Tagesordnung wenig Abänderungen. Die Fortpflanzung, welche bei anderen Tieren meist erhebliche Wandlungen der Lebensweise zur Folge hat, übt auf die Affen keinen wesentlichen Einfluß aus, da sie an keine bestimmte Zeit gebunden ist, und die Affenmütter ihre Jungen ohnehin überall mit sich herumschleppen. Letztere, von denen die meisten Arten gleichzeitig nur eins gebären, kommen zwar als wohlentwickelte Wesen, daher auch mit offenen Augen zur Welt, sind aber nach unseren Begriffen überaus häßliche und trotz verhältnismäßig weit vorgeschrittener Entwickelung ziemlich hilflose Geschöpfe. Häßlich erscheinen sie uns, weil ihre faltigen Gesichter mit den lebhaften Augen einen greisenhaften Ausdruck haben und ihr noch spärliches Haarkleid die ohnehin sehr bedeutende Länge ihrer Vorderglieder gleichsam noch verzerrt; als unbehilflich erweisen sie sich, weil sie von diesen Gliedern keinen anderen Gebrauch zu machen wissen, als sich an die Brust der Mutter zu heften. Hier hängen sie, mit Armen und Händen den Hals, mit Beinen und Füßen die Weichen der Mutter umklammernd, wochenlang ohne ersichtlich mehr als den Kopf zu bewegen, gestatten daher der Mutter, ohne irgendwie gewichtige Belästigung gewohnten Geschäften nachzugehen und nach wie vor auf den halsbrechendsten Pfaden zu wandeln oder die kühnsten Sprünge auszuführen. Erst nach Ablauf geraumer Zeit, selten früher als nach Monatsfrist, beginnen sie einzelne Bewegungen zu versuchen, benehmen sich dabei jedoch so ungeschickt, daß sie eher zum Mitleide als zum Lachen reizen. Diese Wechselbälge aber werden, vielleicht gerade ihrer Hilflosigkeit halber, von ihren Müttern mit solcher Zärtlichkeit betrachtet und behandelt, daß der Ausdruck „Affenliebe“ durchaus richtig erscheinen muß. Jede Affenmutter macht sich beständig mit ihrem Sprößlinge zu schaffen. Bald leckt sie ihn, bald reinigt sie sein Fell, bald legt sie ihn an die Brust, bald nimmt sie ihn in beide Hände, als wolle sie an seinem Anblicke sich weiden, bald schaukelt sie ihn, als wolle sie ihn einwiegen. Sieht sie sich beobachtet, so kehrt sie sich ab, als wolle sie anderen Wesen den Anblick ihres Lieblings mißgönnen. Ist dieser älter und beweglicher geworden, so erhält er zuweilen Erlaubnis, die Mutterbrust verlassen und mit anderen seinesgleichen spielen zu dürfen, bleibt aber in strenger Zucht und wird, wenn er nicht augenblicklich gehorcht, durch Püffe und Kniffe bestraft. Selbst auf die Nahrung erstreckt sich die Fürsorge der Mutter. So gierig diese sonst zu sein pflegt: mit ihrem Sprößlinge teilt sie jeden Bissen, duldet aber auch nicht, daß jener durch hastiges oder übermäßiges Fressen sich schade, und schreitet in solchem Falle mütterlich verständig ein. Doch kommt es selten hierzu oder zu empfindlicher Bestrafung, denn das Affenjunge ist so gehorsam, daß es manchem Menschenkinde als Vorbild aufgestellt werden könnte. Wahrhaft rührend gebärdet sich die Mutter bei ersichtlichen Leiden, geradezu verzweifelnd beim Tode ihres Sprößlings. Stunden- und tagelang schleppt sie die kleine Leiche mit sich herum, verweigert fortan jede Nahrung, sitzt anteillos auf einer und derselben Stelle und härmt sich oft buchstäblich zu Tode. Das Affenkind dagegen ist so tiefen Gefühlen unzugänglich, auch besser bewahrt, als andere Tiere, falls es seine Mutter verliert. Denn das erste beste Mitglied der Bande, gleichviel ob es männlichen oder weiblichen Geschlechtes ist, nimmt es in Pflege, stillt an ihm das allen Affen eigene heiße Verlangen, zu bemuttern, hätschelt es aufs wärmste, gerät aber, des lieben Futters halber, leider oft in Zwiespalt mit seinem besseren Selbst, und läßt ein Pflegekind, welches sich nicht bereits allein zu helfen weiß, erbärmlich kümmern, vielleicht sogar verkümmern.

Ueber die Begabungen der Affen etwas allgemein Gültiges zu sagen, ist schwierig, falls nicht unmöglich, weil jene ebenso verschieden sind als diese selbst. Einzelne Züge ihrer Anlagen sind freilich gemeinsame; weitaus die meisten Eigentümlichkeiten ihres Wesens weichen erheblich voneinander ab. Eine Anlage, welche bei dem einen kaum bemerkbar ist, zeigt sich bei dem anderen klar ausgesprochen; ein Zug, welcher hier deutlich hervortritt, wird dort vergeblich gesucht. Wohl aber läßt sich, wenn man die verschiedenen Familien, Sippen und Arten vergleichend in Betracht zieht, eine geradezu überraschende, weil von vornherein nicht vermutete Steigerung aller Begabungen und Anlagen wahrnehmen. Es ist lehrreich, so zu verfahren.

Als die am wenigsten entwickelten Glieder der Gesamtheit müssen uns die Krallen- oder Eichhornaffen, in Süd- und Mittelamerika lebende, kleine, zierliche, höchst übereinstimmende Tiere erscheinen. Sie haben zwar das regelrechte Gebiß der Hochtiere insgemein, tragen aber nur an den Daumenzehen platte, an allen übrigen Zehen und den Fingern dagegen schmale, lange Krallennägel, welche also ihre Hände und Füße, mindestens die ersteren, auf die Stufe der Pfoten stellen. Diesen äußerlichen Merkmalen entsprechen ihre Begabungen. Das Affentum, möchte man sagen, ist in ihnen noch nicht zu voller Geltung gelangt. Wie durch Gestalt und Färbung erinnern sie auch durch ihre Haltung, ihr Auftreten, Wesen und Gebaren, selbst durch ihre Stimme, an die Nager. Sie sitzen selten aufrecht, wie andere Affen, höchstens so wie Eichhörnchen, stehen vielmehr meist auf allen Vieren bei flacher Haltung ihres Leibes, klettern auch nicht, mit Händen und Füßen Zweige umklammernd, frei und leicht, wie ihre Ordnungsgenossen, sondern, ihre Krallen einschlagend, klebend, rutschend, wenn auch keineswegs langsam oder unbehend, genau so, wie Nager thun. Gänzlich verschieden von der aller hochstehenden Affen, ist ferner ihre Stimme, ein in hohen Tönen sich bewegendes Pfeifen, welches bald an Vogelgezwitscher, bald an das Piepen der Ratten und Mäuse, am meisten vielleicht an die Stimmlaute des Meerschweinchens erinnert. Ausgesprochen nagerhaft ist ihr Gebaren. Sie bekunden dieselbe Unruhe und Rastlosigkeit, dieselbe Neugier, Scheu und Aengstlichkeit, dieselbe Unstetigkeit wie Eichhörnchen. Ihr Köpfchen verharrt nur auf Augenblicke in derselben Stellung und Haltung, und die dunklen Augen richten sich bald auf diesen, bald auf jenen Gegenstand, immer aber mit Hast und offenbar mit wenig Verständnis, obschon sie klug in die Welt zu blicken scheinen. Alle Handlungen, welche sie verrichten, zeugen von geringer Ueberlegung. Gleichsam willenlos folgen sie den Eingebungen des Augenblicks, vergessen das, was sie eben beschäftigte, sobald ein neuer Gegenstand sie anregt, und zeigen sich dementsprechend ebenso wetterwendisch, wenn es sich um Aeußerungen ihres Behagens, wie um solche ihres Mißfallens handelt. In diesem Augenblicke wohlgelaunt, anscheinend durchaus zufrieden mit ihrem Schicksale, glücklich vielleicht über ihnen von Freundeshand gespendete Liebkosungen, grinsen sie eine Sekunde später ihren Pfleger an, gebärden sich ängstlich, als ob es ihnen an Hals und Kragen ginge, fletschen die Zähne und versuchen zu beißen. Ebenso reiz- und erregbar wie Affen und Nager, ermangeln sie doch der Eigenart, welche jeder höherstehende Affe bekundet; denn der eine handelt genau wie der andere, gleichsam ohne Selbstbewußtsein, immer aber kleinlich. Sie besitzen alle Eigenschaften eines Feiglings: die klägliche Stimme, die Unwilligkeit, in Unvermeidliches sich zu fügen, die jammerhafte Hinnahme aller Ereignisse, die krankhafte Sucht, jede Handlung eines anderen Geschöpfes mißtrauisch auf sich zu beziehen, das Bestreben, zu prahlen, während sie vermeintlicher oder wirklicher Gefahr aus dem Wege zu gehen trachten, die Unfähigkeit im Wollen wie im Vollbringen. Gerade, weil sie so wenig Affe sind, werden sie von Frauen bevorzugt, von Männern mißachtet.

Auf wesentlich höherer Stufe stehen die ebenfalls in Amerika hausenden Breitnasen- oder Neuweltsaffen, obgleich auch in ihnen der wirkliche Affe noch nicht recht zur Geltung gelangt. Ihr Gebiß zählt in jeder Kinnlade einen Backenzahn mehr als das der übrigen Hochtiere, daher nicht zwei-, sondern sechsunddreißig Zähne; ihre Finger und Zehen tragen sämtlich platte Nägel; der Leib erscheint um so schmächtiger, als die Glieder regelmäßig sehr lang sind; der Schwanz dient bei vielen als kräftiges Greifwerkzeug. Bezeichnend für sie ist die Einseitigkeit ihrer Entwickelung. Wie die Krallenaffen ausschließlich Baumtiere, erscheinen sie uns ungeschickt, sogar tölpisch, sowie sie dem Gezweige der Bäume entzogen werden. Ihr Gang auf dem Boden ist äußerst unbeholfen, unsicher und schwankend, am unbeholfensten und schwankendsten bei denjenigen Arten, welche einen Wickelschwanz besitzen; aber auch ihr Klettern kommt dem der Altweltsaffen nicht im entferntesten gleich. Denn Vermehrung der Bewegungswerkzeuge hat keineswegs immer Steigerung und noch weniger Vervielfältigung der Bewegung zur Folge, bedingt im Gegenteile oft Einseitigkeit. Bei unseren Affen ist das letztere der Fall. Ihr Wickelschwanz dient ihnen nicht als fünfte, sondern als erste Hand: zum Aufhängen oder Befestigen des ganzen Leibes, zum Herbeiholen und Herbeiziehen verschiedener Gegenstände, als Treppe, Hängematte und so weiter; aber er beschleunigt und befreit ihre Bewegungen nicht, sondern verlangsamt sie höchstens, indem er sie sichert. Dank seiner fortwährenden, geradezu ausnahmslosen Verwendung läuft sein Eigner niemals Gefahr, das Gleichgewicht zu verlieren und aus der sichernden Höhe in die gefahrdrohende Tiefe zu stürzen, ist dagegen aber auch nicht im stande, irgend welche freie oder gar kühne Bewegung auszuführen. Langsam sendet er den Wickelschwanz sozusagen jedem Schritte voraus, indem er ihn stets zuerst und nicht selten vor sich befestigt, und nunmehr erst löst er eine Hand, einen Fuß nach dem andern von dem Zweige ab, welche die eine wie der andere umklammerten. So bindet er sich mehr an die Zweige, als er auf denselben klettert, und dementsprechend denkt er gar nicht daran, jemals einen weiten, hinsichtlich seines Gelingens irgendwie zweifelhaften Sprung zu wagen. Diese unwandelbare Sicherung der eigenen werten

Persönlichkeit drückt unseren Affen nicht den Stempel der Bedachtsamkeit, sondern der Langweiligkeit auf. Es ist merkwürdig, wie genau alle übrigen Begabungen der Neuweltsaffen hiermit im Einklange stehen. Ihre Stimme ist nicht so einseitig wie die der Krallenaffen, immer aber unangenehm, um nicht wiederum zu sagen langweilig. Vom Gewinsel an bis zum Gebrüll durchläuft sie die verschiedensten Abstufungen; unter allen Umständen aber haftet ihr der Ausdruck des Kläglichen, Weltschmerzlichen an, und das Gebaren der Tiere, wenn oder während sie schreien, straft solchen Aus- oder Eindruck nicht Lügen. Warm und goldig bestrahlt die Morgensonne nach kühler taureicher Nacht die Bäume des Urwaldes, und tausendstimmig schallt ihr aus Millionen Kehlen Gruß und Jubelruf entgegen: da rüsten sich auch die Brüllaffen, ihren Dankeszoll darzubringen. Aber wie?! Auf die dürren Wipfeläste eines Riesenbaumes, welcher seine Krone hoch über andere erhebt, sind sie geklettert, haben sich jedweder mit dem Wickelschwanze gehörig versichert und wärmen sich behaglich in der Sonne. Da treibt auch sie das Wohlgefühl, ihre Stimme zu erheben. Einer von ihnen, welcher, wie man sagt, durch hohe, schrillende Stimme besonders sich auszeichnet und geradezu Vorsänger genannt wird, schaut starr auf seine Genossen und hebt an; letztere blicken ebenso regungs- und gedankenlos auf ihn und fallen ein, und schauerlich tönt es durch den Wald, bald grunzend, bald heulend, bald knurrend, bald röchelnd, als ob alle Tiere des Waldes in tödlichem Kampfe gegeneinander entbrannt seien. Einzelne Brülllaute beginnen das wunderliche Tonstück; sie werden heftiger und folgen sich rascher, je mehr die doch wohl vorhandene, wenn auch nicht ersichtliche Erregung des Sängers wächst und auf andere Glieder seiner Genossenschaft sich überträgt; sie verwandeln sich sodann in heulendes Gebrüll, und sie enden, wie sie begonnen. Wirft man einen Blick auf die langbärtigen, überaus ernsthaften Sänger, so kann man sich eines Lächelns kaum erwehren; der jeder Beschreibung spottende Tonunfug aber, dessen sie sich schuldig machen, wird bald ebenso langweilig wie ihre einseitigen, eher kriechenden als kletternden Bewegungen. Was der eine thut, ahmt der andere gedankenlos nach; aber was er auch thue, wie er auch handeln möge, langweilig bleibt sein Gebaren stets. Ihm durchaus ähnlich oder doch nicht wesentlich von ihm verschieden betragen sich alle Wickelschwanzaffen, nur wenig anders, freier, selbständiger nämlich, benehmen sich einzelne besonders hervorragende Glieder der Familie, die Kapuzineraffen z. B. Im allgemeinen sind sie geistig ebenso schwerfällig als leiblich, zwar meist sehr sanft, gutmütig, zutraulich, aber auch dumm, grämlich, jammerhaft und einzelne von ihnen eigensinnig, boshaft und tückisch. Sie erheben sich also wohl über die Krallenaffen, stehen aber hinter den Altweltsaffen weit zurück. Wahrscheinlich thut man ihnen nicht Unrecht an, wenn man ihnen nachsagt, daß sie wohl die schlechten, nicht aber auch die guten Seiten ihrer altweltlichen Vettern besitzen. Ihre Sanftmut und Gutmütigkeit wiegt, ganz abgesehen davon, daß sie nicht allen Arten zugesprochen werden darf, den alle gleichmäßig bedrückenden Mangel an Unternehmungssinn, Keckheit, Munterkeit, Lebhaftigkeit und Entschlossenheit, Umsicht und Findigkeit, welche Eigenschaften die Altweltsaffen so hoch stellen, nicht im entferntesten auf, und ihr ewiges Gewinsel und Gejammer beeinträchtigt in unseren Augen alle Begabungen, welche ihnen unter uns Freunde werben könnten.

Wie die neuweltlichen Affen zerfallen auch die in der Alten Welt hausenden Affen in zwei Gruppen, denen man vielleicht den Rang von Familien zugestehen darf, obgleich beider Gebisse im wesentlichen sich ähneln. Wir nennen die einen Hunds-, die anderen Menschenaffen, und dürfen wohl sagen, daß jene uns das wahre Affentum kennen lehren, während diese bereits über dasselbe sich erheben. Für die ersteren insbesondere gilt, was ich eingangs sagte. Zu ihnen zählen ebenso schöne als häßliche, ebenso anmutige als widerwärtige, ebenso heitere als ernsthafte, ebenso gutmütige als boshafte Affen. Eigentlich mißgebildete Gestalten gibt es nicht unter ihnen, da man auch den häßlichen oder uns doch so erscheinenden Arten Ebenmäßigkeit der Gestalt zusprechen muß; in vieler Beziehung absonderliche Gesellen aber weisen sie auf. Ihre hauptsächlichsten Merkmale liegen in der mehr oder weniger stark vortretenden, an die der Hunde erinnernden Schnauze, den verhältnismäßig kurzen Armen, dem stets vorhandenen, obschon bei einzelnen bis zu einem Stummel verkümmerten Schwanze, den mehr oder minder entwickelten Gesäßschwielen und den, wenigstens bei den meisten Arten vorkommenden Backentaschen. Das Gebiß enthält die regelmäßige Anzahl von zweiunddreißig, in geschlossenen Reihen stehenden Zähnen. Sie bewohnen alle drei Erdteile der Alten Welt und treten in Afrika am zahlreichsten auf.

Ihre Begabungen und Eigenschaften stellen sie hoch über Krallen- und Breitnasenaffen. Sie gehen meist recht gut, obgleich einzelne von ihnen in uns erheiternder Weise eher humpeln als laufen, vermögen ohne Beschwerde auf den Beinen allein zu stehen und dabei zu voller Höhe sich aufzurichten, in dieser Stellung auch mehr oder weniger leicht dahinzuschreiten, klettern unter allen Umständen gut, obwohl nur die einen im

Gezweige, die anderen dagegen im Gefelse diese Kunstfertigkeit bethätigen, schwimmen zum teil auch vortrefflich. Diejenigen, welche auf Bäumen leben, klettern fliegend, um mich so auszudrücken; denn ihre Künsteleien im Gezweige übersteigen jede Erwartung. Sätze von acht bis zehn Meter Sprungweite sind kein unmögliches Unterfangen für sie; von den Wipfelästen eines Baumes springen sie ebenso tief auf niederere herab, beugen dieselben durch den Stoß abwärts, geben sich, in demselben Augenblicke, welcher den Ast zurückschnellen läßt, einen wuchtigen Anstoß, strecken Schwanz und Hinterbeine lang von sich, um mit ihnen zu steuern, und fliegen wie ein Pfeil durch die Luft. Ein Baumast, und ob er mit den gefährlichsten Dornen besetzt wäre, ist für sie ein gebahnter Weg, eine Schlingpflanze Pfad oder Leiter, je nachdem selbe benutzt werden kann. Sie klettern vor- oder rückwärts, auf der Unter-, wie auf der Oberseite eines Astes dahin, erfassen im Sprunge wie im Fallen ein dünnes Zweiglein mit einer Hand, verharren, so angehängt, beliebig lange in jeder denkbaren Stellung, steigen sodann gemächlich auf den Ast und nunmehr so unbefangen weiter, als hätten sie sich auf ebenem Boden befunden. Fehlt die Hand den erstrebten Zweig, so ergreift ihn, nicht minder sicher, der Fuß; bricht der Ast unter der jählings auf ihn fallenden Last, so erfassen sie im Fallen einen zweiten, dritten, und brechen alle, so springen sie eben, gleichviel, um welche Höhen es sich handelt, auf den Boden hernieder, um an dem nächsten besten Stamme, an der ersten, ihnen sich darbietenden Schlingpflanzenranke wieder zur Höhe emporzuklimmen. Mit dem klebenden oder kriechenden Klettern ihrer neuweltlichen Verwandten verglichen, erscheint und ist das ihrige eine wahrhaft freie, fessellose, jedes Hemmnis wegräumende Bewegung. Jene sind Stümper, sie vollendete Künstler, jene Baumsklaven, sie Beherrscher des Gezweiges.

Ebenso vervollkommt wie ihre Bewegungen ist auch ihre Stimme. Von ihnen vernimmt man weder zwitschernde noch pfeifende, weder klagende noch heulende, vielmehr, je nachdem sie eines oder das andere ausdrücken wollen, sehr verschiedenartige, den Umständen angepaßte, auch uns verständliche Laute. Behagen oder Unbehagen, Verlangen oder Genügen, Wohl- oder Uebelwollen, Liebe oder Haß, Gleichmut oder Zorn, Freude oder Schmerz, Vertrauen oder Mißtrauen, Hinneigung oder Abneigung, Zärtlichkeit oder Herbheit, Fügsamkeit oder Trotz, insbesondere aber jählings sich geltend machende Erregungen, wie Furcht, Schreck, Entsetzen, finden genügenden Ausdruck, so beschränkt auch immerhin noch die Stimmmittel sein mögen.

Hand in Hand mit solchen Begabungen gehen die, welche wir geistige nennen. Man ist berechtigt, hervorzuheben, daß die Hand, welche erst unter ihnen zu voller Bedeutung gelangt, ihnen vor anderen Tieren erhebliche Vorzüge gewährt, und ihre Leistungen teilweise größer erscheinen läßt, als sie thatsächlich sind, sie beispielsweise zu verschiedenen Kunststücken befähigt, welche einem Hunde oder einem anderen Tiere nie gelingen, wird sie demungeachtet jedoch immer zu den klügsten Säugetieren zählen müssen. Ein hoher Grad von Ueberlegung ist ihnen nicht abzusprechen. Ihr vortreffliches Gedächtnis bewahrt treulich die verschiedenartigsten Eindrücke, und ihr wohlerwägender Verstand gestaltet letztere zu Erfahrungen, welche bei entsprechender Gelegenheit trefflich verwertet werden. Daher handeln sie unverkennbar mit vollem Bewußtsein dessen, was sie thun, den Umständen gemäß, nicht als willenlose Sklaven einer von außen her auf sie einwirkenden Kraft, sondern selbständig, frei und wechselvoll, nehmen schlau und listig ihren Vorteil wahr und bedienen sich jedes Hilfsmittels, welches sie irgendwie benutzen zu können glauben. Sie unterscheiden Ursache und Wirkung, versuchen letztere zu erzielen oder zu vereiteln, indem sie erstere schaffen oder aus dem Wege räumen; sie erkennen nicht allein, was ihnen frommt oder schadet, sondern sie wissen auch, ob sie recht oder unrecht handeln, gleichviel, ob sie dabei den Standpunkt des einzelnen lieben, oder den eines ihnen übermächtigen Wesens einnehmen. Nicht blinder Zufall, sondern Erkenntnis der Ersprießlichkeit regelt und leitet ihr Thun, ordnet sie dem Ermessen des Befähigteren unter, bewegt sie, gemeinschaftlich zu wirken und zu handeln, lehrt sie, gemeinsam einzustehen für das Wohl und Wehe des einzelnen, Freud und Leid, Glück und Unglück, Sicherheit und Gefahr, Wohlbefinden und Not mit ihm zu teilen, mit anderen Worten einen auf Gegenseitigkeit beruhenden Verband zu bilden, unterweist sie, ihnen von Hause aus nicht erb- und eigentümliche Kräfte und Mittel zu verwenden, drückt ihnen endlich Waffen in die Hand, welche die Natur der letzteren nicht verliehen. Leidenschaften aller Art tragen freilich oft genug den Sieg über ihre Besonnenheit davon; gerade diese Leidenschaften aber sprechen wiederum für die Lebhaftigkeit ihrer Empfindungen oder was dasselbe, für die Regsamkeit ihres Geistes. Sie sind empfindsam wie Kinder, reizbar wie schwachgeistige Menschen, daher äußerst empfänglich für jede Art der Behandlung, welche ihnen angethan werden kann: für entgegenkommende Liebe wie für abweisenden Haß, für anspornendes Lob wie für verletzenden Tadel, für befriedigende Schmeichelei wie für kränkenden Hohn, für Liebkosungen wie für Züchtigungen. Dessenungeachtet lassen sie sich nicht so leicht behandeln, noch weniger leicht zu etwas abrichten, wie beispielsweise ein Hund oder ein anderes kluges Haustier; denn sie sind eigenwillig im hohen Grade und fast ebenso selbstbewußt wie der Mensch. Mühelos lernen sie, immer aber nur, wenn sie wollen und keineswegs stets dann, wenn sie sollen; denn ihr Selbstbewußtsein lehnt sich auf gegen jede Unterordnung, welche ihnen nicht als für sie selbst ersprießlich erscheint. Dabei sind sie sich wohl bewußt, daß sie nach Befinden bestraft werden dürften, geben vielleicht schon im voraus den Unannehmlichkeiten der zu erwartenden Strafe durch entsprechende Laute Ausdruck, verweigern aber dennoch die ihnen zugemutete Leistung, wogegen sie solche willig, unter lebhaften Aeußerungen ihres Einverständnisses verrichten, wenn ihnen dies gerade Vergnügen gewährt. Wer ihr Selbstgefühl in Frage zu stellen wagt, braucht sie nur zu beobachten, wenn sie ein anderes Tier behandeln. Sie betrachten ein solches, falls nicht Furcht vor dessen Stärke und Gefährlichkeit sie abschreckt, stets nur als Spielzeug ihrer Launen, gleichviel ob sie es necken und foppen oder hätscheln und zeitweilig mit Liebkosungen überhäufen.

Einige Beispiele, welche ich selbst verbürgen kann oder für hinlänglich verbürgt erachte, mögen die eben ausgesprochenen Behauptungen erhärten.

Als ich im Bogoslande reiste, stieß ich beim ersten Ritt ins Gebirge auf eine zahlreiche Herde derselben Mantelpaviane, deren Scheich Kemal el Din Demiri in seiner Erzählung gedenkt. Sie saßen, ihr wallendes Haarkleid im Strahle der Sonne trocknend, malerisch auf den obersten Zacken einer Felsenwand, wurden von mir mit Büchsenkugeln begrüßt, traten deshalb einen geordneten Rückzug an und flüchteten. Meinen Weg in dem engen und vielfach gewundenen Felsenthale von Mensa fortsetzend, traf ich geraume Zeit später wiederum mit ihnen zusammen und zwar im Thale selbst, gerade als sie sich anschickten, dasselbe zu überschreiten, um in dem Gefelse der anderen Seite gegen ähnliche unliebsame Störungen Schutz zu suchen. Ein erheblicher Teil der Bande hatte seinen Uebergang bereits bewerkstelligt; der größere Teil stand im Begriffe, dies zu thun. Unsere Hunde, schöne schlanke Windspiele, gewohnt Hyänen und andere Raubtiere erfolgreich zu bekämpfen, stürzten sich auf die Paviane, welche von fern gesehen eher Raubtieren als Affen gleichen, und trieben sie schleunigst rechts und links an den Felsenwänden empor. Aber nur die Weibchen flüchteten: die Männchen dagegen warfen sich sofort den Hunden entgegen, bildeten einen Kreis um sie, brüllten, schlugen ingrimmig mit den Händen gegen den Boden, rissen die zähnestarrenden Mäuler weit auf und blickten ihre Gegner so wütend und boshaft an, daß die sonst sehr mutigen, kampfgestählten Tiere verdutzt zurückprallten und fast ängstlich bei uns Schutz suchten. Bevor es uns gelang, sie wieder zum Kampfe anzufeuern, hatte sich die Lage der Affen wesentlich verändert, denn als die Hunde von neuem gegen sie anstürmten, befand sich beinahe die ganze Herde in Sicherheit. Ein noch zurückgebliebenes, etwa halbjähriges Junge kreischte, als es die Hunde auf sich zueilen sah, laut auf, erreichte jedoch noch vor ihnen einen Felsblock und suchte auf ihm Zuflucht und Rettung. Unsere Hunde stellten es kunstgerecht, schnitten ihm dadurch den Weg zur Flucht ab und erweckten in uns die Hoffnung, es einfangen zu können. Doch es sollte anders kommen. Stolz und würdevoll, ohne sich im geringsten zu beeilen und ohne uns zu beachten, schritt ein uraltes Männchen, vom sicheren Felsen zurückkehrend, auf das bedrängte Junge zu, trat, ohne irgendwie Furcht zu verraten, den Hunden entgegen, hielt sie durch Blicke, Gebärden und allseitig verständliche Laute in Achtung, erstieg langsam den Felsblock, nahm das bedrohte Affenkind an seine Brust und trat, bevor wir selbst zur Stelle sein konnten, mit ihm den Rückweg an, ohne daß die ersichtlich verblüfften Hunde wagten, diesen ihm zu verlegen. Während dieser mutigen That der Selbstaufopferung des Stammvaters wurden in dem dichten Gestrüpp auf der Felswand, welcher die Affen sich zugewendet hatten, Töne laut, wie ich sie bis dahin von Pavianen niemals vernommen. Alt und jung, Männchen und Weibchen brüllten, kreischten, knurrten, brummten, bellten durcheinander, daß man hätte glauben können, sie seien mit Leoparden oder sonstigen gefährlichen Raubtieren in Kampf geraten. Es war, wie ich später erkennen sollte, das Feld- oder Kampfgeschrei der Affen, welches ich hörte: sie bezweckten damit offenbar, uns und die Hunde zu schrecken, vielleicht auch den thatlustigen alten Recken, welcher sich vor ihren Augen so ersichtlich in Gefahr begab, zu ermutigen.

Einige Tage später sollte ich erfahren, daß die selbstbewußten Tiere es auch mit Menschen aufnehmen. Beim Zurückkehren aus dem Bogoslande stießen wir wiederum auf eine, vielleicht dieselbe starke Herde und eröffneten vom Thale aus gegen sie mit sieben Doppelbüchsen ein wirksames Feuer. Unsere Schüsse brachten unbeschreibliche Wirkung hervor. Dasselbe Schlachtgeschrei, wie ich es früher gehört, schallte uns entgegen, und wie auf Befehl eines Feldherrn bereiteten sich alle zum Streite. Während die kreischenden Weibchen mit den Jungen eiligst flüchteten und über den Kamm der Felsen laufend, dem Bereiche unserer Waffen sich

Mantelpaviane.

entzogen, traten die alten Männchen, wutfunkelnden Blickes, mit den Händen gegen den Boden schlagend, eher bellend als brüllend, auf vorspringende Steine und Felszacken, überschauten einige Augenblicke lang, fortwährend brummend, knurrend, schreiend und sonstige Laute ausstoßend, die Tiefe, und begannen hierauf mit solchem Eifer und Geschick Steine auf uns herabzurollen, daß wir das Lebensgefährliche unserer Stellung sofort einsehen und flüchten mußten. Wäre es uns unmöglich gewesen, an den jenseitigen Wänden des engen Thales emporzuklettern und so uns gegen die Geschosse der Affen zu sichern: wir wären regelrecht geschlagen worden. Die klugen Tiere verfuhren bei ihrer Abwehr nicht allein planmäßig, sondern handelten auch in Uebereinstimmung, gemeinschaftlich nach einem Ziele strebend und gemeinsam zur Erreichung desselben ihre Kräfte einsetzend. Ein Mitglied unserer Gesellschaft sah, wie einer der Kämpen seinen Stein auf einen Baum schleppte, um ihn von hier aus desto wirksamer in die Tiefe zu schlendern; ich selbst nahm wahr, wie ihrer zwei einen schweren Stein ins Rollen brachten.

Zu solchen Mitteln der Abwehr greift kein anderes Tier als der hochstehende Affe, ebensowenig als irgend ein anderes Tiermännchen sich Gefahren aussetzt, um ein hilfloses Junge seiner Art zu retten. Derartige Züge dürfen nicht verkannt und können nicht falsch beurteilt werden; denn sie sprechen für sich selbst lauter und besser als alle jene spitzfindigen Auseinandersetzungen derer, welche dem Tiere Verstand und selbstthätiges Handeln abstreiten wollen.

Wie genau die Hundsaffen Ursache und Wirkung erkennen und unterscheiden, kann jeder wahrnehmen, welcher sie vorurteilsfrei beobachtet. Sie öffnen Thüre und Fenster, Schubladen, Kasten und Schachteln, lösen Knoten und beseitigen andere Hindernisse, nachdem sie einmal gesehen haben, wie solches bewerkstelligt werden muß; aber sie erfinden auch Mittel, um ähnliches zu erreichen. Ein Babuin, welchen ich pflegte und in die Familie aufnahm, bemächtigte sich einer jungen Katze in der Absicht, sie als Hätschelkind zu warten und zu bemuttern, wurde von dem erschreckten Pfleglinge gekratzt, untersuchte aufmerksam die Tatzen, drückte die Nägel hervor, besah sie von oben und unten wie von der Seite und biß sie ab, um fernerhin vor Verletzungen gesichert zu sein. Derselbe Pavian wurde von meinem Bruder oder mir wiederholt dadurch erschreckt, daß wir vor ihm ein Häufchen Pulver auf den Boden schütteten und dasselbe mittels eines Stückchens brennenden Schwammes entzündeten. Das plötzliche Aufblitzen des Pulvers verursachte unserem Babuin einen solchen Schreck, daß er jedesmal laut aufschrie und mit so weitem Satze zurücksprang, als der ihn fesselnde Strick zuließ. Einigemale nacheinander so erschreckt, steuerte er erneuerten Belästigungen einfach dadurch, daß er den glimmenden Feuerschwamm so lange mit der Hand klopfte, bis der Funke erstickt war, und das Pulver selbst auffraß. Anderseits beschwor er selbst Schreck und Entsetzen herauf. Wie alle Affen ohne jegliche Ausnahme, fürchtete er Kriechtiere, vor allen anderen Schlangen, in maßloser, für uns ergötzlicher Weise. Wir foppten ihn deshalb oft, indem wir eine lebende, tote oder ausgestopfte Schlange in eine breite Blechschachtel steckten und diese ihm verschlossen reichten. Er kannte zuletzt Schachtel und Inhalt genau, war aber unfähig, seine Neugier zu bemeistern und öffnete jene jedesmal, um unmittelbar darauf kreischend zu flüchten.

Nicht zufrieden, wirklich vorhandene Ursachen zu erkennen, suchte dieser Affe in Fällen, welche ihm Unannehmlichkeiten zuzogen, nach vermeintlichen. Irgend etwas, irgend jemand mußte an erlittenem Ungemach die Schuld tragen. Dementsprechend wandte sich sein voller Ingrimm auf den ersten besten, welcher ihm in Sicht kam. Wurde er bestraft, so richtete sich sein Zorn nicht gegen seinen Pfleger und Gebieter, sondern einzig und allein gegen denjenigen, welcher bei der Bestrafung zugegen war: dieser mußte die Ursache der schnöden Behandlung sein, welche der sonst so gute Herr ihm angedeihen ließ. Er verdächtigte also, genau ebenso, wie unkluge Menschen in ähnlichen Fällen zu thun pflegen.

Aeußerst empfindlich gegen jede ihm angethane oder auch nur zugedachte Unbill, nicht minder gegen jede Neckerei oder Fopperei, konnte gedachter Babuin doch nie unterlassen, andere Tiere zu necken, zu ärgern und selbst zu mißhandeln. Unser alter grämlicher Dachshund hielt, behaglich in der Sonne liegend, seinen Mittagsschlaf. Der Babuin sah dies, schlich sich vorsichtig heran, blickte mit tückischem Blinzeln der kleinen Augen dem Hunde ins Gesicht, um sich zu überzeugen, ob er auch wirklich schlafe, packte jählings den Schwanz des Schläfers und brachte ihn durch einen kräftigen Ruck aus der Traumwelt in die Wirklichkeit zurück. Ingrimmig versuchte der Hund die erlittene Schmach zu rächen, indem er auf den Störenfried losfuhr. Dieser aber entging, mit einem einzigen Satze über den anstürmenden Hund hinweg, der drohenden Strafe, hatte im nächsten Augenblicke den Schwanz des Hundes wieder gepackt, den Däckel von neuem beleidigt und weidete sich ersichtlich an der Ohnmacht des gräulichen Gegners, bis dieser mit gesichertem, d. h. eingezogenem Schwanze, rasend vor Zorn und Aufregung, unfähig selbst zu bellen, keuchend und geifernd das Weite suchte und dem bösen Feinde das Feld überließ. Wäre der Pavian im stande gewesen, zu lachen: die Aehnlichkeit zwischen seinem und eines boshaftigen Menschen Thun würde vollständiger Uebereinstimmung gewichen sein. Mit allgemein verständlichem Spott und Hohn wurde der Besiegte ohnehin überschüttet. Er dagegen nahm jede Neckerei gewaltig übel, konnte schon durch das Gelächter eines Unbefugten in Zorn und Wut versetzt werden und versäumte gewiß nicht, bei erster Gelegenheit, ob solche auch erst nach Verlauf von Wochen gefunden werden mochte, sich zu rächen. Aber freilich: er war Affe und fühlte sich als solcher, betrachtete den Hund als so untergeordnetes Wesen, daß seine Anmaßung ebenso verzeihlich, wie die jedes anderen Wesens, sobald es sich um ihn selbst handelte, verwerflich und strafbar erschien.

Von diesem Selbstgefühl oder richtiger dieser Selbstüberhebung, geben die Hundaffen jedem achtsamen Beobachter tagtäglich Beweise. Gedachter Babuin liebte, wie alle Affen, Pflege- oder Hätschelkinder ungemein, insbesondere aber eine Meerkatze, welche denselben Käfig mit ihm teilte, ihm auch außerhalb desselben anvertraut werden durfte, weil sie stets an seiner Seite, förmlich in seinem Banne war, in seinen Armen schlief und ihm sklavisch gehorchte. Er verlangte solchen Gehorsam und betrachtete ihn als etwas ganz Selbstverständliches; unbedingte Unterwürfigkeit aber forderte er, wenn es sich um die Mahlzeit handelte. Während die gutmütige und gehorsame Meerkatze widerstandslos geschehen ließ, daß seine Pflegemutter — denn unser Babuin war weiblichen Geschlechts — jeden guten Bissen vorweg nahm, gönnte ihr letztere nur das Allernotwendigste und brach, wenn es dem Pflegekinde doch gelungen war, etwas beiseite, beziehentlich in die Backentaschen zu bringen, letztere einfach auf, um den Inhalt wieder zu leeren und für sich zu verwenden.

So groß die Anmaßung, so ungemessen die Selbstüberhebung der Hundsaffen sein mag, so gut oder so genau sind sie sich bewußt, Unrecht gethan, eine strafwürdige Handlung verübt zu haben. Hierfür bringt Schomburgk einen äußerst lehrreichen Beleg bei. In der tierkundlichen Abteilung des Pflanzengartens zu Adelaide lebte in einem Käfige mit zwei jüngeren Artgenossen, diese selbstverständlich beherrschend und beknechtend, ein alter Hutaffe. Durch irgend welchen Zufall gereizt, überfällt derselbe eines Tages plötzlich seinen Wärter und bringt ihm, eine Schlagader des Handgelenks durchbeißend, eine gefährliche Verwundung bei. Schomburgk verurteilte ihn deshalb zum Tode und beauftragt einen anderen Wärter, das Urteil mittels Pulver und Blei zu vollstrecken. Die Affen sind an

Feuerwaffen, welche vielfach gebraucht werden, um dem Garten schädliche Tiere zu töten, vollkommen gewöhnt, kennen zwar deren Wirkung, beunruhigen sich aber nicht im geringsten, wenn sie in ihre unmittelbare Nähe gebracht werden. Auch jetzt, am nächsten Tage nach der Unthat des alten Tyrannen, bleiben die beiden jungen Affen beim Erscheinen des

Hulaffen.

mit der Hinrichtung ihres Genossen betrauten Wärters ruhig am Futtertroge sitzen, der verurteilte Verbrecher dagegen flieht in größter Eile in seinen Schlafkäfig und läßt sich durch keinerlei Lockung bewegen, denselben zu verlassen. Man versucht, ihn durch vorgesetztes Futter zu ködern: er sieht, was er vorher nie gethan, seine beiden unterjochten Genossen die leckere Kost verzehren und wagt nicht, am Mahle teilzunehmen. Erst als der verderbendrohende Wärter sich entfernt, schleicht er verstohlen hinzu, nimmt rasch einige Brocken und flüchtet angstvoll in sein sicheres Versteck zurück. Es gelingt endlich, ihn zum zweitenmal herauszulocken und den Zugang seines Schlupfwinkels von außen zu verschließen. Als er nunmehr den Wärter mit der Todeswaffe wiederum auf den Käfig zuschreiten sieht, erkennt er, daß er verloren ist. Wie wahnsinnig stürzt er sich auf die Thüre des Schlafkäfigs, um sie womöglich zu öffnen; als ihm dies nicht gelingt, stürmt er, alle Winkel und Lücken auf die Möglichkeit zum Entfliehen hin untersuchend, durch den ganzen Käfig; und endlich, keine Möglichkeit zur Flucht entdeckend, am ganzen Leibe zitternd und bebend, wirft er sich verzweiflungsvoll auf den Boden und ergibt sich willenlos in das Schicksal, welches ihn einen Augenblick später ereilt.

Man wird zugestehen müssen, daß kein einziges, anderen Ordnungen angehöriges Säugetier, nicht einmal der von uns seit Jahrtausenden behandelte, gelehrte, unterrichtete, streng genommen, geschaffene Hund, ähnlich handelt, wie geschildert, also, was dasselbe, zu ähnlicher Hochgeistigkeit gelangt. Und dennoch liegt immerhin noch eine weite Kluft zwischen den Hunds- und den Menschenaffen, von welch letzteren ich sagte, daß sie bereits über das durchschnittliche Affentum sich erheben.

Wir verstehen unter Menschenaffen diejenigen, welche in ihrer Gestalt dem Menschen am meisten ähneln, von diesem aber durch die stark hervortretenden Eckzähne, die verhältnismäßig langen Arme und kurzen Beine, den Bau der Hand, die bei einzelnen Arten vorkommenden Gesäßschwielen und das Haarkleid auch äußerlich noch immer wesentlich sich unterscheiden. Sie bewohnen die Gleicherländer Asiens und Afrikas, ersteres zahlreicher an Arten als dieses, und zerfallen in drei Sippen, von denen die eine auf Afrika beschränkt ist. Jede dieser Sippen umfaßt nur wenige Arten; doch scheint es, als ob uns gegenwärtig noch keineswegs alle bekannt seien.

Auch die Menschenaffen sind, gemäß ihres Baues, auf Bäume angewiesen, aber ebensowenig wie Schlankaffen, Meerkatzen und Makaken Baumsklaven, vielmehr ausgezeichnete Kletterer. Sie bewegen sich jedoch im Gezweige wie auf dem Boden wesentlich anders als alle übrigen Affen. Beim Erklettern eines Baumes und namentlich eines glatten astlosen Stammes nehmen sie dieselbe Stellung an, wie ein Mensch, welcher Bäume besteigt, fördern sich aber, dank ihrer langen Arme und kurzen Beine, weit schneller als der geübteste menschliche Kletterer; im Geäste angelangt, beschämen sie jeden Turner durch die Mannigfaltigkeit und Sicherheit ihrer

Bewegungen. Mit den weitausgreifenden Armen packen sie einen Ast, mit den Füßen umklammern sie einen gleichlaufenden, tieferen etwa zur Hälfte und laufen nunmehr auf ihm, den oberen Zweig als Geländer benutzend, so rasch dahin, daß ein unter ihnen gehender Mann sich weidlich anstrengen muß, wenn er mit ihnen gleichen Schritt halten will, wogegen sie nicht die geringste Anstrengung kundgeben. An der Spitze des Astes angelangt, ergreifen sie einen ihnen erreichbaren Ast oder Zweig des benachbarten Baumes und setzen auf diesem ihren Weg mit unverminderter Eile, jedoch ohne jegliche Hast, in derselben Weise fort. Beim Aufwärtssteigen genügt ihnen der erste beste, unter ihrem Gewichte nicht brechende Zweig, welchen sie erfassen können, um sich mit der größten Leichtigkeit emporzuschwingen, gleichviel, ob sie den Zweig zuerst nur mit einer Hand oder sogleich mit beiden packen konnten; beim Niedersteigen hängen sie sich an beiden Armen auf und suchen mit den Füßen neuen Halt zu gewinnen. Bisweilen schaukeln sie sich, in der eben geschilderten Stellung aufgehängt, minutenlang zu ihrem Vergnügen; manchmal laufen sie mit Händen und Füßen einen Ast fassend, zur Abwechselung an der unteren Seite desselben dahin: kurz, jede denkbare Stellung und Bewegung im Gezweige wird von ihnen ausgeführt. Als geradezu unerreichbare Meister im Klettern erscheinen die Langarmaffen oder Gibbons, Menschenaffen mit so unverhältnismäßig langen Armen, daß sie doppelt so weit klaftern können, als die Länge ihres in aufrechter Stellung gedachten Leibes beträgt. Mit unvergleichlicher Schnelligkeit und gleicher Sicherheit erklettern sie einen Baumwipfel oder Bambusstengel, versetzen ihn oder einen geeigneten Zweig in Schwingungen und schnellen sich sodann beim Zurückprallen desselben mit solcher Leichtigkeit über Zwischenräume von acht bis zwölf Meter hinweg, daß es aussieht, als flögen sie wie abgeschossene Pfeile oder abwärts stoßende Vögel. Auch sie sind im stande, noch im Sprunge die zuerst beabsichtigte Richtung zu ändern und ihren Sprung jählings zu unterbrechen, indem sie den ersten besten Zweig ergreifen, an ihm sich festhängen, schaukeln, wiegen und ihn endlich ersteigen, sei es, um fortan ein Weilchen zu ruhen, oder sofort wiederum das alte Spiel zu beginnen. Nicht selten springen sie solcherart drei-, vier-, fünfmal nacheinander durch die Luft und lassen dann fast vergessen, daß die Gesetze der Schwere auch für sie maßgebend sind. Ebenso ausgezeichnet als sie klettern, ebenso schwerfällig gehen sie. Andere Menschenaffen sind im stande, ohne sonderliche Beschwerde in aufrechter Stellung, also auf den Füßen allein, ein mehr oder minder bedeutendes Stück Weg ohne Unterbrechung zurückzulegen, fallen jedoch bei eiligem Laufe stets auf alle Viere, hierbei auf die eingeschlagenen Knöchel der Finger, hinten auf die äußeren Kanten der Füße sich stützend, und den Leib zwischen den aufgestemmten Armen hindurch mühsam und schwerfällig vorwärts werfend; die Langarmaffen aber bewegen sich nur im äußersten Notfalle in dieser Weise und dann mehr hüpfend als laufend, legen dagegen kürzere Strecken zurück, indem sie sich zu voller Höhe aufrichten und mit den bald weniger, bald weiter ausgebreiteten Armen im Gleichgewichte halten, die Daumenzehen möglichst spreizen und nunmehr mit kleinen, rasch aufeinanderfolgenden Schritten kläglich dahintrippeln. Ihre Bewegungen müssen daher als einseitige bezeichnet werden; denn was sie an Kletterfertigkeit vor anderen Menschenaffen voraus haben, wiegt ihre Hilflosigkeit auf dem Boden nicht auf.

Höchst beachtenswert ist die Stimmbefähigung der Menschenaffen. Wir finden nämlich, daß die beweglichsten und behendesten Arten der Gruppe auch die lauteste, die vielseitiger entwickelten, obwohl minder eilfertigen Menschenaffen dagegen die wechselvollste Stimme haben. Ich sage nicht zu viel, wenn ich behaupte, daß ich niemals die Stimme eines Säugetieres, den Menschen immer ausgenommen, gehört habe, welche volltönender und wohllautender in mein Ohr geklungen hätte als die der von mir in Gefangenschaft beobachteten Langarmaffen. Zuerst war ich erstaunt, später entzückt von diesen, aus tiefster Brust gegebenen, mit vollster Kraft ausgestoßenen, mir durchaus nicht unangenehmen, weil vollkommen reinen und abgerundeten Tönen. Bei einer Art beginnt der schallende Ruf, welchen ich eher Gesang als Geschrei nennen möchte, mit dem Grundtone E und steigt, die chromatische Tonleiter durchlaufend, in halben Tönen eine volle Oktave hinauf und hinab mit einem gellenden Laute endend, in welchem sich alle Kraft des Tieres zu vereinigen scheint. Der Grundton bleibt immer hörbar und dient als Vorschlag für jede folgende Note, welche beim Aufsteigen der Tonleiter stetig langsamer, beim Absteigen derselben rascher und zuletzt ungemein rasch aufeinander folgen, ein wie allemal aber ebenso regelmäßig als schnell vorgetragen werden. Einzelne Arten der Sippe sollen minder reine Töne zu hören geben, alle aber so laut rufen, daß man sie im Freien eine volle englische Meile weit deutlich vernehmen kann. Dieselbe Wechselbeziehung zwischen Bewegungsfähigkeit und Stimmbegabung bemerken wir bei anderen Menschenaffen. Von dem langsam sich bewegenden, uns schwermütig erscheinenden Orang-Utang hat man, soviel mir bekannt, nur einen starken und tiefen Kehllaut vernommen; der muntere, bewegliche, geweckte Schimpanse dagegen versteht den wenigen Lauten, über welche er verfügt, eine so wechselvolle Betonung zu geben und sie zu so verständlichem Ausdrucke zu verwenden, daß man versucht wird, ihm Sprache zuzugestehen. Mit Worten spricht er freilich nicht, wohl aber mit Lauten, selbst Silben, über deren sich gleichbleibende Bedeutung dem Beobachter, welcher länger mit ihm verkehrte, kein Zweifel aufkommen kann. Andere seiner Sippe angehörige Menschenaffen dürften ihm hierin nicht nachstehen.

Wer erfahren will, bis zu welcher Höhe die geistige Begabung eines Affen sich zu erheben vermag, muß den Schimpanse oder einen seiner nächsten Verwandten zur Beobachtung wählen und mit ihm längere Zeit innigen Umgang pflegen, wie ich gethan habe: er wird dann mit Verwunderung und Staunen, vielleicht auch gelindem Grauen erkennen, wie weit die Kluft, welche Mensch und Tier scheidet, sich verringern kann. Auch die anderen Menschenaffen sind geistig hochbegabte Geschöpfe; auch sie übertreffen in dieser Beziehung alle übrigen Affen; ihre Begabungen gelangen aber weder bei den Langarmaffen noch bei dem Orang-Utang zu so allgemein verständlichem Ausdrucke, ich möchte sagen, zu derartig zwingender Geltung wie bei jenen. Sie, die Pongos — Gorilla, Tschego und Schimpanse — kann, darf man nicht mehr wie Tiere behandeln, muß vielmehr mit ihnen wie mit Menschen verkehren, wenn man ihre Geistesgaben erkennen und abwägen will. Ihr Verstand steht dem eines rohen, ungeschulten, ungebildeten Menschen wenig nach. Sie sind und bleiben Tiere; aber sie handeln so menschlich, daß man das Tier in ihnen vergessen möchte.

Ich habe Jahre nacheinander Schimpansen gepflegt, sie genau und so viel als möglich vorurteilsfrei beobachtet, mit ihnen eifrig und innig verkehrt, sie in meine Familie aufgenommen, zu Spielgenossen meiner Kinder erhoben, an meinem Tische mit mir speisen lassen, sie unterrichtet, gelehrt, förmlich erzogen, in Krankheiten abgewartet und auch in ihrer Todesstunde nicht verlassen: ich darf daher glauben, sie ebensogut kennen gelernt zu haben als irgend ein anderer, und zu einem zutreffenden Urteile über sie berechtigt zu sein. Aus diesen Gründen wähle ich den Schimpanse zu dem Versuche, darzulegen, wie weit die geistige Begabung eines Tieres reicht.

Der Schimpanse ist nicht allein eines der klügsten aller Geschöpfe, sondern auch ein nachdenkliches und sinniges Wesen. Jede seiner Handlungen geschieht mit Bewußtsein und Ueberlegung. Er ahmt nach, aber mit Verständnis und Urteil: er läßt sich belehren und lernt. Er erkennt sich und seine Umgebung und ist sich seiner Stellung bewußt. Im Umgange mit Menschen ordnet er sich höherer Begabung unter; im Verkehre mit Tieren bethätigt er ein ähnliches Selbstbewußtsein wie der Mensch. Was bei anderen Affen in dieser Beziehung angedeutet ist, erscheint bei ihm klar ausgesprochen. Er hält sich für besser, für höherstehend als andere Tiere, auch andere Affen; er würdigt auch den Menschen genau nach seiner Bedeutung und behandelt daher Kinder wesentlich anders als

Schimpanse.

Erwachsene: letztere achtet er, erstere betrachtet er als ungefähr ebenbürtige Kameraden. Er bekundet Teilnahme für Tiere, mit denen er weder Freundschaft schließen, noch andere Verbindungen anknüpfen kann, ebenso für Gegenstände, welche mit seinen natürlichen Bedürfnissen nicht im Zusammenhange stehen; denn er ist nicht allein neugierig, sondern förmlich wißbegierig: ein Gegenstand, welcher seine Aufmerksamkeit erregte, gewinnt an Wert in seinen Augen, wenn er demselben eine Nutzung abgewonnen hat. Er versteht Schlüsse zu ziehen, von dem einen auf anderes zu folgern,

Erfahrungen auf neue Verhältnisse zweckentsprechend zu übertragen, ist listig, sogar verschmitzt, hat witzige Einfälle und erlaubt sich Späße, bekundet Launen und Stimmungen, unterhält sich in dieser und langweilt sich in jener Gesellschaft, geht auf passende Scherze ein und weist unpassende von sich, ist eigenwillig, aber nicht störrisch, gutmütig, aber nicht unselbständig. Seine Gefühle drückt er aus wie ein Mensch. In heiterer Stimmung schmunzelt er vergnügt, in trüber zieht er sein Gesicht in Falten, welche für sich selbst sprechen, und erläutert dieselben noch besonders durch klägliche Laute, bei Kränkungen gebärdet er sich wie ein Verzweifelter, verzerrt sein Gesicht, kreischt, wirft sich auf den Rücken, schlägt mit Händen und Füßen um sich und rauft sein Haar. Wohlwollende Zurufe erwidert er durch Laute, welche Befriedigung, übelwollende durch solche, welche Kummer ausdrücken. Er ist rege und thätig vom Morgen bis zum späten Abend, sucht ununterbrochen Beschäftigung und ersinnt sich solche, wenn er mit gewohnten Uebungen und Handlungen zu Ende gekommen ist, sollte er auch nur mit den Händen klatschend an seine Füße schlagen oder durch Klopfen auf hohlliegenden Brettern tönende, ihn sichtlich erfreuende Geräusche hervorrufen. Im Zimmer befaßt er sich mit genauester Untersuchung aller ihm auffallenden Gegenstände, öffnet Schubladen und kramt deren Inhalt aus, sieht nach dem Feuer, indem er die Ofenthüre öffnet und schließt, handhabt einen Schlüssel in regelrechter Weise, stellt sich vor den Spiegel und ergötzt sich an dem Widerspiele seiner eigenen Gebärden und Fratzen, gebraucht Besen und Wischlappen, wie ihm gelehrt worden, hüllt sich in Decken und Kleider und dergleichen mehr.

Wie scharf er beobachtet, geht schlagend aus seiner fast immer richtigen Beurteilung der Menschen hervor. Er kennt und unterscheidet nicht allein seine Freunde von anderen Leuten, sondern auch wohlwollende von übelwollenden Menschen so scharf, daß der Wärter eines Schimpanse überzeugt war, jeden Menschen, welchen der Schimpanse abstieß, als Taugenichts oder Bösewicht bezeichnen zu dürfen. Ein vollendeter, aber feiner Heuchler, welcher mich und andere täuschte, war dem einen Schimpanse vom Anfange an ein Greuel, gerade als ob er den rothaarigen Schuft vom ersten Augenblicke an erkannt gehabt hätte. Am liebsten verkehrt jeder Schimpanse, mit welchem man sich viel beschäftigt, im Kreise einer Familie. Hier benimmt er sich, als ob er sich unter seinesgleichen fühle. Er achtet genau auf Sitte und Gewohnheit des Hauses, merkt sofort, ob er beobachtet wird oder nicht, und thut im ersteren Falle das, was er soll, im letzteren das, was ihm gerade behagt. Spielend leicht und mit wahrem Eifer, ganz im

Gegensatze zu anderen Affen, lernt er, was ihm gelehrt wird, beispielsweise aufrecht am Tische zu sitzen, mit Löffel, Messer und Gabel Speise in den Mund zu führen, aus einem Glase oder einer Tasse zu trinken, den Zucker in der Tasse umzurühren, mit dem Nachbar anzustoßen, sich des Mundtuches zu bedienen u. s. w.; ebenso leicht gewöhnt er sich an Kleidungsstücke, Decken und Betten; ohne sonderliche Mühe eignet er sich endlich ein Verständnis der menschlichen Sprache an, welches das eines wohlgezogenen Hundes bei weitem übertrifft, da er sich nicht nach der Betonung, sondern nach der Bedeutung der Worte richtet und bestimmte Aufträge nicht minder richtig als Befehle zur Ausführung bringt. Aeußerst empfänglich für jegliche Liebkosung oder Schmeichelei und selbst für gespendetes Lob, ebenso empfindlich gegen unfreundliche Behandlung oder schon Tadel, ist er auch lebhafter Dankbarkeit fähig und beweist diese, ohne hierzu besonders abgerichtet worden zu sein, durch Handschlag und Kuß. Besonders lebhafte Zuneigung legt er Kindern gegenüber an den Tag. An und für sich weder tückisch noch bösartig, behandelt er Kinder, solange sie ihn nicht reizen, stets äußerst freundlich, kleine, noch unbehilfliche Kindlein aber mit wahrhaft rührender Zärtlichkeit und Zartheit, wogegen er im Verkehr mit anderen seiner Art, anderen Affen und anderen Tieren nicht selten rauh und unfreundlich sein kann. Ich hebe diesen Charakterzug, welchen ich bei allen von mir gepflegten Schimpansen wahrgenommen habe, namentlich deshalb hervor, weil er zu beweisen scheint, daß der Schimpanse auch im kleinsten Kinde den Menschen erkennt und würdigt.

Rührend gebärdet sich ein kranker, schwer leidender Menschenaffe. Kläglich bittend, wahrhaft menschlich schaut er seinem Pfleger ins Gesicht, erkennt jede Hilfe oder doch Hilfsleistung mit warmem Danke und in dem Arzte bald seinen Wohlthäter, hält letzterem den Arm hin oder streckt die Zunge heraus, sobald dies gefordert wird, thut dasselbe nach einigen Besuchen des Arztes auch ganz von selbst, nimmt Arzneien willig ein, läßt sich sogar wundärztliche Eingriffe gefallen, benimmt sich, mit einem Worte, nicht viel anders als ein kranker und geduldiger Mensch. Je mehr sein Ende sich nähert, um so milder wird er, um so mehr verliert sich das Tierische, um so heller treten die edleren Züge seines Wesens hervor.

Der Schimpanse, welchen ich am längsten pflegte und mit Hilfe eines verständigen, tierfreundlichen Wärters am sorgfältigsten erzog, erkrankte an Lungenentzündung, zu welcher sich Vereiterung der Lymphdrüsen des Halses gesellte. Wundärztliche Behandlung der eiternden Drüsen erwies sich als notwendig. Zwei mir und dem Schimpanse befreundete Aerzte unternahmen es, die Geschwulst am Hals zu öffnen, um so mehr, als der Affe in ihr den Sitz seines Leidens zu erkennen vermeinte und die Hand des untersuchenden Arztes fort und fort nach ihr hinleitete. Aber wie sollte der notwendige Schnitt an der gefährlichen Stelle ausgeführt werden, ohne das Tier zu gefährden? Betäubende Mittel waren wegen der kranken Lunge ausgeschlossen, und der Versuch, den Schimpanse durch mehrere kräftige Männer festhalten zu lassen, scheiterte an dessen hochgradiger Erregung und dem nachdrücklichen Widerstande, welchen er leistete. Was Gewalt nicht zu erreichen vermochte, erzielte Ueberredung. Durch gütliches Zureden und Liebkosungen seitens seines Wärters wieder beruhigt, gestattete der Affe nochmalige Untersuchung der eiternden Geschwulst, und ohne mit einer Wimper zu zucken, Annäherung und Gebrauch des Messers, sowie ohne zu klagen, anderweitige schmerzende Eingriffe des Arztes, insbesondere die Nachhilfe bei Entleerung der geöffneten Geschwulst. Mit dieser trat augenblickliche Befreiung von der bisher quälenden Atemnot ein; ein unverkennbarer Ausdruck der Erleichterung drückte sich im Gesichte des Leidenden aus, und dankbar reichte er beiden Aerzten die Hand, beglückt umarmte er seinen Wärter, ohne zu der einen wie zu der anderen Handlung aufgefordert worden zu sein!

Leider vermochte die Beseitigung des einen Leidens das Leben des Tieres nicht zu retten. Die Halswunde heilte, aber die Lungenentzündung griff um sich und machte seinem Leben ein Ende. Er starb bei vollem Bewußtsein, sanft und ruhig, nicht wie ein Tier, sondern wie ein Mensch stirbt.

Dies sind Züge aus dem Betragen und Gebaren eines Menschenaffen, welche weder mißverstanden, noch bemäkelt werden können. Bedenkt man dazu, daß sie alle nicht erwachsenen, sondern im Kindesalter stehenden Menschenaffen abgelauscht werden konnten, so wird man diesen Tieren unzweifelhaft eine sehr hohe Stellung einräumen müssen. Denn die von irgend einem unfähigen Beobachter aufgestellte, von Hunderten gedankenlos nachgesprochene Behauptung, daß der Affe mit zunehmendem Alter an geistiger Begabung verliere, also gleichsam zurückgehe und verdumme, ist eben nichts anderes als eine plumpe Lüge, welche jeder wirklich und unbefangen von seiner Jugend an bis zu seinem Alter beobachtete Affe widerlegt. Wenn wir von erwachsenen Menschenaffen auch weiter nichts wüßten, als die beiden Thatsachen, daß sie Bauten errichten, welche man eher Hütten als Nester nennen muß, um in ihnen eine einzige Nacht zu verweilen, und daß sie hohle Bäume als Trommeln verwenden und letztere zu ihrem Vergnügen rühren, wäre dies doch genug, um dieselben Schlüsse zu ziehen, zu denen uns kindliche, von uns gepflegte Affen dieser Gruppe führen, oder mit anderen Worten, um in ihnen die weitaus begabtesten, am höchsten stehenden Tiere und unsere allernächsten Verwandten zu erkennen.

Und die Affenfrage? Nun, ich möchte glauben, sie in dem Vorausgegangenen bereits beantwortet zu haben, stehe aber nicht an, meiner Auffassung derselben noch besonders Ausdruck zu geben.

Jedermann wird zugestehen müssen, daß der Mensch nicht Vertreter eines besonderen Naturreichs, sondern nur ein Glied des Tierreiches ist, jeder Unbefangene demgemäß als die ihm ähnlichsten Wesen die Affen bezeichnen. Vergleicht man diese unter sich und mit den Menschen, so gelangt man, möge man sich dagegen sträuben oder nicht, zu der unumstößlichen Ueberzeugung, daß der Unterschied zwischen Krallen- und Menschenaffen größer ist als der, welcher zwischen letzteren und den Menschen besteht. Tierkundlich kann man daher Menschen und Affen nicht einmal verschiedenen Ordnungen der ersten Klasse des Tierreichs zuweisen. Man hat dies freilich gethan, thut es wohl auch heute noch, indem man die Menschen als Zwei-, die Affen als Vierhänder bezeichnete, hat dabei jedoch von dem wichtigsten Merkmale für die Stellung eines Säugetieres, dem Gebisse, gänzlich abgesehen. Das Gebiß der Menschen und Affen ist aber so wesentlich gleichartig gebildet, daß es die Zusammenstellung beider gebieterisch verlangt. Zudem sind auch die Bezeichnungen Zwei- und Vierhänder nicht haltbar; denn Menschen und Affen unterscheiden sich wohl erheblich, aber nicht gegensätzlich durch den Bau ihrer Hände und Füße; und letztere sind daher ebensogut Zweihänder als wir. Verfährt man bei Bestimmung der Stellung der Menschen und Affen nach den sonst ausnahmslos gehandhabten Gesetzen, so sieht man sich gezwungen, beide in einer und derselben Ordnung zu vereinigen. Ihr habe ich den Namen „Hochtiere“ gegeben.

So unbestreitbar nun die Uebereinstimmung der Ordnungsmerkmale aller Hochtiere ist, so bestimmt stellen sich bei genauester Vergleichung der Menschen und Affen Unterschiede heraus, welche eine so innige Verschmelzung beider Gruppen, als neuerdings versucht worden, unbedingt verbieten. Die Ebenmäßigkeit der Gestalt, die verhältnismäßige Kürze der Arme, die Breite und innere Beweglichkeit der Hände, die Länge und Stärke der Beine, sowie die Plattheit der Füße, die nackte Haut und nicht minder die geringe Entwickelung der Eckzahne sind äußerliche Merkmale des Menschen, welche nicht unterschätzt werden dürfen, vielmehr gewichtig genug erscheinen, um zwischen ihm und den Affen mindestens die Grenzen verschiedener Familien, vielleicht verschiedener Unterordnungen aufzurichten und festzuhalten. Zieht man außerdem die Anlagen des Menschen gebührend in Erwägung, vergleicht man seine Bewegungen, seine gegliederte Sprache, seine geistigen Fähigkeiten mit den entsprechenden Begabungen der Affen, so wird man in Aufrechterhaltung jener Grenzen nur unterstützt werden können.

Blinde Anhänger der Umwandlungslehre, wie sie Darwin begründet und andere weiter ausgebaut, überspringen jene Grenzen freilich ohne alles und jedes Bedenken; sie aber können für eine besonnene Beurteilung der thatsächlich bestehenden Verhältnisse unmöglich maßgebend sein. So befriedigend, um nicht zu sagen wahrscheinlich, jene Lehre auch ist, über die Bedeutung einer geistvollen Annahme hat sie sich noch nicht zu erheben vermocht; unwiderlegliche Beweise für die Richtigkeit dieser Annahme hat sie noch nicht erbringen können. Veränderlichkeit der Spielarten oder Rassen läßt sich erweisen, sogar bewirken; Umwandlung einer Art in die andere konnte noch in keinem Falle festgestellt werden. Solange aber letzteres nicht der Fall, so lange sind wir berechtigt, Menschen und Affen als verschiedenartige Wesen zu betrachten und die Abstammung des einen von den anderen zu bestreiten. Jeder Versuch, einen gemeinschaftlichen Urahn zu entdecken oder zu ergründen, jegliches Unterfangen, eine Ahnenreihe des Menschen aufzustellen, ändert hieran nicht das Geringste; denn wirkliche Naturwissenschaft begnügt sich nicht mit Erklärungen, sondern verlangt Beweise, wenn sie befriedigt sein soll: sie will nicht glauben, sondern wissen.

Und so mögen wir den Affen unbekümmert die Stellung einräumen, welche unbefangene Prüfung in der Reihe der Wesen ihnen anweist. Als die uns am meisten ähnelnden Tiere oder unsere nächsten Verwandten im tierkundlichen Sinne dürfen wir sie anerkennen; weitergehende Rechte müssen wir ihnen versagen. Vieles, was dem Menschen eigen, wurde auch ihnen beschieden; von wirklichem Menschentume trennt sie eine noch immerhin weite Kluft. Viel, aber bei weitem nicht aller Mensch ist in ihnen verkörpert wie vergeistigt.

Karawanen und Wüstenreisen.

Am Saume der Wüste, unter einer dichten Palmengruppe, steht ein kleines Zelt. Rings um dasselbe liegen in bunter Reihe, aber wallartig geordnet, Kisten und Ballen. Weiter nach außen stehen, hocken und sitzen festlich gekleidete, d. h. frisch mit Hautsalbe eingefettete, nubische Knaben.

Im Innern des Zeltes befinden sich Reisende, welche mittels einer Nilbarke bis hierher gelangt sind und beabsichtigen, einen weiten Bogen des von nun an klippen- und stromschnellenreichen Niles abzuschneiden, also die von letzterem teilweise umschlossene Wüste zu durchziehen.

Es ist um die Mittagszeit. Die Sonne steht fast senkrecht über dem Zelte, an dem wolkenlosen tiefblauen Himmel, und ihre sengenden Strahlen werden durch die sperrigen Wedel der Dattelpalmen kaum gehindert. Drückende Glut liegt auf der Ebene zwischen Strom und Wüste, und die Luftschichten über dem erhitzten Boden wogen und flimmern, daß jedes Bild sich verzerrt und verschleiert.

Ein Reiterzug, von der Wüste her kommend, taucht am Rande des Gesichtskreises auf und wendet sich, ohne nach dem landeinwärts liegenden Dorfe einzulenken, geradeswegs dem Zelte zu. Dunkelbraune, ärmlich gekleidete, in lange und weite, eher graue als weiße Burnusse gehüllte Männer steigen, unter den Palmen angelangt, von ihren mageren, jedoch nicht unedlen Pferden. Einer von ihnen nähert sich dem Zelte und tritt mit der Würde eines Königs in dasselbe. Es ist das Oberhaupt der Kameltreiber (Scheich el Djemali), welchem wir, die Reisenden, Botschaft gesandt, um uns durch seine Hilfe mit den erforderlichen Führern, Treibern und Kamelen zu versehen.

„Heil mit Euch," sagt er beim Eintreten und legt grüßend seine Hand auf Mund, Stirne und Herz.

„Mit dir, o Scheich, Heil, die Gnade Gottes und sein Segen,“ ist unsere Antwort.

„Groß war mein Sehnen, euch zu sehen, o Fremdlinge, und eure Wünsche zu vernehmen,“ versichert er, nachdem er auf dem Polster neben uns, und zwar zu unserer Rechten, auf dem Ehrenplatze, sich niedergelassen.

„Möge Gott, der Erhabene, dein Sehnen vergelten, o Scheich, und dich segnen,“ erwidern wir seine Rede und befehlen unseren Dienern, ihm, früher als uns selbst noch, frisch angezündete Pfeifen und Kaffee zu reichen.

Halbgeschlossenen Auges labt er seinen sterblichen Leib durch den Kaffee, seine unsterbliche Seele durch die Pfeife; in dichte Wolken hüllt er sein ausdrucksvolles Haupt. Fast lautlose Stille herrscht im Zelte, welches der Wohlgeruch des köstlichen Djebelitabaks durchduftet und leichter, unbeschwerlicher Rauch durchzieht, bis wir endlich glauben, die beabsichtigten Verhandlungen beginnen zu dürfen, ohne uns der Unhöflichkeit schuldig zu machen.

„Wie ist dein Befinden, o Scheich?“

„Der Spender alles Guten sei gepriesen! — wohl, dir zu dienen. Und wie steht es um dein Wohlsein?“

„Dem Herrn der Welt sei Ruhm und Ehre; ich befinde mich ganz wohl. Groß war unser Sehnen, dich zu sehen, o Scheich!“

„Möge Gott, der Erbarmende, euer Sehnen vergelten und euch segnen! Ist euer Wohlbefinden zufriedenstellend?“

„Allah und sein Prophet, Gottes Gnade über ihn, seien gepriesen.“

„Amen, es sei, wie du gesagt hast.“

Neue Pfeifen erquicken die unsterbliche Seele; neue, fast endlose Höflichkeitsbezeigungen werden gegenseitig ausgetauscht; dann endlich gestattet die allseitig bindende Gebräuchlichkeit, geschäftliche Angelegenheiten zu behandeln.

„O Scheich, ich will mit des Allerbarmenden Hilfe diese Wüstenstrecke durchreisen.“

„Möge Allah dir Geleit geben!“

„Bist du im Besitze von Trabern und Lastkamelen?“

„Ich bin's! Befindest du dich wohl, mein Bruder?“

„Der Erhabene sei gelobt: es ist so. Wie viele Kamele kannst du mir stellen?“

Anstatt einer Antwort auf diese Frage entquellen nur zahllose Rauchwolken dem Munde des Scheich, und erst nach Wiederholung unserer Worte legt der Mann für einige Augenblicke die Pfeife zur Seite und spricht würdevoll: „Herr, die Anzahl der Kamele der Beni Said kennt nur Allah; ein Sohn Adams hat sie noch nie gezählt!“

„Nun wohl, so sende mir fünfundzwanzig Tiere, darunter sechs Traber. Außerdem bedarf ich zehn großer Schläuche.“

Der Scheich raucht von neuem, ohne zu reden.

„Wirst du sie mir senden, die gewünschten Tiere?“ wiederholten wir dringlicher.

„Ich werde es thun, um dir zu dienen; allein ihre Besitzer stellen hohe Preise.“

„Und welche?“

„Mindestens das Vierfache der üblichen Löhne und Mieten wird gefordert.“

„Aber Scheich, erschließe dich Allah, der Erhabene: das sind Forderungen, welche dir niemand bewilligen wird. Preise den Propheten!“

„Gott, der Allerhaltende, sei gepriesen und sein Gesandter gesegnet! Du irrst, mein Freund: der Kaufmann, welcher dort oben lagert, hat mir das Doppelte geboten von dem, was ich verlange; nur meine Freundschaft zu dir ließ mich so geringe Forderung stellen.“

Vergeblich scheint alles Feilschen, vergeblich jede weitere Verhandlung. Frische Pfeifen werden gebracht und geraucht, neue Höflichkeitsbezeigungen ausgetauscht, der Name Allahs und seines Propheten auf beiden Seiten gemißbraucht, Wohl und Befinden gegenseitig auf das genaueste festgestellt, bis endlich die erlernte Sitte der angeborenen weicht und der abendländische Reisende die Geduld verliert.

„So wisse, Scheich, daß ich im Besitze eines Geleitsbriefes des Khedive und ebenso eines des Scheich Soliman bin; hier sind beide, was forderst du jetzt noch?“

„Aber Herr, wenn du einen Geleitsbrief seiner hohen Herrlichkeit besitzest, warum forderst du nicht das Haupt deines Sklaven? Es steht dir zu Diensten, ihm zu Befehl. Deine Wünsche nehme ich auf meine Augen, auf mein Haupt. Du befiehlst: dein Sklave wird gehorchen. Die Preise der Regierung kennst du ja. Das Heil Allahs über dich; morgen sende ich dir Männer, Tiere und Schläuche.“

Der Fremdling, welcher glauben wollte, daß mit dieser Verhandlung alle Vorbereitungen zur Wüstenreise beendigt seien, würde einer völligen Verkennung der Sitten und Gewohnheiten des Volkes sich schuldig machen. Nicht am andern Morgen, wie versprochen, erscheinen die gemieteten Treiber und Tiere, sondern erst in den Nachmittagsstunden finden sie sich allmählich ein, und nicht am nächsten Morgen, sondern frühestens um die Zeit des Nachmittagsgebetes des folgenden Tages kann an den Aufbruch gedacht werden. „Bukra inschallah — morgen, so Gott will," ist die Losung, und sie widersteht jedem Machtgebote. In der That gibt es noch viel zu thun, vieles zu regeln, vieles zu ordnen, manches in stand zu setzen, bevor die Reise angetreten werden kann.

Um das Zelt entwickelt und gestaltet sich ein buntes lebendiges Bild. Zwischen den Gepäckstücken bewegt sich die Schar der ausgedorrten Söhne der Wüste. Wenig fördernde Geschäftigkeit, aber unglaubliches Geschrei und Gelärme bezeichnen ihr Thun und Treiben. Die wallartig geordneten Gepäckstücke werden auseinandergezerrt, einzeln aufgehoben, gewogen, hinsichtlich des Gewichtes wie rücksichtlich ihres Umfanges geprüft, mit anderen verglichen, auserwählt und verworfen, zusammengeschleppt und wieder getrennt. Jeder Treiber versucht den anderen zu überlisten, jeder für seine Tiere die leichteste Ladung zu gewinnen; jeder einzelne stößt daher auf Widerspruch der übrigen, und alle lärmen und toben, schreien und schelten, schwören und fluchen, bitten und verwünschen. In Erwartung des Kommenden helfen gewöhnlich auch die Kamele getreulich mit, den Lärm zu verstärken; und wenn sie wirklich, anstatt zu brüllen, zu stöhnen, zu brummen, zu klagen, einmal schweigen sollten, so bedeutet dies nur so viel: unsere Zeit ist noch nicht gekommen, aber sie kommt! Gleichviel, ob mit, ob ohne Kamelbegleitung: das Ohr des abendländischen Reisenden wird gemartert, förmlich zerrissen durch alle die verschiedenen Stimmen, welche gleichzeitig ihm sich aufdrängen. Lange Stunden nacheinander währt das Gewimmel, Gewirr und Getöse; und wenn man sich wegen der Ladung endlich zur Genüge oder zum Ueberdrusse gezankt und gestritten, ist erst das Vorspiel zu Ende.

Nach dem Friedensschlusse beginnt man, mitgebrachte Dattelbastfasern zu Stricken und Seilen zu drehen; hierauf umschnürt man in sinnreicher Weise Kisten und Ballen, bildet Oesen und Oehre, um je zwei Gepäckstücke auf dem Sattel des Tieres ebenso rasch verbinden als lösen zu können, bessert eiligst noch bereits fertig mitgebrachte Tragnetze, bestimmt, die kleineren Päcke in sich aufzunehmen, notdürftig aus, und wendet sich sodann einer genauen Prüfung der verschiedenen großen und kleinen Schläuche zu, um auch an ihnen noch zu arbeiten und zu flicken und endlich sie mit stinkendem, aus Koloquintensamen bereitetem Teer äußerlich einzuschmieren. Schließlich unterzieht man an der Sonne getrocknetes

Fleisch einer nochmaligen Besichtigung, füllt einige Bastsäcke mit Kafferhirse oder Durra, andere mit Holzkohlen, einige auch wohl mit dem gesammelten Kamelmiste, spült die Schläuche oberflächlich aus, versieht auch sie mit frisch dem Strome entnommenem Wasser und beschließt die langwierige Arbeit mit einem allseitig wiederholten, aus tiefster Brust hervorgestoßenen „El hamdu lillahi" — Gott sei Dank.

Alle diese Vorbereitungen hat der Chabir oder Führer der Karawane zu leiten. Je nach deren Bedeutung nimmt er eine mehr oder minder hohe Stellung ein; unter allen Umständen aber muß er sein, was sein Titel besagt: ein Kundiger — des Weges und der obwaltenden Verhältnisse. Erprobte Erfahrung, Redlichkeit, Klugheit, Mut und Tapferkeit sind Bedingnisse zu seinem schwierigen, nicht selten gefährlichen Amte. Er kennt die Wüste wie der Schiffer das Meer, ist kundig der Gestirne, in jeder Oase, an jedem Brunnen der Reisestrecke daheim, in dem Zelte jedes Beduinen- oder Wanderhirtenhäuptlings willkommen, versteht allerlei Mittel gegen Beschwerden und Gefahren des Rittes anzugeben, vermag Schlangenbisse und Skorpionenstiche unschädlich zu machen oder wenigstens die Schmerzen der Verletzten zu lindern, führt die Waffen des Kriegers wie die des Jägers mit gleicher Geschicklichkeit, bewegt das Wort des Propheten im Munde wie im Herzen, spricht die „Fatiha" beim Aufbruche, vertritt Mueddin und Imam zu den vorgeschriebenen Zeiten, ist mit einem Worte das Haupt des vielgliederigen Körpers, welcher die Wüste durchwandert. In ihren Einöden, wo nichts den Weg anzudeuten scheint, welchen andere Karawanen gezogen, wo der Wind hinter der Sohle des letzten Kameles die Fährten aller verwischt, gibt es für ihn von anderen Menschen unbeachtete Zeichen, welche ihn den rechten Weg finden lassen. Ihm leuchtet, wenn der trockene unheilverkündende Dunst der Wüste die ewigen Sterne verhüllt, der Stern seines Geistes: er prüft den Sand, mißt seine Wellen, verwertet deren Richtung, ersieht an einem Grashalm die Himmelsgegend. Jede Karawane überläßt sich, jeder Reisende sein Geschick ihm ohne Rückhalt. Uralte, teilweise höchst eigenartige, niemals niedergeschriebene und doch allbekannte Gesetze machen ihn verantwortlich für das Gelingen der Reise, für das Leben des einzelnen, insofern nicht unabwendbare Schickungen des Schicksalspendenden die eine oder den andern betreffen.

Zur gesegneten Stunde, um die Zeit des Nachmittaggebetes, tritt der Führer vor Reisende und Treiber, um zu verkünden, daß alles zum Aufbruche bereit sei. Nach verschiedenen Seiten hin stürmen die braunen Männer, um ihre Kamele einzufangen, herbeizuholen, zu satteln, zu belasten. Mit äußerstem Widerstreben gehorchen die ahnungsvollen Tiere, denen eine Reihe schwerer Tage in grellen Farben vor der Seele zu stehen scheint. Ihre Zeit ist jetzt gekommen. Brüllend, kreischend, knurrend, stöhnend lassen sie sich, durch unnachahmbare Gurgellaute ihrer Herren und einige gelinde Peitschenhiebe aufgefordert, auf die zusammengebogenen Beine nieder; brüllend fügen sie sich darein, die ihnen zugedachte Last auf den höckerigen Rücken zu nehmen; brüllend erheben sie sich wieder, nachdem sie befrachtet wurden. Nicht wenige versuchen durch Schlagen und Beißen der Bebürdung sich zu erwehren, und es gehört in der That die unerschöpfliche Geduld ihrer Treiber dazu, um so widerhaarige Geschöpfe zu bändigen. Aber Geduld und Geschick meistern selbst Kamele. Sobald das ungebärdige Tier zum Niederlegen sich bequemt, tritt einer der Treiber auf die zusammengeknickten Vorderbeine und packt mit raschem Griffe den Oberteil der zahnbewehrten Schnauze, so daß er durch einen Druck auf die Nase dem Kamele den Atem zu benehmen vermag; zwei andere heben die gleichgewichtige Last von beiden Seiten her auf den Tragsattel; ein vierter schiebt Haftpflöcke durch Oehre und Oesen: und solcherart ist das Lasttier befrachtet, ehe es noch recht zur Besinnung gelangte. Sobald alle Tragkamele bebürdet wurden, treten sie ihre Wanderung an.

Nunmehr bringt man auch die wohlgesattelten Traber herbei. Jeder Reiter befestigt auf und an dem hohen, muldigen, über dem Höcker sitzenden Sattel die ihm unentbehrlichsten Reisegerätschaften und Waffen und schickt sich an, sein Reittier zu besteigen. Für den Neuling wird dies in der Regel verhängnisvoll. Der Reiter muß mit kühnem Schwunge in den Sattel springen, und das Kamel schnellt auf, sowie er letzteren berührt. Ruckweise erhebt es sich, zuerst auf die Handgelenke, unmittelbar darauf auf die langen Hinterbeine, endlich vollends auf die Vorderbeine. Beim zweiten Rucke pflegt der Anfänger im Kamelreiten vom Verhängnisse ereilt, d. h. aus dem Sattel geschleudert zu werden, und küßt dann entweder die Mutter Erde oder fällt auf den Hals des Tieres und klammert sich hier fest. Das Kamel ist viel zu übellaunig, als daß es solches Geschehnis als Scherz oder Versehen auffassen sollte. Ein Schrei der Entrüstung entringt sich seinen unschönen Lippen; dann rast es mit dem an seinem Halse hängenden, wenig beneidenswerten Menschenkinde davon und schüttelt so lange, bis es des ungeschickten Reiters samt seines Gepäckes sich entledigt. Erst nach geraumer Zeit gewöhnt sich auch der Abendländer daran, durch rechtzeitiges und entsprechendes Vor- und Zurückbiegen des Oberkörpers beim Aufspringen des Tieres fest im Sattel sitzen zu bleiben.

Wir unsererseits schwingen uns mit der Behendigkeit eines Eingeborenen in den Sattel, spornen durch Fuchteln mit der Peitsche unser Reittier an, halten es mittels eines feinen Nasenzaumes gebührend im Zügel und eilen hinter dem Führer einher. Unser Reitkamel, ein schlankes, leichtgebautes, hochbeiniges Tier, fällt augenblicklich in jenen gleichmäßigen, anhaltenden, weitausgreifenden und daher ungemein fördernden Trab, welcher ihm von frühester Jugend an eingelernt wurde, es auch hoch über alle Lastträger erhebt, und heftet sich an die Sohlen seines Vorgängers. Weit vor sich hin strecken alle Tiere ihre kleinen Köpfe; leicht werfen sie die langen Beine unter sich hin; und hinter ihnen stieben Sand und kleine Steine durch die Luft. Die Burnusse der Reiter flattern im Winde; Waffen und Geräte klingen gegeneinander; anspornende Zurufe werden laut; Reiselust regt die Schwingen der Seele. Bald ist die vorausgezogene Lastkarawane überholt, bald jede Spur der letzten menschlichen Ansiedelung verschwunden: nach allen Seiten erstreckt sich, endlos scheinend, die Wüste.

Ringsum scharf begrenzt, bedeckt sie, ein ungeheures eigenartiges Reich, den größten Teil Nordafrikas, vom Roten bis zum Atlantischen, vom Mittelmeere bis zur Steppe, Länder in sich fassend, fruchtbare Landstriche umschließend, tausendfältig abwechselnd und im wesentlichen doch immer und überall sich gleichend, mindestens ähnelnd. Neun- bis zehnmal überbietet dieses Wunderreich an Flächeninhalt unser gesamtes Vaterland, drei- bis viermal das Mittelländische Meer. Kein Sterblicher hat es durchforscht, allörtlich durchwandert; aber jeder Erdgeborene, welcher es betrat und auf Strecken hin durchzog, ist im tiefinnersten Herzen ergriffen worden von seiner Größe und Erhabenheit, seinem Zauber, seinen Schrecken; jeder, auch der nüchternste Abendländer, welcher in ihm weilte, hat die strahlende Sonnenglut und sengende Hitze seiner Tage, den himmlischen Frieden und die märchenhaften Traumbilder seiner Nächte, die Gaukelei seiner glutzitternden Luft, die Furchtbarkeit seiner bergebewegenden Stürme der Seele unvertilgbar, unauslöschlich eingeprägt, und manch einem mag es ergangen sein, wie es den in ihm geborenen Söhnen ergeht: daß er später nach ihm sich zurücksehnt, nur einmal noch einen Tag, eine Stunde in ihm atmen, dem leiblichen Auge die Bilder vorspiegeln, in der Seele die „unausgesprochenen Akkorde“ zittern lassen möchte, welche es im Herzen des dichterisch fühlenden Menschen erbeben, erklingen läßt, — daß er Heimweh fühlt nach der Wüste.

Sie ist wirklich und wahrhaftig „El Bahhr bela maa“ — das Meer ohne Wasser — ein Gegenstück des Meeres. Sie ist diesem nicht unterthan wie die übrige Erde: in ihr erstirbt die Macht des belebenden und erhaltenden Elements. „Wasser umfänget ruhig das All" — die Wüste allein umfängt es nicht. Ueber die ganze Erde tragen die Winde des Meeres Gesandten, die Wolken: aber diese ersterben vor der Glut der Wüste. Selten, daß man in ihr ein leichtes,' kaum ersichtlich werdendes Dunstgebilde, selten, daß man auf einem Pflanzenblatte in der Morgenfrühe den feuchten Hauch der Nacht wahrnimmt. Sind in ihr doch Morgen- und Abendrot nur ein Dunsthauch, welcher, kaum geboren, wieder verschwindet. Allüberall, wo das Wasser zur Herrschaft gelangte, verwandelt es die Wüste in Fruchtland, möge dasselbe so dürftig sein, wie es wolle, aber diese tritt scharf und streng an der Grenze auf, welche jenem gesetzt ward. Wo die letzte, durch Menschenwitz über den Stromspiegel gehobene Welle des göttlichen Niles im Sande verläuft, macht sie sich geltend: der eine Fuß des Wanderers, welcher den Nilgebirgen zuschreitet, steht im sprossenden Getreidefelde, der andere betritt die Wüste. Denn der Sand für sich allein ist es nicht, welcher Wachstum der Pflanzen verwehrt, sondern einzig und allein die starre sengende Glut, welche ihn durchstrahlt. Da, wo er benetzt oder zeitweilig überrieselt, wo er durchfeuchtet wird, legt sich selbst inmitten der Wüste ein freundlich grüner Teppich über die sonst pflanzenleere Erde, entwachsen ihr sogar Gesträuche und Bäume.

Arm, unendlich arm ist die Wüste: tot aber ist sie nicht, mindestens nicht für diejenigen Menschen, welche das Leben in ihr aufzusuchen und aufzufinden wissen. Wer blöden Auges durch die Wüste zieht, erschaut freilich nichts anderes, als Sandebenen und Felsenkegel, kahle Niederungen und nackte Gebirge, übersieht vielleicht sogar die spärlich hervorsprossenden schilfartigen Gräser und strauchartigen Bäume der tieferen Einsenkungen, übersieht ebenso die wenigen lebenden Wesen, welche sich hier wie dort befinden; wer sehen will, erschaut unendlich mehr. Jenen blödsichtigen Menschen ist die Wüste nichts anderes, als ein Reich der Angst und der Schrecken; sie lassen sich von der Glut des Tages so darniederdrücken, daß ihnen selbst die wonnige Nacht keinen Trost, keine Stärkung spenden kann; sie reiten zagend in die Wüste ein und verlassen sie schaudernd; sie haben bloß Empfindung für das Entsetzliche, bloß Gefühl für die Beschwerden der Wüstenreise: für das unendlich Erhabene der Wüste ist ihr Herz zu klein. Wer sie wirklich kennen lernte, urteilt anders.

Arm, nicht aber tot ist die Wüste. Schon ihre Bodenverhältnisse wechseln, obgleich ihr Gepräge ein wesentlich gleichartiges ist, vielfach untereinander ab. Auf weite Strecken hin ist die Wüste ein Felsenmeer mit absonderlich gestalteten Kegeln, jäh abstürzenden Wänden und tief eingerissenen Schluchten, scharf gekanteten Graten und wunderlich getürmten Kuppen, welche der stetig wehende Wind bald mit Sand überdeckt, bald ausfüllt, bald wieder leert, immer aber bearbeitet, schleift, aushöhlt, schärft und zuspitzt. Schwarze, in der Sonne glühende Sandstein-, Granit- oder Syenitmassen, seltener Kalke und Schiefer, hier und da auch vulkanische Gebilde, bauen sich zu ausdrucksvoll gezeichneten Höhenzügen auf; von der einen Seite her wehend, entblößt sie der Wind von jeder Decke, treibt aber unausgesetzt seinen Sand über ihre Wände hinweg, hüllt sie, wenn er zum Sturme anwächst, mit diesem Sande förmlich in einen Schleier ein und läßt jenen erst dann zur Ruhe kommen, wenn er ihn über die höchsten Gipfel hinweggetrieben hat, legt daher der anderen, vom Winde nicht getroffenen Seite der Gebirge goldgelbe, aus dem reinsten Rollsande bestehende Schichten auf, welche meterhoch übereinander liegen, ewig in Bewegung sind, fortwährend von oben nach unten sich schieben, beständig von der einen Seite her ersetzt werden und als breite, von den dunklen Wänden lebhaft abstechende, auf weithin sichtbare, unter gewisser Beleuchtung geradezu schimmernde Bänder erscheinen. Derartige Bergzüge dürfen dreist Kleinodien der Wüste genannt werden. Wer den glühenden Süden nicht kennt, ist außer stande, den wunderbaren Farbenreichtum, Glanz und Schimmer und somit unendlichen Reiz sich vorzustellen, welchen das so überreichlich quellende Sonnenlicht auf dem ödesten, wildesten Gebirge ins Leben rufen kann. Das Gebirge der Wüste ist niemals mit freundlich grünendem Walde bedacht; höchstens seine erhabensten Gipfel gestatten niedrigem Gestrüpp, welches an den dort oben sich niederschlagenden Dünsten kärglich Genüge findet, ärmliches Wachstum; dem Gebirge fehlt das Flüstern der Buchen, das Rauschen der Föhren und Fichten, das anheimelnde Murmeln, lustige Schwatzen und hallende Brausen des lebendigen Wassers, welches unserem Hochgebirge hier silberne Bänder auflegt, dort diese von grünen Pflanzen einrahmen, an einer anderen Stelle, über dem tosenden Sturz und Tobel, durch die Sonne in Regenbogenfarben einhüllen läßt; ihm fehlt die Eis- und Schneedecke, welche die Sonne im Früh- und Abendrot mit Purpur überhaucht oder um die Mittagszeit in blitzenden Schimmer kleidet; ihm fehlt das saftig frische Grün der Matten, kurz aller Zauber, alle Lieblichkeit des nordischen Hochgebirges: und dennoch steht es diesem kaum an Farbenpracht und sicherlich nicht an Großartigkeit und Erhabenheit nach. In ihm gelangt jede einzelne Schicht, jede dieser eigene Färbung zur Geltung und Wirkung. Und dennoch sind es weniger diese oft sehr lebhaft gefärbten, zuweilen grell voneinander abstechenden Schichten, sondern in viel höherem Grade die durch den ewig schleifenden Sand geschaffenen, auffallend gestalteten und schwungvoll gezeichneten Kegel, Spitzen, Zacken, Rillen, Risse, Schluchten der Wüstengebirge, auf denen das Himmelslicht das wunderbarste Farbenspiel hervorzaubert. Es ist ein ununterbrochenes Wechseln zwischen Licht und Schatten, ein fortwährendes Entstehen und Vergehen von Farben und Tönen, daß die Seele trunken wird im Schauen. Auch die Gebirge der Wüste erglühen purpurn im ersten und letzten Sonnenstrahle; auch über sie haucht die Ferne ihren blauen, ätherischen Duft: auch sie leben, denn sie erleben im Lichte.

An anderen Orten ist die Wüste auf weite Strecken hin eben oder wellenförmig sanft bewegt. Meilenweit überdeckt sie feinkörniger, goldgelber Sand, in welchem Mensch und Tier einige Centimeter tief einsinken. Hier sieht man oft keinen Grashalm, kein lebendiges Geschöpf. Der blaue, durchaus gleichförmige Himmel legt sich rings herum wie ein Dach auf diese goldene Fläche und trägt wesentlich dazu bei, solche Stellen dem Meere ähnlich werden zu lassen. Denn auch sie verwischen alsbald die ihnen eingedrückte Spur des Schiffes der Wüste; auch in ihnen gibt es keinen erkennbaren Weg, kein Zeichen eines solchen: auch für sie wurde der Kompaß erfunden. Wechselvoller, jedoch nicht angenehmer sind andere Stellen, auf denen lockerer, erdiger oder staubiger Sand den Boden bildet und giftige Koloquintenkürbisse oder heilkräftige Sennah ernährt. Hier wechseln langgestreckte, niedere Hügel mit flach eingesenkten und schmalen Einbuchtungen ab, und der von fern her frisch erscheinende Teppich genannter Pflanzen überzieht die einen wie die anderen. Menschen und Tiere meiden solche Strecken, weil der wandelnde Treiber wie das Kamel oft fußtief in das lockere Gefüge der Bodendecke einsinken. Wiederum andere Stellen sind mit grobkörnigem Kiese oder Flintsteinen, einzelne auch wohl mit stark eisenhaltigen, sandgefüllten Hohlkugeln bedeckt, welche aussehen, als ob sie von Menschenhand gebildet worden wären, und deren Entstehung mit Sicherheit noch nicht erklärt werden konnte. Zuweilen treten auf solchen Strecken, woselbst die Wüstenstraße in Gestalt nebeneinander verlaufender Kamelpfade fest sich einprägt, auch Tausende von Quarzkristallen zu Tage, entweder einzeln oder in Drusen vereinigt und dann von Künstlerhand gefaßten Brillantrosen gleichend. Mit ihnen treibt die Sonne offenbare Zauberei; denn solche Strecken glänzen, funkeln und blitzen, daß das geblendete Auge von ihnen sich abwenden muß. In den tiefsten Niederungen endlich bildet staubige Erde den Boden, und dann bekleidet ihn unfehlbar die riedgrasähnliche, aber sehr harte, trockene, scharfschneidige, schwarzgrüne Halfa, schirmförmige Mimosen, vielleicht sogar Tompalmen, als freundliche Bürgen des Lebens.

Von diesem allüberall sich regenden Leben gibt aber auch die Tierwelt Kunde. Wer die Wüste als tote Einöde auffaßt, irrt ebenso wie der, welcher sie als Heimat des Löwen ansieht. Sie ist zu arm, als daß sie Löwen ernähren könnte, aber reich genug, um Tausenden von anderen Tieren Unterhalt zu gewähren. Und alle in ihr lebenden Tierarten erscheinen im höchsten Grade beachtenswert; denn alle geben sich in jeder Beziehung als ihre treuen Kinder zu erkennen.

Mehr noch als durch ihr Kleid, welches stets der herrschenden Bodenfärbung auf das genaueste sich anpaßt, daher gewöhnlich sandfarben ist, zeichnen sich die Wüstentiere durch leichten und zierlichen Leibesbau, auffallend große, zu ungewöhnlicher Schärfe der Sinne befähigende Augen und Ohren und ebenso anspruchsloses als selbstbewußtes Wesen aus. Unstet und flüchtig zu sein ist das Los aller in der Wüste geborenen Geschöpfe; denn diese ist zu arm an Nahrung, als daß solche in genügender Menge und allezeit an einem Orte gefunden und ohne Mühsal erlangt werden könnte; aber die Wüste verlieh ihren Kindern unvergleichliche Behendigkeit, unermüdliche Ausdauer, nie ermattende Beharrlichkeit, schärfte die Sinne, daß auch das wenige, was sie zu bieten vermag, erspäht werden könnte, spendete endlich ein ebenso schützendes als bergendes, beim Angriffe wie bei der Flucht in gleicher Weise geeignetes Kleid, und machte so ihre Kinder geschickt, ein vielleicht kärgliches, keineswegs aber freudloses Leben zu führen.

Dank des fast allen Wüstentieren eigenen, mit der Umgebung verschmelzenden, in ihr aufgehenden Kleides gewahrt der Reisende, welcher nicht ein geübter Beobachter ist, mindestens im Anfange der Wüstenreise wenig von der ihn umgebenden Tierwelt. Die Wüste erscheint schon deshalb bei weitem ärmer, als sie ist, weil die meisten in ihr lebenden Tiere erst mit der Dämmerung des Abends ihre Ruhe- und Versteckplätze verlassen und zu leben beginnen; einzelne Wüstentiere aber drängen sich doch auch dem blöderen Auge förmlich auf. Wer die in mehreren Arten vertretenen Wüstenlerchen, welche überall seinen Pfad kreuzen, nicht beachten will, trotzdem gerade sie in höchst beachtenswerter Weise die Uebereinstimmung ihres Gefieders und des Bodens und ebenso die unverhältnismäßig entwickelten Bewegungswerkzeuge zur Anschauung bringen, wird unmöglich die Wüstenhühner übersehen können, und wer achtlos an den in die Erde eingegrabenen Bauen der Springmäuse vorüberreitet, wird doch durch eine unfern des Weges sich äsende Gazelle auf die Tierwelt hingelenkt werden müssen.

Auch die Antilope darf man ein urbildlich gestaltetes Wüstentier nennen. Obwohl durchaus ebenmäßig gebaut, erscheinen doch Kopf und

Gazellen im Schatten einer Mimose lagernd.

Sinneswerkzeuge fast zu groß und ihre Glieder allzuzart, beinahe gebrechlich. Aber dieser Kopf umfaßt in seiner Schädelhöhle ein Gehirn, welches zu einer unter Wiederkäuern ungewöhnlichen Klugheit und demgemäß auch zu geistiger Beweglichkeit befähigt, und diese Glieder sind wie aus Stahl gebaut, ungemein kräftig und federnd, so daß sie höchste Beweglichkeit und unermüdliche Ausdauer ermöglichen. Wer die Gazelle nur in der Gefangenschaft, im engen Raume gesehen hat, ist nicht im stande, zu beurteilen, wie sie in der Wüste auftritt. Welche Beweglichkeit, Gewandtheit und Geschmeidigkeit, Zierlichkeit und Anmut entfaltet gerade sie in ihrer Heimat! Wie sehr verdient sie, von dem Morgenländer und zumal dem Wüstenbewohner als Sinnbild weiblicher Schönheit gewählt worden zu sein! Auf ihr sandfarbenes Gewand, wie auf ihre unvergleichliche Beweglichkeit und Schnelligkeit vertrauend, äugt sie mit den klaren Lichtern fest, anscheinend sorglos auf Kamele und Reiter. Ohne durch die heranziehende Karawane sich beunruhigt zu zeigen, äst sie sich weiter. Von dem blütenbedeckten Mimosenstrauche nimmt sie eine Knospe, einen saftigen Schößling, zwischen der schneidigen Halfa findet sie ein zartes Hälmchen. Mehr und mehr nähert sich ihr der Reisezug. Sie erhebt den Kopf, lauscht, wittert, äugt wiederum, schreitet einige Schritte vor und verfährt wie früher. Urplötzlich schnellen die federnden Läufe gegen den Boden, und dahin eilt sie, so rasch, so behend, so gewandt, so anmutig, als sei ihr die fast unerreichbare Bewegung nur Spiel und Scherz. Ueber die sandige Ebene jagt sie mit der Schnelligkeit des Gedankens, über größere Steine oder Tamariskengebüsche springt sie mit flugähnlichen Sätzen. Erdfrei scheint sie geworden zu sein: so überraschend schön ist ihr Lauf; ein Gedicht der Wüste scheint sich in ihr verkörpert zu haben: so bestrickend wirkt ihre unvergleichliche Zierlichkeit und Schnelle. Wenige Minuten fortgesetzten Laufes entrücken sie jeder Gefahr, welche ihr von solchen Feinden drohen sollte; denn vergebens müht sich selbst der beste Traber, ihr nachzukommen; nicht einmal ein einzelner Windhund vermag sie einzuholen. Bald mäßigt sie ihre Eile; noch einige Augenblicke, und wiederum steht und äugt sie wie früher. Necklustig, wie sie ist, läßt sie den mordgierigen Reiter, welcher sie ernstlich zu verfolgen beginnt, herankommen, und vorsichtig entzieht sie sich zum zweiten-, drittenmal dem Bereiche seiner tödlichen Waffe, bis sie endlich, erschreckt, aller weiteren Gefahr mühelos entrinnt. Länger flüchtet sie, und zarter erscheinen Leib und Glieder, mehr und mehr verschwimmen die Umrisse, verschwindet sie auf der sandigen Fläche, und endlich verschmilzt sie gänzlich mit ihr, so daß es scheinen will, als habe sie sich aufgelöst wie ein Duftschauch. Ihre Heimat hat sie gedeckt und geborgen, zauberhaft dem Auge entrückt und überhaupt jeglicher Wahrnehmung entzogen. Aber in demselben Maße, wie sie dem Auge entschwindet, erlebt sie im Herzen. Denn auch der Abendländer muß nunmehr verstehen, warum die Gazelle in dem reichen Dichtergemüte des

Morgenländers so köstliche Blüten knospen ließ, warum letzterer das tierische Wesen so unendlich hoch stellt, warum er das Auge, welches sein Herz erglühen ließ, mit dem der Gazelle vergleicht, warum er den Hals, um welchen seine Arme sich ketten in trauter Liebesstunde, den einer Gazelle nennt, warum der Wüstenbewohner seiner beglückender Hoffnung frohen Gattin eine gezähmte Gazelle ins Zelt bringt, damit sie an deren schönem Auge sich erlabe und solche Schönheit auf das erhoffte Pfand der Ehe vererben möge, warum sogar der fromme Sänger in der zierlichen Antilope ein sinnlich wahrnehmbares Bild seiner Sehnsucht nach dem Erhabenen finden kann. Denn auch über ihn, den Weltentrückten, muß ein Hauch der Glut geweht haben, welche zu den feurigen Lobliedern dieses Tieres die Worte läuterte und Verse und Reime flüssig werden ließ.

Minder anmutig, keineswegs aber auch weniger überraschend, treten andere Wüstentiere auf. Zwischen spärlich aufsprossender Halfa läuft ein zahlreiches Heer taubengroßer Vögel trippelnden Schrittes hin und wieder. Scharrend, mit dem Schnabel arbeitend, picken sie nach Nahrung. Ohne Besorgnis gestatten sie Annäherung des Reiters bis auf weniger als hundert Schritte. Ein scharfes Fernrohr läßt nicht allein jede ihrer Bewegungen, sondern auch die hervorstechendsten Farben ihres Gefieders erkennen. Mit gedrucktem Kopfe, eingezogenem Halse und fast wagerecht gehaltenem Leibe laufen sie umher, um Sämereien, die wenigen Körner, welche die Wüstengräser hervorbringen, frisch aufsprossende Rispen und Kerbtiere aufzunehmen. Einige sichern mit vorgestrecktem Halse von Zeit zu Zeit, andere dagegen paddeln sorglos im Sande, putzen und federn sich oder legen sich halb auf den Bauch, halb auf die Seite, um sich zu sonnen. Man kann dies alles deutlich sehen, sie zählen, sich vergewissern, daß ihrer mehr als fünfzig, kaum weniger als hundert sind. Welchen Jäger der Wüste sollten sie nicht zur Jagd verlocken?! Beutesicher schiebt der noch unerfahrene Weidmann sein Glas zusammen, um dafür das Jagdgewehr zur Hand zu nehmen, und langsam reitet er näher an die bunte Schar heran. Da aber verschwinden die Vögel vor seinen Augen. Keiner von ihnen lief oder flog hinweg, und dennoch läßt sich keiner mehr wahrnehmen. Es ist, als ob die Erde sie verschlungen habe. In der That haben sie, auf die Gleichfarbigkeit des Bodens und ihres Gefieders bauend, der Erde sich anvertraut, nämlich einfach sich platt auf den Boden gedrückt. In demselben Augenblicke sind sie zu Steinen und Sandhäufchen geworden. Der noch ungeübte Jäger reitet an sie heran, ohne sie zu sehen, und schrickt auf, wenn sie urplötzlich sich erheben, laut rufend und polternd auffliegen und brausend dahinstürmen. Gelingt es ihm dennoch, einen der Vögel zu erlegen, so überrascht ihn die ungewöhnliche Färbung und seltsame Zeichnung ihres Gefieders kaum weniger als ihr Gebaren. Die sandfarbene, bald mehr ins Grauliche, bald mehr ins Hellgelbe spielende Färbung der Oberseite wird unterbrochen und lebhaft geschmückt durch breite Bänder, schmälere Streifen, zierliche Säume, durch Tüpfel, Flecke, Punkte, Strichelchen und Schmitzen, so daß man meinen möchte, ein solches Huhn müsse auf weithin sichtbar sein; aber alles Farbengemisch ist nichts anderes als die getreueste Wiedergabe der Färbung des Sandes selbst, und jede dunkle, jede lichte Stelle, jedes Steinchen, jedes Sandkorn scheint wiedergegeben zu sein auf diesem Gefieder. Kein Wunder daher, daß es die Erde förmlich in sich aufnimmt, anscheinend sogar die Gestalt des Vogels verwischt und diesen mindestens ebenso sichert, wie die kraftvolle, mit unvergleichlicher Eilfertigkeit begabte Schwinge. Und deshalb umrankt die arabische Dichtung Sein und Wesen auch dieser Hühner mit blütenreichen Gedanken und blumigen Worten; denn ihre Schönheit besticht das Auge, und ihre wundervolle Eilfertigkeit ruft die Sehnsucht wach im Herzen des an die Scholle geketteten Menschen.

Alle übrigen Wüstentiere tragen nicht minder deutlich das Gepräge der beschriebenen zwei. In der Wüste lebt ein Luchs, der Karakal: er ist schlanker und hochbeiniger, langohriger und großäugiger als jeder andere, auch nicht gestreift oder gefleckt, sondern bis auf die schwarzen Ohrspitzen, Augenstreifen und Lippenflecke sandfarben, je nach der Gegend, welche er bewohnt, heller oder dunkler, rötlicher oder lichter gefärbt; in der Wüste wohnt ein Fuchs, der Fenek: er ist der Zwerg der ganzen Hundefamilie, trägt ein isabellfarbenes Kleid und besitzt wahrhaft riesige Ohren; die Wüste erzeugt ein kleines Nagetier, die sogenannte Springmaus: sie ist ein Häschen in zwerghafter Känguruhgestalt, mit außerordentlich hohen Beinen, ganz verkümmerten Vorderfüßen und mehr als leibeslangem, zweizeilig behaartem Schwanze, harmloser und gutmütiger, aber auch eilfertiger und gewandter als jeder andere Nager. Dasselbe Gepräge zeigen die Vögel, die Kriechtiere, selbst die Kerfe; und es tritt hervor, wie wechselvoll auch die Abänderungen in Gestalt und Färbung sein mögen. Macht sich in oder neben dem Sandgelb eine andere Färbung geltend, zeigt das Haar-, Feder- oder Schuppenkleid sonst noch Schwarz oder Weiß, Aschgrau oder Braun, Rot, Blau u. s. w., so tritt derartige, oft wesentlich zum Schmucke des Tieres gereichende Färbung doch immer nur an solchen Stellen auf, welche das von oben oder von der Seite her spähende Auge nicht wahrzunehmen vermag. Türmt sich aber mitten in der Wüste ein Hochgebirge auf, so zeigt sich dessen wechselvolles Gepräge auch in der Tierwelt, welche auf ihm lebt: auf den grauen Felsen der Hochgebirge Arabiens klettert der Wüstensteinbock, haust der Klippschliefer, horstet der Geieradler, bevölkert eine nicht unbedeutende Artenzahl von anderen Vögeln Spitzen und Klüfte, Wände und Thäler, wogegen von den dunklen Felsstücken niederer Wüsten nur der tiefschwarze Trauersteinschmätzer sein ton- und klangreiches Lied herabsingt. So spricht sich die Einhelligkeit der Wüste in jedem ihrer Teile, jedem ihrer Geschöpfe aus, und so erhöht sie gerade hierdurch den Eindruck, welchen sie auf jeden gedanken-, gefühl- und kraftvollen Menschen vom ersten Tage an ausübt und mit jedem folgenden steigert.

Vollkraft, Empfänglichkeit und Gefühl verlangt freilich die Wüste von jedem Menschen, welcher sie erkennen, bis zu einem gewissen Grade in ihr heimisch werden will. Wer Reisebeschwerden, wie sie solche bereitet, nicht zu ertragen vermag, wer ihre Sonne fürchtet, vor ihrem Sande sich scheut, möge sie meiden. Der Tag in der Wüste ist auch bei reinem Himmel, bei ruhig heiterer Luft, ja selbst bei kühlendem Hauche aus Norden eine schwere Zeit. Fast plötzlich, beinahe ohne Dämmerung, tritt er seine Herrschaft an. Nur in der Nähe des Meeres oder großer, die Wüste durchströmender Flüsse säumt die Morgenröte ihm zum Gruße den östlichen Himmelsrand mit Purpur ein: inmitten weiter Sandebenen tritt mit dem ersten Rot im Osten auch die Sonne hervor. Sie erhebt sich über der Sandebene wie eine Feuerkugel, welche nach allen Seiten hin ihre Hülle sprengen zu wollen scheint. Mit ihrem Erscheinen ist die Morgenfrische dahin. Unmittelbar nach ihrem Aufgange sendet sie Glutstrahlen hernieder, als ob sie im Mittage stehe. Wenn schon der monatelang wehende, oft erquickend frische Nord verwehren sollte, daß sich die von der Hitze ungleich ausgedehnten Luftschichten zum scheinbaren See gestalten: so viel Kühlung bringt er doch nicht mit sich, daß auch das eigentümliche Zittern und Wogen der über dem Sande liegenden Luft verschwinden könnte. In Lichtüberfülle flimmern Himmel und Erde; unbeschreibliche Glut strömt von der Sonne aus und prallt vom Sande nach oben zurück. Jede Stunde mehr steigert Licht und Glut, und gegen beide gibt es kein Ausweichen, kein Entrinnen.

Die Karawane ist mit dem ersten Sonnenstrahle aufgebrochen und zieht lautlos dahin. Weitaus schreiten die Lastkamele, federnden Ganges deren Treiber neben, hinter ihnen her; im vollen Trabe eilen die Reitkamele, ihren Kräften entsprechend angetrieben, an jenen vorüber und

Wüstenkarawane.

dem Reisezuge voraus; bald verlieren deren Reiter den Lastzug aus dem Gesichte. Vorwärts geht es mit ungeminderter Eile. Alle Knochen scheinen zu knacken unter den Stößen, welche die hastenden Reittiere verursachen. Sengend brennt die Sonne hernieder, stechend dringt sie durch alle Kleider, so viele deren zum Schutze gegen sie auch übereinander gehäuft werden mögen. Unter der dichten Hülle rieselt der Schweiß über den ganzen Körper, unter der leichteren der Arme und Beine verdunstet er, sowie er auf die Haut tritt. Die Zunge klebt am Gaumen. Wasser, Wasser, Wasser! ist der einzige Gedanke dessen, welcher solche Beschwerden noch nicht zu ertragen gelernt hat. Aber das Wasser ist, anstatt in eisernen Behältern und Flaschen, in den landesüblichen Schläuchen verfrachtet, Tage nacheinander in der vollen Glut und auf dem Rücken der Kamele verführt worden und daher mehr als lauwarm, übelriechend, dick, braun von Farbe und, weil durchdrungen von dem Leder- und Koloquintenteergeschmack, auch übelschmeckend, ekel- und selbst brechenerregend. Solches Wasser gewährt keine Labung, sondern verursacht nur neue Beschwerden, selbst peinliche Leibschmerzen, macht daher die Begierde nach irgend welchem Getränke nur noch brennender. Aber es läßt sich ebensowenig verbessern als ersetzen. Sein durchdringender Geschmack und Geruch spotten aller Versuche, es in Gestalt von Kaffee oder Thee oder mit Wein oder Branntwein vermischt zu genießen; unvermischter Wein oder Branntwein aber vermehren nur den brennenden Durst und die erdrückende Hitze. Der Zustand des Reisenden wird qualvoll, noch bevor die Sonne in Mittagshöhe steht, und die Qual nimmt in demselben Maße zu, in welchem das Wasser sich verschlechtert. Aber sie muß ertragen werden und wird ertragen. Wenn auch der Abendländer an Schlauchwasser, wie geschildert, sich nie gewöhnt, an die anfänglich unerträglich scheinende Hitze gewöhnt er sich bald, an die Beschwerden des Rittes um so eher, je mehr er mit seinem Reittier zusammenwächst. In Zukunft wird er für reines Wasser sorgen und dann kaum noch über dessen Wärme, gewiß nicht aber über die Beschwerden des Rittes klagen.

Behaglich ruhend, wenn auch durch die brüllenden Klagelieder der aufbrechenden Lastkamele unsanft geweckt, läßt der im Lande eingelebte Reisende die Lastkarawane vorausziehen, erlabt Leib und Seele durch Kaffee und Tabak, besteigt sodann sein Dromedar und jagt mit den Genossen so rasch dahin, als die Traber laufen wollen. Kein Wort wird gewechselt, nur das Knirschen des Sandes unter den federnden Hufballen, das laute Atemholen und dumpfe, kollernde Knurren der Kamele vernommen. In kurzer Frist ist der Lastzug überholt und ein bedeutender Vorsprung gewonnen worden. Eine Gazelle äst sich unfern der Wegerichtung und gibt Hoffnung auf hier hoch willkommene Beute. In anmutigen Sätzen tanzt der verkörperte Dichtergedanke der Wüste vor den verfolgenden Reitern dahin, und hinter ihm traben mit weitausholenden Schritten die scharf angetriebenen keuchenden Kamele. Das Wild zeigt sich sorglos und gestattet erwünschte Annäherung; die Reiter thun, als ob sie an ihm vorüberziehen wollten, zügeln ihre Tiere und reiten gemächlicher; einer läßt sich aus dem Sattel zu Boden gleiten, hält sein Tier einen Augenblick lang an und entladet unter seinem Leibe die sichere Büchse. Im Nu ist der Führer aus dem Sattel gesprungen, um das gefällte Wild zu sichern; jauchzend schleppt er es herbei, geschickt befestigt er es am Sattel und weiter geht die Reise.

Gegen Mittag wird gerastet. Ist eine Niederung in der Nähe, so findet sich in ihr wohl eine schirmförmige Mimose, deren dünnes Blätterdach spärlichen Schatten bietet; erstreckt sich unabsehbar die sandige Fläche vor den Reitern, so bilden vier in den Sand gestoßene Lanzen und die zwischen ihnen ausgespannte Wolldecke ein dürftiges Schattendach. Aber glühend ist der Sand, welcher zum Lager werden muß, heiß und drückend die Luft, welche man atmet: Mattigkeit und Schlaffheit bemächtigt sich selbst des Eingeborenen, um wie viel mehr des Nordländers. Man ersehnt Ruhe, ohne sie zu finden, Erquickung, ohne sie zu genießen. Von dem überquellenden Lichte und der flimmernden Luft geblendet, schließt man die Augen; von der sengenden Hitze gequält, von dem brennendsten Durste gepeinigt, wälzt man sich schlaflos auf seinem Lager. Bleiern entschleichen die Stunden.

Der Lastzug schwankt langsam vorüber und entschwindet dem Auge in einem dunstigen Luftsee, auf dessen wogenden Wellenschichten die Kamele zu schweben scheinen. Noch immer verweilt man in derselben Lage, leidet man unter denselben Beschwerden. Die Sonne hat die Mittagshöhe längst überschritten; aber nach wie vor sendet sie ihre glühenden Strahlen mit gleicher Stärke hernieder. Endlich, in den Spätnachmittagsstunden, bricht man von neuem auf. Und wiederum ein Ritt, daß die rasche Bewegung einen beinahe kühlenden Luftzug entgegenführt, bis die Lastkarawane wieder in Sicht kommt und bald darauf erreicht wird. Singend schreiten die Kamelführer hinter ihren Tieren einher. Einer von ihnen trägt das Lied vor, die übrigen schließen jeden einzelnen Vers mit regelmäßig wiederkehrendem Endreim.

Wenn man das Mühsal erwägt, welches ein Kameltreiber auf Wüstenreisen zu erleiden hat, wundert man sich freilich, daß man ihn singen hört. Vor Tagesanbruch belud er sein Lasttier, nachdem er mit ihm einige Handvoll weichgekochter Durrahkörner, beider einzige Nahrung, geteilt hatte; während des ganzen langen Tages schritt er, ohne einen Bissen mehr zu genießen, höchstens an stinkendem Schlauchwasser zeitweilig sich erlabend, hinter seinem Tiere einher; die Sonne sengte seinen Scheitel, der glühende Sand verbrannte seine Sohlen, die heiße Luft trocknete seinen schweißtriefenden Leib; ihm blieb keine Zeit, zu ruhen, zu rasten; er mußte vielleicht noch einige seiner Tiere umladen, eines oder das andere, welches ihm durchgegangen, wieder einfangen: und dennoch singt er jetzt seine Lieder. Das wirkt die Nacht der Wüste.

Wenn die Sonne zur Rüste geht, scheinen sich die Glieder dieser ausgedörrten Wüstenkinder neu zu frischen; denn auch sie gleichen in allem und jedem ihrer erhabenen Mutter, der Wüste. Mit ihr erglühen sie um die Mittagszeit, mit ihr erblühen sie zur Zeit der Nacht. Sobald die Sonne sich neigt, spinnt ihre Dichtergabe goldene Träume noch im Wachen aus. Der Sänger preist wasserreiche Brunnen, Palmengruppen um sie her und dunkle Zelte unter ihnen; er grüßt ein braunes Mädchen in einem der Zelte, welches ihm den Gruß des Heiles spendet, rühmt ihre Schönheit, vergleicht ihre Augen mit denen der Gazelle, ihren Mund mit einer Rose, deren Blütendüfte als Worte in der Muschel seines Ohres zu Perlen sich reihen, verschmäht des Sultans erstgeborene Tochter ihrethalben und sehnt die Stunde herbei, in welcher das Geschick ihm gestattet, das Zelt mit ihr zu teilen. Seine Genossen aber mahnen ihn, noch höhere Sehnsucht zu empfinden und richten deshalb fort und fort seine Gedanken auf den Propheten, „welcher unsere Sehnsucht, unser Verlangen stillt“

So klingt es dem nordischen Fremdlinge entgegen, und auch ihm drängen sich Lieder der Heimat über die Lippen. Und wenn dann der letzte rosige Dufthauch der geschiedenen Sonne nachglüht, wenn die Nacht ihr Zaubergewand über die Wüste breitet: dann will es ihm scheinen, als sei das Schwerste leicht gewesen, als habe er während des Tages Glut keinen Durst, während des Rittes keine Beschwerde gefühlt. Heiter springt er aus dem Sattel, und während die Treiber ihre Kamele entlasten und fesseln, ebnet und häuft er Sand zu seinem Lager, breitet Teppich und Decke darüber und gibt sich der ersehnten Ruhe mit Wonne hin.

Auf wenige Schritte nur erhellt das kleine Feuer die Ebene. Geschäftig bewegen sich in seiner Nähe die halbnackten dunklen Söhne der

Wüste. Die Flamme wirft zauberhafte Lichter auf sie, welche im Halbdunkel der Nacht zu Schatten werden: Ballen und Kisten, Sättel und Geräte nehmen wundersame Formen an; die außerhalb der Gepäckstücke im weiten Kreise lagernden Kamele wandeln sich zu Spukgestalten, wenn ihre Augen im Widerscheine des Feuers düster erglühen. Still und stiller wird es im Lager. Einer der Wüstensöhne nach dem andern verläßt die Kamele, mit denen er sein ärmliches Nachtmahl geteilt, hüllt sich in sein langes Leibtuch, sinkt auf den Boden nieder und verschmilzt mit dem Sande. Das Feuerchen flackert noch einmal auf, verliert seinen Schein und erlischt. Es ist wirklich Nacht geworden im Lager.

Wer sie zu schildern vermöchte, die Nacht in der Wüste: ein Dichter müßte er sein von Gottes Gnaden. Wer wäre im stande, auch wenn er sie selbst erlebt, durchwacht, durchschwelgt, durchträumt hat, ihre Schönheit zu beschreiben! Nach des Tages Glut ist sie die milde, vergeltende, versöhnende Spenderin unsagbaren Wohl- und Hochgefühls, die Frieden und Freude bringende Zeit, welche der Mann herbeisehnt, wie die Geliebte, die ihm das lange Harren vergilt. „Leïla“, die sternhelle Nacht der Wüste, Leïla ist dem Araber mit Recht der Inbegriff alles Hohen und Herrlichen. Leïla nennt er seine Tochter; mit den Worten: „meine sternhelle Nacht“ schmeichelt er kosend seiner Geliebten; „Leïla, o Leïla“, fügt er seinen Gedichten als klingenden Endreim bei. Aber welch eine Nacht ist es auch, die hier in der Wüste, nach all des Tages Last und Beschwerde, Sinn und Gemüt umstrickt! In nie geahnter Reinheit und Helle leuchten die Gestirne am dunklen Himmelsdome: das Licht der nächsten ist fähig, schwache Schatten auf lichten Grund zu werfen. Mit vollen Zügen atmet der Mensch die reine, frische, kühlende, erquickende Luft; mit Entzücken läßt er sein Auge von einer Sonne zur andern schweifen. Mehr und mehr scheint das Licht der Sterne zu ihm sich herabzusenken; der Geist bricht die ihn an den Staub kettenden Fesseln und hält Zwiesprache mit anderen Welten. Kein Laut, kein Geräusch, nicht einmal das Zirpen einer Heuschrecke unterbricht fernerhin sein Sinnen und Denken. Die Großartigkeit und Erhabenheit der Wüste wird ihm erst jetzt erkennbar; ihr unsäglicher Frieden zieht ein in sein Herz. Aber auch stolzes Selbstbewußtsein füllt ihm die Brust: hier inmitten der unendlichen Einöde, so allein, jeder menschlichen Gemeinschaft und Hilfe entrückt, nur auf sich selbst angewiesen, erstarken Vertrauen, Mut und Hoffnung. Traumbilder voll unendlichen Reizes weben sich vor wachem Auge und spinnen sich lebendig und fesselnd weiter fort, auch wenn die Sterne zu flimmern und zu zittern begannen, die Gedanken verschwammen und die Augen sich schlossen.

Nach leiblicher und geistiger Erquickung, wie die Nacht der Wüste sie bietet, trägt sich die Beschwerde des folgenden Tages leichter, so viele Ueberwindung es auch kosten mag, das stündlich mehr und mehr sich verschlechternde Wasser zu trinken. Wirkliche Ruhe, ungetrübtes Behagen bringt aber doch erst der Aufenthalt am Wüstenbrunnen. Fortwährend

Eine Oase.

bedroht von dem Mangel an den notwendigsten Lebensbedürfnissen, ist jede Wüstenreise ein ruheloses Drängen und Vorwärtseilen, entbehrt daher vollständig der Gemächlichkeit, mit welcher man gerne wandern mag. Ein Tag verläuft wie der andere; jede Nacht gleicht, mindestens in der günstigen Jahreszeit, der vorhergegangenen. In der Oase, am Brunnen, wird der Tag zum Feste, der Abend zur harmlos heiteren Feier, die Nacht zu wirklich erlabender Ruhezeit.

Zur Entstehung der Oase ist eine becken- oder thalartige Eintiefung der Gegend notwendige Bedingung, weil ohne sprudelnden Quell, mindestens ohne künstliche Brunnen, reicheres Pflanzenleben undenkbar ist und Wasser in der Wüste einzig und allein im Hochgebirge oder in den tiefsten Niederungen gefunden wird. Wie in so mancher anderen Hinsicht das Meer des Sandes dem wogenden Weltmeer gegenübersteht, so sind auch seine Inseln Gegenstücke der Eilande der Wasserwüste, weil nicht über die umgebende Fläche erhöht, sondern in sie eingesenkt. Hier nur tritt entweder Wasser als Quelle zu Tage oder findet sich doch in geringer Tiefe unter der Oberfläche. Sein Reichtum wie seine Beschaffenheit bedingen das Gepräge der Oase. In den wenigsten Niederungen quillt reines, kühles Wasser hervor. Die meisten Quellen sind salzig, eisen- oder schwefelhaltig, sehr häufig auch warm und deshalb vielleicht großenteils heilkräftig, keineswegs aber immer trinkbar oder der Fruchtbarkeit förderlich. Frisches Rasengrün ruft wohl keine einzige hervor. Aber nur unter besonders günstigen Umständen tritt das Wasser überhaupt zu Tage; in den meisten Fällen sickert es in Felsenspalten oder gegrabenen Schachten tropfenweise zusammen, und muß mindestens zeitweilig künstlich gehoben werden. Und auch da, wo es quillt, verrinnt es, wenn der Mensch nicht nachhilft, es sammelt und berechnend verteilt, in der Regel wiederum nach kurzem Laufe im Sande. Gleichwohl ruft es unter allen Umständen erfrischendes, in solcher Einöde doppelt willkommenes Leben wach.

Um den fließenden Quell hatte, lange bevor der Mensch erschien, um Besitz zu nehmen, eine grüne Pflanzenschar sich angesiedelt. Wer vermag es zu sagen, wie sie entstand? Vielleicht war es der Sandsturm, welcher Samen streute, die hart am Quell keimten, grünten, wuchsen, blühten und wiederum Samen trugen und so über das ganze Thal sich verbreiteten. Von dem Menschen wurden sie sicherlich nicht gepflanzt; denn die Mimosen, welche ihren Hauptbestandteil bilden, sieht man auch in bisher noch brunnenlosen Niederungen, einzeln, zu zehn, zwanzig, zu einem kleinen Haine vereinigt. Sie allein schon sind hinreichend, um Leben wachzurufen in der Wüste; sie grünen, blühen und duften — und wie frisch, wie golden, wie balsamisch! In ihrem freundlichen Schatten ruht die Gazelle; aus ihren Wipfeln erklingen die Lieder der wenigen gefiederten Sänger der Wüste. Ihre saftigen Blätter inmitten der starren Kalkmassen, schwarzen Granitkegel und des blendenden Sandes thun dem Auge wohl wie Maiengrün; ihre Blüten wie ihr Schatten erlaben die Seele. In größeren, wasserreichen Oasen hat der Mensch ihnen die Palme gesellt und damit der Wüstensiedelung neuen Zauber verliehen. Die Palme ist hier alles in allem: die Königin der Bäume, die den Menschen an den kleinen

Fleck Erde fesselnde und erhaltende Fruchtspenderin, die von der Sage umrankte, vom Liede umklungene Nährpflanze, der Baum des Lebens. Was wäre die Oase ohne Palme?! Ein Zelt ohne Dach, ein Haus ohne Bewohner, ein Brunnen ohne Wasser, ein Gedicht ohne Worte, ein Gesang ohne Töne oder ein Gemälde ohne Farben! Ihre Früchte nähren den Wanderhirten oder seßhaften Siedler, wandeln sich in seiner Hand zu Weizen oder Gerste, befriedigen selbst den steuerheischenden Abgesandten seines Herrn und Gebieters; ihre Stämme, ihre Wedel, ihre schmalen Blätter liefern ihm Gebäude, Geräte, Matten, Körbe, Säcke, Seile und Stricke. Im Sande der Wüste erst würdigt man ihren vollen Wert, ihre ganze Bedeutung; im Sande der Wüste wird sie zum verständlichen Sinnbilde der arabischen Dichtung, welche wie sie oft unfruchtbarem Boden entstammt, wie sie kräftig, immer sich gleich bleibend emporwächst, der Höhe zustrebt und in ihr erst ihre süßen Früchte bringt.

Mimosen und Palmen sind die Charakterbäume aller Oasen, fehlen also auch denen nicht, welche so viele Quellen oder Brunnen besitzen, daß man Gärten und Felder anlegen konnte. Hier beschränken sie sich, gleichsam auf Vorposten gegen den andringenden Wüstensand gestellt, auf die äußere Umrandung der Wüsteninseln, wogegen das Innere der letzteren anspruchsvolleren, wasserbedürftigeren Pflanzen eingeräumt wurde. In der Nähe der Quellen oder am Brunnen breiten sich oft reizende Gärten aus, in denen man fast alle Fruchtarten Nordafrikas anbaut. Hier klettert die Rebe, glüht die Orange im dunklen Laube, öffnet die Granate ihren rosigen Mund, breitet die Banane ihre Wedelblätter, rankt die Melone sich durch die Gemüsebeete, vollenden Feigenkaktus und Oelbaum, vielleicht sogar Feigen-, Aprikosen- und Mandelbäume das Bild der Fruchtbarkeit. Weiter entfernt dehnen sich Felder aus, auf denen mindestens Kafferhirse, günstigen Falles Weizen, ja selbst Reis gebaut wird.

In so reichen Oasen hat der Mensch feste Wohnsitze gegründet, wogegen er in den ärmeren Niederungen nur zeitweiliger, mehr oder weniger regelmäßig erscheinender Gast sein darf. Das Dorf oder Städtchen der Oase ähnelt im wesentlichen dem des benachbarten Fruchtlandes: denn es hat wie dieses seine Moschee, seine Kaufhallen und Kaffeehäuser; die Menschen aber sind Kinder eines anderen Geistes als die Bauern oder Städtebewohner des Nil- oder Küstenlandes. Obwohl meist verschiedenen Stammes haben sie doch einerlei Sitte und Gewohnheit angenommen. Die Wüste hat sie aus- und umgeprägt. Ihre hagere Gestalt, die scharf geschnittenen Züge, die unter buschigen Brauen liegenden blitzenden Augen lassen auch sie sofort als Söhne der Wüste erkennen; ihre Sitten und Gewohnheiten bezeichnen sie noch schärfer als solche. Sie sind anspruchslos, streb-, reg- und genügsam, gastfrei, offen, ehrlich und treu, aber auch selbstbewußt, reizbar und jähzornig, zu Raub und anderer Gewaltthat geneigt, ähnlich den Beduinen, obwohl sie diesen weder im Guten noch im Bösen gleichkommen. Eine in ihrem Wohnorte einziehende Karawane ist ihnen eine willkommene Erscheinung, der Reisende ihrer Ansicht nach aber zu Zoll und Abgabe verpflichtet.

Von solchen Oasen weit verschiedene Rastorte sind die Niederungen, in denen sich nur hie und da ein stets ersehnter Brunnen befindet. Die arabischen Wanderhirten, welche aus ihm schöpfen, sind zufrieden, wenn er ihnen und ihren Herden für einige Monate oder auch nur Wochen notdürftig Trinkwasser gewährt; die hier rastende Karawane darf froh sein, wenn sie ihren Bedarf im Laufe einiger Tage deckt. Gewöhnlich ist der Brunnen ein tiefer Schacht, dessen Wände eher Wasser ausschwitzen, als in rieselnden Adern zur Tiefe senden. Einige Tompalmen erheben sich zwischen den spärlich stehenden Mimosen und Salikariengebüschen im Umkreise des Brunnens; einzelne Grashalme entsprossen der dürren Erde.

Unsagbar arme Menschen sind die Wanderhirten, welche hier ihre Zelte aufschlagen, solange ihre schwachen Ziegenherden Nahrung finden; ihr „Kampf um das Dasein" ist nichts anderes als eine einzige Kette von Mühsal, Entbehrung und Not. Ein langes dunkles Tuch aus Ziegenwolle, in seiner Mitte über ein einfaches Gerüst gelegt, mit seinen beiden Enden an den Boden gepflöckt, hinten durch ein Stück aus demselben Zeuge, vorn durch eine Matte aus Palmenblättern geschlossen, bildet ihr Zelt, die Brautgabe der Frau, an welcher sie vom achten bis zum sechzehnten Lebensjahre sammelte, spann und webte; aus einigen Matten, welche als Lagerstätten dienen, einer Granitplatte und dazu gehörigem Reibstein zum Zerkleinern des eingetauschten Getreides, einer flachen Tonplatte zum Rösten der Fladen, zwei bauchigen Töpfen, einigen Ledersäcken und Schläuchen, einer Axt und mehreren Lanzen besteht der ganze Hausrat; eine Herde von zwanzig Ziegen gilt als reicher Besitz der Familie. Aber diese Leute sind ebenso brav als arm, ebenso liebenswürdig als wohlgestaltet, ebenso gutmütig als schön, ebenso freigebig als anspruchslos, ebenso gastfrei als ehrlich, ebenso sittenrein als gläubig. Uralte Bilder tauchen auf vor der Seele des Abendländers, welcher zum erstenmal mit ihnen zusammentrifft; biblische Gestalten treten ihm lebend gegenüber und reden mit ihm in der ihm von der Kindheit her vertrauten Sprachweise. Tausende von Jahren sind über diese Wanderhirten der Wüste hinweggegangen wie ein einziger Tag; heute noch denken, reden und handeln sie, wie die biblischen Erzväter dachten, redeten und handelten. Derselbe Gruß, welchen Abraham spendete, klingt von ihren Lippen dem Fremdlinge entgegen; dieselben Worte, welche Rebekka zum Knechte des Genannten sprach, sind mir geworden, als ich, gepeinigt vom brennendsten Durste, am Brunnen der Bahiuda vom Kamele sprang und von einem jungen, schönen, braunen Weibe zu trinken begehrte. Da stand sie vor mir, die vor Jahrtausenden gewesene Rebekka, leibhaftig, lebend und in unverwelklicher Jugend, eine andere als jene, von welcher die Schrift redet, und doch dieselbe.

Beim Eintreffen einer Karawane versammelt sich die ganze Bewohnerschaft solcher zeitweiligen Siedelung. Der Aelteste tritt hervor aus ihrer Mitte und spendet den Gruß des Friedens; alle übrigen heißen die Fremdlinge willkommen. Dann bietet man das Köstlichste, welches diese begehren: frisches Wasser, bietet alles, was man besitzt, und bietet es mit würdevoller Freundlichkeit, die Gabe weder aufdrängend noch unwillig gewährend. Gierig schlürfen die Reisenden in langen Zügen das erquickende Naß; ungestüm drängen sich auch die Kamele zu der Tränkstelle, obwohl sie aus Erfahrung wissen könnten, daß sie erst entlastet, gefesselt und auf die Weide gesandt zu werden pflegen, bevor man ihnen gestattet, nach vier- bis sechstägiger Entsagung wiederum einmal ihren Durst zu löschen. Man spendet auch am Brunnen keinen überflüssigen Tropfen, gibt ihnen daher zunächst das etwa vorhandene Schlauchwasser zum besten und tränkt sie erst, nachdem man alle Schläuche wieder gefüllt hat, mit mehr Rücksicht auf den vorhandenen Wasservorrat als ihr Bedürfnis. Nur an reichlich wasserhaltigen Brunnen stillt man ihr maßlos scheinendes Verlangen, und sieht dann nicht ohne Heiterkeit, wie sie schlürfen, ohne einmal dabei aufzusehen, und dann mit absonderlichen, unschönen, durch ihre Fesseln bedingten Sätzen der nicht minder ersehnten Weide zueilen, um ihrem augenblicklich wie eine halbvolle Tonne polternden Magen auch Speise zuzuführen.

Für Reisende und Lagerbewohner aber bricht ein wahrer Festtag an. Erstere finden frisches Wasser, vielleicht sogar Milch und Fleisch zur Würzung der ersehnten Rast und Ruhe; letztere heißen jede Unterbrechung ihres in guten Tagen gleichmäßig sich abspinnenden Lebens willkommen. Einer der Kamelführer hat im nächsten Zelte das beliebteste Tonwerkzeug der Wüstenbewohner, die Tambura oder fünfsaitige Zither, aufgefunden und versteht es meisterhaft, seinen einfachen Gesang zu begleiten. Der

Klang lockt die Töchter des Lagers herbei, und schlanke, schöne Frauen und Mädchen drängen sich fragend um die fremden Männer, heften ihre dunklen Augen auf sie und ihre Habseligkeiten, erkundigen sich ungeziert nach diesem und jenem. Wappne dein Herz, Fremder; diese Augen möchten es sonst in Brand setzen! Sie sind schöner noch als die der Gazelle, aber auch die Lippen unter ihnen beschämen die Korallen, die blendenden Zähne dazwischen die Perlen, welche du diesen braunen Töchtern der Wüste etwa reichen könntest! Und nunmehr will alles zu Klang und Dichtung werden. Um den Zitherspieler ordnen sich Gruppen zum Tanze, und derbe und weiche Hände begleiten taktschlagend Zithertöne, Liedesworte und den ebenmäßig wogenden Tanz. Neue Gestalten kommen, bekannt gewordene verschwinden wieder: es ist ein beständig wechselndes Treiben, Drängen und Drehen rings um die Fremden, welche klug sind, wenn sie so harm- und voraussetzungslos empfangen, als ihre Wirte spenden. Alle Beschwerden der Wüstenreise sind vergessen, Sehnsucht und Verlangen gestillt; denn Wasser, Wasser sprudelt in genügender Fülle und ersetzt alle Bedürfnisse anderer Oertlichkeiten und Zeiten.

Solche Rast labt Leib und Seele. Gestärkt und ermuntert setzt die Karawane ihre Reise fort; und wenn die Tage nichts Schlimmeres bringen als Sonnenbrand und Glut, Durst und Ermattung, erreicht sie ungeschwächt auch den zweiten, dritten Brunnen und endlich das Ziel der Reise, die erste Ortschaft jenseits der Wüste.

Doch leicht veränderlich, gleichwie die erdumgürtende Flut, ist auch das Meer des Sandes. Auch in ihm toben Stürme, welche seine Schiffe brechen und verderbenbringende Wellen dahinrollen. In der Zeit, in welcher der monatelang wehende Nordwind mit südlichen Luftströmungen im Kampfe liegt oder diesen die Herrschaft gänzlich abgetreten hat, sieht der Reisende urplötzlich den Sand lebendig werden, zu mächtigen, ebenso hohen als dicken Säulen sich gestalten und auftürmen und diese nun bald langsamer, bald schneller über die Ebene wirbeln. Die Sonnenstrahlen verleihen ihnen zeitweilig den blutigen Schimmer von Feuerflammen, wogegen sie bald wiederum farblos, bald schauerlich dunkel erscheinen; der sie bewegende Sturmwind schwächt und verstärkt sie, trennt sie und vereinigt zwei oder mehrere von ihnen zu einer einzigen, bis zu den Wolken ragenden Sandhose. Wohl möchte der Abendländer Bewunderung des großartigen Schauspiels laut werden lassen; die ängstlichen Blicke und Worte seiner Begleiter aber lähmen ihm die Zunge. Wehe der Karawane, welche von solchem rasenden Wirbelsturme erreicht wird: sie darf froh sein, wenn das Leben der Menschen und Tiere erhalten bleibt! Und wenn sie, die unabwendbaren Sendboten des Geschickes, ohne Schaden zu bringen an dem Reisezuge vorüberrasen: ungefährdet ist letzterer doch nicht; denn jenen Sandhosen folgt in der Regel der Samum oder Giftsturm nach.

Keineswegs steigert sich dieser in der Wüste unter allen Umständen gefürchtete Wind, welcher als Chamasin durch Aegypten, als Sirokko bis nach Italien, als Föhn durch die Alpen, als Tauwind durch Nordeuropa braust, immer zum Sturme; nicht selten vielmehr weht er kaum bemerklich, und dennoch macht er manches Mannesherz erzittern. Wohl hat man fast schrankenlos über ihn gefabelt: so viel aber entspricht der Wahrheit, daß dieser Wind unter Umständen jeder Karawane in hohem Grade gefährlich werden kann, daß seiner Wirkung die gebleichten Gerippe der Kamele und die vom Sande halb verschütteten und ausgedörrten Mumien der Menschen, welche man an jeder Wüstenstraße findet, zugeschrieben werden müssen. Denn nicht seine Stärke, sondern seine Beschaffenheit, seine elektrische Spannung, bringt Leiden und Verderben über die das Sandmeer durchwandernden Menschen und Lasttiere.

Mindestens einen, oft mehrere Tage vorher ahnt und weissagt der Eingeborene wie der landeskundige Fremde den Sandsturm. Untrügliche Zeichen gehen ihm voraus. Die Luft wird schwül, schwer und lästig; leichter, graulich oder rötlich erscheinender Dunst trübt den Himmel; kein Lufthauch regt sich. Alle lebenden Wesen leiden ersichtlich unter der mehr und mehr sich steigernden Schwüle: die Menschen klagen und stöhnen; das Wild zeigt sich scheuer als je; die Kamele werden unruhig und störrisch, drängen sich aneinander, bleiben stehen, legen sich wohl auch auf den Boden nieder. Farblos geht die Sonne zur Rüste. Kein Abendrot säumt den Himmel; jedes Licht geht in dem Dunstmantel unter. Die Nacht bringt weder Kühlung noch Erquickung, eher Steigerung der Schwüle, Kraftlosigkeit und Unbehaglichkeit; trotz aller Mattigkeit flieht Schlaf das Auge. Sind Menschen und Tiere noch im stande, sich zu rühren, so rastet man nicht, zieht im Gegenteile mit ängstlicher Eile weiter, solange der Führer noch eines der Himmelslichter wahrnimmt. Allein der Dunst wird zum trockenen Nebel und verhüllt ein Gestirn nach dem anderen, auch Mond und Sonne, welche letzteren im günstigsten Falle nur halb so groß als sonst, bleich und mit verschwommenen Rändern erscheinen.

Zuweilen beginnt der Wind um Mitternacht seine Schwingen zu regen, gewöhnlicher um die Mittagszeit. Ohne Uhr vermag niemand diese Zeit zu bestimmen; denn der Nebel ist inzwischen so dicht geworden, daß er die Sonne vollständig verschleiert und trübe Dämmerung über die Wüste bringt, in welcher alle Gegenstände bereits in kurzer Entfernung verschwimmen. Leise, kaum fühlbar regt sich endlich die Luft. Es ist kein Wehen, nur ein Hauchen, welches man wahrnimmt. Aber dieser Lufthauch ist glühend heiß, dringt wie eisiger Wind durch Mark und Bein, verursacht dumpfen Kopfschmerz, erschlafft und beängstigt. Dem ersten Hauche folgt wahrnehmbareres Wehen, gleich glühend, gleich ertötend wie früher. Einzelne kurze Stöße brausen heulend dahin.

Jetzt ist es höchste Zeit, zu lagern. Dies zeigen auch die Kamele an. Keine Peitsche bringt sie vorwärts. Angsterfüllt legen sie sich nieder, strecken den Hals lang vor sich, drücken ihn auf den Sand und schließen die Augen. Ihre Treiber entlasten sie eiligst, erbauen rasch aus den Gepäckstücken einen Wall, häufen alle Schläuche übereinander, um die dem Winde preisgegebene Oberfläche zu verringern, decken auch noch etwa vorhandene Matten über sie, hüllen sich, wie alle Mitreisenden, so dicht als möglich in ihre Kleidtücher ein, feuchten den um das Haupt gewundenen Teil derselben an und suchen hinter dem Gepäck Zuflucht und Schutz. Dies alles geschieht mit Hast und Eile; denn der Sandsturm läßt nunmehr nicht lange auf sich warten.

Den einzelnen Stößen folgen anhaltendere; diese verschmelzen miteinander, und wenige Minuten später rast der Sturm einher. Es braust und dröhnt, pfeift und heult in den Lüften, rauscht und tobt in dem Sande des Bodens, knistert, knallt und kracht in dem Lager, wo die Bretter der Kisten zerplatzen. Die herrschende Schwüle nimmt fortwährend zu und steigert sich bis zur Unerträglichkeit, entzieht dem in Schweiß gebadeten Leibe die Feuchtigkeit, verursacht auf allen Schleimhäuten Risse, welche zu bluten beginnen, legt die nach Wasser lechzende Zunge wie ein Stück Blei in den Mund, beschleunigt den Pulsschlag und krampft das Herz zusammen, zerreißt endlich auch die Haut, in deren Ritzen der rasende Sturm sofort feinen Sand wirft, und gebiert dadurch neue Qualen. Die Söhne der Wüste beten und ächzen, der Abendländer stöhnt und klagt.

In der Regel währt das ärgste Toben des Sandsturms nicht lange, eine, zwei, drei Stunden nur, so wie bei uns zu Lande das Gewitter, dem er entspricht. Mit seinem Ermatten legt sich der Staub und klärt sich die Luft, tritt auch wohl eine Gegenströmung aus Norden auf; die Karawane ordnet sich wieder und zieht weiter. Währt der Samum aber einen halben oder ganzen Tag, dann kann es dem Reisenden ergehen, wie es einem meiner Bekannten, dem Franzosen Thibaut, erging, der, als er durch die nördliche Bahiuda zog, den letzten Brunnen versiegt fand und mit fast geleerten Schläuchen aufbrechen mußte, um den vier Tagreisen entfernten Nil zu erreichen. Ueber ihn und seine angstgehetzte Karawane, welche alles nicht dringend notwendige Gepäck am versiegten Brunnen zurückgelassen hatte, brach der Giftsturm los. Die unglückliche Reisegesellschaft lagerte, hoffte auf das Ende des Sturmes, harrte vergeblich, klagte, verzagte und verzweifelte. Einer von Thibauts Dienern sprang rasend auf, überheulte den Sturm, tobte, wütete, stürzte endlich gebrochen auf seinen Herrn nieder, röchelte und starb. Ein zweiter lag, vom Hitzschlage getötet, als Leiche auf seiner Ruhestätte, als der Sturm endlich schwieg; ein dritter blieb, nachdem man wieder aufgebrochen war und, um Tod und Leben spielend, dahineilte, hinter den übrigen zurück und verschmachtete. Von den Kamelen stürzte die Hälfte. Thibaut erreichte mit den übriggebliebenen Leuten und Tieren den Nil; aber sein kohlschwarzes Haar war im Verlaufe zweier Tage weiß geworden.

Von solchen Stürmen rühren die mumienhaften Leichen her, welche man an den Karawanenstraßen findet. Der Sturm, welcher sie getötet, begräbt sie auch, indem er sie mit Sand überschüttet; letzterer entzieht dem Leichnam so rasch alle Feuchtigkeit, daß dieser, anstatt zu verwesen, eindorrt und zur Mumie wird. Ueber sie wirft der eine Wind neuen Sand, von ihr entfernt ein anderer die bergende Decke. Dann streckt der Leichnam eine Hand, einen Fuß, sein Gesicht dem Reisenden entgegen, und einer der Kameltreiber folgt der Mahnung des Toten, tritt zu ihm heran, wirft wiederum Sand über ihn und zieht weiter mit den Worten: „Schlafe, Knecht Gottes, schlafe im Frieden!“

Solche Stürme sind es auch, welche in der Seele der Ueberlebenden Traumbilder der Fata Morgana wecken. Solange der Mensch mit voller, ungeschwächter Kraft und mit gesunden Sinnen seines Weges zieht, stellt sich ihm die Luftspiegelung wohl als eines der beachtenswertesten Naturschauspiele, nimmermehr aber als Fata Morgana dar. Während der heißen Jahreszeit entsteht in der Wüste um die Mittagszeit, von neun Uhr vormittags bis drei Uhr nachmittags, tagtäglich das „Meer des Teufels“ Eine graue, seeartige, richtiger noch einer überschwemmten Gegend ähnelnde Fläche gestaltet sich auf jeder pflanzenlosen Ebene in einer gewissen Entfernung vor dem oder um den Reisenden, wogt und wellt, flimmert und schimmert, läßt alle thatsächlich vorhandenen Gegenstände sichtbar bleiben, erhebt sie aber scheinbar bis zur Höhe ihrer oberen Schicht und spiegelt sie nach unten wider. In der Ferne dahinziehende Kamele oder Pferde erscheinen wie gemalte Engelein auf Wolken schwebend, und wenn man ihre Bewegungen unterscheiden kann, sieht es aus, als ob sie jedes ihrer Beine auf ein Dunstpolster setzen wollten. Die Entfernung, in welcher die dem Auge zugekehrte Grenze der Erscheinung liegt, bleibt immer dieselbe, solange der Beobachter nicht den Sehwinkel ändert, ist daher für den Reiter eine andere als für den Fußgänger. Das ganze Wunder beruht auf dem bekannten Gesetze, daß ein Lichtstrahl, welcher durch ein ungleiches Mittel fällt, gebrochen wird, muß daher geschehen, wenn die untersten Luftschichten durch Rückstrahlung des erhitzten Sandes ungleich ausgedehnt werden. Kein Araber verhüllt beim Anblicke der Luftspiegelung sein Gesicht, wie einbildungsvolle Reisende ihren gläubigen Lesern vorgetäuscht haben; keiner legt selbst der von ihm gerne gebrauchten Bezeichnung „Meer des Teufels" einen tieferen Sinn unter. Wenn aber als Folgen eines Sandsturmes Angst, Entbehrung, Ermattung und Not heimsuchen und schwächen, und nunmehr die Luftspiegelung sich zeigt: dann kann sie zur Fata Morgana werden, indem die krankhaft gereizte Einbildungskraft solche Bilder sich gestaltet, welche mit dem heißesten Wunsche des Augenblicks, der Sehnsucht nach Wasser und Ruhe, im innigsten Einklange stehen. Auch mir, der ich die Luftspiegelung hundertmal beobachtet habe, ist sie einmal zur Fata Morgana geworden. Dies geschah, als ich nach vierundzwanzigstündigem, qualvollem Durste das „Meer des Teufels" vor mir flimmern und glitzern sah. Da glaubte ich freilich auch den heiligen Nilstrom und Boote mit geblähten Segeln, Palmenwälder und Haine, Gärten und Landhäuser vor mir zu sehen. Aber da, wo vor meinen krankhaften Sinnen ein Palmenwald grünte, sah mein gleich mir verschmachtender Gefährte Segelboote, und da, wo ich Gärten zu erkennen vermeinte, spiegelten sich seiner Seele traumhafte Wälder vor. Und alle Trugbilder verschwanden, sowie wir uns mit zufällig uns beschertem Wasser erquickt hatten, und nur der graue Nebelsee blieb immer noch sichtbar.

Das „Meer des Teufels" breitet sich wohl vor jedem Reisenden aus, welcher eine Wüstenstrecke der Nilländer durchzieht; nicht jeder aber erschaut eines der lebendigsten Bilder, welches die Wüste gestaltet. Am äußersten Rande des Gesichtskreises, vielleicht von der Luftspiegelung gehoben und duftig verschleiert, tauchen Reiter auf, welche windesschnelle, hirschgliederige Rosse zügeln, nähern sich rasch und brausen endlich, ihre bis dahin geschonten Reittiere zu vollem Laufe antreibend, gegen die Karawane heran. Ich bin ihnen stets gern begegnet, den hageren, stilvoll gekleideten Männern, denn ich habe auch in ihnen und ihren Rossen die

Einhelligkeit der Wüste und ihrer Kinder zu erkennen geglaubt. Als getreuer Sohn der Wüste ist er mir erschienen, der Beduine, als ihr und sein Spiegelbild das Roß, welches er reitet. Denn auch er ist ernst und furchtbar wie der Tag, freundlich und milde wie die Nacht der Wüste. Treu seinem gegebenen Worte, unverbrüchlich gehorsam dem Gesetze der Sitte und Gebräuchlichkeit seines Stammes, würdevoll in seinem Auftreten, erhaben in seiner Ausdrucksweise, unübertroffen im Entsagen, Entbehren,

Beduinen.

empfänglich wie kaum ein anderer Mensch für Mannesthaten, Ruhm und Ehre, nicht minder für das goldene Märchennetz, in welches seine gestaltungsreiche Dichtergabe so wunderbar prächtige Bilder einzuweben, so lieblich duftige Blüten einzuranken weiß, ist er doch auch wieder listig und verschlagen dem Feinde gegenüber, willenloser Sklave seiner Gewohnheiten, würdelos in seinem Verlangen, niedrig und gemein in seinem Fordern, gierig im Genießen, maßlos in seiner Grausamkeit, furchtbar in seiner Rache, heute als adeliger Gastfreund, morgen als drohend heischender Bettler, jetzt als stolzer Räuber und ein anderes Mal als erbärmlicher Dieb: kurz wechselvoll und veränderlich wie die Wüste selber tritt er dem Fremden entgegen. Sein Roß besitzt dasselbe kluge, feurige, ausdrucksvolle Auge, dieselbe Stärke und Geschmeidigkeit der mageren, fast schwächlich erscheinenden Glieder, dieselbe Ausdauer, dieselbe Genügsamkeit, dasselbe Wesen wie er; denn beide wurden in demselben Zelte groß, beide ruhen und wohnen unter demselben Dache. Das Tier ist nicht der Sklave, sondern der Genosse, der Freund des Menschen, der Spielgefährte seiner Kinder. In der freien Wüste stolz, mutig und selbst wild, ist es im Zelte fromm wie ein Lamm; und deshalb erscheint es geradezu als unzertrennlicher Bestandteil seines Herrn und Gebieters.

In allen Wüsten, welche mindestens dem Namen nach unter der Herrschaft des Khedive von Aegypten stehen, spielen die Beduinen heutzutage bei weitem nicht mehr die Rolle wie in früheren Zeiten oder gegenwärtig noch in Arabien und in den Ländern Nordwestafrikas. Zwischen ihnen und der ägyptischen Regierung sind bindende Verträge abgeschlossen worden, welche jene verpflichten, Karawanen unangefochten durch ihr Gebiet ziehen zu lassen. Raubanfälle inmitten der Wüste zählen daher zu den seltensten Ereignissen, und ein Zusammentreffen mit Beduinen erregt auch aus dem Grunde wenig Besorgnisse, als die Söhne der Wüste in der Regel die Besitzer der gemieteten Kamele sind; gleichwohl lieben es die an den alten Gewohnheiten hängenden wirklichen Herren der Wüste wenigstens den Schein einer gewissen Oberherrlichkeit zu wahren, und es ist wohlgethan, vor Antritt der Wüstenreise freies Geleit von irgend einem angesehenen Häuptlinge zu fordern. Im Besitze eines solchen gestaltet sich ein Zusammentreffen des Reisenden mit den Söhnen der Wüste ungefähr folgendermaßen.

Aus der Reiterschar hervor sprengt einer der sonnverbrannten Männer und wendet sich an den Führer oder den Ausrüster der Karawane.

„Heil mit dir, Fremder!“

„Mit dir das Heil Gottes, seine Gnade und seine Barmherzigkeit, o Häuptling!“

„Wohin ziehet ihr Männer?“

„Nach Belled-Aali, o Scheich.“

„Zieht ihr im Geleite?“

„Wir ziehen im Geleite Seiner Herrlichkeit des Khedive.“

„In keinem anderen?“

„Auch Scheich Soliman, Mahammed Cheir Allah, Ibn Sidi Ibrahim Aulad Aali hat uns Geleit und Frieden gegeben.“

„So seid willkommen und gesegnet!“

„Der Segenspendende begnadige dich und deinen Vater, o Häuptling!"

„Habt ihr Bedürfnisse? Meine Manen werden euch spenden. Im Wadi Ghitere stehen unsere Zelte, und ihr seid in ihnen willkommen, wenn ihr Rast suchen wollt. Wenn nicht, so möge Allah euch glücklichen Weg verleihen."

„Er wird mit uns sein; denn er ist gnädig."

„Und Führer auf allen guten Wegen."

„Amen, o Häuptling!"

Und dahin fliegt die Schar; Reiter und Rosse verwachsen wieder in eins; die leichten Hufe der Tiere scheinen den Boden kaum zu berühren; die weißen Burnusse flattern im Winde, und in der Seele lebendig werden die Worte des Dichters:

„Beduin', du selbst auf deinem Rosse,
Bist ein phantastisches Gedicht."

Solche Bilder zaubert die Wüste vor das empfängliche Auge. Je mehr man mit ihr vertraut wird, um so gestaltsamer treten sie vor die Seele, um so wirksamer mildern und schwächen sie Mühsal und Beschwerde. Dessenungeachtet bringen doch erst die letzten Stunden der Wüstenreise die höchsten Wonnen. Wenn das erste Palmendorf des bebauten Landes, wenn das Silberband des heiligen Stromes wiederum vor dem Auge liegt, sind diese Stunden gekommen. Menschen und Tiere eilen, als ob die ersehnte Wirklichkeit nur ein Traumbild sei und im Nebel zerrinnen könne. Deutlicher und schärfer aber tritt das Reiseziel hervor; man glaubt niemals frischere Farben gesehen zu haben; man meint, daß es nirgendwo grünere Bäume und kühleres Wasser geben könne. Mit letzter Kraft streben die Kamele vorwärts, ihren ungeduldigen Reitern noch viel zu langsam. Da klingen diesen freundliche Grüße entgegen. Das Dorf am Nile ist erreicht. Aus allen Hütten hervor drängen sich, die Wanderer zu bewillkommnen, Männer und Frauen, Greise und Kinder. Jeder beeifert sich, hilfreiche Hand, labende Erquickung zu bieten. Zuerst spendet man Wasser, frisch im Strome geschöpftes, köstliches Wasser; dann bringt man herbei, was man gerade besitzt, um Leib und Seele zu laben. Um das errichtete Lager bewegen sich neugierige Menschen, frageeifrige Männer und Frauen, tanzlustige Mädchen und Jünglinge. Tambura und Tarabuka, Zither und Trommel des Landes, laden zum Reigen; tanzende Mädchen erfreuen Fremde und Einheimische. Selbst das Kreischen der Schöpfräder am Strome, vormals tausendfach verwünscht, wird heute zur klangvollen Weise.

Der Abend bringt neue Genüsse. Auf federndem, kühlem Ruhebette behaglich gelagert, trinkt der Abendländer mit dem Eingeborenen um die Wette den Nektar des Landes, Palmwein oder Meriesa, und Zither- und Trommelschall, taktmäßiges Stampfen und Händeklatschen der tanzenden Jünglinge und Mädchen begleiten das überaus köstliche Trinkgelage. Endlich fordert die weiterschreitende Nacht ihre Rechte. Tambura und Tarabuka verstummen, der Reigen endet. Einer der erquickten, ge- oder übersättigten Reisenden nach dem anderen sucht die Ruhe. Nur ein einziger von ihnen, ein Sohn Khahiras, der Mutter der Welt, vermochte noch immer nicht Schlaf zu finden. Vom verglimmenden Lagerfeuer her tönt zitternd die einfache Weise seines Liedes:

„O holde Nacht, du thust mir wehe,
Denn länger wirst du, immer länger;
Ob ich von dir auch Frieden flehe,
Du machst das Herz mir bang und bänger.

O holde Nacht, wie lang, wie lange,
Daß meine Augen die nicht sahen,
Nach der ich einzig nur verlange:
O Nacht, laß sie mich bald umfahen!

O holde Nacht, du nahst dich wieder,
Vernimm, was ich dir anbefehle:
Gieß deinen Frieden auf mich nieder,
Schirm die Gebiet'rin meiner Seele."

Aber auch dieser Klang erstirbt, und nur noch die Wellen des Stromes murmeln und flüstern.

Land und Leute zwischen den Stromschnellen des Nil.

Aegypten und Nubien, unmittelbar aneinander grenzend, durch den ihnen gemeinsamen Strom verbunden, sind wesentlich voneinander verschieden. Aegypten durchflutet der göttliche Nil in ruhigem Gange, Nubien durchrauscht er in hastiger Eile; über Aegyptenland verbreitet er auf weithin seinen Segen, in Nubien wird er gefesselt durch hohe, felsige Ufer; in Aegypten erreicht er die Wüste, in Nubien die Wüste ihn selber. Aegypten ist ein Garten, welchen er in Jahrtausende währender Arbeit geschaffen, Nubien eine Wüste, welche er nicht zu besiegen vermochte. Wohl hat auch diese Wüste Oasen wie jede andere; ihrer aber sind wenige, und alle kaum in Betracht zu ziehen gegenüber dem in unwandelbarer Oede und Unfruchtbarkeit verharrenden Lande zu beiden Seiten des Stromes. Fast überall in dem langen, gewundenen Thale, welches wir Nubien nennen, erheben sich dunkle, glänzende Felsenmassen aus dem Strombette selbst oder doch nur in geringer Entfernung vom Ufer, verwehren auf weite Strecken hin beinahe allen Pflanzen, sich zu entwickeln, und empfangen nur durch die Wüste im Osten wie im Westen einigen Schmuck in Gestalt goldgelber Sandwogen, welche über sie hinab zum Strome rollen. Glühend blitzt die Sonne hernieder von dem tiefblauen, kaum jemals bewölkten Himmel, und viele Jahre nacheinander erfrischt nicht ein einziger Regenguß das ausgedörrte Land. In dem tief eingeschnittenen Felsenthale kämpfen die lebenspendenden Wogen des befruchtenden Stromes vergeblich mit dem unempfänglichen Gesteine, an welchem sie sich hallend und brausend, rauschend und donnernd brechen, als könnten sie zürnen, daß ihrer Freigebigkeit Undank, ihrer Milde Trotz geboten wird. Die Walstatt, auf welcher dieser Kampf stattfindet, ist das Gebiet der Stromschnellen des Nil.

Die wenigsten Reisenden, welche das untere Nilthal durchziehen, lernen die Stromschnellen seines mittleren Laufes kennen. Ein verhältnismäßig geringer Bruchteil von ihnen überschreitet den sogenannten ersten Katarakt, unter Hunderten kaum einer den zweiten. Wadihalfa, ein unmittelbar unter der zweiten Stromschnellengruppe gelegenes Dorf, bildet das gewöhnliche Ziel der Nilreisenden; weiter nach Süden hin treiben nur Forschungsdrang, Jagdeifer oder Hoffnung auf Handelsgewinn. Von Wadihalfa aus beginnen die Schwierigkeiten einer Reise in das Innere Afrikas: kein Wunder daher, daß die große Menge in jenem Palmendorfe den Bug des Bootes wieder heimwärts kehrt. Wer aber jung und kräftig, willensstark und unverzärtelt ist, wird niemals bereuen, wenn er weiter nach Süden vordringt. In dem an landschaftlichen Reizen armen Nilthale bildet das Gebiet der Stromschnellen eine eigenartige Welt für sich. Großartige und anmutige, ernste und heitere, unendlich öde und frisch lebendige Bilder wechseln miteinander ab; aber es sind Bilder der Wüste, welche diese Landschaft dem Auge bietet, und Vergessen des Gewohnten wird zur Vorbedingung, um sie so zu würdigen, wie sie verdienen. Wer nicht im stande ist, die Wüste zu begreifen, an ihrem Farbenreichtume sich zu ersättigen, ihre Glut zu ertragen, an ihrer Nacht sich zu erquicken, thut wohl, auch die Nilwüste zu meiden; wer offenen Auges und empfänglichen Herzens das Gebiet der Stromschnellen durchwandert, womöglich sogar in gebrechlichem Boote den Kampf aufnimmt mit den schäumenden und tobenden Wogen, wird sein ganzes Leben hindurch zehren an köstlichen Erinnerungen; denn nie und nimmer wird vor dem geistigen Auge das ergreifende Schauspiel erbleichen, welches das leibliche Auge erschaute, niemals der Seele die erhabene Weise verklingen, welche der Strom einst dem Ohre gesungen. So wenigstens ergeht es mir, der ich zu Lande und zu Wasser das Felsenthal Nubien durchwandert, im Boote stromauf- oder stromabwärts mit den Wellen, wie mit Mangel und Not gekämpft, von der Spitze steiler Felsen wie vom Rücken des Kameles die Stromschnellen überblickt habe.

Es ist gebräuchlich geworden, von drei Nilkatarakten zu reden. Jeder von ihnen besteht aus einer Reihe von Stromschnellen, welche innerhalb eines meilenlangen Landstrichs die Schiffahrt in hohem Grade erschweren und gefährden. Im ersten Katarakt gibt es allerdings nur eine einzige namhafte Stromschnelle, im zweiten und dritten aber zusammengenommen deren gegen dreißig, welche der nubische Schiffer mit besonderen Namen bezeichnete. Wasserfälle, welche ja auch jede Schiffahrt unmöglich machen würden, sind nicht vorhanden, finden sich wenigstens nicht in der Straße, auf welcher, abgesehen von den durchgehenden Fahrzeugen, die eigens für die Stromschnellen gebauten und ausgerüsteten Boote sich bewegen.

Wenn man, den Fluten des heiligen Stromes entgegenreisend, die nordöstlichste Einengung der Ufer zwischen den „Bergen der Kette" hinter sich gelassen hat, ändert sich jählings die Landschaft. Aegypten oder das unterhalb gelegene breite, nach dem Meere hin zu einer unabsehbaren Ebene sich erweiternde Stromthal liegt hinter dem Reisenden, und die felsige Schwelle Nubiens baut sich vor dessen Auge auf. Der Gegensatz ist überraschend. An Stelle des eintönigen Geländes tritt wechselvolles. Wohl bietet auch die Landschaft Aegyptens manches augenerquickende, herzerfrischende Bild; wohl schmückt auch sie sich, zumal in den Morgen- und Abendstunden, mit dem wunderbaren Glanze der südlichen Beleuchtung: im großen und ganzen aber erscheint sie eintönig, weil man überall dasselbe erschaut, gleichviel, ob man den Blick an den Sandstein- und Kalkfelsen der Thalgrenze haften oder über Strom und Felder schweifen läßt. Ein und dasselbe Bild kehrt, kaum verändert, hundertfach wieder: Gebirge und Fruchtebenen, Uferwände und Inseln des Stromes, Mimosenhaine, Palmengruppen und Sykomorenbestände, Städte und Dörfer tragen im wesentlichen dasselbe Gepräge. Angesichts der Felsenmassen des ersten Katarakts, des letzten Riegels, welchen der zum Meere drängende Strom sprengte, endet dieses Aegypten und beginnt Nubien. Nicht mehr auf dem in majestätischer Ruhe dahinflutenden Strome treibt das Boot dahin, sondern zwischen Felsenmassen und aus den Wogen sich erhebenden Felsenkegeln erkämpft es sich seine Bahn.

Hoch auf steilabfallendem Vorsprunge des linken Ufers zeigt sich ein erbärmliches und dennoch wirkungsvoll zur Geltung gelangendes arabisches Bauwerk, das Grabmal Scheich Musas, des Schutzheiligen der ersten Stromschnelle, sodann die palmenreiche Insel Elephantine und gleich darauf Assuan. Felsenmassen, aus deren Rinde die jahrtausendelange Arbeit der gegen sie anstürmenden Wogen zur Pharaonenzeit eingegrabene Schriftzeichen nicht zu vertilgen vermochte, sperren die Fahrstraße und zwingen das Boot zu vielfachen Windungen, bis es endlich in einer stillen Bucht, zu welcher aber doch das Tosen der Stromschnelle klangvoll herniederhallt, einen gesicherten Landungsplatz findet.

Es ist altehrwürdiger Boden, auf welchem wir stehen. Durch die erwähnten Zeichen der heiligen Schrift des altägyptischen Volkes reden vergangene Jahrtausende mit uns in verständlicher Sprache. „Ab" oder

Elfenbeinstätte, Elephantine, hieß die Stadt auf der gleichnamigen Insel, welche geblieben ist, während selbst die Trümmer jener fast vollständig verschwanden, „Sun", Syene, die Ortschaft am rechten Stromufer, an deren Stelle das heutige Assuan liegt. Elephantine, der südlichste Hafen des alten Aegypten, in welchem die aus dem Innern Afrikas kommenden Waren, insbesondere das schon damals hochgeschätzte Elfenbein, aufgestapelt wurden, war die Hauptstadt des südlichsten Nilkreises, Sun wohl nur ein Arbeiterdorf, als solches jedoch keineswegs von geringerer Bedeutung als Elephantine. Denn hier wurde von den ältesten Zeiten des ägyptischen Reiches an der „Mat" oder „äthiopische Stein" des Herodot, welchen man in der Nähe brach, an das Nilufer gebracht und auf die Schiffe verladen, welche ihn seinem Bestimmungsorte zuführten; nach diesem Orte erhielt der kostbare Stein den Namen „Syenit", welchen er heutigestags führt. Inschriften, welche sich auf Denkmälern aus der Zeit der ältesten Königsgeschlechter Aegyptenlands finden, auf solchen, welche bis in das zweite und dritte Jahrtausend vor unserer Zeitrechnung hinüberreichen, thun des Ortes Sun bereits mehrfach Erwähnung, und zahllose andere Hieroglyphen in den nahegelegenen Steinbrüchen selbst bekunden die Bedeutung dieses Arbeiterdorfes. Ueber nahezu zwei geographische Geviertmeilen der östlich vom Katarakt belegenen Wüste erstrecken sich die Steinbrüche, in denen man jene mächtigen Werkstücke löste, welche als riesige Rund- und Spitzsäulen, Gesimse und Träger der Tempel uns mit staunender Bewunderung erfüllen, mit denen man die Grabkammern der Pyramiden überdeckte, weil man ihnen vertrauen durfte, die über ihnen aufgetürmten ungeheuren Lasten zu tragen. „Ueberall," sagt mein gelehrter Freund Dümichen, „sehen wir hier, wie Menschenhände gearbeitet, teils, um das wertvolle Gestein von der Felswand zu lösen, teils, um durch bildliche Darstellungen und Inschriften dieses oder jenes Geschehnis zu verewigen; überall ist hier der Stein zu einem Denkmal der Erinnerung umgewandelt, und zahlreiche Inschriften, nicht selten gerade an den höchsten Spitzen der Berge angebracht, Weihinschriften zu Ehren der göttlichen Dreiheit des ersten oberägyptischen Gaues, des Kataraktengottes Chnum-Ra und seiner beiden Genossinnen Sati und Anuke, wie Verherrlichungen einzelner Großthaten ägyptischer Könige und hoher Staatsdiener bedecken weit und breit die Felsenwände. Auch diese Inschriften gehen zum Teile bis in die ältesten Zeiten der Geschichte zurück: und doch wie jung erscheinen sie im Vergleiche mit jener Arbeit, welche hier in nicht zu berechnenden Jahrtausenden der ägyptische Sonnengott Ra mit dem Gesteine vorgenommen. Ueberall nämlich sind die Felsen da, wo sie, noch nicht von Menschenhand bearbeitet, unseren Blicken entgegentreten, an ihrer Oberfläche mit einer dunkelglänzenden Kruste wie mit einem Schmelze überzogen, während die Bruchflächen des Syenites, denen wir mit Sicherheit zum Teil ein Alter von viertausend Jahren beilegen dürfen, ebenso wie die überall in den Steinbrüchen umherliegenden Blöcke,

Der Tempel zu Philä.

noch heute uns die dem Granite eigentümliche rote Färbung in ihrer vollen Frische zeigen — zu jung noch, um jene Rinde der Zeit angenommen zu haben."

Von jedem höheren Uferberge aus kann man einen Teil des Katarakts überblicken. Zwei Wüsten treten an den Nil heran und reichen sich gleichsam in ihm durch Hunderte von kleinen Felseninseln die Hand. Jedes dieser Eilande teilt den Strom und zwingt ihn, seine Fluten aufzustauen; um so heftiger aber rauscht er zwischen ihnen hindurch. Unablässig anstürmend gegen die Trümmer des von ihm vor Jahrhunderttausenden gebrochenen Felsendammes, scheint er jene wegräumen und vernichten zu wollen und erzürnt zu sein über den noch immer unbesieglichen Widerstand, so grollend klingt das Tosen seiner Gewässer zu dem Beschauer hinauf und wird diesem zu der rechten Begleitung des großartigen Schauspiels vor und unter ihm. Ruhelos wie die ewig flutenden Wellen schweift das Auge durch das Felsenwirrsal; hundert Einzelbilder erschaut es mit einem Blicke: und dennoch gestaltet sich aus ihnen allen endlich ein erhabenes, einheitliches Gesamtbild, in welchem die starren glänzenden Felsmassen scharf sich abheben von dem weißen Gischte der sie umzischenden Wogen, der beide begrenzenden goldgelben Wüste ringsum und dem wolkenlosen, tiefdunkeln Himmel darüber. Besonders reizvoll ist der obere Teil der Stromschnellen. Eine Kette von schwarzen Felsen, die natürliche Grenzmauer zwischen Aegypten und Nubien, zieht sich quer durch den Nil und schweift auf dessen rechtem wie auf dem linken Ufer in weitem Bogen aus, vor dem Auge des Beschauers einen ringsum geschlossenen, mit Felsendämmen umwallten Thalkessel bildend. Die Wälle bestehen zum Teile aus ungetrennten Massen, zum Teile aber aus lose übereinanderliegenden, wie von der Hand eines Riesen aufgetürmten, runden, eigestaltigen und eckigen Felsblöcken. Hier und da treten einzelne Teile der wundersamen Umwallung vor und wiederum zurück; hier und da erheben sie sich inselgleich aus dem alten Seebecken, welches sie umgaben, bevor der gewaltige Strom freien Durchgang erzwang.

Inmitten dieser vormenschlichen Trümmerstätte liegt die grüne, palmenbestandene Insel Philä mit ihrem herrlichen Tempel. Ich kenne kein erhabeneres Landschaftsbild als dieses. Rings umgeben von starrem, tiefdunklem Gefelse, ewig umtost von den gegen seine Grundfesten ankämpfenden Wellen, freundlich begrünt von fruchtspendenden Palmen und duftenden Mimosen, erscheint der Tempel als ergreifendes Sinnbild inneren Friedens in tobendem Streite. Ein gewaltiges Kampflied singt ihm der Strom, und Friedenszeichen spenden ihm die Palmen. Er ist eine Stätte zur Verehrung der hehren Gottheit, welcher er geweiht war, wie es keine würdigere geben kann. In solcher Einsamkeit, in solcher Umgebung mußte der Geist der von den weisesten Priestern gebildeten Zöglinge Nahrung und Leben empfangen, dem Erhabenen und Hohen sich zuwenden, den Kern der sinnig verhüllten bedeutungsvollen Lehren erkennen, das verschleierte Bild von Sais erschauen.

Unter der göttlichen Dreiheit, welcher der Tempel von Philä geweiht war, Isis, Osiris und Horus, stand Isis obenan. „Isis, die große Göttin, die Herrin des Himmels, die Herrin aller Götter und Göttinnen, welche mit ihrem Sohne Horus und ihrem Bruder Osiris in jeder Stadt verehrt wird, die erhabene, göttliche Mutter, die Gemahlin des Osiris, sie ist die Herrin von Philä," lehren die Inschriften im Tempel selbst. Inschriften in allen Schreibarten, welche in den verschiedenen Zeiträumen der ägyptischen Geschichte im Gebrauche waren, erzählen uns aber auch von den Wandlungen, welche der Tempel im Laufe der Zeiten erlitten hat, bis endlich eingewanderte Araber die christlichen Priester, welche den Dienern der Isis gefolgt waren, aus dem Heiligtume vertrieben.

Heutzutage liegt ein großer Teil von Philä in Trümmern. An Stelle feierlicher Gesänge der Priester vernimmt man nur noch das einfache Lied der Wüstenlerche; aber die Wogen des Stromes rauschen noch ihre gewaltigen Weisen, wie vor Jahrtausenden. Die Insel ist verödet, der Frieden des Tempels ihr geblieben. Und trotz aller Wandelungen ist die Insel wie der Tempel noch immer das Kleinod des ersten Katarakts.

Von hier an aufwärts ist der Nil auf weithin felsenfrei, jedoch nicht mehr im stande, seinen Segen über die Ufer hinauszutragen. Mühsam versucht der Mensch die ihm anderswo freiwillig gegebene Spende dem Strome abzuringen. Ein Schöpfrad neben dem andern hebt kreischend das belebende Naß auf die schmalen Feldsäume am Ufer. An den meisten Stellen aber drängt sich die Wüste mit ihren Felsenwänden so dicht an das Ufer heran, daß kein Raum zum Felde oder Palmenwalde bleibt. Auf weite Strecken hin sieht man hier einzig und allein verkrüppelte Unkrautpflanzen, zwischen denen der gelbe Flugsand fort und fort zur Tiefe rollt, als wolle er der Wüste schon hier zum Siege über den göttlichen Spender des Fruchtlandes verhelfen.

Im Süden von Wadihalfa, dem südlichsten Grenzdorfe des eben erwähnten Landstrichs, tost wiederum das zwischen Felseninseln eingezwängte Wasser des Stromes. Zahllose Steinmassen, Felsenkegel und Blöcke zwingen diesen, sich auszubreiten; ein Wirrsal von Fels und Wasser, wie er es zum zweitenmal nicht aufweist, beirrt selbst das Auge. Bei hohem Wasserstande übertönt das Gebrüll der wirbelnd zwischen den Felsen hinabeilenden Wogen den Klang der menschlichen Stimme: es dröhnt und donnert, rauscht und braust, tobt und zischt, daß die Felsen selbst zu erzittern scheinen. Oberhalb der hier ununterbrochen aneinandergereihten Schnellen und Tobel liegt der hoch aufgestaute Nil wie ein weiter stiller See vor dem Auge; doch dieses freundliche, durch einige begrünte Inseln gehobene Bild ist eng umgrenzt. Weiter aufwärts wird das Strombett nochmals durch zahllose Felseninseln zerteilt; denn nunmehr beginnt das

„Batte el Hadjar“ oder Felsenthal der Schiffer, in welchem noch zehn namhafte Stromschnellen liegen. Es ist der ödeste Landstrich Nubiens und des ganzen Nilthals überhaupt. Gewöhnlich sieht man nur Himmel und Wasser, Felsen und Sand. Steil, mitunter fast senkrecht, steigen die felsigen Uferwände aus dem Strombette empor, und zwischen ihnen und den zahllosen Inseln inmitten wird der Nil so eingeengt, daß er zur Zeit seines Schwellens um zwölf bis achtzehn Meter höher steht, als während seines tiefsten Standes. Die Uferwände sind so glatt, als ob sie geschliffen wären, und so glänzend, übertags auch so glühend, als seien sie erst vor wenig Tagen dem innerirdischen Feuer entstiegen. Der segenspendende Strom rauscht fast spurlos an ihnen vorüber; denn nur an äußerst wenigen Stellen kann er sein göttliches Vorrecht zur Geltung bringen. Hier, in einspringenden Buchten oder hinter Vorgebirgen, welche die heftige Strömung ablenken, senkt er seinen fruchtbaren Schlamm hernieder und führt ihm selbst den Samen zu. Dann keimt und wächst, grünt und blüht es auch in dieser Wüstenei. Auf allen Inseln, in deren Felsenspalten abgelagerter Schlamm haften blieb, in allen von der Strömung nicht getroffenen Buchten erheben sich Weiden und einzelne Mimosen, Bürgen des Lebens im Reiche des Todes. Wurzel auf Wurzel, Schößling auf Schößling sandte die erste Weide aus, welche hier festen Fuß faßte, und bald überkleidete sie den kahlen Grund mit belebendem Grün. Während des niederen Wasserstandes treibt der nach und nach entstandene Buschwald neue Zweige; während der Nilschwelle überfluten die Wogen Insel und Wald. Höher und höher schwillt der Strom; heftiger und stärker drängen die Wogen: die Weiden beugen sich ihnen, klammern sich aber um so fester zwischen den Felsen an. Monatelang begräbt sie der Schwall bis auf einzelne Zweige, welche noch über die sprudelnde und zischende Fläche des Wasserspiegels emporragen; ihre Wurzeln aber haften fest, und mit neuem Lebensmute sprossen die Gesträuche, sobald die Hochflut wiederum sich verlaufen hat. An solchen Stellen der grausigen Wildnis bemerkt man auch tierisches Leben, wie man es an anderen Stellen des Nilthales beobachtet. Im Weidichte hat ein und das andere Paar der lebhaften und schreilustigen Nilgans sich angesiedelt, auf dem Felsen daneben eine zierliche Bachstelze Wohnung genommen; von den Uferwänden hernieder klingt der Gesang der Blaumerle oder des Trauersteinschmätzers; um die blühenden Mimosen macht sich der erste Tropenvogel, welchem man begegnet, ein prächtiger Honigsauger, zu schaffen; dann und wann stößt man auch wohl auf ein Volk kleiner, zierlicher Felshühnchen.

Alle die genannten und noch einige andere mehr bilden die spärliche tierische Bevölkerung des Felsenthales, und nur während der Zugzeit gesellen sich ihr oft sehr zahlreich auftretende Vogelheere, welche dem Strome, ihrer Heerstraße nach dem Innern Afrikas, folgen und dabei hier oder dort im Thale ausruhen von der Reise. Sie aber eilen so schnell als möglich von dannen, weil das Felsenthal nicht im stande sein würde, sie auch nur für einige Tage zu ernähren: begreift man doch oft kaum, wie jene ihr tägliches Brot finden.

Und dennoch sind sie nicht die einzigen Siedler in dieser Wasserwüste. Es gibt auch Menschen, welche dieselbe ihre Heimat nennen. In meilenweiten Abständen stößt man auf eine dürftige Strohhütte, in welcher ein Nubier mit seiner Familie sein armseliges Leben verbringt. Eine kleine, mit fruchtbarem Schlamme ausgefüllte Bucht zwischen den Felsenwänden des Ufers, vielleicht sogar nur ein letzteren angeklebtes Schlammbeet bildet das kärgliche Besitztum, welches er bewirtschaftet. Im ersteren Falle ist er ein Reicher, verglichen mit dem Armen, welcher nur über ein derartiges Beet verfügen kann. Mit Lebensgefahr schwimmt dieser zu den vom Gebirge aus unerreichbaren Uferstellen, an denen der fallende Strom Schlamm absetzte, und besamt die eben wasserfrei gewordene Schicht mit Bohnen; einige Tage später, nachdem der Strom inzwischen etwas tiefer gesunken ist, wiederholt er seinen Besuch und die Aussaat, und so fährt er fort, solange die Flut fällt. Daher sieht man auf solchem mit der Stromsenke sich stetig verbreiternden Felde Bohnen in allen Zuständen ihres Wachstums; und ebenso nimmt man wahr, daß der genügsame Landwirt gleichzeitig mit Aussaat und Ernte beschäftigt ist. Unter den allergünstigsten Umständen gestattet eine tiefer einspringende, mit Nilschlamm ausgefüllte Bucht die Anlage eines Schöpfrades zur Bewässerung eines wenige Ar umfassenden Feldes, und der glückliche Besitzer desselben ist dann im stande, eine Kuh zu halten, also wenigstens erträglich zu leben, obwohl er immer noch als so arm erachtet werden muß, daß selbst die ägyptische Regierung nicht wagt, ihm Steuern aufzubürden. Solche Stellen aber sind seltene Oasen in dieser grausigen Wüste. Der stromaufwärts segelnde Schiffer begrüßt jeden Strauch, einen Palmbaum mit ersichtlicher Freude, ein Bohnenfeld, vielleicht das Ziel tagelanger Hoffnung, mit Jubel, ein Schöpfrad mit Dank gegen den Allbarmherzigen. Denn nicht bloß die Furcht kann sein mutiges Herz kennen lernen in diesem Felsenthale, sondern auch bitterer Mangel vermag ihm schwere Heimsuchung zu bringen, ja sogar die Gefahr, zu verhungern, ihm drohen, wenn er nicht für

Monate mit Nahrung sich versorgte. Stromabwärts durchfliegt das glücklich gesteuerte Boot dieses Land der Schrecken, oder doch der Oede und Armut; stromaufwärts segelnd liegt es oft, wie festgebannt, stunden- und selbst tagelang im Schutze eines Felsblockes unterhalb einer Stromschnelle, und der auf günstigen Wind harrende, in dem unablässig auf und nieder geschaukelten Boote seekrank werdende Schiffer kann Meilen durchwandern und durchschwimmen, ohne auf Menschen und Felder zu stoßen.

An seiner südlichen Grenze geht das Felsenthal fast unvermittelt in den fruchtbarsten Landstrich Mittelnubiens über. Ein von zwei Wüsten eingeschlossenes, schmales Seebecken mit mehreren großen Inseln inmitten des Stromes, welches der letztere mit seinem Schlamme ausfüllte, ebenso wie er die Inseln aus solchem aufbaute, nimmt den Wanderer auf. Zwar zeigt es noch immer nicht allen Reichtum der Gleicherländer, bekundet aber doch deren Frische und Lebendigkeit in einzelnen pflanzlichen und tierischen Erscheinungen. Kaum unterbrochene Palmenwälder, in denen die köstlichsten Datteln der Erde reifen, begrenzen gegen die noch wüstenhaften Steppen hin diese liebliche Oase, in welcher die Arbeit des Ackerbauers durch reiche Ernten belohnt wird; Christusdornen und verschiedene Mimosen, welche man bisher noch nicht beobachtete, lassen erkennen, daß man den Wendekreis überschritten hat. Dem genannten Honigsauger gesellen sich andere Vögel des inneren Afrika. Im ersten Durrafelde, welches man schärfer ins Auge faßt, erfreut man sich an dem ebenso farbenschönen, als beweglichen Feuerwebefinken, welcher hier zwischen den Stengeln Wohnung genommen hat und von Zeit zu Zeit, einem leuchtenden Flämmchen vergleichbar, auf der Spitze eines Fruchtkolbens erscheint, um von solchem Hochsitze aus sein einfaches, schwirrendes und spinnendes Lied vorzutragen, und dadurch andere seiner Art zu gleichem Thun anzufeuern; in Spalten und Ritzen der Lehmhütten haben sich andere Glieder seiner Familie, namentlich Stahl- und Blutfinken angesiedelt, in den Gärten um die Häuser Kaptauben seßhaft gemacht, auf den Sandbänken im Strome Scherenschnäbel ihre seichten Nistmulden eingegraben: — Nachtseeschwalben absonderlicher Art, welche erst mit Beginn der Dämmerung zur Jagd ausziehen, nicht aber stoßtauchend fischen, sondern dicht über dem Wasserspiegel dahinfliegend mit tief eingesenktem Schnabel die Wellen durchpflügen, um kleine, in den obersten Schichten schwimmende Beutetiere aufzunehmen.

Allein auch dieses anmutige Stück Erde ist eng umgrenzt. Schon unterhalb der Trümmer des Tempels von Barkal tritt das noch immer öde und unfruchtbare Gebirge wiederum an den Strom heran und verdrängt ebenso das Fruchtland wie die Wüstensteppe. Die letzte Stromschnellengruppe liegt vor dem zu Berge ziehenden Reisenden. So unsäglich arm wie das Felsenthal ist das Gebiet der dritten Stromschnelle nicht; gut bebaute, wenn auch schmale Feldstreifen zu beiden Seiten und kleine fruchtbare Inseln inmitten des Stromes verscheuchen den Eindruck trostlosen Mangels, welchen jenes hervorruft. Die Felsmassen der Ufer sind zerklüfteter als jene des Felsenthales und reich an sogenannten Steinmeeren, jenen wirr und wild übereinander getürmten Hügeln und Wällen aus Blöcken und Rollsteinen, wie sie gewaltige Ströme zurücklassen, wenn sie ihr Bett tiefer eingraben in das von ihnen ausgewaschene Thal. Zu beiden Seiten des Stromes, meist auf der Höhe der vorderen Berge des Ufers, sieht man Blöcke von mehr als hundert Würfelmeter Inhalt, welche so lose auf unverhältnismäßig kleiner Unterlage ruhen, daß sie bei heftigem Winde schwanken und mit Hilfe von Hebeln durch die Kraft weniger Menschen abgewälzt werden können. An vielen Stellen sind diese Steinmeere so wundersam zusammengesetzt, als ob müßige Laune riesiger Kobolde gewaltet habe, um alle die Kegel und Pyramiden, Wälle und Mauern zu erbauen, welche im wirren Durcheinander die Uferberge krönen. Mehr aber noch als diese Bauten des Stromes verleihen alte Bauwerke von Menschenhand der dritten Stromschnellengruppe ein besonderes Gepräge. Auf allen geeigneten Felsvorsprüngen der Ufer, insbesondere aber auf größeren Felseninseln, erheben sich Gebäude mit Umfassungsmauern, Türmen und zackigen Zinnen, wie solche anderswo im Nilthale nicht bemerkt werden. Es sind Festungswerke früherer Tage, Burgen gewesener Häuptlinge der Anwohner des Stromes, welche errichtet wurden zu Schutz und Trutz, um Leben und Habe vor den feindlich andrängenden Nachbarstämmen zu sichern. Roh übereinander geschichtete, meist ausschließlich mit Nilschlamm vermörtelte, unbehauene Steine bilden die Grundmauern und Wälle, dicke, gegenwärtig größtenteils verfallene oder verfallende Wände aus lufttrockenen Schlammziegeln den Oberbau gedachter Burgen, welche weniger durch ihre Bauart als durch die Kühnheit der Anlage fesseln. Aus der Mitte des rauschenden Stromes z. B. steigt ein nackter, tiefschwarzer, glänzender Felsen auf, dessen Gipfel solche Feste trägt. Wild umbrausen die Wogen seinen Fuß, aber unerschütterlich widersteht er dem Schwalle, und sicher trägt er das ihm anvertraute Schutzhaus des Menschen. An seiner stromabwärts liegenden Seite hat er die Wellen beruhigt und dadurch, dank dem allbelebenden Strome, neuen Schmuck gewonnen. In dem stillen Wasser lagerten sich im Laufe der Zeiten fruchtbare Schlammschichten ab, und eine Insel entstieg allmählich den Fluten; der Mensch bemächtigte sich des fruchtbaren Eilandes, pflanzte die Palme und legte Felder an; und so entstand auf und hinter dem Felsen ein freundliches Bild der Sicherheit und Wohnlichkeit, welches gerade durch seinen Gegensatz zu der umgebenden unruhigen und öden Wasser- und Felsenwüste ergreifend wirkt.

An der südlichen Grenze der dritten Stromschnellengruppe beginnen die Steppen und Waldungen der Wendekreisländer Afrikas, in denen nur hier und da Felsen an den erstarkten Strom und seine größeren Zuflüsse herantreten. Ueber einhundert geographische Meilen weit durchfließen Abiad und Asrakh, der Weiße und Blaue Nil, fruchtbares, fast ebenes Land; dann erst finden sich wiederum einige Stromschnellen. Sie aber gehören nicht mehr zu dem Bilde, welches ich in seinen gröbsten Umrissen zu zeichnen versuchte: Nubien allein ist das Land der Katarakte des Nil.

Es mag dahingestellt bleiben, inwiefern und inwieweit der Nubier durch seine Heimat beeinflußt oder zu dem gemacht wurde, was er ist: so viel aber kann nicht in Abrede gestellt werden, daß er sich von dem heutigen Aegypter, seinem Nachbar, ebenso bestimmt unterscheidet, wie seine Heimat von der des Aegypters verschieden ist. Beide haben miteinander nichts gemein, weder Gestalt noch Hautfarbe, weder Abstammung noch Sprache, weder Sitte noch Gebräuchlichkeit, kaum selbst den Glauben, obwohl der eine wie der andere heutzutage das Bekenntnis ablegt: „Es gibt nur einen Gott und keinen Propheten Gottes außer Mohammed.“

Die Aegypter von heute sind Mischlinge der alten Aegypter und der eingewanderten arabischen Horden aus Yemen und Hedjas, welche sich den früheren Einwohnern des unteren Nilthales verquickten; die Nubier Abkömmlinge der „wilden Blemyer“, mit denen die Pharaonen des alten, mittleren und neuen Reiches, wie die ägyptischen Herrscher der Ptolemäer fortdauernd und keineswegs immer siegreich kämpften. Jene reden die Sprache, in der Mohammeds „Offenbarungen“ niedergeschrieben wurden, diese eine gegenwärtig in mehrere Zweige zerfallende Mundart des Altäthiopischen; jene pflegen ein uraltes Schrifttum, diese haben wohl nie ein solches gehabt, welches in ihrer eigenen Sprache wurzelte. Jene bekunden noch heute den Ernst der alten Aegypter wie der Söhne der Wüste, von denen sie entstammen, sorgen sich mit der allen Morgenländern innewohnenden Angst während ihres ganzen Lebens um das Jenseits und regeln nach ihren Träumen von demselben Sitten und Gebräuche, diese haben sich die heitere Lebensfreudigkeit der Aethiopier bewahrt und leben wie Kinder in den Tag hinein, das ihnen Wohlthuende ohne Dank, das ihnen Schmerzliche mit lauter Klage entgegennehmend und das eine wie das andere unter dem Einflusse des Augenblickes leichtfertig vergessend. Auf beiden lastet gleich schwer das Joch des Fremdherrschers: der Aegypter aber trägt es stöhnend und grollend, der Nubier gleichmütig und ohne zu murren; jener ist ein verbissener Sklave, dieser ein williger Diener. Jeder Aegypter dünkt sich hoch erhaben über den Nubier, hält sich, seiner Abstammung, Sprache und Sitte halber, für edler, als dieser in seinen Augen es sein soll, prahlt mit seiner Bildung, obgleich solche nur wenigen seines Volkes zugesprochen werden darf, und sucht den dunkelfarbigen Mann ebenso unbedingt zu unterdrücken, als er selbst widerstandslos der über ihm lastenden Knechtschaft sich fügt; der Nubier erkennt die leibliche Ueberlegenheit des Aegypters im allgemeinen, die geistige Bildung hervorragender Männer des Nachbarvolkes völlig an, scheint sich kaum bewußt zu sein, daß ihm eigene Bildung mangelt, ist zwar auch geneigt, den minder Begabten oder weniger kräftigen Innerafrikaner zu unterjochen, stellt sich aber selbst mit dem erkauften Neger auf brüderlichen Fuß und ergibt sich anscheinend geduldig in das ihn bedrückende Verhängnis, nachdem er vergeblich versuchte, im Ringen mit der Uebermacht Sieger zu sein. Er ist noch heutigestags Naturmensch mit jeder Faser seines Wesens, während der Aegypter als trauriges Abbild eines verkommenen und mehr und mehr verkommenden Volkes erscheint. Jener hat sich auf dem unergiebigsten Boden der Erde noch immer eine gewisse Freiheit bewahrt: dieser ist auf der reichsten Scholle zum Sklaven geworden, welcher schwerlich jemals wagen wird, seine Ketten abzuschütteln, obwohl er noch immer ruhmredig von seiner großen Vergangenheit spricht.

Und dennoch hätten die Nubier wohl ebensoviel, wenn nicht mehr Recht, von den Großthaten der Väter zu berichten, sie rühmend hervorzuheben und an ihnen sich zu stählen, als die heutigen Aegypter. Denn jener Vorfahren haben nicht allein mit den Pharaonen und Römern, sondern auch mit Türken und Arabern, den Herrschern und Beherrschten des neuzeitlichen Aegyptens, wacker gekämpft und sind denselben nur deshalb unterlegen, weil ihnen die furchtbare Feuerwaffe fehlte. Noch lebten zur Zeit meiner ersten Reise in den Nillanden Augenzeugen jener Kämpfe, aus deren Munde mir diese Kunde wurde, so, wie ich sie jetzt getreulich wieder erzählen will, um einem mannhaften, vielfach verkannten Volke wenigstens in einer Beziehung gerecht zu werden. Die Begebenheiten, um welche es sich handelt, fallen in die ersten Jahre des dritten Jahrzehnts unseres Jahrhunderts.

Nachdem Mohammed-Aali, der ebenso thatkräftige wie rücksichtslose, selbst grausame Begründer der heutzutage Aegypten regierenden Herrscherfamilie, im März des Jahres 1811 die von ihm eingeladenen Häupter der Mameluckeu treulos überfallen und niedergemetzelt hatte, schien seine Herrschaft über das untere Nilland gesichert zu sein. Aber noch war der stolze Kriegerstand, dessen Häuptlinge jener durch schändlichen Verrat und nichtswürdige Treulosigkeit vernichtet hatte, nicht vollständig unterjocht worden. Rachebrütend erwählten die Mamelucken neue Führer aus ihrer Mitte und zogen sich zunächst nach Nubien zurück, um hier sich zu sammeln, von hier aus den tückischen Feind aufs neue zu bekämpfen, mindestens zu bedrohen. Mohammed-Aali erkannte die Gefahr und säumte nicht, ihr zu begegnen. Sein Heer folgte den noch zerstreuten Scharen der Mamelucken auf dem Fuße nach. Diese, zu schwach, um offene Feldschlachten zu wagen, mußten sich in Festungen werfen und fielen in ihnen, mit Todesverachtung verzweiflungsvoll kämpfend, bis auf den letzten Mann. Gleichzeitig mit ihnen wurden auch die Nubier besiegt und, weil sie den Siegern sich fügten, zur Knechtschaft verurteilt. Einzig und allein der tapfere Stamm der kampfgeübten Scheikier trat im Jahre 1820 den türkisch-ägyptischen Kriegern beim Dorfe Korti gegenüber, ein heldenmütiges, regelloses Volk mit Lanze, Schwert und Schild siegverwöhnten, regelrecht eingeübten, mit Feuerwaffen ausgerüsteten Soldaten. Wie von altersher waren auch die Frauen mit ihren Kindern während der Schlacht zugegen, um durch gellende Schlachtrufe zum Kampfe anzufeuern, den kämpfenden Vätern ihre mit den Armen emporgehobenen Kinder zu zeigen und sie so zu todesmutigem Vorgehen zu entflammen. Wohl stritten die Nubier ihrer Väter würdig; wohl drangen sie bis zu den Tod und Verderben in ihre Reihen schleudernden Geschützen vor; wohl hieben sie mit ihren langen Schwertern auf die vermeintlichen Ungeheuer, tiefe Eindrücke der Schneide ihres Schwertes in den erzenen Röhren hinterlassend: aber die Aegypter siegten; — nicht ruhmvolle Tapferkeit, sondern Uebermacht der Waffen entschied. Unter schrillendem Wehegeschrei der Weiber ergriffen die braunen Männer die Flucht. Jene aber erfaßte wilde Verzweiflung: rühmlichen Tod schmachvoller Knechtschaft vorziehend, drückten sie ihre Kinder an das Herz und stürzten sich mit ihnen zu Hunderten in den vom Blute ihrer Gatten geröteten Strom. Den Fliehenden wehrten die Wüsten zu beiden Seiten des Stromes, Zufluchtsstätten zu erreichen, und so blieb ihnen endlich nichts anderes übrig, als sich zu ergeben und den bisher stolz und aufrecht getragenen Nacken unter das Joch der Ueberwinder zu beugen.

Noch einmal nur loderte der alte Heldenmut in hellen Flammen auf. Einer der Häuptlinge, der gegenwärtig bereits von der Sage verherrlichte Melik el Nimmr, zu deutsch „Pardelkönig", versammelte sein Volk zu Scheedi in Südnubien, weil ihm die Geißel des grausamen Siegers unerträglich geworden war. Mißtrauisch zog ihm Ismael Pascha, des ägyptischen Herrschers Sohn und seiner Krieger Heerführer, entgegen, und ehe noch Melik Nimmr seine Rüstungen beendet, erschien er, alle vorhandenen Boote benutzend, vor Scheedi, unerfüllbare Forderungen an Melik Nimmr stellend, um diesen zu willenloser Unterwürfigkeit zu zwingen. Melik Nimmr erkannte das ihm angedrohte Verderben und ermannte sich zum Handeln. Während er Unterwürfigkeit heuchelte, eilten seine Sendboten von Hütte zu Hütte, um den überall unter der Asche glimmenden Funken der Empörung zur lodernden Flamme zu schüren. Durch listige Vorspiegelungen lockte er Ismael Pascha von dem sicheren Boote in seine ringsum von dichtem Dornenhag umschlossene geräumige, aber stroherne Königsbehausung, um welche riesige Strohhaufen aufgeschichtet worden waren, nach des Pardelkönigs Versicherung nur deshalb, um das vom Pascha ebenfalls verlangte Kamelfutter zu liefern.

Ein herrliches Fest, wie Ismael nie geschaut, will Melik Nimmr seinem Herrn und Gebieter geben; deshalb bittet er um Erlaubnis, auch alle Offiziere des Heeres der Aegypter einladen zu dürfen, und erhält die Genehmigung des Paschas. Heerführer, Stab und Offiziere vereinigt das in der Königsbehausung zugerichtete Gastmahl. Vor der dornigen Umzäunung tönt die Tarabuka, die zum Reigen wie zum Kampfe anfeuernde Trommel des Landes: das junge, festlich gesalbte Volk übt sich im fröhlichen Tanze. Geschleuderte Lanzen schwirren durch die Luft und werden bewunderungswürdig sicher mit dem kleinen Schilde von dem gegenüber sich bewegenden Mittänzer aufgefangen; lange Schwerter zweier im Kriegstanze sich drehenden Kämpen bedrohen des Gegners Haupt und werden nicht minder geschickt mit Schild und Klinge abgewehrt. Ismael ergötzt sich weidlich an den schönen braunen Jünglingen, den anmutigen Bewegungen ihrer gelenkigen Glieder, der Kühnheit der Angriffe, der Sicherheit der Abwehr. Mehr und mehr verdichtet sich das Gewimmel vor der Festhalle, mehr und mehr Schwerttänzer treten auf, heftiger und ungestümer werden ihre Bewegungen, und gleichmäßig beschleunigt ertönen die Trommeln. Da plötzlich nimmt die Tarabuka eine andere Weise an; hundertfach, in allen Teilen Scheedis klingt sie wieder, in den Nachbardörfern hüben und drüben am Nile nicht minder. Gellendes, in den höchsten Tönen der Frauenstimme sich bewegendes Geschrei durchzittert die Luft; bis auf die Lenden nackte Weiber, Staub und Asche in den fettgetränkten Haaren, Feuerbrände in den Händen tragend, stürzen herbei und schleudern die Brände in die Wandungen der Königshalle wie in die sie umlagernden Strohhaufen. Eine ungeheure Flammengarbe lodert zum Himmel auf, und in die Flammen, aus denen Schreck- und Weheruf, Fluch und Klage erschallen, fliegen zu Tausend die todbringenden Lanzen der Kriegstänzer. Weder Ismael Pascha, noch irgend einer seiner Festgenossen entgeht qualvollem Tode.

Es ist, als ob die Streiter des geknechteten Volkes dem Boden entwüchsen. Wer Waffen tragen kann, wendet sich gegen die grausamen Feinde; Weiber treten, ihr Geschlecht vergessend, in die Reihen der Kämpfer; Greise und Knaben ringen mit der Kraft und Ausdauer der Männer nach dem einen Ziele. Scheedi und Metamme werden in einer Nacht von allen Feinden befreit; nur wenige von den in fernen Dörfern liegenden Aegyptern entrinnen dem Blutbade und bringen dem zweiten in Kordofân weilenden Heerführer die grausige Mär.

Dieser, Mohammed-Bei el Defterdar, von den Nubiern noch heutigestags „el Djelad“, der Henker, zubenannt, eilt mit der ganzen Macht seines Heeres nach Scheedi, schlägt die Nubier zum zweitenmal und opfert sodann seiner unersättlichen Rache mehr als die Hälfte der damaligen Bewohner des unglücklichen Landes. Dem Pardelkönige gelingt es, nach Habesch zu entfliehen; seine Unterthanen aber müssen sich dem Fremdherrscher beugen, und ihre Kinder „wachsen“, um mich des Ausdruckes meines Gewährsmannes zu bedienen, „im Blute ihrer Väter auf“ Seit jenen Unglückstagen sind die Nubier hörige Knechte ihrer Unterdrücker geblieben.

Die Nubier oder, wie sie sich selbst nennen, die Barabra sind mittelgroße, schlanke, ebenmäßig gebaute Leute mit verhältnismäßig kleinen, wohlgebildeten Händen und Füßen, meist angenehmen Gesichtern, denen die mandelförmigen Augen, die hohe, gerade oder gebogene, nur an den Flügeln etwas verbreiterte Nase, der schmale Mund, die fleischigen Lippen, die gewölbte Stirne und das längliche Kinn ein ansprechendes Gepräge aufdrücken, feinen, leicht gekräuselten, aber nicht wolligen Haaren und verschiedener, vom Erzbraun bis ins Dunkelbraune spielender Hautfärbung. Sie halten sich gut, gehen leicht, gleichsam schwebend, bewegen sich auch sonst gewandt und anmutig, unterscheiden sich daher sehr zu ihrem Vorteile von den Negern der oberen Nilländer, selbst von den Fungis des

Ostsudan. Die Männer scheren ihr Hauptthaar entweder gänzlich oder bis auf einen Schopf am Scheitel und bekleiden den Kopf mit einem enganschließenden weißen Mützchen, der Takhie, über welche an Feiertagen vielleicht auch ein weißes Tuch turbanähnlich gewunden wird. Ein sechs bis neun Meter langes Umschlagetuch dient zur Bekleidung des Oberkörpers; kurze Beinkleider und Sandalen, an Feiertagen ein blaues oder weißes, talarähnliches Gewand bilden die übrigen Kleidungsstücke, ein am linken Arm getragenes Dolchmesser und auf Reisen die Lanze die Waffen, Lederrollen, in denen Amulette enthalten sein sollen, und an Schnüren um den Hals gehängte Täschchen den einzigen Zierat des Mannes. Die Frauen ordnen ihr Haar in Hunderte kleiner dünner Zöpfe und salben diese reichlich mit Hammelfett, Butter oder Ricinusöl, verbreiten daher auf weithin einen für uns geradezu unerträglichen Geruch, tättowieren verschiedene Teile ihres Gesichtes und Leibes mit Indigo, färben oft die Lippe blau und stets die Handteller rot, zieren den Hals mit Glasperlen, Bernstein- und Karneolketten, Amuletttäschchen und dergleichen, die Knöchel mit zinnernen, elfenbeinernen oder hörnernen, Ohrläppchen, Nasenflügel und Finger mit silbernen Ringen, schlagen an Stelle der Beinkleider einen bis zu den Knöcheln herabreichenden Schurz um die Lenden und werfen das Umschlagetuch in malerischen Falten über Brust und Schultern. Knaben gehen bis ins sechste oder achte Jahr nackt, Mädchen tragen vom vierten Jahre an die ungemein kleidsame, aus feinen Lederstreifen bestehende, oft mit Glasperlen oder Muscheln verzierte Troddelschürze.

Alle im Stromthale seßhaften Nubier hausen in viereckigen, beziehentlich mehr oder weniger würfeligen Gebäuden, welche entweder aus lufttrockenen Ziegeln errichtet und dann nach oben zu abgeschrägt sind, oder aber aus einem mit Stroh überkleideten leichten Holzgerüst bestehen, gewöhnlich bloß einen Wohnraum darstellen, eine niedrige Thür und an Stelle der Fenster oft nur Luftlöcher haben, auch die denkbar einfachste Einrichtung zeigen. Ein erhöhtes, mit verflochtenen Lederstreifen oder Baststricken überspanntes Lagergestell, das Aukareb, einfache Kisten, vortrefflich gearbeitete, selbst wasserdichte Körbe, Lederschläuche, Urnen, zur Aufbewahrung des Wassers, Durrabieres und Palmweines, Handmühlen oder Reibsteine zum Zerkleinern des Getreides, eiserne oder thönerne, flachmuldige Platten zum Brotbacken, Kürbisschalen, ein Beil, ein Bohrer, einige Hacken 2c. bilden den Hausrat, Matten, Vorhänge, Scheidewände und Lagerdecken die Einrichtungsgegenstände, Mulden, flache geflochtene Teller und dazugehörige Deckel die nicht in jeder Hütte vorhandenen

Eßgeschirre. Die Nahrung unserer Leute besteht vorwiegend, hier und da fast ausschließlich in Pflanzenstoffen, Milch, Butter und Eiern. Das häufiger geriebene als gemahlene Getreide wird zu einem Teige verarbeitet und dieser zu schliffigem Brote gebacken, letzteres aber entweder ohne alle Zuthaten oder mit Milch oder mit dickschleimigen Brühen aus verschiedenen Pflanzen, günstigsten Falles auch darunter gemischten Fleischfasern aus vorher an der Sonne getrockneten Streifen, und vielem und scharfem Gewürz genossen. Begehrlicher als hinsichtlich der Speisen zeigt sich der Nubier, wenn es sich ums Trinken handelt; denn jedes berauschende Getränk, sei es heimischen oder fremden Ursprungs, findet an ihm jederzeit einen eifrigen Verehrer, um nicht zu sagen übermäßigen Zecher.

Sitten und Gewohnheiten der Bewohner des mittleren Nilthales bekunden gegenwärtig eine absonderliche Verquickung von ererbten und angenommenen Gebräuchlichkeiten. Schweigsam und leichtfertig fügt er sich ebenso willig in das ihm Fremde, wie er das ursprünglich Heimische zu vergessen scheint. Bekenner des Islam ist er mehr dem Namen als der That nach; strenges Festhalten an Glaubenssatzungen kennt er ebensowenig als Unduldsamkeit gegen Andersgläubige. Bevor er ins reifere Mannes- oder das Greisenalter getreten, übt er die Gebote des Propheten selten und wohl niemals mit dem Pflichteifer der arabischen oder türkischen Stämme. Er beschneidet seine Knaben, verehelicht seine Töchter, behandelt seine Frauen und begräbt seine Toten, feiert auch seine Feste nach den Geboten des Islam, glaubt jedoch vollständig genug zu thun, wenn er den äußerlichen Vorschriften seines Glaubens nachkommt. Gesang und Tanz, heitere Unterhaltungen, Scherze und Trinkgelage gefallen ihm besser als die Lehren und Gebote des Koran, auf mönchische Auslegung der letzteren zurückzuführende Glaubensübungen und Bußermahnungen oder aber das von anderen Mohammedanern für so heilig erachtete Fasten.

Gleichwohl wird ihn niemand als willenlosen, wankelmütigen, unselbständigen, unverläßlichen oder treulosen, kurz schlechten Menschen bezeichnen können. Im unteren Nubien, wo er alljährlich mit Hunderten, in seinen Augen reichen und freigebigen Fremden verkehrt, wird er freilich oft zum unverschämten, ja selbst unerträglichen Bettler, und die Fremde, welche er aufsuchen muß, weil sein armes Land ihn nicht ernähren kann, trägt auch nicht dazu bei, ihn zu veredeln: im allgemeinen aber darf man ihn mit Fug und Recht einen braven Gesellen nennen. Wohl vermißt man heutzutage an ihm oft die Willenskraft der Väter, keineswegs aber auch deren Mut und Tapferkeit; wohl erscheint er bei weitem sanfter und gutmütiger als der Aegypter, erweist sich jedoch nicht minder verläßlich und ausdauernd als dieser, wenn es sich um schwierige oder gefahrdrohende Unternehmungen handelt. Sein armes, unergiebiges Land, an welchem er mit ganzer Seele hängt, dessen er in der Fremde mit rührender Anhänglichkeit gedenkt, für welches er arbeitet, darbt und spart, da sein einziges Streben dahin geht, die Mannes- und Greisenjahre in ihm zu verleben, legt ihm unabläßigen Kampf um das Dasein auf und stählt seine leiblichen wie geistigen Kräfte; der tosende Strom, mit welchem er nicht minder beharrlich kämpft, wie mit dem felsenstarrenden Lande, weckt und erhält in ihm Mut und Selbstvertrauen, ebenso wie er kühle Würdigung der Gefahr in ihm erzeugte und befestigte. Dank der so erworbenen Eigenschaften wird der Nubier zum treuen Diener, verläßlichen Reisebegleiter, wanderlustigen Djellabi oder Kaufmann und vor allem zum unternehmenden, unerschrockenen Schiffer.

Fast gewinnt es den Anschein, als ob die Eltern ihre Söhne von frühester Jugend an auf alle Dienste, welche sie später als Erwachsene leisten, regelrecht vorbereiteten. Wie in Aegypten, werden in Nubien die Kinder des armen Mannes kaum erzogen, höchstens zur Arbeit angehalten, richtiger vielleicht, nach Maßgabe ihrer Kräfte ausgenutzt. So klein der Knabe: einen Dienst muß er leisten, ein Aemtchen verwalten; so schwach das Mädchen: der Mutter muß es helfen bei allen Verrichtungen, welche den Frauen des Landes obliegen. Aber während man in Aegyten den Kindern kaum Erholung gönnt, begünstigt man in Nubien fröhliches Spiel der Kleinen nach Möglichkeit. In Aegyten wird der Knabe zum Knechte, das Mädchen zur Sklavin dieses Knechtes, ohne daß es eine freudige Kindheit durchlebte, in Nubien sind mehr als Halberwachsene oft noch immer Kinder in Sein und Wesen. Daher erscheinen uns jene unnatürlich ernst wie ihre Väter, diese heiter wie ihre Mütter. Ein allgemein beliebtes Kinderspiel wird jeder Reisende kennen lernen und mit Wohlgefallen beobachten, weil sich hier Gewandtheit und Anmut der Bewegung, Ausdauer und Unternehmungsmut vereinigt, wie kaum anderswo: ich meine das in der ganzen Welt gebräuchliche „Haschen“ oder „Fliehen und Verfolgen“ Nach geschehener Arbeit vereinigen sich Knaben und Mädchen. Jene lassen das Schöpfrad, dessen Zugochsen sie antreiben mußten vom frühen Morgen bis die Sonne zum Untergange sich neigt, das Feld, in welchem sie dem Vater behilflich waren, das junge Kamel, welches sie traben lehrten, diese das jüngere Geschwister, welches sie eher schleppten als trugen, den Brotteig, dessen Gärung sie zu überwachen hatten, den Reibstein, an welchem sie ihre jungen Kräfte übten: und alle eilen zum Ufer des Stromes. Die Knaben gehen nackt, die Mädchen sind einzig und allein mit der Troddelschürze bekleidet. Lachend und plaudernd

Nubische Kinder beim Spiel.

zieht die Gesellschaft dahin; wie dunkle Ameisen wimmelt es im goldgelben Sande, zwischen und auf den schwarzen Felsen. Bunt durcheinander gemischt ordnen sich die Verfolger, welche den Flüchtling zu fangen haben. Letzterer, dem einiger Vorsprung gegönnt wird, gibt das Zeichen zum Beginnen der Jagd, und alle heften sich an seine Fersen. Wie eine Gazelle läuft er über die sandige Ebene den nächsten Felsen zu und wie folgende Windhunde jagt die lärmende Rotte hinter ihm drein; einer Gemse vergleichbar klettert er an den Felsen empor, und nicht minder gewandt strebt die gelenkige Gesellschaft der Spielgenossen nach der Höhe; wie ein erschreckter Biber stürzt er sich in den Strom, um tauchend sich zu bergen, schwimmend zu entrinnen: aber auch in das nasse Element folgen ihm die beherzten Mitspieler, Knaben wie Mädchen, strampelnd wie schwimmende Hunde, rufend und schreiend, schwatzend, lachend und kichernd wie sich treibende, schnatternde Enten. Lange schwankt das Zünglein der Wage, und gar nicht selten geschieht es, daß der breite Nilstrom überschwommen wird, bevor der kühne Vorspieler in die Hände seiner Kameraden fällt. Die Eltern der munteren Schar aber stehen zuschauend am Ufer und freuen sich über die Gewandtheit, den Mut und die Ausdauer ihres Nachwuchses, und auch der Europäer muß zugestehen, daß er nirgends lebensfrohere, muntere Wesen gesehen hat, als diese schlanken, schönen, duftigbraunen, glänzenden Kinder.

Aus den in solcher Weise spielenden Knaben werden die Männer, welche es wagen, zwischen den Stromschnellen Schiffahrt zu treiben, im Boote über die thalab eilenden, hier und da förmlich jagenden, wirbelnden, kochenden und brausenden Wogen zu steuern, diesen sogar entgegenzusegeln, die Männer, welche zu vielen ihrer Schwimmfahrten nicht einmal des Bootes bedürfen, sondern dreist auf kleinen, erbärmlichen, aus Durrastengeln zusammengefügten Flößen oder luftdichten, aufgeblasenen Schläuchen tagelang währende Reisen unternehmen. So klar und fest schauen diese nubischen Schiffer und Schwimmer der Gefahr in das Auge, daß ihnen die Wellen des Stromes weder Märchen noch Sagen in das Ohr geflüstert haben. Sie kennen weder Nixen noch andere Wassergeister, weder gute noch böse Genien, und ihre Schutzheiligen, deren Hilfe sie vor und während gefährlicher Fahrten zu erflehen pflegen, wehren nur der Macht des Geschickes, nicht aber dem bösen Willen tückischer Geister. Die Sage ist stumm geblieben in den Stromschnellen, im „Bauche der Felsen“ wie in den Stürzen und Strudeln der „Mutter der Steine“, der „Erschütternden“, des „Kamelhalses“, der „Koralle“ und wie die Namen der Schnellen sonst noch lauten, obwohl das ganze Gebiet die herrlichsten Wohnsitze für Märchengestalten in sich faßt, und der es befahrende Schiffer nur zu oft zum Glauben an die Wirksamkeit menschenfeindlicher Geister verleitet werden mag.

Die Stromschnellen werden thalab bei hohem und mittlerem, bergwärts bei mittlerem und niederem Wasserstande befahren. Während des tiefsten Nilstandes würde wohl jedes zu Thal ziehende Boot zerschellt werden, während der Nilschwelle selbst das größte Segel nicht ausreichen, ein größeres Fahrzeug aufwärts zu treiben. Zur Zeit der Nilsenke müssen Hunderte von Menschen aufgeboten werden, um eine mittelgroße Barke der alles vermögenden Regierung zu Berge zu ziehen; zur Zeit der Nilfälle würden sie auf den wenigen, nicht überfluteten Felseneilanden zu beiden Seiten der in Frage kommenden Fahrstraßen kaum oder nicht Raum finden, um fußen zu können. Die volle Nilschwelle eignet sich am besten für die Thalfahrt, mittelhoher Wasserstand auch aus dem Grunde am meisten für die Bergfahrt, weil die um diese Zeit bereits regelrecht wehenden Nordwinde eine verläßliche Segelkraft gewähren.

Alle Boote, welche einzig und allein für den Dienst im Gebiete der Stromschnellen bestimmt sind, unterscheiden sich durch ihre geringe Größe wie durch ihre Bauart, durch Takelung und Gestalt des Segels wesentlich von den übrigen Nilfahrzeugen. Der Rumpf enthält nur wenige Rippen und die Planken werden durch schief eingeschlagene, die Schmalseiten verbindende Nägel zusammengehalten; das Segel ist nicht dreieckig, sondern rautenförmig, auch an zwei Rahen befestigt, derart, daß durch die untere derselben mehr oder weniger Leinwand aufgewickelt oder dem Winde preisgegeben werden kann. Bauart und Takelung erweisen sich als durchaus zweckentsprechend. Die geringe Größe, zumal Länge des Bootes gestattet jähe Wendungen auszuführen; die Zusammenheftung seiner Planken verleiht dem Schiffskörper federnde Bieg- und Schmiegsamkeit, welche bei dem häufigen Auffahren zu statten kommt; der je nach der Stärke des Windes wie der Strömung zu regelnde Segeldruck endlich ermöglicht annähernd gleich nachhaltige Besiegung des so vielfach wechselnden Widerstandes. Dessenungeachtet fährt man im Stromschnellengebiete weder stromauf- noch stromabwärts allein, vielmehr stets in Gesellschaft, um sich gegenseitig und rechtzeitig unterstützen zu können.

Unmittelbar nach dem Absegeln vom Befrachtungsorte oder während der Nacht eingenommenen Ruheplatze gewährt eine zu Berge ziehende Bootflotte ein hübsches, ansprechendes Bild. Alle Fahrstraßen des Stromes weisen Segel auf; man sieht deren oft zwanzig und mehr zwischen den dunklen Felsen dahinschwimmen. Anfänglich halten noch alle Fahrzeuge ziemlich gleiche Abstände ein; bald aber verändern Strömung und Segeldruck die zuerst innegehaltene Ordnung. Ein und das andere Schifflein bleibt mehr und mehr zurück, ein und das andere läßt den Hauptteil der Flotte hinter sich, und schon nach Verlauf einer Stunde liegt eine weite

Strecke zwischen dem vordersten und dem hintersten Boot. Doch fördert die Fahrt, selbst bei heftigem und stetigem Winde, weit weniger, als es den Anschein hat. Wohl brechen sich die Wogen rauschend am Buge des Fahrzeuges; dieses aber hat mit einem so heftigen Gefälle zu kämpfen, daß es trotz alledem nur langsam vorwärts kommt. Es gilt als Kunststück, hier so zu steuern, daß das Schifflein möglichst wenig Biegungen zu beschreiben hat und dennoch den unter Wasser liegenden Felsblöcken ausweicht; denn jede Wendung macht eine Veränderung in der Stellung des ungefügen Segels notwendig, und jeder Aufprall des Schiffsbodens verursacht einen Leck. Schiffsführer und Schiffsleute haben daher ununterbrochen zu thun. Trotzdem beginnt ihre eigentliche Arbeit erst angesichts einer der zahllosen Stromschnellen, welche überwunden werden sollen. Das bisher nur teilweise entfaltete Segel wird gänzlich aufgerollt und dem Winde dargeboten; die Barke jagt wie ein kräftiges Dampfschiff durch das Felsengewirr und erreicht den unter fast allen Wasserstürzen kreisenden Wirbel. Alle Schiffsleute stehen an den ausgelegten Rudern und bereitgehaltenen Tauen, um nach Erfordernis einzugreifen, wenn das Boot, wie voraussichtlich geschehen muß, von dem Wirbel gefaßt und im Kreise umhergetrieben wird. Auf Befehl des Schiffers tauchen auf dieser Seite die Ruder ins Wasser, stoßen auf jener lange Stangen auf die Felsen, um das Fahrzeug von letzteren abzuhalten; verkleinert oder vergrößert, dreht oder wendet sich das von den erfahrensten Matrosen gehandhabte Segel. Ein-, zwei-, sechs-, zehnmal versucht man vergeblich, den Wirbel zu durchschneiden; endlich gelingt dies doch, und das Boot erreicht das untere Ende des Wassersturzes. Hier aber steht es wie festgebannt: Segel- und Wogendruck halten sich im Gleichgewichte. Der Wind verstärkt sich und das Fahrzeug rückt um einen, um mehrere Meter vor; der Segeldruck verschwächt sich und die Wogen werfen es an die alte Stelle zurück. Nochmals beginnt es seinen Kampf mit Strudel und Wellen, und nochmals wird es durch letztere besiegt. Jetzt gilt es, das glücklich errungene Ziel festzuhalten. Einer der Schiffsleute packt das Tau mit den Zähnen, wirft sich inmitten des ärgsten Wogenschwalles in den Strom und versucht schwimmend, das schwere Tau nach sich schleppend, einen oberhalb des Schiffes über den tosenden Wogen emporragenden Felsblock zu erreichen. Die Wellen schleudern ihn zurück, bedecken, überschütten ihn; er aber wiederholt seine Anstrengungen, bis er einsehen muß, daß seine Kräfte den gewaltigeren des Stromes unterliegen und er auf seinen Wink am Taue selbst zum Boote zurückgezogen wird. Noch einmal spielen, vernichtungsmächtig, Strudel und Wellen mit dem ihnen gegenüber so zerbrechlichen Gebäude; noch einmal treibt es der Wind beiden zum Trotze vorwärts. Da hört man plötzlich einen beängstigenden Krach; der Steuermann verläßt in demselben Augenblicke seinen Platz und fliegt in hohem Bogen durch die Luft, in den Strom: das Boot ist auf einen unter den Wellen verborgenen Felsen gefahren. Eiligst bemächtigt sich einer der Schiffsleute des Steuers; unverzüglich wirft ein zweiter dem im Strudel treibenden Steuermanne einen aufgeblasenen, an einem Seile befestigten Schlauch zu, und ohne jegliche Zögerung stürzen sich die übrigen, Hammer, Meißel und Werg in den Händen haltend, in den Schiffsraum hinab, um den bestimmt zu findenden Leck sofort zu verstopfen. Der Mann am Steuer wahrt, soviel ihm möglich, das Fahrzeug vor neuem Unheil; der gebadete Steuermann entsteigt mit einem mehr gestöhnten als gebeteten „El hamdi lillahi“ — Gott sei Dank — den trüben Fluten; die übrigen hämmern und stopfen und wehren dem eindringenden Wasser; einer opfert sogar sein Hemde, um einen Leck zu dichten, welcher bereits alles vorhandene Werg in sich aufnahm. Und abermals segelt das Boot durch Strudel und Wellen, schwankend, ächzend, knarrend wie ein Seeschiff im Sturme; abermals erreicht es die Stromschnelle, und abermals wird es festgehalten durch Wind und Wogen. Zwei Schiffsleute springen gleichzeitig in den Strom, arbeiten mit Anstrengung aller Kräfte gegen dessen Wogen, erreichen glücklich das ersehnte Felsstück, umschlingen es mit dem einen Ende des Taues und winken den übrigen, das Boot heranzuziehen. Dies geschieht; an den Felsen angekettet liegt das Boot, inmitten des heftigsten Wogenschwalles so bedeutend und ununterbrochen auf und nieder schwankend, daß es Seekrankheit verursachen kann und thatsächlich verursacht. Ein zweites Boot nähert sich und bittet um Unterstützung. Ihm wirft man vermittelst des aufgeblasenen Schlauches ein Tau zu und erspart ihm so Zeit und Arbeit. Bald liegt es, wenig später ein drittes, viertes unter demselben Felsen, und alle tanzen gemeinschaftlich auf und nieder. Nun aber ist die vereinigte Schiffsmannschaft zahlreich und stark genug, um die Ueberfahrt vollends bewerkstelligen zu können. Doppelt so viele Matrosen als jedes Fahrzeug führt, besetzen alle nötigen Posten des einen; die übrigen schwimmen, waten und klettern, Taue nach sich ziehend, zu einer Felseninsel oberhalb der Stromschnelle und schleppen eines der Boote nach dem anderen, ihre Kraft mit dem Segeldrucke vereinend, über das rauschende Gefälle der Stromschnelle hinauf. Hier und da und dann und wann genügt wohl auch der Segeldruck allein, um dasselbe zu erreichen; unter so günstigen Umständen aber gefährdet nachlassender Wind nicht selten Fahrzeug und Bemannung. Oft muß ein Boot mitten im Wogengebrause stunden- und selbst tagelang liegen bleiben und günstigen Wind abwarten. Dann kann man wohl auch an jedem Felsenzacken ein Schifflein hängen sehen, ohne daß eines im stande wäre, dem anderen Hilfe zu bringen.

Mehrere Male bin ich genötigt gewesen, das nächtliche Lager auf einem der schwarzen Felsen aufschlagen zu müssen, weil die heftige Bewegung des in der Stromschnelle auf und nieder schaukelnden Bootes den Schlaf verhinderte. Schwerlich kann man sich eine absonderlichere Schlafstätte denken, als solche es ist. Der Grund, auf welchem man ruht, scheint zu erzittern vor den anstürmenden Fluten; das Brausen und Rauschen, Zischen und Toben, Dröhnen und Donnern der Wogen übertäubt jeden anderen Hall: wortlos sitzt oder liegt man auf seinem Teppich inmitten der Genossen. Wie vorüberziehender Nebel sprüht bei jedem Windstoße feiner Dunstregen über das Felseneiland. Das belebende Lagerfeuer wirft wundersame Lichter auf das Gestein und die dunklen, in allen vorspringenden Ecken und Kanten schäumenden Gewässer, lassen aber die im Schatten liegenden Wirbel und Wasserstürze noch grausiger erscheinen, als sie sind. Zuweilen möchte man meinen, daß sie hundert Rachen öffneten, um das arme Menschenkind zwischen ihnen zu verschlingen. Doch dessen Vertrauen ist fest wie der Grund, auf welchen es sich bettete. Mag der gewaltige Strom donnern, die Brandung tosen und schäumen, wie sie wollen: man ruht sicher auf Felsen, welche beiden Jahrtausende hindurch Trotz boten. Aber wenn das Tau risse und das rettende Boot an den nächsten Felsen geschleudert und hier zerschellt würde? Dann wird ein anderes erscheinen, um die Schiffbrüchigen an das Ufer zu bringen! Man ist im stande, zu schlafen, ruhig zu schlafen, trotz solcher und ähnlicher Gedanken und trotz des ununterbrochenen Dröhnens; denn Gefahr gibt Mut und Mut Vertrauen, und für das betäubte Ohr wird der Donner der Wogen zuletzt zum Schlafgesange. Am nächsten Morgen aber, welch ein Erwachen! Im Osten erglüht der Himmel im duftigsten Rot; die alten Felsenriesen schlagen einen Purpurmantel um ihre Schultern und erglänzen sodann in blitzendem Lichte, als beständen sie aus geglättetem Stahle. Licht und Schatten weben auf den schwarzen Felsenmassen und in den mit goldgelbem Sande erfüllten Schluchten das wunderbare, unbeschreiblich herrliche Farbengewand der Wüste; Tausende und aber Tausende von Wasserperlen glänzen und flimmern dazwischen; und der Strom rauscht seine gewaltige, ewig gleiche und ewig verschiedene Weise dazu. Solch Schauspiel, solche Melodie füllt jedes Mannesherz mit Befriedigung und mit Entzücken. Wahrhaft andächtig verbringt man den Morgen auf seiner großartigen Schaustätte; denn erst mit den Vormittagsstunden erhebt sich der regelmäßig nach Süden strömende Segelwind. Mit ihm beginnen wiederum Arbeit und Gefahr, Mühe und Kampf, Wagnis und Sorge: und so schwindet ein Tag nach dem anderen, bleibt Stromschnelle nach Stromschnelle hinter dem Schiffer.

Die Reise zu Berge ist gefahrvoll und zeitraubend, die Fahrt zu Thale ein Wagestück ohnegleichen, weil ein tolldreistes Jagen durch Flut und Schnelle, Strudel und Wirbel, Wasserstürze und Felsenengen, ein mutwilliges Spiel mit dem eigenen Leben.

Thalfahrten durch das Gebiet aller Stromschnellen werden nur auf solchen Booten unternommen, welche im Sudan gezimmert wurden und für das untere Stromthal bestimmt sind. Etwa zehn vom Hundert zerschellen auf der Reise; daß nicht verhältnismäßig ebensoviel Matrosen verunglücken als Schiffe, erklärt sich einzig und allein durch die unübertreffliche Schwimmfertigkeit der nubischen Schiffer, welche nicht einmal dann immer ertrinken, wenn sie von den Wogen gegen einen Felsen geschleudert wurden, für gewöhnlich aber wie Enten mit den Wellen treiben und schließlich doch wiederum das feste Land gewinnen.

Ich will versuchen, einige Bilder solcher Thalfahrt so treu als möglich wiederzugeben.

Sechs neuerbaute Boote aus schwerem, im Wasser sinkendem Mimosenholze, geschätzt und gesucht in Aegypten, liegen an der südlichen Grenze der dritten Stromschnellengruppe, angepflöckt am Ufer des Stromes; die zu ihnen gehörige Mannschaft ruht auf sandigen Stellen zwischen schwarzen Felsblöcken, woselbst sie die Nacht verbracht hat. Es ist noch früh am Morgen und still im Lager; der Strom allein redet seine rauschende Sprache in der Oede. Der aufdämmernde Tag weckt die Schläfer; einer nach dem anderen steigt zum Strome hernieder und verrichtet die gesetzlichen Waschungen zum Gebete des Frührots. Nachdem das „Vorgeschriebene“ und „Hinzugefügte“ des Gebetes gesprochen worden ist, erquickt sich allmänniglich an einem kargen Imbisse; hierauf eilt alt und jung zu einem Scheich- oder Heiligengrabe, dessen weiße Kuppel zwischen lichtgrünen Mimosen aus einem dunklen Thale hervorschimmert, um hier, unter Vorantritt des ältesten Reis oder Schiffsführers, welcher die Stelle des Imam vertritt, ein besonderes Gebet um glückliche Fahrt zu verrichten.

Zu den Booten zurückgekehrt, wirft man schließlich noch, uralter heidnischer Sitte folgend, einige Datteln, gleichsam als Opfergabe, in den Strom.

Nunmehr endlich befehligt jeder Schiffsführer seine Mannschaft auf ihre Posten. „Löst das Haftseil! Rudert, ihr Männer, rudert, rudert im Namen Gottes, des Allbarmherzigen!" hallt sein Befehl. Hierauf beginnt er, singend den ewig wiederkehrenden Nachklang eines Gedichtes anzustimmen; einer der Ruderer nimmt die Weise auf und singt eine der Strophen des Liedes nach der anderen; alle übrigen begleiten ihn mit den taktmäßig vorgetragenen Worten: „Hilf uns, hilf uns, o Mohammed, hilf uns, Gottgesandter und Prophet."

Langsam bewegt sich die Barke der Mitte des Stromes zu, rascher und immer rascher gleitet sie stromabwärts; nach wenigen Minuten eilt sie, ihren Gang noch mehr beschleunigend, zwischen den Felseninseln oberhalb der Stromschnelle hindurch. „O Said, gib uns Freude," fleht der Reis, während die Matrosen noch immer singen wie vorher. Schneller und schneller tauchen die Ruder in die trübe Flut; über die braunen, gestern erst frisch gesalbten Leiber der bis auf die Lenden nackten Schiffer rieselt der Schweiß hernieder; jeder Muskel ist angespannt und in Thätigkeit. Lob und Tadel, Schmeichelworte und Verwünschungen, Bitten und Drohungen, Segenswünsche und Verfluchungen wechseln im Munde des Reis, je nachdem das Boot mehr oder minder seinen Wünschen entsprechend dahinrauscht. Die mit aller Kraft geführten Ruderschläge beschleunigen, obwohl sie nur zum Lenken bestimmt sind, den ohnehin ungemein schnellen Lauf des Fahrzeuges und vermehren die Gefahr manchmal ebenso, als sie ihr zu steuern suchen; der Reis erscheint daher entschuldigt, wenn er alle ihm zu Gebote stehenden Mittel anwendet, um seine Leute anzufeuern. „Legt euch auf die Ruder, arbeitet, arbeitet, meine Söhne; zeigt eure Kraft, ihr Enkel und Nachkommen von Helden; beweist euern Mut, ihr Tapferen; bethätigt eure Stärke, ihr Recken; preist den Propheten, ihr Gläubigen! O der Meriesa, o der sinnbilduftenden Mädchen von Dongola, o der Märchen in Kairo: alles wird euer sein! Backbord sage ich, ihr Hunde, Hundesöhne, Hundeenkel, Urenkel und Nachkommen von Hunden, ihr Christen, ihr Heiden, ihr Juden, ihr Kaffern, ihr Feueranbeter! Ah, ihr Spitzbuben, ihr Schelme, ihr Diebe, ihr Gauner, ihr Strolche: wollt ihr wohl rudern! Erstes Ruder, Steuerbord, hängen denn Weiber an dir? Drittes Ruder, Backbord, schleudere die Schwächlinge ins Wasser, welche dich führen wollen! Recht so, vortrefflich, ausgezeichnet, ihr kräftigen, gelenkigen, behenden Jünglinge; Gott segne euch, ihr Braven, und gebe euren Vätern Freude, euren Kindern Heil und Segen! Besser, besser, noch besser, ihr Memmen, ihr Kraft- und Saftlosen, ihr Elenden, Erbärmlichen — verdamme euch Allah in seinem gerechten Zorne, ihr,

Eine Fahrt durch die Stromschnellen des Nil.

ihr — — Hilf uns, hilf uns, o Mohammed!" So entquillt es ununterbrochen dem Munde des Befehlshabers, und alles wird mit dem größten Ernste gesagt, gesprochen, geschrieen, gestöhnt und durch entsprechende Hand-, Fuß- und Hauptbewegungen noch besonders bekräftigt und verstärkt.

Das Boot lenkt in den oberen Anfang der Stromschnelle ein. Die Felsen zu beiden Seiten scheinen sich im Wirbel zu drehen; der donnernde Schwall des Wassers überflutet Bord und Deck und übertönt jeglichen Befehl. Unaufhaltsam wird das gebrechliche Fahrzeug einer Felsenecke zugeschleudert — Furcht, Angst, Entsetzen prägen sich in allen Gesichtern aus — da liegt die gefährliche Stelle bereits hinter dem Stern des Bootes: die von dem Felsen zurückschäumenden Fluten haben auch das gefährdete Schifflein zurückgeworfen; nur zwei Ruder sind am Gestein zersplittert wie schwaches Glas. Ihr Verlust hindert die rechte Leitung der Barke, und ohne noch länger dem Steuer zu gehorchen, treibt sie einem wirklichen Wassersturze zu. Ein allgemeiner Schrei, Entsetzen und Verzweiflung ausdrückend; ein Wink des mit zitternden Knieen am Steuer stehenden Reis: und alle werfen sich platt auf das Deck und versuchen, hier krampfhaft sich festzuhalten; ein betäubender Krach und allseitige Ueberflutung durch zischende, gurgelnde Wogen; einen Augenblick lang nichts anderes als Wasser, sodann ein förmliches Aufspringen des Bootes: auch der Sturz und mit ihm Todesgefahren sind überwunden. „El hamdi lillahi“ — Gott sei Dank — ringt sich aus jeder Brust hervor; dann eilen einige in den Raum hinab, um entstandene Lecke zu suchen und zu verstopfen, andere legen neue Ruder auf: es geht weiter.

Hinter dem ersten jagt ein zweites Boot durch die gefährliche Schnelle. Mit ungestümer, fort und fort beschleunigter Hast arbeiten die Ruderer: da stürzen plötzlich alle zu Boden, und einer fliegt in hohem Bogen vom Ruder hinweg durch die Luft und in den Strom hinab. Er scheint verloren, in der tosenden Tiefe begraben zu sein; aber nein, inmitten des kreisenden und schäumenden Wirbels unterhalb der Schnelle taucht, während die Genossen ratlos die Hände ringen, der unvergleichliche Schwimmer wieder auf, und als ein drittes Boot an dem zweiten, auf einem Felsblocke sitzenden, vorübergejagt und in den Wirbel gelangt ist, erhascht er eines der Ruder und schwingt sich gewandt an Bord: er ist gerettet. Auch das vierte Boot eilt herbei; flehende Gebärden der gescheiterten Bemannung des zweiten rufen um Hilfe: ein Aufzeigen zum Himmel ist die beredte Antwort. In der That, menschliche Hilfe kann jenen nicht werden, denn kein Fahrzeug ist hier in der Gewalt des Menschen; der Strom selbst muß helfen, wenn er nicht zerstören will: und er hilft. Heftiger werden die Schwankungen des vorn und hinten in die Wogen tauchenden und von ihnen wieder gehobenen Bootes, und plötzlich wirbelt und jagt es wiederum durch Strudel und Strömung. Einige Schiffer rudern, andere schöpfen Wasser, wie zwei im Boote reisende Weiber, wieder andere hämmern, nageln und kalfatern im Raume. Zur Hälfte mit Wasser gefüllt, kaum noch über der Oberfläche sich haltend, erreicht es das Ufer und wird ausgeladen: aber die Hälfte der Ladung, aus arabischem Gummi bestehend, ist verloren und klagend, jammernd, weinend, auf die mit den Männern reisenden Weiber fluchend, zerrauft der Eigentümer, ein unbemittelter Kaufmann, seinen Bart. Die beiden Weiber haben alles verschuldet: wie könnten auch sie, welche den ersten Menschen im Paradiese bereits ins Verderben gestürzt haben, gläubigen Muslimin jemals Heil und Segen bringen! Wehe, wehe über die Weiber und ihr gesamtes Geschlecht!

Die Barke wird am nächsten Tage ausgebessert, neu kalfatert und beladen; sodann schwimmt sie mit den übrigen den nächsten Stromschnellen zu, durcheilt sie ohne weitere Schädigung und erreicht wie sie das fruchtbare, felsenfreie Stromthal Mittelnubiens, welches alle Schiffer gastlich empfängt und aufnimmt. Vergessen ist alsbald jegliche Sorge, welche vorher gequält hatte: wie Kinder lachen und scherzen die braunen Männer wieder, und mit Behagen schlürfen sie Palmwein und Meriesa. Viel zu rasch für ihre Wünsche führt der Strom die Boote durch das glückliche Land.

Wiederum schüttet die Wüste goldgelbe Sandmassen über die Felsen des Stromufers; wiederum beengen, zerteilen, stauen felsige Eilande das Bett des Nil: die Schiffe sind in die zweite Stromschnellengruppe eingetreten. Einer der gefährlichen Wasserläufe, einer der gefürchteten Strudel oder Wirbel, eine der sorgenbringenden Engen und Krümmungen nach der anderen bleiben zurück, nachdem sie glücklich durchfahren wurden; nur die letzten und wildesten Stromschnellen trennen die Schiffer noch von dem Palmendorfe Wadihalfa und dem von hier aber nur noch einmal, unterhalb Philä, von Felsen durchsetzten, übrigens aber gefahrlosen unteren Stromthale. Alle Boote suchen oberhalb der in der That furchtbaren Stromschnellen Gaskol, Moedjana, Abu-Sir und Hambol eine ruhige Bucht auf; alle Schiffer lagern hier bis zum nächsten Morgen, um sich für die Arbeit, Anstrengung, Angst und Sorge des kommenden Tages zu stärken. Auf federnden Lagergestellen geben sich auch die Abendländer erquicklicher Ruhe hin.

Die Nacht zieht ihren Schleier über das wilde Land. Im Felsenthale donnern die abstürzenden Wogen; in der stillen Bucht spiegeln sich die Sterne wider; am Strande duften blühende Mimosen. Da tritt ein uralter, zwischen den Stromschnellen geborener und ergrauter Reis zu den Abendländern. Sein blendendweißer Bart umrahmt das würdige Antlitz; sein weites Obergewand mahnt an den Talar eines Priesters. „Söhne der Fremde, Männer des Frankenlandes," so beginnt er zu reden, „Schweres habt ihr mit uns überstanden, Schwereres steht euch bevor. Ich bin im Lande geboren; siebzig Jahre hat die Sonne mein Haupt beschienen; endlich hat sie mein Haar gebleicht: ich bin ein alter Mann — ihr könntet meine Kinder sein. So achtet der Stimme des Warners und laßt ab von eurem Vorsatze, uns morgen zu begleiten. Unwissend geht ihr der Gefahr entgegen; ich aber kenne sie. Hättet ihr, gleich mir, jene Felsen gesehen, welche den Wogen die Thore schließen, hättet ihr vernommen, wie ich, wie diese Wogen zürnend und dröhnend Ein- und Durchlaß begehren, wie sie Felsen überfluten und brüllend zur Tiefe stürzen; bedächtet ihr, daß einzig und allein die Gnade Gottes, den wir bewundern und erheben, unser armseliges Schifflein führen kann: ihr würdet mir nachgeben. Würde nicht Kummer das Herz eurer Mutter brechen, wenn die Barmherzigkeit des Allerbarmers uns verließe? — Ihr wollt nicht abstehen? So möge des Allgnädigen Gnade über uns allen hier walten!"

Vor Sonnenaufgang wird es lebendig am Strande. Inbrünstiger als je zuvor sprechen die Schiffer das Gebet des Frührots. Ernste, des Stromes kundige Steuerleute, junge, gliederkräftige und waghalsige Ruderer bieten dem Alten ihre Dienste an. Bedachtsam wählt er die erfahrensten Steuerleute, die kräftigsten Ruderer aus ihrer Mitte; dreifach bemannt er das Steuer, dann mahnt er zum Aufbruche. „Männer und Söhne des Landes, Kinder des Stromes, betet die Fatiha," befiehlt er. Und alle sprechen die Worte der ersten Sure des Korans: „Lob und Preis dem Weltenherrn, dem Allerbarmer, der da herrschet am Tage des Gerichtes. Dir wollen wir dienen, zu dir wollen wir flehen, daß du uns führest den rechten Weg, den Weg derer, die deiner Gnade sich freuen, nicht aber den Weg derer, über welche du zürnest, und nicht den Weg der Irrenden!" „Amen, meine Söhne; im Namen des Allerbarmers! Löset das Haftseil und Hand an die Ruder." Mit gleichmäßigem Schlage fallen diese in das Wasser.

Langsam treibt der aufgestaute Strom das Boot der ersten Schnelle zu, und wiederum jagt es, nachdem es dieselbe erreicht hat, weder dem Steuer noch den Rudern gehorchend, in allen Fugen knarrend und ächzend durch sich überstürzende Wogen und kochenden Gischt, durch Strudel und Wirbel, Engen und jählings sich wendende Straßen, von den Wellen umspült und überschüttet, auf Armeslänge an Felsenkanten vorüber und dicht über umwirbelte Felszacken hinweg einer zweiten Schnelle zu. Von der Höhe des Absturzes aus blickt das Auge mit Entsetzen zu einer, in Anbetracht der furchtbaren Wassergewalt grausigen Tiefe hernieder, und gerade vor dem unteren Ausgange der Schnelle erhebt sich ein runder Felsblock, welchen schäumende Wellen umgeben, als ob ein von weißen Locken umwalltes Riesenhaupt aus dem Wasser aufgetaucht wäre. Einem abgeschnellten Pfeile vergleichbar schießt das gebrechliche, hier unlenkbare Gebäude diesem Riesenhaupte entgegen. „Im Namen des Allbarmherzigen rudert, rudert ihr Männer, ihr gewaltigen, tapferen, kühnen Männer, ihr Kinder des Stromes," stöhnt der Reis; „Backbord, Backbord das Steuer mit aller Kraft." Aber Ruder wie Steuer versagen. Zwar nicht der Felsblock gefährdet das Fahrzeug, aber eine enge, in ein Felsenwirrsal führende, steuerbords vom Felsen abzweigende Straße nimmt es auf, und vergeblich suchen aller Augen nach einem Auswege aus jenem Wirrsal. Schon verlassen die Schiffer die Ruder, um sich ihrer letzten Bekleidungsstücke zu entledigen und nach dem voraussichtlichen Scheitern des Bootes im Schwimmen nicht behindert zu werden: da lenkt ein furchtbarer Krach aller Blicke wieder nach rückwärts: Jenes Felsenhaupt hat das nachfolgende längere, minder lenksame Boot als Opfer empfangen und trägt es freischwebend über den darunter zischenden Fluten. Das vermehrt das Entsetzen. Alle Schiffer sehen die Bemannung jenes Boots als verloren an, und alle bereiten sich vor zum Sprunge in die Tiefe. Da zittert hell und klar die Greisenstimme des Stromesalten über das wirbelnd treibende Fahrzeug. „Seid ihr denn toll, seid ihr von Gott verlassen, ihr Kinder der Heiden! Arbeitet, arbeitet, ihr Knaben, ihr Männer, ihr Helden, ihr Recken, ihr Gläubigen! In der Hand des Allmächtigen ruht alle Kraft und Stärke; ihm sei die Ehre, an die Ruder also, ihr Heldensöhne!" Und er selbst tritt an das Steuer und führt das verirrte Boot binnen weniger Minuten vom „Wege der Irrenden" auf den „rechten Weg" zurück. Eines der Boote nach dem anderen erscheint im freien Wasser; aber nicht alle Fahrzeuge entrannen dem Verderben. Noch immer und wohl bis zur nächstjährigen Nilschwelle trägt das Riesenhaupt seine Last, und jenes Unglücksboot, welches die Weiber führte, zerschellte in tausend Trümmer schon an der obersten Schnelle. Mit der glücklich geretteten Mannschaft beten die Schiffer wie vor der Abfahrt: „Lob und Preis dem Weltenherrn!"

Vor dem palmenbeschatteten Dorfe Wadihalfa liegen die geretteten Boote nebeneinander; am Strande selbst lagern um lodernde Feuer in malerischen Gruppen die Schiffer. Wölbige Urnen, gefüllt mit Meriesa, laden zum Zechen ein; in anderen Gefäßen derselben Art brodelt das Fleisch geschlachteter Schafe, unter Aufsicht rasch herbeigekommener, mit Ricinusöl gesalbter, für Europäer unnahbarer Frauen und Mädchen. Zitherklänge und Trommelschläge bezeichnen den Beginn der „Phantasie“ des Festes, des Schmauses, des Gelages. Unsägliches Wohlsein beglückt alle Schiffer; genußfreudiges Behagen drückt sich in Miene und Bewegung aus. Endlich aber fordert die nach dem heutigen, schweren und sorgenbringenden Werke unausbleibliche Ermüdung ihre Rechte. Dem schlaffwerdenden Arme entsinkt die Tarabuka, der ermattenden Hand die Tambura, und alle die bis vor wenig Augenblicken so lauten Stimmen schweigen

Dafür beginnt nunmehr die Nacht zu reden. Von oben hallt der Donner der Stromschnellen hernieder; in den Palmenkronen, mit deren Wedeln der Nachtwind spielt, hebt ein Geflüster an; am flachen Strande brechen sich klangvoll plätschernd die Wellen. Und Wogendonner und Wellenspiel, Windesrauschen und Palmengeflüster weben den köstlichen Schlummergesang, welcher alle hinüberwiegt in das lichtvolle Reich goldenen Traumes.

Eine Reise in Sibirien.

Die volksbelebten Straßen St. Petersburgs, die goldstrahlenden Kuppeln Moskaus lagen hinter uns, die Türme Nischni-Nowgorods am jenseitigen Ufer der Oka vor uns. Dankerfüllt waren wir aus den beiden Hauptstädten des russischen Reiches geschieden. Von Sr. Majestät, unserem ruhmreichen Kaiser, in Berlin huldvoll verabschiedet, vom auswärtigen Amte Deutschlands warm empfohlen, von dem deutschen Botschafter in St. Petersburg aufs freundlichste empfangen, hatten wir in Rußland wohl eine gute Aufnahme erhofft, eine solche aber gefunden, welche unsere kühnsten Erwartungen bei weitem übertreffen mußte. Se. Majestät, der Zar, hatte geruht, uns Audienz zu bewilligen, Großfürsten und Großfürstinnen des kaiserlichen Hauses hatten die Gnade gehabt, uns zu empfangen; der Reichskanzler, die betreffenden Minister und hohen Staatsbeamten Rußlands waren uns sämtlich mit jener zuvorkommenden Liebenswürdigkeit und opferbereiten Willfährigkeit entgegengekommen, welche allen gebildeten Russen mit Recht nachgerühmt wird; die besten Empfehlungen, deren Gewichtigkeit uns erst später erkennbar werden sollte, begleiteten uns.

Bis Nischni-Nowgorod hatten uns die Verkehrsmittel der Neuzeit gefördert; fortan sollten wir erfahren, wie man im russischen Reiche Entfernungen von Tausenden von Kilometern oder Wersten durchmißt — durchmißt im Winter wie im Sommer, des Nachts wie am Tage, im grollenden Unwetter wie im lachenden Sonnenscheine, im klatschenden Regen oder eisigem Schneesturme wie bei stäubender Dürre, im Schlitten wie im Wagen. Vor uns stand der riesige und massige, in allen Fugen verklammerte, durch weit auslegende Streben gegen das Umfallen, durch ein Verdeck gegen Schnee und Regen geschützte Reiseschlitten, und das Glöcklein erklang im Krummholze des Dreispanns.

Auf der krystallnen Decke der Wolga begannen wir am 19. März die hier rasch fördernde, aber doch nicht ungehinderte Fahrt. Tauwetter hatte uns begleitet von Deutschland nach Rußland, Tauwetter uns aus Petersburg und Moskau vertrieben, Tauwetter blieb unser beständiger Gefährte, als wären wir Boten des Frühlings. Mit Wasser gefüllte Löcher im Eise, an die gähnende Tiefe unter uns bedrohlich mahnend, durchnäßten Pferde, Schlitten und uns, oder nötigten zu unliebsamen Umwegen, welche des knarrenden und dröhnenden Eises halber gefährlicher erschienen, als sie waren, machten auch Kutscher und Postmeister so besorgt, daß wir schon nach kurzer Fahrt die glatte Eisfläche mit der bisher noch nicht befahrenen Sommerstraße vertauschen mußten. Sie, die Straße, auf welcher nicht allein Tausende und andere Tausende von Frachtwagen, sondern ebensoviele von Verbannten dem gefürchteten Sibirien zuziehen, für letztere eine Seufzerstraße, wurde auch uns zu einer solchen. Meterhoch lag der noch lockere, aber bereits wassergesättigte Schnee auf ihr; rechts und links rannen und rauschten Bächlein überall da, wo sie rinnen und rauschen konnten; in beklagenswerter Weise quälten sich die jetzt in langer Reihe vor einander gespannten Pferde, um festen Fuß zu fassen: sprungweise versuchten sie, die Spuren der ihnen vorausgegangenen zu erreichen, und bis an die Brust sanken sie bei jedem Fehlsprunge ein in den Schnee, in das eisige Wasser. Hinterher polterte der Schlitten, in allen Fugen krachend, wenn er mit jähem Sprunge aus der Höhe herab in die Tiefe geschleudert wurde; stundenlang blieb er zuweilen, der unglaublichsten Anstrengungen der Pferde spottend, in einem Loche sitzen, und wehmütig fast klagte der rätselhaften Faldine Gabe, das wölfescheuchende Glöcklein. Vergeblich mahnte, bat, beschwor, krächzte, kreischte, schrie, brüllte, fluchte und peitschte der Kutscher; in den meisten Fällen gelang es erst durch fremde Hilfe, wieder flott zu werden.

Qualvoll dehnten sich die Stunden, zu vier- und fünffacher Länge die Wegstrecken. Vom Schlitten aus nach rechts und links zu schauen, verlohnte sich kaum der Mühe, denn reizlos und öde liegt das flache Land vor dem Auge; nur in den Dörfern bot sich manches, Erbauliches und Beschauliches, aber auch bloß dem, welcher beobachten wollte und konnte. Noch hielt hier der Winter die Leute zurück in ihren kleinen, zierlich angelegten, meist aber arg verliederten Blockhäusern; nur bepelzte Knäblein liefen barfüßig durch den wässerigen Schnee und kotigen Schmutz, welchen ältere Knaben und Mädchen mit Hilfe von Stelzen zu überwinden strebten; nur alte, weißbärtige Bettler umlungerten Posthäuser und Schenken, Bettler aber, welche jeder Maler ebenso entzückend gefunden haben müßte, wie ich sie fand, Bettler, welche, wenn sie eine Gabe heischend das Haupt entblößten, im Ehrenschmucke ihrer Glatze und ihres lang herabwallenden Bartes, im jetzt erst ersichtlich werdenden Schmutze ihres Leibes und in der Zerlumptheit ihrer Kleidung, als so ausgezeichnete Ur- und Vorbilder weltverachtender Heiligen erschienen, daß ich nie umhin konnte, ihnen immer und immer wieder zu spenden, bloß um als Dankeszoll ein drei- bis neunmaliges Bekreuzen hervorzurufen, — ein Kreuzschlagen, so ausdrucks- und überzeugungsvoll, wie es je ein wirklicher Heiliger ausgeübt haben kann.

Auch die Tierwelt trat in den Dörfern mehr hervor, als auf den Feldern, und selbst in den Wäldern, welche wir durchzogen. Draußen hielt der Winter noch alles tierische Leben gefesselt, war noch alles still und tot, bemerkten wir außer der Nebelkrähe und dem Goldammer fast keinen Vogel, im Schnee kaum die Spuren eines Säugetieres; in den Dörfern bewillkommneten uns wenigstens die reizenden Dohlen, der Blockhausdächer anmutigster Schmuck, die Kolkraben, bei uns zu Lande scheue Gebirgs- und Waldbewohner, hier des Dörflers vertrauensselige Genossen, Elstern und andere Vögel mehr, ganz abgesehen von den Haustieren, unter denen vor allen die frei umherlaufenden Schweine unsere Beachtung auf sich zu ziehen wußten.

Nach viertägiger ununterbrochener Fahrt, ohne erquicklichen Schlaf, ohne stärkende Ruhe, ohne genügende Nahrung, an allen Gliedern wie zerschlagen, erreichten wir, nachdem wir zu Fuße die vielfach geborstene Eisdecke der Wolga überschritten, Kasan, die alte Hauptstadt der Tataren, deren sechzig Türme uns schon gestern freundlich entgegengeleuchtet hatten. Ich glaubte mich zurückversetzt in das Morgenland. Von den Minarets und den hier und da hervortretenden spitzdachigen Holztürmen herab klang mir wiederum in arabischen Lauten der Ruf zum Gebete entgegen, zu welchem der Islam seine Bekenner fordert; zwischen turbantragenden Männern huschten, ängstlich vor diesen sich verschleiernd, neugierig vor uns sich enthüllend, schwarzäugige Frauen dahin, der zierlichen und durchlässigen Safranschuhe halber besorglich die übertrauften Stege längs der Häuser suchend; im Gewühle des Bazars trieb sich zwanglos alt und jung umher: alles ganz ebenso wie im Morgenlande. Nur die vielen pomphaften Kirchen, unter denen die des Klosters der „nicht von Menschenhänden gefertigten schwarzen Gottesmutter von Kasan“ durch Lage und Bauart hervortritt, wollten zu diesem morgenländischen Bilde nicht passen, so wenig sich auch verkennen ließ, daß hierzulande Christen und Mohammedaner einträchtiglich miteinander leben.

Mit leichteren Schlitten, auf womöglich noch grundloseren Wegen zogen wir weiter, Perm, dem Ural entgegen. Durch tatarische und russische Dörfer und die sie umgebenden Fluren, durch weitausgedehnte Wälder führt die Straße. Die tatarischen Dörfer stechen meist vorteilhaft von den russischen ab und machen sich nicht allein durch das Fehlen der als unrein geltenden Schweine, sondern, und mehr noch, durch den stets wohlgepflegten, mit hohen Bäumen bestandenen Friedhof kenntlich; denn der Tatar ehrt die Ruhestätte seiner Toten, der Russe höchstens die seiner Heiligen. Die Wälder sind, obschon forstlich eingeteilt, doch nichts anderes als Urwälder, welche erwachsen und gedeihen, altern und vergehen ohne Zuthun des Menschen: sie liegen viel zu weit ab von schiffbaren Flüssen, als daß sie sich jetzt schon verwerten ließen.

Zwei große Flüsse, die Wjätka und Kama, kreuzen unsere Straße. Noch hält jene der Winter in starren Banden; aber der heranwehende Frühling beginnt bereits die eisige Decke zu lösen. Wasser überflutet die Uferränder und zwingt die Pferde der Frachtfuhrleute, welche die über solche Stellen geschlagenen Notbrücken verschmähen, schwimmend den hinter ihnen wie ein Boot treibenden Schlitten durch das Wasser zu ziehen.

Schon vor Perm müssen wir den Schlitten mit dem Reisewagen vertauschen, und in ihm rollen wir dem Europa und Asien trennenden Ural zu. Ueber langgestreckte, sanfte, aber mehr und mehr ansteigende Hügelreihen zieht sich die Straße. Das Gepräge der Landschaft ändert sich; zwar nicht großartige, aber doch hübsche Gebirgsbilder stellen sich dem Auge dar. Kleine Wäldchen mit dazwischen liegenden Feldern und Wiesen erinnern an die Vorberge der Alpen Steiermarks. Die meisten Wälder sind arm und dürftig, denen der Mark vergleichbar, andere reicher und bunt, auch auf weithin geschlossen. Dort werden sie von niedrigen Kiefern und Birken gebildet, hier von beiden Bäumen mit dazwischen eingesprengten Linden, Espen, Schwarz- und Weißpappeln, über deren runde Kronen die cypressenartigen Wipfel der herrlichen Pichta oder sibirischen Tanne wie Kerzen emporragen. Die Dörfer sind durchschnittlich größer, die Häuser stattlicher als in den bisher durchreisten Gegenden, die Wege aber über alle Begriffe schlecht. „Mit müder Qual“ schleichen Tausende von Frachtwagen auf oder richtiger in tiefkotigen Geleisen dahin, langsam und verdrießlich auch wir, bis wir endlich nach dreitägiger Fahrt die Wasserscheide der beiden großen Stromgebiete der Wolga und des Ob erreichen und durch einen Denkstein, auf dessen Westseite das Wort „Europa", auf dessen Ostseite das Wort „Asien" eingegraben ist, erfahren, daß wir die Grenze des heimatlichen Erdteils überschritten haben. Unter dem Klange der Gläser gedenken wir der fernen Lieben.

Das freundliche Jekatarinburg mit seinen Goldschmelzen und Steinschleifereien darf uns trotz der Gastlichkeit seiner Bewohner nur kurze Zeit fesseln; denn mächtiger und eindringlicher regt sich der Frühling, und weicher und morscher wird das Eis der Flüsse und Ströme, welches bis nach dem fernen Omsk uns noch als Brücke dienen soll. Rastlos eilen wir weiter durch die Gefilde des asiatischen Teiles des Permschen Gouvernements, bis wir dessen Grenze und damit Westsibirien erreichen.

Hier, im ersten Posthause, erwartet uns der Kreishauptmann von Tjumen, um uns im Namen des Statthalters zu begrüßen und durch seinen Kreis zu geleiten; in der Hauptstadt desselben finden wir das Haus eines reichen Mannes zu unserem Empfange bereit. Fortan lernen wir erkennen, was russische Gastlichkeit bedeutet. Auch bisher hatte man uns allerorten gastlich empfangen, gastlich bewirtet; von jetzt an sind überall die höchsten Beamten des Kreises, der Provinz, zu unseren Gunsten rege und thätig, die vornehmsten Häuser zu unserer Aufnahme geöffnet. Wie Fürsten hat man uns behandelt, bloß weil wir wissenschaftliche Zwecke verfolgten. So dankbar wir dies auch anerkennen, warm genug zu danken vermögen wir nicht, denn dazu fehlen die Worte.

Hinter oder jenseits Tjumen, woselbst wir drei Tage verweilten, um die Gefängnisse der Verbannten, die Lederfabriken und andere Sehenswürdigkeiten der ersten sibirischen Stadt in Augenschein zu nehmen, zeigten uns die Bauern, wie sie sogar die Flüsse zu bemeistern wissen. Der kommende Frühling hatte auch das Eis der Pyschma gelöst und die Schollen begannen sich in Bewegung zu setzen; wir aber sollten vorher noch den Fluß überschreiten. Unserer harrend stand die Bewohnerschaft des Dorfes Romanoffskoye entblößten Hauptes vor der Pyschma; unserer harrend mußte auch diese sich gedulden, bevor sie ihre krystallenen Fesseln abschütteln durfte. Mit ebensoviel Geschick als Kühnheit hatte man eine Not- und Hilfsbrücke über den teilweise bereits eisfreien Fluß geschlagen, ein größeres Boot als mittlere Unterlage benutzend, die des Abgangs verdächtigen Eisflöze oberhalb und neben dieser Brücke aber mit starken Tauen und Stricken festgebunden. Geschäftige Hände entschirrten die für die heutige Fahrt erforderlichen Fünfgespanne, packten Achsen und Speichen, griffen handfest zu und führten einen Wagen nach dem anderen über die schwankende, wellenförmig sich biegende, knarrende und ächzende Brücke.

Sie hatte ihren Zweck erfüllt; drüben ging's lustig weiter durch Wasser und Schnee, Schlamm und Kot, über Knüppeldämme und Eis.

Minder lenksam erwies sich der Tobol, welchen wir am Karfreitage, den 14. April, und dem ersten eigentlichen Frühlingstage, überschreiten wollten. Auch hier hatte man alle erforderlichen Vorkehrungen getroffen, um uns überzusetzen, sogar einen unserer Wagen bereits ausgespannt und auf die Eisdecke gerollt, als diese krachend sich teilte und zu schleunigstem Rückzuge nötigte. Fröhlich waren die Glöcklein im Krummholze erklungen, als wir Jalutdroffsk verlassen, traurig läuteten sie uns wieder nach dieser Kreisstadt zurück, und erst am Ostertage konnten wir den großen Fluß mit Hilfe einer Fähre überschreiten.

So ging es weiter; vor oder hinter uns warfen die Flüsse ihre Winterdecken ab; nur der gefürchtete Irtysch lag noch erstarrt und sicher unter uns, und so erreichten wir Omsk, die Hauptstadt Westsibiriens, nach mehr als monatlicher Reise ohne weitere Zwischenfälle.

Nachdem wir in Omsk gesehen, was zu sehen war: die Straßen und Häuser, das Kadettenhaus, Museum, Krankenhaus, das Kriegergefängnis und anderes mehr, fuhren wir auf der längs des rechten Irtyschufers sich dahinziehenden, die Dörfer der sogenannten Kosakenlinie verbindenden Straße nach Semipalatinsk weiter. Schon zwischen Jalutoroffsk und Omsk hatten wir eine Steppe, die von Ischim, durchreist: jetzt umgab sie uns von allen Seiten, und allnächtlich fast röteten die Flammen ihres in Brand gesteckten vorjährigen Grases und Krautes den Himmel. Längs des Irtysch zogen die Wandervögel dahin, unmittelbar hinter dem nordwärts treibenden Eise her; die Wasservögel erfüllten alle Altwässer und Steppenseen mit ihrer Menge; verschiedene Lerchenarten trieben sich in starken Flügen am Wege umher; die niedlichen Falken der Steppe hatten ihre Sommerstände bereits wieder bezogen, der Frühling war zur Wahrheit geworden.

In Semipalatinsk hatten wir das Glück, in dem Gouverneur, General v. Poltoratski, einen warmen Freund und Beförderer unserer Bestrebungen, in seiner Gemahlin die liebenswürdigste Wirtin zu finden, welche wir überhaupt hätten finden können. Nicht zufrieden damit, uns in Semipalatinsk die gastlichste Aufnahme bereitet zu haben, beschloß der General, uns in der ansprechendsten Weise mit dem Hauptteile der Bevölkerung seines Gebietes, den Kirgisen, bekannt zu machen, und veranstaltete zu diesem Zwecke eine großartige Jagd auf Archare, Wildschafe, deren Größe die unserer Hausschafe fast um das Doppelte übertrifft.

Am 3. Mai brachen wir zu dieser Jagd auf, übersetzten den Irtysch und fuhren auf der Poststraße nach Taschkent in die Kirgisensteppe hinein. Nach sechzehnstündiger Fahrt hatten wir das Jagdgebiet, ein felsiges Steppengebirge, erreicht; bald darauf standen wir vor dem unseretwegen errichteten Aul oder Jurtenlager, freundlich begrüßt von der uns gestern vorausgeeilten Frau Generalin, herzlich auch von einigen zwanzig kirgisischen Sultanen, Gemeindevorstehern und deren zahlreichem Gefolge.

An den drei folgenden Tagen ging es hoch her in den Arkatbergen. Für die stets nach Festlichkeiten verlangenden Kirgisen waren Feiertage angebrochen, für uns nicht minder. Das Thal und die Berge wurden laut unter dem Hufschlage der achtzig oder mehr Reiter, welche an den beiden nächsten Tagen zur Jagd hinauszogen; die Sonne blitzte, so oft sie sich zeigte, auf bunte, fremdartige Gewänder herab, welche bisher unter Pelzen verhüllt gewesen waren; lebendiges Gewimmel erfüllte Berge und Thalschluchten. Mit ihren besten Rennpferden, ihren wertvollsten Paßgängern, gezähmten Steinadlern, Windhunden und Kamelen, mit Zitherspielern und Stegreifdichtern, Ringkämpfern und sonstigen Recken waren sie erschienen, die einst so gefürchteten Kirgisen, deren Name nichts anderes als Räuber bedeutet, heute die gefügigsten, getreuesten und zufriedensten Unterthanen des russischen Reiches. In Gruppen und Haufen saßen sie beisammen, einzeln und in Scharen sprengten sie hin und her, in Lust und Uebermut ihre Rosse tummelnd; mit regster Aufmerksamkeit folgten sie dem Ringkampfe, mit Begeisterung den von Knaben gerittenen Rennpferden; mit Geschick und Verständnis leiteten sie die Jagd; mit Entzücken lauschten sie auf die Worte des Stegreifdichters, welcher die Jagd besang. Ein Kirgise hatte schon vor unserer Ankunft einen Archar erlegt; mir führte das Jagdglück einen zweiten vor die sichere Büchse. Dieses Jagdglück war es, welches den Stegreifdichter begeisterte. Seine Verse waren zwar nicht besonders inhaltreich und tief gedacht, jedoch immerhin so eigenartig, daß ich sie aufzeichnete, um die erste Probe kirgisischer Dichtung zu sammeln. Während der Mann sang, übersetzte ein Dolmetsch ins Russische, der General ins Deutsche, und als der Sänger geendet, hatte auch ich seine Worte eilschriftlich zu Papier gebracht.

„Sprich nur, rote Zunge, sprich so lange du noch Leben hast; denn nach dem Tode wirst du stumm sein.

Sprich nur, rote Zunge, die mir Gott gegeben, nach dem Tode wirst du schweigen.

Worte wie jetzt dir entklingen, nach dem Tode werden sie dich nicht verlassen.

Rückkehr von der Jagd.

Leute, ragend wie die Berge, seh' ich vor mir; ihnen will ich Wahrheit sagen.

Berge, Felsen glaube ich vor mir zu sehen; mit dem Rennpferd mag ich sie vergleichen.

Sie, die größer sind als Boote, wie ein Dampfschiff auf des Irtysch Wellen.

Seh ich doch in Dir, o Herrscher, nach des Kaisers Majestät, den höchsten, einem Berge zu vergleichen, wertvoll wie ein Rennpferd, das im Paß geht.

Eine Mutter war es, die mich hat geboren; meine Zunge aber hat mir Gott gegeben.

Wenn vor dir ich jetzt nicht rede, zu wem sonst soll ich wohl sprechen?

Vollste Freiheit habe ich zu reden, ebenso als ob zu meinem Volk ich spräche.

Glück Dir, Herr, und Heil und Segen Deinen Gästen, unter denen hochgestellte Leute, ob sie jetzt auch auf der Seite liegen.

Jeder Gast des Generals ist auch der unsere, unsrer Freundschaft sicher.

Gott nur gab mir meine Zunge; mag sie weiter reden.

In den Bergen sahn wir Jäger, Schützen, Treiber; doch nur mit einem war das Glück.

Wie des höchsten Berges Spitze über alle andern ragt, so überhob es diesen über alle; denn er schoß dem Archar wohlgezielt zwei Kugeln in den Leib und brachte ihn zur Jurte.

Aller Jäger Wunsch war, Beute zu gewinnen; doch nur einer sah den Wunsch erfüllt: Uns zur Freude, auch zur Freude Dir, o hohe Frau, zu welcher jetzt ich rede.

Alles Volk ist hoch erfreut, nicht bloß die Männer, Dich allhier zu sehen, zu begrüßen; alles Volk wünscht Dir nur Freude, tausend Jahre Leben und Gesundheit.

Laß es Dir gefallen, nimm die Huldigung entgegen! Ob Du gleich viel besser Volk gesehen; treuer aber hat Dir keines Gruß und Gastlichkeit gespendet.

Möge Gott Dich segnen, segnen auch Dein Haus und Deine Kinder! Viel zu wenig Worte mag ich finden, Dich zu preisen; aber meine Zunge hat mir Gott gegeben: Und sie sprach, die rote Zunge, was im Herzen keimte."

Wir verließen die Arkatberge und bald darauf auch das Verwaltungsgebiet unseres Gastfreundes, von welchem wir uns auf dem Jagdplatze getrennt hatten, wurden in Sergiopol, der ersten Stadt Turkestans, von Oberst Friedrichs empfangen und im Namen des Generalgouverneurs dieser großen Provinz begrüßt und zogen nunmehr in seiner Gesellschaft unseres Weges weiter. Kirgisenhäupter gaben uns das Ehrengeleite und stellten uns Zugpferde, welche freilich vorher noch niemals als solche benutzt worden waren und anfänglich stets wie toll mit dem schweren Wagen davonjagten; Kirgisensultane erwiesen uns Gastfreundschaft, sorgten unterwegs für Obdach und Nahrung, stellten Jurten auf an allen Orten, wo wir rasten wollten oder ruhen sollten; Kirgisen fingen für unsere Sammlungen Schlangen und anderes kriechendes Getier, warfen zu Gunsten dieser Sammlungen Netze in den Steppenseen aus und folgten uns auf unseren Jagdzügen wie treue Hunde. So durchreisten wir die jetzt im vollsten Frühlingsschmucke prangende Steppe, verweilten jagend und sammelnd am Alakul oder „bunten See“, zogen durch blühende Thäler und über lachende Berge der im Alatau, einem der großartigsten Steppengebirge, gelegenen Kosakenstaniza Lepsa zu, durchstreiften die Umgegend der Ansiedelung, ein kleines Paradies, in welchem Milch und Honig fließt, erklommen die Hochberge, erlabten uns hier an rauschenden Gebirgswässern, grünen Alpenseen und köstlichen Fernsichten und wandten uns sodann, in nordöstlicher Richtung weiterreisend, der chinesischen Grenze zu, um auf dem kürzesten und bequemsten Wege durch einen Teil des himmlischen Reiches nach dem Altai zu gelangen.

In Bakti, dem letzten russischen Grenzposten, ward uns die Kunde, daß Seine Unaussprechlichkeit, der Dschandsun Djun, Oberstatthalter der Provinz Tarabagatai, uns auch von seiten Chinas begrüßen wolle und zu einem Gastmahle eingeladen habe. Um diesem Wunsche des hohen Mandarin nachzukommen, ritten wir am 21. Mai nach der Hauptstadt besagter Provinz, Tschukutschak oder Tschautschak, hinüber.

Der Reiterzug, welcher sich durch die sommerlich glühende Steppe bewegte, war zahlreicher und glänzender als je zuvor. Teils um in dem vom Aufruhr heimgesuchten Lande die nötige Sicherheit zu genießen, teils um vor Seiner Herrlichkeit würdig, um nicht zu sagen pomphaft, auftreten zu können, hatten die uns begleitenden Herren außer den uns unter Führung unseres neuen Geleitgebers, Major Tichanoff, aus Sachan entgegengekommenen dreißig Kosaken und unseren alten kirgisischen Freunden noch eine halbe Sotnie Kosaken aus Bakti aufgeboten, und somit erdröhnte die bisher so öde Steppe unter den Hufschlägen eines kleinen Heeres. Alle unsere Kirgisen ritten heute in Feierkleidern, und ihre schwarzen, blauen, gelben und roten, mit Silber- und Goldtressen besetzten Kaftane wetteiferten an Glanz und Schimmer mit den Uniformen der uns begleitenden russischen Offiziere. An der neuerdings vereinbarten Grenze erwartete uns ein chinesischer Krieger höheren Ranges, um uns zu begrüßen, kehrte hierauf um und jagte, so schnell sein Roß ihn tragen wollte, wiederum zurück, um seinem Gebieter unsere Ankunft zu melden. Ueber Trümmerhaufen stolperten, zwischen halbeingefallenen und halbfertigen Gebäuden, aber auch zwischen blühenden Gärten dahin schritten die Hufe unserer Pferde, als wir die Stadt erreicht hatten; fratzenhafte Mongolengesichter grinsten uns entgegen, Frauen von geradezu abschreckender Häßlichkeit beleidigten mein Schönheitsgefühl in empfindlichster Weise. Vor dem Wohngebäude des Statthalters sammelte sich der Zug; Erlaubnis zum Eintreten begehrend hielten wir vor der breiten Pforte. Ihr gegenüber erhob sich eine künstlich zusammengesetzte Mauer, in der Mitte ein wundersames Tierbild zeigend; rechts und links davon lagen chinesische Marterwerkzeuge am Boden. Ein Hausbeamter bat, einzutreten, bedeutete aber gleichzeitig den Kosaken und Kirgisen draußen zu bleiben. Der Statthalter empfing uns in seinem Wohn-, Geschäfts- und Gerichtsraume mit größter Feierlichkeit. Alle Würde eines hohen Mandarin bewahrend, mit der Rede kargend und nur einzelne abgebrochene Laute ausstoßend, welche jedoch stets von einem heiter grinsenden Lächeln begleitet wurden, reichte er uns die Hand und lud zum Niedersitzen an der mit Thee und unzähligen kleinen Schüsseln beschickten, wunderliche Genüsse aufweisenden Frühstückstafel ein: „und wir erhoben die Hände zum lecker bereiteten Mahle“ Reis, verschiedene in Oel eingemachte und getrocknete Früchte, pergamentdünne Scheibchen Schweinefleisch, gedörrte Garnelenschwänze nebst einer Menge unkenntlicher oder doch unbestimmbarer Leckereien und Süßigkeiten bildeten die Speisen, trefflicher Thee und abscheulich fuseliger Reisbranntwein von weingeistartiger Stärke die Getränke. Nach der Mahlzeit, welche infolge eines vorsichtigerweise schon vorher eingenommenen reichlichen und zweifellosen Imbisses für mich wenigstens unschädlich ablief, wurden Wasserpfeifen gereicht und sodann verschiedene denkbare und undenkbare Gegenstände dieses und des Nebenraumes besichtigt: Landschafts- und Tierbilder, von der Regierung gesandte Belobungsschreiben, das große, mit erheiternder Sorglichkeit in bunte Seidenstoffe gekünstelt eingehüllte Staatssiegel, absonderliche Pfeile von einer Bedeutsamkeit, wie solche nur ein chinesisches Gehirn ihnen beilegen konnte, Erzeugnisse europäischer Betriebsamkeit und dergleichen mehr.

Ueberaus gemessen und unaussprechlich würdevoll bewegte sich die Unterhaltung. Unsere Anreden wurden aus dem Französischen ins Russische, aus dem Russischen ins Kirgisische, aus dem Kirgisischen ins Chinesische übersetzt, und die Antworten auf dem rückwärtigen Wege uns übermittelt; kein Wunder daher, daß die Gespräche den Ton der größten Feierlichkeit annahmen. Nach dem Frühstücke traten chinesische Pfeilschützen an, um uns ihre kriegerische Tugend und Geschicklichkeit zu zeigen; hierauf führte uns der Dschandsun allerhöchstselbst in seinen Gemüsegarten, um uns dessen Erzeugnisse kosten zu lassen; endlich verabschiedete er uns, und wir ritten nunmehr durch die Straßen und Märkte der Stadt, fanden im Hause eines Tataren Gastfreundschaft und ein vortreffliches, durch die Gegenwart der bildschönen jungen, zu unserer Ehre in das Männergemach berufenen Frau noch besonders gewürztes Mahl und verließen hierauf gegen Sonnenuntergang den auch geschichtlich merkwürdigen Ort.

Tschukutschak ist dieselbe Stadt, welche im Jahre 1867 nach langwieriger Belagerung den Dunganen, einem mongolischen, aber dem Islam ergebenen, gegen die chinesische Oberherrschaft in beständigem Aufruhr stehenden Volksstamme in die Hände fiel, mit Mann und Maus vernichtet und der Erde gleichgemacht wurde.

Von den dreißigtausend Einwohnern, welche Tschukutschak kurz vorher gezählt haben soll, war über ein Drittel geflohen, der Rest aber, durch wiederholt abgeschlagene Stürme sicher gemacht, zu seinem Verderben geblieben. Als den Dunganen der letzte Sturm gelang, hausten sie mit derselben Grausamkeit und Unmenschlichkeit, welche die Chinesen ihnen gegenüber bethätigt hatten. Was nicht dem Schwerte verfiel, wurde vom Feuer vernichtet. Als unser bisheriger Reisebegleiter, Oberst Friedrichs, vierzehn Tage später die Stätte besuchte, auf welcher Tschukutschak gestanden, kräuselte keine Rauchwolke mehr die verkohlten Firste. Wölfe und Hunde, die Bäuche geschwellt vom Fraße an menschlichen Leibern, schlichen beutesatt vor ihm davon oder ließen sich in ihrem ekeln Mahle nicht stören und nagten weiter an dem Gebein ihrer früheren Gebieter; Adler, Milane, Raben und Krähen teilten mit ihnen den Schmaus. Wo man Raum hatte schaffen müssen, waren die Leichen auf Haufen geworfen worden, Dutzende, Hunderte übereinander; in den übrigen Stadtteilen, in den Straßen, Hofräumen, Häusern lagen sie einzeln, zu zweien, zu zehn, Gatte und Gattin, Urahne, Großmutter, Mutter und Kind, Familien und nach Rettung geflüchtete Nachbarn nebeneinander, die Stirnen zerklafft von Schwerthieben, die Gesichter zerfetzt, verbrannt, die Glieder vom Zahne der Hunde und

Wölfe benagt, zerrissen, die Leiber ohne Köpfe, ohne Hände. Was die tollste Einbildung an Greueln ersinnen konnte, fand das entsetzt umherirrende Auge hier verwirklicht.

Heutzutage zählt Tschukutschak höchstens tausend Einwohner; heutzutage steht die neuaufgebaute, zinnengekrönte Festung thatsächlich unter dem Schutze des kleinen russischen Piketts in Bakti; denn daß die Dunganen noch immer nicht die Waffen niedergelegt haben, noch immer nicht besiegt worden sind, bewies uns der vor wenig Tagen erfolgte Ausmarsch eines chinesischen Heeres in das Thal des Emil, in welches jene wiederum einzubrechen drohten.

Unter Führung des Major Tichanoff und seiner dreißig Kosaken durchzogen wir dieses Thal, ohne einen Dunganen zu Gesicht zu bekommen, ohne auf tagelangen Wanderungen Menschen zu begegnen. Der Emil fließt, vom Saur herkommend, zwischen dem Tarabagatai und Semistau, zwei in spitzigem Winkel zusammenstoßenden Hochgebirgsketten dahin, von beiden Seiten her zahllose Bächlein in sich aufnehmend. Die Bewässerungskunst der Chinesen hatte, alle Wasseradern benutzend, aus dem ganzen Thale einen fruchtbaren Garten geschaffen, als die Dunganen hereinbrachen und diesen Garten verwüsteten und ihn der Steppe, welcher jene ihn entrungen, wieder übergaben. Wohl durchritten wir in der Nähe der Stadt noch kleine Dörfer; stießen auch auf einen Aul der Kalmücken, dann aber nur noch auf die Trümmer früheren Besitzes und Wohlstandes, früherer Betriebsamkeit des Menschen. Ueber die Felder hat die Natur selbst mit milder Hand einen Schleier gebreitet, aber die noch nicht dem Sturme, dem Wetter erlegenen Trümmer der Dörfer klagen zum Himmel. Besucht man solche Dörfer, so treten die Greuel vergangener Tage mit erschreckender Klarheit vor das Auge. Zwischen verödeten Mauern, deren Dächer verbrannt und deren Giebel halb oder gänzlich eingefallen sind, auf dem modernden Schutt, aus welchem geile Giftpilze aufschießen, Reste von chinesischem Porzellan und halbverkohlte, deshalb auch erhaltene Einrichtungsgegenstände umherliegen, stößt man überall auf menschliches Gebein, zertrümmerte Schädel, vom Zahne der Raubtiere zersplitterte Knochen, vermischt mit einzelnen Teilen des Gerippes der Haustiere, insbesondere des Hundes. Die Schädel zeigen noch heute die Spuren der scharfen Klingen, welche sie zertrümmerten. Die Menschen verfielen der Wut der mordenden Feinde, und die Hunde teilten das Schicksal ihrer Herren, zu deren Schutze sie jenen sich gestellt haben mochten; die übrigen Haustiere aber wurden weggetrieben, geraubt wie alles wertvolle Besitztum der Erschlagenen, die augenblicklich wertlosen Gegenstände endlich zerstückelt und verbrannt. Bloß zwei halbwilde Haustiere sind den Trümmern noch geblieben: die Schwalbe und der Sperling; an Stelle der übrigen haben sich die Vögel der Ruinen eingefunden und eingenistet.

Wir zogen unbehelligt durch das verödete Thal. Kein Dungane ließ sich blicken; denn hinter unseren dreißig Kosaken stand das große mächtige Rußland. Als wir wiederum auf Menschen stießen, fanden wir, daß es russische Kirgisen waren, welche hier, in China, ihre Herden weideten, ihre Felder bebauten, und für einen ihrer Toten ein Grabmal errichteten.

Vom Thale des Emil aus überstiegen wir den Tarabagatai an einer der niedrigsten Stellen des Gebirgskammes, stiegen dann auf die von ihm, dem Saur, Manrak, Terserik, Mustau und Urkaschar umgebene, ungefähr sechzehnhundert Meter über dem Meere liegende, fast ebene Hochfläche Tschilikti hinab, überquerten sie, mehrere ungemein große Kurgane oder Grabhügel der Eingeborenen berührend, und suchten uns dann in dem unendlich zerrissenen Manrakgebirge schlangenartig sich windende Thäler, um nach der Ebene von Saisan und dem erst seit vier Jahren bestehenden Grenzposten gleichen Namens, einem freundlichen Städtchen, zu gelangen. Hier, hart an der chinesisch-russischen Grenze umgab uns seit Lepsa wiederum einmal europäische Bequemlichkeit und Behaglichkeit. In den Gesellschaften, denen wir beiwohnten, verkehrte man wie in St. Petersburg oder Berlin: man unterhielt sich, spielte, sang und tanzte im engeren Familienkreise wie in einem öffentlichen Garten. Köstlich schlagende Sprosser begleiteten Tänze und Gesänge: man vergaß, wo man sich befand.

Ich benutzte die Zeit unseres Aufenthalts zu einer Jagd auf Ullare, Hochgebirgshühner in Rebhuhngestalt, aber von der Größe des Auerhuhns, und lernte dabei nicht allein die Wildheit des Manrakgebirges, sondern auch das Hirten- und Herdenleben ärmerer Kirgisen von einer für mich neuen Seite kennen, kehrte daher in hohem Grade befriedigt von meinem erfolgreichen Ausfluge zurück.

Am Nachmittage des 31. Mai bestiegen wir unsere Reisewagen wieder und rollten dem schwarzen Irtysch zu, um ein uns vom General Poltoratski im Altaigebirge gegebenes Stelldichein nicht zu verfehlen. Durch reiches Steppenland, über kohlschwarze Erde, später durch trockenere Hochsteppen ging die rasche Fahrt bis zum Strome, dessen hochgehende Wellen uns am nächsten Tage dem Saisansee zuführten. So langweilig uns bisher alle Flüsse und Ströme Sibiriens erschienen waren, der schwarze Irtysch war es nicht; denn köstliche Fernsichten auf zwei gewaltige Hochgebirge, Saur und Altai und die damit zusammenhängenden Ketten, entzückten, ein frisch grüner Ufersaum mit Vogelsang und heiterem Vogelleben erquickten das Auge. Ein rasch ausgeworfenes Netz förderte in reicher Menge köstliche Fische ans Licht und bewies uns, daß der Strom ebenso reich als schön ist. Nachdem wir am 2. Juni den flachen und trüben, überaus fischreichen, aber nur durch die von ihm aus sich bietenden Fernsichten anziehenden See überfahren hatten, durchzogen wir am nächsten Tage den ödesten Teil der Steppe, welcher uns bisher zu Gesicht gekommen, lernten aber gerade hier drei der bemerkenswertesten Steppentiere kennen: den Kulan, ein Wildpferd, die Steppenantilope und das Fausthuhn. Vom erstgenannten wurde durch unsere Kirgisen ein Füllen gefangen, vom letzteren ein Stück erlegt. Abends rasteten wir in den Vorbergen des Altai, am nächsten Tage trafen wir am bestimmten Orte mit den früheren Gastfreunden zusammen und ritten fortan unter ihrem Geleite weiter.

Es war eine köstliche Reise, ob auch Sturm, Schnee und Regen nur allzuoft uns umtobten und die freundliche Jurte, hier mit uns wandernd, dann einen guten Teil ihrer Behaglichkeit verlor, ob auch Wildwässer unsere Pfade sperrten und zur rauschenden Tiefe jach abstürzende Gehänge sie zu Wegen wandelten, wie sie bei uns zu Lande wohl der Gemsjäger, nicht aber der Reiter zieht. Ein russischer Gouverneur reist nicht wie andere Sterbliche, am allerwenigsten dann, wenn er durch unbewohnte Gegenden seinen Weg nimmt. Mit ihm ziehen die Kreishauptleute und die unter diesen stehenden Amtsvorsteher, Gemeindeältesten und Gemeindeschreiber, die vornehmen und angesehenen Männer der ganzen Gegend, welche er zu besuchen gedenkt, ein Trupp Kosaken und deren Offiziere, bis zum Obersten hinauf, die eigenen und die Diener der Geleitgebenden ꝛc. Und wenn es sich nun vollends, wie in unserem Falle, um teilweise fremdes Land handelt, wenn es gilt, mit kirgisischen Gemeinden Beratungen zu pflegen, vermehrt sich der Troß ins Unendliche. Dann müssen nicht allein Jurten und Zelte mitgeführt werden, wie sonst bei Reisen in der Steppe, sondern gleich ganze Schafherden dem wandernden Heere vorausgehen, um die Hunderte ernähren zu können in der Wildnis. Seitdem wir den Saisansee verlassen hatten, befanden wir uns wiederum in China, und eine Reihe von Tagen hatten wir zu reisen, bevor wir hoffen durften, in den jetzt nur in den tieferen Thälern besiedelten Teilen des Gebirges wiederum auf Menschen zu stoßen.

Mit uns aber reisten anfänglich mehr als zweihundert Menschen, meist Kirgisen, welche berufen worden waren, um einen kaiserlichen Befehl betreffs Aufhebung ihrer Weiderechte im kaiserlichen Krongute Altai entgegenzunehmen und sich über ihre infolgedessen zu verändernden Wanderungen zu einigen; aber auch nachdem die Beratungen vorüber waren, zählte unser Reisezug noch immer über hundert Pferde und sechzig Reiter. Am frühen Morgen wurden die Jurten uns Männern über dem Kopfe abgebrochen und dem Zuge vorausgesandt; dann folgten wir in kleineren oder größeren Gesellschaften, langsam reitend, bis uns auch die Damen, des Generals liebenswürdige Gemahlin und holde Tochter, wieder eingeholt hatten, frühstückten an hierzu als passend sich erweisenden Stellen, ließen die letzten Packpferde an uns vorüberziehen, folgten ihnen nach, überholten sie wieder, trafen meist schon mit den zuallererst aufgebrochenen, täglich sich verringernden Schafen am Halteplatze ein und hatten somit Gelegenheit, allabendlich das bunte Bild des Lagerlebens vor unseren Augen sich gestalten zu sehen. Herrliche, frisch grüne, frühlingsduftige Thäler nahmen uns auf; hohe, steil aufsteigende, auf weithin noch mit Schnee bedeckte Berge gewährten uns Fernblicke ins Hochgebirge hinein, auf die durchzogene Steppe hinab, bis zum Saur und Tarabagatai hinüber, bis wir endlich den Markakul, diese Perle unter den Gebirgsseen des Altai, vor uns liegen sahen und damit ins Hochgebirge selbst eingetreten waren. Drei Tage lang zogen wir, durch Weg und Wetter behindert, durch eine an den Gouverneur gelangte chinesische Gesandtschaft aufgehalten, längs des Sees dahin, dann aber ritten wir durch wirklich geschlossene Wälder, über schwer zu erklimmende Pässe bergauf, bergab, der russischen Grenze entgegen und auf halsbrechenden Wegen in das blühende Thal der Buchtarma hernieder, um in der neugegründeten Kosakenansiedelung Altaiskaja-Staniza wiederum einmal russische Gastlichkeit und Behaglichkeit zu genießen, zu rasten und zu ruhen.

Von den Offizieren der Staniza reichlich beschenkt mit allerlei Erzeugnissen der Umgegend, setzten wir am 12. Juni die Reise fort. Hell und freundlich lachte die Sonne vom reinen Himmel herab auf die großartige, heute zum erstenmal unverschleierte Landschaft. Unabsehbare parkartige Thäler, eingerahmt durch schroff sich auftürmende, schneebedeckte, heute mit zauberischen Farben übergossene Hochgebirge, herrliche Bäume auf den Wiesen, blühende Gebüsche an den Gehängen, unendlich mannigfaltiger, über alle Beschreibung köstlicher Schmuck der im lang entbehrten Sonnenlichte gleichsam aufjauchzenden Blumen, frisch erblühte Heiderosen aller Farben dazwischen, Kuckucksruf und Vogelgesang aus allen Kehlen, kirgisische Auls in den breiteren Thälern am Fuße der Berge und russische, grün umbuschte Dörfer, weidende Herden, fruchtbare Felder, rauschende Bäche und zackige Felsmassen, milde Luft und würziger Frühlingsduft umschmeichelten die Sinne während der ganzen Fahrt. Bald überschritten wir die Grenzen des kaiserlichen Gutes Altai — eines Gutes, welches an Größe nur wenig hinter Frankreich zurücksteht! Nach einer Tagesfahrt

Kaiseradler, Murmeltier und Ziesel.

erreichten wir das Bergstädtchen Serianoffsk mit seinen Silbergruben. Nachdem wir hier, freundlich empfangen wie immer und überall, alle Werke besichtigt, wandten wir uns wiederum dem Irtysch zu, ließen uns von seinen zwischen hohen und malerischen Felsenbergen rasch dahinflutenden Wogen an Buchtarminsk vorüber und nach Ustkamenogorsk treiben und zogen von hier aus wiederum zu Wagen durch das zukunftreiche Kaisergut.

An die anmutigen Gelände der Vorberge schließen sich steppenartige Ebenen an; mit dem besiedelten Lande wechseln ausgedehnte, breite Wälder ab. Große, reiche Dörfer, wertvolle, fruchtbare, in kohlschwarzer Ackererde angelegte Felder, schön gebaute, ihres Wohlstandes bewußte Männer, schöne, in malerische Tracht gekleidete Frauen, kindisch neugierige und kindlich gutmütige Menschen, treffliche, leistungsfähige, unermüdliche Pferde, kräftige, wohlgestaltete Rinder in großen Herden weidesatt die Dörfer umlagernd, unendliche Wagenkarawanen, auf guten Wegen Erz und Kohlen verführend, Murmeltiere an den Berggehängen, Ziesel in den Ebenen, Kaiseradler auf den Merkpfählen am Wege, reizende Zwergmöwen an den Gewässern und Ortschaften beleben die Gegend, welche die Straße durchschneidet. Wie im Fluge eilten wir durch das Land, wie im Fluge besuchten wir das mit Fug und Recht Schlangenberg benannte Hüttenstädtchen; kurze Rast nur gönnten wir uns in dem Hauptorte des Gutes, der Kreisstadt Barnaul. Dann ging es weiter nach dem Bergstädtchen Salair, nach der großen Gouvernementsstadt Tomsk.

Schon vor Barnaul hatten wir den Ob erreicht, bei Barnaul ihn überschritten; in Tomsk schifften wir uns ein, um ihn zu befahren. Sechsundzwanzighundert Werst, fast vierhundert geographische Meilen schwammen wir, nachdem wir durch den Tom in ihn gelangt, abwärts auf diesem Riesenstrome, welcher ein größeres Stromgebiet besitzt als alle Ströme Westeuropas zusammengenommen, mehr und mehr dem Norden uns nähernd; vier Tage und Nächte trug uns das mit den zum höchsten Wasserstande angeschwollenen Fluten zu Thal fast doppelt so schnell als stromaufwärts eilende Dampfschiff dem Eismeer zu; elf volle Tage und Nächte brauchten wir, um die Strecke von der Einmündung des Irtysch bis zum Ausflusse der Schtschutschja zurückzulegen, obgleich wir nur in Samarowo und Bereosoff einige Stunden rasteten, und die beiden Tage, welche wir in Obdorsk, dem letzten russischen Dorfe am Strome, verbrachten, in jene Rechnung nicht eingeschlossen sind. Gewaltig, überaus großartig ist dieser Strom, so einförmig, so öde er auch genannt werden mag. In einem Thale, dessen Breite von zehn bis dreißig Kilometer wechselt, strömt er dahin, mit unzähligen Armen zahllose Inseln umschließend, zu oft unabsehbaren seeartigen Flächen sich breitend, nahe seiner Mündung bis zu durchschnittlich achtundzwanzig Meter Höhe das Bett seines meilenbreiten Hauptarmes füllend. Kaum durch Lichtungen unterbrochene Urwälder, bis in deren Innerstes noch nicht einmal der eingeborene Mensch vorgedrungen, bekleiden das Gelände seiner wirklichen Ufer; Weidenwaldungen in allen Zuständen des Wachstums dieser Baumart decken die ewig durch die umgestaltenden Fluten benagten, ihnen verfallenden und von ihnen wiederum neu aufgebauten Inseln. Aermer und ärmer wird das Land, ärmer und dürftiger werden diese Wälder, liederlicher auch die Dörfer, je weiter man stromabwärts kommt, obgleich der Strom je näher seiner Mündung, je reichlicher spendet, was das arme Land versagt. Schon bald unter Tomsk, unterhalb Tobolsk, lohnt die Erde die Arbeit des ackerbauenden Menschen nicht mehr; weiter abwärts hört auch die Viehzucht allmählich auf, aber reiche Beute gewährt hier der von unschätzbaren Heeren köstlicher Fische wimmelnde Strom, reiche Jagdbeute auch der Urwald längs seiner beiden Ufer. An Stelle des Bauern tritt der Fischer und Jäger, an Stelle des Viehzüchters der Renntierhirt. Seltener und seltener werden die russischen Ansiedelungen, häufiger die Wohnsitze der Ostjaken, bis endlich nur noch die beweglichen kegelförmigen Birkenrindenhütten, hier „Tschum“ genannt, und dazwischen höchstens überaus ärmliche Blockhäuser, die zeitweiligen Wohnsitze der russischen Fischer, von dem Dasein des Menschen Kunde geben.

Wir hatten beschlossen, auch eine Tundra oder Moossteppe zu durchwandern und deshalb das zwischen dem Ob und dem Karischen Meerbusen gelegene Land der Samojedenhalbinsel ins Auge gefaßt, um so mehr, als in diesem von Europäern kaum noch betretenen Teile der großen, als breiter, baumloser Gürtel um den Pol sich schlingenden Wüstenei auch eine für den Handel wichtige Frage zu lösen war. Behufs dieser Reise mieteten wir in Obdorsk und weiter unten am Strome mehrere Leute, Russen, Syrjänen, Ostjaken und Samojeden, und traten am 15. Juli unsere Fahrt an.

Auf den nördlichen Höhen des Ural, welcher hier als wirkliches Gebirge seinem Gepräge nach sogar als Hochgebirge sich zeigt, entspringen nahe bei einander drei Flüsse: die Ussa, welche der Petschora, die Bodarata, welche dem Karischen Meerbusen, und die Schtschutschja, welche dem Ob zuströmt. Das Gebiet der letztgenannten beiden war es, welches wir bereisen wollten. Wie das Land beschaffen sei, wie es uns ergehen würde, ob wir auf Renntiere hoffen dürften oder den Weg zu Fuße zurücklegen müßten, wußte uns niemand zu sagen.

Bis zur Mündung der Schtschutschja reisten wir noch in gewohnter Weise, bei jeder ostjakischen Ansiedelung unsere gemieteten Ruderer ablohnend und neue annehmend; auf dem Schtschutschja selbst traten unsere eigenen Leute in Thätigkeit. Acht Tage lang fuhren wir langsam dem Flusse entgegen, jeder seiner zahllosen Schlangenwindungen getreulich folgend, immer in der überaus eintönigen, ja ertötend langweiligen Tundra dahin, bald dem Ural uns nähernd, bald wieder von ihm uns entfernend. Acht Tage lang sahen wir keinen Menschen, sondern nur die Spuren desselben, seine auf Schlitten gepackten für den Winter nötigen Schätze und seine Grabstätten. Unwegsame Sümpfe zu beiden Seiten des Flusses hemmten jeden weiteren Ausflug, Milliarden blutgieriger Mücken quälten uns unablässig. Am siebenten Tage der Fahrt sahen wir einen Hund — für uns wie für unsere Leute ein Ereignis; am achten Tage trafen wir auf einen bewohnten Tschum und in ihm den einzigen Menschen, welcher uns über das vor uns liegende Land Auskunft geben konnte. Ihn nahmen wir als Führer mit, und mit ihm traten wir drei Tage später eine Wanderung an, welche ebenso beschwerlich als gefährlich werden sollte.

Neun volle Tagereisen von uns entfernt, auf dem Weideplatze Saddabei im Ural, sollten sich Renntiere befinden; an der Schtschutschja war zur Zeit kein einziges aufzutreiben. Es blieb uns daher nichts anderes übrig, als die Reise zu Fuße zu beginnen und alle Beschwerlichkeiten und Unannehmlichkeiten einer solchen Wanderung durch ein unwegsames, nahrungsloses, mückenerfülltes, menschenfeindliches und, was das Schlimmste, unbekanntes Gebiet auf uns zu nehmen.

Umsichtig, erst nach langen Beratungen unter uns und mit den Eingeborenen wurden die Vorbereitungen bewerkstelligt, sorgfältig die Lasten abgewogen, welche jeder auf seinen Rücken laden sollte; denn drohend stand das Gespenst des Hungers vor uns. Wohl wußten wir, daß nur der Wanderhirt, nicht aber der Jäger imstande ist, sein Leben zu fristen in der Tundra, wohl kannten wir erfahrungsmäßig alle die Mühseligkeiten, welche der pfadlose Weg, die Qualen, welche das Heer der Mücken bereitet, die Wetterwendigkeit des Himmels, die Unwirtlichkeit der Tundra überhaupt, und trafen danach unsere Vorkehrungen: gegen das aber, was wir nicht kannten, nicht ahnen konnten, und was uns dennoch traf, uns vorzusehen, ihm vorzubeugen, war unmöglich. Umkehren wollten wir nicht: hätten wir voraussehen können, was uns begegnen sollte, wir hätten es doch wohl gethan.

In kurze Pelze gehüllt, schwer belastet, außer dem durch gewichtigen Schießbedarf beschwerten Rucksack noch Gewehr und Reisetäschchen über der Schulter brachen wir am 29. Juli auf, unser Boot der Obhut zweier Leute überlassend. Mühselig, keuchend unter der unserem Rücken aufgebürdeten Last, ununterbrochen Tag und Nacht gequält von den Mücken, schritten wir durch die Tundra nach stündiger, halbstündiger Wanderung, zuletzt nach je tausend Schritten Ruhe heischend und wegen der Mücken kaum sie findend. Zahllose Hügel überstiegen, ebenso viele Thäler überschritten, kaum weniger Sümpfe, Moräste und Brüche durchwateten wir; an Hunderten namenloser Seen gingen wir vorüber; Brüche und Flüßchen mußten wir kreuzen.

Unfreundlicher, als es geschah, konnte die Tundra uns nicht wohl empfangen. Feinen Regen peitschte der Wind uns ins Gesicht; in den durchnäßten Pelzen legten wir uns auf den regengetränkten Boden nieder, ohne Obdach über, ohne wärmendes Feuer neben uns, auch jetzt noch immer unablässig gequält von den Mücken. Doch die Sonne trocknete die Kleider wieder, brachte neuen Mut und neue Kraft: es ging vorwärts. Eine freudige Nachricht stärkt mehr als Sonne und Schlaf. Unsere Leute entdecken zwei Tschum; unsere Ferngläser zeigen uns deutlich sie umgebende Rentiere. Beglückt im innersten Herzen sehen wir uns bereits behaglich hingestreckt auf das einzige und allein hier mögliche Gefährt, den Schlitten, sehen wir vor uns das diesen Schlitten rasch bewegende absonderliche Hirschgespann. Wir erreichen die Tschum, die Rentiere: ein grauenvoller Anblick verletzt das Auge. Unter der geweihten Herde wütet der Milzbrand, die fürchterlichste, auch für Menschen gefährlichste aller Viehseuchen, der unerbittlichste, ohne Wahl und ohne Gnade vernichtende Todesengel, dessen verderbenbringendem Würgen der Mensch ohnmächtig gegenübersteht, welcher hierzulande Völkerschaften verarmen macht und unter den Menschen ebenso unrettbar Opfer fordert wie unter den Tieren.

Sechsundsiebzig tote Rentiere zähle ich in unmittelbarer Nähe des Tschum; wohin das Auge sich wendet, trifft es auf Leichen, auf gefallene, in den letzten Zuckungen liegende Hirsche, Tiere und Kälber. Andere kommen, den Tod im Herzen, zu den bereits zur Abfahrt gerüsteten Schlitten herbeigelaufen, als hofften sie in der Nähe der Menschen Hilfe, Rettung zu finden, lassen sich von hier nicht vertreiben, bleiben mit glotzenden Augen und übereinandergekreuzten Vorderläufen eine, zwei Minuten lang stehen, wanken hin und her, stöhnen und fallen um; weißer, blasiger Schleim tritt ihnen vor Maul und Nase — noch einige Zuckungen, und ein Leichnam mehr liegt am Boden. Säugende Muttertiere mit ihren Kälbern trennen sich von der Herde; die Mütter verenden unter gleichen Erscheinungen, die Kälber betrachten neugierig und verwundert die absonderlich sich gebärdenden Mütter, oder äsen sich unbesorgt neben dem Sterbelager ihrer Erzeugerinnen, kehren dann zu ihnen zurück, finden anstatt der liebevollen Ernährerin einen Leichnam, beschnuppern diesen, prallen erschreckt zurück, eilen weg, irren blöckend umher, beriechen dieses, nähern sich jenem Alttiere, werden von allen vertrieben, blöken und suchen weiter, bis sie finden, was sie nicht gesucht: den Tod durch einen Pfeilschuß von der Hand ihres Besitzers, welcher wenigstens ihr Fell zu retten sucht. Der Tod haust unter den alten wie unter den jungen Rentieren mit gleicher Unerbittlichkeit: die stärksten, stattlichsten Hirsche verfallen dem Würgengel ebenso sicher, wie die Sprößlinge ihres und des anderen Geschlechtes.

Zwischen den sterbenden und verendeten Tieren aber wandeln und hasten die Menschen, der Herdenbesitzer Schungei und seine Angehörigen und Knechte, um in sinnloser Gier zu retten, was möglich. Obwohl nicht unkundig der furchtbaren Gefahr, welcher sie sich aussetzen, wenn auch nur der geringste Teil eines Bluttropfens, ein Stäubchen des blasigen Schaumes mit ihrem Blute sich vermischt, obschon vertraut mit der Thatsache, daß bereits Hunderte ihres Volkes unter entsetzlichen Schmerzen der unheilvollen Seuche erlegen, arbeiten sie doch mit allen Kräften, um die vergifteten Tiere zu entfellen. Ein Beilschlag endet die Qualen der sterbenden Hirsche, ein Pfeilschuß das Leben der Kälber, und einige Minuten später liegt das Fell, welches noch nach Wochen ansteckend wirken kann, bei den übrigen, tauchen die blutigen Hände den vom Leibe der Kälber losgelösten Bissen in das in der Brusthöhle des erlegten Tieres sich sammelnde Blut, um ihn roh zu verschlingen. Schinderskuechten gleichen die Männer, scheußlichen Hexen die Frauen, im Aase wühlenden, blutbeschmierten, bluttriefenden Hyänen die einen wie die anderen; achtlos des über ihrem Haupte schwebenden, nicht an einem Roßhaare, sondern an einer Spinnwebe aufgehängten, todddrohenden Schwertes zerren und wühlen sie weiter, unterstützt sogar schon durch ihre Kinder, vom halberwachsenen Knaben an bis zu dem von Blut triefenden, kaum dem Säuglingsalter entwachsenen Mädchen herab.

Die Tschum werden verrückt und auf einem benachbarten Hügel wieder aufgeschlagen; die unglückliche Herde, welche, zweitausend Köpfe stark, vom Ural aufgebrochen und auf zweihundert zusammengeschmolzen ist, welche die ganze von ihr beschrittene Straße durch aus ihrer Mitte gefallene Tiere bezeichnet hatte, sammelt sich von neuem um die Tschum; am anderen Morgen aber liegen wiederum vierzig Leichname in der Nähe des nächtlichen Ruheplatzes.

Wir kannten die Gefahr, welche das milzbrandige Tier auch dem Menschen bereiten kann; aber wir kannten sie doch nicht in ihrem ganzen Umfange. Deshalb kauften wir neue, dem Anscheine nach noch gesunde

Rentierschlitten.

Rentiere, bespannten mit ihnen drei Schlitten, beluden dieselben mit unserem Gepäck und zogen, nebenher schreitend, erleichtert weiter. Rentierfleisch zu genießen, wie wir gehofft, worauf wir gerechnet, verbot die furchtbare Seuche; sorgender und ängstlicher spähten wir daher von jetzt an in die Runde, um Kleinwild ausfindig zu machen, ein Morasthuhn, eine Doppelschnepfe, einen Goldregenpfeifer, eine Ente zu erlegen. Unsere geringen Vorräte so viel als möglich schonend, hockten wir, falls die geringste aller Dianen dienenden Nymphen uns hold gewesen war, um das mühsam genährte Feuer, je männiglich ein so unbedeutendes Gewild am Spieße bratend, so gut es eben gehen wollte. Wirklich zu sättigen aber vermochten wir uns nicht mehr.

Wir erreichten, nachdem wir die von Schungei gezogene Todesstraße gekreuzt, das erste Ziel, die Bodarata; wir hatten das unnennbare Glück, noch einmal Tschum aufzufinden, noch einmal auf Rentiere zu stoßen; wir zogen mit deren Hilfe dem Meere zu und mußten umkehren, ohne unseren Fuß auf den Strand gesetzt zu haben. Vor uns lag nicht allein ein unwegsamer Morast, sondern wiederum ein unabsehbarer Haufen von Rentierleichen; wir standen noch einmal vor der Straße, auf welcher Schungei heimwärts geflüchtet war, und unser neuer Bekannter, der Hirt Sanda, wagte nicht, diese Straße zu kreuzen.

Denn auch unter seiner Herde mähete der Schnitter Tod; auch sein und, noch ungleich mehr, seines Nachbarhirten Haus hatte das Verderben heimgesucht. Der Mann, welcher bisher mit ihm gewandert, geweidet, hatte von einem milzkranken feisten Rentierhirsche gegessen, welchen er kurz vor dem Tode noch rasch geschlachtet, und er hatte diesen Frevel mit dem eigenen und dem Leben seiner Familienglieder zahlen müssen. Dreimal hatte Hirt Sanda seinen Tschum verrückt und dreimal je ein Grab zwischen den Leichen der gefallenen Rentiere gegraben. Zuerst waren zwei Kinder, dann der Knecht des leichtsinnigen Mannes, am dritten Tage er selbst gestorben und begraben worden. Ein Kind war noch krank und stöhnte unter entsetzlichen Schmerzen, als wir die Reise nach dem Meere antraten; sein Stöhnen war verstummt, als wir zurückkehrten zum Tschum; denn das vierte Grab hatte dazwischen das fünfte Opfer aufgenommen. Und noch sollte es nicht das letzte sein.

Einer unserer Leute, der Ostjake Hadt, ein williger, ewig heiterer, uns lieb und wert gewordener Mann, klagte und wand sich seit vorgestern unter entsetzlichen, mehr und mehr sich steigernden Schmerzen; klagte namentlich auch über zunehmendes Kältegefühl. Wir hatten ihn auf einen

Rentierschlitten gelagert, als wir dem Tschum des Hirten zugewandert waren; wir schafften ihn in derselben Weise fort, als der Tschum zum fünftenmal verrückt wurde. Unter und zwischen uns lag er klagend und wimmernd am Feuer. Von Zeit zu Zeit erhob er sich, entblößte seinen Leib und ließ die Wärme des Feuers dagegen strahlen. Ebenso brachte er seine erstarrenden Füße gegen die Flammen; daß diese die Sohlen versengten, schien er nicht zu achten. Endlich schliefen wir ein, er wohl auch; als wir jedoch am andern Morgen erwachten, war seine Ruhestätte leer. Draußen aber, vor dem Tschum, an einen Schlitten gelehnt, das Antlitz der Sonne zugekehrt, deren wärmende Strahlen er gesucht, saß er ruhig und still, ohne zu stöhnen oder zu ächzen. Hadt war tot.

Wir begruben ihn wenige Stunden später nach Sitte und Gebrauch seines Volkes. Er war ein ehrlicher „Heide" gewesen und sollte deshalb auch nach heidnischer Weise bestattet werden. Unsere „rechtgläubigen" Begleiter weigerten sich, dies zu thun; unsere „heidnischen" Gefährten verrichteten daher das zwar nicht christliche, aber doch menschwürdige Werk nun mit unserer Hilfe. Im fünften Grabe lag das sechste Opfer.

Sollte das Grab das letzte gewesen sein? Unwillkürlich legte ich mir diese Frage vor; denn unheimlich wurde es mir und wohl uns allen in diesem Geleite des Todes. Zu unserem Glücke war Hadts Grab das letzte auf diesem Wege.

Ernst, sehr ernst gestimmt, bedrängt noch durch den immer fühlbarer werdenden Mangel zogen wir weiter, der Schtschutschja wiederum entgegen. Sauda ernährte notdürftig unsere Leute, unsere Jagdkunst in kärglicher Weise uns selber. Als es uns gelang, an einem einzigen Vormittage eine Familie von Gänsen zu erbeuten und dazu noch Hühner und Schnepfen und Regenpfeifer zu erlegen, feierten wir ein Fest; denn wir waren einmal imstande zu essen, ohne mit den Bissen zu kargen. Ohne die Hilfe unseres Wirtes aber würde es uns doch kaum möglich gewesen sein, uns durchzuhelfen.

Wir erreichten die Schtschutschja, wir langten, von allen Vorräten fast entblößt, wiederum auf unserem Boote an und schwelgten hier, nach vierzehn Tagen zum erstenmal wieder in zwar sehr beschwerlichen, für uns jedoch unendlichen Genüssen. Von der Tundra nahmen wir Abschied für immer.

Ein Schamane freilich, welchen wir weiter oben am Ob mit Fischen beschäftigt fanden, und baten, uns eine Probe seiner Kunst und Weisheit abzulegen, verkündete uns, nachdem er durch den dumpfen Klang seiner

Trommel Jamaul, den ihm befreundeten Boten der Götter, herbeigerufen, als Botschaft der Himmlischen, daß wir schon im nächsten Jahre wiederum in das unwirtliche Land, welches wir soeben verlassen, zurückkehren, dann aber dahin uns wenden würden, wo Schtschutschja, Bodarata und Ussa ihren Lauf beginnen. Denn zwei Kaiser würden uns belohnen, unsere „Aeltesten“ mit unseren Schriften zufrieden sein und uns von neuem aussenden. Auf dieser Reise aber werde fernerhin kein weiterer Unfall uns treffen. So habe sich der Götterbote, nur ihm vernehmbar, geäußert.

Der letzte Teil seiner Weissagung ist eingetroffen. Langsam zwar, aber ohne Unfall oder störende Zwischenfälle fuhren wir dreiundzwanzig Tage lang Ob aufwärts, drei Tage mit einem nach langem Harren glücklich erreichten Dampfschiffe den Wellen des Irtisch entgegen. Ohne Unfall, wenn auch nicht ohne Hemmnisse, überschritten wir den Ural; rasch glitten wir im bequemen Dampfer die Kama hinab; langsamer trug uns das Schiff die Wolga hinauf. In Nishnij Nowgorod, in Moskau, in Petersburg wurden wir freundlich empfangen wie das erste Mal, in der Heimat freudig begrüßt. Unsere „Aeltesten“ scheinen auch mit unseren Schriften zufrieden zu sein: — zur Tundra zurück aber ziehen wir, ziehe ich wenigstens, nicht wieder.

Die heidnischen Ostjaken.

Leicht und mühelos ist gegenwärtig, und wohl noch auf Jahrhunderte hinaus, der Kampf um das Dasein, welches der Mensch in Sibirien zu bestehen hat, leicht und mühelos namentlich in den von der Natur überreich begabten Gefilden im Süden des Landes, nicht allzu hart und schwer aber auch in jenen Gegenden, welche wir als eine eisige Wüste, als unwirtliche Einöde zu betrachten gewohnt sind, als letztere sogar dann noch zu erkennen wähnen, wenn wir, widerstrebend reisend, sie durcheilen. Wohl tritt im hohen Norden Westsibiriens das Klima dem Menschen rauh und streng entgegen; wohl weigert sich hier die in geringer Tiefe unter ihrer Oberfläche für ewig erstarrte Erde nährende Frucht zu bringen, der Himmel, die Sonne, das jener anvertraute brotspendende Korn zur Reife zu treiben; aber auch hier schüttet die Natur gütig ihr Füllhorn aus, und was das Land versagt, gewährt das Wasser. In unseren Augen mag der in jenen gern von uns gemiedenen Breiten seit Jahrhunderten ansässige Mensch arm und elend erscheinen: in That und Wahrheit ist er weder das eine noch das andere. Auch er gewinnt sich seine Bedürfnisse; auch er umgibt sein Dasein mit ihn befriedigenden Reizen, denn seine Heimat schenkt ihm mehr, als er zum Leben bedarf. Wohl kämpft auch er mit mehr oder minder Bewußtsein um „ein menschenwürdiges Dasein", nicht aber mit ausgesprochenem oder verbissenem Groll gegen Glücklichere, denn er selbst ist glücklicher, als wir glauben, weil er bescheidener, genügsamer, zufriedener ist, als wir es sind, weil er das, was wir Leidenschaft nennen, streng genommen gar nicht kennt, weil er die Freuden, welche ihm blühen, mit Kindeslust hinnimmt und die Leiden, welche ihn heimsuchen, mit zwar vielleicht tief empfundenem, aber auch leicht vergessenem Kindesschmerz erträgt. Auch an sein Lager tritt die schwarze Sorge; er aber weist sie von sich, sobald er nur das Dämmerlicht der Freude wieder zu gewahren meint, und er vergißt der Heimsuchung, sobald das sonnige Glück ihm wieder lächelt. Auch er rühmt sich des Reichtums und klagt über die Armut; aber er sieht seinen Reichtum schwinden, ohne zu verzweifeln, und seine Armut in Wohlstand sich wandeln, ohne die Besinnung zu verlieren. Er ist, obschon erwachsen, ein Kind in seinem Denken und Fühlen, Thun und Handeln: er ist glücklicher als wir.

Der Ostjake, mit welchem wir am unteren Ob vorzugsweise verkehrt haben, mit welchem wir am häufigsten zusammengekommen sind und welchen wir besser kennen gelernt zu haben glauben, gehört dem finnischen Stamme an und teilt mit einem anderen Zweige dieses Stammes, dem der Samojeden, denselben Glauben, mit fast allen Finnen im engeren Sinne, also auch mit dem Lappen, annähernd dieselben Sitten und Gewohnheiten, dieselbe Lebensart, dieselbe Lebensweise: er ist Rentierhirt und Fischer, Jäger und Vogelsteller wie der Samojede, wie der Lappe. Abgesehen von seinem Glauben, vielleicht auch seiner Sprache, ähnelt er diesem wohl noch mehr als jenem; denn er ist ansässiger Siedler und Wanderhirt, während der Samojede, selbst wenn er Fischfang treibt, mindestens in dem von uns bereisten Teile Sibiriens, nur ausnahmsweise seine bewegliche Hütte mit dem feststehenden Blockhause vertauscht.

Es mag sein, daß der Stamm der Ostjaken in früheren Zeiten zahlreicher gewesen ist als gegenwärtig; ein Volk nach unseren Begriffen aber hat er wohl nie gebildet. In einzelnen Teilen des von ihm besiedelten oder wenigstens von ihm durchwanderten Gebietes soll die Einwohnerzahl stetig abnehmen, in anderen dagegen in geringem Grade sich vermehren; von erheblichem Belang scheint weder die Zu- noch die Abnahme zu sein. Man rechnet hoch, wenn man den Gesamtbestand unserer Leute auf fünfzigtausend Köpfe anschlägt: in dem ganzen, großen Amtsgebiete von Obdorsk, welches sich vom 65. Grade nördlicher Breite bis zum Nordende der Samojedenhalbinsel und vom Ural bis zum oberen Chaßflusse erstreckt, leben, uns gewordenen amtlichen Angaben zufolge, gegenwärtig nicht mehr als fünftausenddreihundertzweiundachtzig männliche Ostjaken, unter denen es nicht mehr als eintausenddreihundertsechsundsiebzig arbeitsfähige oder, was dasselbe, steuerpflichtige Männer gibt. Nehmen wir an, daß die Anzahl der Frauen und Mädchen ebenso groß ist, so beziffert sich die volle Anzahl noch immer nicht auf elftausend, und die obige Schätzung erscheint deshalb gewiß nicht zu niedrig, eher zu hoch gegriffen, mag man auch immerhin festhalten, daß sich das Wohngebiet unserer Leute am Ob hinauf bis in die Gegend von Surgut, am Irtysch hinauf bis in die Nähe von Tobolsk erstreckt.

Alle am Irtysch und oberen, beziehentlich mittleren Ob hausenden

Ostjaken.

Ostjaken wohnen in feststehenden, sehr einfachen, aber den russischen ähnlichen Blockhäusern, und nur hier und da, immer sehr einzeln, trifft man zwischen diesen bereits eine höhere Gesittungsstufe anzeigenden feststehenden Wohnungen auch einmal auf ein Birkenrindenzelt, Tschum genannt, wogegen dieses am unteren Ob, insbesondere zwischen Obdorsk und der

Mündung des Stromes, unbedingt vorherrscht und, wie erklärlich, die alleinige Behausung des wandernden Rentierhirten ist. Fast, wenn auch nicht vollständig, im Einklange damit steht, daß die in feststehenden Dörfern lebenden Ostjaken der rechtgläubigen Kirche angehören, beziehentlich, da sie sich haben taufen lassen, derselben zugezählt werden, wogegen die noch im Tschum hausenden ihrem uralten, keineswegs dichterischen Aufschwungs und noch weniger sittlichen Gehaltes entbehrenden, von den russischen Priestern und ihren Anhängern und Nachbetern als blindes Heidentum bezeichneten Glauben noch gegenwärtig treu geblieben sind und diesen Glauben mit weit mehr Innerlichkeit und Ueberzeugung bekennen, als jene ihr sogenanntes Christentum, welches, vorurteilsfrei aufgefaßt, so wie es sich bemerklich macht, weit richtiger als hirnloser Götzendienst, denn als veredelter Ersatz jenes aus Kindesgemüt entsprungenen und in kindlicher Weise sich äußernden Glaubens erscheint. Mit der Annahme des Blockhauses und des Christentums geht ebenso Hand in Hand, daß die im mittleren Ob- und unteren Irtyschgebiete hausenden Ostjaken nicht allein ihre Kleidung bis zu einem gewissen Grade mit der des benachbarten russischen Fischers vertauscht, sondern im Umgange mit diesem auch viel von seinen Sitten und Gewohnheiten angenommen, von den ihrigen dagegen verloren, zum Teil auch die Reinheit ihres Stammes eingebüßt und eigentlich nichts weiter behalten haben, als die unveräußerlichen Merkmale, die Sprache und alle durch sie bewahrten Eigentümlichkeiten, sowie vielleicht noch die dem ganzen Volke gemeinsame Geschicklichkeit, Anstelligkeit und — harmlose Gutmütigkeit. Aber in keinem Falle darf man sich zu der Behauptung versteigen, daß mit der höheren Gesittung auch die Sittlichkeit, mit dem Christentum auch die Reinheit der Sitten zugenommen habe; und in jedem Falle befriedigt es mehr, die heidnischen Ostjaken kennen zu lernen und mit einem noch ursprünglichen Volke in nähere Berührung zu treten, als mit demjenigen Teile desselben sich zu beschäftigen, welches nur noch als Schatten erscheinen kann von dem, was jenes war und heutigestags noch ist. Ich beschränke meine Mitteilungen daher auf die Ostjaken, welche noch gegenwärtig gläubig aufblicken zur Gottheit Ohrt, welche noch heutigestags in Vielweiberei leben, wenn ihr Vermögen dies gestattet, noch heutigestags ihre Toten genau in derselben Weise begraben, wie ihre Väter dies gethan; denn meine Darstellung kann nichts verlieren, wenn sie jene ausläßt, vielmehr nur an Einheitlichkeit gewinnen, wenn sie ausschließlich mit diesen sich beschäftigt.

Von einem ostjakischen Stammesgepräge ist schwer zu reden, dasselbe zu beschreiben noch schwieriger. Ich habe wiederholt versucht, dies zu thun, immer aber einsehen müssen, wie mißlich es ist, ein Gesicht mit Worten schildern und vollends die für das Auge unverkennbaren Merkmale eines Stammes mit Hilfe der Feder ausdrücken zu wollen. Die Leute sind hinsichtlich ihrer Gesichtsbildung, der Färbung ihrer Haut, ihres Haares und ihrer Augen ungemein verschieden; ihre Rassenangehörigkeit, also ihr Mongolentum, ist keineswegs immer so leicht wahrzunehmen, vielmehr oft sehr versteckt; und wenn man wirklich einmal glaubt, bestimmte, durchschnittlich gültige Merkmale festgestellt zu haben, wird man durch eine Anzahl anderer Angehörigen des Stammes belehrt, daß denselben keinesfalls eine unbedingte, vielmehr höchstens eine beziehentliche Gültigkeit zugesprochen werden darf. Versuche ich, alles zusammenzufassen, was ich den von uns beobachteten Ostjaken abgesehen und aufgezeichnet, so vermag ich nur folgendes zu sagen:

Die Ostjaken sind mittelgroß, durchschnittlich schlank gebaut, ihre Hände, Füße und Glieder überhaupt verhältnismäßig, erstere vielleicht eher groß als klein, die Waden fast immer dünn; ihre Gesichtsbildung steht gewissermaßen zwischen der anderer Mongolen und der nordamerikanischer Indianer in der Mitte: denn die braunen Augen sind zwar klein, allein durchaus nicht auffallend, wenn auch stets merklich schief geschlitzt, die Backenknochen nicht wesentlich vorgedrängt, die unteren Teile des Gesichtes gegen das stets schmale und spitzige Kinn zu aber so zusammengedrückt, daß das ganze Gesicht winkelig erscheint und, da auch die Lippen scharf geschnitten sind, bei vielen, zumal bei Kindern oder Frauen, zu einem wahren Katzengesichte wird, obgleich die Nase im ganzen wenig, bei vielen fast gar nicht abgeplattet ist. Das reiche, schlichte, aber nicht straffe Haar ist gewöhnlich schwarz oder tiefbraun, seltener lichtbraun und noch seltener blond gefärbt, der Bart schwach, jedoch nur infolge der Gewohnheit junger Stutzer, denselben sich auszurupfen; die Augenbrauen stark, oft buschig. Die Hautfarbe endlich steht an Weiße der eines viel in frischer Luft, Wind und Wetter sich bewegenden Europäers kaum nach, und der gelbliche Schein, welchen sie in der Regel zeigt, kann sich fast gänzlich verwischen.

Wenn das oben Gesagte als für die meisten Ostjaken gültig bezeichnet werden darf, soll damit doch nicht ausgedrückt sein, daß man bei genauer Betrachtung unserer Leute über ihre Rassenangehörigkeit jemals in Zweifel bleiben könne. Einzelne von ihnen stellen sich selbst dem flüchtigsten Blicke als vollendete Mongolen dar: sie sind kleinwüchsig, ihre braunen lebhaften Augen schief gestellt und lang geschlitzt, die Backenknochen stark hervorgedrängt, die straffen Haare tief schwarz und alle regelmäßig entblößten Teile ihres Leibes entschieden kupferrot oder lederbraun gefärbt.

Ueber die Sprache der Ostjaken vermag ich kein Urteil zu fällen, kann daher nur sagen, daß sie in zwei, auch dem Ohre des Fremden deutlich erkennbare Mundarten zerfällt, von denen die am mittleren Ob herrschende sehr wohllautend, wenn auch etwas gedehnt und singend klingt, wogegen die am unteren Ob gebräuchliche, wohl infolge der hier allgemein üblichen Gewohnheit aller Ostjaken, sich mit Vorliebe des weicheren Samojedisch zu bedienen, in rascherem Flusse, obwohl noch immer mit deutlicher Abgrenzung der Silben gesprochen wird.

Während die christlichen Ostjaken, wie bereits bemerkt, die Tracht der Russen nachahmen und die Frauen nur dadurch von denen der russischen Fischer abweichen, daß sie ihre Kleider an vielen Stellen mit bunten Glasperlen verzieren, auch besondere, der Stola eines katholischen Geistlichen ähnliche, über und über mit solchen Perlen geschmückte schleifenartige Bänder tragen, verwenden die heidnischen Stammesangehörigen unseres Völkchens ausschließlich die Decke und die Haut des Rentieres zu ihrer Kleidung und gebrauchen Felle anderer Tiere nur ausnahmsweise zum besonderen Schmucke der Rentier- oder, wie die Russen sagen, der Hirschpelze. Die Kleidung besteht aus einem bis über die Kniee herabreichenden, bei den Männern nur auf der Brust, bei den Frauen auf der ganzen Vorderseite geschlitzten und im letzteren Falle durch Lederriemen zusammengehaltenen, eng anliegenden Pelze mit gleich anhängender oder doch dazugehöriger Kapuze und angenähten Fausthandschuhen, Lederhosen, welche bis unter das Knie herabreichen, und Lederstrümpfen, welche oberhalb des Knies befestigt werden. Der Pelz ist bei Frauen vorn längs des Schlitzes mit Säumen, welche aus verschiedenfarbigen, kleinen viereckigen, kurzhaarigen Pelzstückchen mühsam zusammengesetzt wurden, unten auch regelmäßig mit einem breiten Besatze aus Hundepelz, bei Männern mindestens mit letzterem verziert, auch stets mit der Kapuze versehen; die Lederstrümpfe bestehen, wenn sie hübsch sein sollen, aus sehr vielen verschiedenfarbigen, geschmackvoll zusammengesetzten Streifen aus dem Felle der Läufe des Rentieres und einem plumpen, über den Fußteil halb geschnürten, halb an ihm festgenähten Schuh. Ein breiter, meist mit metallenen Knöpfen besetzter Ledergurt, an welchem das Messer hängt, schnürt den Pelz des Mannes zusammen; ein buntes, mit langen Fransen besetztes Kopftuch, welches im Sommer anstatt der Kapuze getragen wird, fällt über den Pelz der Frau herab. Ein Hemd kennt man nicht; dagegen trägt die Frau einen Gürtel, welchen wiederum wir nicht kennen. Um sich zu schmücken, steckt die Ostjakin so viele einfache Messing-, im allergünstigsten Falle Silberringe an alle Handfinger, als die inneren Glieder derselben zu tragen vermögen, panzert daher förmlich diesen Teil ihrer Hand, hängt sich außerdem eine mehr oder minder reiche Kette aus Glasperlen um den Hals und sehr schwere, aus Glasperlen, Drahtwindungen und Metallknöpfen zusammengesetzte quastenartige Ohrgehänge mehr über als in die Ohren, und flicht endlich ihr Haar in zwei bis auf die Mitte der Wade herabfallende, aus Wollenschnüren strickartig gedrehte Zopfhülsen ein. Dasselbe thut auch der ostjakische Stutzer, zum Beweise, daß alle Gecken der Erde sich gleichen, wogegen der Mann für gewöhnlich sein Haar lang, aber lose trägt.

Einfacher noch als die Kleidung, aber ebenso zweckmäßig wie die zwar wenig kleidsame, aber für den Sommer wie für den Winter gleich geeignete Tracht ist die Wohnung des Ostjaken, der Tschum, die kegelförmige, mit Birkenrinde umkleidete bewegliche Hütte des Fischers wie des Wanderhirten. Zwanzig bis dreißig dünne, geglättete, oben und unten zugespitzte, vier bis sechs Meter lange Stangen, von denen zwei gegen das obere Ende hin mittels eines kurzen Strickes vereinigt werden und allen übrigen als Stützpunkt dienen, bilden, nach dem Augenmaße, aber sehr genau im Kreise aufgestellt, das Gerüst, fünf bis acht nach dem Mantel des Kegels geschnittene, aus kleinen Stücken vorher gekochter und dadurch geschmeidig gemachter Birkenrinde zusammengesetzte Tafeln die äußere Umkleidung des Gerüstes, eine vom Winde abgekehrte, mit einer anderen Rindentafel verschließbare Oeffnung die Thüre der Hütte, deren Kegelspitze stets unbedeckt bleibt, um dem Rauche freien Abzug zu gestatten. Von der Thüre an in gerader Richtung zur entgegengesetzten Seite des Tschum verläuft ein Gang, in dessen Mitte das Feuer angezündet wird; über ihm befindet sich, aus zwei wagerecht an die äußeren angebundenen Stangen hergestellt, ein Trockengerüst, an welchem auch der Kochkessel aufgehängt wird. Rechts und links von dem Gange decken Bretter oder wenigstens Matten den Boden und dienen als Laufstege, sowie als Abschluß der Lagerstätten, deren Kopfende gegen die Wand sich richtet. Aus Riedgrasbündeln gefertigte Matten, langhaarige, weiche Rentierfelle und mit Rentierhaaren oder getrocknetem Wassermoose gestopfte Kissen stellen die Lagerstätten, Pelze die Decken her; ein Mückenzelt, unter welches im Sommer die ganze Familie kriecht, schützt die Schlafenden wirksamer, als das im Eingange des Tschum beständig brennende, mit Weidenmulm unterhaltene

Schmauchfeuer gegen die geflügelten Quälgeister. Ein Koch-, ein Thee- und ein Trinkkessel, Mulden, Ledersäcke zur Aufbewahrung des Mehles und hartgebackenen Schwarzbrotes, kleine verschließbare Truhen zur Unterbringung der wertvollsten Habseligkeiten, insbesondere auch des Theegeschirrs, ein Beil, ein Bohrer, Lederschaber, ein muldenartiges Nähkästchen, Bogen, Armbrust oder Gewehr, Schneeschuhe, sowie verschiedene Fangwerkzeuge vollenden den Hausrat; die Stelle des in den Hütten der christlichen Ostjaken selten fehlenden Heiligenbildes vertritt ein Hausgötze.

Gegen den Winter, seine Kälte und seine Stürme sucht man den Tschum durch eine außen übergebreitete, aus dem Leder abgetragener Pelze zusammengenähte Decke, oder, und besser, dadurch zu schützen, daß man einen zweiten Mantel aus Birkenrindentafeln über den ersten breitet.

Ist der Tschumbesitzer Fischer, so sieht man außen vor dem Tschum Trockengerüste zum Aufhängen der Netze und solche zum Dörren der Fische, sehr sauber gearbeitete, ungemein leichte und kunstvolle Reusen, mehrere unübertreffliche kleine Boote und sonstige Fischereigeräte; ist er auch Jäger, allerlei Fangwerkzeuge, Stellbogen und als Selbstschüsse wirkende Armbrüste z. B.; ist der Tschumwirt Rentierhirt, mehrere sorgsam gearbeitete Schlitten nebst dazu gehörigem Geschirr und ein auch für ihn unentbehrliches Boot.

Jeder Ostjake ist des Fischfangs kundig, fast jeder auch Jäger oder Fallensteller, nicht jeder aber Wanderhirt. Rentiere besitzen, bedeutet unter unserem Völkchen ebensoviel als wohlhabend, viele Rentiere sein eigen nennen, nicht weniger als reich sein; einzig und allein von der Fischerei leben zu müssen, das Gegenteil. Pferde und Rinder, obschon in sehr geringer Anzahl, sieht man zwar auch in einzelnen ostjakischen Niederlassungen, aber nur in denen des mittleren Stromgebietes, Schafe und vielleicht sogar eine Katze werden hier ebenfalls dann und wann gehalten: die eigentlichen Haustiere der Ostjaken aber sind Rentier und Hund. Ohne sie, zumal ohne Rentiere, vermeint der wohlhabende Mann nicht leben zu können; und sie allein ermöglichen ihm thatsächlich das, was er Freude des Daseins nennt. Wie sich der Beduine, der Wanderhirt Innerafrikas, erhaben dünkt über den Stammesgenossen, welcher das Feld bebaut, wie der Kirgise fast verachtend auf den herabblickt, welcher der Scholle zu entringen strebt, was sie gewähren kann: so greift auch der Rentierbesitzer, selbst der Rentierhirt nur dann zu Netz und Angel, wenn er für seinen eigenen Bedarf Fische gewinnen will, wogegen der Fischer nicht allein für sich selbst, sondern als Knecht auch für andere das Netz auswirft und die

Reuse stellt. Nach der Anzahl der Rentiere schätzt der Ostjake den Besitz eines Menschen, in den Rentieren sieht er seinen Reichtum, sein Glück. Daher verliert er nicht allein dieses wie jenen, wenn die würgende Seuche seine Herden vernichtet, sondern noch weit mehr: Ansehen und Rang, Selbstbewußtsein und Zuversicht, ja es ist nicht zu viel gesagt, sogar seinen Glauben, seine Sitten und Gewohnheiten, sich selbst. „Solange die Seuche unsere Herden noch nicht heimsuchte," sagte uns der Gemeindevorsteher Mamru, der verständigste Ostjake, welchen wir kennen gelernt haben, „lebten wir freudig und waren wir reich; seitdem wir sie verlieren, werden wir allgemach zu armen Fischern: wir können ohne Rentiere nicht bestehen, ohne sie nicht leben!" Arme Ostjaken! — mit diesen Worten ist euer Geschick ausgesprochen. Schon gegenwärtig sind die einst nach Hunderttausenden zählenden Rentiere auf fünfzigtausend zusammengeschmolzen, und nach wie vor, alljährlich fast, wütet der Würgengel unter den geweihtragenden Herden. Was wird die Folge sein? Die russischen Popen werden mehr und mehr Christen, die russischen Fischer mehr und mehr Knechte gewinnen: Ostjaken aber wird es nur dem Namen nach noch geben, und dies in nicht allzuferner Zeit.

Das nordasiatische Rentier ist ein von dem lappländischen wesentlich verschiedenes Geschöpf, weil nicht allein größer und stattlicher, sondern ein Haustier im besten Sinne des Wortes. Wir alle glaubten es zu kennen; denn wir hatten es in Lappland genau, sorgfältig, mit dem Auge des Naturforschers beobachtet: aber wir mußten uns in Sibirien eingestehen, daß wir dennoch bisher nur ein sehr unvollständiges Bild des absonderlichsten aller Haustiere gewonnen hatten. Dort, in Lappland, hatten wir nur einen ewig widerstrebenden, mit ersichtlichem Unwillen unter das Joch des kleinen Mannes sich beugenden, scheinbar unablässig auf Wiedererlangung der Freiheit bedachten Hirsch kennen gelernt; hier, in Sibirien, trat uns ein folgsames, williges, an dem Menschen hängendes, ihm vertrauendes Tier entgegen. Freilich weiß der Ostjake auch vortrefflich mit ihm umzugehen. Er behandelt es zwar nicht mit der Zärtlichkeit, mit welcher er den Hund hätschelt, aber im ganzen doch auch nicht unfreundlich und nur sehr ausnahmsweise derb oder roh. Abweichend von dem Lappen verzichtet er darauf, es zu melken, spannt es dafür aber viel regelmäßiger ein als dieser; denn es muß ihn und seine Familie, den Tschum samt Zubehör und alle übrigen auf der Wanderung zu bewegenden Lasten im Sommer wie im Winter von einer Stelle zur anderen befördern, wogegen der Lappe nur im Winter es zum Ziehen benutzt. Von dem getöteten

Rentiere verwendet er wie der Lappe alle Teile, mit alleiniger Ausnahme der Gedärme und des Magens. Das Fleisch dient ihm zur Nahrung, die Knochen und Geweihe liefern allerlei Gerätschaften, die Sehnen Zwirn zum Nähen seiner Kleider, Haut und Decke diese selbst, und was er sonst noch aus Leder fertigt; selbst die Schalen finden Verwendung. Mit dem Rentiere fährt der Ostjake, auf seinem leichten Schlitten sitzend, im Sommer wie im Winter von Ort zu Ort, mit ihm zur Brautschau, zu Festlichkeiten, zur Jagd, zum Begräbnis seiner Freunde; mit ihm führt er seine Toten zur letzten Ruhestätte: das Rentier schlachtet und verspeist er, um seine Gäste und seine Toten zu ehren; in seine Felle hüllt er die letzteren wie sich selbst. Gewiß, er kann ohne das Rentier nicht bestehen, nicht leben.

Kaum minder wichtig als seine geweihtragende Herde ist ihm sein zweites Haustier, der Hund. Ihn besitzt, ihn hegt und pflegt nicht allein der Wanderhirt, sondern jeder Ostjake überhaupt, der Fischer ebensogut wie der Jäger, der seßhafte wie der umherschweifende Mann. Der ostjakische Hund gehört zwei verschiedenen, hauptsächlich jedoch nur hinsichtlich der Größe voneinander abweichenden Rassen an. Ob unsere Liebhaber ihn schön finden würden, vermag ich nicht zu sagen; ich meinesteils muß ihn schon aus dem Grunde für schön erklären, weil er, mit alleiniger Ausnahme der Färbung, noch alle Merkmale wilder Hunde besitzt. Am meisten kommt er mit unserem Spitz überein, ist aber gewöhnlich größer als dieser, nicht selten so groß, daß er kaum oder nur wenig hinter dem Wolfe zurücksteht; auch sein schlankerer Bau zeichnet ihn vor dem Spitze aus. Der Kopf ist gestreckt, die Schnauze mittellang, der Hals kurz, der Leib lang, die Gliederung schlank, der Schwanz mittellang, das erzfarbene Auge schief geschlitzt, das kurze, spitzige Ohr aufrecht gestellt, das Fell außerordentlich dicht und lang, aus entschiedenem Woll- und Grannenhaar zusammengesetzt, die Färbung verschieden, vorherrschend reinweiß oder weiß mit tiefschwarzer, gewöhnlich höchst regelmäßiger Abzeichnung an beiden Seiten des Kopfes, einschließlich der Ohren, auf dem Rücken und an den Seiten, sonst auch wolfs-, mäuse- oder fahlgrau, gewässert und gewellt, nicht aber gestreift. Die schwachbuschige Fahne wird stets hängend oder gestreckt, niemals gerollt getragen und die Aehnlichkeit mit einem Wildhunde dadurch wesentlich vermehrt.

Der stetige und innige Umgang mit dem Menschen hat den Ostjakenhund zu einem überaus gutmütigen Tiere gewandelt. Er ist wachsam, aber nicht bissig, mutig, aber nicht streitsüchtig, treu und eifrig, aber nicht fremdenfeindlich und hitzig; mißtrauisch, wenn auch nicht gerade unfreundlich, dem Fremdling entgegeneilend, nähert er sich ihm vertrauensvoll, sobald er ihn mit seinem Herrn reden hört oder in den Tschum eintreten sieht. In keiner Weise verwöhnt, gibt er sich, so gern er auch den Platz im Tschum mit seinem Herrn oder seiner Herrin teilt, doch, ohne Mißbehagen zu bekunden, Wind und Wetter preis, wirft sich ohne Bedenken in das kalte Wasser des Stromes und schwimmt schnurgerade über breite Arme desselben oder trabt, ohne zu klagen, beim Zuge durch die Tundra unter dem Schlitten dahin, an welchem er angefesselt wurde, und ob der Weg auch durch Sumpf oder Morast, durch Zwergbirkengestrüpp oder Wasser führe. Klug und verschmitzt, findig und erfinderisch, geschickt und behend, weiß er sich sein Leben behaglich zu gestalten und in allen Lagen desselben zu helfen. Im Tschum liegt er entsagungsvoll neben ihm sonst erwünschter Speise: außerhalb der Hütte seines Herrn wird er zum genäschigen und dreisten Diebe; im Zwergbirkengestrüpp der Tundra trabt er gleichmütig unter dem Schlitten einher: im glatten Moraste oder auf sonstigem guten Wege aber stellt er sich, alle viere voreinander, auf die Schlittenkufen und läßt sich fahren; auf der Jagd begleitet er seinen Herrn als treuer und nützlicher Gehilfe: dem Fremdling aber schnappt er die von ihm erspürte, von jenem erlegte Beute vor den Augen weg und verzehrt dieselbe eilfertig mit einer so harmlosen Behaglichkeit, daß man dem Schelme doch nicht böse sein kann; beim Hirtendienste erweist er sich als aller Eigenheiten und Unarten des Rentiers kundig, auch willig: aber niemals ist er so verlässig wie unser Schäferhund, gestattet sich im Gegenteile eigenes Urteil und leistet seine Dienste nur dann ohne Weigerung, wenn ihm dies unbedingt nötig zu sein scheint.

Der Hund des Ostjaken wird als Spielkamerad, als Wächter des Tschum, als Hüter der Herden und als Zugtier verwendet, jedoch auch nach seinem Tode noch benutzt. Vor den Schlitten spannt man ihn nur im Winter, legt ihm dann aber ein so ungeschicktes Geschirr auf, daß er, wenn er angestrengt wurde, schon nach wenig Jahren lendenlahm umherhinkt. Nach dem Tode muß er sein treffliches Fell hergeben; ja viele Ostjaken halten offenbar nur deshalb eine so unverhältnismäßig große Anzahl von Hunden, um jederzeit im Winter über deren Felle verfügen zu können.

Zu gleichem oder ähnlichem Zwecke dienen wohl auch verschiedene dem Neste entnommene Säugetiere und Vögel, insbesondere Füchse, Bären, Eulen, Krähen, Kraniche, Schwäne 2c., welche man im oder vor dem Tschum des Fischers wie des Wanderhirten angekettet sieht. Solange solche Tiere jung sind, behandelt man sie freundlich und pflegt sie sorgfältig; sobald sie erwachsen und gut von Fell oder Federn sind, wirft man das Todeslos über sie, verspeist, was gegessen werden kann, und verwendet außerdem Fell und Federn, verwertet namentlich das erstere zu oft erstaunlich hohen Preisen.

Der Hund fügt sich hier wie überall dem Willen des Menschen; aber der Mensch muß sich dem Bedürfnisse des Rentieres fügen. Diese Bedürfnisse, nicht der Wille oder die Laune des Hirten, bestimmen das Wanderleben des umherschweifenden Ostjaken, ebenso wie das Kommen und Gehen der Fische das Thun und Treiben des seßhaften Stammesgenossen mindestens wesentlich beeinflussen. Die Wanderungen der Rentierhirten und ihrer Herden geschehen fast aus derselben Ursache und bewegen sich in ähnlicher Richtung wie die des Kirgisen, unterscheiden sich von letzteren aber hauptsächlich dadurch, daß sie auch im Winter nicht unterbrochen, ja um diese Zeit eher gesteigert, d. h. unsteter und wechselvoller werden. Mit Beginn der Schneeschmelze zieht der ostjakische Wanderhirt langsam dem Gebirge zu; mit Beginn der Mückenplage steigt er an den Wänden der Berge aufwärts, oder mindestens zu den Rücken der Hügelzüge empor; mit dem Aufhören der Qual, welche freilich auch die freien Höhen nicht gänzlich verschont, kehrt er allmählich wieder in die Tieftundra zurück, um hier, womöglich in der Nähe seines heimatlichen Stromes, den Winter zu verbringen. Dies ist der Kreislauf, welchen er in dem einen wie in jedem Jahre zurücklegt, falls nicht das Unglück über ihn hereinbricht, die entsetzliche Seuche ihn heimsucht.

Noch bevor der kurze Sommer einzieht in seine unwirtliche Heimat, noch bevor das erste Wehen des Frühlings sich regt, in einer Zeit, in welcher die starke Eisdecke noch unerschüttert liegt auf dem gewaltigen Strome, seinen Zuflüssen und allen den unzähligen Seen der Tundra, bringen die Rentiere ihre Kälber; es gilt deshalb mehr als je, einen Platz aufzusuchen, welcher auch jetzt den Alttieren wie den Kälbern gedeihliche Weide bietet. Zu diesem Zwecke wandert unser Hirt nicht den tiefsten Thälern, sondern im Gegenteile den Höhen zu, von deren Kämmen der tobende Wintersturm so viel als möglich den Schnee wegwehte, und schlägt hier seinen Tschum an der geeignetsten Stelle auf. Tage-, wochenlang verweilt er hier, bis die freigelegte Rentierflechte ringsum überall aufgezehrt worden ist und auch der breite Huf des Ren, welcher den Schnee wegräumt, um zu der von diesem bedeckten Weide zu gelangen, seine Dienste versagen will. Dann erst bricht er von neuem auf und wendet sich einer unfernen Stelle zu, welche ähnliche Vorzüge besitzt wie die erste. Auch sie verläßt er nicht früher, als er wiederum Weidemangel verspürt; denn noch erfreut er sich einer Zeit, welche er die gute nennen darf. Die Herden weiden jetzt in dicht geschlossenen Trupps; unter den Hirschen, deren Geweihe eben erst zu sprossen begonnen haben, herrscht tiefster Friede; die Kälber werden von den sorgsamen Alttieren nicht aus den Augen gelassen: die Herde zerstreut sich weder, noch entfernt sie sich weiter aus der Nähe des Tschum, als der laute Hirtenruf tönt, welcher sie gegen Sonnenuntergang zurückruft. Des Nachts zwar umschleicht sie der gierige Wolf, welchen der Winter vom Gebirge herabtrieb in die Tieftundra; aber die mutigen Hunde halten scharfe Wacht und wehren dem feigen Räuber: unser Hirte sorgt sich daher ebensowenig um den Wolf, wie um den Winter, welchen er, wie alle hochnordischen Völker, als die beste Jahreszeit betrachtet. Auch werden die noch sehr kurzen Tage rasch länger und die Nächte immer kürzer; die Gefahren für seine wehrlosen Herdentiere also geringer. Der Strom wirft seine winterliche Decke ab; mit den in den Steppen des Südens erwärmten Fluten strömen laue Winde durch das Land; ein Hügelrücken nach dem anderen wird schneefrei, und hier wie im Thale, wo die jungen Knospen üppig schwellen, finden die wetterharten Tiere reiche Weide: die Tieftundra ist zu einem Paradiese geworden in den Augen unseres Hirten. Doch nur kurze Zeit währt sein und seiner Herdentiere behagliches Leben. Die rasch sich hebende und immer länger, immer wärmer strahlende Sonne schmilzt auch in den flächeren Thälern den Schnee, auf den breiten Seen das Eis, taut selbst die Oberfläche der gefrorenen Erde auf und ruft neben den ersten, harmlosen Kindern des Frühlings Milliarden quälender Mücken, zudringlicher Bremsen, deren Larven erst vor wenig Wochen aus den Nasenhöhlen der Rentiere geschneuzt wurden, zum Leben wach. Nunmehr beginnt die Wanderung wirklich; jetzt zieht der Hirte, in kurzen Tagemärschen zwar, aber doch eilig, dem Gebirge zu.

Sobald der Nachttau trocken geworden ist auf Moosen, Flechten, Gräsern und jungen Blättern der Zwerggesträuche, brechen die Frauen den Tschum ab, welchen sie gestern erst errichtet, und bepacken die Schlitten, welche sie um dieselbe Zeit entlastet hatten. Währenddessen jagt der Hirte auf seinem leichten, mit vier kräftigen Hirschen bespannten Schlitten der zerstreut sich äsenden oder weidesatt in Gruppen gelagerten Herde zu, treibt die Tiere zusammen und nach der Lagerstelle, auf welcher seine Familiengenossen bereits zum Empfange gerüstet sind. Ein dünnes Seil, welches die Rentiere nur selten zu überspringen wagen, in den Händen haltend, bilden sie einen Kreis um die Herde; der Hirt begibt sich, die Fangschlinge in der Rechten, mitten unter die Tiere, wirft den erwählten Hirschen fast unfehlbar die Schlinge um Hals oder Geweihe, fesselt sie, schirrt und spannt sie ein, befiehlt, daß alle übrigen entlassen werden, besteigt wiederum seinen Schlitten und fährt in der Wegrichtung davon. Alle übrigen Schlitten, gelenkt von den Mitgliedern der Familie, folgen ihm in langer Reihe nach; auch die gesamte freie Herde setzt sich, blökend oder grunzend und bei jedem Schritte knisternd, in Bewegung; die Hunde endlich umspringen, beständig bellend und die zum Umherschweifen geneigten Tiere zusammenhaltend, den ganzen Zug, können es aber doch nicht hindern, daß einzelne Rentiere seitwärts abschweifen und zurückbleiben. Mehr und mehr breitet sich die Herde aus; malerisch schmückt sie alle Höhen umher; von besonders beliebter Aesung festgehalten, verweilt sie truppweise hier und da; von den Kälbern gedrängt, genügen die Alttiere ihren Mutterpflichten, thun sich auch wohl aus Gefälligkeit gegen das milchsatt sich lagernde Kalb neben diesem nieder, bis der Adlerblick des Hirten den ganzen Unfug wahrnimmt, er seitlich ausbiegt, in weitem Bogen die Säumlinge umfährt und durch das Machtwort seiner Stimme oder die jetzt ihre Mithilfe für geboten erachtenden Hunde den im scharfen Trabe vorausgezogenen Genossen nachtreibt. Neues, allgemeines Grunzen, lauteres Bellen der Hunde: und dahin wogt die wieder geschlossene Schar; ein wahrer Wald von Geweihen drängt sich vorwärts und etwas wie Weidmannslust regt sich im Herzen des fremdländischen Zuschauers.

Die Sonne neigt sich; die Zugtiere ächzen und stöhnen mit lang aus dem Halse hängender Zunge: es wird Zeit, ihnen Ruhe zu gönnen. In geringer Entfernung, neben einem der zahllosen Seen, hebt sich ein flach gewölbter Hügel; ihm wendet der Hirte sich zu; auf der Höhe desselben bringt er sein geweihtragendes Gespann zum Stehen. Ein und der andere Schlitten langt dort an; die freie Herde erscheint ebenfalls, begibt sich jedoch sofort auf die Weide, und die entschirrten Zugtiere folgen nach.

Die Frauen wählen eine geeignete Stelle zur Errichtung des Tschum, stellen die Stangen im Kreise auf und umkleiden sie mit dem rindenen Mantel; der Hirt aber geht mit seiner zum Gebrauche fertigen Wurfleine unter die Herde, wählt sich kundigen Auges einen jungen, feisten Hirsch und wirft ihm die Schlinge über Geweih und Hals. Vergeblich versucht der Renhirsch sich zu befreien; näher und näher kommt ihm der Jäger und widerstandslos folgt er diesem bis in die Nähe des inzwischen aufgestellten Tschum. Ein Beilhieb auf den Hinterkopf wirft das Opfer zu Boden, ein Messerstich ins Herz endet sein Leben. Zwei Minuten später ist das Tier bereits entfellt, aufgebrochen und kunstfertig ausgeweidet; eine

Im Tschum.

Minute darauf tauchen alle rasch versammelten Familienglieder die in Streifen zerschnittene Leber in das in der Brusthöhle zusammengeflossene Blut, und das „blutige Mahl" beginnt. Im Kreise um den noch lebenswarmen Hirsch hockend, schneidet sich jeder der Schmausenden Rippen oder Stücke von den Rücken- und Schenkelmuskeln ab; die Lippen röten sich, als ob sie schlecht geschminkt wären; ein und der andere Blutstropfen fließt an ihnen herab über Kinn und Brust; die Hände färben sich ebenfalls, beschmieren, triefend vom Blute, auch Nase und Wangen, und blutige Gesichter starren dem verwunderten Fremdling entgegen. Von der Mutter Brust löst sich der Säugling, um ebenfalls am Mahle teilzunehmen, und freudig jauchzt er auf, als ihm die sorgende Mutter, nachdem er bereits ein Stück Leber hinabgewürgt und sich dabei Gesicht und Hände und was er sonst erreichen kann, blutigrot gefärbt hat, auch noch einen Markknochen zerschlägt und zum Aussaugen hinreicht. Die Hunde aber sitzen im Kreise hinter den Essenden und schnappen die abgenagten Knochen auf, welche diese ihnen zuschleudern. Gesättigt erhebt sich einer nach dem anderen vom Mahle, wischt sich die blutige Hand am Moose ab, reinigt das Messer in gleicher Weise und begibt sich sodann in den Tschum, um hier behaglich zu ruhen. Die Hausfrau aber füllt den Kochkessel mit Wasser, legt sodann so viel Fleisch des halb aufgegessenen Tieres in den Kessel, als dieser fassen kann, und zündet Feuer an, um den Nachtimbiß zu bereiten.

Währenddessen hat der Hirt sein Obergewand abgeworfen und flüchtig, jedoch nie erfolglos durchsucht, sich selbst aber so dem Feuer genähert, daß die Flamme mit voller Wirkung gegen den nackten Oberleib strahlen kann. Er fühlt sich höchst behaglich und denkt an neuen Genuß. Ein wunderlicher Kauz, welcher in seiner Gesellschaft dem Gebirge zuzieht, ein Deutscher seines Herkommens, vielleicht sogar ein Mitglied der Bremer Forschungsreise nach Westsibirien, hat ihm nicht allein Tabak, ein wahrhaft entsetzliches Kraut allerdings, aber ein sehr kräftiges Kraut, sondern auch einen großen Bogen Papier, eine ganze Kölnische Zeitung, geschenkt. Von dieser reißt er bedächtig ein viereckiges Stück ab, dreht es zu einer kleinen, spitzigen Tüte zusammen, füllt diese mit dem Tabak, knickt sie in der Mitte und das Pfeifchen ist fertig, brennt auch einen Augenblick später trefflich und riecht so vorzüglich, daß seine Gattin die Nüstern weitet und nach demselben Genusse verlangt, auch ihren Wunsch sofort erfüllt sieht. Reihum wandert das Pfeifchen, und jedes Familienglied erfreut sich der Labung.

Doch im Topfe beginnt es zu brodeln; die Abendkost ist fertig geworden und alle „erheben die Hände zum lecker bereiteten Mahle" Dann tritt der Hirt vor die Thür des Tschum, stößt mit langgezogenen Lauten einen weitschallenden Ruf aus, versammelt durch ihn für heute zum letztenmal die unruhige Herde und kehrt befriedigt in den Tschum zurück.

Hier hat unterdessen die Frau das Mückenzelt aufgeschlagen und ist nur noch beschäftigt, den unteren Rand desselben unter die Decken zu stopfen. Die bis zur Vollendung dieser Arbeit erforderliche Zeit füllt der auf sein Lager harrende Mann damit aus, daß er einen der Hunde ergreift und wie ein kleines Kind wartet, was sich der Hund seinerseits mit dem Bewußtsein gefallen läßt, daß ihm hohe Ehre widerfahren. Dann kriecht der Mann halbnackend unter das Mückenzelt, der fünfzehnjährige Sohn folgt seinem Beispiele, dessen kleine, etwa dreizehnjährige Frau thut desgleichen, die sorgende Mutter bringt auch die Kindlein, den noch in der Wiege liegenden Säugling inbegriffen, in Sicherheit, legt noch einmal Mulm auf das Schmauchfeuer am Eingange des Tschum, schließt dessen Thür und begibt sich zu den übrigen Familiengliedern. Wenige Minuten später verkündet lautes Schnarchen, daß alle den Schlaf der Gerechten gefunden haben.

Am nächsten Morgen beginnt derselbe Tageslauf, und so geht es weiter, bis die Höhen des Gebirges längeres Rasten und Verweilen auf einer und derselben Stelle gestatten. Der oben sehr zeitig fallende Schnee mahnt bereits im August zur Rückkehr, und wiederum führt die Wanderung, jetzt nur langsamer und gemächlicher, Hirt und Herden nach der Tiefe zurück.

Mit dem Schwinden des Eises beginnt auch die Thätigkeit der Fischer am Strome. Viele ostjakische Fischer arbeiten im Solde oder doch in Gemeinschaft der Russen, andere verhandeln nur einen Teil des Ueberschusses ihres Fanges an diese und fischen auf eigene Rechnung. Unmittelbar nach dem Eisgange stellen jene ihre Tschum neben den Fischerhütten der Russen auf, oder beziehen diese ihre hart am Strome gelegenen Sommeransiedelungen, Blockhäuser einfachster Bauart. Da, wo ein Fluß in den Strom mündet, sperrt man ihn, beziehentlich die Mündung eines Armes, durch einen Zaun, welcher nur einen Durchgang enthält; bei tieferem Wasserstande stellt man Reusen und legt man Grundangeln; außerdem fischt man nur mit dem Zugnetze und Schleppnetze.

Rege Thätigkeit herrscht auf allen Fischplätzen, wenn es guten Fang gibt. Ueber der Oeffnung des Zaunes hocken auf schwankendem Gerüst Halberwachsene, eher Knaben als Männer, und sehen scharf in die trüben Fluten unter ihnen, um zu erfahren, ob Fische einlaufen in das von ihnen gehaltene, den Durchgang schließende hamenartige Netz, heben dasselbe von Zeit zu Zeit mit der gefangenen Beute auf und entleeren seinen Inhalt in ihre kleinen Boote. Die Männer fischen auf einer Sandbank gemeinschaftlich mit dem Zugnetze, oder auf seichteren Stellen des Stromes mit dem Schleppnetze. Nachmittags oder gegen Abend kehren die Fischer heim und teilen jeder Haushaltung von der Beute zu. Am nächsten Morgen beginnt die Wirksamkeit der Frauen. Einzeln oder in Gruppen hocken sie um große Fischhaufen, jede mit einem Brett und dem scharfen Messer ausgerüstet, um die Fische zu entschuppen, auszunehmen, zu teilen, einzukerben und auf lange, dünne Stöcke zu spießen, welche dann auf den Trockengerüsten zum Dörren aufgehängt werden. Geschickt und sicher geführte Schnitte öffnen die Bauchhöhle des Fisches und trennen seine seitlichen Muskeln von der Wirbelsäule, einige Handgriffe mehr Leber und übrige Eingeweide von Kopf und Geripp und den wertvolleren Seitenteilen des Leibes. Eine Leber nach der anderen gleitet über die schlürfenden Lippen; denn die Frauen sind noch nüchtern und nehmen als Vorspeise den Leckerbissen zu sich. Regt sich der Magen doch noch, so wird ein Fisch entschuppt, ausgenommen und in lange Streifen geteilt, das Ende eines solchen in das aussickernde Blut getaucht, also gewürzt, in den Mund gesteckt und mit raschem, von unten her hart an der Nasenspitze vorbeigehendem Schnitte ein mundrechter Bissen nach dem anderen abgetrennt. Die sich um die arbeitenden Mütter einfindenden Kinder erhalten, je nach ihrer Größe, Lebern oder Muskelstreifen; vierjährige führen auch das Messer beim Bissenzerteilen bereits ebenso geschickt wie die Alten, welche stets, also auch Rentierfleischstreifen, in dieser Weise sich mundrecht machen. Bald glänzen die Gesichter der Mütter wie der Kinder von Fischblut und Leberthran, die Hände von anklebenden Fischschuppen. Sind alle Fische entschuppt, zerteilt und zum Trocknen aufgehängt, so erhalten auch die Hunde, welche lüstern, aber nicht zudringlich, neben den Frauen saßen, ihren Anteil; die Fischschuppen nämlich, welche zunächst auf ein Grasbündel geworfen wurden, und begierig wühlen die schwarzen Schnauzen in solchem Bündel.

Die Morgenarbeit ist vorüber, eine kurze Erholung verdient. Die Mütter nehmen ihre Kinder auf den Schoß, reichen den Säuglingen die Brust und gehen sodann zu einer nicht allein den Kleinen, sondern auch ihnen selbst unabweislich nötigen Beschäftigung über: Jagd auf Schmarotzer. Ein Kind nach dem anderen legt sein Haupt in den Schoß der Mutter, zuletzt diese selbst das ihrige in den Schoß ihrer ältesten Tochter, oder einer Gegendienste erhoffenden Freundin, und als ergiebig erweist sich die Jagd. Daß das gefangene Wild, wenn auch vielleicht nicht verspeist, so doch bestimmt zwischen die Lippen genommen und durch einen Biß getötet wird, ist einem Naturforscher, welcher Affen beobachtet hat, nichts Neues und bestätigt dem, welcher in Darwins Lehrsätzen mehr sieht, als bloße Annahmen, daß „Atavismus“, ein Zurückkehren zu der Urväter Gewohnheiten, nicht in Abrede gestellt werden kann.

Die Sonne neigt sich; mit neuem, reichem Segen kommen die Männer, Jünglinge und Knaben angefahren. Rohe Fische haben sie gegessen nach Bedarf; jetzt verlangt ihre Seele nach warmen Speisen. Ein großer dampfender Kessel mit gekochten Fischen, köstlichen Renken, der Lachse nächsten Verwandten, wird ihnen vorgesetzt; in Fischfett geschüttetes, von ihm ganz durchdrungenes Brot bildet die Zukost; mit dem kalten Wasser auf das Feuer gesetzter, längere Zeit gekochter Ziegelthee beschließt das Mahl. „Als aber die Begier nach Speise und Trank gestillt ist“, verlangt auch der Geist seine Nahrung, und deshalb ist der Künstler hochwillkommen, welcher jetzt die von ihm selbst gearbeitete Harfe oder Zither herbeibringt, um zu spielen, sei es um eines der ureigentümlichen, unbeschreiblichen Lieder, sei es um die Bewegungen der in absonderlichem Tanze sich hebenden und senkenden, einen Arm um den anderen werfend streckenden und wieder an den Leib ziehenden Frauen zu begleiten. Bis das Mückenzelt bereitet worden ist, währt solche Fröhlichkeit; dann verschwindet auch hier jung und alt unter dessen Falten.

Der Sommer ist vorüber, auf den kurzen Herbst folgt der Winter. Mit dem Zuge der Vögel beginnt neue Thätigkeit, mit dem Winter neues, nein das volle, wahre Leben der Ostjaken. Den abziehenden Sommergästen stellt man das verräterische Netz, ein in künstlich hergestellten Lichtungen des dichten Weidenwaldes der Ufer, auf erkundeten Flugstraßen zwischen zwei größeren Wasserflächen ausgespanntes großes, leicht bewegliches Klebenetz, in welches nicht allein Enten, sondern auch Gänse, Schwäne, Kraniche fliegen, willkommene Beute ihres Fleisches, ihrer Federn halber, da alle Vogelarten nicht bloß eine wesentliche Nahrung der Ostjaken, sondern aller Bewohner des Stromthales überhaupt bilden. Gleichzeitig mit dem Vogelsteller zieht auch der Wanderhirt aus zur Jagd und stellt in der Tundra seine Schlagfallen auf Rot- und Eisfuchs, im Walde mit dem ansässigen Stammesgenossen gemeinsam ähnliche Fangwerkzeuge, Stellbogen und selbstwirkende Armbrüste auf Wölfe und Füchse, Zobel und Hermelin, Vielfraße und Eichhörnchen. Ist Schnee gefallen, so schnallt sich der geübtere Jäger die Schneeschuhe an die Füße, die Schneebrille vor die Augen und begibt sich mit den flinken Hunden in den Wald, in die Tundra, um den Bären im Lager aufzusuchen, der Fährte des Luchses zu folgen, dem jetzt behinderten Elch und wilden Rentiere auf der wohl ihn, nicht aber jene tragenden Schneedecke nachzujagen. Er hat nie gelogen, nie beim Bärenzahne falsch geschworen, nie ein Unrecht begangen, und der Bär ist deshalb ohnmächtig ihm gegenüber, das Elch, das Ren nicht schnellläufig genug, ihm zu entrinnen. Mit dem erlegten Bären zieht er frohlockend ein in das Dorf, in den Tschum, Nachbarn und Freunde umstehen ihn jubelnd, bis auch ihn die allgemeine Freude ansteckt, er sich still davonschleicht, vermummt und verlarvt und sodann den Bärentanz beginnt — wundersame, Bewegungen ausführend, welche die des Bären in allen Lagen seines Lebens wiedergeben und versinnlichen sollen.

Reiche Beute an Fellen birgt bald die Hütte des Fischers, noch reichere der Tschum des Hirten, da dieser auch alle Decken der im Laufe des Jahres von ihm geschlachteten Rentiere aufgespeichert hat. Jetzt gilt es, sie loszuschlagen. Fern und nah rüstet sich auf den Jahrmarkt, welcher alljährlich in der zweiten Hälfte des Januar in Obdorsk, dem letzten russischen Dorfe und wichtigsten Handelsplatze des unteren Ob, abgehalten und von Einheimischen und Fremden besucht wird, währenddessen der russische Regierungsbeamte die Steuern erhebt von Ostjaken und Samojeden, etwaige Streitigkeiten schlichtet und sonstwie Gericht hält, währenddessen die russischen Kaufleute auf Käufer und Verkäufer, die unredlichen unter ihnen mit den spitzbübischen Syrjänen auf leichtsinnige Trunkenbolde, die Popen endlich auf zu bekehrende Heiden Jagd machen, währenddessen unter Ostjaken und Samojeden Verabredungen aller Art getroffen, Hochzeiten gestiftet, Feinde versöhnt, Freunde gewonnen, mit den Russen Verträge geschlossen, Schulden bezahlt und neue gemacht werden. In langen Reihen erscheinen, von allen Seiten herbeikommend, die rentierbespannten Schlitten, und rings um den Marktflecken erwächst ein Tschum nach dem anderen, jeder einzelne umgeben von schwer bepackten Schlitten mit dem veräußerlichen Erwerbe des Jahres. Allmorgendlich zieht der Tschumbesitzer mit seiner Lieblingsfrau im vollsten Putze den Marktbuden zu, um Felle zu verkaufen, Waren zu erwerben. Man handelt, man feilscht, man versucht zu betrügen, und der noch heutzutage wirkende Merkur bethätigt seine Macht nicht allein als Gott der Kaufleute, sondern auch der Diebe. Branntwein, dessen Ausschank und Verkauf zwar von Regierungs wegen streng verboten, der aber nicht allein bei jedem Kaufmann, sondern fast in jedem Hause von Obdorsk zu haben ist, umnebelt die Sinne, raubt den Verstand des Ostjaken wie des Samojeden und macht beide ärmer noch, als die entsetzlichen Rentierseuchen. Branntwein weckt alle Leidenschaften des sonst leidenschaftslosen, gutmütigen und harmlosen Ostjaken und wandelt den friedfertigen, gegen jedermann freundlichen, ehrlichen Gesellen zu einem wütenden, sinnlosen Tiere um. Nach Branntwein lechzt der Mann, nach Branntwein die Frau; Branntwein gießt der Vater dem lüsternen Knaben, die Mutter der verlangenden Tochter in den Schlund, wenn beide beginnen, dem verderblichen Gifte zu widerstreben. Um Branntwein verschleudert der Ostjake seine mühselig erworbenen Schätze, seine ganze Habe, um Branntwein verdingt er sich als Sklave oder doch als Knecht, um Branntwein verkauft er seine Seele, verleugnet er den Glauben seiner Väter. Branntwein gehört als unerläßliche Bedingung zum Abschlusse jedes Geschäftes, auch des der Bekehrung zur rechtgläubigen Kirche. Mit Hilfe des Branntweins erlangt der unredliche Käufer zuletzt alle Felle des Ostjaken, und ledig derselben, mit leerem Beutel und wüstem Haupte kehrt der mit stolzen Hoffnungen nach Obdorsk gezogene, betrogene, um nicht zu sagen ausgeplünderte Mann heim in seinen Tschum. Er bereut seine Thorheit, seine Schwäche, faßt die besten Vorsätze, beruhigt sich dabei und denkt bald nur noch daran, wie vortrefflich er sich mit seinen Stammesgenossen unterhalten hat. Mit ihnen hatte er erst getrunken; dann hatten sich Männer und Weiber geküßt, dann die Männer ihre Frauen geprügelt, dann gegenseitig ihre Kraft erprobt, sogar die scharfen Messer blitzenden Auges gezogen und mit dem Tode sich bedroht; aber kein Blut war geflossen: man hatte wiederum sich versöhnt, die von den erlittenen Schlägen und dem Branntwein betäubten Weiber zärtlich vom Boden aufgehoben und durch andere hilfreiche Frauen reinigen lassen; man hatte zur Feier der Versöhnung eine wichtige Verabredung getroffen, der Tochter einen Bräutigam, dem Sohne eine kleine Braut gewählt; man hatte sogar eine Witwe wieder verheiratet und bei dieser Gelegenheit nochmals getrunken: kurz, man hatte sich köstlich unterhalten. Daß der Regierungsbeamte alle besinnungslos Berauschten schließlich hatte einsperren lassen, daß alles, alles Geld den Weg alles Vergänglichen gewandelt, war freilich unangenehm, recht unangenehm gewesen: indessen das Gefängnis hatte sich zuletzt doch wieder geöffnet, der Verlust des Geldes war verschmerzt und nur die goldene Erinnerung, an welcher man ein volles Jahr zu zehren, und die alle Teile ehrende Verlobung waren als unveräußerlicher Gewinn der herrlichen Festtage geblieben.

Bräutigam und Braut waren ebenfalls auf dem Jahrmarkte gewesen, hatten so tapfer mitgetrunken, als sie vermochten, sich dabei kennen gelernt, und der Bräutigam war mit seinen Eltern einverstanden, das junge Mädchen zu seiner Gattin zu wählen, richtiger vielleicht als Gattin zu erhalten. Denn die Bestimmung der Eltern, nicht aber der Wille der Brautleute schließt eine ostjakische Ehe. Auf Wunsch und Willen des Bräutigams nimmt man vielleicht Rücksicht, gestattet einem versprechenden Knaben wohl auch, seine Augen auf eine der Töchter seines Volkes zu werfen, sendet den Freiwerber aber nur in dem Falle zum Vater des Mädchens, wenn die eigenen Verhältnisse mit denen des künftigen Schwähers übereinstimmen. Die Jungfrau wird nicht befragt, und das schon aus dem Grunde, weil sie, wenn man sie verlobt, noch viel zu jung ist, als daß sie mit Verständnis über ihre Zukunft entscheiden könnte. Hat doch auch ihr zukünftiger Gatte sein fünfzehntes Jahr noch nicht erreicht, wenn der Freiwerber um sie, die Zwölfjährige, anhält. In unserem Falle hatte die allseitige Jahrmarktsfreude den Gang der Verhandlungen wesentlich beschleunigt. Der Freiwerber hatte ohne weiteres das Jawort erhalten; dann waren sogleich die oft langwierigen Verhandlungen begonnen und, dank des sonst als böser Dämon sich erweisenden, in diesem Falle aber förderlichen Branntweins, rasch zu Ende geführt worden. Man hatte sich dahin geeinigt, daß Sandor, der junge Bräutigam, als Brautgeld für Malla, das bräutliche Kind, sechzig Rentiere, zwanzig Felle des weißen und zehn des roten Fuchses, ein Stück buntes Tuch und verschiedene Kleinigkeiten, Ringe, Knöpfe, Glasperlen, Kopftücher und dergleichen mehr zu zahlen habe. Das war wenig, weit weniger, als der kaum leistungsfähigere Gemeindevorsteher Mamru für seine Gattin gezahlt hatte; denn sein Brautgeld hatte bestanden in hundertundfünfzig Rentieren, sechzig Fellen des Eis- und zwanzig des Rotfuchses, einem großen Stücke Kleidertuch, mehreren Kopftüchern und den üblichen Kleinigkeiten. Aber damals waren auch bessere Zeiten gewesen, und Mamru konnte ein Brautgeld im Werte von mehr als tausend Silberrubeln wohl zahlen für seine ebenso stattliche als reiche, guter Familie entstammende Frau.

Das Brautgeld ist bezahlt; die Vermählung der jungen Leute findet statt. Im Tschum des Brautvaters stellen die Verwandten der Familie sich ein, um der Braut Geschenke zu bringen und aus der für jedermann zur Schau gestellten Gift des Bräutigams solche entgegenzunehmen. Man kleidet die Braut in Festgewänder und rüstet sie und sich zur Fahrt nach dem Tschum des Bräutigams oder doch dem des Brautvaters. Vorher hat man tapfer geschmaust von dem Fleische der frisch geschlachteten Rentiere nach üblicher Weise. Gekocht wurden heute nur einige unter dem Eise gefangene Fische; das Fleisch der getöteten Rentiere aß man roh, und wenn eines zu erkalten begann, empfing ein zweites den Todesstoß. Die Braut weint, wie scheidenden Bräuten zukommt, will den Tschum, in welchem sie aufgewachsen, nicht verlassen und läßt sich erst nach tröstender Zusprache aller hierzu bereit finden. Ein Gebet vor dem Hausgötzen erfleht den Segen Ohrts, des Himmlischen, dessen Zeichen Sornidud, das Gottesfeuer, in unseren Augen nur das knisternde Nordlicht, in vergangener Nacht blutrot am Himmel stand. Die scheidende Tochter begleitet die Mutter, um ihr helfend zur Seite zu stehen, auch in der Brautnacht in ihrer Nähe zu verweilen. Mit der Tochter besteigt sie den Schlitten, die gesamte zur Hochzeit eingeladene Sippe die ihrigen, und dahin, in festlichem Gepränge, unter dem Geläute der Glöckchen, welche heute alle Rentiere an ihren reichsten Geschirren tragen, geht die hochzeitliche Fahrt.

Im Tschum des Vaters erwartet der Bräutigam die vor dem Schwiegervater und den Schwägern ihres zukünftigen Gatten heute wie immer mit dem Kopftuche das Gesicht züchtig sich verhüllende Braut. Ein neues Fest nimmt seinen Anfang, und erst spät in der Nacht trennen sich die Gäste, denen sich auch die Verwandten des Bräutigams zugesellt hatten. Am nächsten Tage aber bringt die Mutter die junge Frau in den Tschum des Brautvaters zurück. Doch schon einen Tag später erscheinen hier alle Sippen des Bräutigams, um sie wiederum für diesen zurückzufordern. Nochmals erfüllt Festjubel die niederen Wände der Hütte; dann scheidet die Braut für immer aus diesen und teilt, fortan mit ihrem Gatten allein oder mit diesem und seinen Eltern und Geschwistern, oder später mit einer zweiten Frau ihres Mannes den Tschum, zu welchem man sie auch bei der zweiten Fahrt mit festlichem Gepränge zurückgeführt hatte.

Armer Leute Söhne zahlen als Brautgeld höchstens zehn Rentiere, Fischersöhne nicht einmal diese, sondern nur die nötigsten Einrichtungsgegenstände des Tschum und teilen diesen oft mit mehreren Familien; zu einem Fest- und Freudentage wird aber auch ihre Hochzeit und dabei gegessen und geschmaust, soviel das geringe Vermögen zuläßt.

Arme Ostjaken leben in Einweibigkeit, reiche aber betrachten es als ein Recht des Wohlstandes, zwei oder mehrere Frauen zu ehelichen. Doch wahrt sich auch dann noch die Erstgeworbene Vorrechte den anderen gegenüber, und diese erscheinen mehr als ihre Dienerinnen, denn als gleichberechtigt mit ihr. Nur wenn ihr Kinder versagt sein sollten, mag es anders sein; denn Kinderlosigkeit gilt als eine Schmach für den Mann, und eine kinderlose Frau ist auch im Tschum eine beklagenswerte Unglückliche.

Die Eltern sind stolz auf ihre Kinder und behandeln sie mit warmer Zärtlichkeit. Mit unverkennbarem Glück in Blick und Gebärde legt die junge Mutter ihr Erstgeborenes an ihre Brust, oder auf das weiche Wassermoos in der niedlichen, unten mit zerstückeltem Weidenmulm und geschabten Holzfasern ausgebetteten Wiege aus Birkenrinde; sorglich schnürt sie die Decken zu beiden Seiten der Wiege zusammen und bedachtsam umhüllt sie das Kopfende des kleinen Bettleins mit dem an ihm angebrachten Mückenvorhange; aber ihre Reinlichkeitsliebe läßt viel zu wünschen übrig. Solange das Kindlein noch klein und unbeholfen ist, wäscht und reinigt sie es allerdings, wenn sie glaubt, daß beides unerläßlich sei; wenn es erst größer geworden, wäscht sie nur einmal täglich Gesicht und Hände, eine Handvoll geschabter Fasern aus dem Holze der Weiden als Schwamm, eine andere, trockene als Handtuch verwendend, sieht dann aber ohne jegliche Erregung zu, wenn das kleine Wesen, welches jederzeit Gelegenheit findet, sich zu beschmutzen, in einer uns fast undenkbaren Unsauberkeit einhergeht. Erst wenn der junge Ostjake sich selbst zu helfen vermag, endet allmählich solcher Mißstand; kaum einer aber hält es auch dann für nötig, nach jeder Mahlzeit sich zu waschen, und ob dieselbe eine blutige gewesen sein möge. Die Kinder ihrerseits hängen ebenso zärtlich und treu an ihren Eltern, wie diese an ihnen, sind auch in anerkennenswerter Weise folgsam und dem Willen ihrer Erzeuger unterthan. Ehrfurcht gegen die Eltern ist das erste und vornehmste Gebot der Ostjaken, Ehrfurcht gegen die Gottheit wohl erst das zweite. Als wir Mamru, dem erwähnten Gemeindevorsteher, den Rat erteilten, seine Kinder in der russischen Sprache und Schrift unterrichten zu lassen, erwiderte er uns, daß er den Nutzen einer solchen Kenntnis wohl einsehe, jedoch fürchten müsse, daß seine Kinder dann vergessen könnten, Vater und Mutter zu ehren und damit das wichtigste Gebot des Glaubens verletzen möchten, und daß er aus diesem Grunde zur Befolgung unseres Rates sich nicht zu entschließen vermöge. Dies mag der Grund sein, weshalb kein einziger Ostjake, welcher noch dem Glauben seiner Väter anhängt, in dieser Beziehung mehr erlernt als sein Zeichen, einen ihn und andere verpflichtenden Krikelkrakel, auf Papier zu zeichnen, in Holz oder in das Fell der Rentiere einzuschneiden. Und doch lernt er, als höchst anstelliger und ge-

geschickter Mensch, was ihm gelehrt wird, so rasch und leicht, daß er in dem frühreifen Alter, in welchem er verheiratet wird, alles versteht, was zur Begründung und Erhaltung eines Haushaltes erforderlich ist. Nur in Glaubenssachen scheint er sich gern des eigenen Urteils zu begeben und, wenige ausgenommen, gerade deshalb dem Schamanen, welcher sich anmaßt, davon mehr, als er zu wissen, unverdiente Ehrerbietung zu zollen.

Wir unsererseits vermögen in solchem Schamanen, welcher unter den Ostjaken, wie unter anderen mongolischen Völkerschaften Sibiriens, die Rechte eines Priesters beansprucht, eben nur einen Betrüger zu erkennen. Das einzige Mitglied der sauberen Brüderschaft, mit welchem wir zusammentrafen, ein getaufter Samojede, trug das Zeichen des Christentums auf seiner Brust, war sogar, wie das Gerücht wissen wollte, Diakon in einer Kirche der Rechtgläubigen gewesen, that aber trotzdem seine Dienste als Schamane unter den heidnischen Ostjaken. Aus kundigem Munde bin ich nachträglich belehrt worden, daß er keine Ausnahme, sondern die Regel bildete; denn alle Schamanen, welche Herr von Middendorf, mein Gewährsmann, während seinen langjährigen Reisen in Sibirien kennen lernte, waren Christen. Daß der Schamane, welchen wir kennen lernten, seiner Meinung nach wenigstens, auch in uns Gläubige fand, habe ich bereits in meinem Reiseberichte erwähnt, was er uns weissagte ebenfalls, eine Schilderung der uns gegebenen Vorstellung selbst aber für meine heutigen Mitteilungen mir vorbehalten; denn in den Rahmen dieser gehört auch ein solches Bild.

Anfänglich Branntwein als Stolgebühr begehrend, dann aber mit dem Versprechen eines Geschenkes sich zufrieden erklärend, zog er sich in einen Tschum zurück, mit dem Bedeuten, daß er uns rufen lassen werde, wenn alle Vorbereitungen beendet sein würden. Zu letzteren schienen auch dumpfe Trommelschläge zu gehören, welche wir nach geraumer Zeit vernahmen; von anderen Vorkehrungen erkundeten wir nichts. Auf geschehene Meldung traten wir in den Tschum.

Der ganze Raum der Birkenrindenhütte ist mit Menschen angefüllt, welche so viel als möglich gegen die Wände gedrückt, rings im Kreise sitzen; unter Ostjaken und Samojeden, welche mit Weib und Kind erschienen sind, befinden sich auch Russen mit ihren Frauen und Sprößlingen. Auf erhöhtem Sitze, links vom Eingange, hat sich Widli, der Schamane, niedergelassen; ihm zur Rechten hockt kauernd auf dem Boden ein Ostjake, zur Zeit ein Jünger des Meisters. Widli trägt ein braunes Obergewand und darüber ein beschmutztes, ursprünglich weiß gewesenes, mit Goldtressen dürftig besetztes talarähnliches Kleid; in seiner Linken hält er die kleine, tamburinartige Trommel, so daß sie sein Gesicht beschattet, in seiner Rechten den Schlegel dazu; sein Haupt ist unbedeckt, das rundgeschorene Haar frisch gestrählt. In der Mitte des Tschum brennt ein Feuer und wirft, von Zeit zu Zeit hell auflodernd, grelle Streiflichter auf die bunte Gesellschaft, in deren Mitte auf für uns freigehaltenen Plätzen auch wir uns niederlassen. Ein dreimal wiederholtes, langgedehntes, wie vielstimmiger Gesang klingendes Geschrei, eingeleitet durch einige Schläge auf der Trommel, begrüßt uns beim Eintreten und bezeichnet den Beginn der Handlung.

„Damit ihr seht, daß ich ein Mann der Wahrheit bin," läßt sich der Meister vernehmen, „werde ich jetzt den mir vertrauten Boten des Rates der Himmlischen beschwören, unter uns zu erscheinen und mir mitzuteilen, was die Götter über eure Zukunft beschlossen haben. Ihr selbst werdet dann später zu erkennen vermögen, ob ich Wahrheit gesprochen habe, oder nicht."

Nach dieser Ansprache, welche durch zweier Dolmetscher Mund uns übermittelt wird, bearbeitet der Liebling der Götter das Kalb-, ich wollte sagen das Rentierfell seiner Trommel mit raschen Schlägen, welche sich zwar in einem gewissen Takte, nicht aber auch in bestimmter Anzahl folgen, und begleitet sie mit einem Gesange, welcher, nach samojedischer Art halb sprechend, oder richtiger brummend, halb singend vorgetragen, von dem Jünger, welchen wir den Küster nennen, auch stets getreulich wiederholt wird. Dabei hält der Meister die Trommel so, daß sie sein Gesicht in Schatten hüllt, schließt auch die Augen, um durch nichts von innerlichem Schauen abgezogen zu werden; der Küster dagegen raucht auch während des Gesanges, wie er vorher gethan, und spuckt zur Abwechslung dazwischen aus, wie er dies früher auch gethan. Drei langsame, bestimmte Schläge enden Trommeln und Gesang.

„Ich habe jetzt," sagt der Meister mit Würde, „Jamaul, den Boten der Himmlischen, beschworen, unter uns zu erscheinen, vermag jedoch nicht zu bestimmen, wieviel Zeit vergehen kann, bevor er, der vielleicht ferne von uns weilt, zur Stelle sein wird."

Und wiederum schlägt er die Trommel, singt er beschwörend, endet er Gesang und Begleitung wie früher.

„Zwei Kaiser sehe ich vor mir; sie werden euch ein Schriftstück senden," spricht der Götterbote durch seinen Mund.

Jamaul hat also die Freundlichkeit gehabt, im Tschum zu erscheinen und seinem Lieblinge zu willfahren. Es folgen nunmehr, stets durch beschwörenden Trommelschlag und Gesang eingeleitet, die einzelnen Sätze der Götterbotschaft, wie folgt:

„Noch einmal, im nächsten Sommer, werdet ihr denselben Weg ziehen wie in diesem Jahre."

„Dann werdet ihr die Gipfel des Ural besuchen, da wo die Flüsse Ussa, Bodaratta und Schtschutschja ihren Lauf beginnen."

„Auf dieser Reise wird euch etwas geschehen, ob Gutes, ob Böses, vermag ich nicht zu sagen."

„An der Bodaratta ist nichts zu erzielen, weil es dort an Holz und Weide fehlt; hier aber kann etwas ausgerichtet werden."

„Eurem Vorgesetzten werdet ihr Rechnung abzulegen haben; er wird sie prüfen und mit euch zufrieden sein."

„Auch vor drei Aeltesten eures Stammes werdet ihr euch zu verantworten haben; sie werden eure Schriften ebenfalls prüfen und dann über die neue Reise ihre Bestimmung treffen."

„Eure Reise wird fortan glücklich, ohne jeden Unfall verlaufen, ihr werdet eure Lieben zu Hause im besten Wohlsein antreffen."

„Wenn auch die jetzt noch an der Bodaratta weilenden Russen dasselbe aussagen wie ihr, werden zwei Kaiser euch belohnen."

„Ich sehe kein Gesicht mehr vor mir."

Die Handlung ist zu Ende; auf den Bergen des Ural liegt das letzte Dämmern der Mitternacht. Alle verlassen den Tschum, aus den Mienen der Russen spricht dieselbe Gläubigkeit, wie aus den Gesichtern der Ostjaken und Samojeden. Wir aber fordern den Schamanen auf, uns auf unser Boot zu begleiten, lösen ihm und seinem Jünger durch Branntwein die Zunge und legen ihm dann allerlei Kreuz- und Querfragen vor, auch solche der spitzfindigsten Art. Er beantwortet alle, ohne Ausnahme, ohne durch irgend eine in Verlegenheit zu geraten, ohne zu zögern, ohne auch nur sich zu besinnen; er beantwortet sie überzeugungsvoll und überzeugend, klar und bestimmt, kurz und bündig, so daß wir jetzt noch zweifelloser als früher erkennen lernen, welch schlauen Gesellen wir vor uns haben.

Er schildert uns, wie schon in seiner Knabenzeit der Geist über ihn gekommen sei und ihn so lange gequält habe, bis er eines Schamanen Jünger geworden; wie er sich mehr und mehr mit Jamaul, dem Götterboten, welcher ihm erscheint als ein freundlicher Mann, auf schnellem Pferde reitend und einen Stab in der Hand tragend, befreundet habe; wie

Jamaul ihm zu Hilfe eile und nötigenfalls der Himmlischen Hilfe herbeirufe, wenn er, der Schamane, mit bösen Dämonen zu kämpfen habe, oft mehrere Tage nacheinander; wie der Götterbote stets die wahre unver-

Ein Begräbnis bei den Ostjaken.

fälschte Botschaft der Himmlischen ihm mitteilen müsse, weil er sonst alle Schläge, welche die Trommel zum Tönen bringen, als schmerzhafte Streiche fühle; wie Jamaul auch heute, nur ihm sichtbar, hinter ihm im Tschum gesessen und ihm die uns gesagten Worte ins Ohr geflüstert habe; wie er, der Schamane, durch seine Kunst oder die ihm verliehene Gnade, welche auch sein Uebertritt zum Christentum nicht zu schwächen vermocht, Verborgenes erkunden, Gestohlenes ausfindig machen, Krankheiten erkennen, Tod oder Genesung Erkrankter voraussehen, die Schatten Gestorbener wahrnehmen und bannen, viel Böses verüben und viel Böses verhindern könne, aber nur Gutes thue aus Furcht vor den Himmlischen; er gibt uns ein ausführliches und klares, wenn auch nicht ganz richtiges Bild des Glaubens der Ostjaken und Samojeden; er versichert, daß alle seines Volkes wie die Ostjaken ihn in allerlei Nöten besuchen, um Rat fragen, sich durch ihn die Zukunft enthüllen lassen und, ohne zu zweifeln, ihm vertrauen, an ihn glauben.

Letzteres ist nicht der Fall. Die große Menge des Volkes mag in den Schamanen einen Wissenden, vielleicht auch einen Vermittler zwischen dem Menschen und der Gottheit und möglicherweise ebenso einen geheimnisvoll Mächtigen erblicken; seinen Worten und Werken aber glauben viele ebensowenig, als andere Völker ihren Priestern. Der wirkliche Glaube des Volkes ist einfacher und kindlicher, als dem Schamanen recht sein mag. Es geht auch hier wie anderswo: der Priester oder der, welcher sich als solcher gebart, bevölkert den Himmel mit Göttern und Räten und Dienern der Gottheit; das Volk aber weiß nichts vom himmlischen Hofstaate.

Nach seinem Glauben thront in den Himmeln Ohrt, dessen Name so viel wie „Ende der Welt“ bedeutet. Er ist ein allmächtiger Geist, welcher nur dem Tode gegenüber keine Macht hat, dem Menschen wohlwollend zugeneigt. Geber des Guten, Spender der Rentiere, Fische und Pelztiere, Hinderer des Bösen und Rächer der Lüge, streng nur dann, wenn ihm Versprochenes nicht gehalten wird. Ihm feiert man Feste, ihm opfert und zu ihm betet man; seiner gedenkt der Flehende, welcher sich vor ein heiliges Bild stellt. Das Bild, Longch genannt, kann aus Holz geschnitzt, oder ein Tuchbündel, ein Stein, ein Fell oder sonstiger Gegenstand sein: Kräfte besitzt, Schutz gewährt, ein Fetisch ist es nicht. Versammelt man sich vor einem Longch, bringt man einen solchen vor den Tschum, stellt man ihm eine Schüssel mit Fischen oder Rentierfleisch oder sonstige Opfer vor, legt man Wertgegenstände vor ihm nieder, packt man sie in sein Inneres selbst: man blickt dabei immer zum Himmel auf und gedenkt opfernd wie im Gebete der Gottheit. Böse Geister wohnen im Himmel wie auf Erden; aber Ohrt ist mächtiger, als sie alle; nur der Tod ist mächtiger als er. Ein ewiges Leben nach dem Tode gibt es nicht, eine Auferstehung ebensowenig; aber der Tote wandelt noch ferner als Schatten auf Erden umher, und der Schatten hat noch immer Macht, Gutes und Böses zu thun.

Stirbt ein Ostjake, so beginnt unmittelbar nach seinem Tode das Schattenleben des Gewesenen; daher schreitet man unverzüglich zu seiner Beerdigung. Schon vor seinem Tode hatten sich alle Freunde des Scheidenden versammelt; sofort nach dem Ableben zündet man im Tschum, in welchem die Leiche liegt, ein Feuer an und unterhält es, bis man zur Grabstätte aufbricht. Ein Schamane wird gerufen, um den Toten zu fragen, auf welchem Friedhofe er beerdigt sein will. Dies geschieht, indem man den Ort nennt und das Haupt der Leiche zu erheben versucht. Ist der Tote einverstanden, so läßt er zu, daß sein Haupt erhoben werde; im entgegengesetzten Falle würden drei Männer dies nicht vermögen. Dann muß die Frage wiederholt werden, bis der Tote einwilligt. Nunmehr sendet man kundige Leute zur Stelle, um das Grab zu bereiten; denn diese Arbeit erfordert oft mehrere Tage.

Die Grabstätten liegen stets in der Tundra, auf erhabenen Stellen, gewöhnlich auf dem Rücken langgestreckter Hügel; die Gräber sind mehr oder minder kunstvoll zusammengefügte Truhen, welche über dem Boden aufgestellt werden. In Ermangelung fester Bohlen zu ihrer Herstellung zerschneidet man ein Boot und bettet in dieses den Leichnam; nur sehr arme Leute tiefen eine seichte Grube im Boden aus und begraben in ihr einen Toten.

Der Leichnam wird nicht gewaschen, aber mit Feierkleidern angethan und sein Haar gestrählt, sein Gesicht sodann mit einem Tuche verdeckt. Alle übrigbleibenden Kleider fallen den Armen zu. Einen fremden Toten berührt man nicht mit den Händen, einen geliebten Verwandten aber wohl, küßt ihm selbst mit Thränen im Auge das erstarrte Antlitz.

Auf einem Schlitten, in einem Boote, unter Geleit aller versammelten Verwandten und Freunde bringt man den Leichnam zum Friedhofe. In die Truhe oder in das Grab legt man ein Rentierfell, auf welchem der Tote ruhen soll, ihm zu Häupten und zu beiden Seiten Tabak, Pfeife und allerlei Gerät, welches er im Leben gebrauchte. Dann unterfängt man den Leichnam mit Stricken, trägt ihn zur Truhe, bettet ihn auf sein Lager und verdeckt ihm zum letztenmal sein Gesicht, breitet ein Stück Birkenrinde über die Oeffnung der Truhe, welche bei Reichen vorher vielleicht auch mit kostbaren Fellen und Tuchstoffen überdeckt wurde, legt auf die Birkenrindentafel den eigentlichen Deckel der Grabkiste oder wenigstens schwere Baumstämme dicht aneinander und auf diese, um und unter die Truhe alle diejenigen Gerätschaften, welche in ihr selbst nicht Platz fanden, nachdem man sie vorher zerschlagen oder irgendwie für Lebende unbrauchbar, nach ostjakischer Ansicht zu Schatten von dem, was sie waren, gemacht hat.

Währenddessen hat man in der Nähe des Grabes auch ein Feuer angezündet und eins oder mehrere Rentiere geschlachtet, deren Fleisch jetzt von den Grableuten roh und gekocht genossen wird. Nach dem Leichenmahle spießt man die Schädel der geschlachteten Rentiere auf Pfähle, umwickelt sie oder nahestehende Bäume auch mit deren Geschirr, hängt die Glöcklein, welche sie bei festlichen Gelegenheiten und so auch heute trugen, an den oberen Jochen der Grabtruhe selbst auf, zerschlägt endlich den Schlitten, stürzt ihn in der Nähe des Grabes um und gibt diesem damit seinen letzten Schmuck. Dann zieht man heimwärts. Die Klage verstummt, und das Leben fordert wiederum seine alltäglichen Rechte.

Im Schatten der Nacht aber beginnt der Schatten des Toten, ausgerüstet mit den zu Schatten gewandelten Werkzeugen, sein geheimnisvolles Schattenleben. Was er gethan, als er noch unter den Lebenden wandelte, thut er auch ferner. Unsichtbar für alle, weidet er seine Rentiere, treibt er sein Boot durch die Wellen, schnallt er sich die Schneeschuhe an die Füße, spannt er den Bogen, stellt er das Netz, erlegt er die Schatten gewesenen Wildes, fängt er die Schatten gewesener Fische. Im Schatten der Nacht tritt er in den Tschum seines Gatten, seiner Familie, fügt er seinen Nachgelassenen Gutes und Böses zu. Sein Lohn ist, seinem eigenen Fleisch und Blut Wohlthaten zu erzeigen; seine Strafe besteht darin, seinen Angehörigen fortdauernd Böses zufügen zu müssen.

Dies sind Grundzüge des Glaubens der Ostjaken, welche die rechtgläubigen Christen als Heiden ansehen und verachten. Gerechte Würdigung der ehrlichen Menschen mit Kindesgemüt aber kann zu dem Wunsche verleiten: möchten sie immerdar Heiden, oder doch das bleiben, was sie sind.

Wanderhirten und Wanderherden der Steppe.

So reich die mittelasiatische Steppe auch ist, so bunt sie namentlich dem erscheint, welcher sie im Frühjahre betritt, so vieles fruchtbare Land sie umschließt: Seßhaftigkeit, Wohnen und Hangen auf und an einer und derselben Scholle gestattet sie nur in ihren begünstigtsten Teilen. Ziehen und Wandern, Kommen und Gehen, Erscheinen und Verschwinden verlangt sie von fast allen ihren Kindern, verlangt sie von den Menschen wie von den Tieren, welche in ihr leben und hausen. Einzelne Teile von ihr mag sich der Ackerbauer gefügig, unterthänig machen; auf einzelnen Stellen mag er Dörfer und Städte gründen: im großen Ganzen wird er die Steppe immer und allezeit dem wandernden Hirten, welcher sich allen Verhältnissen anzuschmiegen weiß, überlassen müssen.

Unter den Wanderhirten der Steppe stehen die Kirgisen obenan, ebensowohl was ihre Anzahl als was ihre Gesittung anlangt. Ihr Weide- oder Wohngebiet erstreckt sich vom Don und der Wolga bis zum Thianschangebirge und vom mittleren Irtysch bis südlich des Balkaschsees, ja fast bis Chiwa und Buchara; ihr Volk teilt sich in Horden und Stämme, in Steppen- und Berghirten, ist aber ein und dasselbe in Abstammung und Sprache, in Glauben, Sitten und Gewohnheiten, so verschieden die einzelnen Stämme auch erscheinen mögen. In der Orenburger Steppe weidet und wandert die kleinere oder jüngste Horde, in den Steppen zwischen Wolga und Uralfluß, beziehentlich in den Gouvernements Turgai und Ural, ein von ihr abgetrennter Zweig, welcher sich die Bukaische Horde nennt; in den Steppen und Gebirgen des Irtysch- und Balkaschgebietes haust und zieht die mittlere oder ältere Horde, jenseits des Flusses Illi endlich, bis gegen Buchara und Chiwa hin, sind die wechselnden Wohnstätten der Bergkirgisen zu suchen, welche sich als die große oder älteste Horde bezeichnen. Kirgis oder Kirgise nennt sich übrigens kein einziger

Zweig des ganzen Volkes; denn Kirgis ist ein Schmähwort, welches so viel als „Räuber" bedeutet; der eigentliche Name unserer Leute ist Kaisak oder Kasak, wie wir es lesen würden, „Kosak", obgleich selbst die Russen unter der Bezeichnung Kosaken gegenwärtig ganz andere Leute verstehen als unsere Steppenbewohner.

Die Kirgisen, wie ich sie trotzdem nennen werde, stellen einen der türkischen Stämme dar, über dessen Rassenangehörigkeit man verschiedener Meinung sein kann. Viele, wenn nicht die meisten Reisenden sehen in ihnen echte Mongolen, während andere, und wohl mit mehr Recht, sie als ein Mischlingsvolk betrachten, welches zwar in der einen oder anderen Beziehung an Mongolen erinnert, im ganzen aber mehr Merkmale der Indogermanen aufweist und den Turkmenen am meisten ähnelt. Die von mir gesehenen Kirgisen, sämtlich Angehörige der mittleren Horde, sind mittelgroße oder kleine, wohlgebaute Leute mit zwar nicht schönem, aber doch auch nicht mongolisch fratzenhaftem Gesicht, zierlichen Händen und Füßen, klarer oder durchsichtig hellbrauner, etwas ins Gelbliche schimmernder Hautfärbung, braunen Augen und schwarzen Haaren. Die Backenknochen treten selten so weit vor, und das Kinn verschmälert sich nur ausnahmsweise so, daß das Gesicht winkelig oder zum Katzengesichte wird; das mittelgroße Auge ist in der Regel in der Mitte am meisten gewölbt und am äußeren Augenwinkel wagerecht vorgezogen, also zwar mandelförmig, aber nicht schief geschlitzt, die Nase meist gerade, seltener gebogen, der Mund mäßig und meist scharf geschnitten, der Bart dünn, jedoch nicht eigentlich schwach. Echt mongolische Gesichtszüge werden freilich auch, und zwar hauptsächlich bei Frauen und Kindern ärmerer Leute wahrgenommen; ebensowenig aber, als ich wirklich schöne Kirgisinnen gesehen habe, sind mir so fratzenhafte Gesichter vorgekommen, wie unter anderen, unzweifelhaften Mongolen. Das Gepräge eines Mischlingsvolkes macht sich jedenfalls in höherem Maße geltend, als das einer bestimmten, scharf ausgeprägten Rasse. Ich habe Männer gesehen, welche man, hätte man über ihre Stammesangehörigkeit nichts gewußt, unbedingt zu den edleren Indogermanen gezählt haben würde, und ich habe andere kennen gelernt, denen ich den mongolischen Schnitt ihres Gesichtes beim besten Willen nicht absprechen konnte. Die Angehörigen alter Familien sind durchgehends Leute, welche alle wesentlichen Merkmale der Indogermanen besitzen, die Männer niederer Ab- und geringer Herkunft solche, welche wenigstens in gewissen Einzelheiten an die Mongolen erinnern, ihnen sogar oft fast vollständig gleichen. Die Macht des Islam, welcher dem zum Bekenner der Lehre des

Heils gewordenen Sklaven Stammesrechte gewährt, mag im Verlaufe der Zeit aus vielen heidnischen Mongolen Kirgisen gewonnen und das Stammesgepräge der letzteren dadurch nicht allein beeinflußt, sondern geradezu geschädigt haben.

Obgleich in ihren Grundzügen türkisch, ist die Kleidung der Kirgisen doch durchaus nicht geeignet, ihre Gestalt in das vorteilhafteste Licht zu stellen. Im Winter zumal verdecken Pelzmützen, Pelze und dickschäftige Stiefel alle Einzelheiten der Gestalt, und auch im Sommer gelangt diese nicht zur Geltung. Der ärmere Kirgise trägt außer seinem Pelze und der unentbehrlichen Pelzmütze nur noch Hemd, Kaftan und weite Beinkleider, der vornehme und reiche dagegen, ebenso wie der Morgenländer, viele Kleidungsstücke übereinander; dieser wie jener aber steckt, mit alleiniger Ausnahme des Pelzes, alle den unteren Teil des Leibes umhüllenden Kleider in weite Hosen, um beim Reiten nicht gehindert zu werden, nimmt sich aber gerade dadurch um so spaßhafter aus, je reicher gekleidet er ist. Man liebt dunkle Farben mehr als helle und lebhafte, ohne diese jedoch zu verschmähen, gefällt sich aber im bunten Schmuck von Stickereien und Tressenbesatz. Am Gürtel trägt fast jeder Kirgise ein zierliches, durch Eisen- oder Silberbeschlag reich verziertes Täschchen und ein ebenso geschmücktes Messer, außerdem aber, abgesehen von dem unerläßlichen Siegelringe, keinen Schmuck, es sei denn, daß der Kaiser solchen in Gestalt einer Denkmünze verliehen habe.

Ueber die Kleidung der Frauen vermag ich wenig zu sagen, einmal, weil bescheidene Zurückhaltung mir verbot, nach mehr zu fragen, als ich sehen konnte, und dann, weil ich die Frauen reicher und vornehmer Kirgisen überhaupt nicht, andere nicht im Feiergewande zu sehen bekam. Außer dem Pelz, den Stiefeln und Schuhen, welche denen der Männer durchaus gleichen, tragen die Frauen Beinkleider, welche sich ebenfalls wenig von denen der Männer unterscheiden, ein Hemd, darüber ein kuttenähnliches Obergewand, welches bis über das Knie herabfällt und in der Mitte zusammengehalten wird, auf dem Haupte aber entweder ein turbanartig gewundenes Tuch oder eine nonnenhafte Kapuze, welche über Kopf, Hals, Schultern und Brust herabreicht.

Männer- wie Frauenkleider sind, mit alleiniger Ausnahme der stets zierlichen Reiterstiefel und Schuhe, plump gearbeitet; für beide bezeichnend, und offenbar im vollsten Einklange mit den Anforderungen des Klimas, sind unmäßig lange, weit über die Hände herabfallende und diese fast jederzeit verhüllende Aermel der Obergewänder.

Das durch freie Weide zahlreicher und anspruchsvoller Herdentiere bedingte Wanderleben der Kirgisen erfordert eine Behausung, welche leicht errichtet, ohne sonderliche Umstände an dem einen Orte abgebrochen, an dem anderen wieder aufgebaut werden kann und dennoch gegen die Rauhigkeit und Unfreundlichkeit des Klimas genügenden Schutz gewährt. Diesen Anforderungen entspricht die Jurte besser als jede Wanderwohnung, und man sagt nicht zu viel, wenn man sie für das vollkommenste aller Zelte erklärt. Jahrtausendlange Erfahrung hat sie nach und nach zu dem gemacht, was sie ist: zu einer in ihrer Art unübertrefflichen Behausung des wandernden Hirten, eines wandernden Menschen überhaupt. Leicht von Gewicht und leicht beweglich, wasserdicht und warm, gegen jeden Sturm verschließbar und jeder Art von Lüftung, jedem Sonnenblicke erschließbar, behaglich und bequem, einfach und dennoch reichen inneren wie äußeren Schmuck gestattend, vereinigt sie in sich so viele vortreffliche Eigenschaften, daß man sie, je länger je mehr, schätzen lernt, sie, je länger man in ihr lebt, um so wohnlicher findet. Sie besteht aus beweglichem, zusammenfügbarem und spreizbarem Gitterwerk, welches die unteren senkrechten Ringwände des Gerüstes, und einem Kuppelringe, der die oberste Wölbung darstellt, aus zwischen beiden eingefügten Sparren und einer in ersteres eingesetzten Thür, luftigen Matten aus Tschigras, großen, entsprechend geschnittenen und in höchst sinnreicher Weise aufgelegten Filzplatten oder Filztafeln, welche mit den Matten die äußere Umkleidung des ganzen Gerüstes, sowie endlich Filzteppichen, welche die Decke des Bodens bilden; sie wird, mit alleiniger Ausnahme der ineinander eingezapften Thürgewände und der am oberen Ende in Löcher des Kuppelringes einzusteckenden Sparren, einzig und ausschließlich durch Stricke und Bänder zusammengehalten und ist daher ebenso leicht teil- und zerlegbar, wie sie infolge ihres kreisrunden Querschnittes und kuppelförmigen Längsschnittes selbst heftigen Stürmen und Unwettern überhaupt Widerstand leistet. Ihre Aufstellung erfordert kaum mehr als eine halbe Stunde, ihr Abbruch noch weniger, ihre Beförderung von einer Stelle zur anderen die Kraft eines einzigen Kameles; ihre Herstellung und Ausschmückung aber beansprucht viele Zeit und alle Geschicklichkeit der Hausfrau, welcher die Hauptarbeit bei der Anfertigung wie die alleinige Mühewaltung der Aufstellung zukommt.

Die Jurte bildet einen wichtigen Teil des beweglichen Besitzes eines Kirgisen. Reiche Leute nennen deren sechs bis acht ihr eigen, verwenden aber mehr Geld auf die Ausschmückung der einzelnen, als auf Herstellung vieler Jurten, weil sie nicht nach der Häupterzahl ihrer Herden, sondern nach der Anzahl ihrer Jurten eingeschätzt und besteuert werden. Der Vornehme prunkt allerdings auch mit seiner Jurte, indem er sie so reich als möglich ausstatten, aus dem wertvollsten Filz herstellen und außen und innen mit allerlei Zierat aus bunten Tuchstücken besetzen läßt; mehr aber gilt ihm der Besitz von kostbaren Teppichen und seidenen, kunstvoll genähten und gestickten Decken, mit denen er bei Festlichkeiten das Innere des wohnlichen Raumes schmückt. Solche Teppiche vererben sich vom Vater auf den Sohn und werden dem Besitze von ungeprägtem Silber nicht nachgestellt.

Gleichwohl schätzt und wägt man das Vermögen unseres Wanderhirten nicht nach solchen nebensächlichen Dingen, sondern einzig und allein nach seinen Herden. Auch der ärmste Jurtenherr muß, um überhaupt leben, den Kampf um das Dasein aufnehmen zu können, zahlreiche Herdentiere besitzen; denn das Vieh, welches er weidet, ist für ihn die alleinige Lebensbedingung: einzig und allein seine Haustiere sichern ihn vor dem Verderben. Die Herden des Reichen zählen nach Tausenden und aber Tausenden von Häuptern, die des Armen wenigstens nach Hunderten; aber der Reichste kann verarmen, wenn ausbrechende Seuchen seine Herden befallen, und der Arme kann verhungern, wenn allgemeines Viehsterben die seinigen heimsucht. Weit um sich greifende Seuchen vernichten den Wohlstand ganzer Stämme, opfern Tausende von Menschen buchstäblich dem Hungertode. Kein Wunder daher, daß sich alles Denken und Trachten des Kirgisen auf das regste mit seinen Herden verknüpft, daß seine Sitten und Gewohnheiten mit dieser innigen Verbindung des Menschen und des Tieres im Einklange stehen, daß der Mensch abhängig wird von dem Tiere.

Nicht das nützlichste, das edelste und geachtetste aller Haustiere des Kirgisen ist das Pferd, in den Augen seines Besitzers nicht allein der Inbegriff alles Hausgetieres, sondern auch unbeschränkter Schönheit, der Maßstab, nach welchem gerechnet, nach welchem Reichtum und Armut bestimmt wird. Anstatt des Wortes „Pferd“ gebraucht der Kirgise einfach das Wort „Haustier“, anstatt der Worte „links und rechts“ die Ausdrücke: „Die Seite, auf welcher man zu Pferde steigt“ und „die Seite, auf welcher man die Knute trägt.“ Das Pferd ist der Stolz des Jünglings wie der Jungfrau, des Mannes wie des Greises, der Frau wie der Greisin; man rühmt, man schmäht den Reiter, wenn man sein Pferd lobt oder tadelt: der Schlag, welchen man einem Pferde gibt, welches man nicht selbst reitet, gilt nicht diesem, sondern seinem Reiter, seinem Besitzer.

Ein großer Teil aller kirgisischen Lieder und Gesänge beschäftigt sich mit dem Pferde; es dient zu Vergleichen mit Menschen, zur Schätzung des Wertes der Männer und Frauen, wie zur Bezeichnung menschlicher Schönheit.

„Braut, o Braut, du liebes Bräutchen,
Du der dunklen Stute Füllen!“

ruft der Sänger der Braut zu, welche in die Jurte des Bräutigams geführt wird;

„Sagt, der weißen Flocken Spiel, wo ist es?
Unser Füllen-Schäkerspiel, wo ist es?
Wenn der Schwäher mir auch noch so hold ist,
Wie der Vater ist er nicht, o wißt es!“

antwortet die Braut den Jünglingen, welche ihr den „Dschar-Dschar“, das Trostlied der „scheidenden Jungfrau“, singen, mit den Worten „Füllen-Schäkerspiel“ der Zeit ihrer ersten Liebe gedenkend.

In Pferdeshäuptern wird der Reichtum des Besitzenden ausgedrückt; in Pferdeswert berechnet und bezahlt man das Brautgeld; hundert Stuten gleich wertet man die Jungfrau, welche man als Siegespreis des besten Wettrenners aussetzt; Pferde schenkt man sich gegenseitig; mit Pferden sühnt man Totschlag oder Mord, im Kampfe zerbrochene Glieder oder ein ausgeschlagenes Auge, Verbrechen oder Vergehen: hundert Pferde lösen den Totschläger oder Mörder eines Mannes, fünfzig den eines Weibes, dreißig den eines Kindes aus Bann und Acht; in Pferden zahlt man das Strafgeld, welches von den Stammesgenossen auferlegt wird für Schädigung an Leib und Besitztum des anderen; um des Pferdes willen wird selbst ein angesehener Mann zum Diebe. Das Pferd trägt den Liebenden zur Geliebten, den Bräutigam zur Braut, den Helden zum Kampfe, Sattel und Kleider des Verstorbenen von einem Lagerplatze zum anderen; das Pferd trägt den Mann wie die Frau, den Greis wie das in seinem Sattel festgebundene Kind oder den jugendlichen Reiter, welcher zum erstenmal frei im Sattel sitzt, von einer Jurte zur anderen. Nach dem Werte des Pferdes schätzt der reiche Besitzer seine Herden; ohne Pferd ist der Kirgise dasselbe, was bei uns ein heimatloser Mann, ohne Pferd erachtet er selbst sich als den Aermsten unter der Sonne.

Der Kirgise hat die Lebensweise und Lebensart des Pferdes genau erforscht, kennt seine Sitten und Gewohnheiten, seine Vorzüge und Fehler, seine Tugenden und Untugenden, weiß, was ihm frommt und was ihm schadet, mutet ihm zwar zeitweise Unglaubliches zu, übernimmt es ohne

Not aber nie, behandelt es zwar nicht mit der zärtlichen Rücksicht des Arabers, aber auch niemals mit der Rücksichtslosigkeit anderer Völkerschaften. Von einer so verständnisvollen, vorbedachten Zucht des edlen Tieres, wie sie Araber und Perser, Deutsche und Engländer betreiben, bemerkt man nichts; gleichwohl sorgt auch er fortwährend für Veredelung der bei ihm beliebten Schläge, indem er immer nur die besten Hengste den Stuten zugesellt, die anderen aber verschneidet. Leider sieht er bei Auswahl der Zuchthengste einzig und allein auf deren Gestalt, nicht aber auch auf deren Färbung, und die Folgen davon sind viele recht häßlich aussehende, weil unregelmäßig und ungleich gefärbte Nachkommen. Die Abrichtung des Pferdes läßt viel zu wünschen übrig; denn unser Wanderhirt ist viel zu reich an Pferden, als daß dies anders sein könnte.

Auch wir müssen das kirgisische Pferd als ein gefälliges, anmutiges Geschöpf bezeichnen, obschon es unseren Anforderungen an Schönheit keineswegs in allen Stücken entspricht. Es ist ein höchstens mittelgroßes, schlank gebautes Tier, mit nicht unschönem, obschon etwas großem, deutlich ramsnasigem und durch die hervortretenden Unterkieferäste merklich verdicktem Kopf, mittellangem, kräftigem Halse, gestrecktem Leibe, feinem Gliederbau und weichem Haar. Seine Augen sind groß und feurig, seine Ohren eher groß als klein, aber wohlgestaltet. Mähne und Schweif fein- und langhaarig, auch stets reich, die Schweifhaare so üppig entwickelt, daß sie auf dem Boden schleifen, die Beine gut gebaut, vielleicht etwas zu schmächtig, die Hufe meist steil, aber oft etwas zu hoch. Helle Farben herrschen vor, viele und oft recht häßliche Schecken beleidigen das Auge. Am häufigsten sieht man Braune, Hellbraune, Füchse, Falben und Isabellen, am seltensten Dunkelbraune oder Rappen, nur einzeln Schimmel. Mähne und Schweif zieren alle lichtfarbenen Pferde aus dem Grunde ganz ungemein, weil sie entweder schwarz oder aber merklich lichter als das Körperhaar gefärbt zu sein pflegen.

Hohes Lob verdient der Charakter dieses Tieres. Das kirgisische Pferd ist feurig und doch ungemein gutmütig, mutig allen ihm bekannten Gefahren gegenüber und nur dann ängstlich, scheu und schreckhaft, wenn es Ungewohntes für den ersten Augenblick in Verwirrung setzt; es ist ehrgeizig und leistungsfroh, aber ebenso folg- wie lenksam, willig, arbeitslustig und ungemein ausdauernd, immer aber nur als Reitpferd zu gebrauchen und erst nach längerer Gewöhnung als Zugtier zu verwenden; als solches auch stets viel weniger leistungsfähig, denn als Reittier. Als besonders unangenehm erschien mir seine, freilich mehr den Kirgisen, als es selbst belastende Unsitte, unterwegs stets fressen oder doch naschen und solches Gelüste selbst in den schwierigsten Lagen, beim Durchwaten steiniger und tobender Gebirgsbäche, oder beim Erklettern jäher Felsenwände befriedigen zu wollen. Begnügsam ist es ebensowenig, wie irgend ein anderes, an freie Weide gewöhntes Haustier der Steppe, im Umgange mit seinesgleichen aber, solange die allmächtige Liebe nicht in das Spiel kommt, ebenso verträglich, wie seinem Herrn gegenüber gehorsam und unterthänig.

Arme Kirgisen besitzen nur so viele Pferde, als sie zum Reiten aller Familienmitglieder und zur Züchtung des erforderlichen Bestandes bedürfen, reiche und vornehme Steppenbewohner dagegen deren vier-, fünf-, ja, wie ich von verschiedenen Seiten versichert worden bin, sogar zehn- bis zwölftausend, welche dann in besonderen Herden und auf verschiedenen Stellen weiden und sehr erklärlicherweise glücklicher gedeihen, als die des Armen. Jede einzelne Herde besteht aus mindestens fünfzehn und aus höchstens fünfzig Häuptern, im letzteren Falle aus einem, in vollster Manneskraft stehenden Hengste, neun Mutterstuten und ebensovielen Jungfüllen, acht zwei-, sechs bis acht drei- und fünf bis sechs vierjährigen Fohlen, nebst einigen älteren Tieren oder Wallachen. Der Hengst ist unbedingter Herr und Gebieter, Führer, Leiter und Beschützer der Herde, läßt sich vom Wolfe kein Füllen rauben, sondern tritt dem feigen Räuber mutig und erfolgreich entgegen und schlägt ihn, falls er sich stellt, mit den Vorderhufen zu Boden; er duldet aber auch keinen Nebenbuhler und vertreibt daher unerbittlich alle mannbar werdenden Hengste aus seiner Herde; er verjagt ebenso, sobald er die Führerschaft übernommen, seine eigene Mutter und später seine eigenen Töchter. Diese stolze Eigenwilligkeit des Tieres nötigt, zumal während der Paarungszeit, den Hirten zur größten Wachsamkeit, soll er die vertriebenen, nach anderen Sultanen suchenden Stuten oder die ausgewiesenen, nach eigener Selbständigkeit strebenden Hengste nicht verlieren. Erst im fünften Lebensjahre nimmt die junge Stute den Hengst an; im nächsten Frühjahre, gewöhnlich im März, bringt sie ihr erstes Füllen zur Welt. Auch jetzt noch trennt man sie nicht von der Herde, bringt sie vielmehr erst im Mai nebst ihrem Füllen in die Nähe der Jurten, um sie von dieser Zeit ab vier Monate lang zu melken und den berühmten Kumys oder Milchwein zu gewinnen. Im Herbste läßt man Mutter und Kind zu der Herde zurückkehren. Beide werden ohne Anstand auf- und angenommen und genießen die ihnen wiedergeschenkte Freiheit in vollen Zügen.

Das nützlichste und demgemäß das wichtigste Haustier unserer Wanderhirten, das Schaf, ist ein sehr großes, wohlgebautes, nur durch den Fetthöcker auf dem Hinterrücken zuweilen geradezu verunziertes Geschöpf. Der stämmige Leib ruht auf hohen, aber kräftigen Beinen; der Kopf ist klein, die Nase schmal und ramsig, das Ohr hängend oder aufgerichtet, das Gehörn schwach, das Fell hart, aber dicht, das Euter sehr, der Fettsteiß oft so ungeheuerlich entwickelt, daß das Tier ihn nicht mehr zu tragen vermag, sondern mit eingeknickten Beinen auf dem Boden nachschleppen muß, falls der Hirt dem armen Lastträger nicht zu Hilfe kommt, indem er unter dem Schwanze einen kleinen zweiräderigen Wagen anbringt und diesen mit dem Fettbuckel beladet. Bei Vermischungen kirgisischer Widder und fettsteißloser Schafe gewinnen die Nachkommen im zweiten oder dritten Geschlechte dieses absonderliche Anhängsel, bei fortgesetzter Paarung glattschwänziger Widder mit Fettsteißschafen findet das Umgekehrte statt.

Wenn auch das Wesen des kirgisischen Schafes dem des unserigen in allen Hauptzügen gleicht, läßt sich doch nicht verkennen, daß das freie Leben in der Steppe, die großen Wanderungen, welche es zu unternehmen und die Schwierigkeiten, welche es dabei zu überwinden gezwungen ist, seine leiblichen und geistigen Fähigkeiten in ungleich höherem Grade als bei unserem Hausschafe entwickelt haben. Doch bildet auch in der Steppe die kluge Ziege des geistlosen Schafes Leiterin und Führerin, und es erscheint daher mehr recht als billig, wenn ich zunächst auch ihrer gedenke.

Die kirgisische Ziege ist mittelgroß, stämmig und wohlgebaut, ihr Leib kräftig, der Hals kurz, der Kopf klein, der Gliederbau im besten Verhältnisse zum Leibe stehend, das Auge groß und lebhaft, der Blick ausdrucksvoll, das aufrechtstehende Ohr spitzig, das Gehörn verhältnismäßig schwach, entweder einfach nach hinten und außen oder halb um seine Achse gedreht, die Behaarung reichlich, zumal was Bart und Schwanzspitze anlangt, das Stirnhaar verlängert und gekräuselt, die vorherrschende Färbung schön rein weiß mit schwarzer Abzeichnung.

Schafe und Ziegen werden von den Kirgisen genau in derselben Weise behandelt, auch stets in denselben Herden zusammen geweidet. Arme Kirgisen eines Aul bilden gemeinschaftlich eine Herde, Reiche, deren Viehstand nach vielen Tausenden zählt, deren mehrere. Der Schafhirt, in der Regel ein älterer Knabe, reitet auf einem Ochsen neben seiner Herde einher, weiß denselben aber so trefflich zu zügeln und in Trab zu setzen, daß er auch die flüchtigste Ziege einholt. Als wir, von einem Jagdausfluge zurückkehrend, einem Schafhirten begegneten, sprengte dieser zu seinem Vergnügen wohl eine Viertelstunde lang neben unseren, im scharfen Trabe durch die Steppe eilenden Pferden einher, ohne daß sein absonderliches Reittier Ermüdung gezeigt hätte. Nur die Schafhirten der tatarischen Herdenbesitzer reiten stets auf Pferden. Bei bedenklichen Uebergängen rauschender Gebirgswässer oder im Gebirge übernehmen die Ziegen die Führung der Herde, und hier, wie überall, folgen die Schafe blindlings ihnen nach.

Da man nur an den günstigsten Stellen Heu sammelt und aufschobert, verhindert man die Herbstgeburten der Schafe und Ziegen; die Geburt der Lämmer und Zicklein fällt daher stets in das Frühjahr, welches dem Jungvieh das rascheste Wachstum und beste Gedeihen ermöglicht. Neugeborene Lämmer und Zicklein werden in den ersten Tagen ihres Lebens in der Jurte aufgenommen und gewöhnen sich bald so an dieselbe, daß sie den wohnlichen Raum nur unter kläglichem Blöken verlassen, wenn besondere Umstände dies erfordern. Später kommen sie in den neben der Winterwohnung bereiteten Stall, in der freien Steppe eine einfache Grube im Boden, über welche der kalte Wind fast unfühlbar hinwegstreicht, endlich an die Haftseile, Kögön genannt, welche vor jeder Jurte zwischen starken, in den Boden getriebenen Pflöcken ausgespannt werden. Sobald sie zu weiden beginnen, treibt man sie in besonderen Herden in die freie Steppe hinaus und nur gegen Abend zur Jurte zurück. So gewöhnen sie sich von Kindheit an an das freie Leben in der Steppe, an Wind und Wetter, Sturm und Regen.

Im Vergleiche zu den Pferden, Schafen und Ziegen spielt das Rind eine sehr untergeordnete Rolle. Man bemerkt zwar in der Nähe jedes Aul auch eine Herde dieser Tiere; dieselbe steht jedoch in keinem Verhältnisse zur Menge der Schafe und Ziegen. Das Rind ist zwar größer und besser gestaltet als das der russischen und sibirischen Bauern, steht aber schon hinter dem chinesischen weit zurück und kann sich auch nicht im entferntesten mit einer hervorragenden Rasse des westlichen Europa messen. Es ist mittelgroß und fleischig, sein Fell kurz- und glatthaarig, sein Gehörn lang und geschweift, die vorherrschende Färbung ein schönes, gesättigtes Rotbraun.

Man weidet das Tier in ziemlich großen Herden, läßt es jedoch ohne alle Aufsicht sein Futter suchen und lockt die milchenden Kühe einzig und allein durch ihre bei der Jurte angebundenen oder gehüteten Kälber zurück, wogegen die Ochsen nach freiem Belieben oft mehrere Tage lang nicht zum Aul kommen.

Wenn auch wohl jeder größere Aul, so besitzt doch nicht jeder Kirgise Kamele, und selbst der reichste von ihnen selten mehr als fünfzig

Häupter. Denn das Kamel gilt mit Recht als das hinfälligste aller Haustiere des Wanderhirten der genannten Steppen: seine eigentliche Heimat liegt südlicher und östlicher. In den von uns durchreisten Steppen züchtet man nur das zweihöckerige Kamel oder Trampeltier, in den südlich des Balkaschsees gelegenen, wie in Mittelasien dagegen mit Vorliebe das Dromedar, kreuzt dieses hier auch wohl mit jenem und bringt dann eigentümliche Blendlinge hervor, deren zwei Höcker fast zu einem verschmelzen.

Das Trampeltier der mittleren Steppen gehört einer der leichteren Rassen an, ist daher keineswegs so massig und schwerfällig gebaut wie diejenigen Stücke, welche wir in unseren Tiergärten zu sehen bekommen, aber ebenso dicht wie letztere behaart. Gleichwohl verträgt es die Kälte des Winters viel weniger als jedes andere Haustier der Kirgisen, verlangt, um niederzuknieen oder um zu ruhen, eine Filzdecke, auf welcher es sich lagert, erkältet sich aber auch dann noch leicht und geht infolgedessen oft zu Grunde. Während der Härung muß es in Filzdecken eingehüllt, im Sommer gegen Mücken- und Bremsenstiche geschützt werden, soll es diesen nicht erliegen: kurz, es bildet einen Gegenstand ewiger Sorge und eignet sich daher nicht für den armen Mann, welchen jeder Verlust mit dreifacher Härte trifft. Mit dem Dromedar teilt es Genügsamkeit und Anspruchslosigkeit, was das Futter anlangt; ihm gleicht es auch in seiner blinden, selbst den sonst geliebten Herrn gefährdenden Wut während der Brunstzeit; von ihm aber unterscheidet es sich im übrigen Laufe des Jahres, sehr zu seinem Vorteile, durch seine Willigkeit und Frömmigkeit. Mir, der ich jahrelang mit Dromedaren umgegangen bin, fielen diese trefflichen Eigenschaften ganz besonders auf: ich wurde fast irre an seinem Geschlecht. Ohne Widerstreben läßt sich das Trampeltier einfangen, zwar nicht gänzlich ohne Murren, aber doch ohne das abscheuliche, nervenerschütternde Brüllen des Dromedars, kniet es nieder, wenn es beladen werden soll, und selbst im Trabe schleppt es klaglos leichtere Lasten, dreißig bis vierzig Kilometer im Laufe eines Tages zurücklegend; wenn die Last rutscht, hält es von selbst im Laufe an. Unter dem Reiter kann es fünfzig bis sechzig Kilometer in einem Tage zurücklegen; mit vierhundert Kilogramm Last auf dem Rücken, welche es zu einem langsamen, aber weit ausgreifenden Schritte zwingt, wenigstens die Hälfte dieser Strecke. Es weidet fast stets in der Nähe der Jurten, gemeinschaftlich mit allen Artgenossen des Aul und gilt in den Augen des Kirgisen gewissermaßen als heiliges Tier.

Der Hund endlich, das am mindesten geachtete Haustier der Kirgisen, ist regelmäßig ein großes, jedoch nicht immer ein schönes Tier, so bestimmt und zu seinem Vorteile er sich auch unterscheidet von den häßlichen Kötern, welche man sonst in Sibirien und Turkestan zu sehen bekommt. Der Kopf ist zwar gestreckt, aber plump, die Gliederung mehr die eines Windhundes als die eines Schäferhundes, die Behaarung lang und wollig, die Rute lang behangen, die Färbung sehr verschieden.

Kirgisen mit Trampeltieren.

Aeußerst wachsam und mutig, dem Wolfe ein achtunggebietender Gegner, dem schwächeren Herdenvieh ein selbstbewußter und achtsamer Beschützer, dem Fremden ein mißtrauischer Wächter, dem Herrn ein treuer Sklave, dem Erwachsenen ein ungeselliger Sonderling, dem Kinde ein williger Spielkamerad, vereinigt auch er viele Tugenden seines Geschlechtes und fehlt daher keiner Jurte, mindestens keinem Aul.

Um die Ausnutzung und demgemäß auch um sorgsame Abwartung der Herden dreht sich das ganze Leben der Kirgisen. Erstere bildet die Hauptaufgabe der Frauen, letztere die wichtigste Arbeit der Männer. Mit Ausnahme der Knochen, welche achtlos weggeworfen werden, nutzt man jeden Teil des Leibes aller Herdentiere, ebenso wie man alles und jedes weibliche Vieh milkt, solange man kann. Die Menge der pflanzlichen Nahrung eines Kirgisen ist verschwindend klein im Vergleiche zur tierischen: Milch und Fleisch bilden unter allen Umständen seine Speisen, beiden zugemengte Pflanzenstoffe immer nur die Zukost. Brot, im eigentlichen Sinne des Wortes, genießt er fast gar nicht, und selbst die kleinen Mehlteigklümpchen, welche man dem Gebäcke zuzählen könnte, sind im Fett gesotten, nicht aber gebacken. Auch Mehl und Reis, letzterer nur in der Jurte des Reichen ein häufigeres Gericht, dienen immer nur dazu, in das ewige Einerlei der Milch- und Fleischspeisen Abwechselung zu bringen. Kein Wunder daher, daß ihm der Hungertod droht, ihn nur zu häufig auch wirklich ereilt, wenn allgemeines Viehsterben ihn im Inneren der Steppe heimsucht.

Reiche Kirgisen sondern die Milch der Ziegen und Schafe von jenen der Kühe wie der Stuten und Kamele; arme Leute vermischen die Milch aller Herdentiere in demselben Gefäße und gewinnen daher auch nur die Erzeugnisse der Schafmilch aus dem Euter ihrer Nutztiere, wogegen jene auch höhere Genüsse sich verschaffen können. Aus der Milch der Ziegen und Schafe, welche man stets in einen und denselben Eimer milkt und in demselben Lederschlauche sammelt, bereitet man nicht allein verschiedene Gerichte, welche mit oder ohne Zusatz von Mehl dargestellt und sofort gegessen werden, sondern ebenso Butter, kleine, sauer oder bitter und sandig schmeckende, einen europäischen Gaumen anwidernde Käse und den auch nach unserer Ansicht höchst schmackhaften gelben Quark, welcher wie der Käse für den Winter aufbewahrt und dann in Wasser aufgelöst als Suppe genossen wird, aus der Kuhmilch dagegen hauptsächlich Sauermilch und nur ausnahmsweise Quark, Käse und Butter, aus Stuten- und Kamelmilch endlich Kumys, den oft beschriebenen, durch viertägige Gärung unter fleißigem Schütteln und Schlagen gewonnenen Milchwein, das hochgeachtete und in der That wohlschmeckende Festgetränk aller wohlhabenden Kirgisen, in welchem sie sich berauschen.

Während des Sommers nährt sich auch der reiche Kirgise fast ausschließlich von Milchspeisen, denn während dieser Zeit schlachtet er nur bei Festlichkeiten und sonstwie wichtigen Ereignissen eines seiner Herdentiere.

Mit Beginn des Winters dagegen fallen Schafe und Ziegen, Pferde und Rinder, selbst Kamele dem Schlachtmesser anheim. Als das edelste Fleisch betrachtet man das des Pferdes, zumal das der Stuten, als das schlechteste und unedelste das des Rindes. Schaffleisch nimmt den zweiten Rang nach dem Roßfleische ein, Kamelfleisch gilt als heilkräftig für die Seele, Ziegenfleisch als Merkmal der Armut, einem Gaste vorgesetzt, als Zeichen der Geringschätzung. An dem getöteten Rosse schätzt man das Kreuz, am Schafe das Bruststück am höchsten; einen Leckerbissen ersten Ranges findet man in dem Bauchfett junger Pferde, salzt es daher, füllt es in Därme, räuchert die Fettwürste und setzt sie geehrten Gästen mit ebensoviel Bewußtsein vor, wie Kumys.

Neben den Nahrungsstoffen verwendet der Kirgise auch fast alle Nutzstoffe des tierischen Leibes der von ihm gezüchteten Arten. Aus der Wolle der Schafe bereitet er sich die ihm unumgänglich nötigen Filze; die Wolle des Kameles verarbeitet er zu Gespinsten und Geweben: in die flaumenweiche Unterwolle bettet die Mutter ihr neugeborenes Kindlein. Das lange Haar der Ziegen wird zum Fransenbesatze der Teppiche und Tücher, zu Quasten oder Stricken benutzt, das kurze Wollhaar gesponnen und zu Jurtenbändern gewebt, das Mähnen- und Schweifhaar der Pferde endlich zu hochgewerteten Leit- und Jurtenstricken geflochten. Das Fell der Schafe liefert die gewöhnlichen Winterpelze, das Fell der Lämmer wie der Zicklein kostbare Zierpelze, die in Flocken abgestoßene Wolle sehr gute Watte zum Verdichten einzelner Kleider, die Haut aller Herdentiere endlich Leder verschiedener Art. Gegen das ihm überflüssige oder von ihm nicht geschätzte Fett der Herdentiere, gegen die von ihm verkauften Schafe, Rinder und Pferde tauscht er sich verschiedene Waren des Weltmarktes ein; aus dem Erlöse des von ihm verhandelten Viehes deckt er seine Steuern und Abgaben, kauft er sich das ungemünzte Silber, mit welchem er gerne prahlt, das Eisen, welches er verarbeitet, die Teppiche, Kleider- und Seidenstoffe, mit denen er sich selbst und seine Jurte schmückt. Das Vieh ist und bleibt die alleinige Nahrungs- und Erwerbsquelle unseres Wanderhirten: das wenige Land, welches er gelegentlich pflügt, besät, bewässert und aberntet, kommt den Herdentieren gegenüber kaum in Betracht.

Nicht der freie Wille des Menschen, sondern die Notwendigkeit, den Bedürfnissen der Herden gerecht zu werden, bestimmt Aufenthalt und Lebensweise der Kirgisen, zwingt sie, heute hierhin, morgen dorthin zu wandern, an einem Orte zu verweilen und von ihm zu scheiden. Demgemäß ist das Wandern unserer Leute durchaus nicht ein zielloses Umher-

Kirgisen mit der Herde auf dem Zuge ins Gebirge.

schweifen in der weiten Steppe, sondern ein wohlüberlegtes Verändern des Ortes, je nach der Jahreszeit wie nach der Art des zu weidenden Viehes. Planloses Umherirren erlaubt die Steppe weder im Winter noch im Sommer, weder im Herbste noch im Frühlinge; solches würde die Herden im Winter den furchtbaren Stürmen preisgeben, im Sommer der Gefahr des Verdurstens aussetzen, im Frühjahre sie vielleicht mit Ueberfluß versorgen und schon im Herbste ihre Nahrung, mehr als erwünscht und nötig, schmälern. Daher beginnt der Kirgise seine Wanderung von der Tiefebene aus, steigt langsam zur Höhe, selbst zum Hochgebirge empor und kehrt langsam zur Tiefe wieder zurück. Die verschiedenen Herden haben jedoch auch verschiedene Bedürfnisse: Schafe und Ziegen lieben harte, duftende Kräuter, wie sie die Salzsteppe hervorbringt, die Pferde am meisten das freie Gebirgskraut, zumal solches, welches zwischen Felsentrümmern hervorsproßt, während die Rinder am liebsten auf weichem Wiesenteppich grasen und die Kamele wiederum neben den harten Salzsteppenpflanzen Disteln und Dornen als unentbehrliche Bestandteile ihrer Nahrung anzusehen scheinen. Reiche Leute, welche aus allen einzelnen Herdentieren besondere Herden bilden können, lassen daher diese jede für sich wandern und weiden, und nur die Aermeren ziehen mit all ihrem Vieh von einem Orte zum anderen. Endlich beeinflußt auch der Mensch den Menschen. Zwar nicht durch Grenz- oder Marksteine, wohl aber durch uralte Uebereinkunft sind selbst in der freien Steppe Besitzrechte und Grenzen des Besitzes festgestellt worden: jeder Stamm, jede Stammesabteilung, jede Gemeinde, jede Aulgenossenschaft erhebt und behauptet Anrecht auf den von den Altvordern beweideten Boden und duldet auf ihm keine fremde Herde, keinen fremden Hirten, greift wohl selbst zu den Waffen und kämpft in blutiger Fehde mit jedem Eindringlinge, selbst mit dem Genossen des eigenen Stammes. So erklärt es sich, daß der Wanderhirt nicht allein auf bestimmten Wegen, sondern auch in einem genau begrenzten Gebiete umherzieht. Seine Wege können unter Umständen die eines anderen kreuzen, werden aber niemals dieselben sein, welche dieser einschlägt; denn jeder ehrt die Rechte des anderen und wird durch seine Stammesgenossen zur Achtung derselben gezwungen.

Seßhaftigkeit, nach unseren Begriffen, erlangt der Kirgise erst im Grabe, eine Heimat aber hat er wohl. Im weiteren Sinne ist diese das Gebiet, welches er durchwandert, in weitaus den meisten Fällen die Niederung und das Thal eines Flüßchens oder Bächleins, im engeren Sinne das Winterlager, von welchem er auszieht und zu welchem er immer wieder zurückkehrt. In der Nähe dieses Winterlagers ruhen, wenn nicht alle, so doch die meisten seiner Toten; in ihm steht unter Umständen sogar eine feste Wohnung; hierher sendet die Regierung ihre Boten, wenn sie die ihm auferlegte Steuer erheben oder ihn einschätzen, die Häupter seiner Familienglieder oder seines Viehes zählen lassen will; hier verlebt er zwar nicht die schönste, aber doch die meiste Zeit seines Daseins; hier erleidet und übersteht der im allgemeinen heitere und sorglose Mann seine schwersten und ernstesten Sorgen.

Nicht die Winterwohnung selbst, wohl aber das Winterlager ist genau bestimmt. Bedingungen für seine Wahl sind, daß das Thal, in welchem das Lager aufgeschlagen wurde oder werden soll, möglichst geschützt sei vor den kalten, alles ertötenden Nord- und Ostwinden, daß man die Jurten auf der Sonnenseite errichten, feststehende Häuser hier ohne Schwierigkeit erbauen könne, daß das nötige Wasser niemals fehle und daß man die erforderliche Weide für das Vieh in der Nähe des Lagers finde. Alle diese Bedingungen erfüllt am besten ein Flußthal, welches das in ihm rinnende Gewässer tief eingeschnitten hat in das umgebende Land, in welchem während der Sommermonate das Gras nicht verdorrt, so daß zu jeder passenden Zeit Heu gewonnen werden kann und doch noch für den Winter Futter übrigbleibt, und welches womöglich auch außer dem sonst zur Feuerung dienenden Miste noch Brennstoff liefert in den die Flußufer umsäumenden Weidengebüschen und Schwarzpappeln. Daher wendet man die Wahl auch nur dann auf andere Stellen, wenn es sich darum handelt, ein gewisses, im Sommer wegen mangelnden Wassers gemiedenes Gebiet, beispielsweise eine Salzsteppe, auszunutzen, sobald der jetzt den Boden deckende Schnee für Vieh und Menschen das Wasser ersetzen kann.

Ist die Winterwohnung eine feststehende, so stellt sie stets eine wahrhaft erbärmliche, dumpfe, feuchte und dunkle Hütte dar, die so leicht gebaut wurde, daß man gleich von vornherein auf den Schnee rechnete, welcher ihre Wände und Decke verdichtet und gegen das Wetter schützt. Diese Wände bestehen nur ausnahmsweise aus übereinander geblockten Baumstämmen, häufiger aus rohen Steinmauern, am häufigsten aus Weidengeflecht oder nebeneinander gestellten Rohrbündeln, Dach und Decke immer aus Röhricht. Nebenan befindet sich ein ebenso gebauter Stall für das Jungvieh, in einiger Entfernung davon eine Umfriedigung für die älteren Herdentiere.

Mit Beginn des Winters bezieht der Kirgise solche Winterwohnung, falls er nicht, wie wohl die Regel, auch jetzt noch die ungleich behaglichere

Jurte ihr vorzieht. Für die Erwärmung der einen wie der anderen hat er schon im vorhergehenden Frühjahre Sorge getragen, indem er, oder vielmehr seine Frau, welcher überhaupt alle unangenehmen und schwierigen Arbeiten zufallen, den Mist der Herdentiere mit etwas Stroh vermischte und zu viereckigen Kuchen formte, die sodann auf Haufen geschichtet und in der Sonne getrocknet wurden. Alles Gras in der Umgegend ist sorgfältig geschont worden, um den Herden in möglichster Nähe der Wohnung oder Jurten die nötigste Nahrung zu bieten; das Heu hat man auf weiter entlegenen Stellen gemäht und hierher gebracht. Ist der Winter ein guter, d. h. ein schneearmer, so findet das Vieh auch jetzt noch genügende Nahrung, ist er ein strenger, so vereitelt er oft alle Vorkehrungen, welche der Herdenbesitzer treffen konnte, und fordert mehr Häupter seiner Weidetiere, als der vermehrende Frühling schenkte. Daher erlebt in einem guten Winter die heitere Freude auch in der dunklen Hütte des Wanderhirten, während in einem schweren Winter, welcher die Herdentiere zu wandelnden Gerippen schwächt, mit dem Kummer die schwarze Sorge einzieht auch in die freundliche Jurte; daher herrscht dort wie hier entweder behäbiger Wohlstand oder bitterer Mangel während der gefürchteten Zeit des Jahres.

Erst gegen Ende April, in manchen Jahren nicht vor Ende des Mai, verläßt dieser Hirt mit dem letzten Teile seiner Herden das Winterlager und beginnt zu wandern. Die von eigenen Hirten behüteten Pferdeherden haben ihren Kreisgang bereits angetreten, um das Kleinvieh nicht zu stören. Nicht von den munteren Füllen, welche vor wenig Wochen mit den ersten Zicklein geboren wurden, wird solches befürchtet, wohl aber von allen Junghengsten und Jungstuten, welche in diesem Frühlinge in das Alter der Mannbarkeit treten. Jene umspringen zwar in neckischem Uebermute die ganze Herde, verlassen jedoch die währenddessen ruhig weidenden und nur dann und wann ihnen nachblickenden Mutterstuten nicht; die mannbar werdenden Jungpferde aber verursachen fortwährend Unruhe und erfordern die größte Achtsamkeit der jetzt verdoppelten Hirten. Bald kämpfen die Junghengste mit dem älteren, würdigen und herrschsüchtigen Führer der Herde; bald drängen die Jungstuten, seines eigenen Blutes Sprößlinge, sich an den Vater und nötigen ihn, sie durch Bisse zu vertreiben; bald versucht dieses oder jenes Jungpferd zu entfliehen und stürmt mit gegen den Wind gerichtetem Haupte, mit weit geöffneten Nüstern in die Steppe hinaus. Augenblicklich aber setzt jetzt der Hirt sein Reitpferd in Galopp und hinter dem Flüchtling her jagt auch er in rasender Eile über Stock und Stein, über Berg und Thal. In seiner Rechten hält er den langen Hirtenstock mit der am entgegengesetzten Ende angebrachten Fangschlinge; näher und näher kommt er der flüchtenden Jungstute, schon schwebt die gefürchtete Schlinge über deren Haupte: da schwenkt sie plötzlich seitlich ab, wirft beide Hinterbeine, gleichsam neckend oder höhnend, hochauf in die Luft, stürmt mit erneuerter Schnelligkeit dahin; und weiter geht die wilde Jagd, bis es dem Hirten endlich doch gelingt, die Flüchtige einzuholen und, an der Schlinge gefesselt, langsam zur Herde zurückzuführen. So unterhaltend solches Schauspiel für den unbeteiligten Zuschauer, vielleicht auch für den Pferdehirten selber sein mag, den ruhigen und gleichmäßigen Gang des Kleinviehes würde das wilde Jagen oft beeinträchtigen, und deshalb läßt man die Pferde nicht gern mit diesem ziehen. Schafe und Ziegen würden auch, nicht allein ihrer, durch den bösen Winter verursachten Entkräftung, sondern ebenso der noch nicht genügend erstarkten Lämmer und Zicklein halber, nicht imstande sein, ebenso weite Wege zurückzulegen, wie die Pferde; Sonderung beider Herden ist daher auch aus dieser Rücksicht geboten.

Der Kleinvieh hütende Kirgise wandert anfänglich täglich nur eine kurze Strecke, einen „Schafweg“ weit, verweilt auch überall, wo es Weide gibt, so lange, als sein Vieh begierig frißt. Bei der Wanderung eröffnet die Schafherde mit ihrem auf seinem Reitochsen sitzenden, gegen jedes Wetter gestählten Hirten den Zug. Die Schafe gehen mit ziemlich raschen Schritten ihres Weges fort, bald enger sich scharend, bald verteilend, hier und da im Laufe anhaltend, um eine besonders leckere Pflanze gründlich abzuweiden, immer aber fressend, mindestens naschend; der Hirt begleitet sie, auf seinem ebenfalls ununterbrochen grasenden Reittiere sitzend. Der Herde der Mutterschafe und Mutterziegen folgt die der Lämmer und Zicklein, jedoch in einem so weiten Abstande, daß die Jungen von den Alten nichts zu sehen und zu hören bekommen. Die Hammelherde zieht, falls sie überhaupt noch vorhanden oder bereits wieder neu gebildet worden ist, auf anderen Wegen dahin. Nach Abzug aller Herden brechen die Frauen die Jurte ab, beladen mit ihr und dem wenigen Hausrate die Kamele oder Lastochsen, steigen mit Kind und Kegel zu Pferde und reiten langsam dem milchenden Kleinvieh nach, holen es um die Mittagszeit ein, melken und ziehen mit der gesammelten, in Lederschläuchen aufbewahrten Milch weiter, um vor Sonnenuntergang die Jurte wieder aufzustellen. So treibt man es einen und alle Tage. Bringt der Frühling frisches Grün, so verweilt man erst tage-, später wochenlang auf einer und derselben Stelle, bis um sie her die Weide spärlich geworden ist; dann zieht man weiter. Erweckt der mehr und mehr fortschreitende Frühling auch die noch in der Puppe schlafenden Kerbtiere zu vollem Leben; erfüllen unschätzbare Schwärme von Mücken, nebst Fliegen, Bremsen und anderen Quälgeistern die Luft, so wendet man sich, falls es irgend möglich, dem Gebirge zu und steigt in ihm nach und nach bis zu den höchsten Matten dicht unter der Schneegrenze empor. Für den ohne jegliche Hilfe des Hundes treibenden Hirten war es schon in der Ebene nicht immer leicht, die Herde zu leiten; im Gebirge aber wird es ihm oft unendlich schwer, seinen „Schafweg" zurückzulegen, und oft ist es ihm ohne Hilfe anderer, auf Pferden sitzender Reiter gar nicht möglich, einzelne Hemmnisse zu überwinden. Solange es sich um feste Pfade handelt, kann der Weg stetig fortgesetzt werden, gleichviel ob er sich über blumige Matten schlängelt oder über Gehänge und Schroffen führt. Die den Schafen vorausgehenden Ziegen betrachten ein jenen vielleicht bedenklich erscheinendes Gelände einige Zeit lang mit erwägenden Blicken, schreiten dann, einen zweckmäßigen Weg wählend, bestimmt und sicher voran und die Schafe folgen getreulich nach. Anders gestaltet sich die Sache, wenn anstatt eines murmelnden Bächleins ein breites und tobendes Wildwasser den Weg sperrt und überschritten werden muß. Angesichts des den Schafen entschieden feindlichen Elements stutzen selbst die geweckten, in verschiedene Lagen leicht sich fügenden Ziegen; die Schafe aber prallen ängstlich zurück, erklettern wohl auch benachbarte Felsen, als ob sie sich retten müßten. Vergeblich durchreitet der Hirt die rauschende Flut; vergeblich treibt er, von drüben wieder zurückgekehrt, die unwillige Herde an ihrem Ufer zusammen. Laut aufblökend geben die Schafe ihre Angst zu erkennen, bedenklich meckern die Ziegen, bis dem Hirten die Geduld ausgeht. Einen Augenblick lang schwebt die verhängnisvolle Schlinge über dem Haupte eines der Schafe; im nächsten Augenblicke fühlt dieses sich am Halse gepackt, an den Sattel gerissen, eine Viertelminute später in das brausende Wasser geschleudert. Jetzt muß es arbeiten mit eigener Kraft. Satzweise schwimmend, mehr springend als rudernd, strebt es von einem über das Wasser emporragenden Felsenblocke zum anderen, wird, noch bevor es den festen Grund erreichte, vom Wirbel gepackt und widerstandslos fortgerissen, strampelt, zappelt, springt und rudert von neuem, wird noch ein- und das andere Mal weggeschwemmt und erreicht endlich, mehr durch die ausgestandene Angst als durch die aufgewandte Anstrengung erschöpft, das jenseitige Ufer. An allen Gliedern zitternd, versichert es sich, ob es auch wirklich das feste Land unter sich habe, schüttelt sein nasses

Vließ, blickt blöden Auges noch einmal zurück und — beginnt nunmehr sofort gierig zu fressen, um sich für die erlittene Unbill so viel als möglich zu entschädigen. Währenddessen überschwimmen die übrigen Glieder, eines nach dem anderen, entweder freiwillig oder gezwungen, den Wildbach, bis die ganze Gesellschaft drüben wieder sich gesammelt hat und die Reise fortgesetzt werden kann. Solcherart klimmt der Wanderhirt im Gebirge empor. Beginnt es kalt zu werden in den Hochthälern, mahnt vielleicht schon Schneefall an den kommenden Winter, so wandert Hirt und Herde niederwärts, jetzt so viel als möglich die schattigen Schluchten aufsuchend, bis endlich die Tiefebene wieder erreicht und in der Nähe des Winterlagers der Kreislauf vollendet ist. So geschieht es in einem wie in allen Jahren.

Alle Haustiere der Kirgisen gewöhnen sich ungemein schnell ein in den verschiedenen Gegenden, in denen sie weiden, wie auch die Oertlichkeit sein möge; alle kennen schon nach ein- oder zweimaligem Weidegange auf einem neuen Gebiete den Platz, auf welchem sie geweidet werden, genau und finden ihn selbst ohne Hirten mit Sicherheit auf, kommen auch ohne dessen Zuthun an die Jurten, um sich hier melken zu lassen. Ein Reiz- und Lockmittel besteht freilich darin, daß man allen milchenden Müttern vom Mai ab ihre Jungen vorenthält und in der Nähe des Aul weiden läßt, also Sehnsucht erweckt in den Herzen der Mütter. So kann das Melkgeschäft stets zu derselben Zeit vorgenommen werden und die Jurtenherrin den Tag sich einteilen, ihre Arbeiten regeln.

Mit alleiniger Ausnahme der Stuten, welche stets von Männern gemolken werden und deren mindestens zwei, nicht selten deren drei währenddessen in Atem halten, wird das Melken des Viehes immer durch die Frauen besorgt. Am frühen Morgen hat man Kälber, Lämmer und Zicklein unter strenger Aufsicht ein wenig saugen lassen, sodann von ihren Müttern getrennt und alt und jung auf die Weide getrieben. Um Mittag bringt man wohl die Mütter, nicht aber die Jungen zur Jurte, gegen Abend wiederum zunächst die ersteren, um sie zu melken. Mit Hilfe der Hunde, welche nur hier Dienste leisten, hält man die ganze Herde auf einem möglichst beschränkten Raume zusammen und beginnt sodann die Arbeit. Die Frauen und Dienerinnen einer Jurte oder die Nachbarinnen eines Aul erscheinen mit Melkgefäßen in den Händen, packen mit unfehlbarem Griffe ein Schaf, ein zweites, drittes und schleppen es zum Haftseile, legen ihnen eine aus dem Seile gebildete Schlinge um den Hals und zwingen so die Tiere, in zwei mit den Köpfen nach einwärts, mit dem Euter nach auswärts gekehrten Reihen stehen zu bleiben. So fesselt man in wenig Minuten dreißig bis vierzig Häupter, Schafe und Ziegen nebeneinander, und bildet so einen sogenannten Kögön. Sobald die Tiere die Schlinge fühlen, stehen sie, gewitzigt durch frühere Erfahrungen, mäuschenstill und lassen alles ruhig über sich ergehen. Die Frauen beginnen, einander gegenüber hockend,

Kirgisen-Aul.

an einem, wenn viele Schafe gefesselt wurden, auch wohl an beiden Enden der Doppelreihe, fassen die kurzen Zitzen des Euters mit Daumen und Zeigefinger und entleeren die Milch mit raschen Strichen. Fließt die Quelle nicht reichlich, so erschüttern sie mit einem von der Linken geführten Faustschlage das Euter, genau ebenso, wie die saugenden Jungen zu thun pflegen, und erst, wenn auch dieses Mittel nicht mehr anschlägt, gehen sie zum nächsten Stücke über. Die Männer der Jurte oder des Aul, welche vielleicht beim Einfangen und Zusammenschnüren des Kleinviehes geholfen haben, sitzen während des Melkens in allerlei, uns unmöglichen, ja fast undenkbaren Stellungen nebenbei und gewähren ihrer „roten Zunge“ vollste Freiheit; ein und das andere Knäblein unternimmt wohl auch auf diesem oder jenem Schafe seine ersten Versuche im Reiten, falls er nicht vorzieht, die Schultern seiner Erzeugerin hierzu zu benutzen. Letztere läßt sich durch derartige Heldenthaten ihres Sprossen ebensowenig beirren, wie durch sonstige kleine Zwischenfälle. Ob sie auf trockenem Boden oder in frischem Schafmiste kauert, ob solcher beim Melken in das aus Pappelholz gehöhlte Gefäß fällt, ficht sie wenig an, denn das Gefäß ist ohnehin ebenso schmutzig wie die melkende Hand, und Schafmist ist wohl in unseren blöden Augen, nicht aber in denen des koranglänbigen Kirgisen ein unreiner Stoff. Endlich ist das letzte Stück gemolken, und die Erlösung der so lange gefesselten, in Ermangelung einer besser zusagenden Beschäftigung wiederkäuenden Tiere kann geschehen: ein rascher Zug an einem Ende des Haftseiles, alle Schlingen lösen sich, und alle Schafe und Ziegen sind frei.

Ein allgemeines, fast einstimmiges Blöken und Meckern ist der erste Ausdruck des frohen Gefühls der wiedererlangten Freiheit; ein kurzes, in rascher Folge wiederholtes Schütteln wirft auch den letzten Gedanken an die unwürdige Knechtschaft ab; dann aber laufen alle so schnell als möglich davon, in der Ebene so weit von der Jurte weg, als Hirt und Herde gestatten, im Gebirge so rasch als sie können den Bergen zu, als vermöchten sie nur hier die Luft der Freiheit zu atmen. In That und Wahrheit streben sie, nur mehr so bald als möglich mit ihren Jungen vereinigt zu werden. Während des ganzen langen Tages haben sie ihrer entbehrt: jetzt müssen, aller Erfahrung gemäß, die geliebten Sprossen erscheinen. Beständig blökend laufen die Schafe umher, sehnsüchtig meckernd schauen selbst die verständigen Ziegen in die Runde, als wollten sie erforschen, ob die erwartete Schar bereits unterwegs sei, wenigstens in weiter Ferne sichtbar werde. Mehr und mehr verstärkt sich das Blöken; denn jede neu erlöste Reihe erregt alle in der Nähe des Aul überhaupt versammelten Schafe und Ziegen; aber auch die von Minute zu Minute wachsende Ungeduld der Mütter gibt Grund und Anlaß zu kläglichem, fast stöhnendem Blöken. Je länger die Zeit währt, um so unruhiger gebaren sich die muttertreuen Tiere. Ziel- und zwecklos irren sie hin und her, beschnuppern jedes Hälmchen am Wege, pflücken aber kaum ein einziges ab, richten die

Köpfe erwartungsvoll, freudig auf und senken sie enttäuscht und traurig wieder zum Boden herab, blöken von neuem und blöken wieder. Die Unruhe steigert sich nach und nach fast bis zur Sinnlosigkeit, das Geblök zu einem förmlichen Gebrüll.

Da ertönen von fernher schwache und hohe Blöklaute. Sie entgehen dem aufmerksamen Ohre der Mütter nicht. Ein aus allen Kehlen gleichzeitig erschallendes Blöken und Meckern ist die Antwort: die ganze, durch das lange Harren aufs höchste gesteigerte Muttersehnsucht preßt sich in einen einzigen Schrei zusammen. Und aus der Ferne heran, von den Bergen hernieder, den Jurten zu stürmen die nach der Mutter verlangenden Lämmer und Zicklein: die größten und kräftigsten voran, die jüngsten und schmächlichsten hinterdrein, alle aber eilend, in Sätzen springend, vom aufwirbelnden Staube halb verhüllt, zu einer um so mehr sich verlängernden Reihe sich dehnend, je näher sie dem Ziele kommen. Ein dem Anscheine nach unlösbares Gewimmel entsteht, Alte und Junge, endlich vereinigt, rennen ziellos durcheinander, im Vorübergehen flüchtig sich berührend, um durch einen zweiten Sinn sich zu vergewissern, ob die Zusammengehörigen sich gefunden; und die einen wie die anderen laufen weiter, wenn dies nicht der Fall ist, Lämmer und Zicklein gewöhnlich erst, nachdem sie ein Stoß oder Fußtritt seitens des Muttertieres ihres Irrtums belehrt hat. Allmählich aber löst sich der dichte Knäuel; denn nach und nach, in viel geringerer Zeit, als man glauben möchte, hat jede Mutter ihr Kind, jedes Kind die Mutter gefunden, kniet letzteres bereits saugend unter dem Bauche seiner Erzeugerin, begierig die ihm noch beschiedene Milch dem Euter entziehend. Und wenn das Blöken auch jetzt noch nicht verstummt, so drücken die Laute nunmehr doch nur noch die entschiedenste Befriedigung aus.

Allein nur kurze Zeit währt dieser allseitig beglückende Zustand. Jedes vorher schon fast ausgemolkene Euter ist bald erschöpft, und trotz aller Stöße der saugenden Jungen fließt die nährende Quelle nicht mehr. Aber noch will die Mutter, will das Junge, das Pärchen der Kinder das Glück des Zusammenseins genießen. Nach allen Seiten hin breitet die gemischte Herde sich aus; die gefügige Alte klettert den munteren Jungen nach, wenn diese nach Art ihres Geschlechtes der nächsten Höhe zustreben, oder sieht anscheinend voller Befriedigung zu, wenn ein Böcklein im neckischen Zweikampfe seine Kraft an der eines anderen gleich alten versucht. Malerisch schmückt die bunte Herde den Umkreis der Jurten; das anmutigste Bild friedlichen und behaglichen Herdenlebens entrollt sich dem Auge dessen, welcher Sinn und Verständnis hat für solches Treiben.

Auch die Melkerinnen gönnen sich jetzt eine kurze Ruhe, nehmen ihre Kinder auf den Schoß und genügen ihren Mutterpflichten oder Mutterwünschen; bald aber wartet ihrer neue Arbeit. Brummend melden sich die heimgekehrten Kühe, um auch ihrerseits der Mutterfreuden teilhaftig zu werden, und eilig erheben sich die fleißigen Frauen, bringen die vorher angebundenen Kälber zu den Kühen, lassen sie ein wenig saugen, reißen sie dann vom Euter los, melken dieses aus und gestatten nunmehr erst den sauglustigen Kälbern volle Freiheit. Währenddessen haben Hirten und Hunde die Kleinviehherde wieder zusammengetrieben, und alt und jung, Männer und Frauen, Knaben und Mädchen vereinigen sich jetzt, um die Lämmer zu fangen und sie an festen, nicht würgenden Schlingen, welche an einem Haftseile vor den Jurten angereiht sind, für die Nacht zu fesseln, so daß die Alten nicht imstande sind, ihnen das Euter zu bieten. Ohne Blöken und Lärmen geht die letzterwähnte Arbeit nicht von statten, und in das Blöken und Meckern mischt sich das Schreien und Heulen der wiederum nach der Mutter Schoße verlangenden Kinder, das Brüllen der Kühe, das Bellen der Hunde. Nur die bereits gefesselten Lämmer und Zicklein fügen sich gelassen in das Unvermeidliche. Einzelne Böckchen versuchen zwar auch jetzt noch im spielenden Zweikampfe ihre sprossenden Hörnchen, ermüden aber bald und legen sich dem eben bekämpften Gegner friedlich gestimmt gegenüber; noch ehe die Reihe vollendet ist, liegt bereits der größere Teil der Jungen auf den zusammengeknickten Beinen und gibt sich der Ruhe hin. Ein und das andere Mutterschaf, eine und die andere Ziege besucht die Reihe, beschnuppert die Jungen, bis sie das ihrige gefunden, kehrt aber wieder zur Herde zurück, nachdem es oder sie sich überzeugt, daß es unmöglich ist, neben dem Sprößling zu ruhen.

Die Sonne ist seit geraumer Zeit aus dem Gesichtskreise geschwunden, die Dämmerung beinah schon dem Dunkel gewichen. Es wird stiller vor und stiller in den Jurten. Menschen und Tiere haben die Ruhe gesucht und gefunden; nur die Hunde beginnen jetzt unter Leitung und Führung eines wachenden Hirten ihre Rundgänge und Streifzüge; aber auch sie bellen bloß dann, wenn sie wirklich Anlaß dazu haben, wenn es gilt, einen herbeischleichenden Wolf oder anderen Dieb zu scheuchen. Eine zwar kühle, aber würzige, tauige Sommernacht sinkt auf die Steppe hernieder, und erquicklicher Schlummer läßt jetzt, in der reichsten und schönsten Zeit des Lebens, Hirten und Herden auch die letzte Erinnerung an die Unbilden des Winters vergessen.

Volks- und Familienleben der Kirgisen.

Bedroht und verfolgt von der strafenden Gerechtigkeit flohen vier Diebe die Wohnstätten ehrlicher Menschen und suchten in der weiten Steppe Zuflucht und Versteck. Auf der Flucht gesellten sich ihnen zwei Bettlerinnen, ausgestoßen wie sie aus den Wohnsitzen fleißiger Menschen. Die Diebe fanden Gefallen an den Bettlerinnen und ehelichten sie, je zwei von ihnen der Bettlerinnen eine. Den menschlichen und göttlichen Gesetzen widersprechenden Bündnissen entsproßten sehr viele Kinder; die Kinder erzeugten ein zahlreiches Volk, und dieses erfüllte die bisher menschenleere Steppe. Aber es blieb seinem Ursprunge getreu, diebisch wie seine Väter, bettelhaft wie seine Mütter, ohne Glauben, ohne Sitte, wie seine Eltern beide. Gedachtes Volk ist das der Kirgisen, deren Name nichts anderes als „Räuber" bedeutet.

Also erträumt sich ein tatarischer, glaubensstarker Dichter den Ursprung, also beschreibt er das Wesen des stammverwandten Volkes, welches mit ihm dieselbe Sprache spricht, zu demselben Gotte, nach denselben Satzungen desselben Propheten betet wie er; also spricht er sich aus, einzig und allein deshalb, weil die Kirgisen in Glaubenssachen nicht so sklavisch am Worte hängen, nicht so kleinlich denken wie er. Es ist die uralte und ewig neue Geschichte, die unter allen Völkern wiederkehrende Schmach, welche obige Worte bethätigen, die fromme Lüge, vor deren Abscheulichkeit noch keine Glaubensgenossenschaft zurückgeschreckt ist, um Andersdenkende zu schwächen.

Der Reisende, welcher unter Kirgisen sich bewegt, der Fremdling, welcher unter dem leichten Dache ihrer Jurten Gastlichkeit sucht und findet, der Gelehrte, welcher ihre Sitten und Gewohnheiten zu erforschen strebt, der Beamte, welcher als Wächter des Gesetzes, oder als Vertreter der staatlichen Gewalt überhaupt unter ihnen lebt, jedermann mit einem Worte, welcher längere Zeit mit ihnen verkehrt, urteilt, falls er nicht befangen sein will, durchaus anders als jener Tatar.

Es gab eine Zeit, in welcher die Kirgisen insgemein ihren Namen bethätigten, aber diese Zeit ist, wenigstens für viele Zweige der verschiedenen Horden, vorüber. Ein Nachhall der Gesinnungen, Heldenfahrten und Räuberthaten der Väter mag in jedes Kirgisen Brust erklingen; im großen ganzen aber hat sich das Reitervolk der Steppe den Gesetzen seiner jetzigen Beherrscher gefügt und lebt gegenwärtig ebenso unter sich wie mit den Nachbarn in Frieden, achtet das Recht des Eigentums und raubt und stiehlt nicht öfter und mehr als andere Völker, eher seltener und weniger. Unter der russischen Herrschaft lebt der Kirgise von heute unter so befriedigenden Verhältnissen, daß seine Stammesgenossen jenseits der Grenze neidvoll auf die russischen Unterthanen blicken. Unter dem Schutze ihrer Regierung genießen diese Ruhe und Frieden, Sicherheit des Eigentums und Glaubensfreiheit, sind vom Kriegsdienste fast gänzlich befreit und werden in einer Weise besteuert, welche man in jeder Beziehung billig nennen muß, haben das Recht, sich eigene Gemeindevorsteher zu wählen und erfreuen sich anderer Freiheiten mehr, welche nicht einmal die Russen bisher erlangen konnten. Leider denken letztere fast insgesamt nicht so vernünftig wie die Regierung und beengen, bedrücken, übervorteilen die Kirgisen, wann und wie immer sie vermögen. Doch sind sie nicht imstande gewesen, die Sitten, Gebräuche und Gewohnheiten des Volkes irgendwie zu beeinflussen.

Die Kirgisen sind ein echtes Reitervolk und ohne Pferde kaum denkbar: sie wachsen mit den Füllen auf und leben mit dem Rosse bis zu ihrem Tode. Zwar ist der Kirgise keineswegs einzig und allein im Sattel des Pferdes heimisch, weiß vielmehr jedes Tier, welches ihn tragen kann, reitend sich dienstbar zu machen: das Pferd aber bleibt immer und unter allen Umständen sein Träger und liebster Genosse. Auf seinem Sattel sitzend, verrichtet er alle Geschäfte, und das Pferd allein gilt als das eines Mannes einzig würdige Reittier. Männer und Frauen reiten in derselben Weise, nicht wenige Frauen auch mit demselben Geschick wie die Männer. Die Haltung des Reiters ist eine lässige, möglichst bequeme, für das Auge des Beobachters nicht gerade ansprechende. Der Kirgise reitet in kurz geschnallten Steigbügeln, ohne Schenkelschluß, nur mit den Knieen den vorderen Rand des Sattels berührend und daher frei im Gleichgewichte sich haltend; er erhebt sich, wenn er das Pferd traben läßt, in den Steigbügeln, stellt sich oft geradezu in ihnen auf und beugt dann den Kopf so weit nach vorne hernieder, daß dieser beinahe den Hals des Pferdes berührt; er hält sich gerade, wenn er das Pferd, wie üblich, im Schritt oder Galopp gehen läßt. Den Zügel faßt er mit vollem Faustgriffe; die an der Riemenschleife gehaltene Knute führt er mit Daumen, Zeige- und Mittelfinger. Gar nicht selten stürzt er aus dem Sattel, denn er achtet wenig auf Weg und Steg und überläßt es dem Pferde, solchen sich zu suchen; ist er jedoch achtsam, so reitet er jeden Weg, welchen ein Einhufer überhaupt betreten kann, ohne alles Bedenken ebenso, wie er sich nicht besinnt, das wildeste, unbändigste Pferd zu besteigen. Schwierige Wege kennt er nicht; Weg bedeutet für ihn überhaupt nur Durchmessen einer bestimmten Strecke; was zwischen dem Anfange und Ende dieser Strecke liegt, ist ihm vollständig gleichgültig. Solange er im Sattel sitzt, mutet er seinem Reittiere das Unglaublichste zu, sprengt im Galopp bergauf oder bergab, über festen Boden oder durch Sumpf, Morast und Wasser, klettert schwindellos und ohne alle ihn beim Gehen wohl beschleichende Furcht an Wänden empor, welche jeder andere Reiter als durchaus unzugänglich erachten würde, und blickt vom Sattel aus kühn in Abgründe zur Seite des von ihm Weg genannten Ziegenpfades, auf welchem den gebirgskundigen Fußgänger ein Frösteln überkommen will. Sobald er abgestiegen ist, hält er alle durch lange Erfahrung gewonnenen Regeln behufs Schonung eines angestrengten Pferdes fest und behandelt jetzt sein Roß ebenso sorgsam, als beim Reiten rücksichtslos. Bei festlichen Gelegenheiten führt er zum Vergnügen niemals fehlender Zuschauer allerlei Kunststücke im Sattel aus, stellt sich in den über letzteren gekreuzten Steigbügeln auf und sprengt stehend davon, hält sich mit den Händen am Sattel oder in den Steigbügeln fest und reckt die Beine in die Luft, hängt sich an einer Seite des Sattels auf und versucht einen Gegenstand vom Boden aufzunehmen, scheint jedoch die Waffenspiele seiner türkischen Verwandten nicht zu üben. Dagegen erachtet er das Wettrennen als das höchste aller Vergnügungen und verherrlicht durch ein solches jede Festlichkeit.

Zum Wettrennen, „Baika“ genannt, werden in der Regel nur die edelsten Pferde und unter ihnen wiederum nur Paßgänger zugelassen. Die zu durchreitenden Strecken sind sehr bedeutend, nie unter zwanzig, nicht selten bis vierzig Kilometer lang: man reitet nach einem bestimmten Punkte der Steppe, einem bekannten Hügel, einem Grabmale z. B. und kehrt auf demselben Wege zurück, den man gekommen. Knaben von sieben, acht, höchstens zehn Jahren sitzen im Sattel und lenken die Rosse mit bemerkenswertem Geschick. Den zurückkehrenden Pferden reitet man langsam entgegen; dem Paßgänger, welcher die meiste Aussicht hat, zu gewinnen, leistet man eine Hilfe, „Guturma" genannt, indem man sich an seine Seite drängt, ihm das reitende Kind abnimmt, sodann Zügel, Steigbügel, Mähne und Schweif zu fassen sucht, und ihn zwischen den frischen Pferden mehr zum Ziele schleift als leitet. Die Preise, welche ausgesetzt werden, bestehen in sehr verschiedenen Dingen, werden aber sämtlich nach Pferdeswert berechnet. Zwei- bis dreitausend Rubel Silber als erster Preis sind nichts Seltenes: reiche Familien setzen bis einhundert Pferde aus. Auch junge Mädchen gelten als Siegespreis, derart, daß der Gewinnende sie ehelichen kann, ohne das übliche Brautgeld zu entrichten.

Während die wettlaufenden Pferde unterwegs sind, üben gewöhnlich auch Menschen ihre leiblichen Kräfte. Zwei Männer entkleiden sich ihrer Obergewänder, entblößen Schultern und Oberkörper und ringen. Der Angriff geschieht in sehr verschiedener Weise. Beide Kämpen packen sich, beugen sich tief hinab und gegeneinander, drehen sich, einer den anderen fortwährend beobachtend, im Kreise und suchen jedem wirklichen wie jedem Scheinangriffe zu begegnen, bis plötzlich einer seine vollste Kraft aufbietet und den anderen, falls derselbe sich nicht vorgesehen, ringend zu Boden wirft. Andere gehen sofort zum Angriffe über, finden aber so kräftigen Widerstand, daß beide Männer lange Zeit ringen müssen, bevor es einem gelingt, den Gegner zu bewältigen. Die Zuschauer feuern an, spenden Lob und Tadel, ermuntern und verhöhnen, wetten gleichzeitig unter sich und geraten um so mehr in Aufregung, je mehr die Wage nach beiden Seiten hin schwankt. Endlich liegt der eine, ausgelacht von der ganzen Gesellschaft, beschämt und gedemütigt, auch wohl im innersten Herzen erbittert, am Boden; Geschrei aus allen Kehlen erfüllt die Luft, Zeugstücke, und wären es auch nur Kattunfetzen, werden zerrissen und verteilt, um die Wetten auszugleichen; Vorwürfe wechseln mit Kundgebungen des Beifalls, und das Kampfspiel hat ein Ende, falls nicht der Besiegte urplötzlich seinem Ingrimm Genüge zu leisten sucht und nochmals über den Gegner herfällt. Ohne Lärm, Geschrei und Gezänk endet das Ringen niemals; zu Thätlichkeiten aber kommt es ebensowenig.

Unter die ritterlichen Uebungen der Kirgisen muß auch die Jagd gezählt werden. Dem aufgespürten Wolfe folgt der kirgisische Jäger mit solchem Eifer und solcher Ausdauer, daß er es wenig achtet, wenn ihn die bei scharfem Reiten doppelt fühlbar werdende Kälte ernstlich gefährdet, d. h. er sich Gesicht und Hände erfriert, und wenn sein Pferd unter ihm nicht versagt, schmettert er zuletzt sicherlich die gewichtige Keule auf das Haupt des Räubers hinab. Noch mehr als solche Hetze liebt er die Jagd mit Adler und Windhund. Wie seine Vorfahren versteht er den Steinadler zu zähmen und abzutragen, zieht, ihn auf der stark beschuheten Hand

Jagd mit dem Adler.

tragend, und diese auf ein am Sattel befestigtes Holzgestell stützend, zu günstig gelegenen, weite Umschau ermöglichenden Höhen empor und läßt durch seine Genossen die vor seinem Auge liegende Steppe absuchen. Die Jagd gilt dem Wolfe wie dem Fuchse, solange der Adler noch nicht hinlänglich geübt, neben dem Murmeltiere nur dem letztgenannten. Einer besonderen Abrichtung des Raubvogels bedarf es nicht; alles, was gelehrt und gelernt werden muß, besteht darin, daß der Adler, welcher in frühester Jugend dem Neste entnommen und von dem Jäger selbst geäst wurde, auf den Ruf zu seinem Herrn zurückkehrt: ererbte Gewohnheit thut das übrige. Sobald die Jagdgenossen einen Fuchs aufgetrieben haben, enthäubt und entfesselt der Jäger den Stoßvogel und wirft ihn in die Luft. Der Adler breitet seine Fittiche, beginnt zu kreisen, steigt in Schraubenlinien höher und höher, erblickt den eilend laufenden, weil gehetzten Fuchs, fliegt ihm nach, stürzt sich mit halb eingezogenen Flügeln und weit vorgestreckten Fängen schief auf ihn hernieder und schlägt ihm die Fänge in den Leib; der Fuchs seinerseits dreht wütend den Kopf, um den Feind mit seinem scharfen Gebisse zu packen, und der Adler ist verloren, wenn solches gelingt. In fast jedem der ebenso starken als kühnen Raubvögel aber lebt das ererbte Gefühl der ihm solcherart drohenden Gefahr und ebenso die Geschicklichkeit, ihr zu begegnen. In demselben Augenblicke, in welchem der Fuchs sich wendet, löst der Adler die Fänge, und einen Augenblick später umklammern sie das Gesicht des Opfers. Jauchzender Zuruf des heransprengenden geliebten Herrn ermuntert zur Standhaftigkeit, und wenige Minuten später liegt der Fuchs, gefällt von dem zur Hilfe gekommenen Jäger, verendend am Boden. Mancher Adler freilich büßt beim ersten Versuche seine Kühnheit mit dem Leben; gelingt ihm aber der erste Angriff, so eignet er sich bald solche Fertigkeit an, daß er auch auf den Wolf geworfen werden kann. Diesem gegenüber benimmt er sich vom Anfange an, wenn auch genau nach denselben Regeln, so doch merklich vorsichtiger; schon die Größe des Raubwildes läßt ihn erkennen, daß er es mit einem noch ungleich gefährlicheren Gesellen zu thun hat. Doch auch ihn lernt er bewältigen, und ebenso hoch wie der seines Herrn steigt sein eigener Ruhm unter allem Volk, und mit dem Ruhme sein Preis. Ein Adler, welcher den Fuchs schlägt, wird mit dreißig bis vierzig Rubel, einer, welcher den Wolf zu besiegen weiß, mit dem Doppelten und Dreifachen bezahlt, falls er seinem Herrn überhaupt feil ist. Mit zwei Adlern kann man nicht jagen, weil einer den anderen stören würde; ist doch der eine oft so jagdeifrig, daß er dem Jäger die Hilfe in hohem Grade erschwert oder sich, wenn das Raubtier unter ihm erlegen, gutwillig von ihm nicht lösen lassen will.

Gilt es schon bei der Jagd mit dem Adler alle Reiterstücke zu bethätigen, so ist dies doch noch mehr der Fall, wenn der Kirgise mit seinen Windhunden auf Antilopen auszieht. Wie Pfeile stürmen die ziemlich

Kirgisen beim Treiben auf Wildschafe.

langhaarigen Hunde dahin, wenn sie der gesuchten Wiederkäuer ansichtig geworden sind, und über Stock und Stein jagen die Reiter ihnen nach, bis sie mit ihnen das flüchtige Wild eingeholt haben. Wer bei solchem Ritte stürzt, erntet nur ein halb mitleidiges, halb spöttisches Lächeln, und an ihm vorüber stürmt weiter die wilde Jagd.

Auch bei Treibjagden im Gebirge verlassen die Kirgisen ihre Pferde nicht: es sah prächtig aus, als im Arkatgebirge die Treiber, welche uns die Wildschafe zu Schuß bringen wollten, ihren halsbrecherischen Ritt begannen. Hier und da, auf den höchsten Spitzen wie in den Einsenkungen, Thälern und Schluchten zwischen ihnen, erschien und verschwand einer der Reiter nach dem anderen, bald klar und scharf gegen das Gewölk sich abzeichnend, bald wiederum zwischen den Blöcken sich verlierend, in dem Gestein der Halden gleichsam aufgehend. Keiner stieg vom Pferde, keiner besann sich auch nur einen Augenblick, irgend welchen Weg einzuschlagen; es war ihnen leichter, im Gebirge zu reiten, als zu gehen.

Mit der Kühnheit paart sich die Ausdauer des Jägers. Nicht allein auf dem Rücken des Pferdes, sondern auch im Anschleichen und Belauern des Wildes bethätigt er eine rühmenswerte Beharrlichkeit. Daß er tagelang einer Fährte folgt, will, bei seiner Lust zu reiten, wenig besagen; mit der Luntenbüchse, welche er noch ebenso häufig führt wie das Steinschloßgewehr, in der Hand kriecht er wie eine anschleichende Katze halbe Werst weit auf dem Boden dahin, lauert er stundenlang im Sturm und Wetter auf ein Wild, bis er zum Schusse gekommen. Niemals schießt er weit und niemals ohne die Büchse auf die an ihr befestigte Gabel zu legen; aber er zielt sicher und weiß seine Kugel auf die rechte Stelle zu senden.

So ausdauernd und unermüdlich als Reiter, Jäger und Hirt der Kirgise ist, so ungern übernimmt er anderweitige Beschäftigungen. Auch er bebaut das Feld, aber in höchst liederlicher Weise und niemals mehr, als unbedingt erforderlich. Die Arbeit auf der Scholle dünkt ihm unrühmlich wie jede andere Thätigkeit, welche nicht mit der Viehzucht und der Ausnutzung der Herdentiere zusammenhängt. Er bethätigt ein außerordentliches Geschick, das Wasser zur Ueberrieselung des Landes zu verwenden, besitzt ein höchst geübtes Auge für die Oertlichkeit und weiß, auch ohne Meßtisch und Wasserwage zu benutzen, wie er die Wassergräben zu ziehen hat; allein nur solange er noch Knabe ist, läßt er sich zu solchen Arbeiten willig finden, und hat er es erst einmal zu Besitz gebracht, rührt er weder Hacke noch Schaufel mehr an. Noch weniger liebt er, irgend ein Handwerk zu treiben. Er versteht Leder zu bereiten und allerlei Riemen- und Sattelwerk daraus zu fertigen, dasselbe auch mit Eisen- oder Silberschmuck sehr zierlich auszuputzen, selbst Messer und Waffen zu schmieden, und alle ihm nötigen Geräte überhaupt herzustellen, übt solche Arbeit jedoch niemals mit Freude, sondern stets mit Widerstreben aus. Und doch ist er kein fauler und leichtfertiger, sondern ein fleißiger und zuverlässiger Arbeiter, und wer seine geschickte Hand gewonnen, hat selten Ursache, mit ihm unzufrieden zu sein.

Viel höher als leibliche, schätzt er geistige Arbeit. Sein reger und lebhafter Geist verlangt Beschäftigung; er liebt daher nicht bloß leichte, sondern auch ernste Unterhaltung aller Art, vielleicht hauptsächlich auch aus dem Grunde, um Abwechselung in das Einerlei des Tages- und Jahreslaufes zu bringen. Daher gefällt er sich in Gesprächen mit anderen seines Stammes und kann durch seine Redseligkeit, welche nicht selten zur Schwatzhaftigkeit wird, dem Fremden geradezu lästig werden. Mit dieser Gesprächigkeit hängt rege Wißbegier, welche freilich ebenso oft in Neugier ausartet, auf das innigste zusammen; denn die „rote Zunge" will und darf nicht feiern. Was der Wind durch die Steppe trägt, nimmt das gespannte Ohr des Kirgisen auf und kleidet die „rote Zunge" in Worte. Wird irgendwo etwas verhandelt, was ein Kirgise verstehen oder nicht verstehen kann, wird, meine ich, in einer ihm verständlichen Sprache geredet, so nimmt er keinen Anstand, berufen oder nicht, bis an die Jurte sich heranzudrängen und das zum Lauschen gespitzte Ohr an die Wand derselben zu drücken, um keine Silbe zu verlieren. Ein Ereignis, welches über das Alltägliche auch nur um Haaresbreite hinausgeht, ein Geschehnis überhaupt, eine Mitteilung, eine Erzählung für sich behalten, ein Geheimnis bewahren zu sollen, ist für den Kirgisen ein Ding der Unmöglichkeit. Schweigt denn das edle Roß, auf welchem er die Steppe durchfliegt, wenn es etwas gewahrt, an dem es Anteil nimmt, die Ziege, das Schaf, wenn es mit seinesgleichen zusammenkommt; schweigt denn die Lerche, wenn sie über den Boden der Steppe sich hebt? Und der Herr der Steppe sollte schweigen? Nimmermehr! „Sprich nur, rote Zunge, sprich, solange du noch Leben hast; denn nach dem Tode wirst du schweigen." Unerschöpflich fließt der inhaltreichen Rede Strom über die Lippen des Kirgisen. Niemals reiten ihrer zwei stumm nebeneinander her, und ob die Reise tagelang währe; stets, ununterbrochen haben sie miteinander zu schwatzen, sich gegenseitig Mitteilungen zu machen. Gewöhnlich genügt es ihnen noch gar nicht, selbander zu reiten; es müssen ihrer dreie, viere sein, welche gemeinschaftlich des Weges dahinziehen, solange dieser es ihnen gestattet. Diese Art zu reiten ist so tief bei ihnen eingewurzelt, daß ihre Pferde ganz von selbst sich aneinander drängen, daß der Europäer sie zügeln muß, um solches zu verhindern. In einer mit Kirgisen erfüllten Jurte summt es wie ein Bienenschwarm, weil jeder zu Worte kommen will und alles thut, um die Rede an sich zu reißen.

Eine gute Folge solcher unter Männern unerhörten Redseligkeit ist die Fertigkeit der Kirgisen, ihre Sprache zu handhaben. Hierin scheinen sich alle gleich zu sein, die Reichen wie die Armen, die Vornehmen wie die Geringen, die Gebildeten wie die Ungebildeten. Ihre tonreiche und klangvolle, aber harte Sprache, bekanntlich nicht viel mehr als eine Mundart der tatarischen, ist ungemein ausdrucksvoll. Jedes Wort, dies fühlt auch der mit ihr nicht vertraute Fremde heraus, wird vollständig ausgesprochen, jede Silbe richtig betont, so daß man meint, nach dem Klange beurteilen zu können, um was es sich handelt. Die Redeweise ist sehr lebhaft, der Tonfall des Redesatzes dem Inhalte entsprechend, Rede und Redepause genau abgemessen, so daß ein Gespräch etwas abgebrochen klingt, obschon der Fluß der Rede keinen Augenblick lang stockt. Ein für sich selbst sprechender Gesichtsausdruck und lebhafte Handbewegungen erläutern die Worte noch anderweitig. Fesselt ein Gegenstand in besonderer Weise, so steigert sich die Lebendigkeit der Redenden bis zur Hitze, so daß man zu glauben versucht werden kann, auf Worte möchten Thätlichkeiten folgen. Doch endet auch das hitzigste Wortgefecht regelmäßig in Ruhe und Frieden.

Daß unter solchen Leuten der Barde zur Geltung gelangt, ist begreiflich. Jeder, welcher sich vor den übrigen durch Redegewandtheit auszeichnet, erwirbt sich Ehre und Ansehen. Ein Sänger, ein Gelegenheitsdichter darf bei keinem Feste fehlen. Seine Gestaltungsgabe braucht nicht eben hervorragend zu sein: die Rede muß nur ohne Unterbrechung fließen und in ein bestimmtes, jedem geläufiges Versmaß sich fügen, um ihn zum Dichter zu stempeln. Doch verfügt jeder kirgisische Barde immerhin über einen nicht eben kärglichen Schatz von dichterischen Gedanken, welche in Worte zu kleiden ihm nicht schwer fällt. Das Hirten- und Wanderleben, so gleichförmig es im ganzen verfließen mag, hat seine Reize, seine tönenden Saiten, welche nur angeschlagen zu werden brauchen, um im Herzen der Hörer Befriedigung zu wecken. Viele Sagen und Ueberlieferungen, welche in allen lebendig sind, bieten jederzeit geeigneten Stoff zur Ausfüllung von Gedankenlücken; und so kann die Rede des Barden fluten wie ein ruhiger Strom, dessen Quellen niemals versiegen: er braucht bloß ein bestimmtes Versmaß festzuhalten, um Dichter zu sein und zu bleiben. Auch dieses Festhalten wird ihm erleichtert; denn jeder Barde begleitet seine Rede mit der dreisaitigen kirgisischen Zither und verbindet die einzelnen Sätze durch Zwischenspiele, welche so lange währen, bis der neue Vers in die rechte Form gegossen wurde. Je rascher, je gewandter dies geschieht, um so höher steigt der Ruhm des Sängers. Regt sich aber vollends im Herzen einer Frau dichterischer Drang, so ist solche Frau allgemeinster Bewunderung sicher, und läßt sie sich herbei, mit einem Manne im Zwiegesange zu wetteifern, so erhebt sie die begeisterte Menge über alle anderen ihres Geschlechtes.

Ungleich weniger als die Dichtung begünstigt die weite Steppe regelrechten Unterricht. Daraus erklärt sich zur Genüge, daß die Kenntnis der Schrift unter den Kirgisen ebenso selten, wie das Schrifttum gering ist. Nur die Söhne der Reichsten und Vornehmsten des Volkes erhalten Unterricht im Lesen und Schreiben. In den beiden von der Regierung gegründeten Schulen in Ustkamenegorsk und Saisan werden allerdings auch, in ersterer Stadt sogar ausschließlich kirgisische Knaben unterrichtet, allein die Wirksamkeit beider Anstalten erstreckt sich nicht bis in die innere Steppe. Hier lernt der Knabe lesen und schreiben, wenn der Zufall will, daß er mit einem Molla zusammenkommt, welcher ebenso Lust zum Lehren, als der Knabe Trieb zum Lernen bethätigt. Auch dann beschränkt sich der Unterricht auf die einfachsten Kenntnisse: arabische Schriftzeichen lesen und nachbilden zu können. Der Inhalt des vornehmsten, wenn nicht ausschließlichen Lehrbuches, des Koran, erschließt sich in der Regel nicht einmal dem Mollah selbst; er liest die Suren, ohne deren Bedeutung zu verstehen. Ich habe nur einen einzigen Kirgisen, und zwar einen Sultan kennen gelernt, welcher Arabisch verstand; alle übrigen, welche sich durch ihre Kenntnis der Worte der Schrift über andere ihres Volkes erhoben und als getreue Anhänger des Islam regelmäßig die fünf vorgeschriebenen Gebete ausübten, verstanden im günstigsten Falle den Inhalt der Worte des Rufes zum Gebete und der ersten Sure des Koran; alles übrige sprachen sie zwar mit dem allen Mohammedanern anerzogenen Ernste, aber ohne Verständnis nach. Und dennoch habe ich mich tiefen Eindrucks nicht erwehren können, wenn inmitten der weiten Steppe, wo kein Minaret zum Himmel stieg, ein der heiligen Worte Kundiger als Mueddin oder Rufer zum Gebete seine Stimme erhob und die Gläubigen in langen Reihen hinter dem Iman oder Vorbeter knieten und ihre Stirnen im Gebete auf den Boden drückten, wie das Gesetz des Propheten es vorschreibt.

Das Bewußtsein der Kraft und Gewandtheit, der Geschicklichkeit im Reiten, Jagen, der dichterischen Begabung und Regsamkeit des Geistes überhaupt, das Gefühl der Selbständigkeit und Freiheit, welches die weite Steppe hervorruft, verleiht dem Auftreten des Kirgisen Sicherheit und Würde. Der Eindruck, welchen er auf den unbefangenen Beobachter macht, ist daher ein sehr günstiger, und dieser Eindruck steigert sich um so mehr, je genauer man unseren Steppenbewohner kennen lernt. So ist es mir ergangen, so urteilen die Russen, welche jahrelang mit Kirgisen verkehrt haben, so namentlich die Beamten der Regierung, so andere Reisende, welche unter ihnen gelebt haben. Man sagt schwerlich zu viel, wenn man behauptet, daß der Kirgise sehr viele gute und sehr wenige schlechte Eigenschaften besitzt, oder doch dem Beobachter gegenüber kundgibt. Geweckten Geistes, klug, lebhaft, verständig, soweit es sich um ihm bekannte Dinge handelt, gutmütig, dienstfertig und zum Helfen bereit, artig und zuvorkommend, gastlich und barmherzig stellt er sich als ein in seiner Art vortrefflicher Mensch dar, dessen Schattenseiten man um so leichter übersieht, je unbefangener man ihm gegenübertritt. Er ist höflich, ohne knechtisch zu sein, behandelt den über ihm Stehenden mit Achtung, aber nicht kriechend, den ihm Untergebenen freundlich, aber nicht geringschätzig. Auf ihm gestellte Fragen antwortet er meist erst nach kurzem Besinnen, dann aber ruhig und klar, und seine scharf betonte Sprachweise verleiht seiner Antwort den Ausdruck der Bestimmtheit. Er ist gefällig nach allen Seiten hin, thut aber mehr aus Ehrgeiz, als aus Hoffnung auf Gewinn, mehr in der Absicht, Lob und Beifall, als in der Voraussetzung, Geld und Geldeswert zu ernten. Der Gemeindevorsteher Tamar Bey Metikoff, welcher uns fast einen Monat lang das Ehrengeleit gab, war der gefälligste, höflichste, zuvorkommendste Mensch unter der Sonne, stets bereit, jeden unserer Wünsche zu erfüllen, unermüdlich in unseren Diensten oder zu unseren Gunsten, und dies alles nur in der Hoffnung oder dem Bestreben, unsere und des Generalgouverneurs Zufriedenheit zu erwerben. Dies sagte er uns mit klaren Worten, als wir versuchten, ihm Geschenke aufzudringen.

Im Einklange mit solchem Ehrgeize steht, daß der Vornehme auf seine Abkunft und Familie stolz ist, sich ferner Ahnen rühmt und unter Umständen seinen Stammbaum bis zu Chingis-Chan zurückführt, daß er nur ebenbürtig sich vermählt und keinen Makel an seiner Ehre duldet, keine diese Ehre kränkende Beleidigung verzeiht. Hiermit im Einklange steht aber auch eine Eitelkeit, wie man sie bei ihm kaum erwarten möchte.

Nicht allein Ansehen und Reichtum, Würde und Rang, sondern ebenso Jugend und Schönheit sind in seinen Augen Gaben, welche er hoch achtet. Doch unterscheidet er sich von einzelnen schönen und jungen Herren unseres Volkes wesentlich dadurch, daß er niemals zum Gecken ausartet. Er rühmt sich der ihm vom Geschick wie von der Natur verliehenen Gaben offen und ohne Hehl; solches Rühmen aber steht ihm natürlich und wird nicht durch absichtlich sich hervordrängende Bescheidenheit verzerrt. Soweit seine Mittel gestatten, kleidet er sich reich, verziert Rock und Beinkleider mit Tressen, die Pelzmütze mit der Uhufeder: zum Narren aber sinkt er nicht herab. Daß die Frauen mehr noch als die Männer ihre Reize ins hellste Licht zu setzen suchen, erscheint selbstverständlich; und es hat mich daher auch durchaus nicht gewundert, zu erfahren, daß sie mit dem Safte einer Wurzel ihren Wangen ein ebenso zartes und duftiges, als haltbares Rot auflegen, zu deutsch: sich schminken.

Entsprechend dem Wunsche zu gefallen, fügt sich der Kirgise willig in die Sitten und Gebräuche seines Volkes. Seine Bildung und Gesittung bethätigt er hauptsächlich dadurch, daß er die aus unbestimmbarer Zeit auf ihn überkommene und durch den Islam wesentlich beeinflußte Gebräuchlichkeit streng befolgt. Dies bedingt Förmlichkeit und Umständlichkeit im gegenseitigen Verkehre, zügelt aber auch jede Selbstüberhebung und verbannt jede Unanständigkeit, beinahe jede Ungeschicklichkeit aus der Gesellschaft; denn jeder weiß, wie er sich zu benehmen hat, um nicht anzustoßen, oder auch nur im besonderen Grade unangenehm aufzufallen.

Schon die gegenseitige Begrüßung geschieht in einer sehr förmlichen, von allen festgehaltenen, also offenbar genau bestimmten Weise. Wenn zwei Kirgisentrupps zusammenkommen, vergeht stets geraume Zeit, bevor jeder dem anderen seinen Gruß gespendet hat. Gegenseitig und gleichzeitig legen sie ihre Rechte auf die Herzgegend, die linke gegen die rechte Hand des anderen, worauf beide die rechte zurückziehen und mit der linken vereinigen, so daß jetzt alle vier Hände auf einen Augenblick sich berühren. Gleichzeitig mit der Umarmung sprechen beide das arabische Wort „Amán“ (Friede) aus, wogegen sie vor dem Umfassen sich den Gruß aller Mohammedaner „Salám alëik“ oder „alëikum“ (Heil sei mit dir oder euch) zu spenden, und beziehentlich durch „Alëikum el salám“ zu erwidern pflegen. In dieser Weise begrüßt einer alle und jeder den anderen; beide sich begegnenden Haufen bilden daher zwei Reihen und einer nach dem anderen läuft, um der jetzt noch gebannten „roten Zunge“ baldmöglichst volle Freiheit zu gewähren, rasch längs solcher Reihe dahin. Das kürzere Verfahren, welches jedoch nur bei sehr zahlreichen Versammlungen angewendet wird, besteht darin, sich nur die Hände entgegenzustrecken und diese zusammenzuschlagen.

Besuchen sich Kirgisen im Aul, so findet vor der Begrüßung noch eine andere Förmlichkeit statt. Angesichts der Jurten zügeln die Ankömmlinge ihre Rosse, lassen sie im Schritt gehen und halten endlich still. Auf dieses Zeichen hin kommt man ihnen vom Aul aus entgegen, begrüßt sie und geleitet sie nunmehr zu den Jurten, welche die Frauen inzwischen durch Ausbreiten der wertvolleren Teppiche geschmückt haben. Fremde, im Aul noch unbekannte Gäste, müssen sich vor der Begrüßung einem Verhöre nach Namen, Stand und Herkunft unterwerfen; aufgenommen und gastlich bewirtet werden sie aber unter allen Umständen: denn Gastfreundschaft übt der Kirgise gegen jedermann, ohne Unterschied des Standes oder Glaubens, obschon er Vornehme stets bevorzugt. Der Gast tritt mit dem üblichen Gruße ins Innere der Jurte, zieht an der Thüre seine Schuhe aus, behält aber selbstverständlich die weichen Reiterstiefel an und setzt sich, wenn er dem Wirt an Ansehen gleichsteht, auf dem Ehrenplatze nieder, während der Geringere dem Vornehmen gegenüber sich bescheiden zurückhält und in knieender Stellung auf den Teppich niederläßt.

Zu Ehren eines angesehenen Gastes läßt der Wirt ein Schaf schlachten, vorher aber vor oder in die Jurte bringen, damit der Gast es segne. Auf dieses Zeichen hin kommen alle Nachbarn herbei, um an dem leckeren Mahle teilzunehmen. Kopf und Bruststück des Hammels werden am Spieße gebraten, die zerstückelten Fleischstücke in einem Kessel gekocht, Kreuz, Rippen, Schulterblätter und Schenkel, nachdem sie gar gekocht, dem Gaste in einer Mulde vorgesetzt. Der Gast wäscht sich die Hände, schneidet das Fleisch von den Knochen, taucht es in die stark gesalzene Brühe und sagt zu dem Wirte, welcher sich bisher nicht neben ihm niederließ: „Nur durch den Wirt erlangt das Fleisch Schmackhaftigkeit; setzet Euch;“ der Wirt aber erwidert: „Viel Dank, viel Dank; esset nur,“ und willfahrt dem Gaste zunächst noch nicht. Dieser aber schneidet ein Stück von den falschen Rippen ab, ruft den Wirt herbei und steckt ihm den Bissen in den Mund; hierauf schneidet er ein anderes Stück, legt es auf eine Mulde und reicht es der Hausfrau. Nunmehr endlich setzt sich der Wirt an die Seite des Gastes; aber auch jetzt noch verteilt nicht er, sondern jener die Speisen an die Teilnehmer am Mahle. Der Gast schneidet das Fleisch in mundrechte Stücke, mischt sie mit Fett, taucht je drei Bissen in die Brühe und steckt sie einem der Schmausenden nach dem anderen in den Mund. Beleidigung des Gebers würde es sein, wollte der Empfänger die Gabe nicht sogleich herunterschlucken, möge er auch, falls die Bissen groß sind, dabei so schrecklich würgen, daß sein Gesicht blau unterläuft, und der Hilfe der Nachbarn, welche dem also Bedrängten zur Erleichterung des Schlingens mit der Faust auf den Rücken schlagen, dringend benötigen. Dagegen darf der Geber auch niemals mehr als drei Bissen reichen; denn überschreitet er diese Anzahl, stopft er einem gleichzeitig fünf Fleischstücke in den Mund, und erstickt der zum schleunigsten Hinabwürgen verurteilte Mann infolge der allzugroßen Gabe, so muß er dies mit hundert Pferden an die Familie des Erstickten büßen, wogegen er frei ausgeht, wenn einer der Schmausenden an drei ihm gereichten Bissen zu Grunde geht. Nachdem das Fleisch verzehrt, reicht der Gast die Schale mit der Brühe umher und jeder der Tischgenossen trinkt von ihr nach Bedarf oder Verlangen. Zum Schlusse der Mahlzeit, jedoch nicht bevor sich jeder die Hände gewaschen, wird von einem wohlhabenden Wirte, falls die Stuten noch Milch geben, stets Kumys gereicht, und zwar immer und unabänderlich mit ersichtlicher Ehrfurcht vor dem beliebtesten Getränk des Kirgisen. Wer bisher noch nicht am Mahle teilnahm, kommt jetzt herbei, um an diesem Nektar sich zu laben. Man trinkt bis zur Berauschung; denn der Kirgise leistet im Trinken seines überaus geschätzten Milchweines ebensoviel, als im Essen und ist in dieser Beziehung nichts weniger als anspruchslos oder mäßig.

Noch weit umständlicher, als bei einfachen Besuchen sind die Gebräuche, welche bei allen wichtigen Familienereignissen geübt werden, insbesondere Hochzeits- und Begräbnisfeierlichkeiten. Bei den einen tritt mit der Freude auch der Scherz, bei den anderen mit der Trauer auch die Ehrfurcht vor den Toten in ihre vollen Rechte. Brautwerbung und Hochzeit, Begräbnis und Erinnerungsfeier an den Verstorbenen geben zu einer wahren Kette von Festlichkeiten Veranlassung.

Wie bei allen Mohammedanern wirbt der Vater für seinen Sohn, und wie unter allen Bekennern des Islam zahlt er an den zukünftigen Schwäher ein Brautgeld von sehr verschiedener, oft bedeutender Höhe. Ein Brautwerber, welcher sich dadurch als solcher zu erkennen gibt, daß er ein Hosenbein über, das andere im Stiefel trägt, erscheint in der Jurte, in welcher eine Tochter der Mannbarkeit entgegenblüht, und trägt im Namen des Vaters eines heiratslustigen Jünglings sein Anliegen vor. Ist der Brautvater einverstanden, so verlangt er die großen Werber, d. h. den Auftraggeber selbst, die Gemeindeältesten und Vornehmsten aus dessen Aul, um mit ihnen zu verhandeln. Sie erscheinen und halten, wie üblich, vor dem Aul ihre Rosse an. Ein Abgesandter des Brautvaters reitet ihnen entgegen, begrüßt sie feierlich und förmlich und geleitet sie nach der für sie bestimmten und geschmückten Festjurte, woselbst sie zunächst mit Kumys bewirtet werden. Um zu ihrer Unterhaltung beizutragen, erscheint ein Barde und hebt seinen Gesang an. Reiche Beifallspenden lohnen, großartige Versprechungen feuern ihn zu weiterem Gesang an. Man preist die Tiefe seiner Gedanken, die Vollendung seines Vortrages; man verspricht ihm ein Pferd, eine Jamba oder vier Pfund ungemünztes Silber als Sangeslohn. Abwehrend betont der Hausherr das einzig und allein ihm zustehende Recht, den Sänger zu lohnen; aber nur um so bestimmter versprechen die Gäste: denn jeder weiß, daß der Gastgeber die Erfüllung ihrer Versprechen nicht gestatten würde. Nachdem der Sänger geendet, beginnt eine lebhafte Unterhaltung zwischen dem Wirte, seinen Nachbarn und Gästen; man spricht über die verschiedensten Dinge, nur nicht über die Ursache und den Zweck des Kommens, bricht endlich auf und reitet wieder heim.

Am anderen Morgen erwidert der Brautvater und sein Gefolge den Besuch, wird von dem zukünftigen Schwäher ebenso begrüßt und ebenso bewirtet, verlangt endlich, die Mutter des Jünglings zu sehen. Sofort begibt man sich gemeinschaftlich in die Jurte der Hausfrau und begrüßt sie hier ebenso feierlich als artig. Unmittelbar darauf bringt der Brautvater das gebratene Bruststück eines Schafes herbei, schneidet Stücke zur Bewirtung der Gäste ab und begleitet das Zerlegen des am höchsten geschätzten Teiles eines Schafes mit den Worten: „Diese Schafbrust sei mir ein Pfand, daß unser Vorhaben zu gutem Ende gelangen möge," reicht sodann seinen Gästen die leckeren Bissen und eröffnet damit die Verhandlungen über die Höhe des „Kalüm" oder Brautgeldes. Als Einheit der Rechnung gilt eine Stute von drei bis fünf Jahren; ein Paßgänger oder ein Kamel wird fünf Stuten gleich gerechnet; sechs oder sieben Schafe oder Ziegen haben den Wert einer Stute.

Der Brautvater verlangt als Brautgeld eine Gift von 77 Stuten, läßt jedoch mit sich handeln und geht, je nach seinem und des Schwähers Vermögen, zuerst auf 57, sodann auf 47, 37, 27, sind beide unbemittelt, auch noch weiter herab, bis man sich geeinigt hat. Sobald die Verhandlungen beendigt sind, erklärt der Brautvater das Verlöbnis für geschlossen, erhebt sich, um heimzukehren und läßt ein Geschenk in oder vor der Jurte zurück. Der Vater des Bräutigams aber sendet, falls er irgend kann, mit dem abziehenden Schwäher die Hälfte des Kalüm zu dessen Jurte und zahlt auch die andere Hälfte so rasch als möglich ab.

Vierzehn Tage nach Entrichtung des Kalüm darf der Bräutigam zum erstenmal die ihm geworbene Braut besuchen. Unter möglichst zahlreicher Begleitung ihm befreundeter Altersgenossen und Führung eines mit allen Gebräuchen wohlvertrauten älteren Freundes seiner Familie bricht er auf, reitet bis in die Nähe des Aul seiner Braut, steigt hier vom Pferde, schlägt ein kleines Zelt auf und zieht sich in dasselbe zurück, oder verbirgt sich anderweitig. Seine Begleiter aber ziehen weiter, begeben sich, nachdem man sie feierlich bewillkommt, in den Aul und verteilen unter munteren Scherzreden allerlei kleine Geschenke, Ringe, Halsbänder, Leckereien, Band und buntes Zeug unter die sich herandrängenden Frauen und Kinder. In Gemeinschaft ihrer Altersgenossen beiderlei Geschlechtes betreten sie die Festjurte. Der Wirt bietet Speise und Getränk, zuerst eine Schafbrust, welche er mit den bereits erwähnten Worten zerschneidet, sodann „Meibaur", in Fett geschmorte, kleine Stücke von Herz, Leber und Nieren des Schafes, stellt das Gericht vor dem würdigen Alten hin und dieser verfährt nach Gewohnheit und Recht des Gastes, schmiert aber dem ersten Jünglinge, welchen er mit einigen Bissen bedenkt, während er diese ihm in den Mund stopft, zugleich auch die fettige Brühe ins Gesicht. Damit gibt er das Zeichen zum Beginn jugendlichen Scherzes, in welchem fortan Jünglinge, Jungfrauen und junge Frauen wetteifern. Ein sehr beliebter Scherz der Mädchen besteht darin, die Kleider der Jünglinge mit raschen Stichen an den Teppichen, auf welchen sie sitzen, festzunähen.

Nach der Mahlzeit gönnt man den jugendlichen Gästen eine kurze Erholung, aber nur, um ihnen Zeit zu lassen, ihre Gedanken zu sammeln. Dann fordern die Mädchen und Frauen die Jünglinge zum Wettgesange auf, weisen ihnen den Ehrenplatz an, setzen sich ihnen gegenüber, und eine von ihnen beginnt mit ihrem Gesange. Ist der von ihr angesungene Jüngling nicht schlagfertig, so ergeht es ihm übel. Zwickend und kneipend fällt die lustige Schar über ihn her, vertreibt ihn aus der Jurte und überliefert ihn den jungen Männern des Aul, welche vor der Jurte auf Opfer lauern. Ein Wassergefäß wird über dem beklagenswerten Stümper ausgegossen und er dann, gebadet und beschämt, in die Jurte zurückgeführt, um einer weiteren Prüfung unterworfen zu werden. Wenn er auch diese nicht besteht, verfällt er der Strafe, als Weib verkleidet und so an den Pranger gestellt zu werden. Wehe ihm, wenn er sich empfindlich zeigt: er würde einen qualvollen Tag erleben. Heute führt der Scherz die unbedingte Herrschaft und duldet keinen Murrkopf. Wer dem Gewaltherrscher am besten zu begegnen weiß, ist der Held des Tages, wer sich ihm nicht gewachsen zeigt, das allgemeine Opferlamm.

Während dieser Scherzspiele sitzt die Braut im hinteren Teile der Jurte, durch einen Vorhang verborgen, ohne sich zu zeigen. Diese Vereinsamung benutzen die jungen Leute des Aul, um sie, während der Wettgesang die Freunde des Bräutigams in Atem hält, zu stehlen, d. h. durch eine zwischen den aufgedeckten Filzen der Jurte geschaffene Lücke ins Freie zu ziehen, auf ein Roß zu heben, mit der nicht Widerstrebenden der Jurte eines Verwandten zuzueilen und hier sie den bereits harrenden älteren Frauen zu übergeben. Ist der Raub gelungen, so fordert der Räuber die Jünglinge auf, die Braut zu suchen und sie aus den Händen der Frauen zu lösen. Eilends bricht die ganze Gesellschaft auf und bittet die Hüterinnen der Geraubten, diese ihnen zurückzugeben. So schön gesetzt ihre Worte aber auch sind: die Bitte wird abgeschlagen. In der eines Teiles ihrer Filzdecke entkleideten Jurte sitzt die Braut vor aller Augen; ein gewaltsames Vorgehen aber ist unmöglich und die Jünglinge beginnen daher in Güte zu unterhandeln. Die Frauen verlangen neun verschiedene, von den Jünglingen selbst zubereitete Speisen, lassen sich endlich jedoch herbei, anstatt der Gerichte neun Geschenke anzunehmen, und liefern nunmehr endlich die Braut unter der Bedingung aus, daß sie nach ihres Vaters Jurte zurückgebracht werde.

Inzwischen sitzt der Bräutigam wartend in seinem Zelte. Ganz allein war er freilich nicht; denn einige junge Frauen hatten sich schon beim Erscheinen seiner Genossen aufgemacht, um ihn zu suchen, ihn natürlich auch gefunden und waren von ihm mit ehrfurchtsvollem Gruße, „Taschim" genannt, empfangen worden. Der Jüngling hatte vor ihnen so tief sich verneigt, daß er mit seinen Fingerspitzen den Boden berührte, sich sodann langsam erhoben und die Hände am Schienbeine emporgleiten lassen, bis er zu voller Höhe sich aufgerichtet; die Frauen hatten solche Huldigung angenommen, ihm Gesellschaft geleistet, Speise und Trank gereicht und durch Scherzreden die Zeit verkürzt, nicht aber gestattet, daß er das Zelt verlasse. Erst auf vieles Bitten und nicht vor Sonnenuntergang wurde ihm die Erlaubnis, im Aul und vor der Jurte der Braut ein kleines Lied singen zu dürfen. Er besteigt sein Roß, reitet in den Aul, begrüßt mit Gesang dessen Bewohner, wendet sich zur Jurte der Erwählten und klagt ihr im selbsterdachten oder erborgten Liede sein Sehnen, sein Leid:

„O Mädchen, du brachtest mir Leiden und Kummer,
Dreimal schon kam ich vergeblich zu dir,
Du wolltest nicht wach sein, zu tief war dein Schlummer,
Wolltest nicht hören, nicht aufsehn zu mir.
Doch spät in der Nacht, wenn zur Ruh' die Kamele
Eng an die härene Fessel man reiht,
Dann wird sich erlaben die lechzende Seele,
Dann wird sich wenden mein Sehnen, mein Leid.
Seh' dir ich ins Auge, wird wieder mir kommen,
Was ich verloren, der Mut und die Lust,
Die Kraft der Seele, die du mir genommen,
Mit Wunsch und Sehnen erfüllend die Brust.
Ich werde dich bitten, mir Kumys zu reichen,
Als wäre ich durstig und trocken mein Mund,
Du läßt dich erbitten, du läßt dich erweichen
Und machst mir das dürstende Herze gesund.
Und sollte mein Werben dir nicht gefallen,
Mein Singen dir willkommen nicht sein,
So kehr' ich zurück mit den Freunden allen,
Sie sollen mir helfen, um dich zu frei'n."

Ohne in die Jurte einzutreten, kehrt er wieder nach seinem Zelte zurück. Da erscheint in diesem eine alte Frau und verspricht, ihn zur Braut zu geleiten, falls er sie beschenke. Willfährig öffnet er seine Hand und beide machen sich auf den Weg. Aber nicht ohne Hemmnisse erreichen sie das ersehnte Ziel. Eine andere Frau legt ihm die Gabel, mit welcher der Firstenring der Jurte erhoben wird, quer über den Weg; solchen Schlagbaum zu überschreiten würde ein übles Vorzeichen sein: denn wer die Gabel gelegt, muß sie auch wieder wegnehmen. Ein Geschenk entfernt das Hindernis; aber wenige Schritt weiter sperrt ein zweites den Weg. Eine anscheinend tote Frau liegt auf ihm; doch eine zweite Gabe ruft die Tote ins Leben zurück und macht den Weg frei bis in die Nähe der Jurten. Dort steht eine Gestalt und knurrt wie ein Hund. Sollte es heißen, daß die Hunde den Bräutigam angeknurrt? Nimmermehr! Ein drittes Geschenk schließt den knurrenden Mund, und der Vielgeprüfte gelangt fernerhin unangefochten bis zur Jurte. Hier halten zwei Frauen die Thür zu; aber auch sie widerstehen einem Geschenke nicht; im Innern der Jurte halten zwei Frauen den Vorhang fest; auf dem bräutlichen Lager ruht eine jüngere Schwester der Braut: er löst sich von allen; die Jurte entleert sich; die Alte legt die Hände des Bräutigams in die der Braut und entfernt sich ebenfalls: endlich, endlich sind beide vereinigt und allein.

Unter Aufsicht der hilfreichen Alten, „Djenke" genannt, besucht der

Bräutigam zu wiederholten Malen die Braut, ohne sich dabei auch den Eltern des Mädchens vorzustellen, bis endlich der Rest des Kalüm bezahlt ist. Jetzt sendet er den Werber zu dem Brautvater, um anfragen zu lassen, ob er die Braut nunmehr in seine Jurte führen dürfe. Die Frage wird bejaht, und er erscheint wiederum mit großem Gefolge und vielen Geschenken vor dem Aul, schlägt in angemessener Entfernung wiederum sein Zelt auf, empfängt in ihm wiederum Frauenbesuch, verbringt die Nacht allein im Zelte und sendet von ihm aus am anderen Morgen alle zu einer Jurte erforderlichen, von ihm zu liefernden Holzteile in den Aul. Daraufhin versammeln sich alle Bewohnerinnen der Jurte, um die von der Braut zu beschaffenden Filze flugs zusammenzunähen, soweit dies noch nötig, und nunmehr beginnt man mit der Aufstellung der neuen Jurte. Der beliebtesten Frau des Aul wird die Ehre zu teil, den Firstenring emporzuheben und bis zur Einfügung der Sparren zu halten; die übrigen Frauen beschäftigen sich gemeinschaftlich mit der Aufstellung und Bekleidung des Gerüstes. Während der Aufstellung der Jurte findet der Bräutigam sich ein; man bringt nunmehr auch die Braut herbei und fordert beide auf, von verschiedenen Seiten her der neuen Wohnung zuzuschreiten, um die große Frage zu lösen, wer die Herrschaft in der Jurte führen soll. Die Herrschaft wird demjenigen Teile werden, welcher die Jurte zuerst erreicht.

Eines der vom Bräutigam mitgebrachten Schafe ist geschlachtet, eine Mahlzeit bereitet worden, um in der neuen Jurte verzehrt zu werden. Während des Mahles umwickelt der junge Jurtenherr einen Beinknochen mit weißem Zeug und wirft ihn, ohne aufzublicken, durch die obere Oeffnung ins Freie. Gelingt der Wurf, so ist dies ein Zeichen, daß der Rauch aus dieser Jurte gerade aufsteigen werde zum Himmel, was Glück und Segen bedeutet für die Jurte und ihre Bewohner.

Nach dem zum Willkommen gereichten Imbisse begeben sich die Gäste in die Jurte des Brautvaters, woselbst ein zweites Mahl ihrer wartet. Für die in der neuen Jurte zurückbleibenden jungen Leute aber trägt die Brautmutter Speise auf; und reichlich und freigebig muß sie spenden, will sie nicht erleben, daß das junge Volk die Jurte über den Häuptern der Schmausenden abbricht und, zur Strafe der Kargheit, die verschiedenen Teile des leichten Gebäudes in alle Richtungen der Windrose entführt und in der weiten Steppe hinwirft. Nicht einmal die reichlich gefüllte Schüssel ist vor dem Uebermute der ausgelassenen Hochzeitsgäste sicher: einer entreißt sie der Wirtin und reitet mit ihr davon; andere versuchen, die Beute ihm abzujagen, und so währt das neckische Spiel fort, bis man zu fürchten beginnt, daß das Gericht erkalten möge.

Am nächsten Morgen verlangt der Brautvater zum erstenmal den Bräutigam zu sehen, ladet ihn in seine Jurte ein, begrüßt ihn warm,

Kirgisische Hochzeitsscherze.

rühmt sein Aussehen und seine Begabungen, wünscht ihm Glück zum Ehestande und überreicht ihm schließlich allerlei Geschenke, gleichsam eine Mitgift der Braut. Dies geschieht vor allen Hochzeitsgenossen, welche schon vor dem Eintreten des Bräutigams in der Jurte versammelt wurden. Zuletzt betritt diese auch die reichgeschmückte Braut. Befindet sich ein

Molla im Aul, oder kann ein solcher herbeigeschafft werden, so spricht er den Segen über das junge Paar.

Und nunmehr singt man der Braut das Scheidelied, „Dschar dschar“ genannt, und sie erwidert mit thränenden Augen jeden Vers, jede Strophe desselben mit der Klage der Scheidenden.

Der Wechselgesang verstummt; Kamele werden herbeigeführt, um die Jurte und alle Brautgeschenke, reichgeschmückte Rosse, um Braut und Brautmutter nach dem Aul des Bräutigams zu tragen. Der junge Ehemann reitet dem hochzeitlichen Zuge voran und treibt mit den ihm helfenden Genossen die Kamele zum schnellsten Laufe an, um Zeit zu gewinnen, die Jurte unter denselben Förmlichkeiten, welche beim ersten Aufrichten beobachtet wurden, in seinem Aul aufzustellen. Die Braut aber reitet, nachdem sie unter Thränen Abschied genommen vom Vater, den Verwandten und Gespielinnen, der Jurte und den Herdentieren, dicht verschleiert in einem sie vollkommen verhüllenden, von den sie begleitenden Reitern getragenen Vorhange dahin, bis sie die Jurte, in welcher sie fernerhin als Herrin walten soll, erreicht hat. Der Schwiegervater, welcher inzwischen die Mitgift beschaut, gerühmt oder getadelt hat, ruft sie bald nach ihrer Ankunft in seine Jurte, und sie betritt diese mit drei so tiefen Verbeugungen, daß sie sich mit den Händen auf den Knieen stützen muß, um anzudeuten, daß sie dem Schwiegervater und der Schwiegermutter ebenso gehorsam sein werde, wie ihrem Herrn und Gebieter. Ihr Gesicht bleibt während dieses Grußes verhüllt, wie fortan vor dem Vater und dem Bruder ihres Gatten und ein Jahr lang vor jedem Fremden. Später verschleiert sie sich nur noch vor dem ältesten Bruder ihres Gatten, vor niemand weiter, vor jenem auch nur deshalb, weil sie von ihm geehelicht werden müßte, wenn ihr Gatte sterben sollte, und sie im Herzen des Schwagers etwaige böse Gelüste weder erwecken noch nähren will.

Bei einer zweiten Verheiratung wirbt der Kirgise für sich selbst, ohne besondere Förmlichkeiten. Heiratet er noch bei Lebzeiten seiner ersten Gattin eine zweite Frau, und läßt er sie mit der ersten in einer und derselben Jurte wohnen, wie dies bei nicht sehr wohlhabenden Leuten meist geschieht, so spielt sie eine klägliche Rolle. Denn die erste Frau behauptet ihre Rechte, bannt die zweite auf einen bestimmten Platz der Jurte und gestattet selbst dem Jurtenherrn nur beschränkte Eherechte zu üben. Die Frau steht in hoher Achtung bei den Kirgisen: „Wir schätzen unsere Frauen, wie wir einen Paßgänger schätzen, beide sind preislos,“ sagte mir mein kirgisischer Freund Altibei. Die Männer scheiden sich selten von ihren

Frauen, und diese entlaufen noch viel seltener ihren Männern; doch durchbricht auch in der Steppe die Liebe zuweilen die Schranken, welche Sitte und Herkommen gezogen haben. Entführungen kommen ebenfalls vor, und es gilt keineswegs als Schande; ein Mädchen, dessen Vater zu hohe Ansprüche erhebt, zu rauben, gereicht dem Räuber wie dem Opfer, in vielen Augen wenigstens, eher zum Ruhme als zur Schmach.

Das neugeborene Kind des Kirgisen wird unmittelbar, nachdem es das Licht der Welt erblickt, und ebenso vierzig Tage lang nacheinander in stark gesalzenem Wasser gebadet, nach Ablauf der vierzig Tage aber nicht mehr gewaschen. Anfänglich bettet man den Säugling in eine reichlich mit flaumenweicher Kamelwolle gefüllte Wiege, so daß er vollständig von der weichen und wärmehaltenden Wolle umhüllt ist und selbst im strengsten Winter nicht unter der Kälte zu leiden hat; später bekleidet man ihn mit einem wollenen Hemdchen, welches die Mutter alle drei Tage etwa über das Feuer hält, um es von den in jeder kirgisischen Jurte heimischen Schmarotzern zu befreien, niemals aber mit einem anderen wechselt, solange es noch zusammenhält. Im Winter fügt die treue Pflegerin Strümpfe hinzu, und sobald das Kindchen laufen kann, erhält es die Kleidung der Erwachsenen.

Beide Eltern lieben ihre Kinder ungemein, behandeln sie stets mit größter Zärtlichkeit und schlagen sie nie, gefallen sich aber in der Unsitte, ihnen, sobald sie zu sprechen beginnen, allerlei häßliche und unschickliche Worte zu lehren, welche dann, wenn sie von den ahnungslosen Lippen des Kindes kommen, nie verfehlen, allgemeine Heiterkeit zu erregen. Das jeweilige Alter des Kindes bezeichnet man mit dem Namen eines Tieres: das Kind kann also „eine Maus, ein Murmeltier, ein Schaf, ein Pferd alt" sein. Hat der Knabe das Alter von vier Jahren erreicht, so setzt man ihn zum erstenmal auf den Rücken eines ungefähr gleich alten Pferdes, welches reich geschirrt und mit einem in den Familien forterbenden Kindersattel belegt wurde. Die beglückten Eltern versprechen dem zum erstenmal den schützenden Armen der Mutter entrinnenden, selbständig auftretenden kleinen Reiter allerlei schöne Dinge, rufen hierauf einen Diener oder willigen Freund herbei, übergeben ihm Roß und Reiterlein und beauftragen ihn, von einer befreundeten Jurte zur anderen zu ziehen, um das frohe Ereignis zur Kunde der Sippe und Freunde zu bringen. Wo das Knäblein erscheint, wird es freundlich begrüßt, mit Lob überhäuft und mit Leckereien beschenkt. Ein Fest in der väterlichen Jurte verherrlicht den großen, in aller Augen wichtigen Tag.

Mit dem siebenten Jahre ungefähr beginnt der Unterricht des Kindes in allem, was ihm zu wissen not thut. Der Knabe, welcher inzwischen ein tüchtiger Reiter geworden, lernt mit den weidenden Herdentieren umzugehen, das Mädchen sie melken und alle übrigen Geschäfte der Hausfrau verrichten; der Sohn reicher Eltern wird von einem Molla oder doch einem des Lesens und Schreibens kundigen Manne in die Schule genommen und später in den Gesetzen des Glaubens unterwiesen. Noch vor Ablauf des zwölften Jahres ist sein Unterricht zu Ende und er selbst reif für das Leben.

Mehr noch als die Lebenden ehrt der Kirgise die Toten und deren Gedenken. Jede Familie ist zu den größten Opfern bereit, um für ein durch den Tod ihr entrissenes Familienglied eine großartige Leichen- und Erinnerungsfeier auszurichten; jeder, auch der ärmste, sucht das Grab eines von ihm geschiedenen Lieben zu schmücken, so gut er es vermag, jeder würde es für eine Schmach erachten, einem Toten überhaupt nicht vollste Ehre zu erweisen. Alles dieses ist allgemeiner Gebrauch bei den Mohammedanern; die beim Tode wie beim Begräbnis eines Kirgisen üblichen Feierlichkeiten weichen jedoch wesentlich von denen anderer Gläubigen ab und verdienen daher eingehende Besprechung.

Wenn ein Kirgise die Sterbestunde herannahen fühlt, läßt er seine Freunde um sich versammeln, damit diese dafür sorgen, daß seine Seele ins Paradies gelange. Fromme Kirgisen, welche den Tod erwarten, lassen sich schon lange vor jener Stunde aus dem Koran vorlesen, ob auch der Sinn der ihnen ins Ohr klingenden Worte für sie unverständlich sein möge. Nach Gebrauch der Gläubigen versammeln sich die Freunde um das Sterbelager eines der Ihrigen und rufen ihm den ersten Satz des Glaubensbekenntnisses aller Anhänger des Propheten: „Nur einen Gott gibt es," so lange zu, bis er mit dem zweiten antwortet: „und Mohammed ist sein Prophet" Sobald diese Worte den Lippen eines Sterbenden entfließen, öffnet Munkir, der prüfende Engel, die Pforten des Paradieses, und deshalb rufen alle, welche sie vernahmen, die Worte aus: „El hamdu lillahi," — dem Herrn sei Dank!

Sobald ein Jurtenbesitzer seine Augen für immer geschlossen hat, sendet man zunächst nach allen vier Seiten der Windrose Boten aus, um allen Verwandten und Freunden Kunde zu geben, und diese Boten reiten, je nach Ansehen und Rang des Toten, zwanzig bis hundert Werst weit in die Steppe hinaus, von Aul zu Aul, und ein Verwandter in diesem kündet es dem nächsten in jenem Aul. Während die Trauerboten reiten, wird die Leiche gewaschen und in das „Lailach“ gehüllt, welches letztere jeder Kirgise schon bei Lebzeiten sich erwarb und unter seinen Wertgegenständen bewahrte. Nachdem man diese gebotene Pflicht erfüllt, trägt man den Leichnam aus der Jurte hinaus und legt ihn einstweilen auf einem halb gespreizten Jurtengitter nieder. Der herbeigerufene Molla erscheint und spricht den Segen über den Toten; sodann erhebt man die Leiche mit dem Gitter, befestigt letzteres auf dem Sattel eines Kameles und setzt sich unter Begleitung der inzwischen bereits herangeströmten nächstwohnenden Verwandten in Bewegung, um den oft weit entfernten Friedhof rechtzeitig zu erreichen.

Unmittelbar nach Eintritt des Todes beginnen die Frauen die Totenklage. Die nächste Verwandte hebt den Trauergesang an und läßt ihres Herzens Kummer in mehr oder minder tief empfundenen Worten ausströmen; die übrigen fallen am Ende jedes Satzes oder Verses gleichzeitig ein; und eine nach der anderen kleidet ihre Gedanken in Worte, so gut sie vermag. Mehr und mehr steigert sich die Klage, bis zu dem Augenblicke, in welchem das Kamel mit seiner Last sich erhebt, und wie die Worte und Laute drückt auch das Gebaren der Frauen immer mehr sich steigernden Schmerz aus, bis sie schließlich sich das Haar zerraufen und das Gesicht blutig kratzen. Erst wenn der Leichenzug, an welchem die Frauen nicht teilnehmen, dem Auge entschwindet, verstummen allgemach Worte und Thränen.

Dem Leichenzuge voraus sind auf raschen Pferden einige Männer geritten, um das Grab zu bereiten. Dieses ist eine höchstens bis zur Brusthöhe eines Mannes reichende Vertiefung, welche auf einer Seite, in der Richtung nach Mekka hin, in ein Gewölbe übergeht, dazu bestimmt, das Haupt und den Oberleib des Toten aufzunehmen. Nach geschehener Beerdigung wird das Grab mit Blöcken, Brettern, Röhrbündeln oder Steinen bedeckt, jedoch nicht mit Erde ausgefüllt, sondern solche höchstens als Hügel über die Decke geschichtet und mit Fahnen und dergleichen verziert, falls man nicht einen kuppelartigen Bau aus Holz oder Lehmsteinen über dem Grabe errichtet. Auf das Grab eines Kindes legt man seine Wiege. Vor dem Grabe segnet der Molla die Leiche zum letztenmal ein; an der Aufschichtung des Hügels nehmen alle Anteil. Aber noch ist die Leichenfeier nicht beendet.

In dem Augenblicke, in welchem ein Jurtenherr seinen letzten Seufzer verhauchte, stellt man neben der Jurte eine weiße Fahne auf und beläßt sie ein ganzes Jahr lang an derselben Stelle. An jedem Tage dieses

Jahres versammeln sich hier die Frauen, um die Klage zu erneuern. Möglichst gleichzeitig bringt man auch das Lieblingspferd des Verstorbenen herbei und schneidet ihm seinen langen Haarschweif zur Hälfte ab. Von diesem Augenblick an wird das Roß von niemand mehr geritten; es heißt „verwitwet" Sieben Tage nach dem Tode finden alle Verwandten und Freunde, auch die, welche fern von hier weiden und wohnen, in der Jurte sich ein, halten gemeinschaftlich ein Leichenmahl, verteilen einige Kleider des Toten an die Armen und beraten über das fernere Geschick der Nachgelassenen, wie über Verwaltung des Nachlasses. Dann überläßt man die Hinterbliebenen wiederum sich selbst und ihrem Leide.

Stirbt eine Frau, so werden fast dieselben Gebräuche beobachtet wie bei dem Tode eines Mannes, nur daß selbstverständlich Frauen die Leiche waschen und bekleiden. Aber auch in diesem Falle bleiben sie während der Beerdigung im Aul, um hier die Totenklage zu erheben. Das Reitpferd der Geschiedenen wird ebenfalls seiner Schweifzier beraubt, eine Trauerfahne aber nicht aufgepflanzt.

Wenn der Aul verlegt wird, bringt ein zu solchem Ehrendienste erwählter Jüngling das verwitwete Pferd herbei, legt ihm den Sattel seines gewesenen Gebieters in verkehrter Richtung auf den Rücken, belastet es mit den Kleidern des Verstorbenen und führt es am Zügel dem Ziele zu, in der Rechten die Lanze mit der Trauerfahne tragend. Sobald die Jurte wieder errichtet wurde, entsattelt er das Pferd und bringt die Lanze an ihre alte Stelle.

Am Jahrestage des Todes aber erscheinen wiederum alle geladenen Verwandten und Freunde in der verwaisten Jurte. Nachdem man die noch immer in Trauerkleider gehüllten Frauen begrüßt und nochmals zu trösten versucht hat, bringt man das verwitwete Pferd herbei, sattelt und belastet es wie beim Umzuge des Aul und führt es sodann dem Molla vor, damit er es segne. Dies geschieht; zwei Männer nähern sich ihm, fassen es am Zügel, entsatteln es, werfen es zu Boden und stoßen ihm den Stahl in das Herz. Sein Fleisch dient den armen Festgenossen zum Mahle, seine Haut wird dem Molla zum Lohne. Unmittelbar nach dem Tode des Pferdes übergibt man die Lanze dem würdigsten Verwandten; er nimmt sie, spricht einige Worte, bricht ihren Schaft in Stücke und wirft diese in das Feuer.

Jetzt brausen die Pferde heran, um im Wettlaufe ihre Schnelligkeit zu beweisen; die jungen Reiter, welche sie leiten und zügeln, stürmen auf das gegebene Zeichen mit ihnen davon und verschwinden in der Steppe.

An die Stelle des Molla tritt der Sänger, um noch einmal des Toten zu gedenken, aber auch die Lebenden zu feiern und ihr Herz zu erfreuen. Vom Haupte der Frauen verschwindet der eigentümliche Kopfputz, welcher als Zeichen der Trauer diente, und sie schmücken sich mit festlichen Gewändern. Nach dem reichen Mahle kreist die Schale mit dem berauschenden Milchwein; mit den Klängen der Zither vereint sich das Jauchzen der Freude.

Die Trauer ist zu Ende; das Leben tritt wieder ein in seine Rechte.

Ansiedler und Verbannte in Sibirien.

Wer in Sibirien nur ein großes Gefängnis sieht, irrt sich ebenso wie derjenige, welcher das ganze Land mit einer einzigen unermeßlichen Eiswüste vergleicht. Wohl sendet Rußland alljährlich Tausende von Verbrechern oder Straffälligen überhaupt nach Sibirien; wohl wandern diese, solange sie unterwegs sind, von einem Gefangenhause zum anderen; wohl sind diejenigen unter ihnen, welche schwere Verbrechen an Leib und Leben, Besitz und Eigentum zu büßen haben, solange sie gezwungen in Sibirien weilen, unfrei: nur der geringste Teil aller Verbrecher aber befindet sich, solange seine Strafzeit währt, in wirklicher Haft, und jeder ist im stande, durch seine Führung diese Haft zu mildern, sogar von ihr sich zu befreien, also Wohlthaten zu genießen, wie solche den Insassen unserer Zuchthäuser und Gefängnisse nicht zu teil werden können. Ausgedehnte Strecken des ungeheuren Gebietes, welches dem russischen Zepter unterworfen wurde, weite Länder nach unseren Begriffen, sind übrigens niemals Verbannungsorte gewesen und werden wohl für immer verschont bleiben vor gezwungen wandernden Zuzüglern, welche größere Unannehmlichkeiten, um nicht zu sagen Leiden, unter die seßhafte Bevölkerung bringen, als sie selbst solche zu erdulden haben. Auf denselben Wegen, welche früher nur seufzend zurückgelegt wurden, ziehen heutzutage freie Menschen, Besserung ihres Loses erhoffend und erstrebend, dem fernen Osten zu. Den gezwungenen Ansiedlern gesellen sich freiwillige, selbst in solchen Gegenden und Landstrichen, welche lange Zeit verrufen und gefürchtet waren wie die unwirtlichsten Gefilde der Erde. Eine neue Zeit bricht an für Sibirien; denn an die Stelle verblendender Furcht tritt allgemach erleuchtende Erkenntnis, auch in solchen Bevölkerungsschichten, welche jener zugänglicher sind als dieser.

Die uns geläufigen Schilderungen Sibiriens entstammen weitaus zum größten Teile dem Munde oder der Feder gebildeter Verbannter, rühren also von Leuten her, welche der angesessene Sibirier „Unglückliche“ nennt und als solche behandelt. Gedachte Schilderungen sind zum geringsten Teile wohl unwahr, unrichtig aber in den meisten Fällen trotz alledem. Denn Unglück trübt Auge und Seele und raubt die Unbefangenheit, welche einzig und allein die Grundlage ist jeder gerechten Würdigung der Verhältnisse. Letztere aber sind besser, unverhältnismäßig besser, als wir glauben wollen, viel besser sogar als in mehr als einer Gebirgsgegend unseres Vaterlandes; denn leicht ist in Sibirien der Kampf, welchen der Mensch zu bestehen hat um das Dasein. Darben im zunächstliegenden Sinne des Wortes, Entbehren des Notwendigsten zur Nahrung und Notdurft des Leibes sind hier fast ungekannte Leiden, treffen mindestens nur denjenigen, welchem Krankheit und sonstiges Unglück die Arbeitsfähigkeit lähmte. Verglichen mit dem Schicksale, gegen welches mancher arme deutsche Gebirgsbewohner ankämpft zeit seines Lebens, ohne jemals als Sieger aus dem Kampfe hervorzugehen, erscheint in vielen Fällen selbst das Los des nach Sibirien verbannten Sträflings als ein beneidenswertes. Darben, Entbehren bedrückt gegenwärtig nur das geistige, nicht aber das leibliche Sein des in Sibirien hausenden Menschen: wer nur der Scholle lebt, dem spendet sie mehr, als er bedarf, und wer ihr, der Ernährenden, untreu wurde und irgendwelche andere landesübliche Thätigkeit wählte, dem bringt seiner Hände redliche Arbeit sicherlich ebensoviel Gewinn wie die Scholle. So stellen sich gegenwärtig die Verhältnisse dar, wenn man sie mit unbefangenem Auge betrachtet.

Ich habe mich ehrlich bestrebt, ein unbefangenes Urteil über die Lebensverhältnisse der Menschen in den von uns durchreisten Teilen Sibiriens zu gewinnen. Ich bin hinabgestiegen in die Tiefen des Elends und habe mich gesonnt auf den Höhen wunschlosen Glückes; ich habe mit Mördern, Straßenräubern, Brandstiftern, Dieben, Betrügern, Gaunern, Strolchen und Lumpen, Aufrührern und Verschwörern wie mit Fischern und Jägern, Hirten und Bauern, Kaufleuten und Gewerbetreibenden, Beamten und Richtern, mit Gebildeten und Ungebildeten, Reichen und Armen, Herren und Knechten, zufriedenen und unzufriedenen, begehrenden und begnügsamen Menschen verkehrt, um meine Wahrnehmungen bestätigen, meine Beobachtungen erweitern, meine Schlußfolgerungen prüfen, irrtümliche Auffassungen berichtigen zu lassen; ich habe Sicherheitsbeamte gebeten, mir von dem Lose der Verbannten zu erzählen, und Verbannte selbst nach diesem Lose befragt; ich habe die Verbrecher in ihren Gefängnissen aufgesucht und sie außerhalb derselben beobachtet; ich habe mit Bauern, Gewerbetreibenden und Ansiedlern überhaupt Zwiesprach gepflogen, wo und wann immer ich konnte, und die Auskunft, welche ich von diesen Leuten empfing, verglichen mit den eingehenden Mitteilungen, welche mir von Verwaltungsbeamten wurden: ich darf glauben, so gut unterrichtet worden zu sein, als dies bei der Eile und Kürze unserer Reise überhaupt möglich war. Jedenfalls habe ich so viel Stoff gesammelt, daß ich mich einzig und allein auf meine eigenen Forschungen beschränken darf, indem ich mich anschicke, ein flüchtig gezeichnetes Lebensbild der Verbannten Sibiriens zu geben. Frei von Irrtümern wird meine Schilderung nicht sein, im allgemeinen aber wird man ihr gerechte Würdigung der Verhältnisse nicht absprechen können.

Abgesehen von Beamten der Regierung, Soldaten und unternehmenden Gewerbetreibenden, namentlich Kaufleuten, bestand der Zuzug, welchen Sibirien von Rußland aus empfing, bis zum Jahre 1861 ausschließlich aus unfreiwilligen Einwanderern: Leibeigenen des Kaisers, welche in die Bergwerke des Zaren, und Verbrechern, welche, zum Teil wenigstens, in die Bergwerke des Staates geschickt wurden. Mit Aufhebung der Leibeigenschaft, welche tiefergehende Umwälzung der gesellschaftlichen Zustände im Gefolge hatte, als man annahm und gegenwärtig noch erkennt oder glaubt, versiegte der Zuzug der erstgenannten mit einem Schlage. Millionen Menschen wurden frei durch das Wort ihres milden, großherzigen Herrschers; Tausende von ihnen verließen dessen Bergwerke und wandten sich der fruchtspendenden Scholle zu, welche ihre Angehörigen bis jetzt bebaut hatten, so daß jene Bergwerke von Stund an verödeten und bis zum heutigen Tage noch unter den Folgen leiden. Aber das große Kaiser- oder Krongut Altai gewann gleichzeitig ein neues Element, welches ihm bisher gefehlt hatte, freie Bauern, ohne erblichen Landbesitz zwar, aber doch unbehinderte Bebauer des reichen Landes, an Stelle seiner bisherigen Ansiedler. Die Aufhebung der Leibeigenschaft änderte jedoch auch die Verhältnisse derjenigen Länderstrecken Sibiriens, welche bisher vornehmlich durch Sträflinge besiedelt worden waren, indem es fortan auch hier möglich wurde, einen freien Bauernstand zu bilden. Hier aber erweist sich der noch fortdauernde Zuzug eher hemmend als fördernd; denn der größere Teil der Sträflinge, welche zur Ansiedlung in bereits bevölkerten Teilen des Landes verwiesen werden, bringt fortdauernd Unruhe unter die seßhafte Bewohnerschaft und hindert ein ebenso freudiges Aufblühen der

Siedelungen wie im Krongute Altai, welches nach wie vor von Verbannten verschont geblieben ist und verschont bleiben wird, solange es sich im Besitz des Kaisers befindet. Dagegen wandern hier gegenwärtig freiwillig Siedellustige ein, und die Bevölkerung hebt sich auch aus diesem Grunde rascher, als im übrigen Sibirien.

Es ist ein prachtvolles Stück Erde, dieses Krongut Altai, und ein wundersames Landgut auch insofern, als es das größte sein dürfte, welches irgendwo gefunden werden mag. Denn sein Flächeninhalt beträgt in runder Zahl viermalhunderttausend Geviertwerst oder annähernd achttausend geographische Geviertmeilen. Es schließt in sich Gebirge und Ebenen, Berg- und Hügelgelände; es liegt zwischen schiffbaren Strömen und besitzt Flüsse, welche ohne sonderliche Anstrengung schiffbar gemacht werden könnten; es enthält noch immer große, nutzbare Wälder und auch sonst unendlichen Reichtum über wie unter der Erde. Nicht weniger als achthundertunddreißig verschiedene Erzlagerstätten sind bekannt geworden innerhalb seiner Grenzen, ungerechnet noch anderweitiger zweihundertundsiebzig Fundstellen, welche noch niemals untersucht wurden. Man wandelt im Krongute Altai buchstäblich auf Silber und Gold; denn güldisches Silbererz, neben Blei, Kupfer und Eisen, durchzieht in mehr oder minder reichen, großenteils aber bauwürdigen Adern die Berge, und Goldsand führen die von ihnen herabströmenden Flüsse. Ein Steinkohlenflötz von noch unumgrenzter Ausdehnung, in welchem man stellenweise eine Mächtigkeit von sechs bis acht Metern feststellen konnte, unterlagert außerdem einen so ausgedehnten Teil des ganzen Gutes, daß man, von der zu Tage tretenden Zusammensetzung der Gesteinsmassen folgernd, die Annahme für berechtigt hält, im ganzen Norden des Krongutes auf oder über einem einzigen Kohlenbecken zu stehen. Und dennoch dürfte der wahre Reichtum des Krongutes Altai nicht in seinen unterirdischen Schätzen, sondern in der fetten und fruchtbaren Schwarzerde zu suchen sein, welche Berggehänge und Ebenen überlagert, und da, wo sie zusammengeschwemmt wurde, in den Flußthälern und Niederungen, eine bis anderthalb Meter mächtige Decke bildet. Anmutige, zum Teil großartige Gebirgsgegenden wechseln ab mit lieblichen Hügelgeländen und sanftwelligen Ebenen, wie sie der Landwirt allen übrigen bevorzugt, steppenartige Landschaften mit fruchtbaren, von einem Bächlein, Flüßchen oder Flusse durchströmten Niederungen, Waldungen mit üppig schossenden Hoch- und Niederbäumen mit hain- oder parkähnlichen Holzungen. Ein zwar nicht mildes, aber doch keineswegs unerträgliches Klima hindert nirgends gedeihlichen Anbau des überaus fruchtbaren, großenteils noch jungfräulichen Bodens. Vier Monate heißer, fast wechselloser Sommer, vier Monate strenger, beständiger Winter, zwei Monate naßkalter, unbeständiger Frühling und ebensoviele gleichgearteter Herbst runden das Jahr, und wenn auch die Durchschnittswärme der besseren Hälfte dieses Jahres nicht ausreicht, die Traube zu zeitigen, ist sie doch genügend, jede unserer nord- und mitteldeutschen Getreidearten zur Reife zu bringen, und in allen südlichen Teilen des Krongutes schon so bedeutend, um den Anbau der Melone zu gestatten.

So ist das Land beschaffen, welches seit mehr als zwei Menschenaltern verschont blieb von ausgewiesenen Verbrechern und gegenwärtig Ansiedler beherbergt, wie man sie, maßvoll sich beschränkend, dem ganzen übrigen, nicht minder reichen und fruchtbaren Süden Sibiriens wünschen möchte. Mit unseren erbeingesessenen Bauern lassen sie sich freilich nicht vergleichen, diese Landwirte des Krongutes Altai; dem gewöhnlichen russischen Bauer gegenüber aber halten sie jeden Vergleich aus. Man merkt ihnen an, daß ihre Väter und Großväter Leibeigene des größten, erhabensten Herrn des Reiches, nicht aber Halbsklaven eines machtlosen und deshalb maßlose Unterwürfigkeit verlangenden Gebieters waren; man sieht bei jeder Gelegenheit, daß der Mangel an erblichem Landbesitz sie in keiner Weise gehindert hat, wohlhabend zu werden, d. h. mehr zu erwerben, als sie gebraucht haben und noch gegenwärtig brauchen.

Das Los der Bewohner des Altai war von der Zeit an, in welcher das Krongut für Eigentum des Kaisers erklärt wurde, ein verhältnismäßig günstiges, um nicht zu sagen glückliches. Bis zur Aufhebung der Leibeigenschaft waren sie samt und sonders beim Bergbaue bedienstet oder wenigstens mittelbar für denselben thätig. Diejenigen, welche nicht in den Gruben arbeiteten, waren beschäftigt mit Fällen und Verkohlen des Holzes, andere mit der Zufuhr der Kohlen zu den Schmelzhütten, wiederum andere mit Verfrachtung der Erze. Mit der Zunahme der Bevölkerung minderte sich die Last der ihnen auferlegten Frondienste. In den fünfziger Jahren konnte man bereits über so viele Kräfte verfügen, daß sich die Arbeit für den Herrn, den Kaiser, auf einen Monat im Jahre beschränkte, allerdings unter Maßgabe, daß jeder Fronarbeiter auch ein Pferd zu stellen hatte. Die Strecke, welche der Arbeiter mit letzterem zurücklegen mußte, wurde je nach deren Länge berechnet. Als Entschädigung für Abwesenheit von Haus und Hof empfing jeder Fronarbeiter 75½ Kopeken für die Zeit seiner Arbeit. Außer dieser kaum nennenswerten Löhnung hatte aber jeder Bergmann das Recht, von des Kaisers Lande so viel zu bebauen, als er konnte, dasselbe zu bestellen, wie er wollte, ebenso in des Kaisers Waldungen so viel Holz zu schlagen, als er zum Aufbaue seiner Behausung und zur Feuerung brauchte, ohne daß er mit irgend welcher Abgabe oder Steuer belastet wurde. Die Anzahl der von einem Dorfe zu stellenden Arbeiter richtete sich nach der Seelenzahl; die Verteilung der Fronlast auf die einzelnen Wirte geschah durch die Gemeindeglieder selbst.

Minder leicht war die Arbeit der Bergleute. Sie wurden anstatt der anderswo zu stellenden Soldaten in den Dörfern und Städten des Krongutes ausgehoben, in jeder Beziehung wie Soldaten behandelt und erst nach fünfundzwanzigjähriger Dienstzeit befreit. Man teilte sie in zwei Klassen ein: in die eigentlichen Bergleute, welche zu regelmäßigen Schichten anfuhren, und in Bergarbeiter, welche alljährlich eine bestimmte, ihnen aufgetragene Leistung in einer ihnen freigestellten Zeit auszuführen hatten. Letztere dienten als Köhlenbrenner, Holzfäller, Ziegelstreicher, Fuhrleute und dergleichen und empfingen ein für allemal alljährlich vierzehn Rubel an Löhnung. Hatten sie die ihnen aufgetragene Arbeit geleistet, so waren sie frei für den Rest des Jahres und durften thun und treiben, was sie wollten. Die Grubenarbeiter dagegen waren jahraus, jahrein zum Dienste verpflichtet. Sie fuhren eine Woche lang bei Tage, die nächstfolgende bei Nacht zu zwölfstündiger Schicht an und waren in jeder dritten Woche dienstfrei. Je nach seiner Fähigkeit empfing jeder Bergmann zur Bestreitung seiner mit Geld zu zahlenden Bedürfnisse jährlich sechs bis zwölf Rubel an Löhnung, außerdem aber monatlich zwei Pud Mehl für seine eigene, ebensoviel für die Ernährung seiner Frau, ein Pud für jedes seiner Kinder. Land zu bebauen, Vieh zu züchten und zu halten, soviel er vermochte, war ihm auch gestattet. Jeder seiner Söhne wurde gezwungen, vom siebenten bis zum zwölften Jahre die Schule zu besuchen; von dieser Zeit an bis zum achtzehnten Lebensjahre wurde er als Bergjunge beschäftigt und zuerst mit einem, später mit zwei Rubeln jährlich gelöhnt. Mit seinem achtzehnten Jahre begann sein Dienst in der Grube.

Am 1. März 1861, dem Tage der Befreiung aller Leibeigenen des russischen Reiches, zählte man im Krongute Altai 145639 männliche Seelen, von denen 25267 als Gruben- und Hüttenarbeiter thätig waren. Die einen wie die anderen wurden zwar nicht an einem Tage, aber doch innerhalb zweier Jahre von ihren bisherigen Verpflichtungen entbunden. Nicht weniger als 12626 von ihnen verließen die Bergwerke, kehrten in ihre heimatlichen Dörfer zurück und wurden Bauern; die übrigen blieben als freie Arbeiter dem Bergbaue erhalten.

Ich glaube nicht zu irren, wenn ich die mehr als sonstwo in Westsibirien geregelten Verhältnisse des Krongutes Altai einzig und allein auf die Vergangenheit desselben zurückführe. Die Eltern und Vorfahren der heutigen Bewohner des Kaisergutes haben sich trotz ihrer Unfreiheit niemals bedrückt gefühlt. Sie waren Leibeigene, aber solche des Herrn und

Heimkehrende Bergleute in Altai.

Beherrschers des ungeheuren Landes, in welchem die Wiege ihrer Väter gestanden. Sie waren gezwungen zu arbeiten für ihren Herrn, und ihre Söhne fast ein Menschenalter hindurch dem Dienste des Herrn zu stellen: aber dieser Herr war der Kaiser, ein der Gottheit vergleichbares Wesen in ihren Augen. Dafür ernährte sie der Kaiser, befreite sie von allen Verpflichtungen anderer Staatsbürger, gestattete ihnen, seinem Lande abzuringen, was dasselbe zu geben vermochte, hinderte das Aufblühen ihres Wohlstandes in keiner Weise, schützte sie, so viel als möglich, vor Bedrückungen ungerechter Beamter und wurde noch außerdem Wohlthäter an ihren Kindern, indem er wenigstens einen Teil derselben zwang, Schulen zu besuchen. Die Beamten, denen sie unterstellt waren, überragten infolge ihrer Bildung die meisten Kronbediensteten bei weitem; fast alle hatten in Deutschland studiert, waren zu nicht geringem Teile sogar deutscher Herkunft und brachten, wenn auch nicht immer deutsche Gesittung, so doch erweiterte Anschauungen in das Land, in welchem sie im Namen des Kaisers die Herrschaft führten. Noch heutigestags ist Barnaul, die Hauptstadt des Krongutes, ein Brennpunkt der Bildung, wie Sibirien keinen zweiten aufzuweisen hat; zur Zeit der Blüte des Bergbaues war es unbestritten die geistige Hauptstadt von ganz Nord- und Mittelasien, und das von hier ausgehende Licht strahlte um so heller, als es in allen Bergorten Sammelpunkte fand, welche es weiter verbreiten halfen. So nahm das Krongut von jeher eine bevorzugte Stellung ein unter den Gebieten Sibiriens.

Es war vielleicht niemals die Absicht der Verwaltung des Krongutes, den Bauernstand zu fördern; bis zur Aufhebung der Leibeigenschaft wenigstens sah man in diesem nur einen notwendigen Behelf zu Gunsten des Bergbaues. Diese Zeiten haben sich geändert. Seit dem Tage, welcher Leibeigene zu freien Menschen wandelte, ist der Bergbau ebenso stetig zurückgegangen, als sich der Landbau gehoben hat. Man hat sich noch nicht entschließen wollen, den alten Schlendrian aufzugeben, muß dies aber mit so hohen Summen bezahlen, daß der Reingewinn der Bergwerke zu einem unbedeutenden geworden ist. Freigabe des Bergbaues an thatkräftige Unternehmer, vielleicht das einzige durchschlagende Mittel zur Besserung der gegenwärtigen Verhältnisse, ist zwar in Erörterung gezogen worden, aber noch weit davon entfernt, eine Thatsache zu werden; Freigabe des Grundes und Bodens, soweit der Pflug in ihn dringt, war von jeher üblich und ist gewissermaßen zum Gewohnheitsrechte geworden. Zwar besitzt, wie schon angedeutet, im Krongute niemand das Land, welches er bebaut, nicht einmal den Grund und Boden, welchen sein Haus bedeckt; allein, was dem Kaiser eigen ist, gehört nach des Bauern Ansicht auch dem „lieben Herrgott" zu, und letzterer gewährt jedem Gläubigen gern, es zu benutzen. In That und Wahrheit erhebt die Verwaltung des Krongutes von jedem zu Acker umgewandelten Hektar vierzig Kopeken jährlich an Pacht; allzustreng aber verfährt sie nicht, und der Bauer seinerseits fühlt erst recht nicht die Verpflichtung, es allzugenau zu nehmen. So bewirtschaftet thatsächlich jeder Bauer so viel Land, als er kann, und wählt sich dasselbe, wo er will.

Man gewährt dem heutigen Bauer des Krongutes nicht mehr als Recht, wenn man ihn als einen wohlgestalten, aufgeweckten, geschickten, anstelligen, gelehrigen, gastfreien, gutmütigen und barmherzigen Menschen bezeichnet; man sagt auch nicht zu viel, wenn man ihm Wohlstand und aus diesem hervorgegangenes Selbstgefühl, sogar einen gewissen Sinn für Freiheit nachrühmt. Sein Auftreten ist ein freieres, minder demütiges als das des russischen Bauern. Er ist höflich und zuvorkommend, unterthänig und daher leicht lenksam; nicht aber knechtisch, kriechend und unterwürfig, macht also einen keineswegs ungünstigen Eindruck auf den Fremden. Aber auch er besitzt alle die Eigenschaften, welche wir bezeichnend „Bauernmucken“ nennen, in hohem Grade und noch mehrere dazu, welche dazu angethan sind, den ersten günstigen Eindruck zu schwächen. Ungeachtet er mehr Gelegenheit gehabt hat als jeder andere Sibirier seines Standes, sich zu bilden, liebt er die Schule durchaus nicht. Er ist strenggläubig und im stande, für die Kirche hinzugeben, was er besitzt, sieht jedoch in der Schule nur eine Anstalt, welche den Menschen verdirbt, anstatt ihn zu bilden. Eingedenk früherer Zustände, welche allerdings überaus mangelhaft waren, in bleibender Erinnerung an die alten, ausgedienten Soldaten, welche zu seiner Väter Zeiten das Schulzepter führten und sich nicht entblödeten, die ihnen anvertrauten Schüler nach Schnaps zu schicken, im Rausche auch wohl unnötigerweise zu mißhandeln, ist er ungemein mißtrauisch gegen alles, was mit der Schule in Verbindung steht, hängt außerdem nach Bauernart innig am Alten und gefällt sich in der Meinung, daß mehr Wissen, als er selbst besitzt, seinen Kindern nur zum Schaden gereichen könne, läßt sich auch von dieser Meinung so leicht nicht abbringen. Sein Bildungsstand ist also ein sehr niedriger. Ausnahmsweise nur übt er die Kunst des Schreibens, und unter allen Umständen sieht er in Büchern gänzlich unnötige Dinge. Um so treuer hängt er an dem Aberglauben, welchen seine Kirche stützt und fördert. Die Namen der Monate kennt er meist nicht, die Namen der Heiligen und ihre Feiertage weiß jeder an den Fingern herzuzählen. Gott und die Heiligen, Erzengel und Teufel, Tod, Himmel und Hölle beschäftigen ihn mehr als alles übrige. Man kann ihn keineswegs begnügsam nennen, wohl aber behaupten, daß er unverbesserlich zufrieden ist. Mehr als er zum Leben braucht, wünscht er nicht, arbeitet daher auch nur ebensoviel, als er unbedingt muß. Aber weder sein Gehöft, noch das Feld, welches er das seinige nennt, kann ihm groß genug, weder seine Familie noch sein Viehstand zu zahlreich sein.

„Wie geht es euch hier?“ fragte ich einen Gemeindeältesten, welchen wir unterwegs aufgeladen hatten, durch den Mund des Dolmetschers.

„„Gott erträgt noch unsere Sünden,““ war die Antwort.

„Sind eure Weiber gut, euch treu, hold und gewärtig?“

„„Es gibt gute und schlechte.““

„Gehorchen euch eure Kinder, machen sie euch Freude?“

„„Wir haben über sie nicht zu klagen.““

„Ist das Land, welches ihr bebaut, ergiebig, bringt es euch reichliche Ernte?“

„„Wenn wir das zehnfache Korn ernten, sind wir schon zufrieden.““

„Gedeiht euer Vieh?“

„„Wir sind zufrieden.““

„Wieviel Pferde besitzest du?“

„„Zweiunddreißig; es können wohl auch fünfunddreißig sein.““

„Und wieviel von diesen brauchst du zu deiner Arbeit?“

„„Acht, zehn, zuweilen auch zwölf.““

„So züchtest du die übrigen, um sie zu verkaufen?“

„„Ich verkaufe wohl auch einmal eines von ihnen.““

„Und was thust du mit den übrigen?“

„„Nitschewo.““

„Wieviel Rinder und Schafe besitzest du?“

„„Das weiß ich nicht. Um die Rinder, Schafe und Schweine kümmert sich nur meine Frau.““

„Hast du viele Steuern zu zahlen.“

„„Ich bin zufrieden.““

„Hast du über etwas zu klagen?“

„„Ich bin zufrieden.““

„Du hast also über gar nichts Klage zu führen, und alles ist dir recht?“

„„Nein, nicht alles; eine Klage habe ich wohl.““

„Und welche?“

„„Es wird unbequem im Lande!““

„Unbequem, was soll das heißen?“

„„Nun ja, es wird zu eng für uns.““

„Zu eng, wiefern?“

„„O, die Dörfer schießen überall aus dem Boden hervor wie Pilze.

Man kann sich nicht mehr rühren, weiß nicht mehr, wo man sein Feld anlegen soll. Wäre ich nicht zu alt, ich wäre schon ausgewandert.""

„Die Dörfer schießen wie Pilze aus dem Boden? Wo denn? Ich sehe ja keine. Wie weit entfernt ist denn das nächste Dorf von dem deinigen?"

„„Fünfzehn Werst.""

So spricht, so denkt, so urteilt der Bauer im Krongute. Das weite Land ist ihm nicht geräumig genug, und doch würde der zwanzigste Teil von dem, über welches er nach Belieben verfügt, ihm genügen, wollte er es nur bebauen. Denn das Land ist so ergiebig, daß es jede, auch die geringste Mühe reichlich lohnt. Versagt es aber wirklich einmal, fällt die Ernte gegen alles Erwarten nicht aus wie gewöhnlich, kehrt anstatt des Ueberflusses der Mangel bei ihm ein, so betrachtet er dies nicht etwa als die natürliche Folge seiner Faulheit, sondern als eine Schickung Gottes, als eine von letzterem ihm auferlegte Strafe für seine Sünden.

In That und Wahrheit befindet er sich trotz seiner Sünden und der sie treffenden Strafen ganz wohl und hätte eher Ursache, von einer Belohnung der ersteren zu reden. Denn nicht der Mangel, sondern der Ueberfluß bedrückt ihn. Regierungsseitig werden jedem Bauern fünfzehn Hektar des besten Landes, in der Regel nach eigener Wahl, für jede männliche Seele seiner Familie angewiesen; da jedoch von den einmalhunderttausend Geviertwerst des Krongutes bis zum Jahre 1876 nur zweihundertundvierunddreißigtausend besiedelt waren, kommt es noch heute nicht darauf an, ob sich jeder Bauer mehr anmaßt, als ihm gebührt, oder ob er sich begnügt mit dem, was Rechtens ist. Einzelne Familien nutzen nicht weniger als zwölf- bis fünfzehnhundert Hektar nach ihrer Weise aus, und ihnen ist es allerdings gleichgültig, ob sie die benötigten Pferde oder deren zwanzig, dreißig mehr ernähren. In Wirklichkeit geschieht es nicht selten, daß überflüssige Haustiere den Bauern des Krongutes von einer schweren Sorge befreien: derjenigen nämlich, den ihm gewordenen überreichen Segen, welchen er infolge der äußerst mangelhaften Verkehrsmittel nicht zu Gelde machen kann, zu verwerten. In einem Lande, in dessen Hauptstadt unter gewöhnlichen Verhältnissen das Pud oder sechzehn Kilogramm Roggenmehl nicht mehr als etwa fünfzig, das Pud Weizenmehl nicht über achtzig Pfennig, das Pud Ochsenfleisch im Winter höchstens 1,20 Mark, ein Schaf vier, ein vom Euter entwöhntes Kalb zehn, ein Schwein acht, ein treffliches Pferd selten über hundert Mark unseres Geldes wertet, drückt jede gute Ernte die üblichen Preise so herab, daß der überreiche

Segen zur Last wird. Wenn der Bauer des Krongutes für hundert Kilogramm Getreide nicht mehr als 1,2 Mark unseres Geldes erlösen kann, wird ihm, welcher ohnehin nicht mehr arbeitet, als er eben muß, der Flegel in der Hand allzuschwer, und der Segen nach seinen beschränkten Begriffen zum Fluche.

Diese heutzutage bestehenden Verhältnisse erklären die meisten Untugenden, wie viele Tugenden unseres Ansiedlers: seine Trägheit, seine geradezu lasterhafte Zufriedenheit, wie seine Gleichgültigkeit gegen ihn treffenden Verlust, seine Freigebigkeit gegen Bedürftige, seine Barmherzigkeit gegen Unglückliche. Sie erklären ebenso die allen Sibiriern innewohnende Sucht, die Bewohnerzahl eines Ortes zu steigern. Das weite Land ist menschenhungrig, um mich so auszudrücken. Daher blickt noch heute jeder Sibirier mit Stolz auf eine zahlreiche Familie; daher gibt es in ganz Sibirien kein Findelhaus. Wozu auch letzteres? Jedes Weib, welches ein von ihr geborenes Kind nicht ernähren zu können glaubt, oder dasselbe los sein will, findet willige, freudige Abnehmer des kleinen Wesens. „Gib's her," sagt der Bauer zu der treulosen Mutter, „gib's her, ich will es aufziehen;" und sein Gesicht ist dabei so freundlich, als ob ihm eben ein Füllen geboren worden wäre. In früheren Zeiten, als die Bevölkerung noch wesentlich geringer war als gegenwärtig, verheiratete man fast noch unreife oder kaum gereifte Kinder, um ihnen so bald als möglich Elternfreuden erblühen zu lassen und hilfreiche Hände zu gewinnen; gegenwärtig verehelichen sich die Jünglinge meist erst mit Beginn des achtzehnten Jahres; aber noch immer nicht selten mit älteren, baldigsten Kindersegen versprechenden Frauenzimmern, deren Nachstellungen auf heiratsfähige Jünglinge die Eltern des Bräutigams nicht allein dulden, sondern sogar begünstigen.

Damit auch die Romantik nicht fehle, will ich erwähnen, daß Entführungen junger Mädchen durch liebeglühende Jünglinge und heimliche Trauungen nichts Seltenes sind unter den Bauern des Altai. Diese Entführungen aber geschehen weitaus in den meisten Fällen unter Zustimmung aller Beteiligten, also auch der beiderseitigen Eltern, um — die sonst bei Hochzeiten übliche Bewirtung aller Angehörigen des Dorfes durch ein einfaches Gericht, aber viel, sehr viel Branntwein zu ersparen! Selbstverständlich überspringt die Liebe auch im Krongute allerlei Hemmnisse, insbesondere die mangelnde Einwilligung der Eltern. Das Mädchen ist, wie jedes andere auf dem Erdenrund, bald von dem entführungslustigen Jünglinge gewonnen, ein heiliger Diener der Kirche gegen außerordentliche

Stolgebühr jederzeit ebenfalls gefunden: aber die erzürnten Eltern lassen sich nicht so leicht versöhnen. Die Mutter verflucht ihre Tochter, der Vater seinen Sohn; beide schwören bei allen Heiligen, die ungeratenen Kinder niemals wiedersehen zu wollen:

„Und der Himmel, voller Huld,
Hört auch dieses mit Geduld.“

Zwar nicht von oben herab kommt endlich Wandelung des starren Sinnes, wohl aber beugt diesen zuletzt ein Zaubermittel ohnegleichen: Schnaps genannt unter den Stämmen, welche die deutsche, Wuttki unter denen, welche Rußlands heilige Erde bewohnen. Sobald der Schwiegervater trinkt, hat der junge Ehemann gewonnen; denn die Frau Schwiegermutter trinkt mit, und der fuselige Nektar erweicht auch ihr starres Herz. Kommen dann, wie zufällig, noch einige Freunde hinzu, um tapfer mitzuhelfen beim Trunke der Versöhnung, so werden sie nicht zurückgewiesen; denn die Kosten der Bewirtung sind immer noch weit geringer, als wenn das ganze Dorf, inbrünstiglich trinkend, den Segen des Himmels herabgefleht hätte auf das neuverbundene Paar. Wer wollte nach diesem noch leugnen, daß die Liebe, die reine, heilige Liebe, selbst einen Bauernknaben des Altai erfinderisch macht.

Heiratsgut empfängt das bräutliche Mädchen des Krongutes nicht; ihre Mutter verlangt im Gegenteil ein Geschenk von seiten des Bräutigams und heischt dasselbe unter Umständen mit Ungestüm, unter Heulen und Schreien, nach Weiberart. Nur wenn besondere Umstände eintreten, wenn z. B. am Morgen nach der Hochzeit die Gäste das Brauthemd, welches sie zu sehen wünschten, nicht ihren Erwartungen entsprechend fanden, geschieht wohl auch einmal das Gegenteil. Der verständige und erfahrene Schwiegervater bedient sich in solchem Falle des bewährten Zaubermittels, bringt eine erfreuliche Anzahl vorsichtigerweise bereit gestellter Flaschen herbei, verspricht dem erzürnten, mindestens betretenen Schwiegersohn ein Füllen, einen Ochsen, einige Ferkel und dergleichen: die Seelen beruhigen sich, und die Versöhnung wird geschlossen.

Warum auch sollte der Bräutigam ewig zürnen? Anderen ist es nicht besser ergangen, und die Zukunft wird vieles ausgleichen. Vaterfreuden erblühen manchmal auch unter nicht regelmäßigen Umständen; Vaterfreuden aber bleiben, trotz alledem. Denn Hausstandssorgen kennt auch das ärmste Pärchen nicht, wenn es nur seine Hände rühren will; man hilft ihm gern mit diesem und jenem, und wenn der grundgütige Himmel einige

Jahre hindurch sich mäßigt im Herabschütten des Segens, wenn Getreide und Vieh einigermaßen im Preise bleiben, schmücken sicherlich nach einigen Jahren Theekanne und Tassen einen Ecktisch, seidene Decken das große zweischläfrige Bett, schimmernde Heiligenbilder die hintere Ecke zur rechten Hand, und über alle Beschreibung erhabene bildliche Darstellungen von Löwen-, Tiger-, Bären-, Wolf-, Elefanten-, Hirsch- und Krokodiljagden die Wände der keinem besseren Bauernhause fehlenden, rein und sauber gehaltenen „guten Stube"

Eine kaum von der geschilderten abweichende Häuslichkeit winkt auch allen Verbannten, welche nach Sibirien „verschickt" werden, den einen früher, den anderen später, falls sie solche Häuslichkeit erringen wollen, geraume Zeit leben und einigermaßen vom Glücke begünstigt werden. Ich habe in Sibirien über die Verbannung und die Verbannten andere Ansichten gewonnen, als ich sie hatte, bevor ich das Land betrat, bemerke jedoch im voraus, daß ich nicht zu denen gehöre, welche einem Mörder, Räuber, Brandstifter, Diebe oder sonstigen Schurken wärmere Teilnahme schenken, als einem fleißigen Familienvater, welcher sich im Schweiße seines Antlitzes bestrebt, eine vielleicht zahlreiche Familie ehrlich und redlich durchzubringen, und daß ich mich zu der Höhe der Anschauung, welche jede Strafe herabzudrücken, jede Haft zu mildern strebt, bisher noch nicht habe aufschwingen können.

Alljährlich werden durchschnittlich fünfzehntausend Menschen aus Rußland „verschickt", wie der unter den Deutschrussen übliche Ausdruck lautet. Schwere Verbrecher werden auf Lebenszeit, minder schwere auf eine Reihe von Jahren verbannt. Ueber Härten und Mängel des russischen Strafgesetzbuches mich auszusprechen, liegt nicht in meiner Aufgabe; für allzugroße Härte desselben spricht der Umstand nicht, daß dieses Strafgesetzbuch die Todesstrafe nur für die schwersten und seltensten aller Verbrechen kennt; eine entschiedene Härte des Strafverfahrens ist darin zu finden, daß diejenigen Verbannten, welche wegen politischer Vergehen verurteilt wurden, unterwegs und oft auch in Sibirien ebenso behandelt werden, wie gemeine Verbrecher.

Der zur Verbannung Verurteilte wird zunächst vom Gefängnisse der Kreisstadt nach dem der Gouvernementsstadt abgeschoben und sodann auf der Eisenbahn oder auf gewöhnlichen Bauernwagen nach Nischni-Nowgorod, Kasan oder Perm befördert. Ob man noch heutigestags unterwegs auf Fußmärschen die Verbrecher zu zwei und zwei an eine lange Kette schmiedet und sie dergestalt zwingt, die Kette während der Reise zu tragen, weiß ich nicht: gesehen habe ich dies nie und bin auch der festen Ueberzeugung, daß die allbekannte Milde des verstorbenen Kaisers dieses alte barbarische Verfahren nimmermehr gestattet haben würde. In den erwähnten Städten und ebenso in Tjumen und Tomsk befinden sich geräumige Sammelgefängnisse, unterwegs an allen durch eine gleichlaufende Eisenbahn nicht verödeten Straßen minder geräumige Gebäude, zur sicheren Verwahrung der nächtigenden Verbannten. Soweit es irgend zulässig, werden diese nicht gezwungen, zu Fuße zu gehen, vielmehr mittels der Eisenbahn, der erwähnten Wagen und regelmäßig verkehrender Dampfschiffe ihrem Ziele zugeführt: so von Nischni-Nowgorod oder Kasan aus bis Perm, von Tjumen aus auf Thura, Tobolsk, Irtysch, Ob und Tom bis Tomsk. Die Gefängnisse sind einfache, jedoch genügend reinliche, die mit ihnen zusammenhängenden, aber doch hinlänglich getrennten Krankenhäuser musterhaft gehaltene Gebäude, die Flußfahrzeuge ungemein lange, zweistöckige Boote, welche man am treffendsten als riesige, schwimmende Gebauer bezeichnen dürfte, da das ganze obere Stockwerk über dem Deck in der Mitte nach Art eines Vogelbauers vergittert ist. Jedes dieser Boote, welches durch ein Dampfschiff geschleppt wird, gewährt sechshundert Personen notdürftigen Raum und enthält außerdem eine große Küche, ein Krankengelaß, eine kleine Apotheke und je einen Unterkunftsraum für die begleitenden Soldaten und die Schiffsmannschaft. Zwischen Perm und Tjumen sind Wagen im Gange, welche ebenfalls Vogelbauern ähneln und zur Aufnahme der gefährlichsten Verbrecher dienen.

Jeder Verbannte empfängt von der Regierung einen Mantel aus schwerem grauem Wollzeuge, welchem auf der Rückenmitte ein verschoben viereckiges Stück Tuch von verschiedener Farbe, je nach der Schwere der Strafe, aufgeheftet wurde, um die begleitenden Soldaten, so weit als erforderlich, über letztere zu unterrichten. Behufs Beschaffung der Zehrung werden jedem unterwegs täglich zehn, einem besseren Ständen entstammenden „Unglücklichen“ täglich fünfzehn, bei längerem Verweilen in den Gefängnissen aber nur sieben und beziehentlich fünfzehn Kopeken ausgehändigt. Diese Summe ist so reich bemessen, daß bei einigermaßen wirtschaftlicher Verwendung alle erforderlichen Lebensmittel beschafft werden können, obgleich tagtäglich, außer der Fastenzeit wenigstens, drei viertel Pfund Fleisch gereicht werden. Begleiten Frau und Kinder einen Verurteilten, so erhalten diese je dieselbe Summe. Nebenverdienst ist gestattet; erarbeitetes oder erbetteltes Geld fließt, wenn auch wohl nicht immer ungeschmälert, in die Tasche, auch wohl in Gestalt von Wuttki durch die Kehle des Sträflings.

Ich sagte, daß jeder von diesen Weib und Kind mit sich in die Verbannung nehmen darf, und füge dem hinzu, daß dies in der Regel auch geschieht. Verurteilung zu harter Strafe infolge eines schweren Verbrechens ist auch in Rußland ein Ehescheidungsgrund; es steht also jeder Ehefrau frei, ihrem Gatten in die Verbannung zu folgen, oder in der Heimat zu bleiben. Selbst die Kinder, welche das vierzehnte Jahr erreicht haben, sind berechtigt, selbst zu entscheiden, ob sie mit ihren, Sibirien zuziehenden Eltern Rußland verlassen wollen, oder nicht. Aber die Regierung sieht es gern, wenn Weib und Kind dem Sträflinge folgen, und befördert dies in jeder Weise, beschäftigt sich auch ernstlich mit der Frage, inwiefern die Beschwerden und Unannehmlichkeiten der Reise thunlichst gemildert werden können.

Daß letztere unter allen Umständen drückend ist, darf nicht in Abrede gestellt werden; so unnennbar schrecklich aber, als uns geschildert wurde, ist die Reise der Verbannten nicht. Nur die allerschwersten Verbrecher werden in Ketten ihrem Bestimmungsorte zugeführt; die übrigen genießen mehr Freiheit als unsere Sträflinge. Am drückendsten ist die Reise auf den Dampfschiffen oder den von ihnen geschleppten Booten. Hier werden alle Verbannten und deren Angehörige zusammengepfercht, und die Folgen davon sind Ausschreitungen aller, auch solche nicht zu schildernder Art seitens der verworfensten Sträflinge, denen nicht oder doch nur in seltenen Fällen, genügend Einhalt gethan wird oder gethan werden kann. Der schlauere Dieb bestiehlt den Stümper im verrufenen Gewerbe, der Gewaltthätige meistert den Schwächeren, trennt die Sohlen von den Stiefeln des Schlafenden, um sich dort vermuteter Banknoten zu bemächtigen; der Unverbesserliche macht die Vorsätze des Reuigen wankend oder verdirbt den, welcher noch Hoffnung auf Besserung gab, vollständig. Zwar werden schon gegenwärtig Verbrecher und Verbrecherinnen unterwegs geschieden; aber die Familienglieder bleiben bei ihrem Haupte, und Weib und Töchter eines Verbannten sind während der Reise immer gefährdet, so viel man auch diesem Uebelstande zu steuern versucht. Dagegen kürzt das Dampfschiff die Reise auch wiederum um das Zehnfache und entzieht die noch nicht gänzlich Verwahrlosten, oder die nicht verurteilten Verbannten um so eher unheilvollen Einflüssen. Beschwerlicher zwar, nicht gänzlich verdorbene Verurteilte jedoch trotz alledem minder bedrückend, ist die Reise über Land. Ein russischer Bauernwagen auf russischen Wegen und gefahren von russischen, wo irgend möglich im Galopp dahinrasenden Pferden ist freilich ein Marterwerkzeug nach unseren Begriffen, nicht aber nach denen ge-

Auf dem Wege nach Sibirien.

meiner Russen, welche von Jugend an eines besseren Gefährtes und besserer Wege entwöhnt wurden. Allerdings muß sich der Verbannte etwas mehr zusammendrängen auf solchem, mit sechs bis acht Leuten befrachteten Wagen, als der Bauer zu thun pflegt, wenn er mit seiner Familie dahin fährt; der Kutscher oder begleitende Soldat hat es aber nicht im geringsten leichter als der Verbannte, mit alleiniger Ausnahme des schweren Verbrechers, dessen Ketten gerade bei solcher Fahrt unheimlich klirren. Ein gebildeter Familie entstammender Sträfling, zumal ein wegen politischer Vergehen verurteilter Verbannter, schreit freilich auf unter der Qual solcher Reise und ist seiner innigsten Ueberzeugung nach vollkommen berechtigt, sie in den allerschwärzesten Farben zu schildern; unter Berücksichtigung der örtlichen Verhältnisse und landesüblichen Gewohnheiten verliert die unfreiwillige Wanderung aber wenigstens den Fluch der Grausamkeit, mit welchem sie belastet wurde. Und was endlich die Fußreisen anlangt, so finden dieselben zuerst niemals im Winter statt, betreffen nur kräftige, gehfähige Männer, erstrecken sich nicht über vierzig Werst täglich und werden an jedem dritten Tage durch einen Rasttag in einem der am Wege liegenden Gefängnisse unterbrochen. Die begleitenden Soldaten gehen auch zu Fuße, müssen beständig auf die Verbrecher achten, sind verantwortlich für sie und strengen ihre Kräfte sicherlich mehr an, wie diese; denn ebensoviel als der Mörder an seinen Ketten zu schleppen, hat der Soldat an seinen Waffen, seinem Gepäck und Schießbedarf zu tragen. Er aber ist ein unbescholtener Diener des Staates, und jener ein Auswürfling der Menschheit!

Ungerecht ist und bleibt, daß ein höheren Ständen entstammender, wegen eines gemeinen Verbrechens verurteilter Verbannter, falls er noch über eigene oder fremde Mittel verfügen kann, anders behandelt wird als der dasselbe Verbrechen büßende gemeine Mann, daß man ihm gestattet, in Begleitung zweier, für Hin- und Rückreise von ihm zu lohnender Kosaken, nach eigenem Belieben und mit aller Bequemlichkeit seinem Verbannungsorte zuzuwandern.

Ebenso unumwunden, als jeder unbefangene Russe oder Sibirier diese Ungerechtigkeit zugesteht, stellt der Beamte wie der Verbannte selber Grausamkeit seitens der Begleitmannschaften oder sonstwie mit Ueberwachung und Unterstellung der Verbannten betrauten Leute niederen und höheren Ranges in Abrede. Es kommt vor, daß sich auflehnende Verbannte unterwegs erschossen oder sonstwie für immer unschädlich gemacht werden; doch gehören derartige Geschehnisse zu den größten Seltenheiten und sind regelmäßig durch die Notwendigkeit gebotene Maßregeln, welche nur dann ergriffen werden, wenn alle übrigen sich als vergeblich erwiesen haben. Der Russe ist nicht grausam wie der Spanier, Türke, Grieche oder Südslave, vielmehr, aus falschverstandenem Barmherzigkeitsgefühl und Trägheit, eher zu mild und nachsichtig als zu streng und hart: er strengt auch Tiere und Menschen vielleicht auf das äußerste an, quält sie aber nicht, in der Absicht, an ihrer Qual sich zu weiden. Schon in der allen Verbannten beigelegten, allgemein üblichen Bezeichnung „Unglückliche" begründet sich ein tiefes Gefühl des Volkes, und diesem Gefühle der Barmherzigkeit trägt jedermann, also auch der Soldat oder Sicherheitsbeamte, der Gefängnisaufseher und Gefangenwärter, Rechnung. Daß durch einen oder mehrere unverbesserliche Bösewichter auch einmal fromme Lammsgeduld zu hellloderndem Zorne entfacht werden kann, ist erklärlich; daß erbärmliche Schreiberseelen an den Verbannungsorten sich selbst das Unglück zollpflichtig machen, um zu mehr Geld zu gelangen, als der Staat ihnen an Gehalt zuspricht, ist mir von Verbannten mitgeteilt worden; daß die nach der letzten polnischen Erhebung zur Verbannung verurteilten Empörer von den sie begleitenden russischen Soldaten härter als andere Verbannte, selbst mit unerbittlicher Strenge behandelt wurden, hat mir ein gewesener Hängegendarm, welcher mir seine Lebensgeschichte durch Vermittelung eines Deutschrussen erzählen mußte, geklagt. Für solche Ausschreitungen die heutige Regierung verantwortlich zu machen, wie noch fortwährend geschieht, ihr ununterbrochen Barbarei vorzuwerfen, beständig von der Knute zu reden, welche schon seit Jahren abgeschafft worden ist, unsere östlichen Nachbarn überhaupt als unverbesserliche Barbaren hinzustellen, ist einfach sinnlos, weil unwahr nach jeder Richtung hin.

Alle heutzutage bestehenden Gesetze, Verordnungen und Einrichtungen sprechen dafür, daß die Regierung in wohlwollendster Weise für das Los der Verbannten Sorge trägt und so viel als möglich bestrebt ist, deren Schicksal zu mildern, auch jedem Gelegenheit gibt, es früher oder später zu bessern. Verbannte mit ungerechtfertigter Härte zu behandeln, ist streng verboten und wird ernstlich bestraft; ihnen etwas unrechtmäßigerweise zu entziehen, gilt als schweres Vergehen. Ueberall und unbedingt herrscht das Bestreben, die Strafe zu mildern, falls dies irgendwie zulässig, und den Sträfling der menschlichen Gesellschaft zurückzugeben, falls dies möglich. Aber man hilft nur dem, welcher es verdient, nicht aber dem, welcher Besserung heuchelt. Denn man erzieht in Sibirien keine Heuchler, wie in unseren Gefängnissen. Die bei uns nur zu häufig bemerkbare, widerwärtige Sucht, aus Sträflingen Frömmler zu bilden, kennen die Russen nicht, weil es sich in ihren Augen von selbst versteht, daß jeder die Kirche und die „lieben Heiligen“ ehrt und achtet, seine Zeit fastet und überhaupt das wenige thut, was die in äußerlichen Formen sich bewegende Kirche verlangt. Dafür greift man das Uebel an der richtigen Stelle an und erzielt Erfolge, um welche wir die Russen beneiden könnten, oder richtiger, beneiden müssen.

Von den fünfzehntausend Verbannten werden alljährlich kaum tausend an die Bergwerke eingeliefert, die übrigen auf verschiedene Gouvernements verteilt oder, wie man sich auszudrücken pflegt, zur Ansiedelung verwiesen. In den größeren Gefängnissen trennte man nicht allein Männer und Weiber, sondern auch Christen, Mohammedaner und Juden; bei der Ansiedelung nimmt man ebenfalls Rücksicht auf den Glauben. Sobald der zu leichterer Strafe verurteilte Verbrecher das ihm vorgeschriebene Ziel erreicht hat, erhält er von Regierungs wegen einen Aufenthaltsschein als letzte Gabe und darf von nun an unbehindert jedes rechtliche Gewerbe ausüben, nicht aber ohne Genehmigung der Behörde den ihm angewiesenen Kreis oder selbst das betreffende Dorf verlassen, steht daher auch fortwährend unter polizeilicher Aufsicht. Um den Grund der Verbannung, über sein früheres Leben wird er nicht, mindestens nicht in übelwollender Absicht befragt, denn „im Hause des Gehenkten spricht man nicht vom Henker“ Die Bevölkerung, unter welcher er lebt, zählte auch einmal oder zählt noch zu den Unglücklichen oder stammt von solchen ab; die wenigen freien Ansiedler fügen sich den Sitten oder Gewohnheiten der übrigen Sibirier. Man hilft dem „Unglücklichen“ in gerechtfertigter und kaum zu rechtfertigender Weise. Schon in den Sammelgefängnissen richtet man Werkstätten ein, um fleißigen, arbeitslustigen Verbannten selbst hier Gelegenheit zum Erwerbe zu geben; außerdem sucht man durch Schulen der Verderbnis des werdenden Geschlechtes zu steuern, oder nimmt sich der von Verbrechern zurückgelassenen Waisen mit einer solchen Aufopferung von Zeit und Geld, mit so tief inniger Menschlichkeit an, daß nur ein absichtlich Blinder diese Lichtblicke nicht sehen, nur ein böswillig Stummer davon nicht reden wollen kann. Im Gefängnisse von Tjumen besuchten wir die Gefängnisschule, in welcher ein junger Pope Christen-, Juden- und Tatarenkindern Unterricht erteilte, und ein gutes Gesicht war es, welches dieser langlockige und bärtige, obschon noch jugendliche Pope, ein wahrer Christuskopf, uns zeigte. Juden- und Tatarenknaben mußten freilich ebensogut wie die Christenkinder ihren Katechismus der rechtgläubigen

Kirche lesen und hersagen, und eine stille Hoffnung, diesen oder jenen der ersteren dem Christentume zu gewinnen, mag wohl auch in des Popen Brust erlebt sein: aber welchen Schaden hätte Katechismus oder Pope bringen können gegenüber dem erstrebten Nutzen? Die Knaben lernten im Katechismus russisch lesen und lernten schreiben und rechnen dazu: das war ja doch die Hauptsache. In demselben Tjumen besuchten wir die von einer reichen Frau gestiftete, erbaute, größtenteils unterhaltene und geleitete Waisenanstalt, für hinterlassene Kinder unterwegs oder im Gefängnisse der Stadt verstorbener Verbannter bestimmt: eine Musteranstalt im umfassenden Sinne des Wortes mit fröhlichen Kindergesichtern, schönen Schul- und Schlafzimmern, Werkstätten, Spielplätzen, einem kleinen Theater und Zubehör, und lernten in ihr ein Werk der Barmherzigkeit kennen, welchem niemand vollste Achtung versagen kann. Aber wir sollten noch mehr erfahren.

In Tjumen, in Omsk, Tobolsk und nicht bloß in den Städten, sondern in den beiden betreffenden Gouvernements lebten wir unter, verkehrten wir fortwährend mit Verbannten, zumeist mit leichteren Verbrechern, Dieben, Betrügern, Gaunern, Strolchen und Lumpen, auch mit aufrührerischen Polen und sonstigen Empörern. Der Bankdirektor, welcher uns freundlich aufnahm, war ein zu zwölfjähriger Verbannung verurteilter polnischer Rebell; der Tischler aber, welcher uns Kisten fertigte, hatte die Post beraubt, der Kutscher, welcher uns fuhr, einen schweren Diebstahl sich zu schulden kommen lassen, der Kellner, welcher uns bediente, einen Gast im Wirtshause bestohlen, der freundliche Mann aus Riga, welcher uns so treulich half beim Uebersetzen des Irtysch, eine Urkunde gefälscht, Goldmacher, unser Leibjude in Obdorsk, russische Mägdelein in türkische Haremât verkauft, das Mädchen, welches unser Zimmer reinigte, ihr Kind umgebracht, der Apotheker in Omsk sich, wie man sagte, nicht ohne Absicht in Giften vergriffen u. s. w. Wir sahen zuletzt jedermann auf das Verbrechen oder Vergehen an, welches er begangen haben mochte, und brauchten uns nur bei einem Polizeimeister zu erkundigen nach irgend einem der würdigen Männer, einschließlich einzelner Kaufleute, Notare, Photographen, Schauspieler, um von Falschmünzerei, Unterschlagung, Betrug u. s. w. zu hören. Und doch erwarben sich alle diese Leute ihr tägliches Brot, auch wohl mehr, und gar manchen, welcher verschwiegen sein wollte, hätte man ungestraft nicht fragen dürfen nach seiner Vergangenheit, weil er mit dieser vollständig gebrochen.

Daß ein Verbannter, ein gewesener Verbrecher solches kann, dankt er einzig und allein seinen Mitbürgern und der Regierung, welche die redliche Absicht, ein neues Leben zu beginnen, nach Kräften fördert. Man gibt dem, welcher Arbeit verlangt, solche ohne Mißtrauen, nimmt ihn ohne Sorge in Dienst, verwendet den früheren Dieb als Knecht, Kutscher, Koch, die Kindsmörderin als Kinderwärterin, den seine Strafe abbüßenden Handwerker, falls man seiner benötigt. Und man versichert, dies in den allerseltensten Fällen bereut zu haben. So wird aus manch einem Verbrecher allgemach ein der menschlichen Gesellschaft zurückgegebener, ihr nicht mehr gefährlicher Staatsbürger, und der Fluch der Sünde reicht nicht bis ins vierte, sondern kaum bis ins zweite Glied. Was bei uns so gut als nicht, in Sibirien ist es möglich: aus einem Verbrecher einen ehrlichen Menschen zu wandeln. Daß dies nicht immer geschieht, daß es in Rußland so gut wie bei uns Unverbesserliche gibt, wird von keinem Sibirier geleugnet; daß der von seiner Gemeinde abgeschobene Strolch in Sibirien viel häufiger zum Verbrecher wird, als der bestrafte Verbrecher in frühere Sünden zurückfällt, ist eine beachtenswerte Thatsache.

Während die bisher ins Auge gefaßte Klasse von Verbannten thun und treiben kann, was sie will und darf, werden die schweren Verbrecher in den Bergwerken zur Arbeit gezwungen. Ueber Nertschinsk, woselbst viertausend dieser Unglücklichen arbeiten, kaum sich mindernd, ebensowenig auch wesentlich sich vermehrend, habe ich durch den jetzigen Berghauptmann des Krongutes, General von Eichwald, die genauesten Nachrichten erhalten, über die Verbrecher selbst, kurz zusammengefaßt, das Folgende:

Alle zu den Bergwerken verurteilten Verbannten werden mit Ketten an den Füßen eingeliefert und müssen in ihren Fesseln dieselben Arbeiten verrichten wie andere, freie Bergleute. Der verständige Berggeschworene, unter dessen Befehl und Aufsicht sie stehen, behandelt sie schon aus dem Grunde gut, um sein und seiner Familienglieder Leben zu sichern; denn er verfügt nicht über so viele Kräfte, als er zur Bezwingung eines ausbrechenden Aufruhrs bedürfen würde. Das Verbrechen des Sträflings ist ihm bekannt; er fragt denselben also nicht um seine Vergangenheit. Nach geraumer Zeit schüttet der größte Teil der Verbrecher aus freien Stücken ihm gegenüber sein Herz aus und bittet um Milderung der Strafe. Auch ihm durfte seine Familie folgen, oder er wird nicht gehindert, solche sich zu gründen. Hängt er solchergestalt noch mit der Menschheit zusammen, so stellt sich oft, sehr oft, Reue bei ihm ein, mit ihr aber auch Hoffnung, und der Hoffnung folgt das Bestreben, das Geschehene vergessen zu machen. Er arbeitet ein, zwei Jahre in Ketten, führt sich gut und erweckt Vertrauen. Sein Vorgesetzter läßt ihm die Ketten abnehmen. Er bleibt seinen Vorsätzen getreu, arbeitet fleißig weiter, beginnt für die Familie zu sorgen. Sie hält ihn fest in der anfänglich unsäglich gefürchteten Fremde; diese erweist sich besser als ihr Ruf: er beginnt zufrieden zu werden. Jetzt ist der rechte Augenblick gekommen, ihn der Menschheit zurückzugeben. Der Beamte verweist ihn zur Ansiedelung. Jahre sind vergangen seit seiner Uebelthat; sie steht vor seiner Seele wie ein böser Traum. Vor sich sieht er ein werdendes Bauerngut, hinter sich die Ketten. Der Heimat ist er entfremdet worden; mit der Fremde hat er sich ausgesöhnt. Er wird Bauer, arbeitet, erwirbt, stirbt als gebesserter Mensch. Mit diesem Augenblicke endet die Unfreiheit seiner Kinder, und freie Bürger Sibiriens bebauen fortan das ihnen von der Regierung geschenkte Stück Erde. Das ist keine Erfindung, sondern Wirklichkeit.

Aber freilich, nicht jeder Verbrecher fügt sich in sein Schicksal. Mit diesem und der ganzen Menschheit grollend, unzufrieden mit allem und jedem, überdrüssig der Arbeit, vielleicht auch vom Heimweh gepeinigt, mindestens nach Freiheit verlangend, findet der eine den andern, und beide oder mehrere sinnen auf Flucht. Wochen-, monate-, jahrelang lauern sie auf den günstigen Augenblick; der eine erzählt dem anderen genau und wiederholt seine ganze Lebensgeschichte, schildert ihm bis zu den geringfügigsten Einzelheiten sein heimatliches Dorf, die Gegend, das Haus seiner Kindheit, nennt ihm alle Verwandtennamen, die aller Dorfbewohner, die Nachbardörfer, die nächsten Städte, vergißt nichts und prägt alles tief ein in des anderen Gedächtnis; denn er will mit diesem Namen und Herkunft tauschen, um im Falle des Ergriffenwerdens seine Erkennung zu erschweren. Der andere thut desgleichen. Ein Schmied wird bestochen, gewonnen, zur Flucht überredet, nötigenfalls ein brauchbares Werkzeug zum Zertrümmern der Fesseln gefunden, geraubt. Der Frühling ist zur Wahrheit geworden, der Tag der Flucht gekommen, das Entspringen, die Möglichkeit, ungesehen und für einige Stunden unbemerkt zu entkommen, nach den bestehenden Einrichtungen in den Bergwerken leicht, sehr leicht. Haben die Flüchtlinge erst die Wälder erreicht, so sind sie vor dem Wiedereinfangen, wenn auch nicht immer vor Gefahr geschützt. Denn dem eingeborenen Tungusen oder Jakuten, welcher jagend die Wälder durchzieht, sticht manchmal ein Pelz, welcher besser ist, als der seinige, verlockend ins Auge und seine sichere Kugel endet um dieses Pelzes willen ein Menschenleben ohne Gewissensbisse. Abgesehen von solchem Zusammentreffen, stößt der Flüchtling kaum auf Hindernisse. Jeder Sibirier hilft, aus angeborener Gutmütigkeit oder falsch angewendeter Barmherzigkeit, vielleicht auch aus Furcht oder Trägheit, dem Flüchtlinge eher, als er seinem Beginnen zu steuern sucht. In allen oder doch vielen an der Straße gelegenen Dörfern stellen die Bauern reihum einen großen Topf mit Milch, legen sie ein schweres Stück Brot, vielleicht auch etwas Fleisch hinter ein

Flucht eines Verbannten.

geöffnetes Fenster, in der Absicht, die nachts durch das Dorf wandernden Flüchtlinge mit Nahrung zu versorgen und dadurch vom Stehlen abzuhalten. Solange der Flüchtling nur das ihm freiwillig Gebotene nimmt, solange er bittend oder bettelnd heischt, sich aber jedes unberechtigten Eingriffes enthält, weder stiehlt noch raubt, drückt selbst der Gemeindevorsteher ein Auge zu, wenn des Nachts unbekannte Leute durch das Dorf wandern, die den Unglücklichen bestimmte Nahrung sich zueignen, in der stets warmen, regelmäßig abgesondert gelegenen Badestube Nachtruhe suchen und finden. Und wenn ein „Unglücklicher" am hellen Tage betteln sollte: verraten wird man ihn nicht; und wenn derselbe „Unglückliche" einen Pferdezaum sich erbitten sollte, — verweigern wird man ihm auch diesen nicht, falls man ihn übrig hat. Was er mit dem Zaume bezweckt, weiß man wohl. Draußen vor dem Dorfe weiden die Pferde, trotz aller Wölfe und Bären, ohne jegliche Aufsicht. Unter sie begibt sich der Flüchtling, wirft einem tüchtigen Hengst den Zaum über den Kopf, schwingt sich auf den breiten Rücken und trabt behaglich davon.

„Nikolai Alexandrowitsch," meldet jemand dem Besitzer des Pferdes, „soeben ist ein Unglücklicher mit deinem besten Rappen davongesprengt; auf dem Wege nach Romanowskaja ritt er davon: soll man ihm nachreiten?"

„„Nitschewo,"" antwortet Nikolai, „„Pferdchen wird schon wieder kommen. Es wird ein Unglücklicher gewesen sein. Lasse ihn reiten!""

Pferdchen kommt auch sicherlich wieder; denn auf der Weide hinter Romanowskaja hat der Unglückliche es mit einem anderen vertauscht und reitet auf ihm weiter, während der Rappe gleichmütig auf wohlbekanntem Wege heimwärts trabt.

So, unterstützt und gefördert, gelangen neunzig von hundert Verbannten bis Tjumen, Perm, sogar bis Kasan. Wären sie besser bewandert, hätten sie einen Begriff von Erdkunde, zögen sie nicht stets auf derselben Straße, welche sie von Rußland her gewandert, der Heimat zu, sie würden, wenn nicht in den meisten, so doch in sehr vielen Fällen ihr Ziel erreichen. In Tjumen, Perm und Kasan aber fängt man fast alle Flüchtlinge wieder ein. Und wenn auch derjenige, welcher mit einem zweiten seinen Namen tauschte, nicht aus seiner Rolle fällt, oder ein anderer auf jede ihm vorgelegte Frage nur die eine Antwort gibt: „Ich weiß nicht": vor dem endlich erfolgenden Richterspruche, wiederum nach Sibirien zu wandern, und vor Rutenstreichen, welche jedem ergriffenen Flüchtlinge zugemessen werden, rettet ihn weder Namenstausch, noch hartnäckiges Nichtswissen. Er tritt denselben Weg, den er als Sträfling gezogen, zum zweitenmal an, um vielleicht bald nach seiner Ankunft am Bestimmungsorte einen zweiten Fluchtversuch zu unternehmen. Manch ein Verbannter soll, wie uns erzählt wurde, vier-, fünf-, sogar sechsmal unfreiwillig durch den größten Teil Sibiriens gewandert sein.

Rascher als derartige unverbesserliche Flüchtlinge pflegen diejenigen ihre Laufbahn zu beenden, welche unterwegs sich verleiten lassen, zu stehlen oder sonst ein Verbrechen zu begehen. In solchem Falle wandelt sich die Gleichmütigkeit des angesessenen Bauern in rachsüchtigen Zorn. Zur Verfolgung des Verbrechers einigen sich alle Besitzenden, und dieser ist verloren, wenn nicht ein besonderer Zufall ihn rettet. Wird er ergriffen, so rettet ihn nichts von qualvollem Tode. Dann wird eine Leiche gefunden, an welcher man Anzeichen eines gewaltsamen Todes nicht bemerkt. Man begräbt diese Leiche, zeigt die Aufhebung und Beerdigung pflichtschuldigst der Behörde an, diese berichtet weiter an den Gouverneur, letzterer an den Generalgouverneur: — der grimmiger Volkswut zum Opfer gefallene Verbrecher aber ist verwest, bevor der Kreisarzt zur Stelle gekommen sein könnte, selbst wenn er hätte kommen wollen. Wen die Rache ereilte, weiß man nicht. So, nicht aber auf Befehl der Regierung, verschwindet heutzutage ein Verbannter, über dessen Ende niemand etwas mitzuteilen weiß, keine Behörde Auskunft zu geben vermag. Jeder Verbannte aber, welcher Sibirien betritt, weiß, was ihm bevorsteht, wenn er als Flüchtling stiehlt oder sonst ein Verbrechen begeht. Und deshalb lebt man hier, unter Tausenden von Verbrechern, ebenso sicher als irgendwo anders, sicherer vielleicht als in unseren durch den Auswurf der Menschheit verpesteten Großstädten.

Ich bin bemüht gewesen, ein treues Bild der Verhältnisse zu geben, wie sie gegenwärtig sind, oder im Jahr 1876 waren. Es ist nicht meine Absicht gewesen, zu mildern oder zu beschönigen. Verbannung nach Sibirien bleibt nach wie vor eine Strafe, eine schwere Strafe. Diese trifft um so härter, je gebildeter der Verbannte ist und wird in den Augen eines gebildeten Menschen immerdar als entsetzlich erscheinen. Verbannung nach Sibirien soll aber auch nichts anderes sein als Strafe und soll den Gebildeten härter treffen als den Ungebildeten. Ueber die Berechtigung eines solchen Grundsatzes läßt sich streiten, dieselbe läßt sich jedoch nicht gänzlich in Abrede stellen. Ueber das Los des Verbannten in Sibirien aber läßt sich nur dann ein gerechtes Urteil fällen, wenn man dasselbe mit dem Schicksale unserer Verbrecher vergleicht.

Was wird aus den Unglücklichen, welche unsere Gefängnisse bevölkern? Was wird aus deren Familien, deren Gatten, deren Kindern? Welches Los winkt jenen, wenn sie ihre Strafe verbüßt haben; welches Geschick steht letzteren in Aussicht?

Die Antworten auf diese Fragen vermag jeder, welcher unsere Strafanstalten kennt, zu geben.

Vergleicht man mit dem unseren Verbrechern jederzeit drohenden Schicksale unbefangen und ehrlich das Los der Verbannten in Sibirien, so kann das Ergebnis solchen Vergleiches nicht zweifelhaft sein. Jeder wirkliche Menschenfreund wird einstimmen müssen in den Wunsch, welcher mir schon im fernen Osten gekommen ist und mich nicht wieder verlassen hat:

„Hätten wir doch ein Sibirien: es wäre besser für unsere Verbrecher und für uns selber!"

Forscherfahrten auf der Donau.

Ungarn war von jeher und ist und bleibt ein Ziel der Sehnsucht deutscher Vogelkundiger. Günstiger gelegen als irgend ein anderes Land Europas, zwischen Nordsee und Schwarzem Meere, Ostsee und Mittelmeere, der großen nordosteuropäischen Ebene und den Alpen sich erstreckend, Norden und Süden, Steppen und Gebirge, Wälder, Ströme und Sümpfe in sich vereinigend, bietet es seßhaften wie wandernden und ziehenden Vögeln gleich erhebliche Vorteile und Annehmlichkeiten und weist daher einen Vogelreichtum auf wie kaum ein, vielleicht kein anderes Land unseres Erdteils. Begeisterte Schilderungen dieses Reichtums, der Feder unserer hervorragendsten Forscher und Meister entflossen, tragen nicht wenig dazu bei, jene, ich möchte sagen angeborene Sehnsucht aller Vogelkundigen Deutschlands zu mehren und zu verstärken. Aber sonderbar: — das schöne, reiche Land liegt uns so nahe und wird dennoch so selten von uns Deutschen besucht.

Auch ich hatte nur seine Hauptstadt und sonst noch das gesehen, was man von einem Eisenbahnwagen aus sehen kann; ich teilte daher im vollsten Maße die Sehnsucht, von welcher ich eben sprach. Sie sollte erfüllt werden, aber nur, um brennender wieder aufzuleben. „Niemand wandelt ungestraft unter Palmen," und kein Vogelkundiger verlebt, ohne später sehnsüchtig Wiederkehr zu verlangen, Maientage in der Fruškagora.

„Wollen Sie mich," frug mich mein gnädiger Gönner, Kronprinz Rudolf, „zu Adlerjagden nach Südungarn begleiten? Ich habe bestimmte Nachrichten von vielleicht zwanzig Adlerhorsten und glaube, daß wir alle viel lernen können werden, wenn wir sie besuchen und dabei fleißig beobachten."

Zwanzig Adlerhorste! Man muß jahrelang an die öde Scholle Norddeutschlands gebannt gewesen sein, muß freudige Ereignisse ähnlicher

Art aus dem Wanderleben eines Vogelkundigen sich vergegenwärtigen können, wie ich gebannt gewesen bin und mich zu erinnern vermag, um die Freude zu würdigen, mit welcher ich zusagte. Zwanzig Adlerhorste in nicht allzugroßer Entfernung von Wien, in geringer von Pest: ich müßte nicht meines Vaters Namen führen, wäre ich gleichgültig geblieben! Zu Stunden kürzten sich die Tage unter allerlei Vorbereitungen, und zu Wochen wollten sie sich verlängern unter der Ungeduld, mit welcher ich die Abreise herbeiwünschte.

Es war eine kleine, aber heitere, hoffnungsvolle, weidwerksfreudige und strebsame Reisegesellschaft, welche am zweiten Osterfeiertage des Jahres 1878 von Wien aufbrach. Außer unserem hohen Jagdherrn und seinem erlauchten Schwager befanden sich nur Obersthofmeister Graf Bombelles, Eugen von Homeyer und ich als Jagdgenossen auf dem schnellen und behaglichen Schiffe, welches uns einen Tag später von Pest aus der Mündung der „blonden" Donau entgegentrug. Lenzduftig übergossen von der Morgensonne lag die stolze Kaiserburg in Ofen vor uns; im ersten Grün des jungen Jahres prangten die Gärten des Blocksberges, als wir in früher Morgenstunde von Ungarns Hauptstadt Abschied nahmen.

Mit einer Fahrt auf dem Rheine, der oberen und, wie man sagt, auch der unteren Donau, läßt sich die Strecke, welche wir jetzt durcheilten, nicht vergleichen. Wenige Kilometer unterhalb der Schwesterstädte verflachen die Ufer; rasch sinken zumal die Berge der rechten Stromseite zu ausdruckslosem Gehügel herab, und nur die blauüberduftete Ferne zeigt dem Auge noch sanft bewegte Linien mäßig hoher Züge. Am linken Ufer breitet sich die weite Ebene. Unabsehbar, ohne Wechsel, gleichförmig, eintönig liegt sie vor den schweifenden Blicken; kaum daß eines der großen reichen Dörfer letztere zu fesseln vermag. Hier und da lehnt ein Hirt in Schäfertracht auf seinem gewichtigen Stabe; aber nicht das fromme Volk der wolligen Schafe ist seiner Obhut anvertraut, sondern grunzende Borstenträger umdrängen den sonnengebräunten Mann oder liegen reihenweise um ihn her, behaglicher Ruhe sich freuend. Um die durch Hochfluten gefüllten Lachen gaukelt der Kiebitz; über die weiten Flächen schwankt der Kornweih; vor den in steil abfallenden Wänden eingegrabenen Nisthöhlen schweben Uferschwalben auf und nieder; auf den Schindeldächern der zahllosen Schiffsmühlen schreiten, schwanzwippend, zierliche Bachstelzen einher; vom Strome stehen polternd Enten und Scharben auf; über seinem Spiegel kreisen und fliegen Milane und Nebelkrähen. So etwa ist das Bild dieser Gegend beschaffen.

Bald aber ändert sich die Landschaft. Noch mehr verflacht sich die Ebene, welche der Strom einst gebildet und jetzt durchfurcht. Auf weiten, noch nicht eingedeichten Flächen, welche jede Hochflut der Ueberschwemmung aussetzt, teilt er sich in zahl-, meist auch namenlose Arme. Ueppig aufgeschossener Wald bedeckt deren Ufer und die Inseln dazwischen; dichte Ufersäume wehren dem Auge jeden Einblick in das Innere dieses Auwaldes, welcher auf meilenweite Strecken ringsum den Gesichtskreis abschließt. Bei aller Eintönigkeit gleichwohl wechselvolle Bilder entstehen und vergehen, gestalten, verschieben und lösen sich auf, je nachdem das Schiff mit dem Strome wendet. Weiden, Weiß-, Silber- und Schwarzpappeln, Ulmen und Eichen, erstere in überwiegender Menge, letztere oft spärlich eingesprengt, bilden den Bestand. Den dichten, fast ausschließlich aus Weiden bestehenden Ufersaum überhöhen ältere Bäume derselben Art; tiefer im Inneren der oft weit in das Land einspringenden Waldungen erheben riesige Silber- und Schwarzpappeln ihre ausdrucksvollen Kronen, recken alte knorrige Eichen dürre Wipfelzweige in die Luft. Vom sprossenden Weidenschößlinge an bis zum absterbenden Baumriesen umfaßt ein einziger Blick alle Stufen des Baumlebens: erlebende, entkeimende, erstarkende, in der Fülle des Wachstums strotzende, wipfeldürre, vom himmlischen oder irdischen Feuer gefällte und halb verkohlte, auf dem Boden liegende, vermorschende und vermodernde Bäume. Dazwischen glitzert fließendes oder stehendes Wasser hervor; darüber wölbt sich der Himmel. Aus heimlichem Dunkel tönt der Schlag der Nachtigall, des Finken, der Gesang der liederreichen Singdrossel, gellt der Schrei des Falken oder Adlers, jauchzt der Specht, krächzt der Rabe, kreischt der Reiher. Dann und wann reißt eine Lichtung, ein noch nicht wieder überwucherter Schlag, eine Lücke durch den Wald und gestattet einen Blick auf die ferne Landschaft dahinter; auf die weite Ebene des rechten Ufers und den sie begrenzenden Hügelsaum, auf endlos scheinende Felder, auf ein Kirchdorf, eine Stadt. Im Sommer, wenn das Blattgrün wesentlich dieselbe Färbung zeigt, im Spätherbste, Winter und Vorfrühlinge, wenn die Bäume unbelaubt sind, mag diese Uferlandschaft ermüdend wirken; jetzt erscheint sie zwar gleichförmig, aber nicht reizlos; denn alle die Weiden- und Pappelarten stehen gegenwärtig im jugendlichen Blätterkleide, meist auch im Schmucke der Blütenkätzchen, und lassen die Waldungen, hier und da wenigstens, förmlich bunt erscheinen.

Nur an wenigen Stellen ist solcher Wald zugänglich, weil im großen Ganzen nichts anderes als ein ungeheurer Bruch. Versucht man, bald auf trockenen Pfaden, bald auf Wasserstraßen und Gewässern anderer Art vordringend, in das Innere zu gelangen, so erreicht man früher oder später eine Wildnis, wie Deutschland keine ähnliche aufzuweisen hat. Auf den am höchsten über dem Stromspiegel gelegenen Stellen, da wo fetter, teilweise schlammiger Boden sich findet, wird man noch am ersten an deutsche Auwaldungen erinnert. Hier stellen Maiblümchen einen saftig grünen, durch die weißen, duftigen Glöckchen wunderherrlich verzierten Teppich dar, welcher auf weite Strecken hin den Boden deckt; aber schon hier wuchern geilwüchsige Nesseln und Brombeeren in solcher Fülle auf, verschlingen verschiedene kletternde Rankengewächse ganze Waldesteile so vollständig, daß dem Fuße fast unüberwindliche Hemm- und Hindernisse entgegentreten. Auf anderen Stellen aber wird der Wald thatsächlich zum Bruche, aus und über welchem sich die Riesenbäume erheben. Mächtige Stämme, vom Alter, vom Sturm, vom Blitze, vom leichtsinnig entzündeten Feuer des Hirten gefällt, liegen vermorschend im Wasser, oft schon zum Nährboden jüngeren, üppig aufgeschossenen Buschwerkes geworden; andere, noch weniger von Verwesung ergriffen, sperren Weg und Steg. Abgefallenes Holz, von dicken Aesten an bis zu den schwächsten Zweigen herab, ist vom Winde zusammengeschwemmt worden und stellt schwimmende Inseln und vorspringende Zungen dar, welche dem kleinen Boote oft nicht geringere Hindernisse bereiten wie dem watenden Fuße. Aehnliche Schwemminseln, aus Rohr und Schilf bestehend, bilden auf weithin eine schlotternde Decke freierer Wasserflächen. Erhöhte Schlammbänke, auf denen Weiden- und Pappelarten den geeigneten Boden für ihre Samen fanden, stellen undurchdringliche Dickichte her und machen selbst den Rohrwaldungen, welche geographische Geviertmeilen bedecken können, den von ihnen bewachsenen Grund streitig; Zwergweiden, jugendfrische und greisenhafte Forste in einem darstellend, treten tiefer in den Rohrwaldungen als dunklere Flecke hervor. Was der düstere Wald mit seinen Brüchen und Dickichten, was das Röhricht bergen mag, bleibt dem suchenden Auge des Forschers größtenteils verborgen; denn nur die Säume dieser Waldwildnisse vermag er zu durchspähen, nur auf breiter Wasserstraße sich zu bewegen.

Auf solchem Gebiete begannen wir die Jagden, welche in erster Reihe den Beherrschern der Lüfte gelten sollten. Sie, die Adler, kamen uns am ersten Reisetage allerdings noch nicht vor das Gewehr, nicht einmal zu Gesicht; dafür aber besuchten wir die altberühmte Reiherinsel Adony und hatten Gelegenheit genug, das Leben ihrer Brutvögel zu beobachten. Seit zwei Menschenaltern horsten auf den Hochbäumen dieses Eilandes, unter den weit länger angesessenen Saatkrähen, Reiher und Scharben oder Kormorane, und wenn auch die letztgenannten seit Beginn der sechziger Jahre erheblich abgenommen haben, sind sie doch noch nicht gänzlich verschwunden. Vor vierzig Jahren horsteten hier, nach Landbecks Schätzung, etwa tausend Paare Nacht-, zweihundertundfünfzig Paare Fisch-, fünfzig Paare Seidenreiher und hundert Paare Kormorane; heutzutage bilden die Saatkrähen wiederum bei weitem den Hauptbestand mit fünfzehnhundert bis zweitausend Paaren; die Fischreiher aber sind bis auf etwa anderthalbhundert, die Nachtreiher bis auf dreißig oder vierzig Paare zusammengeschmolzen, die Seidenreiher gänzlich verschwunden, und nur die Kormorane haben sich in annähernd derselben Anzahl wie früher erhalten. Gleichwohl klang uns wenigstens noch ein Nachhall des früheren Lebens in die Ohren, als wir die Insel betraten, und hier und da bietet der Wald sogar wohl noch ziemlich genau das alte Bild.

Scheinbar in bester Eintracht leben auf solchem gemischten Reiherstande die verschiedenen Vögel zusammen, und dennoch herrscht weder Frieden noch Freundschaft unter ihnen. Der eine bedrängt und unterstützt, brandschatzt und ernährt den anderen. In den Siedelungen der Saatkrähen finden sich die Reiher ein, um der eigenen Arbeit des Nestbaues sich zu entziehen; jene schleppen die Reiser herbei und bauen die Nester auf, diese, zunächst die Reiher, vertreiben die Raben vom Neste, um letzteres, mindestens dessen Baustoffe, gewaltsam in Besitz zu nehmen; die Scharben endlich machen wiederum den Reihern die gestohlene Beute streitig und werfen sich schließlich zu Gewaltherrschern in dem gemischten Brutstaate auf. Aber auch sie, die Diebe und Räuber, werden bestohlen und beraubt; denn Krähen und Milane, welche letztere solchen Siedelungen selten fehlen, ernähren sich und ihre Junge zu nicht geringem Teile von den Fischen, welche Reiher und Scharben zur Atzung ihrer Weibchen und Jungen herbeitragen. Die erste Begegnung der verschiedenartigen Brutvögel ist feindlich. Heftige, langwierige Kämpfe werden ausgefochten, und der zehnmal Besiegte erneuert zum elftenmal den Streit, bevor er in das Unvermeidliche sich fügt. Mit der Zeit aber bessern sich die Verhältnisse in demselben Maße, wie die einzelnen Glieder des Verbandes erkennen, daß aus dem Zusammenleben doch auch Vorteile erwachsen, und daß für friedliche Nachbarn Raum genug vorhanden ist. Kämpfe und Streitigkeiten enden allerdings niemals gänzlich; aber der erbitterte Krieg der einen Art gegen die andere weicht allgemach mindestens erträglichen Zuständen. Man gewöhnt sich aneinander und nützt die Leistungsfähigkeit des Gegners so viel als möglich. Ja, es kann geschehen, daß der Beraubte schließlich dem Räuber folgt, wenn dieser sich veranlaßt sieht, seinen Brutplatz an einer anderen Stelle aufzuschlagen.

Der Anblick eines gemischten Reiherstandes ist im hohen Grade fesselnd. „Wechselvolleres, Anziehenderes, Schöneres,“ schildert Baldamus, „gibt es schwerlich, als diese ungarischen Sümpfe mit ihrer Vogelwelt, welche ebensosehr durch die Anzahl der Einzelwesen wie durch die Verschiedenheit in Gestalt und Farben ausgezeichnet ist. Man sehe sich nur die hervorstechendsten dieser Sumpfbewohner in einer Sammlung an und denke sie sich dann stehend, schreitend, laufend, kletternd, fliegend, kurz lebend, und man wird zugeben müssen, daß solches Vogelleben ein wunderbar anziehendes ist.“ Diese Schilderung ist selbst dann noch richtig, wenn man sie auf die verarmte Insel Adony bezieht. So zusammengeschmolzen die einst sehr reiche Bevölkerung auch ist, noch immer handelt es sich um Tausende und andere Tausende. Auf weite Strecken des Waldes hin trägt jeder Hochbaum Horste, mancher deren zwanzig bis dreißig, und um sie wie auf ihnen regt und bewegt sich das lärmende Volk der verschiedenartigen Siedler. Auf den Horsten sitzen brütend die Weibchen der Saatkrähen, Fisch- und Nachtreiher und Scharben, und lugen mit ihren dunklen, schwefelgelben, blutroten und seegrünen Augen auf den Störenfried herab, welcher ihr Heiligtum betritt; auf den höchsten Aesten der Riesenbäume hocken und klettern, über ihnen flattern, fliegen und schweben die schwarzen, braunen, grauen, einfarbigen und bunten, glanzlosen und schimmernden Vogelgestalten; über ihnen ziehen Milane ihre Kreise; an den Stämmen hängen und arbeiten die Spechte; in den Blüten eines Birnbaumes suchen glatte geschmeidige Grasmücken, im Wipfel der bereits belaubten Traubenkirschenbäume Finken und Waldlaubsänger ihr tägliches Brot. Der an einzelnen Stellen so wunderherrliche Maiblümchenteppich am Boden ist auf weite Strecken hin übertüncht und beschmutzt vom Geschmeiße der Vögel, verunziert durch zerbrochene Eier oder deren Schalen und aus den Nestern herabgefallene, verwesende Fische.

Der erste Schuß aus dem Gewehre unseres Jagdherrn ruft unbeschreiblichen Wirrwarr hervor. Kreischend erheben sich die erschreckten Reiher, unter sinnbethörendem Krächzen die Krähen; unwillig knarrend verlassen auch die Scharben ihre Horste. Eine Wolke von Vögeln bildet sich über dem Walde, schwebt hierhin und dorthin, auf und nieder, überschattet, sich dichtend, die Wipfel und löst sich in einzelne Teile auf, welche zögernd zu den eben verlassenen Horsten herniedersinken, sie zeitweilig förmlich umhüllen und dann wiederum mit der Hauptmasse sich einigen.

Jeder einzelne schreit, knarrt, krächzt und kreischt, daß die Ohren gellen; jeder flieht, und jeder wird durch die Sorge um Horst und Eier wieder herbeigezogen. Der ganze Wald gerät in Aufruhr; unbekümmert um diesen, um das wüste Gelärm aber schmettert der Fink seinen Frühlingsgruß durch den Wald, jauchzt ein Specht, schlagen Nachtigallen ihre herrlichen Weisen, offenbaren sich Dichterseelen unter Dieben und Räubern.

Reich mit Beute beladen, kehren wir nach vier- bis fünfstündiger Jagd zu dem wohnlichen Schiffe, unserem gemütlichen Heim, zurück, um während dessen Weiterfahrt unsere gewonnenen Schätze wissenschaftlich zu verwerten. Stundenlang fahren wir durch Auwaldungen, wie ich sie geschildert, dann und wann auch an größeren oder kleineren Ortschaften, Städten und Dörfern, vorüber, bis die zunehmende Dunkelheit Halt gebietet. In der Dämmerfrühe des nächsten Morgens erreichen wir Apatin. Böllerschüsse, Musik und freudige Zurufe begrüßen den geliebten Thronerben. Allerlei Volk drängt sich um das Dampfboot; eingeborene Jagdgehilfen, Horstsucher, Baumsteiger, Abbälger kommen an Bord; mehr als ein Dutzend kleine Kähne, „Czikeln" genannt, werden aufgeladen. Dann wendet der Dampfer, um wieder stromaufwärts zu fahren und uns in der Nähe eines breiten Stromarmes abzusetzen. Auf letzterem dringen wir zum erstenmal in die nassen Auenwälder ein. Dem größeren Boote, welches uns trägt, folgen alle die kleinen, welche wir in Apatin aufgeladen, so, wie Küchlein der Mutterente nachziehen. Heute gilt aller Jagd dem Seeadler, welcher in diesen Wäldern so häufig brütet, daß im Umkreise einer Geviertmeile nicht weniger als fünf Horste erkundet werden konnten. Mit Weidmannsheil trennen wir uns, um diesen Horsten in verschiedener Richtung uns zuzuwenden.

Ich kannte den kühnen und raubfähigen, wenn auch unedlen Raubvogel von früher her recht gut, denn ich hatte ihn in Norwegen und Lappland wie in Sibirien und in Aegypten oft gesehen, jedoch noch niemals an seinem Horste beobachtet; die Gelegenheit, letzteres zu können, war mir daher hochwillkommen. Seinem Namen entsprechend, bewohnt er mit Vorliebe die Seeküsten, außerdem die Ufer größerer fischreicher Seen und Ströme. Vertreibt ihn der Winter aus seinem Gehege, so wandert er so weit nach Süden hinab, als er eben muß, um auch in den kalten Monaten sein Leben fristen zu können. In Ungarn ist er der häufigste aller größeren Raubvögel, verläßt auch das Land im Winter nicht und unternimmt nur in seinen jüngeren Jahren, vor seiner Mannbarkeit, weitere Streifzüge, gleichsam als wolle er sich in der Fremde versuchen. Während des Frühjahres sieht man daher in unserem Jagdgebiete ausschließlich alte, ausgefärbte oder, was dasselbe sagen will, erwachsene, fortpflanzungsfähige Seeadler, wogegen im Herbste und Winter, neben den wenige Monate früher ihrem Horste entflogenen Jungen, auch zugewanderte Seeadler die Uferwälder der Donau beleben. Solange diese nicht mit Eis bedeckt ist, wird es ihnen nicht schwer, sich zu ernähren; denn sie jagen im Wasser nicht minder geschickt, vielleicht geschickter, als auf dem Lande, kreisen über

Fischreiher.

der Flut, bis sie einen Fisch erspähen, stürzen sich wie ein Wetterstrahl auf ihn herab, verschwinden, ihm nachtauchend, zuweilen förmlich unter den Wellen, arbeiten sich mit Hilfe ihrer mächtigen Schwingen aber rasch wieder empor, tragen die Beute, welcher sie die unwiderstehlichen Fänge durch den Schuppenpanzer schlugen, einem ruhigen Platze zu und verzehren sie hier in aller Gemächlichkeit. Ebenso finden sie sich, da man ihre Räubereien in Ungarn nicht so streng verdammt wie bei uns zu Lande, ihnen überhaupt unverdiente Nachsicht zu teil werden läßt, regelmäßig in der

Nähe der Fischerhütten ein und lungern hier, oft in nächster Nachbarschaft derselben, auf Bäumen sitzend, bis der Fischer ihnen die in seinem Hälter abgestandenen Fische zuwirft oder sonst etwas für sie abfällt. Wie der Fischer sorgt auch der ungarische, serbische und slavonische Bauer für sie, indem er gefallene Tiere nicht verscharrt, sondern frei auf das Feld wirft

Saatkrähen.

und es unseren Adlern und den Geiern oder Hunden und Wölfen überläßt, das Aas wegzuräumen. Entzieht die Eisdecke dem Seeadler seine gewöhnliche Beute, und findet er zufällig auch kein Aas, so leidet er dennoch nicht Mangel; denn, wie der edlere und kühnere Steinadler, jagt er auf alles Wild, welches er überwältigen zu können glaubt. Er schlägt den Fuchs wie den Hasen, den Igel wie die Ratte, den Tauchvogel wie die Wildgans, nimmt der Seehundsmutter das säugende Junge weg, geht in blinder Raubgier so weit, daß er seine mächtigen Fänge in den Rücken von Delphinen oder Stören klammert und dafür von den einen wie von den anderen in die Tiefe gezogen und, bevor es ihm gelingt, die Klauen wieder zu lösen, ertränkt wird, greift unter Umständen sogar den Menschen an. So kann es ihm kaum jemals fehlen, und, wenn er vollends nicht regelmäßig verfolgt wird, führt er ein geradezu beneidenswertes Leben.

Bis gegen die Brutzeit hin lebt der Seeadler mit seinesgleichen im Frieden; gegen Eintritt der ersteren regt sich auch in seinem Herzen, in den meisten Fällen wohl durch Eifersucht hervorgerufen, Kampflust und Streitsucht. Um des Weibchens wie um des Horstes willen ficht er erbittert mit anderen seiner Art. Wohl währt die einmal geschlossene Ehe eines Adlerpaares so lange, als einer der Gatten lebt, aber nur dann so lange, wenn der Adler imstande ist, die Adlerin gegen die Werbungen anderer seines Geschlechtes zu schützen und seinen eigenen Horst sich zu erhalten. Begehrlich richtet ein mannbar gewordenes, seiner Vollkraft bewußtes Adlermännchen Auge und Sinn auf des anderen Weibchen und Horst, und beide sind diesem verloren, ihm gewonnen, wenn es ihm gelingt, jenen zu besiegen. Der rechtmäßige Gatte kämpft daher auf Tod und Leben mit jedem Eindringlinge, welcher das eheliche und häusliche Glück zu stören trachtet. In hoher Luft wird der Kampf begonnen und oft erst am Boden ausgefochten. Mit Schnabel und Fang stößt bald dieser, bald jener auf den Gegner herab, bis es dem einen gelingt, den anderen zu packen, und er sofort wiederum des letzteren Krallen in seinem Leibe fühlt. Als wirrer Federballen stürzen dann beide aus hoher Luft herab in die Tiefe, entweder ins Wasser oder aufs feste Land, entkrallen sich gegenseitig, aber nur, um sofort einen neuen Kampf auszufechten. Wie erboste Hähne balgen sich die edlen Recken, wenn sie auf dem Boden weiter kämpfen, und zurückgelassene Federn und Blut bezeichnen die Walstatt, wie sie den Ernst der Kämpfe bezeugen. Das Weibchen kreist über den beiden Kämpfern oder sieht von einem Hochsitze aus dem Streite, anscheinend gleichmütig zu, liebkost den Sieger jedoch jedesmal, wenn er nach beendetem Kampfe zu ihm zurückkehrt, gleichviel ob dieser Sieger der anvermählte Gatte oder der Eindringling ist. Wehe dem ersteren, wenn das Kriegsglück dem letzteren hold bleibt! In den Augen einer Adlerin gebührt nur dem Starken die Krone.

Nach siegreich zurückgeschlagenen Anfechtungen und Kämpfen solcher Art, welche keinem Adlermännchen erspart bleiben und in Ungarn alljährlich sich wiederholen dürften, bezieht das Paar, voraussichtlich das längstverbundene, den alten Horst und beginnt bereits im Februar mit der Ausbesserung desselben. Die dazu erforderlichen Stoffe lesen beide Gatten vom Boden ab oder fischen sie aus dem Wasser heraus, brechen sie wohl auch von den Bäumen ab und tragen sie in den Fängen, manchmal von weither zum Horste, um sie hier so kunstgerecht zu verbauen, als ein Adler vermag. Da solcher Aufbau alljährlich stattfindet, wächst der Horst nach und nach zu beträchtlicher Höhe heran, und man erkennt schon an dieser sein Alter, ebenso wie man von letzterem auf die Dauer einer Adlerehe schließen darf; denn die ältesten Horste haben auch die ältesten Adlerpaare inne. Der Horst steht nicht immer in den Wipfelzweigen, in allen Fällen aber hoch über dem Boden, mehr oder minder nahe am Stamme und stets auf starken Aesten, welche das schwere und immer schwerer werdende Gebäude zu tragen vermögen. Knüppel oder schwächere Zweige, alle sperrig durch- und übereinander gelegt, bilden Unter- wie Oberbau und gewähren vielen Feldsperlingspaaren, welche sich dreist und zuversichtlich in die Nähe des Gewaltigen drängen, geeignete Höhlungen für Nester und Schlupfwinkel.

Zu Ende des Februar oder im Anfange des März legt das Weibchen seine zwei, höchstens drei Eier in die flache Nestmulde und beginnt nunmehr eifrig zu brüten. Der Adler versorgt die solcherart beschäftigte Gattin mit Atzung, entfernt sich, beutesuchend, aber auch jetzt noch ungern weit und sitzt, wenn er für das Weibchen und für sich selbst gesorgt, als treuer und aufmerksamer Wächter in der Nähe des Horstes auf einem bestimmten Baume, welcher ebenso als Warte- wie als Ruhe- und Schlafplatz dient. Nach etwa vierwöchentlicher Brutzeit entschlüpfen die Jungen, anfänglich weißen Wollklumpen, aus deren äußerer Umhüllung ein schwarzer Schnabel, dunkle Augen und bereits recht scharfkrallige Fänge hervorragen oder hervorlugen, vergleichbare, ebenso niedliche als in frühester Jugend schon selbstbewußte Geschöpfe. Nunmehr gibt's Arbeit genug für Vater und Mutter. Beide wechseln miteinander ab, um auf Beute auszuziehen und die Jungen zu bewachen; aber nur die Mutter übernimmt ihre Pflege. Wohl thut auch der Vater redlich das seinige, um sie erziehen zu helfen; aber einzig und allein die Mutter ist imstande, ihnen jene Dienste zu leisten, welche ich Ammendienste nennen möchte. Würde sie ihnen in den ersten Kindheitstagen entrissen: sie müßten ebenso verkümmern wie junge Säugetiere, denen man ihre Erzeugerin geraubt hat. Mit der eigenen Brust deckt die Adlermutter sie gegen Frost und Regen; aus dem eigenen Kropfe spendet sie ihnen erwärmte, erweichte, vorverdaute

Atzung. Solche Ammenpflichten zu üben, versteht der Adlervater nicht; wohl aber übernimmt er, wenn die jungen Adler größer geworden, etwa halb erwachsen und in dieser Zeit ihrer Mutter beraubt worden sind, unweigerlich die alleinige Sorge um ihre Erziehung und atzt sie, vielleicht unter aufopferndster Mühe, vollends auf. Sie, die Jungen, wachsen rasch heran. In der dritten Woche ihres Lebens deckt sich ihre Oberseite mit Federn; gegen Ende des Mai sind sie ausgewachsen und flügge. Nunmehr verlassen sie ihren Horst, um unter Führung ihrer Eltern für ihr Gewerbe sich vorzubereiten.

Dies ist, mit flüchtigen Strichen gezeichnet, das Lebensbild des Adlers, welchem in den nächsten Tagen unsere Jagden galten. Nicht weniger als neunzehn besetzte Horste wurden von uns besucht und mit wechselndem Glücke bejagt. Manchmal zu Fuße, manchmal im kleinen Boote, manchmal springend und watend, manchmal kriechend und schleichend, versuchten wir, ungesehen und ungehört, den Horstbäumen uns zu nähern; erwartungsvoll hockten wir stundenlang in rasch errichteten Laubhütten unter ihnen und schauten gespannt nach den Adlern aus, welche, durch uns oder andere verscheucht, in hoher Luft ihre Kreise zogen und gar nicht wieder zum Horste zurückkehren wollten, aber doch zurückkehren und günstigsten Falles uns zum Opfer fallen mußten. Eine Beobachtung reihte sich an die andere, und diese Adlerjagden gewannen infolgedessen unnennbaren Reiz für uns alle.

Außer Adlern und anderen Raubvögeln, welche nebenbei erbeutet wurden, waren oder erschienen die so viel versprechenden Waldungen arm an gefiederten Bewohnern. Freilich war es noch früh im Jahre und der Zug der Wandervögel noch im vollen Gange; freilich vermochten wir kaum mehr, als den Saum der Waldungen zu durchforschen. Allein auch die Anzahl der Vögel, welche zurückgekommen und in jenen Säumen angesiedelt sein mußten, entsprach nicht unseren Erwartungen. Und dennoch beklagten wir eines noch mehr als diese Armut in unseren Augen: den Mangel an guten Sängern. Wohl jauchzte die Singdrossel ihre reichen Lieder in den frühlingsduftigen Wald hinaus; wohl schlug hier und da auch eine Nachtigall; wohl schmetterte der Fink uns allüberall seinen Lenzgruß entgegen; wohl probte auch schon eine Grasmücke ihre Kehle; aber weder der eine noch die anderen waren imstande, unseren geschärften Ohren zu genügen. Wir vermochten in allen, welche sangen oder schlugen, immer nur Stümper, nicht aber Meister zu erkennen. Und so wollte es uns zuletzt beinahe scheinen, als gehöre der genannte Gesang gar nicht in diese ernsten Wälder, und seien Adler- und Falkenschrei, Uhu- und Waldkauzgeheul, Rohrhuhn- und Seeschwalbengeknarr, Reihergekreische und Spechtgelächter, Kuckucksruf und Hohltaubenrukser die zu ihnen passende Melodie und daneben höchstens noch der im Röhricht und Schilfe hausende Rohrsänger,

Seeadlerhorst.

welcher den größten Teil seines verworrenen Liedes den Fröschen abgelauscht, der einzig berechtigte Singvogel.

Der vierte Jagdtag galt dem einige Meilen vom Donauufer entfernten Keskender Walde. Eine weite, erst in ziemlicher Ferne von Höhenzügen begrenzte Ebene nahm uns auf, als wir die Auwälder verlassen hatten; durch trefflich bebaute Felder der großen, musterhaft bewirtschafteten Herrschaft Bellye führte uns der Weg, den wir mit raschen Pferden wie im Fluge zurücklegten. Hier und da sumpfige Wiesen mit Teichen und Wassergräben, ein hainartiges Wäldchen, ein großes, von knorrigen Eichen umstandenes Wirtschaftsgebäude, ein Weiler, ein Dorf, sonst nur baumlose Felder: dies war das Gepräge der Gegend, welche wir durcheilten. Von den Feldern stiegen singend zahllose Lerchen auf; auf den Straßen trippelten zierliche Bachstelzen umher; auf den Hecken am Wege saßen Würger und Grauammer; in den Kronen der Eichen lärmten und sangen dort nistende Dohlen und Stare; über den Weihern zogen fischende Flußadler ihre Kreise und tummelten sich niedliche Seeschwalben im Zickzackfluge; im Sumpfe trieb sich der Kiebitz umher: von anderen Vögeln bemerkten wir wenig. Auch der Keskender Wald, welchen wir nach zweistündiger Fahrt erreichten, ein wohlgepflegter Forst, war trotz seines gemischten Bestandes arm an Arten; in diesem Walde aber horsteten Schrei- und Fischadler, Schlangen- und Mäusebussarde, Falken und Eulen und vor allem Waldstörche in überraschender Anzahl, und unsere Jagd fiel daher über alle Erwartung glänzend aus. Und doch kannten die Forstleute, welche erst vor wenig Tagen von dem in Aussicht stehenden Besuche unseres hohen Jagdherrn Kunde erhalten, den Wald nach Horsten durchstreift und sie auf einer rasch angefertigten Karte verzeichnet hatten, keineswegs alle in diesem einen Walde horstenden Raubvögel und Schwarzstörche. „Es sind Zustände wie im Paradiese," bemerkt Kronprinz Rudolf, und bezeichnet mit diesen wenigen Worten das Verhältnis, welches zwischen den Menschen und Tieren Ungarns besteht, klar und treffend. Wie der Morgenländer kennt auch der Ungar glücklicherweise jene Mordsucht nicht, welche die außerordentliche Scheu der Tiere und ebenso die so schmerzlich fühlbare Tierarmut Westeuropas bewirkten: er gönnt selbst dem Raubvogel, welcher auf seinem Besitztume sich ansiedelte, gern eine Heimstätte und greift nicht fortwährend roh und grausam ein in die tierische Welt, welche um ihn her lebt und webt. Nicht einmal der schnöde Eigennutz, welcher gegenwärtig alljährlich Räuberfahrten habsüchtiger Federhändler nach den Sümpfen der unteren Donau veranlaßt, und um der Schmuckfedern willen Hunderttausende von frischfröhlichen, teilnahmswerten Vogelleben opfert, hat den Magyaren bewegen können, von seiner alten guten Sitte abzuweichen. Mag auch Gleichgültigkeit gegen die ihn umgebende Tierwelt ihren Anteil haben an der Gastlichkeit, welche er übt: die Gastlichkeit ist thatsächlich noch vorhanden und der Verfolgungssucht noch nicht gewichen. Vertrauensvoll finden sich die Tiere, zumal die Vögel, in unmittelbarer Nähe des Menschen ein; unbekümmert um dessen Treiben gestalten sie sich das ihrige. Der Adler horstet am Waldwege, der Kolkrabe im Feldhölzchen; der Waldstorch zeigt sich kaum scheuer als der geheiligte Hausstorch; das Wild steht nicht vom Lager auf, wenn der Wagen auf Schußweite an ihm vorüberfährt. Es sind wirklich Zustände wie im Paradiese.

Paradiesische Zustände sollten wir übrigens auch außerhalb des Keskender Waldes kennen lernen. Nachdem wir letzteren nach verschiedenen Seiten hin durchstreift, über zwanzig Schlangen- und Fischadler- sowie Schwarzstorchhorste besucht und bejagt, an einem uns gebotenen trefflichen Frühstück und noch mehr an den köstlichen Weinen der Umgegend uns gestärkt und erquickt hatten, traten wir, zur Eile gemahnt durch drohendes Gewittergewölk, unsere Rückreise nach dem Schiffe an, auch jetzt noch jagend und sammelnd, soviel Zeit und Gelegenheit gestatteten. Der Weg, auf welchem wir dahinfuhren, war ein anderer als der, welcher uns zum Walde geführt hatte, eine recht gute Hochstraße nämlich, welche verschiedene Dörfer verband. Mehrere der letzteren hatten wir hinter uns, als wir von neuem zwischen Häuser einbogen. An den Gebäuden war nichts Absonderliches zu sehen, an den Bewohnern dagegen mehr, als ich mir jemals hätte träumen lassen. Die Bevölkerung des Dorfes Dalyok besteht fast ausschließlich aus Schokazen oder katholischen Serben, welche zur Zeit der Türkenherrschaft von der Balkaninsel hierher gewandert, beziehentlich von den Türken hierher geschleppt worden sein sollen. Es sind schöne, schlanke Menschen, diese Schokazen, die Männer groß und kräftig, die Frauen den Männern mindestens ebenbürtig, äußerst wohlgebaut und, wie es scheint, auch ziemlich hübsch. Ueber ersteres konnten wir ein Urteil fällen; hinsichtlich des letzteren mußte die Phantasie einigermaßen nachhelfen. Denn die Schokazinnen tragen eine Gewandung, wie sie gegenwärtig innerhalb Europas Grenzen schwerlich sonst noch vorkommen dürfte: eine Tracht, welche unser hoher Jagdherr, findig und bezeichnend wie immer, mythologisch nannte. Wenn ich sage, daß Kopf und Gesicht großenteils in eigenartig, jedoch nicht unmalerisch gewundene und geknotete Tücher eingehüllt sind und der Rock durch zwei buntfarbige, schürzenartige, nicht miteinander verbundene Tuchstücke vertreten wird, darf ich im übrigen reger Einbildungskraft vollste Freiheit gestatten, ohne befürchten zu müssen, daß sie so leicht dennoch vorhandene Grenzen überschreiten werde. Ich meinesteils wurde lebhaft an ein Lager arabischer

Wanderhirten erinnert, welches ich einstmals in den Urwäldern Innerafrikas betreten hatte.

Unter strömendem Regen erreichen wir mit Eintritt der Dunkelheit unser gemütliches Schiff. Regnerisch ist auch der folgende Morgen, trübe der ganze Tag, verhältnismäßig unergiebig die Jagd. Dies alles treibt zur Weiterreise, so dankbar wir auch der in der Herrschaft Bellye verlebten Tage gedenken, und so lohnend es wahrscheinlich gewesen sein würde, gerade hier noch einige Tage zu beobachten und zu sammeln. Mit warmen, wohlverdienten Dankesworten verabschiedete sich unser Jagdherr von den erzherzoglichen Beamten der Herrschaft; noch einen Blick auf die Wälder, welche uns so viel geboten, und wiederum rauscht unser schnelles Schiff donauabwärts. Nach wenigen Stunden erreichen wir Draueck, die Mündung der Drau, welche fortan die Richtung des Donaubettes zu bestimmen scheint. Eines der großartigsten Strombilder, welches ich je gesehen, liegt vor dem Auge. Eine weite Wasserfläche breitet sich aus; nach Süden hin begrenzen sie lachende Hügel, nach allen übrigen Seiten Auwälder, wie wir bisher sie gesehen. Weder der Lauf des Hauptstromes, noch das Bett des Zuflusses läßt sich verfolgen; die ganze ungeheure Wasserfläche gleicht einem ringsumschlossenen See, dessen Ufer nur an der erwähnten Hügelkette deutlich hervortreten; denn zwischen dem Grün der Wälder hindurch sieht man da, wo Lücken Einblick gestatten, wiederum Wasser, Dickicht und Röhricht, letzteres, den meilenweiten Sumpf Hullo überkleidend, in endlos scheinender Ausdehnung. Riesige Baumstämme, von dem einen wie von dem anderen Strome herbeigeführt und nur teilweise überflutet, nehmen phantastische Formen an; es will scheinen, als reckten sagenhafte Tiere der Vorwelt ihre beschuppten Leiber über die dunklen Fluten empor. Denn dunkel, fast schwarz flutet die „blonde" Donau dahin, während unser Schiff das Draueck durcheilt. Grauschwarz und schwarzblau hängen Gewitterwolken am Himmel, anscheinend auch zwischen dem hundertfach schattierten Grün der Wälder und über den gleichmäßig fahlgelben Rohrflächen; Blitze beleuchten grell das ganze Bild; der Regen rauscht prasselnd hernieder, der Donner rollt dazwischen, der Sturm heult in den Wipfeln der alten Hochbäume, wühlt die Wasserfläche auf und krönt die dunklen Wellenkämme mit grauweißem Gischt; unten, im Südosten, aber bricht die Sonne durch das schwarze Gewölk, säumt es mit Purpur und Gold, erhellt und erleuchtet es, daß die tiefen Schatten noch schärfer hervortreten, und strahlt flimmernd auf den bunten Hügeln nieder, welche in weitester Gesichtsferne zu einem Gebirge aufsteigen. Dort unten, dort drüben, liegen auch Weiler und Dörfer; hier oben unterbricht höchstens eine kegelförmige, rohrgedeckte Fischerhütte die Ursprünglichkeit des großartigen, in seiner Wildheit und der augenblicklichen Beleuchtung und Bewegung unnennbar erhabenen Bildes.

Auffallend ist die Vogelarmut, überhaupt die Oede der ausgedehnten Wasserflächen. Keine Möwe schwebt über dem Spiegel der Donau, keine Seeschwalbe fliegt im Zickzackfluge auf und nieder; höchstens einzelne Entenmännchen erheben sich vom Strome. Dazu dann und wann ein Fisch-, ein Flug Nachtreiher, ein Seeadler und einige Milane, Nebelkrähen und Raben, vielleicht noch ein Trupp Kiebitze, und die Aufzählung der Vögel, welche man gewöhnlich sieht, ist erschöpft.

Vom folgenden Tage an durchstreifen wir jagend und beobachtend ein wundervolles Gebiet. Die Blauen Berge, vor und auf denen gestern während der Gewitternacht heller, goldiger Sonnenschein lag, sind die Höhen der Fruškagora, eines waldigen Mittelgebirges der köstlichsten Art. Graf Rudolf Chotek hat in der umsichtigsten Weise alles zu würdigem Empfange unseres hohen Jagdherrn vor- und damit uns allen unvergeßliche Tage bereitet. Von dem Dorfe Čerewič aus, oberhalb dessen unser Dampfschiff liegt, durchfahren wir tagtäglich die Schluchten, erklimmen wir fahrend, reitend, gehend die Höhen des Gebirges, um an jedem Abende beglückt und erhoben heimwärts zu ziehen. Die goldene Maienzeit labt Herz und Seele, und unser Wirt ist so unerschöpflich in seiner Aufmerksamkeit, Zuvorkommenheit, Liebenswürdigkeit und Güte, daß uns die in der Fruškagora verlebten Tage zu den gehaltreichsten und schönsten der ganzen Reise werden.

Die Gegend, welche wir tagtäglich durchstreifen, ist sehr anmutig. In der Nähe des Dorfes breiten sich Felder aus; über diesen beginnt der Gürtel der Weinberge, welcher bis zu dem Waldsaume reicht; in den Thälern und Schluchten dazwischen blühen und duften jetzt zahllose Obstbäume, denen die ganze Gegend einen ungemein freundlichen Anblick verdankt; an den Hängen am Wege, welcher in der Regel den Thälern folgt, wuchert dichtes Gebüsch und erquickt das Auge eine um so reichere Blütenpracht, als es den Thälern auch an murmelnden Bächlein oder doch tropfenden Wässerlein nicht mangelt. Von den ersten Höhen aus bietet sich dem Auge ein überraschend schönes Bild der Landschaft. Unten im Vordergrunde baut sich das Dorf Čerewič malerisch auf; dann folgt die breite Donau mit ihren Auwaldungen am anderen Ufer; hinter ihr und ihnen breitet sich, endlos erscheinend, die ungarische Tiefebene aus und zeigt dem Beschauer ihre Felder und Wiesen, Wälder und Sümpfe, Dörfer und Marktflecken in der unsicheren, wechselvollen und gerade deshalb so fesselnden Beleuchtung; nach Osten hin endlich haften die Blicke an der Feste Peterwardein. Von den Feldern steigen singende Lerchen auf; aus den Büschen tönt hundertfältig der Schlag der Nachtigall; von den Weinbergen klingt der muntere Gesang des Steinrötels hernieder; in hoher Luft ziehen zwei Geier- und drei Adlerarten ihre weiten Kreise.

Nach kurzem Weiterwege schwinden Strom, Dörfer und Felder, und irgend eines der heimlichen Waldthäler des Gebirges nimmt uns auf. Steil fallen von beiden Seiten die Bergwände zu ihm ab; zwar nicht besonders hoher, aber dichter Wald deckt sie wie ihre Rücken und Grate. Eichen und Linden, Ulmen und Ahorne bilden auf weite Strecken hin, Rotbuchen und Hornbäume an anderen Stellen den Bestand; dichte, niedere Gebüsche, in denen ein Nachtigallenpaar neben dem anderen haust, umsäumen die Ränder. Nicht großartige Fernblicke lohnen den Wanderer, welcher die höchsten Rücken erklimmt und nach Norden hin Ungarn, im Süden Serbien vor sich liegen sieht; aber heimliches Waldesdunkel umschmeichelt ihm Herz und Sinne. Von dem Hauptkamme, welcher höchstens bis zu neunhundert Meter unbedingter Höhe aufsteigen mag, zweigen sich in mehr oder weniger senkrechter Richtung nach beiden Seiten viele Ketten ab, welche, von dieser oder jener Seite betrachtet, oft einen entzückenden Anblick gewähren. Sie fallen zu Thälern ab oder umschließen Kessel, deren Wände bis jetzt noch Abfuhr gefällten Holzes verwehren und daher in urwüchsiger Waldespracht prangen. Riesenhafte, gerade aufgeschossene, bis zum weit aufgelegten Wipfel glattstämmige Buchen erheben sich aus moderndem Laube, in welches der Fuß des Jägers bis zu den Knieen einsinkt; knorrige Eichen recken ihre Wipfelzacken in die Luft, als ob sie alle Raubvögel einladen wollten, auf ihnen den Horst zu gründen; wölbige Linden bilden streckenweise ein so geschlossenes Blätterdach, daß der Sonnenstrahl nur als vielfach gebrochener Widerschein zum Boden herabzittert. Singdrossel und Amsel, Pirol und Rotkehlchen, Edelfink und Waldlaubvogel sind neben der allerorts angesessenen Nachtigall die Sänger dieses Waldes; der Kuckuck ruft seinen Frühlingsgruß von Berg zu Berg; Schwarz- und Grünspecht, Kleiber und Meisen, Ringel- und Hohltauben lassen sich vernehmen.

Unsere Jagden galten hier hauptsächlich dem größten europäischen Raubvogel, dem Kuttengeier, dessen nördlichste Brutgebietsgrenze die Fruskagora zu bilden scheint. Ihm hatte sich neuerdings, wohl herbeigezogen durch die unglücklichen Opfer des Krieges in Serbien, der zweite große Geier Europas gesellt, und beide brüteten hier unter erklärtem Schutze des tierkundigen und tierfreundlichen Grundherrn. Ich kannte beide Geierarten von meinen früheren Reisen her; es war mir jedoch trotzdem hocherfreulich, sie an ihren Brutplätzen zu beobachten und den Mitteilungen der Jagdgenossen wie Graf Choteks zu lauschen; denn auch bei diesen Jagden war Erforschung des tierischen Lebens der Hauptzweck, welcher von uns in das Auge gefaßt wurde. Und wiederum reihte sich eine Beobachtung an die andere, und manche, uns allen noch dunkle Seite des Lebens der beiden Riesenvögel wurde durch unsere Forschungen erhellt und erklärt.

Der Kuttengeier, dessen Verbreitungsgebiet nicht allein die drei südlichen Halbinseln Europas, sondern auch West- und Mittelasien bis Indien und China in sich begreift, ist Standvogel in der Fruškagora, unternimmt aber nach der Brutzeit gern weitere Ausflüge, welche ihn regelmäßig bis in das nördliche Ungarn, nicht allzuselten auch bis Mähren, Böhmen und Schlesien führen. Gewaltige Flugwerkzeuge setzen ihn instand, derartige Ausflüge ohne jegliche Beschwerde zu unternehmen. Nicht an Eier oder hilfsbedürftige Junge gekettet, erhebt er sich in den ersten Vormittagsstunden von dem Baume, welcher ihm Nachtruhe gewährte, steigt in Schraubenwindungen zu Höhen empor, in denen er dem unbewaffneten Menschenauge entschwindet, überschaut von hier aus mit seinem unvergleichlich scharfen, beweglichen, für verschiedene Entfernungen einstellbaren Auge überaus weite Flächen mit bewunderungswürdiger Sicherheit, erkennt selbst ein kleines Aas noch, und läßt sich, sobald er solches entdeckte, aus der Höhe herab, um es zu verzehren und zu verdauen, mindestens vorläufig im Kropfe aufzuspeichern, worauf er den Rückweg zur altgewohnten Stelle antritt oder seine ziellose Wanderung fortsetzt. Ebenso wie er das unter ihm liegende, vielleicht viele geographische Geviertmeilen umfassende, seinem Auge jedoch vollkommen erschlossene Gelände absucht, achtet er auch auf das Gebaren, zumal auf die Bewegungen anderer seiner Art oder großer aasfressender Raubvögel überhaupt, um aus deren Handlungen Vorteil zu ziehen. So nur erklärt sich das plötzliche und gleichzeitige Erscheinen mehrerer, selbst vieler Geier auf einem größeren Aase, und auch in solchen Gegenden, in denen sie nicht ansässig sind. Nicht ihr an und für sich stumpfer Geruch, sondern ihr Gesicht leitet sie bei ihren Raubzügen. Einer fliegt dem anderen nach, wenn er sieht, daß dieser Beute erspähte, und die Schnelligkeit seines

Fluges ist so bedeutend, daß er in der Regel noch rechtzeitig beim Schmause eintreffen kann, wenn er sieht, daß der Entdecker der Beute, noch schwankend, über letzterer seine Kreise zieht. Zögern darf er freilich nicht; denn nicht umsonst heißt er, heißt jener Geier: die Gier seines Geschlechtes spottet jeder Beschreibung. Wenige Minuten genügen drei oder vier Geiern, um den Leichnam eines Hundes oder Schafes bis auf unerhebliche Reste in den Kröpfen zu bergen; die Mahlzeit verläuft also mit beinahe unbegreiflicher Schnelligkeit, und wer zu spät kommt, hat das Nachsehen.

Für die Geier der Fruškagora bot die Umgegend übrigens auch außer einem Schmause an einem größeren Aase manches für Kropf und Magen erwünschte Tier; denn in den Verdauungswerkzeugen der von uns erlegten und zergliederten Geier fanden wir die Ueberreste von Zieseln und großen Eidechsen, welche von jenen schwerlich bereits verendet gefunden, vielmehr aller Wahrscheinlichkeit nach ergriffen und getötet worden waren.

Entsprechend der nördlichen Lage der Fruškagora und der geordneten, für Geier also wenig günstigen Zustände des umliegenden Landes, saßen die Kuttengeier während unseres Aufenthaltes noch brütend auf den Eiern, wogegen die weiter unten im Süden hausenden Paare derselben Art unzweifelhaft bereits Junge haben mußten. Ihre Horste standen auf den höchsten Bäumen des Waldes, die meisten wohl im oberen Dritteil der Höhe der Bergwände. Viele waren Graf Chotek und dessen Jägerei wohlbekannt, weil sie seit mindestens zwanzig Jahren regelmäßig zur Brutstätte eines, vielleicht desselben Paares gedient, alljährlich neue Zufuhr an Baustoffen und daher zuletzt eine gewaltige Ausdehnung erhalten hatten; andere schienen jüngeren Ursprungs, die einen wie die anderen aber von den Geiern selbst errichtet zu sein. In den ältesten und größten hätte sich wohl ein erwachsener Mann niederlegen können, ohne mit Kopf oder Füßen den Rand erheblich zu überragen.

Unter diesen Horsten saßen wir beobachtend und lauernd, das Leben und Weben des Waldes belauschend und die durch unsere Ankunft verscheuchten Geier erwartend, um ihnen einen sicheren Schrot- oder Kugelschuß beizubringen. Vier Tage nacheinander zogen wir allmorgendlich in den herrlichen Wald hinaus, und an keinem Tage kehrten wir beutelos zum Strome zurück. Nicht weniger als acht große Geier, mehrere Adler und zahlreiches Kleingeflügel der verschiedensten Art fielen uns zur Beute, und reichhaltige, uns alle fesselnde Beobachtungen würzten und vergeistigten unsere Jagden. Wenn aber der letzte Sonnenstrahl verglomm, sammelte sich der jüngere Teil der Bewohnerschaft des Dorfes um unser Schiff. Geige und Dudelsack einigten sich zu wundersamer, obschon höchst einfacher Weise, und Burschen und Mädchen schwangen sich, dem hohen Gaste zu Ehren, im volkstümlichen, ebenmäßig wogenden Reigen.

Nachdem wir auch am anderen Ufer der Donau mit Erfolg gejagt hatten, schieden wir endlich am fünften Tage nach unserer Ankunft in Čerewič von unserem aufopferungsvollen Wirte, dem Grundherrn, und schwammen donauabwärts weiter. Nach dreiviertelstündiger Fahrt erreichen wir Peterwardein, die kleine, jetzt veraltete, aber schmucke und malerisch gelegene Festung, anderthalb Stunden später Karlowitz, in dessen Nähe wir übernachteten. Am anderen Morgen gelangen wir nach Kovil, dem Endziele unserer Fahrt.

In der Nähe dieses großen Dorfes liegen rings von Feldern umgebene Waldungen, in denen die Eiche zwar vorherrscht, deren Unterwuchs aber ein so dichter ist, daß, trotz der vielen Ortschaften ringsum, Wolf und Wildkatze in ihnen ein zwar bedrohendes, jedoch kaum bedrohtes Dasein führen können. Kein Wunder daher, daß auch Raubvögel aller Art, insbesondere See-, Kaiser-, Schrei- und Zwergadler, Schlangenbussarde, Milane, Habichte, Uhus und andere Eulen, sie zu Horstplätzen gewählt haben, und daß sie ebenso allerlei Kleingeflügel in Menge beherbergen. Ihnen zogen, im voraus reicher Beute sicher, unser hoher Jagdherr und sein erlauchter Schwager zu, während Eugen von Homeyer und ich unser Jagdglück in einem oberhalb des Dorfes gelegenen, durch das gegenwärtig herrschende Hochwasser zu einem weiten See gewandelten Sumpfe versuchen.

In diesem Sumpfe herrscht, obwohl kaum mehr als der geringste Teil seiner gefiederten Bewohnerschaft eingetroffen sein kann, der Zug der Vögel vielmehr noch in vollem Gange ist, überraschend reiches und vielgestaltiges Leben. In fast ununterbrochener Folge ziehen starke Flüge der Trauerseeschwalbe den Fluten des Stromes entgegen, manchmal zu dichtgedrängten Schwärmen sich sammelnd, manchmal wiederum beinahe über die ganze Breite der überschwemmenden Donau sich verteilend; offenbar noch nach Horstplätzen suchend, wandern Hunderte von Sichlern oder dunklen Ibissen, fliegend die übliche Keilform bildend, stromauf und stromab, der nahen Theiß zustrebend oder von ihr herkommend; mit dem Fischfange sich beschäftigend, schreiten auf allen ihnen zugänglichen Stellen der weiten Wasserfläche Purpur-, Fisch- und Rallenreiher hin und wider; lange Rohrstengel zum Horste tragend, befliegen Rohrweihen die altgewohnten Straßen; wiederum gepaarte Enten, deren Weibchen durch die

Hochflut ihrer Eier beraubt wurden, stehen beim Erscheinen unserer kleinen, flachen Boote polternd vom Wasser auf, wogegen Steißfüße und Taucherhähnchen in seiner Tiefe Zuflucht suchen: kurz, kein einziger Teil der weiten Fläche ist unbevölkert, unbelebt. Ein des unter Wasser stehenden Waldes und der in diesem verlaufenden Wege kundiger Förster erwartet uns in einem inselgleich das überschwemmte Land überragenden Hause und wird uns zum Führer in einer Waldwildnis, welche die früher besuchten aus dem Grunde noch weit hinter sich zurückläßt, weil das Hochwasser zu stets vorhandenen Hindernissen neue gehäuft hat. An viele, sonst wohl in beträchtlicher Höhe über dem Boden sich reckende Zweige streifend, oft vor wegesperrenden Aesten uns bückend, versuchen wir, auf den breiteren Wasserstraßen uns zwischen halb oder gänzlich niedergestürzten Bäumen, schwimmenden Klötzen und Treibhölzern einen Pfad zu bahnen und in das Innere des Waldes vorzudringen. Auf Weidenköpfen brütende Stockenten, deren Nester bis jetzt noch durch das Hochwasser verschont blieben, lassen sich durch unser Erscheinen nicht stören, bleiben vielmehr unbeweglich auf ihren Eiern sitzen, selbst wenn wir in kaum mehr als Meterweite an ihnen vorübergleiten. Ohrensteißfüße, welche das freiere Wasser aufgesucht haben, schwimmen, als sie unserer ansichtig werden, seitwärts ins grüne Dickicht der bis an die Kronen im Wasser stehenden Bäume, vorherrschend Weiden; Bachstelzen laufen von einem Treibholzstücke aufs andere; Buntspechte und Kleiber hängen sich dicht über der Wasserfläche an die Stämme, um in gewohnter Weise nach Nahrung zu spähen. Ein Bild aus dem Vogelleben verdrängt das andere; jedes aber erscheint ungewöhnlich, weil es die obwaltenden Verhältnisse wesentlich verändert haben. Um zu einem Seeadlerhorste zu gelangen, müssen wir eine weite Strecke durchwaten, um einen Kolkrabenhorst zu besuchen, weite Umwege machen. Regelrechtes Jagen ist unter solchen Umständen nicht möglich, unsere Jagd jedoch trotzdem ergiebig und lohnend. Mir selbst bereitete dieser Ausflug die Freude, einen der hervorragendsten gefiederten Baukünstler Europas, die Beutelmeise, an ihrem Neste arbeiten zu sehen, überhaupt zum erstenmal in ihrem Thun und Treiben zu beobachten.

Der folgende Tag vereinigt die ganze Jagdgesellschaft in einem der erwähnten Feldgehölze. Ein ungarischer Förster hat ein großartiges Wolfstreiben veranstaltet, jedoch so wenig geschickt eingerichtet, daß Freund Isegrim ungesehen und unbemerkt davonschleichen kann. Die aussichtlose Jagd wird daher bald abgebrochen und die wenige, uns noch übrige Zeit lohnenderer Beobachtung der Vogelwelt des Waldes gewidmet.

Noch im Laufe des Nachmittags verlassen wir Kovil, erreichen gegen Sonnenuntergang wiederum Peterwardein, fahren in den ersten Nachtstunden an der Fruškagora vorüber, verlassen am anderen Tage nur noch einmal das Schiff, um in dem Rohrsumpfe Hullo zu jagen und zu beobachten, bekommen hier auch den bisher vergeblich gesuchten Edelreiher zu Gesicht, müssen jedoch der ablaufenden Zeit Rechnung tragen und weiter eilen, um den nach Wien abgehenden Schnellzug nicht zu versäumen. Dankbar der letztvergangenen Tage gedenkend und gleichwohl den eiligen Flug ihrer Stunden beklagend, fahren wir an allen den Auwaldungen, welche uns so vieles geboten, vorüber, und mit dem heißen Wunsche, wiederzukehren und auf längere Zeit ihm uns zu widmen, nehmen wir für diesmal Abschied von dem reichen und eigenartigen Lande.